엄마 아빠도 함께 즐기는 휴일 가이드북

아이 좋아 가족 여행

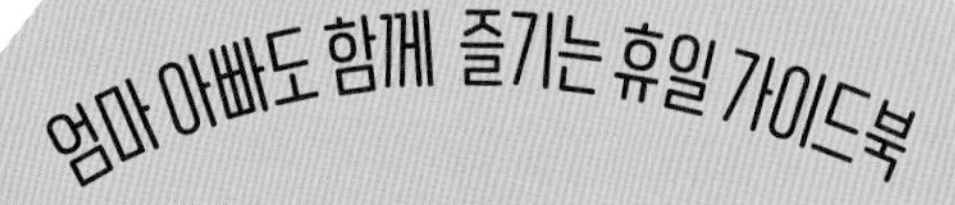

엄마 아빠도 함께 즐기는 휴일 가이드북

아이 좋아 가족 여행

송윤경 지음

여행지에서 즐기는
엄마표 연계 놀이법

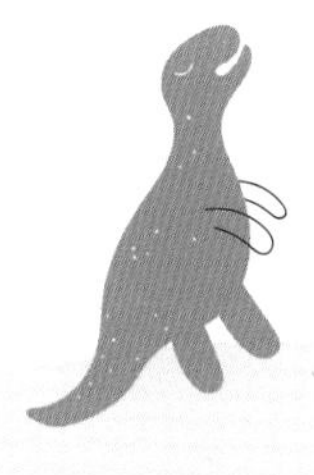

중앙books

작가의 말

"엄마, 같이 가야지~."

나는 그 말에 가슴이 쿵 내려앉았다. 습관처럼 굳어버린 내 이기적인 발걸음을 부여잡는 말이었다. 내가 또 앞서 걸었구나 싶어 머쓱한 표정으로 뒤를 돌아봤다. 씩씩거리면서 오는 아이는 금방이라도 울 것 같았다. 같이 오던 아빠는 고개를 절레절레 흔들었다. 여행지를 소개하는 입장이라 풍경 사진을 찍어야 하는 마음에 급했던 나는 곧잘 '천천히 와. 내가 먼저 가서 찍고 있을게'라며 아이를 아빠에게 맡겼다. 그때마다 아이는 나를 쫓아왔는데 어느 날은 철버덕 넘어져 눈물을 쏟아냈다. 앞에 있는 풍광을 쫓느라 차마 보지 못한, 그저 내 등만 보고 걸었을 아이에게 한없이 미안했다. 그 이후엔 느리게, 천천히, 그리고 같이 여행하는 법을 배우는 중이다.

사실 아이보다 나이만 많고, 글만 읽을 줄 알았지 우리는 아이와 같이 자라는 중이다. 아이의 걸음에 맞춰 걷는 여행은 생각보다 만족스러웠다. 게으른 나에게는 더없이 올바른 길이기도 하다. 많은 곳에 도착하는 여행보다 목적지로 향하는 과정이 꽤 인상적이었다. 물론 그 목적지라는 곳도 내가 처음에 생각했던 장소의 반도 못 간 지점으로 변경되지만 말이다. 아이에게 맞춘 여행에 다시 길들여지고 있다. 〈어린왕자〉에 나오는 여우처럼 말이다.

아이가 태어나는 순간부터 나는 약자였다. 내 의지나 의견은 별로 중요하지 않았다. 아이가 원하는 방향과 아이를 위한 취향만 남았다. 그것도 한 해 두 해지, 시간이 가면 갈수록 나에겐 해가 되었다. 자존감은 바닥을 쳤고 내가 원하는 게 뭔지 나는 누군지, 스스로에 대한 평가마저 점점 가혹해졌다. 여행이라도 가면 나을 것 같았는데 아기와 함께 가려고 하니 엄두가 나지 않았다. 결국 기저귀만 떼면, 걸음마라도 하면 가야겠다고 생각했다. 차일피일 미루던 아이와의 여행은 결국 내 울화에 떠밀리듯 떠났다. 여행지로 장소를 옮겼다 해도 일상은 그대로였다. 배가 고프다고 우는 아

이에게 수유를 해야 하는데, 장소가 마땅치 않아 곤욕을 치렀고, 찾다 안 되니 으슥한 곳에 차를 세우고 주변 눈치를 보며 옷을 덮어놓고 하다 자존감만 더 떨어졌다.
솔직히 아이와 여행하는 건 힘들다. 정확히 말하자면 준비 없이 떠난 아이여행은 힘들다. 하지만 몸과 마음, 그리고 이 책에 나온 알뜰살뜰 모은 팁이 모이면 아이와의 여행이 즐거워질 거라 믿는다. 굳이 아이가 재미있어 할 여행지로만 다닐 필요는 없다. 여행지의 대부분은 아이가 경험하지 못한 세계이고, 그곳에서 아이가 즐거워할 만한 놀이를 해주면 된다. 연관된 놀이를 더한다면 아이가 여행을 기억하는 데 도움이 된다. 첫눈에 '뿅' 반하는 사랑의 순간처럼 급작스럽게 다가오는 아이의 말과 행동도 기록하자. 아마도 통조림 유효기간보다 훨씬 오래 남아 당신의 기억을 행복하고 풍요롭게 만들 것이다.
세상에서 가장 가치 있는 행위가 육아라 했던가. 아이와의 여행을 세상에서 가장 큰 재미와 의미를 모두 갖춘 완벽한 행위다.

아이를 키우는 데 온 마을이 필요하다고 했다. 이 책이 나올 수 있도록 도와준 사람들은 온 마을에 해당하는 사람들이다. 재앙에 가까운 전염병 속에서 온정 어린 말 한마디로 힘이 되고 기다려준 손혜린 팀장님과 한혜선 에디터님, 강은주 에디터님 깊이 감사드립니다. 회사에서 팀장님보다 애처가이자 좋은 아빠로 더 유명한 서용우님, 가족 그리고 서로 다른 방식의 만남 속에서 저와 인연이 닿아 있는 모든 분들께 감사드립니다.

아들, 네가 글자를 읽을 수 있게 된다면
나는 더 이상 뭘 가르칠 수 있을까.
늘 너에게 사랑만 알려줘야겠다.
사랑하고 또 사랑한다.

COTENTS

WHERE TO GO

경기

01 파주

02 강화

03 용인

WHERE TO GO

강원

충청

01 공주+부여

02 서산+당진

02 충주+괴산

WHERE TO GO

전라

01 고창+담양

02 남원+임실

03 전주

04 구례

WHERE TO GO

경상

05 문경+안동

WHERE TO GO

제주

★ 제주

알아두면 도움되는 아이여행 팁

여행 전

여행 코스를 정할 때, 여행 준비를 할 때 미리 생각해두면 좋은 몇 가지를 짚어본다.

✚ 낮잠을 자는 아이라면 대안 여행지를 생각할 것

박물관이나 미술관처럼 조용하고 땅이 고른 곳에선 유모차에 태워 재울 수 있다. 아이가 자는 동안 아빠 엄마는 전시를 둘러볼 수 있다. 아이가 차에서 잠들었다면 주변 드라이브 코스를 달리며 즐기는 것도 좋다.

✚ 추가 여행지와 식당을 고려할 것

생각보다 아이 컨디션이 좋다면 근처의 여행지를 한 곳 더 둘러볼 수 있으므로 추가 여행지를 늘 리스트업 해둔다. 첫 번째 여행지에서 너무 많은 시간을 보내 다음 여행지 근처에 있는 식당으로 갈 시간이 없을 수도 있다. 여행지마다 근처 음식점을 알아두면 변수에 대응하기 편하다.

✚ 서두르지 말 것

오랜만에 온 곳이니 열심히 돌아다녀야겠다고 생각하는 순간 서두르고, 아이를 채근하게 된다. 결국 아이와 여행은 힘들다고 결론 내고 다음 여행을 기약하지 않는다. 다음에 다시 오겠다는 생각으로 느긋하게 여행하자.

✚ 일정에 아이가 좋아할 만한 여행지나 체험을 넣을 것

어른을 위한 여행지에서도 아이가 흥미를 느끼는 장소나 놀이가 있다면 아빠 엄마의 여행을 즐겁게 기다려줄 수 있다.

✚ 그림으로 일정에 대해 미리 알려줄 것

여행 가기 전에 무엇을 보고 뭘 할 건지 여행지에 대해 알려주자. 아빠 엄마도 새로운 장소로 가면 설렘과 두려움을 동시에 받는다. 미리 계획하고 알아보고 가면 설렘만 남는 것처럼 아이에게도 기대를 선물해 주자.

✚ 떠나기 전 여행지에 관련된 책을 읽어줄 것

아이가 벌을 처음 만났을 때 공포감이 컸다. 뒤늦게 책을 읽어주고 영상도 보여주고 설명해줬지만 처음 느낀 감정을 잊긴 힘들다. 미리 여행지에 관해 설명해 아이가 유연하게 받아들일 수 있도록 하자.

✚ 새로운 잠자리가 친근해질 수 있도록 도울 것

아무리 여행이 체질인 아이라도 달라진 잠자리 환경에 낯설고 예민하다. 미리 "오늘의 OO집"이라고 말하며 미리 상상해보고 뭘 할지 알려줌으로써 친근하게 지낼 수 있도록 하자. 집에 있는 베개나 담요를 가져와도 좋다. 수면등을 켜고 그림자놀이로 긴장감을 풀어줄 수도 있다.

✚ 스스로 짐을 챙기도록 해볼 것

아이 짐을 챙길 때 장난감부터 먹거리, 의류 순으로 차례차례 아이에게 맡겨보자. 불필요한 짐과 필요한 짐에 대한 구분도 할 수 있고, 점점 여행의 주체가 되어간다.

여행 중

아이와 함께 여행을 하면서 꼭 필요한 정보들을 챙겨보자.

✚ 아이의 취향을 눈여겨 살펴볼 것

여행을 통해 아이의 취향을 발견할 수 있다. 아이가 무엇에 호기심을 보인다면 알려줄 수 있는 기회다.

✚ 다양한 방법으로 여행지를 소개할 것

여행지를 소개할 때 아이가 이해하기 어려울 거라고 생각하고 가르쳐주지 않는 것보다 쉽게 설명하는 편이 낫다. 이야기의 전체보다 하나의 주제만 기억할 수 있도록 재미있는 부분만 이야기하는 것이 받아들이기 쉽다. 놀이나 노래로 기억을 도와주는 것도 좋다. 예를 들어 눈을 본 날에는 눈에 대한 설명과 엄마와 아빠의 이야기를 해주자. '눈이 온 날은 유난히 밖이 하얗다', '엄마는 눈 올 때 코코아 먹는 걸 좋아한다', '눈으로 할 수 있는 놀이는 이것저것이 있다', '나가려면 우린 준비를 해야 한다고' 등 이야기가 쏟아진다.

✚ 아이의 체력을 체크할 것

아이가 쉬었다가 가는 것도, 뒤로 걷는 것도 다 해보고 걷기 힘들어하면 안아주거나 그 길로 내려오자. 아이에게 과정을 설명하는 것보다 경험하는 것이 더 기억에 남는다. 다음에 더 힘을 길러서 올라오자고 약속하고 아이가 힘내서 오르는 걸 칭찬하는 것도 잊지 말자.

✚ 서로 신뢰를 쌓는 것이 중요하다

여행지에서 무엇을 하기로 또는 보기로 아이와 약속했다면 꼭 지키자. 그래야 할 수 없는 상황에서 안 되는 이유와 대안을 믿고 그만할 수 있다.

✚ 한 번 더 하고 싶다면 가능한 한 한 번 더 하게 해주자

안전과 관련 없는 거라면 한 번 더 경험하는 것이 어렵지 않다. 계속 떼를 쓰지 않도록 마지막이라고 알려주고 약속을 지키자.

✚ 아이에게 다양한 탈것을 경험하게 하자

짐이 많아 자동차로 이동하는 것이 좋지만 가까운 거리의 여행지라면 기차나 지하철, 버스를 이용해 다양한 경험을 쌓아주자.

✚ 숙소에서 먹을 주전부리를 준비할 것

지역 음식이면 더욱 좋다. 과일은 농협보다 현지 슈퍼마켓에 맛있고 신선한 것이 더 많다.

✚ 수면리듬을 지켜주자

잠이 부족할 경우 다음 날 놀이가 흥겹지 않다. 마음은 앞서 나가는데 체력이 받쳐주지 않아 짜증을 더 낼 수 있으므로 전날 충분한 수면은 필수다.

✚ 많이 걸은 날은 케어가 필요하다

아이가 많이 걸은 날에는 자다가 다리에 쥐가 나거나 아파서 소리를 지르기도 한다. 이런 날은 다리를 주물러 주거나 욕조에 따뜻한 물을 받아 물놀이를 조금 해주면 된다. 너무 오래 하면 피곤해서 더 잠을 못 잔다.

여행 후

여행을 마무리하는 방법으로는 그림일기를 추천한다. 혼자 그리는 것보다 같이 이야기하면서 낙서처럼 그리는 것도 좋다. 관리하기 어려우니 사진 찍어서 저장하거나 집에 전시장을 만들어 일정 기간 전시회를 여는 것도 여행을 곱씹는 좋은 방법이다.

건강이 우선인 시대, 우리 아이와 안전한 여행 만들기

1 아이의 안전한 여행을 위한 건강백서

아이와 여행에서 환경은 늘 변수다. 갑작스러운 기온 변화나 날씨, 바이러스가 위협하면 면역체계가 무너지기 쉬우니 아이 건강을 챙겨야 한다. 잘 먹고, 잘 자고, 잘 싸고. 기본적인 사항은 물론 이외에 고려해야 할 우리 아이 여행 건강백서를 알아보자.

✚ 적당한 체온 조절이 중요하다

체온이 올라가면 우리 몸의 건강한 세포가 병원균이나 세균을 없애는 활동을 활발히 한다. 대신 조금만 추워도 감기에 걸리거나 피로감이 심해 조심해야 한다. 환절기에 바람이 많이 불거나 실외활동이 오래 지속되는 경우 스카프 등으로 목을 따뜻하게 해주자. 아이의 체내 수분은 어른보다 많아 온도에 민감하게 반응한다. 옷은 여러 겹을 입혀 체온을 조절할 것. 겨울에는 너무 두껍게 입히면 땀을 흘렸다가 식으면서 감기에 걸릴 수 있으니 주의한다. 여름에도 물놀이나 에어컨으로 인한 온도 조절에 신경 써야 하고 따뜻한 음식을 먹여 내장기관을 데워줘야 한다.

✚ 뛰어놀 수 있는 여행지를 넣어야 한다

걷거나 달리는 운동은 근육과 혈액순환을 돕는다. 근육은 아이의 체력을 키워주기도 하지만 체온도 높여줘 자연스레 면역력이 향상된다. 아이의 체력을 따라가기 어렵거나 함께 놀아주기 힘들다면 놀이가 끝난 뒤에 "자~ 이제 가자"는 말보다 구체적인 피드백을 해주는 것이 좋다.

예를 들어 "와~ 저기 위까지 올라갈진 몰랐어. 원래 중간까지 올라갔었는데 조금 더 힘이 세졌나 보네?", "아빠가 패스해서 윤우가 골을 넣더라. 다음에는 엄마한테 세리머니까지 해줘" 같은 이야기를 나누면 다음 여행에서도 쉽게 도전하고 지속적으로 참여하는 동기가 된다. 또 숙면을 도와 다음날 여행지에서의 컨디션을 좋게 한다. 햇빛을 자주 쐬는 것도 좋다.

✚ 균형 잡힌 식사와 배변

아이가 한 끼 정도는 고기만 먹어도 되겠지만 하루 종일 먹을 수는 없다. 비타민, 무기질, 단백질을 고려한 식사를 준비하자. 여행지에서 구입한 과일을 자주 먹이는 것도 방법이다. 아이가 아침밥을 잘 안 먹는다면 곡물셰이크처럼 간단한 음식을 준비해 먹이고 점심을 일찍 먹이는 것도 좋다. 집이 아니면 배변이 불편한 아이가 많다. 차를 타고 이동도 많이 해 아이가 속이 불편할 수 있다. 평소 좋아하던 물건으로 편안한 환경을 만들고 유산균과 요거트를 꾸준히 먹여 매일 배변할 수 있도록 도와주자.

✚ 우리 아이 면역력부터 챙기자

아이의 면역력을 키울 수 있는 건강기능식품도 챙길 것. 홍삼은 약한 면역력을 보강해주거나 피로 회복에 도움을 준다. 단 성분과 성장단계에 맞는 식품을 잘 골라야 하고, 열이 많은 아이라면 전문의와 상담 후 복용하는 것이 좋다. 비타민과 비타민 D, 면역력 증가와 배변에 도움을 주는 유산균도 잊지 말자. 물은 면역체계를 구성하는 데 매우 중요한 역할을 하기 때문에 자주 마실 수 있게 항상 준비하고 아이가 피곤해할 때에는 흑설탕을 타서 먹이는 것도 방법이다.

✚ 숙소에서 건강한 환경 만들기

온도 조절보다 어려운 것이 습도 조절이다. 실내가 건조하면 호흡기에 좋지 않아 코가 막히거나 목이 부을 수 있다. 호

텔을 예약할 때 미리 가습기 대여가 가능한지 확인하고 불가능할 때는 휴대용 가습기를 준비하는 것도 좋다. 번거롭다면 임시방편으로 젖은 수건을 방에 걸고 물을 떠놓는다. 실내 온도를 20℃ 정도로 유지하는 것이 습도 조절에 도움이 된다. 취사가 가능한 숙소라면 물을 끓여 실내온도와 습도를 높이자. 환기는 한 차례 이상 하는 것이 좋으며 배수구가 열려 있는 화장실 문은 꼭 닫을 것. 아이가 설레더라도 수면시간은 꼭 지켜준다. 숙소에 들어온 뒤 바로 목욕해 외부 세균을 없애고 놀이를 한 뒤 바로 잠을 자는 식의 패턴을 만든다. 목욕을 자기 전으로 미루면 아이의 수면 욕구가 사라져 더 또롱또롱한 눈이 된다. 내일의 여행이 즐거우려면 아이 숙면은 필수다.

여행지에서 즐기는 엄마표 놀이

치카치카 양치하기

여행지에서 아이 양치 시키기가 쉽지 않다. 놀고 싶은 마음에 하기 싫어할 때도 있다. 그럴 때 치카치카 양치하기 놀이를 해보자. 이를 안 닦으면 어떻게 되는지 자신의 이가 아니라 3인칭으로 겪었을 때 더 크게 인식된다. 이후 "윤우도 상우처럼 아야 할 거야?"라고 하면 쉽게 양치하러 갔던 고마운 놀이다.

준비물 박스, 가위, 일회용 생수병, 칼, 흰색 물감, 붓, 글루건, 못 쓰는 칫솔, 클레이, 긴 풍선이나 실

만들고 놀기 생수병 1/3 지점을 자르고 하단 부분을 흰색 물감으로 칠한다. 막걸리 병은 흰색으로 칠하지 않아도 돼 편하다. 박스를 입 모양으로 자르고 글루건으로 생수병을 붙인다. 클레이를 떼어 이와 이 사이에 붙인다. 칫솔로 양치를 하고 치실(긴 풍선이나 실)로 이 사이 클레이도 떼어낸다. 반짝반짝 예쁜 이 완성!

함께 읽어주면 좋은 책 으앙, 이가 아파요

2 우리 아이를 위협하는 전염병을 피해 여행하는 방법

코로나 19 바이러스와 같이 전염이 강한 병이 유행할 때엔 여행을 꿈꾸기 어렵다. 집에서 실내놀이를 하고 놀이터에도 눈치게임을 하며 노는 데 한계를 느낀다. 바이러스만큼 두려운 정신적인 고통, 코로나 블루로 인한 우울감이 극대화된다. 문화체육관광부에서는 '안전한 여행으로 일상의 소중함을 간직하세요'라는 표어를 내세우며 기분 전환이 되는 여행이 필요하다는 것을 간접적으로 말하고 있다. 생활 속 거리두기와 같은 수칙을 모두가 함께 지킨다면 코로나 시기에 여행도 어렵지 않다.

여행지에서 열이 나거나 기침, 가래, 근육통, 코막힘 등 호흡기 증상이 있으면 집으로 돌아가 상황을 지켜본다. 나와 내 가족의 건강도 중요하지만 여행지에서 삶을 살아가는 사람들도 생각해야 한다. 몸이 아프면 유독 예민하게 체크하고 집에서 상태를 지켜보자.

여행지에서 즐기는 엄마표 놀이

마스크 꾸미기

어른인 나도 갑갑한데 나갈 때마다 마스크를 하는 아이가 안쓰럽다. 답답하다고 칭얼댈 때는 엄마의 마음은 미어졌다. 이럴 때 조금이라도 재미를 느끼라고 마스크 꾸미기를 해봤다.

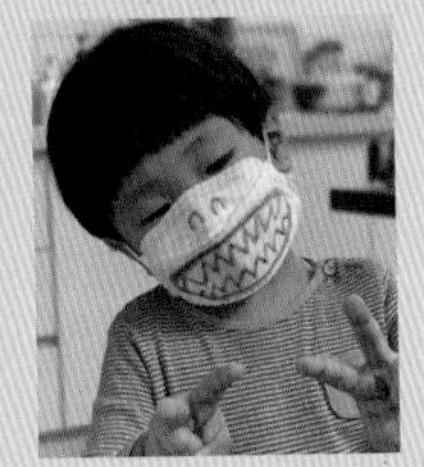

준비물 마스크, 유성펜

만들고 놀기 평소 좋아하는 공룡 티라노사우르스의 입과 코를 그려 넣었다. 두 손가락으로 앞발을 만들어 공룡 역할 놀이에 빠졌다. 이후 숲에 갈 때는 다람쥐같이 동물 얼굴도 그렸다. 스티커를 붙이거나 말풍선을 하는 등 놀이로 친숙해졌다.

✚ 사람과 사람 사이에 2m 거리두기를 유지한다

사람이 많이 찾지 않은 여행지에서 우연히 사람을 마주치면 에둘러 가는 모습을 볼 수 있다. 걱정 말고 즐기라는 듯 서로 마음을 써주는 것 같아 흐뭇했다.

✚ 마스크를 착용하자

사람이 있는 곳에선 꼭 마스크를 착용하자. 여분의 마스크를 준비해 매일 교체하며, 아이가 땀을 많이 흘리거나 마스크가 젖었을 때 바꿔준다.

✚ 환기가 되지 않는 밀폐된 공간은 되도록 가지 않는다

식당을 방문하는 것보다 취사가 가능한 숙소에서 직접 요리해서 먹는다. 어려운 경우 밀키트를 이용하자. 식당을 가야 할 때에는 끼니때를 살짝 비켜서 가거나 포장하는 것도 방법이다.

✚ 손을 자주 씻거나 손소독제를 이용해 깨끗이 한다

손을 씻을 때는 흐르는 물에 비누로 30초 이상 씻는다. 아이가 좋아할 만한 손 씻기 노래가 많으니 함께 율동하며 해도 좋다.

✚ 사람이 없는 여행지를 찾아보자

실내보다 실외 여행지가 좋다. 특히 넓은 면적이면 자연스레 거리두기도 가능하다. 잘 찾지 않는 여행지나 시간대를 이용하는 것도 방법이다. 숙소는 독채로, 취사가 가능하면 좋고 물놀이장이 있으면 금상첨화다.

✚ 여행지 정보를 미리 파악하고 가자

강화의 민머루해수욕장처럼 실외 여행지라도 사람이 많이 찾는 장소라면 문을 닫는 경우가 있다. 정부 시책에 따라 운영 여부가 다르니 미리 확인하고 이동할 것. 박물관은 예약제로 운영되는 경우가 많으니 미리 확인해야 하며 예약자가 많지 않은 시간으로 골라 가는 지혜가 필요하다.

여행지에서 즐기는 엄마표 놀이

세제로 후추세균 물리치기

세제의 강력한 효능을 눈으로 보여주기 위해 간단하게 준비할 수 있는 후추세균 물리치기 놀이를 했다.

준비물 그릇, 물, 후춧가루, 세제

만들고 놀기 그릇에 물을 반쯤 채우고 후춧가루를 뿌린다. 세제를 묻힌 손가락을 둥둥 뜬 후춧가루에 대면 맞닿은 면의 후춧가루가 쫘악 없어진다. 아이가 손을 씻으면 세균도 이렇게 없어진다고 알려주자.

아이여행 짐 싸기

아이와의 여행은 변수가 많아 늘 걱정이 많다. 필요 없을 것 같은 짐도 이것저것 넣게 되는데 어쩌다 쓰이게 되면 내 자신이 그렇게 기특할 수가 없다. 많은 짐을 효율적으로 정리해 혼란을 막아보자. 숙소에서 꺼내도 되는 짐을 넣은 캐리어, 만일의 사태에 대비한 물건을 넣은 작은 여행용 가방, 여행지에서 항상 들고 다닐 활동 가방, 간식박스, 놀이가방 등으로 구분한다. 아래 체크리스트를 보고 상황에 따라 필요한 부분을 체크해 짐을 꾸려보자.

체크리스트 ★ 유아용

구분		내용	비고
캐리어	의류 파우치	날짜별 아이 옷 패키지	체온 조절을 위한 짧은 옷과 긴옷
		잠옷과 수면조끼	온도 조절이 어려운 날씨나 룸 컨디션이 정확하지 않은 숙소는 잠옷 두께가 다른 두 종류를 준비
		속옷과 양말, 계절에 따라 내복	
	상비약 파우치	체온계	
		피부 관련 연고	라놀크림, 리도맥스 등
		해열제 2종류	아세트아미노펜 계열 (챔프), 이부프로펜 계열 (맥시부펜)
		+ 머리에 붙이는 해열패치, 좌약식 해열제 써스펜	
		어린이 소화제	백초, 꼬마활명수
		상처 연고·밴드	후시딘
		인공눈물 또는 식염수	
		손톱깎이, 손톱가위	
	세면 파우치	목욕용품, 로션, 수딩젤, 치약, 칫솔	
	★ 유아	여분의 기저귀	

모기향

소변통

아이 전용가방

구분		내용	비고
여행용 가방	의류 파우치	여분의 옷	놀다가 옷이 오염되었을 때 갈아입히기 편한 옷
		바람막이 점퍼나 겉옷	산이나 바다, 밤 산책 시 입을 만한 방한용
		스카프 또는 빕	바람이 많이 부는 날, 편도선 보호를 위해 가볍게 두르면 좋다.
	날씨별	비옷 또는 우산, 휴대용 선풍기, 목도리, 장갑, 손난로, 마스크	
	★ 모유수유	휴대용 유축기	
		모유수유 저장팩	
		젖병과 세척도구 등	
음식 가방	보냉가방	아이스팩	
		영양제	아이홍삼, 유산균, 비타민 등 물약통에 적당량을 넣어 간다.
		주전부리	떡뻥, 사탕, 젤리, 비타민, 과일 등 아이가 한 손 또는 알아서 먹을 수 있는 음식
		구강 티슈 또는 아이용 자일리톨 사탕	
		물과 음료	
	★ 분유수유	분유	액상분유 또는 스틱분유, 비닐팩에 분유 소분
		젖병과 세척도구, 세제 등	
	★ 이유식	이유식, 수저	레토르트 이유식 또는 바로 먹는 소스, 죽 등
활동 가방		긴급 간식	
		휴대소변통과 휴대용 변기 커버	
		아이 물통	
		물티슈와 휴대용 화장지	+ 제균티슈
		벌레퇴치제	벌레기피제 스프레이형, 벌레물림밴드(버물리 플라스타)
		선크림, 차양모자, 선글라스	
		일회용 비닐봉투	젖은 의류를 싸거나 쓰레기, 기저귀 등을 밀봉해 넣을 수 있다.
	★ 유아	아기띠	
	★ 유아	기저귀	

카시트와 안전벨트 쿠션

구분			내용	비고
휴대폰			아이 관련 서류 (가족증명서, 아기수첩)	
			여행지 병원, 약국, 편의시설 위치	
			아이 아플 때 사용하는 앱	열나요. 응급의료정보
			동요나 아이가 좋아하는 음악, 이야기 파일	
놀이 가방	만들기 파우치		가위(어른, 아이용), 테이프, 모형 눈, 털실, 끈, 풀(종류별), 송곳 등	휴지심이나 포일 등 남은 재활용품이나 플라스틱 제품, 꾸미기 제품은 들고 다닌다.
			스케치북	+ 색지
			크레파스, 색연필, 네임펜, 물감, 붓	다이소 제품은 가성비가 좋아 재벌처럼 쓸 수 있다.
			그물망	자연놀이 재료를 모을 때 좋다.
	놀이템		비눗방울, 물총, 잠자리채, 공, 모래놀이 세트, 스티커북, 책	
	장난감		아이가 고른 장난감 2~3가지	아이가 직접 고르면 아빠 엄마를 탓할 걱정이 없다.
	애착물건		인형이나 장난감 등	
부피 큰 물건			유모차	유모차 커버 포함
			차량용 햇빛가리개	아이가 잘 때는 가리고 깨면 젖힐 수 있는 것이 편하다.
			휴대용 아기의자 또는 부스터, 범보의자	식당에서 아이가 돌아다니지 않도록 습관을 길러주자.
여행별 준비 가방	물놀이		수영복(목이 덮이는)과 수영모	
			구명조끼와 튜브, 물놀이 용품	
			물놀이 신발	아쿠아슈즈나 크록스 신발
			물놀이 가운 또는 비치담요	
		★ 유아	방수기저귀	
	갯벌		여분의 옷	
			장화	
			갯벌체험세트	
	피크닉		피크닉 매트	
			담요	

TIP
날짜에 상관없는
놀이 가방이나 여행별 가방은
항상 꾸려놓고, 상비약파우치는
미리 싸놓으면 평소에도
사용하기 좋다.

아이 사진 예쁘게 찍는 방법

여행지에서 스냅 사진가와 함께 전문적으로 사진을 찍어도 좋지만 우리 가족만 아는 순간을 담기엔 어렵다. 정해진 시간 안에 움직이는 것보다 여행지를 여유롭게 즐기며 아이의 편안한 모습을 담아보자. 아이와 여행지에서 남기는 성장 앨범. 이제 아빠찍사, 엄마찍사가 나설 차례다.

+ 아이 사진을 전문가처럼 보정해 줄 고마운 앱

스냅시드 Snapseed
레트리카 Retrica
뷰티플러스 BeautyPlus
피크닉 Picnic
비스코 VSCO

✚ 빛이 가장 중요하다

사진의 분위기는 빛이 담당한다. 햇빛이 부드러운 오전과 늦은 오후가 가장 잘 나온다. 햇볕이 좋은 날 그늘에서 찍으면 배경을 날리든 얼굴이 어둡든 둘 중 하나를 선택해야 한다. 불상사를 막기 위해선 햇빛을 온전히 받을 수 있는 위치를 찾아야 한다. 그늘에서 찍는다면 배경을 적게 넣고 인물에 초점을 맞추자. 일몰은 골든타임이라고 할 정도로 사진이 잘 나오는 시간이다. 해를 등지고 서서 찍으면 부드러운 색감이, 해를 바라보고 아이를 찍으면 드라마틱한 역광사진이 나온다.

✚ 구도가 반이다

여행인물 사진에서 구도만 맞으면 후보정 작업으로 어느 정도 조절할 수 있다. 황금분할로 불리는 위치에 놓고 찍는 습관을 들이면 좋다. 화면분할 표시를 이용해 인물을 가운데 또는 왼쪽과 오른쪽 1/3 지점에 두고 찍자.

✚ 끊임없이 움직이는 아이, 그보다 빠르게 담아내자

휴대폰은 기본 삼각대 포즈로 준비해야 한다. 그래야 빨리, 흔들리지 않고 찍을 수 있다. 사진 기능을 열고 셔터를 누르는 동작으로 가장 빨리 이어지는 포즈다.

DSLR을 사용한다면 셔터스피드가 답이다. 셔터스피드를 우선으로 찍는 TV모드로 설정하고 1/250초 이상 하는 것이 좋다. 조리개 우선인 AV모드를 좋아한다면 ISO를 AUTO 또는 공간에 따라 높여서 사용하는 것이 좋다. AF는 동체 추적 기능인 AI SERVO로 맞추자.

✚ 연속으로 많이 찍어야 한다

아이는 표정이 이렇게 많을까 싶을 정도로 감정이 얼굴로 모두 나타낸다. 시시각각 변하는 찰나를 포착하기 힘드니 제대로 담으려면 연속으로 많이 찍는 방법밖에 없다.

Tip

1 서로 마주 보고 있을 때는 엄마 눈을 보라고 한다. 눈을 모았다가 다시 돌아오는 놀이를 해주면 한동안 집중하고 웃음까지 유발한다. 아빠가 하나, 둘, 셋 외치면 눈을 바로 떠야 흑역사가 만들어지지 않는다.

2 서 있으라면 절대 말을 듣지 않는다. 바라봐야 할 장소에 집중할 만한 장난감이나 '나비가 나타났다', '공룡을 본 거 같아' 같은 약간의 거짓말이 필요하다. 비눗방울 놀이는 가장 빠르게 집중하기 쉬운 장난감이다.

3 손가락으로 이야기를 들려주면서 자연스럽게 유도해 한자리에서 여러 가지 각도를 찍는 방법도 좋다.

✚ 다양한 구도를 이용하자

아이를 구도에 맞춰 놓고 찍으면 생동감이 없다. 아이는 원래 놀고 뛰고 움직이니 거기에 맞춰 위, 아래, 옆, 달리면서 찍어보자. 패닝(동체가 속도감 있게 흔들린 현상)되거나 거인처럼 커지는 등 재미있는 순간을 담을 수 있다. 여행지를 배경으로 멀리서도 찍고 가까이에서도 찍어보자.

✚ 허리쯤은 과감히 포기해야 한다

'사진에서 아이가 짜부라져서 보여요'라고 말하는 사람들이 가장 많이 하는 실수가 위에서 아래로 사진을 찍어서다. 나보다 키가 작은 아이를 찍으려면 그 높이에 맞춰야 한다.

✚ 아웃포커스를 이용하자

여행지에 사람이 많거나 구도가 마음에 들지 않을 때 주변은 흐리게 하고 아이에게 초점을 맞추는 아웃포커스를 이용하자. 휴대폰에선 아웃포커스 모드나 인물사진 모드를 이용하면 된다. DSLR의 경우 AV로 맞추고 F값을 적게 준 뒤 조리개를 개방해 찍자. 아웃포커스를 안 한 사진도 사진보정 앱으로 쉽게 만들 수 있다.

✚ 아이에게 카메라를 쥐여주자

카메라 안을 쳐다보는 아빠 엄마가 신기한 아이는 곧잘 카메라를 만지작거렸다. 사진에 나온 본인의 모습도 자주 보여줬더니 자신도 찍겠다고 카메라를 달라고 한다. 처음엔 장난감 카메라를 주다 휴대폰을 줬더니 제법 구도가 맞아졌다. 요즘은 사진 찍을 만한 곳을 알아보고 직접 서기도 하고 아빠 엄마를 세우기도 해 자연스레 놀이처럼 됐다.

✚ 늘 사진 찍는 습관을 들이자

사진은 찰나의 미학이라고 하지만 사진으로 남긴 기억은 스토리를 기록된다. 다시 보고 여행을 곱씹으며 즐길 수 있는 추억을 많이 만들자.

공룡 좋아하는 친구 여기 다 모여라 Best 5

인터넷 커뮤니티 사이트에 '공룡에 대해 가장 많이 아는 시기'라는 그래프가 있다. 인생에 딱 두 번. 다섯 살일 때와 아이가 다섯 살일 때다. 고생물학을 전공할 때보다 훨씬 높은 그래프에 많은 이들이 공감의 표를 보낸다. 아이는 왜 공룡을 좋아하는 걸까? 딱 5세인 아이에게 공룡이 왜 좋으냐고 물었더니, '티렉스는 힘이 세고 프테라노돈은 날아서 오니까'라고 대답했다. 아동심리 전문가가 공통적으로 말하는 이유와 가깝다.
첫째, 실제 공룡의 모습을 모른다. 동물은 볼 수 있는데 살아있는 공룡은 어디서도 볼 수 없다. 두 발로 서서 뛰는 공룡과 네 발로 서서 뛰는 공룡이 있는가 하면 뿔이나 골판을 달기도 했다. 하늘을 나는 익룡과 물속을 헤엄치는 수룡까지 다양하다.
둘째, 강하다. 커다란 몸은 갑옷처럼 단단하고 날카로운 이빨과 발톱을 가졌다. 가장 세다고 알려진 티라노사우르스가 최고의 인기를 얻는 것도 바로 그 이유에서다. 크앙~ 하고 큰 목소리를 내면 아빠 엄마가 무서워하는 반응에 재미를 느낀다.
셋째, 무섭지 않다. 실제 지구상에 존재했지만 한순간 세상에서 사라진 공룡은 아이에게 두려운 존재가 아니다. 공룡 여행지에서 움직이는 공룡을 만나도 겁을 먹지 않는다. 오히려 책에서만 보던 공룡이 눈앞에 나타나니 상상력이 더해진다.
자, 이제 공룡에 매료된 아이를 위해 꼭 가야 할 여행지 5곳을 선정했다.

BEST 01 고성 공룡 엑스포(당항포 관광지)

경남 고성은 세계 3대 공룡 발자국 화석지로 꼽히면서 명실공히 공룡도시가 되었다. 2006년 <공룡세계엑스포>를 시작으로 3~4년에 한 번씩 개최하고 있다. 주무대인 당항포관광지에서는 엑스포가 아니더라도 공룡을 만날 수 있다. 공룡 발자국 화석 전시와 유아들도 좋아하는 공룡 캐릭터관, 360도 5D입체영상관까지 공룡에 대한 모든 것을 관람하고 체험할 수 있다. 더 많은 공룡 이야기를 담은 엑스포 기간을 놓치지 말 것!

p.518

p.070

BEST 02 강화 옥토끼 우주센터

강화도에 있는 테마파크다. 우주항공을 주제로 한 실내 전시만큼 공룡 테마 전시도 유명하다. 실외 언덕을 따라 조성된 공룡의 숲에는 63마리의 공룡이 살고 있다. 대부분의 공룡이 실물 크기에 가까운 데다 소리를 내며 움직여 공룡시대로 온 듯 실감난다. 공룡에 관한 자세한 내용은 없지만 공룡 이름과 간단한 소개는 안내판에 설명돼 있다. 봄이면 벚꽃과 철쭉 등 꽃동산이 되어 더욱 화사하고 아름다운 곳이다.

p.123

BEST 03 동두천 경기북부어린이박물관

체험형 어린이박물관 중 공룡을 테마로 한다. 프테라노돈의 날개를 움직이거나 누구의 알인지 알아맞히는 탐정이 되기도 한다. 편백나무 놀이터에서 지도를 들고 공룡 화석을 찾는 고고학자가 될 수도 있다. 발자국에 맞는 공룡을 찾아주거나 퍼즐, 미디어 등 다양한 형태로 공룡을 만난다. 공룡을 주제로 교육·체험활동은 물론 연령대별 놀이가 가능해 두 명 이상의 자녀가 있는 가족이 만족할 만한 박물관이다.

BEST 04 용인 다이노스타

공룡과 뛰어놀고 싶다면 다이노스타로 가자. 놀이에 집중한 테마파크다. 패밀리 골프 게임을 하거나 혹은 공룡 화석을 찾는 중에 갑자기 공룡이 튀어나온다. 공룡이 튀어나온다. 크르릉 소리를 내고 움직이는 공룡이 곳곳에 있어 놀랄 때도 있지만 익숙해지면 웃음이 터진다. 움직이는 공룡 등에 타볼 수 있는 공룡라이더는 아이들이 한 번쯤 꿈꿔봤을 장면이다. 여름에는 물놀이장, 겨울에는 눈썰매장을 개장해 사계절이 즐거운 공룡놀이터다.

p.096

BEST 05 태안 안면도 쥬라기박물관

좀 더 공룡에 대해 알고 싶다면 안면도 쥬라기박물관으로 가자. 공룡에 대한 학설을 바탕으로 꾸며졌으며 미디어와 함께 전시해 이해도를 높인다. 총 3층 전시관으로 이루어진 박물관은 시대별, 종류별로 분류해놓았다. 해양 파충류나 익룡과 같이 공룡 전시 스펙트럼이 넓을 뿐 아니라 광물이나 포유류, 고대 인류까지 아우른다. 공룡 외에는 나열에 가까운 전시라 미리 공부를 하고 가는 것이 좋다. 고고학자가 꿈인 아이라면 꼭 방문해야 할 필수코스다.

p.271

자동차 좋아하는 친구 여기 다 모여라 Best 5

아이와 여행을 다니다 보면 차 안에서 대기하는 경우가 생긴다. 그때면 아이는 꼭 운전석을 차지한다. 물론 시동은 끈 상태에서 배터리만 켜서 와이퍼도 움직이고 사이드미러를 접기도 한다. 자신이 조종할 수 있고 거기에 맞춰 반응하는 자동차에 매력을 느끼는 듯했다.

아이는 왜 자동차를 좋아할까? EBS에서 만든 <아이의 사생활> 5부작 다큐멘터리에서 몇 가지 답을 얻었다. 여자아이는 망막에 P세포가 많아 색깔에 민감하고 남자아이는 M세포가 많아 사물의 움직임에 민감하다는 결론이었다. 때문에 남자아이는 자동차처럼 움직이는 물질을 좋아한다는 것이다. 또한 '뇌가 서로 다른 순서로 발달한다'고 한다. 여아는 언어나 소근육 관련 뇌 부위가, 남아는 목표 적중이나 공간기억 관련 뇌 부위가 먼저 발달한다는 것이다. 남녀를 구분해서 가르칠 필요는 없지만 좀 더 아이를 이해할 수 있는 흥미로운 연구 결과다. 자동차를 좋아하는 친구는 물론, 우리 사회에서 꼭 알아야 할 교통안전까지 알려줄 여행지 5곳을 선정했다.

BEST 01 고양 현대 모터스튜디오

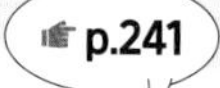

현대자동차 기업에서 만든 국내 최대의 체험형 자동차 테마파크다. 우리나라에서 유일하게 자동차의 생산과정과 기술력, 안전교육을 함께 체험할 수 있어 추천한다. 모든 전시과정이 예술과 결합해 상상력을 키워주는 점도 좋다. 1층 전시관에선 아이들에게 인기 애니메이션인 <헬로 카봇>의 주인공을 이곳에서 만날 수 있다.

p.056

p.241

BEST 02 공주 로보카폴리 안전체험공원

안실련(안전생활실천시민연합)에서 만든 안전체험공원이다. 키즈카페처럼 흥미로운 캐릭터 모형과 다채로운 색감으로 아이들의 호기심을 자극한다. 이론적 수업보다 아이의 눈높이에 맞게 체계적으로 안전교육을 진행한다. 화재대피교육에서는 장애물을 피하거나 인체에 무해한 연기를 이용해 실감나는 체험을 할 수 있다. 시기별 안전교육이 다양하게 준비돼 있어 재방문을 부르는 여행지다.

p.093

BEST 03 용인 삼성교통박물관

삼성화재에서 사회공헌의 일환으로 만든 교통박물관이다. 기업에서 수집한 클래식 카 80여 대가 전시되어 있어 아이는 물론 아빠 엄마도 반기는 자동차 여행지다. 미리 예약하면 클래식 카 시승도 가능하다. 자동차 액세서리와 부품을 이용한 체험 코너와 쉼터도 마련되어 있다. 교통안전교육자료가 있는 어린이 교통나라는 체험형보다 전시형에 가깝다.

BEST 04 서울 경찰박물관

아이의 장래희망 중 하나인 경찰에 대해 알아볼 수 있는 박물관이다. 조선시대부터 시작된 경찰의 역사와 역할을 알아볼 수 있다. 특수경찰이 하는 일을 축소 디오라마 모형에 담은 전시가 인상적이다. 2층 체험의 장에서 유치장이나 수갑 체험, 112 신고센터 체험 등 전문적인 체험도 가능하다. 단, 전시장이 어두운 편이라 아이가 불안할 수 있으니 미리 알려주는 것이 좋다. 유아는 1층에서 경찰 순찰차나 교통용 모터사이클을 타는 체험 정도가 가능하다.

난이도 ★ 주소 새문안로 41 여닫는 시간 09:30~17:30
쉬는 날 월요일 요금 무료

BEST 05 삼척 하이원 추추파크

자동차는 아니지만 탈것에 관심이 많다면 기차 테마파크로 여행을 떠나보는 건 어떨까? 이곳은 테마파크를 한 바퀴 둘러보는 미니트레인과 최고 속도를 자랑하는 레일바이크, 놀이기구와 열차를 이용한 숙박시설 등을 갖췄다. 지금은 터널이 뚫려 기차가 일직선으로 지나지만 예전에는 강원도 산간지역을 오르내리는 기차인 스위치백 구간이 있었다. 나한정역을 왕복하는 스위치백트레인을 타면 갈지(之)자로 지그재그 움직이는 산악철도 체험이 가능하다. 나한정역에서 20분간 정차하는데 광부였던 지역민이 만드는 핸드드립커피를 놓치지 말자. 1세대 커피 명장 박이추 선생의 로스팅 원두를 사용한다.

난이도 ★ 주소 심포남길 99
여닫는 시간 09:30~17:30(스위치백트레인 11:00, 13:00, 15:00)
요금 스위치백트레인 10,000원, 레일바이크 4인승 35,000원

아이와 가기 좋은 물놀이 장소 Best 10

여름이 되면 아빠 엄마의 눈치게임이 시작된다. 한여름 무더위를 확 날려줄 최적의 물놀이장을 찾기 위해서다. 아이가 놀아야 하니 위험하지 않았으면, 물이 깨끗했으면, 사람이 별로 없었으면 좋겠다는 마음은 모두 같을 것이다. 그런 조건을 만족시킬만한 아이와 놀기 좋은 물놀이 장소 Best 10을 선정했다.

BEST 01 고성 화진포해수욕장

피서지로 동해를 빼놓고 이야기할 수 없는데, 고성은 상대적으로 멀리 있어 방문객들이 적은 편이다. 화진포 호수와 해변이 연결되어 염분이 없는 담수 지역과 파도를 즐길 수 있는 해수 지역으로 나뉜다. 호수물에 밀려온 모래가 곱고 날씨에 상관없이 놀 수 있다는 것이 장점이다.

p.178

p.490

BEST 02 경주 독락당

경주 중심과 떨어져 있어 방문객이 많지 않다. 조선시대에 지어진 전통 고택과 옥산서원이 함께 있어 고즈넉한 풍경을 즐길 수 있다. 오래 전부터 물놀이장으로 유명했으나 문화유산으로 지정되어 현재 물놀이는 금지되었다. 하지만 빼어난 경치 덕에 탁족으로도 만족할 만하다.

물놀이 주의사항

1 5~10분 정도 준비운동이 꼭 필요하다. 콩순이체조나 번개체조 등 아이들이 평소에 좋아하는 체조를 따라 해도 좋다.

2 차양에 신경 써야 한다. 자외선 차단제는 물론 물에 젖어도 가볍고 잘 마르는 긴팔 래시가드를 입힌다. 뒷목을 덮는 모자 착용도 잊지 말자.

3 탈수, 탈진에 주의하자. 아이가 물속에서 오래 있다 보니 몸이 차가워져 장의 활동도 느려진다. 물놀이 전에는 많이 먹이지 않는 것이 좋다. 물놀이를 하고 나오면 따뜻한 물 한 잔을 먹이고 부드러운 음식을 먹이도록 하자. 물놀이를 마치고 난 다음엔 열량이 높은 음식으로 체력을 보충해 주는 것이 좋다.

4 수영을 잘하는 아이라도 꼭 부모의 시야 안에 있도록 하자.

5 아이가 물을 먹으면 당황해 긴장하므로 평소에 잠수를 연습하는 것이 좋다.

6 바다나 계곡 비다에는 날카로운 쓰레기가 있을 수 있어 꼭 물놀이 신발을 신는 것이 좋다.

7 바다나 계곡 바위에 이끼 낀 곳이나 물놀이장 출입구 바닥에서 미끄럼 사고가 많이 일어난다. 장난치거나 뛰지 않도록 주의하자.

8 워터파크 중 탈의실과 연결된 문이 있는 경우 끼이거나 부딪힐 수 있으니 주의하자.

9 튜브를 타다가 뒤집어질 수 있는 사고에 유의하자.

10 아이가 모래를 만진 뒤 무의식으로 눈을 비빌 수 있으니 미리 주의를 주는 것은 물론 간이 가방에 물티슈나 물병을 준비하는 것이 좋다.

11 아이 체온을 유지할 타월이나 옷을 꼭 준비하자. 구명조끼는 안전뿐 아니라 물놀이 시 체온 유지에도 도움이 된다.

12 모래사장에서는 가죽 같은 거친 재질의 신발은 삼가는 것이 좋다. 신발 안에 모래가 들어가 살이 까질 우려가 있다.

p.494

BEST 03 포항 용계정

'덕연구곡'으로 불리는 계곡으로 조선시대 유학자들이 즐겨 찾는 용계정 아래 있다. 사원 철폐 당시에도 못 찾은 숨겨진 명소다. 낮은 개울 구간과 어른 허리까지 오는 깊은 구간, S자로 굽어지는 자연 슬라이드 구간까지 있다. 강수량에 따라 수위가 다르니 참고하자.

p.214

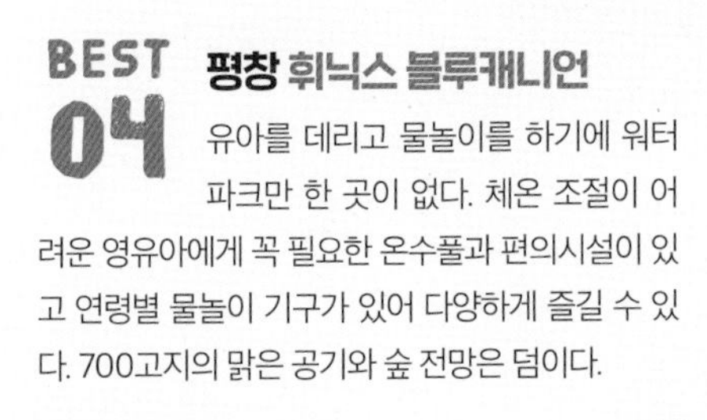

BEST 04 평창 휘닉스 블루캐니언

유아를 데리고 물놀이를 하기에 워터파크만 한 곳이 없다. 체온 조절이 어려운 영유아에게 꼭 필요한 온수풀과 편의시설이 있고 연령별 물놀이 기구가 있어 다양하게 즐길 수 있다. 700고지의 맑은 공기와 숲 전망은 덤이다.

p.486

BEST 05 경주 뽀로로 아쿠아빌리지

물놀이가 처음이라면 친근한 캐릭터의 뽀로로 아쿠아빌리지로 가자. 뽀로로와 친구들이 맞이하는 풀장과 유수풀, 미끄럼틀이 어린이를 중심으로 만들어졌다. 온천수를 사용해 물이 좋은 것도 장점. 주말에는 뽀로로와 친구들의 공연도 열린다.

아이와의 물놀이, 알아두면 좋은 꿀팁

1 계곡이나 바다에선 수온이 낮아 일정 시간마다 쉬는 것이 좋다. 특히 밀물 때 모래놀이나 얕은 물에서 하는 채집활동으로 유도해 몸을 데우는 것도 방법이다.

2 물놀이를 갈 때는 숙소에서 미리 수영복을 입고 가는 것이 편하다.

3 탈의실이나 샤워실이 없는 계곡이나 바다에선 몸을 닦을 수건과 갈아입을 옷을 준비하자. 차에 수돗물을 담은 큰 물통을 미리 준비하면 아이만 가볍게 씻길 수 있다. 갯벌놀이를 할 때도 유용하다.

4 아이가 물놀이를 무서워한다면 아빠 엄마의 가슴에 밀착해서 힘껏 안아 편안한 상태에서 물에 들어간다. 신뢰를 쌓은 후 물을 찰방거리거나 발장구를 치며 물놀이의 재미를 알려준다.

5 아이가 물에 잠시 빠져 물을 먹더라도 걱정스러운 얼굴을 하거나 다그치지 말자. 용기 섞인 칭찬이나 재미있는 농담으로 분위기를 푸는 것이 좋다.

6 아이의 물놀이를 도와줄 튜브와 물총, 모래놀이 세트 등을 준비한다. 없다면 물을 머금어 쭉 짜거나 배처럼 놀 수 있는 스펀지, 페트병 뚜껑에 구멍을 뚫어 물총처럼 쏘거나 몸체에 구멍을 여럿 뚫어 분수처럼 만드는 페트병, 나뭇가지와 단단한 잎을 이용해 만드는 물레방아 등으로 놀아주자.

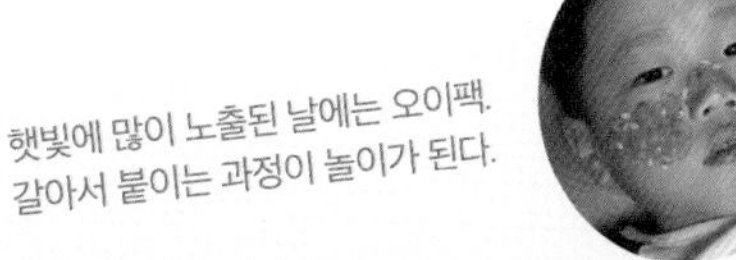

햇빛에 많이 노출된 날에는 오이팩. 갈아서 붙이는 과정이 놀이가 된다.

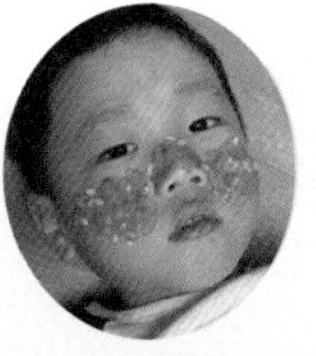

BEST 06 안양 유원지

관악산과 삼성산의 계곡을 따라 조성된 물놀이 장소다. 안양예술공원 작품인 <나무 위의 선으로 된 집> 인근부터 김중업박물관까지 이어진다. 상류는 오전 늦게까지 물안개가 피어오를 정도로 시원하다. 대부분 아이들이 놀기 좋은 얕은 수심이며 곳곳에 어른 허리까지 오는 수심도 있다. 계단형으로 정비가 잘 되어 있어 어느 곳을 선택해도 좋지만 상류를 추천한다. 상류 위쪽은 출입금지구역이라 물이 깨끗하고 시원하다. 주변에 텐트를 설치할 수 있는 그늘 공간이 있으며 배달업체를 통한 음식 주문도 가능하다.

난이도 ★★ 주소 석수동 산20-2 여닫는 시간 24시간
요금 무료 여행 팁 상부 주차장(안양예술공원 노외주차장)은 협소한 데다 등산객 차량까지 더해 새벽 일찍 도착해야 가능하다. 유원지 가는 길이 외길이라 오후에는 정체가 있으니 오전에 가는 것을 추천한다. 갓길 주차는 철저히 단속한다.

BEST 07 시흥 한울공원 해수풀장

서해 넘어 인천 송도국제도시가 보이고 야자수 조형물을 설치해 이국적인 분위기를 자아낸다. 해수풀장이 쉬는 날 수질 점검과 시설 점검은 관리가 잘 되는 편이다. 수영장에 들어갈 때는 수영복과 수영모를 반드시 착용해야 하며 모자도 가능하다. 유아풀과 성인풀로 나뉘어 있으며 물놀이 45분 후에는 15분 휴식시간, 낮 12시부터 1시까지는 점심시간으로 정해져 있다. 입구 통로에 있는 돗자리석은 바람이 통하는 곳이라 쉬는 동안 있으면 춥기 때문에 미리 체온을 유지시켜 주는 타월이나 옷을 준비하는 것이 좋다. 운영시간 후에는 2층 잔디공원에서 즐기는 일몰도 으뜸이다. 토요일에는 선셋 버스킹이 열린다. 해수풀장과 멀지 않은 곳에 한울공원이 있다. 바다를 배경으로 한 모래놀이터로 원통형 그물정글짐을 중심으로 스프링카와 미끄럼틀 등 놀이기구가 있다. 넓은 잔디밭과 그늘막이 있어 햇빛이 강한 날에도 놀기에 문제없다.

난이도 ★ 주소 해송십리로 61 여닫는 시간 7~8월 10:00~17:00(매년 변경 가능하므로 공식 인스타그램 확인) 쉬는 날 월·금요일 요금 입장료 4,000원, 그늘막 5,000원(인터파크 사전 예약) 웹 @baegot_hanul_park

BEST 08 단양 사인암

역사적 배경을 뒤로 하고 깎아 지르는 절벽이 아름다운 계곡으로 단양팔경에 속한다. 물이 얕은 편이라 여름 햇빛에 달궈지면 미지근한 수온 덕분에 아이들이 물놀이 하기에 적당하다. 깊은 곳도 있으나 위험 표시가 되어 있으니 참고하자. 다양한 크기의 돌이 불규칙하게 있어 미끄러짐이나 넘어짐에 주의해야 한다. 작은 물고기도 있어 소소하게 잡는 재미가 있다. 정오가 지나면 사인암 절벽 아래부터 그늘이 되지만 그전에는 햇빛 가릴 곳이 없어 그늘 자리를 마련해야 한다. 사인암 바로 앞에 슈퍼마켓과 숙박시설이 있으며 공중화장실은 걸어서 2분 내외에 있다.

난이도 ★ 주소 사인암 2길 42 여닫는 시간 24시간 요금 무료
여행 팁 주차는 사선대주차장에 하면 된다.

BEST 09 부산 아난티코브 워터하우스

고급스러운 인테리어와 분위기, 바다와 경계가 모호한 인피니티풀이 있어 인기다. 숙박객이 아니라도 이용할 수 있는 물놀이장으로 워터파크보다 조금 비싸지만 가볍게 호캉스 기분을 낼 수 있다. 600m 깊이의 암반천에서 솟아난 온천수를 이용하며, 독립적인 스파나 사우나 시설을 이용할 수 있다. 대부분 수심이 낮은 편이라 아이와 함께 즐기기 좋다. 주전부리를 파는 식당이 있으며 맛도 괜찮은 편. 반일권(4시간)으로 아이와 즐기기 충분하고 여름에는 저렴한 야간권을 이용하면 밝을 때부터 일몰, 야경까지 모두 즐길 수 있어 추천한다. 수영복과 수영모(모자 대체 가능) 지참은 필수다.

난이도 ★ 주소 기장해안로 268-32 여닫는 시간 09:00~22:00(계절별 상이)
요금 홈페이지 참조 웹 www.ananti.kr/kr/cove/waterhouse.asp 여행 팁 워터하우스 홈페이지 프로모션이나 신용카드로 할인 혜택을 받을 수 있다.

BEST 10 공주 동학사

특별한 기가 흐른다는 계룡산 주위에 풍경 좋은 8곳을 선정한 계룡팔경이 있다. 그중 5경이 동학계곡의 신록으로 초여름 티운 푸른빛의 잎이 맑은 계곡을 채색한다. 3.6km의 동학사 계곡 중 계곡 초입부터 동학사 입구까지 상가골목이 이어진다. 식당 안으로 들어가면 계곡이 나오는 구조로 계곡 가장자리로 시멘트를 발라 돗자리를 폈다. 물길은 유순하고 수심도 일정하고 얕아서 영유아가 놀기 좋은데, 발밑 자갈에 미끄러질 수 있으니 주의하자. 계곡 위에는 등나무 넝쿨이 그늘을 만들어 더위를 한풀 꺾어준다. 그러나 찾는 이가 많아 오전 일찍 또는 늦은 오후에 가는 것이 좋다. 차양 시설은 없지만 계곡이 넓어 어린이가 놀기에 좋다. 식당 이용이 부담스럽다면 카페 '어썸845' 앞도 괜찮다.

난이도 ★ 주소 동학사 1로 여닫는 시간 09:00~22:00(식당별 상이)
요금 도토리묵 8,000원, 부침개 8,000원
여행 팁 식당 이용 시 바로 앞에 주차할 수 있다.

아이와 가기 좋은 미술관 Best 10

유럽 미술관을 갔을 때 우리나라 여행객이 놀라는 포인트가 몇 가지 있다. 그중 하나가 미술교육이다. 유럽은 작은 미술관이라도 아이들이 바닥에 앉아서 그림을 그리는 풍경을 쉽게 볼 수 있다. 프랑스는 유치원생 과정의 80%가 미술과 관련된 수업이 포함된다고 한다. 글보다 먼저 배우는 미술, 왜 중요할까?

많은 전문서적들이 이야기하는 바는 창의력이 향상된다는 것이다. 틀에 갇히지 않은 아이의 순수한 생각이 사물을 새롭게 보고 독창적으로 사고하게 한다. 무엇을 그리고자 하면 호기심을 바탕으로 세밀하게 관찰해야 하니 집중력도 높아진다. 자신이 사용할 수 있는 도구 즉, 오감을 사용해 받아들이고 표현하니 감각이 자극되고 소근육도 발달한다. 글은 물론 말로 표현하기 어려웠던 아이의 감정이나 의견을 표현도구로 삼기도 한다. 그렇다면 우리는 어떻게 아이에게 좋은 미술을 가르칠 수 있을까?

미술의 영역에선 가르침도 배움도 없다. '모든 어린이는 예술가로 태어난다'고 피카소가 말하지 않았던가. 그처럼 전문가들은 표현의 자유에 맡기라고 조언한다. 형식적인 칭찬 대신 재료와 색의 조합, 형태에 대해 이야기를 나누고 과정에 집중하자. 아이의 작품을 존중하고 집 한 곳에 전시를 위한 공간을 마련하는 것도 좋다. 작품 세계를 더욱 넓힐 수 있도록 동료 작가(?)의 작품을 보거나 시야를 넓혀주는 미술관 여행을 떠나보는 것도 좋겠다.

p.120

BEST 01 양주 장욱진미술관

'나는 심플하다'라고 자신의 작품을 표현한 장욱진 화가의 미술관이다. 단순한 선과 면으로 된 미술관 내부는 입체적으로 연결되어 보는 방향에 따라 다른 시선을 준다. 아이처럼 가벼운 그림체는 감상자가 느끼는 상상의 범위를 넓혀준다. 냇가와 야외 잔디밭이 있어 나들이하기에도 좋다.

p.121

BEST 02 양주 가나아트파크

몸으로 체험하는 미술작품이 많아 활동적인 아이가 가볼 만하다. 섬유작가 토시코 맥아담이 만든 <에어포켓>은 정글짐처럼 오르거나 매달리고 놀 수 있어 감성놀이터에 가깝다. 피카소 전시관과 현대미술전시도 있지만 샌드아트나 바닥에 대형 분필로 낙서를 하는 등 디양한 미술 체험을 시도하고 있다.

p.046

BEST 03 파주 어린이미술관 자란다

어린이를 위한 미술관으로 아이 연령에 맞춘 기획 전시가 특징이다. 유명 화가의 작품을 놀이로 배우게 되는데 전문 도슨트의 안내에 따라 서로의 생각을 나누고 체험한다. 숲에 자리한 미술관은 숲 하이킹을 하거나 옥상놀이터에서 놀 수 있으며 창의적인 계절별 놀이도 준비되어 있다.

BEST 04 성남 현대어린이책미술관

책을 주제로 하는 미술관으로 전문가가 세심하게 고른 책은 전면이 보이도록 전시한 진열방식이 눈에 띈다. 전시공간에서는 책과 연관된 주제를 카드나 구조물, 소리 등 다양한 재료를 이용해 구현해 전시하고 있다. 건축가가 설계한 인테리어도 관람 리스트에 꼭 넣어두길 추천한다.

p.100

p.135

BEST 05 안양 예술공원

안양공공예술프로젝트의 일환으로 삼성산을 도화지 삼아 예술을 담아 놓은 곳이다. 파빌리온을 시작으로 계곡 건너 산책길을 따라 오르며 설치미술 작품을 감상할 수 있다. 숲으로 들어가 자연놀이와 함께 즐길 수 있으며 사진 찍기에도 좋아 아이와 추억을 남길 수 있다.

p.097

BEST 06 용인 뮤지엄그라운드

어린이를 위한 미술관은 아니지만 그래피티 전이나 실내외 공간을 아우르는 독특한 전시가 많아 가족 단위로 미술관을 찾는 사람들이 많다. 특이한 공간 구성과 감각적인 인테리어, 유니크한 작품들로 인기다. 루프탑 카페 '그라운드'에서 휴식을 취하기 좋다.

p.205

BEST 07 강릉 하슬라 아트월드

미술관과 호텔, 언덕과 조화를 이룬 조각과 동해 바다를 내려다보는 위치마저 작품인 미술관이다. 독특한 전시로 오랫동안 사랑받아온 미술관이다. 고전동화인 피노키오로 아이들에게 친숙한 전시와 이에 영감 받은 작품들을 전시한다. '응가기'인 5세 아이들이 좋아할 소똥전시관도 있다.

BEST 08 과천 국립현대미술관

국립현대미술관 중 유일하게 어린이미술관을 보유하고 있다. 국립미술관답게 방대한 소장 작품은 물론 다양성까지 갖추고 있어 꼭 찾아야 할 미술관으로 손꼽힌다. 어린이 예술교육 프로그램을 운영하고 있어 미리 예약 후 참여할 수 있다. 카페테리아인 '라운지 디'에서 피자를 먹고 야외 조각공원에서 나들이를 즐겨도 좋다.

난이도 ★★ 주소 광명로 313 여닫는 시간 화~금·일요일 10:00~18:00, 토요일 10:00~21:00
쉬는 날 월요일 요금 무료 여행 팁 주말에는 과천 서울랜드와 동물원 이용객과 주차장까지 이동하는 데 겹치는 도로가 있어 오전 일찍 도착하는 것이 좋다.

BEST 09 영월 젊은달 와이파크

설치미술가 최옥영 작가의 손을 거쳐 탄생된 이곳은 영월의 대지를 한 번에 보여주는 미술관이다. 입체적인 공간 접근과 동선이 만든 공간의 흐름이 눈에 띈다. 특히 작품 <목신>은 강원도에서 나는 소나무로 소우주를 만들고 그 가운데 뜬 영월의 젊은 달을 표현했다. 철제파이프를 이용한 붉은 대나무숲이나 붉은 파빌리온은 포토제닉한 장소로 손꼽힌다. 영월의 청정 자연과 강렬한 예술작품의 만남이 시너지를 내는 공간이다.

난이도 ★ 주소 송학주천로 1467-9 여닫는 시간 평일 11:00~18:00, 주말 10:00~18:00
쉬는 날 수요일 요금 어른 15,000원, 어린이 10,000원(소셜커머스 구매 시 할인 가능)

BEST 10 정선 삼탄아트마인

삼척탄좌 정암광업소를 가리키는 삼탄, 예술을 뜻하는 아트, 광산을 칭하는 마인이 합쳐 이름 지어졌다. 광업소 자료실부터 광부들의 샤워실인 마인갤러리, 세화장 등 옛 광부의 삶을 마주할 수 있다. 곳곳에 예술품이 전시되어 있어 색다른 분위기를 자아낸다. 아트센터와 연결된 레일 바이 뮤지엄은 수직으로 통하는 엘리베이터와 멈춘 기계들을 고스란히 남겨두었다.

난이도 ★★ 주소 함백산로 1445-44
여닫는 시간 동절기 09:30~17:30, 하절기 09:00~18:00, 여름 극성수기 09:00~19:00
쉬는 날 월요일 요금 어른 13,000원, 청소년 12,000원

아이여행, 숙소가 중요하다 Best 5

아이와 여행할 때 숙소는 무엇보다 중요하다. 안락함은 가족의 안전과 컨디션을 좌우하는 요소이기 때문이다. 요즘 가족여행자는 이것으로 만족하지 않는다. 숙소가 가진 달란트가 무엇이냐에 따라 여행지로 떠나는 것 이상의 머무름을 추구하게 한다. 숙소 단 하나의 이유로 가고 싶은 5곳을 선정했다.

p.334

BEST 01 고창 상하농원

'짓고 먹고 놀다'라는 슬로건처럼 자연친화적인 농원이자 숙소다. 숙소 곳곳에는 손편지처럼 친근하고 정성 어린 마음이 엿보인다. 아이를 위한 동화책방과 자연 그대로의 재료로 지은 집이 그렇다. 푸른 대지 위에 움트는 자연의 양식은 느리지만 정직하다. 그대로 전달받아 맛보는 아침식사는 이 선물 같은 여행의 절정을 이룬다. 아이에게 자연만큼 좋은 여행지는 없다.

p.470

BEST 02 부산 아난티 힐튼

부산 힐튼호텔은 입장부터 남다르다. 숙박객을 맞이하는 프런트가 꼭대기층이다. 호텔이 보여주고 싶은 부산 바다를 말없이 보여주는 겸손처럼 보인다. 객실도 예외는 아니다. 기본 룸이 이그젝큐티브 룸으로 상향 조정되었다. 장소마다 트렌디한 개성을 지녔으나 호텔 전체가 유기적인 흐름을 보인다. 주차장부터 외관, 내부를 아우르는 곡선의 인테리어뿐 아니라 라이프스타일을 고려한 복합문화공간 아난티 타운이 있어서다. 책의 가치를 보여주는 이터널저니와 목란, 볼피노 같은 유명 레스토랑, 레고 플레이를 할 수 있는 브릭라이브 인 등 즐길거리가 다양하다. 한시적 유행에 흔들리지 않고 확고한 스테이 방향을 제시하는 호텔이 고전의 반열에 오르는 것은 당연하다.

☛ p.225

BEST 03 평창 켄싱턴호텔

전국의 켄싱턴호텔은 호감형 숙소다. 오래된 건물이지만 잘 다듬었고 아이를 위한 감성놀이터와 편의시설이 잘 갖춰져 있다. 무엇보다 저렴한 숙박비로 부담이 없다. 그 중에서 평창은 2만여 평의 프랑스풍 정원 부지와 숲놀이터로 인기다. 오대산 골짜기에서 상원사와 월정사를 거쳐 내려온 계곡이 놀이터까지 이어진다. 주변에 계절별 꽃이 피고 곤충 채집도 가능하다. 객실 외에 높은 건물이 없어 오대산 뷰도 제대로 즐길 수 있다. 자연에 폭 쌓인 듯 평화로운 숙소다.

BEST 04 남원 예촌

우리에게 편안한 쉼을 가져다주기에 한옥만 한 곳이 있을까! 기라성 같은 한옥 명장들이 모여 손맛 한번 제대로 냈다. 부드러운 호선을 그리는 기와부터 손님을 기다리며 군불을 지핀 구들장까지 진짜다. 이곳에서 취하는 휴식은 유순하다. 툇마루의 사색이 그렇고 천연 재료로 쌓은 벽 넘어 참나무 냄새가 그렇다. 주차를 하자마자 반겨주는 직원의 안내는 아랫목처럼 하루를 뜨듯하게 만든다. 아이와 전통놀이를 하거나 압화부채, 고무신 꾸미기 등 전통 공예체험을 할 수 있다. 마패처럼 생긴 프리패스권은 바로 옆 광한루를 수없이 오갈 수 있다. 그래서인가, 춘향과 이몽룡의 낭만이 전염되는 듯하다. 아이가 밤하늘을 보더니 문득 말했다.

"엄마, 하늘 좀 봐. 참 예쁘다. 별이 반짝반짝 하고 있어."

☛ p.376

BEST 05 인천 파라다이스시티호텔

데미안 허스트의 작품 <골든 레전드>와 구사마 야요이의 작품 <거대한 호박>을 중심으로 호텔 곳곳에 예술작품이 전시된 아티스틱 호텔이다. 화려한 프런트와 달리 모던한 객실이 편안함을 준다. 투숙객이라면 무료로 미술 관람을 할 수 있는 갤러리 아트 스페이스는 놓칠 수 없는 혜택이다. 아이들이 놀 수 있는 실내외 놀이터, 키즈존과 볼링·포켓볼·플레이스테이션이 가능한 엔터테인먼트존, 사파리파크도 있다. 가족형 실내 테마파크인 원더박스는 감각적인 디자인의 인테리어로 아이는 물론 아빠 엄마의 마음도 사로잡는다. 무엇보다 아이의 관심을 사로잡는 요소는 비행기다. 창문 너머로 인천공항에 비행기가 뜨고 내리는 모습을 볼 수 있으며 호텔 수영장에서도 쉽게 볼 수 있어 여행을 떠나는 기분이 물씬 든다.

주소 영종해안남로 321번길 186 여닫는 시간 체크인 15:00, 체크아웃 11:00 웹 www.p-city.com/front

아이와 가기 좋은 고속도로 휴게소 Best 10

차를 잘 타는 아이도 장거리 여행에는 속수무책이다. 오랜 시간 카시트에 앉아 있으니 허리와 다리가 아프다. 어른도 아픈데 활발하게 성장하는 내 아이는 얼마나 불편할까? 거기다 유아의 경우 뇌에 영향을 줄 수 있다고 하니 휴게소는 필수 중의 필수다. 잠시 쉬었다 가도 우리 아이가 신나게 놀 수 있는 휴게소 10곳을 선정했다.

BEST 01 이천 덕평자연휴게소

휴게소계의 종합선물세트다. 휴게소 음식 중 매출 1위라는 소고기국밥은 물론, 맛집, 아웃렛 쇼핑, 정원, 애견파크, 별빛정원 우주까지 다채롭다.

BEST 02 익산 여산휴게소

운전하는 아빠 엄마는 늘 카페인이 고프다. 이곳에는 카페 '온전히on journey'가 있어 카페인 충전이 가능하다. 잘 로스팅한 원두를 배치 브루(batch brew) 방식으로 추출해 핸드드립처럼 풍부한 향을 즐길 수 있다.

BEST 03 군위 영천휴게소

공장 콘셉트로 인테리어를 한 휴게소다. 작업복을 입은 직원 덕분에 더욱 실감난다. 파이프를 조이거나 돌릴 수 있는 곳도 있어 아이들과 놀기 좋다.

BEST 04 안산 시화나래휴게소

고속도로를 타지 않아도 만날 수 있는 휴게소다. 시화방조제 중간에 있어 뻥 뚫린 시야가 만족스럽다. 75m 높이의 달 전망대에 올라 아슬아슬한 유리데크에서 기념사진을 남겨보자.

BEST 05 순천 황전휴게소

휴게소 사진 명소 10선에 선정된 휴게소다. 지리산 노고단과 구례 사성암을 조망할 수 있는 'SEE:노고단' 전망대가 있다. 맛고을 전라도답게 해초비빔밥이 유명하니 한번 맛봐도 좋겠다.

BEST 06 옥천 금강휴게소

철봉산 둔주봉 아래 금강 풍경을 볼 수 있다. 휴게소 뒤편 계단으로 내려가면 간이 음식을 판매하는 천막이 있고, 낚싯대 대여도 할 수 있어 해금강을 가로지르는 보에 서서 낚시체험이 가능하다.

BEST 07 인제 내린천휴게소

강원도 태백산맥에 살포시 내려앉은 비행선처럼 독특한 건축물로 사랑받는다. 내부로 들어가면 전면이 디자인 유리창으로 되어 있어 액자를 달아놓은 듯하다.

BEST 08 시흥 하늘휴게소

고속도로 위 다리처럼 세워진 휴게소로 하늘에 떠 있는 형상이다. 하늘휴게소 내에서 도로를 보며 요기를 할 수 있다. 막힐 때에는 정체상황을 보며 잠시 쉬어가도 좋겠다.

BEST 09 삼국유사 군위휴게소

아빠 엄마의 추억은 물론 할아버지 할머니의 추억까지 소환해줄 복고풍 휴게소다. 교련복과 옛 교복을 입은 직원과 빈티지한 간판이 이곳 분위기의 몰입감을 더해준다.

BEST 10 문경휴게소

아이 편의시설에 신경 쓴 휴게소로, 깔끔한 실내에 아이를 눕힐 수 있는 매트리스가 있다. 외부에는 우체국, 경찰서, 기차, 시청, 등 미니 테마파크가 있으며 언덕 산책길도 있어 잠시 걷고 오기 좋다.

WHERE TO GO

01 파주

02 강화

03 용인

04 포천

양주

아이 좋아 가족 여행

경기

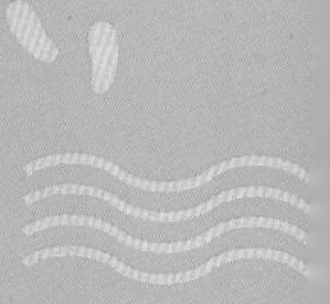

WHERE TO GO

01 파주

파주

BEST COURSE

1박 2일 코스

01 아이와 여유롭게 보낼 수 있는 힐링 코스

1일 퍼스트가든 → 점심 도시락 → 어린이미술관 자란다 → 저녁 파주닭국수

2일 임진각 평화누리

02 아이와의 다양한 활동을 중시하는 체험 코스

1일 블루메미술관 → 점심 DMZ 장단콩 두부마을 → 아이레벨 트라움벨트 → 지혜의 숲 → 저녁 출판단지 내 식당

2일 고양 렛츠런팜 원당 → 점심 너른마당 → 현대모터스튜디오 고양

2박 3일 코스

01 아이와 여유롭게 보낼 수 있는 힐링 코스

1일 임진각 평화누리 → 점심 도시락 또는 임진각 평화누리 내 식당 → 블루메미술관 또는 헤이리마을 → 저녁 DMZ 장단콩 두부마을

2일 지혜의 숲 → 점심 퍼스트가든 내 식당 또는 도시락 → 퍼스트가든 → 저녁 파주닭국수

3일 고양 렛츠런팜 원당 → 점심 너른마당 → 현대모터스튜디오 고양

02 아이와의 다양한 활동을 중시하는 체험 코스

1일 서울 진관사(은평한옥마을) → 점심 북한산 제빵소 → 마장호수 → 저녁 너른마당

2일 현대모터스튜디오 고양 → 점심 현대모터스튜디오 고양 내 레스토랑 → 지혜의 숲 → 아이레벨 트라움벨트 → 저녁 출판단지 내 식당

3일 어린이미술관 자란다

임진각 평화누리
파주
어린이미술관 자란다
블루메미술관
마장호수 출렁다리
체험농장 애플샤인
퍼스트가든
아이레벨 트라움벨트
지혜의 숲

파주

SPOTS TO GO

임진각 평화누리

난이도 ★
주소 임진각로 177
여닫는 시간 24시간 (평화곤돌라 평일 10:00~18:00, 주말 09:00~18:00)
요금 무료. 평화곤돌라 어른 9,000원, 어린이 7,000원
여행 팁 철책 부근과 군부대 근방은 사진 촬영을 할 수 없다.

약 9만 9,000m²(3만평) 규모의 초지에 예술이 더해져 한적함과 여유로움을 주는 나들이 장소다. 우뚝 선 거인상은 대나무를 엮어 만든 조형물 '평화 부르기'로 땅 위로 서서히 올라 온전히 우리 곁에 다다른다. 형형색색의 바람개비 3,000여개는 남북을 자유롭게 오가는 바람을 주제로 만들었다. 연고 없는 바람을 타고 평화가 전해지길 바라는 간절한 마음이 고스란히 전달된다.

공원에서 눈을 돌리면 낯선 풍경, 임진각이 있다. 휴전선에서 불과 7km, 개성까지 22km로 서울보다 개성이 가깝다. 1972년 북한에 고향을 둔 실향민의 마음을 조금이라도 보듬기 위해 만들어졌다고. 전망대에선 전쟁으로 파괴된 임진강 철교와 복원된 경의선 철교가 보인다. 망원경 없이 북한 땅이 보여 금방이라도 한반도의 봄이 찾아올 듯하다.

평화곤돌라를 이용하면 임진강 하늘 위를 나르는 케이블카를 타고 2개의 철교를 생생하게 볼 수 있다. 바닥이 투명해 짜릿한 스릴과 입체적인 풍경을 즐길 수 있다. 북쪽 탑승장에 도착 후 도보로 DMZ 내 미군기지 캠프 그리브스까지 관람 가능하다. 국가 상황에 따라 하차가 되지 않을 수 있으므로 미리 확인할 것. 또한 비무장지대여서 신분증이 반드시 필요하며 아이는 주민등록등본(사본)을 준비하자.

아이가 즐길 수 있는 여행법

넓은 공원에 바람이 쉬이 불어 연날리기 좋다. 야트막한 언덕 위에서 가장 잘 날릴 수 있다. 연은 공원 내에서 판매하지만 가격이 비싼 편이니 미리 구매하거나 같이 만들어도 좋겠다. 요즘은 장난감 드론을 날리는 아이들도 많다. 유아는 바람개비를 준비하자.

아빠 엄마도 궁금해!

임진각 둘러보기

1953년 한국전쟁 포로들이 건너온 임진강 위로 자유의 다리가 놓여 있다. 철책은 그 다리를 막고 섰다. 소원을 쓴 리본은 차디찬 철책을 덮고 커다란 태극기는 통일을 부르짖는 듯하다. 총알의 흔적이 알알이 박힌 증기기관차는 전쟁의 잔상을 그대로 보여준다. 1950년 12월 31일, 개성을 떠나 장단역으로 향하다 포격을 맞아 멈췄다. 2018년 종전선언 이후 긍정적인 물살에 명절이면 제사를 지내는 망배단도 마음이 바빠졌다. 제3땅굴과 도라전망대, 통일대교 등을 관람하는 투어나 평화 곤돌라로 가까워진 DMZ를 둘러보자.

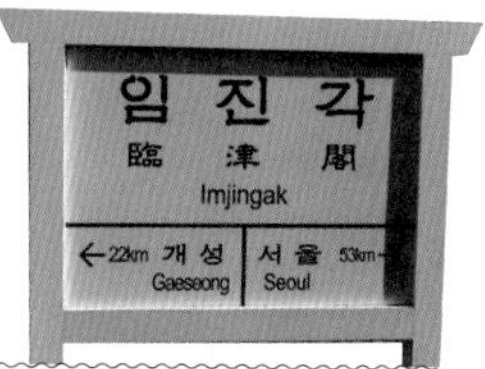

스냅사진, 여기서 찍으세요

가을이면 공원 언덕 뒤로 코스모스가 활짝 피어 꽃길을 이룬다.

아이의 위치와 동일하게 앉아 찍으면 풍성한 코스모스를 담을 수 있다.

아이만 찍기 위해선 순발력이 필요하다. 후다닥

어린이미술관 자란다

누군가 '아이는 신발에 물만 줘도 잘 자란다' 했다. 해준 것도 없는데 언제 이렇게 컸는지 서운해하는 말이다. 삼시세끼 양질의 음식을 먹이고도 더 주고 싶은 부모 마음은 모두 같은데, 그 마음에 고개 끄덕여주는 미술관이 있다. 예술을 통해 생각이 자라고, 놀이를 통해 마음이 자라길 바라는 '어린이미술관 자란다'는 관람보다 놀이에 중심을 두고 있다. 이곳의 관람 예절이라면 아이가 더 많이 몸을 움직이고 발언하는 데 있다. 프로그램은 기간별로 체험전시가 변경된다. 때에 따라 모종 심기나 창의적인 물놀이가 열리기도 한다. 예약제로 운영되고 있어 미리 홈페이지에서 신청할 것. 미술관 내 카페에는 음료는 있지만 음식은 판매하지 않아 도시락을 준비해야 하는데, 카페에서 먹을 수 있다. 물놀이가 아니더라도 숲에서 마음껏 놀도록 여벌 옷을 가져가는 것이 좋고, 햇볕이 강한 날에는 모자도 함께 챙겨가자.

난이도 ★
주소 새오리로 427번길 38-6
여닫는 시간 토~일요일 10:00~17:00(입장 마감 16:00)
쉬는 날 월요일, 공휴일
요금 어른 8,000원, 어린이 18,000원
웹 www.zarandamuse.com

아이는 심심해!

아이가 즐길 수 있는 여행법

공간은 실내 전시관과 숲속놀이터, 옥상놀이터로 구분된다. 도슨트와 인사를 하고 주제를 나눈 뒤 시작하는 미술전시는 정답이 없다. 좀 더 세밀하게 말하자면 주제가 명확히 정해진 그림보다 이미지화한 그림으로 아이가 받은 영감을 자유롭게 이야기한다. 의도를 벗어나도 아이의 상상력을 지지하고 재촉하지 않는 도슨트에게 부모도 가르침을 받는다. 놀이로 만나는 화가의 작품과 편광·측광을 이용한 빛과 그림자놀이도 재미있지만, 하늘에서 꽃이 떨어지는 바람놀이가 아이들에게 특히 인기다.

실외 활동은 보물을 찾아 나서는 해적처럼 아이가 직접 지도를 들고 둘러본다. 모래놀이를 할 수 있는 숲꿈놀이터는 주방기구들이 가득한데, 던지고 두들기며 금단의 영역을 제대로 즐길 수 있다. 가만 보니 숲속놀이터 대부분 친근한 재료들이다. 어쩌면 집에서도 쉽게 만들어 잘 노는 가족을 위한 배려가 아닐까.

03 퍼스트가든

약 6만 6,000m²(2만평)의 대지 위에 그리스로마 신화를 배경으로 만든 정원이다. 25가지 테마정원 중 제우스 동상이 세워진 벽촌 분수와 르네상스 시대 귀족 저택의 모습을 한 자수 화단, 아프로디테와 에로스, 푸시케의 이야기를 담은 로즈가든이 대표적이다. 약용식물원이나 락가든, 온실 등 한국적인 정원도 함께 둘러볼 수 있다.

수목원처럼 유연하게 이어지기보다 패치워크한 듯 각자의 공간이 개성 넘친다. 습지원인 웨트랜드가든은 호수를 가르는 뗏목체험을 할 수 있고, 버드가든은 다양한 새를 관찰하고 먹이를 줄 수 있다. 가든트레인을 따라 도착한 곳은 아이노리 놀이공원. 회전목마와 범퍼카, 바이킹 등 소형 놀이기구로 구성되어 있다. 사계절 썰매장도 인기다. 36개월 이상 이용 가능하며 추가요금을 내면 탈 수 있다. 밤에는 빛축제가 열려 로맨틱한 분위기를 만든다.

난이도 ★
주소 탑삭골길 260
여닫는 시간 10:00~22:00
요금 주말 어른 10,000원, 어린이 9,000원, 평일 어른 10,000원, 어린이 8,000원
통합티켓 Big3 20,000원, Big5 27,000원
웹 www.firstgarden.co.kr

스냅사진, 여기서 찍으세요

정원을 배경으로 소꿉놀이집이 있어 자연스러운 사진을 찍을 수 있다.

사진을 찍을 만한 이국적인 분위기의 장소가 많다. 포세이돈 분수가 있는 자수화단과 로즈가든을 추천!

놀이기구를 탄 아이를 찍을 때에는 아이가 바깥쪽에 앉아야 한다. 안전을 위해 아이를 꼭 잡아줄 것.

04

지혜의 숲

출판도시에 지혜를 담은 책이 숲을 이뤘다는 뜻에서 이름 지어졌다. 50여만 권의 책이 수백의 수령을 지닌 나무처럼 8m 높이의 책장에서 자란다. 지혜의 숲1은 학자와 지식인, 연구소에서 기증받은 책으로 구성되어 있다. 지혜의 숲2는 출판사에서 보내온 아동서와 동화책, 소설과 시집 등이 있는데, 출판사 성향에 맞게 구성된 배치가 눈에 띈다. 별도로 마련돼 있는 어린이책 코너는 아이가 어떤 책 취향을 가지고 있는지 알아볼 수 있어 유익하다. 북스테이 지지향의 로비로 24시간 불이 켜져 있는 지혜의 숲3은 출판사와 유통사, 박물관과 미술관에서 기증한 도서를 볼 수 있다. 지하 1층 활자의 숲은 납활자 인쇄 공정을 볼 수 있고, 활판인쇄를 직접 해 볼 수도 있다. 책이 만들어지는 일련의 과정을 경험할 수 있는 특별한 장소다.
날씨가 좋다면 야외로도 나가보자. 뒤편 광장과 수중정원, 응칠교 다리를 건너 테라스를 산책하는 것도 좋다. 자연 부식 강판으로 붉은 색을 띄는 벽채와 노출 콘크리트, 간결한 목재 구성이 돋보이는 건축물은 2004년 '김수근 건축문화상'을 받았다. 주말이면 건물 옥상이나 마당에서 플리마켓이 열리기도 한다.

난이도 ★
주소 회동길 145
여닫는 시간 10:00~20:00
요금 무료
웹 www.forestofwisdom.or.kr

아이는 심심해!

아이가 즐길 수 있는 여행법
조금만 신경 쓰면 되는 책 읽기 노하우

운이 좋게도(?) 아이는 책읽기를 좋아한다. 특히 엄마가 읽어주는 책을 좋아하는데 몇 가지 방법이 있다. 인물에 맞춘 연기와 과장된 목소리, 크고 작은 발성으로 밀고 당기는 기술 덕분이다. 그럼에도 어떤 책은 관심을 두지 않고 산만해지기도 하는데 이럴 때는 아이의 흐름대로 따라간다. 반응하는 그림에 상상으로 만든 이야기를 덧붙인다. 다시 스토리를 이어가도 좋고 아니어도 괜찮다. 이렇게 읽다 보면 목이 쉬거나 지치기 마련인데 그럼 아이에게 책을 읽어 달라고 부탁한다. 그럼 자신만의 생각과 방식으로 책을 읽어준다. 반대로 내 입장도 이해해줘서 책을 읽어 달라고 떼쓰는 일도 줄었다.

블루메미술관

언택트

난이도 ★
주소 헤이리마을길 59-30
여닫는 시간 화~토요일 11:00~18:00, 일요일 13:00~18:00
쉬는 날 월요일
요금 전시별 상이
웹 www.bmoca.or.kr

노출 콘크리트와 굴참나무는 공생처럼 서로 뒤엉켰다. 관계를 주관한 사람은 다름 아닌 백순실 관장이다. 건축 설계 당시 나뭇가지가 뻗을 공간까지 고려해 숨구멍을 뚫었다. 이는 곧 미술관의 이름이자 정체성을 상징한다. 예술이 아이들에게 세상과 소통하는 창구이자 또 다른 언어이길 바라는 마음을 담았다.

전시는 자연과 현대를 담은 예술이 주를 이룬다. 2014년 <모모! 논리와 미디어가 만나다> 전시를 시작으로 매년 아이 체험형 전시도 늘어나고 있다. 특히 2019년에 열린 <초록엄지-일의 즐거움>은 생명의 성장을 다양한 재료로 직접 경험할 수 있어 큰 인기를 얻었다. 2020년에 열린 <관객의 재료>와 <재료의 의지>도 괄목할만한 성과의 전시다. 이 외에도 5세 이상의 어린이가 참여할 수 있는 <미술관 속 파티셰> 베이킹 프로그램이 있다.

예술마을 헤이리

예술가들이 서울보다 평안한 공간을 찾아 들어온 헤이리는 그들이 옹기종기 모여 작업을 하고 생활하는 예술마을이다. 동네 빵집과 음악감상실이 더 유명한 마을에는 다양한 공방들이 자리하는데, 대부분 고요했고 가끔 퉁탕거렸다. 입소문이 나고 난 뒤에는 국내외 유명 건축가들의 전시장을 자청했다. 30여 채가 넘는 개성 있는 건물들이 들어서자 촬영을 오는 경우가 잦아졌고 마을을 찾는 사람도 늘어났다. 여행객이 예술을 보다 쉽게 체험할 수 있는 공간도 생겼다. 세계의 민속 악기를 보고 듣거나 동화박물관에서 이야기를 직접 즐길 수도 있다. 도자기체험학교는 직접 그릇을 만들고 꾸밀 수 있다. 생태문화공간 논밭예술학교에서는 자연과 생태, 보호와 평화를 몸소 체득하도록 가르친다.

아이레벨 트라움벨트

우수한 교육 콘텐츠를 가진 대교에서 만든 어린이 복합문화공간이다. 체험 전시와 시그니처 공연을 볼 수 있는 다목적홀과 야외 무대인 트라움 데크, 피크닉을 즐길 수 있는 트라움가든과 루프탑 라운지로 꾸며졌다. 트라움 홀은 547인치 LED 스크린이 설치된 공연장으로 각종 음향, 조명 전문 장비를 갖추고 있으며, 트라움벨트만의 시그니처 공연이 열린다. 마술과 뮤지컬을 접목한 '매직기프트쇼' 외에도 여름에는 바닷속 여행을 할 수 있는 '썸머매직쇼캉스'와 '히어로스쿨'이 진행된다. 보는 것에 그치지 않고 큰 풍선을 객석으로 굴리거나 화려한 퍼포먼스로 아이들의 집중도를 높인다. 공연이 없을 때에는 <우당탕탕 아빠가 만든 놀이터>나 <나무야 나무야>와 같은 감성 체험 전시도 열린다.

난이도 ★
주소 회동길 342
여닫는 시간 프로그램별 상이, 카페 10:00~18:00
쉬는 날 카페 월요일
요금 프로그램별 상이
웹 traumwelt.daekyo.com

07 체험농장 애플샤인

직접 과일이나 작물을 수확할 수 있는 사계절 생태 체험 농장이다. 열매가 맺힌 나무를 관찰하고 텃밭을 헤쳐 뿌리 작물을 캐내는 경험을 할 수 있다.

과실로는 블루베리와 오디, 여름 자두와 가을 사과 등이 있으며 겨울에는 귤 또는 레드향, 한라봉을 만날 수 있고, 밭작물로는 아스파라거스와 토마토, 땅콩, 호박 등이 있다. 수확물을 이용한 요리체험과 공예체험을 함께 진행하고 있어 유익하다.

봄부터 가을까지는 야외에서 활동하므로 차양 모자와 선크림, 스프레이 벌레퇴치제를 준비하자. 여름에는 프라이빗한 오두막 수영장이 개장한다. 겨울에는 비닐하우스에서 활동해 옷을 여러 벌 입혀 체온 조절을 할 수 있도록 한다. 앞을 잘 보고 다니지 않으면 나뭇가지에 얼굴이나 팔을 긁힐 수 있어, 미리 주의를 주고 구급약품을 상비하는 것도 좋겠다. 농장의 장점은 인원대로 비용을 내고 다양한 체험이 가능하다는 것. 예를 들어 아이 1명과 아빠 엄마가 갈 경우 3인의 체험료를 내고 아이에게 귤 수확과 비누만들기, 피자 만들기 3가지 체험을 몰아줄 수 있다. 예약제로 운영되며 월별 체험과 신청은 농장 블로그를 참조하자.

난이도 ★
주소 청룡두길 456-27
여닫는 시간 10:00~19:00
쉬는 날 월요일
요금 체험별 상이
웹 blog.naver.com/shine9669557

마장호수 출렁다리

전국에 아찔한 출렁다리가 우후죽순 생겨나는 건 그만의 재미가 있어서다. 절경 속으로 걸어 들어가 온전히 풍경을 감상할 수 있는 것이 매력이다. 색다른 시선의 경치를 즐기려면 그만한 용기도 필요한 법. 모두의 걸음이 합쳐져 다리가 출렁 흔들리면 내 다리가 후들후들 떨린다. 마장호수 출렁다리는 길이 220m로 한때 국내 최장거리를 자랑하던 다리다. 내진설계를 하고, 특수 케이블을 사용해 안전하지만, 그럼에도 불구하고 흔들림이 강해 스릴이 넘친다. 다리 중간 부분에는 방탄유리로 설계해 물 위를 걷는 듯하다. 아이가 무서워하면 전망대에서 내려다볼 수 있고, 매점도 있어 간식도 살 수 있다. 여유롭게 보고 싶다면 유명 카페 레드브릿지에서 머물며 조망해보자. 마장호수로 걸어가는 듯 유리로 된 전망 브릿지와 호선을 따라 실외 테라스를 두어 풍광을 오감 그대로 느낄 수 있다. 호수 주변으로 카누와 카약 계류장이 있어 수상레저도 체험할 수 있다.

난이도 ★★
주소 기산로 313
여닫는 시간 09:00~18:00
쉬는 날 연중무휴, 수상레저 매주 월요일
요금 무료
여행 팁 제 7주차장까지 있으나 협소해 오전 일찍 도착하는 것이 좋다.

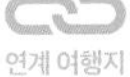
연계 여행지

고양 렛츠런팜 원당

언택트

말을 볼 수 있는 테마공원은 많지만 종마공원은 결이 다르다. 오롯이 말만 볼 수 있다. 볼거리가 많이 없는데 왜 가냐 싶겠지만 그만한 가치가 있다. 조용하면 뭔가 일어나고 있는 육아 생활에서 잠시 멈출 수 있는 휴식을 제공한다. 이건 꽤 근사한 일이다. 너른 초원에 피크닉 매트라도 풀어 앉고 싶은 마음이지만 모두에게 허락되지 않아 오히려 호젓한 풍경이다. 말이 잡초를 우지끈 베어 무는 단순한 소리마저 평안하고 안온하다. 4km의 목장길 끝에 달린 뭉게구름이 새털구름으로 흩어지는 모습을 바라보는 것도 여유롭다. 아이 눈앞에는 움직이는 말이 있어 그리 심심하진 않다. 오전에 방문했다면 기수들이 말을 타고 훈련 중인 모습도 볼 수 있다.

원당 종마공원의 다른 이름은 '렛츠런팜' 원당이다. KRA한국마사회에서 운영하는 목장브랜드로 가장 먼저 생겨났다. 기수 후보생과 직종 관계자를 교육하고 경주마를 육성한다. 130cm 이하의 어린이라면 어린이 승마체험이 무료로 가능하다. 포니종으로 몸집이 작아 아이들이 타기에 걱정 없다. 봄·가을 주말에 오전 11시부터 12시, 오후 1시부터 4시까지 선착순으로 운영되며 찾는 사람이 많아 대기표를 나눠준다.

난이도 ★★
주소 서삼릉길 233-112
여닫는 시간 09:00~17:00
쉬는 날 월~화요일
요금 무료
여행 팁 매점이 있으나 주말에만 열고 자판기는 현금만 가능하다. 물이나 주전부리를 준비해 오면 쉼터에서 먹을 수 있다.

연계 여행지

고양 현대모터스튜디오

유독 자동차를 좋아하는 아이라면 국내 최대 체험형 자동차 테마파크가 답이다. 브랜드의 아이덴티티와 문화를 전시하는 아카이브로 현대자동차에서 운영한다. 오스트리아 유명 건축사 DMAA의 작품인 건축물은 거대한 우주항공모함을 연상케 하는데, 지상 1, 2층을 통유리로 만들어 하늘에 떠 있는 듯하다. 1층은 현대자동차의 다양한 모델들을 관람할 수 있는 무료 전시공간이다. 아이들이 인기 애니메이션 '헬로 카봇' 이름을 부르기 시작하면서 반쯤 신나고 반쯤 설레는 얼굴을 한다. 차에 관심이 있는 부모의 표정도 마찬가지다. 캐릭터 '펜타스톰'의 모델인 엑시언트 트럭은 8세 미만 아이는 안전상의 이유로 운전석에 앉을 수 없다. 단조로울 수 있는 쇼케이스에 초대형 커넥트 월을 설치해 움직이는 그래픽이 현란하다. 2층과 3층은 유료 상설전시 공간이다. 4층은 카페와 오픈 키친으로 다양한 메뉴를 선보이고 있다.

난이도 ★
주소 킨텍스로 217-6
여닫는 시간 테마전시 09:00~20:00, 상설전시 10:00~19:00
요금 테마전시 무료, 상설전시 어른 10,000원, 청소년 7,000원, 어린이 5,000원
웹 motorstudio.hyundai.com/goyang
여행 팁 무료 사물함이 있어 무거운 짐은 넣어두자.

아빠 엄마도 궁금해!

자동차 제조의 모든 것

상설전시는 딱딱할 수 있는 기계 공학을 감성적인 접근을 통해 쉽게 이해할 수 있도록 돕고 있다. 총 12단계를 거쳐 자동차 곳곳을 들여다보게 된다. 시작점인 작품 'Loop'는 자동차를 분해해 변형했는데 현대자동차의 철학인 '자원의 순환과 지속가능한 가치'를 담고 있다. 이어 자동차 생산의 5가지 핵심 제조단계다. 강철을 녹이고 차체 패널을 만들어 연결하고 색을 입힌 뒤 부품을 만드는데, 아이가 키오스크로 로봇을 조종할 수 있게 해 집중도와 흥미를 높였다.

공정이 끝나면 층을 옮겨 안전과 관련된 전시를 보게 된다. 에어백을 점묘화처럼 나열한 전시는 터치하면 빛이 들어오는 아트 전시다. 다음 전시실의 와이드 스크린에 앉아 영상을 보다 깜짝 놀란다. 평화로운 드라이빙 끝에 교통사고가 나서다. 스몰 오버랩(Small Overlap) 자동차 충돌 테스트다. 실제로 보여주는 대신 영상과 이어진 공간에 더미가 앉은 사고 차량을 두었다. '자동차가 왜 이렇게 생겼나'라는 아이의 근본적인 질문엔 바람 연구실에서 답을 찾을 수 있다. 초창기 모델로 각이 진 시발택시와 유선형 현대자동차의 공기 역학을 비교해 차이점을 확인시켜준다. 아이가 조각칼을 들고 화면 속 차를 깎는 미디어 체험도 인상적이다. 빛을 이용한 사운드, 엔진 전시도 독특하다. 하이라이트는 키네틱 폴로 뮤지컬 공연처럼 음악에 맞춰 여러 개의 막대들이 높이를 바꾸는데 유선의 파도는 물론 자동차 주행까지 스토리를 만든다. 마지막 전시는 모터스포츠를 재현해 놓았다. 마치 WRC 랠리에 참가한 듯 역동적인 전시는 우승 트로피를 들어 기념사진을 찍는 것으로 마무리된다.

다양한 미디어와 전시 콘텐츠를 접목한 이곳은 짜임새 있는 구성으로 어른, 아이 할 것 없이 모두 만족시킨다. 상설전시는 홈페이지에서 미리 예약 후 이용 가능하다.

연계 여행지

서울 진관사

고려 현종이 왕위에 오르기 전 신혈사 주지승려 진관이 암살로부터 그를 구했다. 이후 왕이 된 현종은 1010년 신혈사를 증축하고 진관사로 이름 붙였다. 천년 고찰이나 한국전쟁 때 일부 소실되었는데 그때 독서당도 함께 없어졌다. 독서광인 세종이 사가독서를 권해 집현전 학사들이 머물던 곳이다. 집현전 학사 성삼문과 박팽년도 이곳에 들러 독서를 하고 시를 남겼다. 고즈넉한 산사는 학사들처럼 사색하기 더없이 좋다. 여유로운 솔숲 풍경과 계곡 물소리가 조화로워 종교가 아니더라도 찾고 싶은 여행지다. 사찰 내 찻집 연지원은 쉬어가기 좋다.

난이도 ★★
주소 진관길 73
여닫는 시간 일출~일몰
요금 무료

아이는 심심해!

아이가 즐길 수 있는 여행법

진관사에서 이어진 오솔길을 200m 정도 걸으면 병풍처럼 둘러진 북한산 암봉 사이로 계곡이 흐른다. 서울의 숨은 피서지다. 북한산국립공원 특별보호구로 지정되어 있어 계곡 초입에서만 즐길 수 있다. 당연히 취사와 흡연이 금지되며 반려동물도 출입할 수 없다. 강수 상황에 따라 다르지만 대부분 물이 얕아 유아가 놀기에도 좋다. 주변에 맹꽁이 서식지가 있으며 가재나 민물새우 같은 수중생물도 볼 수 있다.

아빠 엄마도 궁금해!

상해 임시정부에서 제작한 태극기가 감싸고 있던 것은?

토속신앙의 한 부분인 칠성각은 특별한 이야기를 담고 있다. 2009년 5월 칠성사 불단과 기둥 사이를 보수하던 중 오래된 태극기로 감싼 독립운동 자료 6종 21점이 발견되었다. 1919년 6월에서 12월까지 발행된 <독립신문>, <신대한신문>, <조선독립신문>, <자유신종보> 등 항일 신문들이다. 일제강점기 당시 백초월 스님과 평양 숭실학원 학생들이 자주 독립을 위해 사용한 것으로 추정된다. 일제에 체포되기 직전 한적한 칠성각에 급히 숨겨놓은 것으로 밝혀졌다.

함께 둘러보면 좋은 여행지, 서울 은평한옥마을

조선 한양 인근의 4대 사찰 중 하나인 진관사 바로 아래 위치해 사신이나 궁녀, 내관이 머물던 마을이다. 북한산 자락에 위치해 풍경이 좋아 예부터 수많은 문인이 찾기도 했다. 편의에 따라 2층 또는 편한 구조로 변주된 한옥이지만 옛 마을 풍경을 재현한 듯해 전통의 멋을 느낄 수 있다. 마을 초입에 위치한 은평역사한옥박물관도 함께 둘러보자. 미디어나 블록으로 한옥을 좀 더 쉽게 전시했다. 작은 도서관과 장난감도서관도 있어 아이가 실내에서 잠시 쉬어가기 좋다. 유아부터 가족, 단체까지 연령을 고려한 교육 프로그램도 있어 만족스럽다.

난이도 ★ 주소 진관동 127-27
여닫는 시간 24시간, 박물관 09:00~18:00
쉬는 날 박물관 월요일 요금 무료, 박물관 어른 1,000원
여행 팁 박물관 옥상에서 은평한옥마을 전체를 조망할 수 있다.

파주

PLACE TO EAT

01 파주닭국수

전국 체인으로 운영하는 파주 닭국수의 본점이다. 본점만의 맛과 분위기가 있다 보니 대기줄이 있을 정도로 많은 사람들이 찾는다. 닭국수는 순한 맛과 매운 맛이 있는데 백짬뽕과 짬뽕의 맛이라 생각해도 좋을 만큼 비슷하다. 찜기에 닭 반 마리를 넣어 야들야들해진 고기에 진한 육수를 더한다. 당근과 배추, 숙주 등 신선한 채소를 센 불에 볶아 불맛을 살려 깊은 맛을 더했다. 직접 자가 제면해서 만든 칼국수면을 넣어 탄성이 다르다. 공기밥을 주문해 닭다리살과 채소, 국물을 더해 비벼줘도 아이가 쉽게 먹는다. 아이가 먹을 만한 밑반찬이 없어 아쉽다. 허전하다면 닭안심을 튀겨 만든 탕수육도 먹을 만하다. 저렴한 가격으로 문턱을 낮춘 점도 인기에 한 몫 한다.

주소 새꽃로 307
여닫는 시간 11:00~21:00
가격 닭국수 8,900원, 들깨 닭국수 9,500원

02 DMZ 장단콩 두부마을

파주 특산물인 장단콩을 이용해 만든 음식을 선보인다. 장단은 파주의 지명으로 민간인 통제구역이었다. 청정 자연을 그대로 유지하고, 일교차가 커 콩이 자라기 좋은 지역이다. 야생 콩 종류는 많지만 개발 당시 가장 품질이 좋아 장려되었던 장단백목의 콩만 사용한다. 마을 주변에 두부집을 많이 볼 수 있지만 DMZ장단콩두부는 헤이리 마을 바로 앞에 있어 쉽게 이동해 먹을 수 있다. 모두부와 소고기를 올려 먹는 수제두부 소고기전골도 좋지만 두부의 맛을 잘 살린 순두부 정식도 괜찮다. 매운 양념이 아닌 흰 순두부 그대로다. 직접 발효해 띄운 청국장 정식도 개운하다.

주소 평화로 902 여닫는 시간 09:00~22:00
가격 순두부정식 11,000원, 청국장정식 11,000원

03 | 아다마스253

헤이리 마을 안에 있는 카페이자 다이닝 레스토랑이다. 건축 전시장이라 불릴 만큼 개성 넘치는 헤이리에서 완공된 해에 지역 건축문학상을 받아 유명한 건물이다. 노출 콘크리트로 마감한 큐브를 겹겹이 쌓은 건물은 마치 벌집을 입체적으로 벌려 놓은 듯하다. 덕분에 독립적인 공간도 많다. 이탈리아 요리를 메인으로 하며 스페인 요리인 '감바스 알 아히요' 등 다양한 메뉴를 선보인다. 카르파초와 샐러드, 베이크 메뉴가 있어 브런치를 즐기기에도 좋다.

주소 헤이리마을길 47
여닫는 시간 평일 11:00~22:00, 주말 10:00~22:00
가격 감바스 알 아히요 17,000원, 알리오 올리오 18,000원

04 | 밀크북

출판도시 내에 있는 어린이 북카페로, 책과 교구를 판매하는 상점과 카페로 나뉜다. 따뜻한 일러스트와 색감의 상점은 고심해 선별한 어린이 도서와 퍼즐 같은 교구를 판매한다. 전집은 할인된 가격으로 구매 가능하다. 주말이면 밀크북극장이 열리는데 책 연계 놀이를 진행한다. 때에 따라 간단한 공예 수업도 열린다. 아이가 좋아할 만한 책인지 읽어볼 수 있도록 테이블과 의자도 준비되어 있다. 카페에도 아이들이 볼 만한 책을 전시하고 있어 아빠 엄마가 차를 마시는 동안에 시간을 보낼 수도 있다. 어린이가 먹을 만한 음료나 아이스크림, 베이커리도 판매한다.

주소 회동길 121 여닫는 시간 평일 09:00~19:00, 주말 10:00~20:00
가격 아메리카노 4,500원

05 | 포비DMZ

바다뷰와 숲뷰는 들어봤어도 철책뷰는 처음이다. 임진각의 사무실을 개조해 만든 카페 4B는 DMZ 철책을 곁에 두고 있다. 통유리로 3면을 두른 카페는 오히려 임진각의 현실을 그대로 보여줘 의미가 있어 보인다. 앉을 수 있는 좌석은 일부지만 찾는 사람은 많다. 합정동 본점에서 로스팅한 원두를 사용해 양질의 커피를 선보인다.

주소 임진각로 177
여닫는 시간 평일 09:00~18:00, 주말 : 09:00~19:00
가격 핸드드립커피 4,500원

아빠가 해

군인을 본 아이가 '저 사람은 누구야?'라고 물었다. 우리나라를 지키는 군인에 대해 설명하다 커피를 들고 나오며 아빠가 물었다.

"윤우는 뭐 지킬 거야?"

"나는 아빠 끄피이."

"아니야. 나중에 엄마 지켜줘."

"싫어. 엄마 안 지킬 거야. 엄마는 아빠가 지켜줘."

서로 미루는 건가. 됐다. 엄마는 엄마가 지킬게.

06 너른마당

원당 종마공원 인근 한적한 마을에 있다. 큰 규모의 한옥에 압도당하기도 잠시, 너른 창 너머로 약 6,611m²(2,000평)의 연지가 펼쳐진다. 직접 가꾼 정원이다. 연지 주변으로 산책길이 조성되어 있어 아이와 잠시 나와 거닐어도 좋다. 마방에 말 한 마리가 있고 토끼 사육장도 있어 먹이 체험을 할 수도 있다. 대표 메뉴는 통오리밀쌈. 직접 염지한 오리를 오랫동안 훈연으로 익혀 잡냄새 없이 깔끔한 맛이다. 통째로 나온 오리는 직접 살을 발라 준다. 잘 자란 햇밀을 갈아 부친 밀전병에 싸 먹으면 느끼하지 않고, 채 썬 파와 머스터드 소스를 올린 양파를 얹어 먹으면 더욱 풍성한 맛을 즐길 수 있다. 감칠맛이 돋보이는 칼국수도 함께 먹어보자.

주소 서삼릉길 233-4
여닫는 시간 11:00~22:00
가격 통오리밀쌈 56,000원,
녹두지짐 14,000원

07 서울 북한산제빵소

좋은 재료가 맛있는 빵을 만든다는 고집이 있는 베이커리 겸 카페다. 가장 맛있는 빵을 먹고 싶다면 주인과 친해지라고 했다. 갓 구운 빵이 가장 맛있다는 이야기로 미리 빵 나오는 시간을 알아 두고 가면 좋다. 맛은 물론 밀가루와 비정제 설탕, 버터까지 유기농 제품을 사용해 건강까지 고려했다. 1층은 에스프레소 바와 베이커리가 있고 2층은 제빵실과 밝고 트로피컬한 인테리어의 카페가 있다. 3층은 스페셜 티 핸드드립 공간, 4층은 야외테라스로 노키즈존이다. 인기 있는 북한산 달걀버거와 베이커리에 못지않게 훌륭한 커피도 함께 즐겨보자.

주소 서울 은평구 연서로48길 52
여닫는 시간 10:00~21:00
가격 아메리카노 5,000원

파주

PLACE TO STAY

01 지지향

책으로 가득한 지혜의 숲에 종이의 고향이라는 뜻의 지지향 게스트하우스가 있다. 2층부터 5층까지 소규모 호텔 객실로 이뤄져 있다. 5층 객실은 샛강이 가로지르는 출판단지의 전망을 제대로 볼 수 있어 매력적! 박경리, 박완서, 박범신 등 손꼽히는 국내 작가의 이름을 붙인 '작가의 방'으로 그들의 대표 도서와 소장품이 함께 있다. 간결하게 정돈된 객실은 마룻바닥에 무늬 없는 나무 책상과 침대가 놓여 있다. 싱글 침대만 있어 아이와 함께 할 경우 침대를 붙여 사용해야 한다. TV가 없어 아이와 더 많이 놀아줘야 할지 모르지만 일부러 만들어진 여유 덕분에 가족끼리 더 돈독해지는 것도 사실이다. 숙소 주변 산책길을 거닐어도 좋다. 전북 정읍시에서 옮겨온 김동수 가옥까지 둘러보는 것을 추천한다.

주소 회동길 145
여닫는 시간 체크인 15:00, 체크아웃 11:00
웹 www.jijihyang.com

02 모티브원

환대한다는 말은 이럴 때 쓰는가 보다. 모티브원에 도착하자 헤이리 마을의 촌장님인 이인수 선생님이 달뜬 목소리로 반긴다. 사진작가인 주인장의 영감에 따라 5개의 방은 모두 각자의 개성으로 꾸며졌다. 모든 방은 창을 크게 두어 햇살이 오래도록 스며드니 세상의 속도가 느리게 흐르는 듯하다. 아이 여행에선 최대 3명까지 머물 수 있는 슈페리어 우드나 스위트 블랙 객실을 추천한다. 스위트 블랙은 다른 객실과 달리 간단한 조리가 가능한 주방이 있어 편리하다. 아이와 놀 수 있는 공간도 넓어 놀이를 하기에도 좋다. 1만 4,000권의 책이 있는 공동서재는 객실은 독립적이지만 다른 게스트와도 담소를 나눌 수 있다.

주소 헤이리마을길 38-26
여닫는 시간 체크인 15:00, 체크아웃 11:00
웹 motifone.co.kr

색종이 폭죽 터트리기

어린이미술관 자란다(p.46)에서 가장 좋아하던 미술놀이는 꽃잎이 바람을 타고 하늘로 올라가 땅으로 뿌려지는 놀이였다. 숙소에서 비슷하게 놀아줄 수 없을까 하다가 폭죽처럼 하늘로 터트리는 놀이를 만들기로 했다.

준비물 휴지 심이나 바닥을 뚫은 요구르트 병처럼 위 아래가 뚫려 있는 도구, 풍선, 색종이

만들고 놀기 자른 풍선을 종이컵에 테이프로 고정하고 찢은 색종이를 넣는다. 숙소 주변에 꽃이 있다면 대신해도 좋다. 색종이가 없다면 예전에 색칠하며 놀던 스케치북을 찢어서 넣을 수도 있다. 열려 있는 입구를 하늘로 향하게 하고 고무풍선을 힘껏 당긴 뒤에 놓으면 팡! 하늘에서 꽃비가 내린다.

PLAY 02

채소 · 과일 스티커로 얼굴 만들기

체험농장 애플샤인(p.53)에서 레드향 수확체험을 했다. 크고 둥근 데다 노란 껍질의 레드향이 얼굴 같다는 아이 말에 눈·코·입을 그려줬다. 아이도 하고 싶어 펜으로 그리는데 영 마음에 안 드는 모양이라 좀 더 쉽게 놀이로 만들어봤다.

준비물 풍선, 채소 · 과일 스티커

만들고 놀기 아이는 만들기 쉽도록 풍선에 채소 · 과일 스티커를 붙여서 얼굴을 만들기로 했다. 아이의 상상력을 확장시켜주기 위해 우선 책 <모두 내 얼굴이야>를 읽었다. 풍선을 불고 적당한 채소와 과일로 얼굴을 만들었다. 아빠나 엄마 얼굴을 만들면 집중도가 더욱 높아진다.

함께 읽어주면 좋은 책

- 모두 내 얼굴이야
- 채소가 최고야

레드향 캔들박스 만들기

얼굴 만들기가 일찍 끝나버렸다. 애플샤인(p.53)에서 수확한 레드향으로 뭘 할까 고민하다가 캔들박스를 만들기로 했다.

준비물 레드향, 각종 필기구 뚜껑, 미니 캔들

만들고 놀기 레드향을 가로로 반 자른 다음 껍질이 상하지 않도록 조심해서 과육을 뺀다. 필기구 뚜껑을 껍질에 눌러 구멍을 내서 모양을 만든다. 껍질 바닥에 미니 캔들을 놓고 모양을 낸 레드향 껍질 상단을 덮는다.

연계놀이로 레드향 나무를 만들어주자. 스케치북이나 그릴 수 있는 무엇이든가에 나무 기둥과 가지를 그린다. 호텔에서 주는 샤워용 스펀지를 잎 모양으로 오려 물감을 묻히고 나무 위에 풍성하게 찍는다. 캔들박스를 만들 때 나온 원형 껍질을 붙여 열매를 만든다. 숲속 나무에 사는 동물들을 하나씩 그리며 열매를 주는 등 스토리를 만들어 이어간다.

함께 읽어주면 좋은 책

- 비오는 날 나무에서

WHERE TO GO

02 강화

강화

BEST COURSE

1박 2일 코스

01 아이와 여유롭게 보낼 수 있는 힐링 코스

1일 시리미 자연놀이체험장 ▶ 점심 서문김밥 포장 ▶ 보문사 ▶ 석모도 미네랄온천 ▶ 저녁 충남 서산집

2일 옥토끼 우주센터 ▶ 점심 옥토끼 우주센터 내 식당

02 아이와의 다양한 활동을 중시하는 체험 코스

1일 보문사 ▶ 점심 인근 식당 ▶ 석모도 미네랄온천 ▶ 저녁 충남 서산집

2일 옥토끼 우주센터 ▶ 점심 옥토끼 우주센터 내 식당 ▶ 전등사 ▶ 저녁 왕자정묵밥

2박 3일 코스

01 아이와 여유롭게 보낼 수 있는 힐링 코스

1일 시리미 자연놀이체험장 ▶ 점심 서문김밥 포장 ▶ 강화성당 ▶ 저녁 왕자정묵밥

2일 옥토끼 우주센터 ▶ 점심 옥토끼 우주센터 내 식당 ▶ 저녁 토가

3일 전등사 ▶ 점심 오두막 가든 ▶ 마니산 단군놀이터

02 아이와의 다양한 활동을 중시하는 체험 코스

1일 보문사 ▶ 점심 인근 식당 ▶ 석모도 미네랄온천 ▶ 저녁 충남 서산집

2일 옥토끼 우주센터 ▶ 점심 옥토끼 우주센터 내 식당 ▶ 전등사 ▶ 저녁 왕자정묵밥

3일 마니산 단군놀이터 ▶ 점심 버거 히어로 ▶ 장화리 해넘이마을

강화성당
강화도
시리미 자연놀이체험장
석모도
보문사
석모도 미네랄온천
옥토끼 우주센터
조씨네 감농장
마니산 단군놀이터
장화리 해넘이마을
전등사

강화

SPOTS TO GO

01 옥토끼 우주센터

아이는 가끔 자신이 가진 작고 반짝이는 우주를 보여줄 때가 있다. 어른의 사고로 생각하기 어렵고 가늠하기 힘든 상상력이다. 그럴 때면 아이의 세계를 무한의 크기로 확장시켜주고 싶다. 미지의 세계, 우주를 소개하는 건 어떨까!

옥토끼 우주센터는 국내 유일의 우주과학 테마파크다. 1층은 우주다. 우리나라 최초의 우주인, 이소연 박사가 탄 소유즈 로켓을 시작으로 화성탐험, 우주왕복선을 조종하고 생활하기까지 다양한 체험을 할 수 있다.

국제우주정거장에 도착하면 5개의 우주체험기구가 있다. 지구와 우주정거장을 연결하는 '엘리베이터(24개월 이상)', 로켓을 타고 우주정거장을 감상하는 '코스모프호(24개월 이상)', 우주에서 작업할 때 쓰는 로봇 1인승 이동장치(24개월 이상)'다. 중력저항 훈련인 '사이버 인스페이스'(36개월 이상), 중력 가속도를 이겨내는 '지포스'(6세 이상)도 있다.

2층은 우주활동에 필요한 물품 전시와 미래도시를 둘러보는 꼬마 기차가 있다. 3층은 우주과학 원리를 알아보는 실험과 우주복 체험이 가능하다. 3층과 연결된 야외테마공원에는 은하수처럼 유유히 흐르는 유수풀과 공룡의 숲으로 이루어져 있다. 유수풀은 여름에 물놀이, 봄·가을엔 튜브보트를 탈 수 있다. 우주왕복선 콜롬비아호를 지키는 미션을 성공하기 위해 물대포를 쏘기도 한다. 언덕을 따라 조성된 공룡의 숲은 움직이며 소리까지 내는 대형 공룡 모형 40여 개가 있다. 시원한 바람을 가르는 사계절 썰매장에서 스트레스를 날릴 수도 있다.

난이도 ★★
주소 강화동로 403
여닫는 시간 평일 10:00~17:00, 주말·공휴일 09:30~19:00
요금 어른 15,000원, 어린이 16,000원, 24~36개월 8,000원 (7월 27일~8월 18일 기존 입장료에서 1,000원 추가 금액)
웹 www.oktokki.com
여행 팁 푸드코트 3곳에서 한식·양식·분식 메뉴를 판매하고 있다.

02 시리미 자연놀이체험장

아이를 위한 놀이터를 만들어주고 싶다는 로망이 여기 다 모였다. 체험이고 공부고 다 제치고 정말 놀기에 집중한 체험장이다. 흙 놀이와 낚시, 나무기차 등 자연친화적인 놀잇감이 가득하다. 뚝딱뚝딱 만든 투박한 놀이기구는 아이가 느낄 재미와 위험 요소를 고려해 만든 티가 난다. 인기 있는 타잔그네는 등산용 로프에 그네의자를 달고 도르레를 이용해 아래로 미끄럼을 타는 식. 그네가 그냥 커피라면 타잔그네는 TOP급 재미다. 미꾸라지 잡기나 뗏목을 타고 하는 낚시도 못지않게 흥미롭다. 나만의 아지트를 좋아하는 아이들은 집짓기에 도전해 볼 것. 그 외에도 자전거레이싱, 활쏘기, 레일썰매, 줄타기 등 다양하다.

체험장은 오전 체험과 오후 체험으로 나뉜다. 성수기에는 미리 네이버 또는 홈페이지에서 사전 예약하는 것이 좋다. 여름이 아니더라도 물이 튀거나 흙에 편히 뒹굴 수 있도록 여분의 옷을 준비하자. 간단한 주전부리를 파는 매점만 있어 도시락을 준비하는 것이 좋다.

난이도 ★
주소 시리미로 277번길 23
여닫는 시간 4~10월 오전 체험 10:00~13:50, 오후 체험 14:10~18:00, 11~3월 10:30~17:30
요금 어른 5,000원, 어린이 10,000원
웹 sirimi0.webnode.kr

강화성당

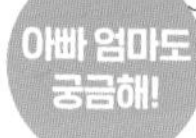

대홍수를 대비해 만든 노아의 방주처럼 마을언덕 꼭대기에 있다. 계단을 올라 만난 한옥은 사찰의 외관에 있고, 내부는 로마카톨릭을 대표하는 바실리카 양식으로 꾸몄다. 내부를 가로지르는 두 줄의 기둥과 높은 층고가 바로 그것. 고풍스러운 붉은 색의 나무 기둥은 견고하기로 유명한 백두산 적송으로, 성공회 신부가 직접 신의주에 가 100년 이상 된 나무를 뗏목을 태워왔다. 신의주보다 더 먼 곳에서 온 자재도 있다. 외부와 연결된 성당 중간문은 영국 국기형상으로 선교사의 고향에서 가져왔다.
경복궁 중수에 참여한 도편수가 성당을 지었으니 기술은 두말이 필요 없다. 밖에선 2층으로 보이지만 안은 단층이다. 팔작지붕 서까래가 고스란히 보이고 기와 처마엔 유리창이 달렸다.
강화성당은 성공회의 첫 조선인 사제가 나온 곳이다. 1900년 대한제국시절 낯선 동양문화를 이해하고 함께하며 강화사람들의 삶에 녹아든 성공회 선교 이야기도 빠지면 서운하다.

난이도 ★ 주소 관청길 22 여닫는 시간 10:00~18:00 요금 무료

아빠 엄마도 궁금해!

영국인 선교사가 한옥을 지은 까닭

강화성당은 가톨릭교도 개신교도 아닌 성공회 소속이다. 성공회는 16세기 유럽의 종교개혁 때 생겨난 영국 국교다. 종교적 포용을 추구해 19세기에 한국에 들어와 선교활동을 할 때에도 토착문화를 존중하고 반영하는 방향으로 나아갔다. 낯선 종교에 대한 거부감을 줄이기 위해 단청을 입힌 2층 한옥을 지었다. 좌식생활을 고려해 예배는 마룻바닥에 앉아서 했고 남녀가 유별하니 가운데 흰 천을 달아 따로 앉았다. 그렇게 민중 속으로 자연스레 들어갔다.

절일까 성당일까, 불교적 색채를 입힌 이색 공간

주로 큰 읍성의 관아 입구에 세워진 외삼문과 내삼문이 입구라 흥미롭다. 내삼문에는 미사시간을 알리던 범종이 있다. 비천상 자리에 십자가와 성경 요한복음 1장이 한글로 새겨져 있다. 기와를 장식한 12개의 용머리는 예수의 열 두 제자를 뜻한다. 연꽃 단청 대신 십자가를 그리고 교회 깃발에 새긴 '천국의 열쇠'에는 불교 문양인 만(卍)자를 수 놓여있다. 불교와의 융합을 상징하기 위해 마당에 심은 보리수는 이미 100년 넘게 아름드리 서있다. 성공회 선교사들의 세심한 노력은 종교를 넘어 융합임을 여실히 보여주는 대목이다.

전등사

강화는 우리나라 건국을 담은 단군신화의 땅이다. 단군 왕검이 하늘에 제사를 지낸 마니산 참성단과 세 아들이 지었다는 삼랑성(정족산성)이 증명하듯 현대까지 남아있다. 삼랑성 내 전등사는 고구려 승려 아도화상이 축조했다. 우리나라에 불교가 들어온 372년보다 9년 뒤에 지어 현존하는 가장 오래된 사찰이다. 고려 공주가 옥등을 시주한 뒤 '등불을 밝히듯 부처님의 불법을 전한다'는 뜻으로 이름 붙여졌다.

일렬로 나열되는 일반 가람과 달리 산세를 타고 부채처럼 둥글게 펼쳐진다. 덕분에 아이와 걷기에 무리가 없다. 대조루를 지나면 만나는 대웅보전은 임진왜란 때 불타 조선 중기에 재건되어 단청이 화사하다. 그 옆으로 범당관리인이 머무는 향로전과 약사여래를 모신, 약사전, 지장보살을 모신 명부전이 차례로 있다. 고려시대 궁궐터인 고려가궐지에 오르면 경내가 한눈에 보인다. 사찰의 가장 높은 곳에는 정족사고가 복원되어 있다. 조선왕조실록을 보관했던 곳으로 이곳이 얼마나 안전했는지 알 수 있다.

난이도 ★★
주소 전등사로 37-41
여닫는 시간
하절기 08:00~18:30
동절기 08:30~18:00
요금 어른 3,000원, 청소년 2,000원, 어린이 1,000원
여행 팁 주차장에서 전등사 입구까지 거리가 멀다. 차로와 등산로 2개의 길이 있는데 유모차는 차로를 이용해 올라올 수 있다. 아니면 전등사 입구에서 아이와 보호자를 내리고 운전자만 주차를 한 뒤 따로 올라오는 것도 방법.

아빠 엄마도 궁금해!

돈을 갖고 튄 주모를 응징한 도편수, 그 방법은?

임진왜란으로 불탄 대웅보전을 재건할 때 총책임을 맡은 도편수가 절 근처 주막을 들락거리다 주모와 사랑에 빠졌다. 공사대금을 주모에게 주며 일이 끝나면 함께 살자는 프러포즈도 했다. 다포를 짜고 지붕을 올리려던 어느 날, 주막의 주모가 없어졌다. 그동안 모은 도편수의 전 재산을 들고 말이다. 속이 상하고 마음이 아팠던 도편수는 대웅보전 네 귀퉁이에 지붕을 머리에 이고 있는 발가벗은 나부상을 만들었다. 부처님이 머무는 대웅보전이니 벌을 내려주실 거란 기대가 있었던 건 아닐까.

꽃은 피어도 열매는 맺지 않다는 신비의 은행나무

전등사로 들어서면 600년 넘은 은행나무가 반긴다. 가을이면 고약한 냄새가 진동하기 마련인데 어찌된 일인지 떨어진 열매를 보기 어렵다. 조선 때부터 열매가 열리지 않는 요상한 은행나무다. 하루는 전등사에 온 원님이 은행나무를 보고 수확량이 얼마나 되냐고 스님에게 물었다. 열 가마 정도라 하니 원님이 그럴 리 없다며 스무 가마를 조공하라 했다. 겨우 열 가마를 내는 나무를 어찌해야 할까 모의하다 차라리 열매가 열리지 않게 예불을 드렸다. 이후 은행나무에는 은행이 열리지 않았다고 전해진다.

마니산 단군놀이터

언택트

마니산은 단군 신화의 전설을 간직한 민족의 영산으로 우리나라의 기(氣)가 센 곳 중 전국 최고라 손꼽힌다. 흔히 말하길 '기를 받으러 찾는다'해도 과언이 아니다. 해발 472.1m, 1시간이 넘는 험한 산행 길이리 매표소 인근에 있는 한겨레 얼 체험공원에서 아쉬운 마음을 달래자. 단군 이야기길과 실물을 재현한 참성단, 전국체전 성화 봉송 장소가 있다.

모든 걸 제쳐 두고 단군놀이터가 단연 인기다. 수직과 수평을 이용해 종류가 다양한 그물 놀이시설은 아이들의 근력을 키워주기에 충분하다. 유아도 모래놀이를 할 수 있으며 주변이 숲이라 자연놀이하기에도 좋다. 놀이터 가장자리에 의자와 테이블이 있어 도시락을 준비해 피크닉을 즐겨도 좋고, 화장실도 바로 옆에 있어 편리하다. 마니산숲을 거닐고 싶다면 300m정도 계류를 따라 걸어보자. 여름에는 물놀이도 가능하며, 등산로 초입에 휴게소가 있어 컵라면이나 어묵탕, 번데기 등 간단한 주전부리도 먹을 수 있다. 아이의 컨디션에 따라 아치석교까지 산책하는 것을 추천한다.

난이도 ★
주소 마니산로 675번길 18
여닫는 시간 09:00~18:00
요금 어른 2,000원, 어린이 700원, 미취학 아동 무료

장화리 해넘이마을

언택트

날이 어둑해지기 전 하루를 마감하기 알맞은 여행지다. 서쪽에 있는 해변이라 의당 해넘이 명소이겠지만 장화리는 특별하다. 해질 무렵 풍경이 아름다워 2012년 일몰로 특화된 마을이다. 논두렁을 지나 바다와 면한 길을 나무 데크로 정비해 장화리 일몰 조망지를 조성했다. 해가 수평선까지 바짝 내려오면 윤슬이 발밑까지 이어지는데, 장화리 앞바다 수많은 섬과 거리를 두고 바다로 직진해 볼 수 있는 장관이다.

찰나의 순간보다 좀 더 진득하게 만나보고 싶다면 해넘이마을을 추천한다. 강화 나들길을 따라 북쪽으로 살짝 숨어 있어 찾는 이가 많지 않다. 아담한 솔섬 옆으로 펼쳐지는 해변은 수풀이 우거지고 전봇대가 굴비처럼 엮여 있는 완연한 시골 풍경으로 그리 크지 않다. 간조 때를 맞추면 망둑어와 조개, 게 등 작은 생물들과의 교류도 가능하다. 최대 간조 시간을 기준으로 전후 2시간이면 안전한 갯벌체험이 가능하다. 무섭게 밀려오는 바닷물에 쫓겨 해안에 도착하면 아이는 모래성을 쌓았다가 무너뜨리기를 반복한다. 마을에서 흘러내려온 하천에 물놀이를 하거나 발을 씻을 수 있어 아이의 놀이는 지칠 줄 모르는데, 일몰이 시작되면 자연스럽게 놀이도 마무리된다.

난이도 ★
주소 해안남로 2421-210
여닫는 시간 24시간
요금 무료
여행 팁: ① 만조에는 해변의 대부분이 물에 차므로 솔섬 근처 해변 가장자리에 자리 잡는 것이 좋다.
② 주변에 매점이 없어 주전부리와 음료는 미리 준비해야 한다.
③ 해변 갓길에 주차할 수 있으나 안전을 위해 장화2리 마을회관을 이용하자.

언택트

함께 둘러보면 좋은 여행지

장곶돈대

돈대는 주변보다 높은 지대에 평탄한 땅을 만들고 옹벽으로 둘러싼 시설로 유독 강화도에서 볼 수 있다. 장곶돈대는 한양으로 들어가는 길목을 지키기 위해 선조들이 고군분투하던 현장으로 조선 말 병자호란 후 서구 열강의 침탈에 맞서 해안 방위를 튼튼히 하기 위해 지어졌다. 원형 돌담을 따라 4개의 포 구멍도 그대로 남아 있다.

난이도 ★ 주소 강화군 화도면 장화리 463
여닫는 시간 24시간 요금 무료
여행 팁 돈대 바로 앞 주차가 가능하나 협소하다.

보문사

난이도 ★★★
주소 삼산남로 828번길 44
여닫는 시간 09:00~18:00
요금 어른 2,000원, 청소년 1,500원, 어린이 1,000, 주차비 2,000원

동해의 낙산사, 남해의 보리암과 함께 하나의 소원은 반드시 들어준다는 3대 관음성지다. 이곳은 일출의 화려함보다 일몰의 은연함이 몰려와 깊숙한 곳까지 포근하다. 부처가 늘 머문다는 낙가산 중턱에 마애관음보살좌상이 보듬듯 안고 있어서 그럴지도. 절에서 10여 분쯤 가파른 계단을 따라 오르면 석불을 마주한다. 높이 9.7m의 석불은 일제강점기인 1928년에 조성되었다. 창건 당시 신라 예술의 세밀한 표현력은 아닐지라도 불심을 빌어 국난을 이겨내려는 마음이 담겼다. 비교적 최근에 만들어져 선이 선명한 부분도 있지만 눈썹바위 덕분에 마모가 적다.

갯벌이 부리는 변주를 바라보며 사찰로 내려오면 아미타부처를 모신 극락보전이 있다. 절에 오면 가장 많이 찾는 전각이나 '제2의 석굴암'이라 부르는 석굴법당이 더 인기다. 천연 동굴에는 23개의 감실이 있는 나한전을 모시고 있다. 나한은 깨달음을 얻은 불교 성자다. 어부가 바다에서 그물로 길어온 22개의 나한석상과 관세음보살상이 모셔져 있다. 10m가 넘는 와불을 모신 와불전 옆에는 오백나한상이 있다. 표정과 자세가 모두 다르며 색도 화려하다. 근엄하거나 익살스럽기도 해 오백나한의 표정을 보며 기분을 맞추거나 소감을 말하는 놀이를 해도 재미있다.

아빠 엄마도 궁금해!

으잉? 절에는 아이가 없습니다.

보문사 곳곳에 공양물로 올린 팥떡이 많다. 바로 석굴법당의 나한 이야기 때문. 1892년 동짓날. 공양에 쓸 팥죽을 끓이려 부엌에 갔더니 불씨가 죽어 싸늘했다. 이른 새벽이라 아랫마을에 가서 구할 수도 없고 발을 동동 구르고 있다 갑자기 장작 타는 소리가 들렸고, 부엌에 불씨가 살아나 팥죽을 쑤어 나한전에 공양했다. 다음날 아랫마을에 일이 있어 나간 스님은 한 노인에게 책망 섞인 이야기를 들었다. 추운 새벽에 동자승에게 불씨를 얻어오라 보냈다는 것이다.

"으잉? 절에는 동자승이 없습니다."

급히 나한전에 가보니 한 나한상 입가에 팥죽이 묻어 있었다.

08 석모도 미네랄온천

여행의 피로를 푸는데 온천만 한 것이 또 있을까. 불타오르는 노을빛의 서해안 풍경까지 함께한다면 더할 나위 없다. 석모도 미네랄온천은 이 모든 요소를 갖췄다. 460m 속 해수 암반에서 솟아난 온천수는 치유의 물이다. 관절염이나 소화 기능을 도와준다고 하는데 아이를 안느라 생긴 근육통과 피로만 해결해줘도 고마운 마음이다. 보들보들해지는 피부는 덤이다. 온천수는 소독이나 정화 없이 그대로 사용한다. 섭씨 51℃의 온천수는 찬물로 온도를 낮춰 15개의 노천탕과 3평 남짓 되는 실내탕으로 보낸다. 해가 저무는 시간이면 노천탕의 해수도 붉게 물든다. 좁아지는 갯골을 빠져나가려 어선은 분주하게 움직이고 갯벌엔 빠져나가지 못한 화기가 남는다. 뜨끈한 온천물에 몸을 담그고 보는 일몰이 남다른 클래스를 자랑한다. 밤이면 하나둘 조명이 켜지는 광경이 이색적이다.

난이도 ★★
주소 삼산남로 865-17
여닫는 시간 07:00~21:00
쉬는 날 매월 첫째·셋째주 화요일
요금 어른 9,000원, 어린이 6,000원

아빠 엄마도 궁금해!

불편하지만 이해되는 온천 이용법

강화군이 운영하는 온천으로 치료와 미용을 위한 이용수칙이 있다. 음료를 제외한 음식물 반입이 금지되어 식사를 하고 오거나 매점에서 미리 먹고 가자. 이유식은 직원에게 알리고 노천탕 평상에서 먹일 수 있다. 해수는 미네랄이 다량 함유되어 있어 씻어내지 않기를 권장한다. 같은 취지로 샤워용품을 사용할 수 없고 수돗물도 찬물밖에 없다. 고온 온천수와 섞어서 간단하게 씻기자. 온천욕장 앞에 무료 족욕장에서 가볍게 발만 담글 수도 있다.

조씨네 감농장

언택트

농부의 결실이 무르익어가는 가을이 오면 농장체험을 떠나보자. 어떤 재미에 비할 데 없이 큰 수확의 기쁨을 맛볼 수 있다. 이곳은 당도가 유별나게 높은 장준감을 재배한다. 그냥 먹을 때도 맛있지만 물렁하게 잘 익은 연시는 특유의 단맛으로 연신 미각을 습격한다. 씨가 거의 없어 아이가 먹기에도 좋다. 한정수량으로 판매하는 곶감도 구매를 권한다. 수량도 적고 품도 많이 들어 지인만 나눠주다 소량을 판매를 시작했다고 하니 미리 문의할 것.
체험은 농부의 설명으로 시작된다. 감의 종류와 수확 방법, 좋은 감을 고르는 방법을 알려준다. 장준감 나무는 키가 작은데다 가지가 축 늘어져 아이가 체험하기에 좋다. 넘어져도 땅이 푹신해 걱정 없다. 장준감은 강화에서만 자라는데, 그마저도 37곳의 농가만 재배하고 있어 쉽게 접할 수 없다. 거기다 시기도 중요하다. 보통 감은 첫 서리가 내린 뒤부터 맛이 좋아지는데 장준감은 서리 전에 따야 한다고. 사정없이 변하는 가을 날씨에 따라 체험일정도 변경되니 꼭 홈페이지를 확인하는 것이 좋다. 예약은 전화(010-8949-7744)로 가능하다.

난이도 ★
주소 덕진로 139
여닫는 시간 07:00~17:00(전화예약 필수 010-8949-7744)
요금 1인 3kg 10,000원
웹 blog.naver.com/chloejo08
여행 팁 피크닉 매트를 준비해 밭에서 쉬엄쉬엄 수확해 가자.

PLACE TO EAT

01 충남서산집

꽃게는 봄·가을이 제철인데 조선시대 철종은 강화에서 나고 자라다 보니 가을 수라에 게장이 올라오지 않으면 진지를 들지 않았다고 한다. 그러니 강화를 여행하며 꽃게요리를 먹지 않을 수 있으랴. 서산집은 강화 꽃게로 한 요리를 선보이는 곳으로 꽃게탕과 꽃게찜, 게장백반이 주메뉴다. 매운 음식을 아직 못 먹는 아이라면 꽃게찜을 추천한다. 잘 손질한 꽃게를 통으로 쪄내 은근히 달고 담백한 본연의 맛을 느낄 수 있다. 게 등딱지에 비벼 먹는 밥은 필수! 게살에 비빌 때 나물을 함께 잘라 넣어주면 좋다. 꽃게찜은 매운탕을 함께 내준다. 본점과 분점이 차로 2분 거리에 있으니 사람이 적은 곳으로 안내 받아 가도록 하자.

주소 중앙로 1198 여닫는 시간 10:00~15:00, 15:30~19:30
쉬는 날 월요일 가격 꽃게찜(중) 70,000원, 꽃게탕(소) 60,000원

02 왕자정묵밥

죽 쑤기는 쉬워도 묵 쑤기는 어렵다는 말이 있다. 조금만 잘못하면 쓴맛이 나서다. 왕자정 묵밥은 방법이 궁금할 정도로 잘 만들어 고소하고 담백하다. 묵 위에 참기름과 깨를 듬뿍 뿌리고 잘 익어 시원한 김치와 김, 오이 등이 고명으로 올라간다. 탄력은 어찌나 좋은지 훌훌 소리 내며 먹기 시작하면 출렁하고 탄탄하게 입안으로 치고 들어간다. 여기에 따로 나온 육수를 넣으면 두 가지 맛으로 즐길 수 있다. 아이는 강화 젓갈로 간을 맞춰 고소하면서도 감칠맛이 풍부한 콩비지를 추천한다. 돼지갈비와 호박, 채소 등을 넣어 끓인 젓국갈비도 유명하다.

주소 북문길 55
여닫는 시간 10:00~22:00
쉬는 날 월요일
가격 묵밥 8,000원, 묵전 8,000원, 콩비지 8,000원, 젓국갈비(중) 25,000원

03 | 토가

강화도는 15회째 축제를 할 정도로 새우젓이 특산물이다. 예성강, 한강, 임진강이 바로 강화도 앞에서 바다와 한 몸이 되기 때문에 새우가 자라기 참 좋은 조건을 갖췄다. 보통 새우젓의 염도가 25%인 데 비해 강화 새우젓은 15% 정도라 찌개로 끓였을 때도 짜지 않다. 여기에 직접 만든 두부를 넣어 끓이니 새우젓 간이 잘 배서 그 맛이 또 일품이다. 밑반찬도 무시할 수 없는데 곤쟁이젓갈이면 밥 한 그릇 뚝딱이다. 곤쟁이는 모습이 새우처럼 생겼지만 아가미가 달린 갑각류로 살짝 보라색이 돌아서 비주얼로는 맛없어 보이는데 특유의 달달하면서 짭조름한 맛이 입맛을 돋운다. 젓갈에 청양고추를 총총 썰어서 넣어 먹으면 알싸하고 감칠맛이 폭발하는 밥도둑이 된다. 강화 특산물인 순무김치는 아삭한 무보다 달달하고 겨자처럼 알싸한 맛이 돈다. 강화도가 아니면 쉽게 맛볼 수 없으니 꼭 먹어보자.

주소 해안남로 1912
여닫는 시간 평일 09:00~21:00, 주말 08:00~21:00
쉬는 날 명절
가격 순두부 새우젓찌개 8,000원, 두부 김치 9,000원

04 | 서문김밥

맛집은 단일 메뉴인 곳이 많다. 그렇다면 이곳은 맛집이 확실하다. 오로지 서문김밥만 판매하기 때문. 만드는 과정은 특별한 것이 없지만, 준비과정을 보면 김밥의 인기비결이 숨겨져 있다. 적당한 간을 맞추는 소금은 쌀과 함께 넣고 쪄낸 후 빻아 사용한다. 강화도 쌀로 밥을 한 뒤 뜸들일 때 당근을 넣어 당근김밥이라고도 한다. 강화시내에 김밥 집은 많지만 유독 인기가 많은 이곳은 등산객, 여행객이 두루두루 찾다 보니 일찍 재료가 소진돼 문을 닫는다. 강화여행을 시작하기 전에 미리 사두는 것이 좋다. 바로 앞 공영주차장이 있어 이동도 편리하다.

주소 강화대로 430번길 2-1
여닫는 시간 평일 07:00~18:00, 주말 07:00~14:00
쉬는 날 월요일 가격 서문김밥 3,000원

05 | 대선정

밥을 먹으면서 드는 생각은 '이렇게 맛있고 양이 많은데 이 정도만 받으셔도 될까'였다. 가성비가 좋다는 말이다. 이곳은 시래기밥이 유명한데, 푸른 무청을 말려 만든 시래기를 양념하고 쌀 위에 얹어 밥을 짓는다. 식탁에 올라오면 구수한 향이 먼저 입맛을 돋운다. 달큰한 간장양념을 넣어 쓱싹 비벼 입안에 넣으면 보들보들한 시래기 맛에 흠뻑 빠진다. 함께 나온 된장찌개를 넣어 비벼 먹어도 좋다. 독특한 메뉴로 메밀칼싹두기가 있다. 메밀가루로 낸 국수를 칼로 뚝뚝 잘라줬는데 요즘에는 좀 길게 내는 편이다. 간이 슴슴해 순무김치와 함께 먹으면 좋다.

주소 온수길 36
여닫는 시간 11:00~24:00
가격 시래기밥 6,000원, 메밀칼싹두기 6,000원

06 버거 히어로

아메리칸 스타일의 인테리어는 미국의 휴게소를 모토로 디자인했는데, 할리데이비슨 라이더인 사장님 솜씨다. 계절을 가리지 않고 차고 비우는 강화 앞바다 풍경도 제대로 한몫한다. 빵과 고기를 직접 만들며, 푸짐한 양이 마음에 든다. 수제 빵은 반죽에 구운 감자를 넣어 닭가슴살 찢듯 쫄깃하며, 두툼하고 육즙 가득한 패티와 10시간 훈제한 베이컨도 맛이 좋다. 맥주부터 탄산음료까지 다양하며 아이 음료도 있다. 하루에 150개만 한정해서 판매하기 때문에 일찍 찾아가는 것이 좋다. 주말에는 낮 12시가 되기 전에 매진되기도 한다.

주소 해안남로 2714 여닫는 시간 09:00~16:00 쉬는 날 화요일
가격 오리지널버거 세트 11,900원, 베이컨버거 세트 13,900원
이용 팁 장화리 해넘이마을이나 갯벌 체험할 때 포장하면 좋다.

07 편가네 된장

이름처럼 된장으로 유명한데, 국산 콩을 삶아 청국장을 만들고 보리 껍데기를 갈아 만든 반죽에 통밀과 풋고추를 넣어 만든다. 짜지 않은 건강한 된장을 옛날 방식 그대로 유지하고 있다. 된장을 베이스로 한 강된장비빔밥도 맛있지만 짜지 않은 간장게장을 빼놓을 수 없다. 살짝 누르면 꽉 찬 살이 참지 못해 삐져 나온다. 내장을 넣고 비벼 먹을 수 있도록 날치알과 김가루가 든 비빔그릇도 세심하다. 익힌 음식이 아니라 아이 먹을 것이 걱정된다면 슴슴하게 끓인 된장국과 맵지 않은 밑반찬, 생선구이가 기본으로 나오며 두부부침을 추가해 먹어도 된다.

주소 가능포로 89번길 11 여닫는 시간 10:00~20:00
쉬는 날 수요일, 명절 당일 가격 강된장비빔밥 12,000원,
한방간장게장(1인분) 38,000원

08 원두막 가든

돼지갈비를 메인으로 하는 음식점으로 특제 양념으로 재운 돼지갈비와 젓국갈비전골이 유명하다. 젓국갈비는 고려 때부터 내려온 강화 토속음식으로 한 입 크기로 썬 돼지갈비에 두부, 각종 채소를 넣고 새우젓으로 간한다. 맑은 국물이 주는 시원한 맛이 특징인데, 아이를 배려해 청양고추는 따로 준다. 아이에게는 갈비뼈와 힘줄을 제거하고 잘라주는 것이 좋다.

1인용 압력밥솥에 갓 지은 밥도 별미고, 누룽지와 함께 먹을 수 있다. 강화 명물인 순무김치의 맛도 괜찮은 편. 아이 입맛에 맞는 갈비탕이나 날치알과 매실장아찌가 들어간 장아찌비빔밥을 따로 시켜도 좋다.

주소 전등사로 60
여닫는 시간 10:00~15:00, 15:30~21:00
가격 젓국갈비전골(소) 30,000원

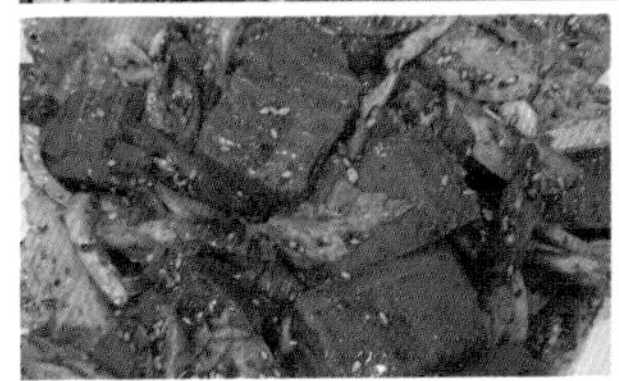

09 조양방직

조양방직은 우리나라 최초의 근대 방직 공장으로 일제강점기에 문을 열어 30년 넘게 국내 직물 산업의 한 축을 담당했다. 1970년대 들어 대구에게 그 명성을 물려주었고, 한때 1,500여 명의 직공이 재봉틀을 돌리던 대형 공장은 순식간에 적요해졌다. 30년을 묵은 공간은 정체성을 그대로 남긴 채 다시 문을 열었다. 서울에서 골동품점인 상신상회를 운영하던 이용철 대표의 손을 거쳐 제대로 된 뉴트로를 보여준다. 공장과 사무실, 숙소 등 다양한 공간이 따로 조성되어 있어 앉는 자리를 정하는 것도 시간이 오래 걸린다. 본관과 연결된 앤틱갤러리에는 추억을 회상하는 데 필요한 사물들이 토크박스처럼 튀어나온다. 아이들이 놀 만한 게임도 많다.

주소 향나무길 5번길 12 여닫는 시간 11:00~22:00
가격 아메리카노 7,000원 이용 팁 사진 촬영은 휴대전화로만 가능하다.

10 프랭클리로스터리 커피

시리미 자연놀이체험장 지척에 있는 카페다. 시리미 계곡과 산에 둘러싸여 있어 청량한 자연환경을 자랑한다. 숙박이 가능한 글램핑 텐트와 객실이 있어 하루 묵어 가기에 좋다. 카페가 문을 열기 전에는 숙박객이 이용하고, 이후에는 카페 이용객이 일정 비용을 지불하고 시간을 보낼 수 있다. 카페의 최대 장점은 넓은 수영장이다. 아이가 탈 수 있는 페달보트와 어른들을 위한 고무보트, 튜브 등 물놀이 장비도 구비되어 있다. 건물 야외 테라스에는 아이가 놀 수 있는 골프 장난감, 바비큐 놀이, 자전거는 물론, 캠핑 장비가 있어 여행 느낌을 물씬 자아낸다.

주소 시리미로 237번길 32
여닫는 시간 10:00~19:00
가격 물놀이 입장료 성인 20,000원, 어린이 15,000원

11 김포 벼꽃농부

'한국에서 가장 아름다운 정원은 논'이라고 했던 유홍준 교수의 말에 동의한다. 귀를 쫑긋 세운 모내기 논부터 황금빛으로 물든 추수 논까지 벼꽃농부로 가는 논두렁길은 정겹다. 이곳은 김포 민통선 일대에서 자란 쌀을 재가공하는 정미소이자 복합문화공간이다. 1층에는 베이커리 카페와 상점이 있다. 상점에는 직접 재배하고 생산한 농산물과 엄선한 가공식품을 판매하는데, 특히 간장과 들기름의 맛이 좋다. 아이들을 위한 친환경 음료도 판매하니 참고하자. 2층에는 옛 농가 물건을 전시한 식당이 있는데, 광주리에 나오는 연잎밥상은 맵지 않아 아이도 먹을 수 있다. 먹거리뿐 아니라 놀거리도 다양하다. 정미소 앞 연못에는 수생식물이 자라고 오리들이 헤엄치고 논다. 책에서만 보던 밭작물을 구경하거나 모래 언덕에서 삽질도 할 수 있다. 경운기에 직접 올라갈 수 있으나 움직이진 않는다. 대신 어린이용 미니 경운기를 탈 수 있다. 평일에도 줄이 길어 오전에 가는 것이 좋다.

주소 김포시 하성면 마곡로 239 여닫는 시간 10:00~18:00
가격 아메리카노 4,500원, 전설밥상(연잎밥) 7,000원

PLACE TO STAY

01 순숨

강화의 야트막한 산 아래에 자리한 구옥을 고쳐 게스트하우스로 탈바꿈했다. 낯가림할 사이도 없이 내 집 같은 편안함이 느껴지는 건 오랜 시간 호스트가 쌓은 정성 어린 손길 덕분이다. 아늑한 방은 넓고 낮은 침대와 자개농문으로 만든 책상, 격자식 창문, 싱그러운 화분들로 아늑하다. 옛 모습을 잃지 않고 현대적인 요소를 더해 감성적인 인테리어가 눈에 띈다. 주방이 방과 연결되어 있어 아이에게 필요한 음식도 조리할 수 있다. 화장실은 공용공간으로 별도로 있다. 독채로 사용하지만 맞은편 건물에 호스트가 살고 있어 불편한 부분이 있다면 도움받을 수 있다. 천연염색과 한지공예는 물론 궁중요리에도 조예가 깊은 호스트가 대접하는 아침상은 가히 놀랍다. 아이가 먹기에도 좋은 가지요리와 닭칼국수가 나온다.

주소 불은남로 544번길 14
여닫는 시간 체크인 15:00, 체크아웃 11:00 웹 www.airbnb.co.kr

02 호텔 무무

일상에서 벗어나 스스로 숲에 고립될 수 있는 숙소다. 낮은 산자락에 안긴 듯 자리한 호텔은 조리 가능 여부에 따라 펜션 동과 호텔 동으로 나뉜다. 각각의 콘셉트로 이루어진 룸은 깔끔하고 호사스러운 망중한을 즐기기에 좋다. 유럽풍의 인테리어는 유럽의 한 고성에 온 듯 이국적인 풍경을 자아낸다. 2인 기준 룸이 많아 아이와 이용하기엔 새들 브라운(SB) 룸과 빈티지 그린(VG) 룸을 추천한다. 빈티지 그린 룸은 실내에 스파가 있지만 새들 브라운 룸은 숲을 향해 난 외부 테라스에 있으니 날씨와 계절을 고려해 예약하는 것이 좋다.

주소 해안남로 1066번길 12 여닫는 시간 체크인 15:00, 체크아웃 11:00
웹 www.hotelmumu.com

여행지에서 즐기는 엄마표 놀이

풍선 로켓 만들기

옥토끼 우주센터(p.70)에서 로켓을 본 아이는 한동안 로켓앓이에 들어갔다. 집에 있던 비행기 장난감으로 로켓 놀이를 하는 건 물론 손에 잡히는 모든 것이 하늘을 날았다. 직접 발사하는 풍선 로켓을 만들기로 했다.

준비물 풍선, 스케치북, 크레파스 또는 색연필, 테이프, 빨대, 실

만들고 놀기 빨대는 손가락 길이 정도로 잘라주고 비슷한 크기로 스케치북에 로켓을 그려준다. 크게 그렸더니 풍선이 멈추는 경우가 있어 작게 만들어주는 것이 좋다. 로켓은 빨대 위 혹은 풍선에 붙인다. 실은 높은 곳에 묶어 경사지게 만들고 끝에 빨대를 끼운다. 풍선을 불어 입구를 쥐고 테이프로 빨대에 고정한다. 실보다 통이 넓은 빨대를 사용해야 마찰이 적어 잘 날아간다. 하나, 둘, 셋. 발사. 손을 놓으면 앞으로 갔다가 경사를 따라 다시 내려온다.

+풍선 놀이
풍선은 다칠 걱정이 적어 아이들과 놀기에 좋은 재료다. 풍선을 불어 줄을 엮은 뒤 천장에 고정시킨다. 장난감 망치나 방망이를 이용해 야구놀이를 해보자.

판다 색칠놀이

석모도 미네랄온천(p.77)에 가기 전, 아이는 수영장에 가냐고 물었다. 목욕하러 간다고 했더니 절대 안할 거라 떼를 쓰기 시작했다. 목욕탕의 재미를 알려주기 위해 책 <판다 목욕탕>을 읽고 연계 놀이도 해보자.

준비물 색지 2장, 포크, 휴지심, 화장솜, 흰색과 검은색 물감, 칼

만들고 놀기 색지에 판다를 그리고 모양대로 오려준다. 눈,코, 입,귀, 팔과 상체, 다리는 따로 오려둔다. 책 속 판다가 목욕탕에 가서 검은 옷과 선글라스를 벗는 이야기를 하며 알몸의 판다를 흰색으로 색칠한다. 휴지심에 화장솜을 끼워 물감을 찍듯 칠해보자. 흰색으로 칠한 판다가 마르면 이야기처럼 검은 물감으로 귀에 왁스를 바르듯 색칠하고 선글라스, 검은 옷과 검은 양말을 색칠해 주자. 면봉이나 포크로 물감을 찍는 것도 재미있다.

PLAY 02

PLAY
03

신체놀이 - 남녀 화장실

석모도 미네랄온천(p.77)에서 아빠를 따라 들어가던 아이가 엄마랑 같이 가겠다며 떼를 썼다. 아이가 자라면서 남녀의 신체 차이에 대해 혼란스러워하지 않도록 미리 놀이를 통해 하나하나 알아가기로 했다.

준비물 스케치북, 크레파스 또는 색연필, 테이프, 물통 2개, 빨대 2개

만들고 놀기 여자와 남자가 소변을 보는 자세를 그려 오린다. 테이프로 물통에 고정하고 소변이 나오는 부위에 구멍을 뚫어 빨대를 넣고 테이프로 고정한다. 빨대 입구를 막고 물통에 물을 넣은 뒤 뚜껑을 닫는다. 화장실에 가서 소변을 보는 상황극을 하며 아이에게 정확한 명칭인 음경과 음순을 알려준다. 만지면 빨대(음경 또는 음순)를 따라 세균이 들어가서 아플 수 있다는 점도 함께 알려주자.

아빠 엄마의 생각

엄마, 이건 남자만 먹을 수 있어. 여자는 안 돼.

어느 날부터 아이는 아빠나 엄마에게 화가 나면 '여자는 안 돼' 또는 '남자는 안 돼'와 같이 성별로 규제하는 버릇이 생겼다. 5살 아이에게 이유 없는 성 고정관념이 생긴 것. 원인은 잘 모르겠지만 양성 평등한 사회에서 편협한 시선이나 갈등을 줄일 수 있도록 조금씩 알려줘야 할 때임은 분명했다. 일상생활 속에서 오랜 유교 관습과 남아 선호사상으로 생긴 불평등과 일방적인 성 고정관념에 쉽게 부딪힌다. 예를 들어 '남자가 이런 일로 울면 안 돼'와 같은 남자다움과 여자다움을 강요하는 일이다. 애니메이션에서도 여자 공룡은 흔히 분홍색을 쓰고, 남자 공룡은 파란색을 쓰는 것도 같은 맥락이다.

쉽게 행동할 수 있는 방법은 성별을 구분하는 교구나 미디어를 멀리하는 것. 꼭 봐야 하는 교구인 경우 이 부분을 짚고 넘어가는 것이 좋다. 단어 선택에서도 성을 구분하는 단어를 사용하지 않고, 성 역할을 구분하지 않는다. 예를 들어 집안일은 가족 구성원 모두가 참여해서 하는 일이다. 이 과정에서 아이가 차이와 차별을 혼동할 수 있다. 예를 들어 남녀의 신체 차이로 인해 남탕과 여탕이 구분되는 것을 차별로 구분하지 않도록 신경 써야 한다.

함께 읽어주면 좋은 책

- 장수탕 선녀님
- 팔딱팔딱 목욕탕
- 서서 오줌누고 싶어
- 화장실에 갈 때는 나처럼
- 깨끗 공주와 깔끔 왕자

WHERE TO GO
03
용인

용인

BEST COURSE

1박 2일 코스

01 아이와 여유롭게 보낼 수 있는 힐링 코스

1일 에버랜드

2일 삼성교통박물관 → 점심 호가 → 한국민속촌

02 아이와의 다양한 활동을 중시하는 체험 코스

1일 호암미술관 → 점심 에버랜드 → 에버랜드 → 저녁 두부마당

2일 한국민속촌 → 점심 한국민속촌 내 식당 → 다이노스타

2박 3일 코스

01 아이와 여유롭게 보낼 수 있는 힐링 코스

1일 에버랜드

2일 삼성교통박물관 → 점심 호가 → 한국민속촌 → 저녁 한국민속촌 내 식당

3일 동천 자연식물원 → 점심 고기리막국수 → 뮤지엄 그라운드

02 아이와의 다양한 활동을 중시하는 체험 코스

1일 호암미술관 → 점심 두부마당 → 삼성화재 교통박물관 → 저녁 호가

2일 경기도 어린이박물관 → 점심 도토리마을 → 한국민속촌 → 저녁 한국민속촌 내 식당

3일 다이노스타 → 점심 고기리막국수 → 성남 현대어린이책미술관

뮤지엄 그라운드
다이노스타
동천 자연식물원
경기도 어린이박물관
호암미술관
삼성교통박물관
에버랜드
한국민속촌
용인
용인 곤충테마파크

SPOTS TO GO

01 에버랜드

주말에 에버랜드에 간다면 고개부터 절레절레 흔들게 된다. 밀려드는 인파 속에 다닐 생각을 하니 출발 전부터 피로하다. 그럼에도 아이와 에버렌드를 찾는 이유는 유년시절의 좋았던 기억 때문일지도 모른다. 약속의 날, 에버랜드로 가는 차 안에서 히죽대며 웃던 내가 기억나서다. 부모가 되고 보니 설렌 사람은 아이만은 아니었다. 신앙고백처럼 쏟아내는 아이의 신난 재잘거림에 행복감이 절로 든다.

에버랜드의 재미는 동시다발적으로 터진다. 영유아에게 으뜸은 동물원으로 실물로 만난 동물들로 인해 눈이 휘둥그레진다. 그중에서도 아이들의 한눈을 팔게 만드는 동물은 단연 판다다. 풍만한 몸과 지나친 애교는 판다만의 숙명이다. 게으른 판다가 움직이지 않아도 탄성이 나오는데 쉿! 판다 거주지에선 큰소리를 내면 안 된다. 동물원의 양대 산맥은 초식동물들을 만날 수 있는 로스트밸리와 육식동물들을 만날 수 있는 사파리월드다. 두 곳 모두 차를 타고 동물의 생태지를 둘러보는 탐사형 사파리로 로스트밸리는 수륙양용차를 타고 물 위를 달리는 구간도 있다.

포시즌스가든에서 사계절 꽃 축제가 열린다. 여름에는 워터 페스티벌, 가을에는 할로윈, 겨울에는 크리스마스 축제다. 매일 열리는 불꽃놀이를 제대로 관람하고 싶다면 가든 테라스를 예약하자. 오후 5시부터 예약 고객만 이용할 수 있어 여유롭고 편안하게 즐길 수 있다.

난이도 ★★★
주소 에버랜드로 199
여닫는 시간 10:00~21:00
요금 주간권 어른 56,000원, 청소년 47,000원, 어린이 44,000원
야간권 어른 46,000원, 청소년 40,000원, 어린이 37,000원
웹 www.everland.com
여행 팁 오아시스 피크닉과 서문 피크닉에서 도시락을 먹을 수 있다. 위생 식탁보와 마른 타월도 구비되어 있다.

아이는 심심해!

아이가 즐길 수 있는 여행법
아이와 갈 때 이용하는 에버랜드 팁

① 발레 파킹 서비스를 이용한다. 입구와 가까운 주차장은 금세 만차다. 빈 곳을 찾거나 먼 주차장에서 오는 데 드는 시간과 체력을 아껴야 한다. 에버랜드 앱에서 발레 파킹을 구매하면 MA주차장 발레 파킹 승하차장에서 차를 맡기고 바로 입장 가능하다. 에버랜드에서 쓰는 돈 중 가장 잘 썼다는 후기가 많다.
② 눈치게임에서 이기기 위해 에버랜드 앱을 사용할 것. 각 어트랙션별 대기시간이 나온다.
③ 인기 어트랙션을 바로 탈 수 있는 '레니의 럭키찬스'를 이용하자. 앱에 입장권을 등록 > 30분마다 1개씩 자동으로 생기는 에버파워 충전(총 5개까지 저장) > 이용하고 싶은 어트랙션에 예약 가능 시간을 지정하고 응모
④ 로스트밸리는 유모차로 대기하다 입구에서 유모차 보관소에 둘 수 있는데 사파리월드 등 일부 어트랙션은 유모차 입장이 안 되기도 한다. 대기 시 종이 또는 플라스틱 재질로 만든 휴대용 접이식 의자를 가져가 아이를 앉히면 편하다.

아빠 엄마의 생각

동물에게 노력하는 동물원을 찾아요.

어느 농장에서 직원과 방문객이 하는 이야기를 들었다.
"동물은 어디서 얼마에 가져왔나요? 이번에 카페를 여는데 갖다 놓을까 싶어서. 요즘 사람들 그런 거 좋아하니까. 손님이 더 올 것 같아요. 잘 안 죽죠?"
마음 불편한 상황이 연상되었다. 그 카페에서 새를 만난 아이는 생명 존엄의 의미를 알까. 내가 아는 새는 잡기 힘든데다 다가가면 금세 알아채는 눈치 빠른 동물인데 아이가 아는 새는 어떨까. 동물보호운동가는 아니지만 실내동물원보다 생태동물원을, 서식지 외 보전기관의 동물원을 지향하고, 반면 체험을 목적으로 만들어 일조권조차 없는 실내동물원은 지양한다. 동물은 물론 내 아이의 위생과 건강을 생각해서다. 찾지 않는 실내동물원은 줄어들 게 되지 않을까. 동물들은 서식지 외 보전기관으로 이송되니 걱정 없다. 아이와 실천할 수 있는 작은 일을 찾아내고 실천하다 보면 변화를 시도하는 동물원이 많아지지 않을까 하는 바람을 가져본다.

호암미술관

삼성문화재단에서 운영하는 미술관이다. 삼성의 창업주인 호암 이병철 전 회장이 30여 년 동안 모은 우리나라 고미술품을 만날 수 있다. 우리나라 예술문화의 기반이 된 불교미술부터 선조의 염원이 담긴 민화, 생활상을 짐작케 하는 목가구와 도자기 등 국보·보물급 예술품이다.
미술관은 고아한 한국정원, 희원(熙園) 속에 있다. 입구인 보화문은 단아한 색의 전돌과 우리나라 전통문양을 고루 배치했다. 홍예가 아름다운 덕수궁의 유현문을 염두에 두었다. 매화나무 숲을 지나 웃자란 들풀 사이로 벅수가 얼굴을 드러낸다. 마을을 지켜주는 수호신치곤 익살스러운 표정에 아이도 덩달아 우스꽝스러운 표정으로 화답한다.
화원은 인위적인 조경보다 할미꽃과 초롱꽃, 노루오줌과 같이 한국의 아름다운 야생화로 꾸몄다. 우아한 몸짓으로 정원을 거니는 공작새까지 멋을 더한다. 매화가 봄을 깨우면 산벚나무가 이어꽃망울을 터트리고, 가을에는 붉은 단풍이 재색을 자랑한다. 미리 도시락을 준비해 석연의 길을 따라 난 호숫가 잔디밭에서 피크닉을 즐겨보길 추천한다.

난이도 ★
주소 에버랜드로 562번길 38
여닫는 시간 10:00~18:00
쉬는 날 1월 1일, 명절 연휴
요금 어른 4,000원, 청소년 3,000원
웹 www.hoammuseum.org

삼성교통박물관

집을 나서면 지척에 도로가 있어 늘 아이의 안전이 걱정이다. 우리 아이와 밀접한 교통안전을 좀 더 효과적이고 재미있게 배울 수는 없을까. 삼성화재가 그동안 자동차와 그에 관련된 문화유산을 수집·연구·보존하면서 다양한 전시와 프로그램을 만들었다.

어린이 교통나라의 체험형 교육은 실내와 실외로 나뉜다. 실내교육장은 교통표지판 안내나 안전수칙 등을 전시한다. 밖에선 일상생활에서 어린이에게 일어나기 쉬운 교통사고 10가지 유형을 모의 도로상황을 통해 알아볼 수 있다. 투어가 아니어도 키오스크가 있어 항시 배울 수 있다. 미리 내용을 인지하고 적당한 소품을 챙겨가도 좋겠다.

'어른이'를 위한 박물관은 자동차 역사의 시작, 레오나르도 다빈치의 태엽 자동차를 재현하고 세계 최초 가솔린 내연기관 자동차, 벤츠 특허차(페이턴트 모터바겐)도 있다. 영화 <백투더퓨처>의 미래차 드로리안 DMC-12은 반갑기 그지없다. 예술에 가까운 명차, 다음 생을 기약해야 할 듯한 '드림카'도 전시한다. 아름답고 우아한 클래식카 전시를 보기 위해 2층으로 향하는 걸음은 모터달린 듯 빨라진다. 영화 <위대한 개츠비>에도 나온 '은빛 유령' 롤스로이드 실버고스트가 돋보인다.

난이도 ★
주소 에버랜드로 376번길 171
여닫는 시간 평일 09:00~17:00, 주말 10:00~18:00
쉬는 날 월요일. 새해, 설·추석 연휴
요금 어른 6,000원, 어린이 5,000원
웹 www.stm.or.kr
여행 팁 야외 기차는 도시락을 먹을 수 있는 피크닉 존이다. 매점이 함께 있어 주전부리를 즐길 수도 있다.

아이가 즐길 수 있는 여행법

어린이 교통나라와 달리 박물관은 전시 위주라 아이가 심심해할지도 모른다. 1층 체험나라는 방향지시등을 켜는 자동차의 부품을 다양한 방법으로 체험할 수 있어 아이의 호기심을 자극하기에 제격이다. 미디어를 통해 나만의 자동차를 색칠할 수도 있다. 선착순으로 가능한 올드카 시승 예약도 놓치지 말자.

한국민속촌

우리 민족의 삶을 경험할 수 있는 전통문화 종합관광지이자 사극 유명촬영지다. 30여만 평의 땅에 조선시대 민속마을과 놀이마을이 조성되어 있다. 지곡천을 따라 조성된 민속마을은 무늬만 전통가옥이 아니다. 조선팔도의 기후와 생활상을 반영한 지방가옥으로, 전문가의 고증을 통해 재현하거나 집을 해체해 옮겨왔다. 옛 관아에선 쌓인 감정을 푸는 곤장치기처럼 형벌체험을 할 수 있다. 대장간과 한약방, 서낭당과 점술집 등 건물의 용도에 맞는 체험도 있다. 전통장인부터 무속인까지 '진짜'를 모셔와 우리 민족의 삶을 제대로 볼 수 있다.

마을을 왁자지껄 생동감 넘치게 만드는 건 조선의 대표 캐릭터다. 나쁜 사또와 이방, 장사꾼 등이 곳곳에 출연해 버라이어티한 조선 마을의 이야기가 펼쳐진다. 일명 '꿀알바'로 전국 1위를 다투던 '꽃거지'도 있다. 길거리에 누워만 있으면 사람들이 돈을 줘 웃음을 자아낸다.

고유한 우리네 문화 공연도 시간과 장소별로 열리니 시간표를 잘 짜자. 농악으로 신명나게 문을 열면 마당극과 삼도판굿이 바통을 이어받는다. 말 위에서 선보이는 마상무예는 서서 달리거나 거꾸로 타는 등 기예에 가깝다. 단오와 동지처럼 농사력에 맞춰 가면 세시풍속을 쉽고 재미있게 경험할 수 있어 추천한다. 체험 또한 알차다. 천연염색과 옛날 농기구 생활 체험, 전통놀이에 뱃사공이 저어주는 나룻배 체험까지 다채롭다. 놀이마을에는 아이들이 탈 만한 14종의 어트랙션과 조각공원, 핫도그나 햄버거 등 아이가 좋아할만한 식당이 있다.

난이도 ★★
주소 민속촌로 90
여닫는 시간 월~목요일 10:00~19:00, 금~일요일·공휴일 10:00~21:00(계절과 날씨에 따라 폐장시간 상이)
요금 자유이용권 어른 30,000원, 청소년 27,000원, 어린이 24,000원
입장권 어른 22,000원, 청소년 19,000원, 어린이 17,000원
(소셜커머스 또는 용인시 카카오톡 친구로 할인 가능)
웹 www.koreanfolk.co.kr
여행 팁 민속촌 초입과 제일 안쪽에 저잣거리가 있다. 체험은 물론 둘러보는 데 시간이 오래 걸리므로 유모차를 준비하는 것이 좋다.

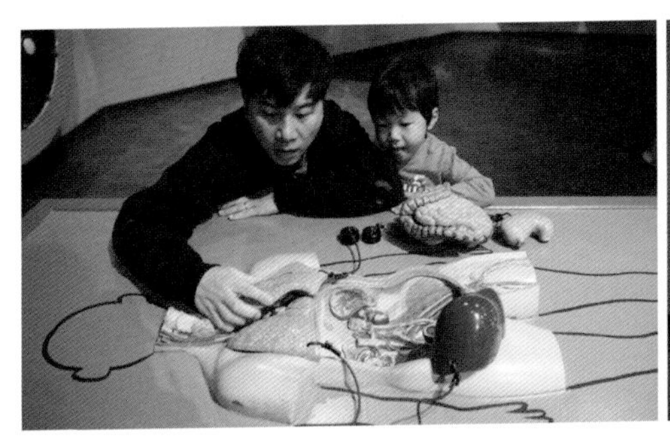

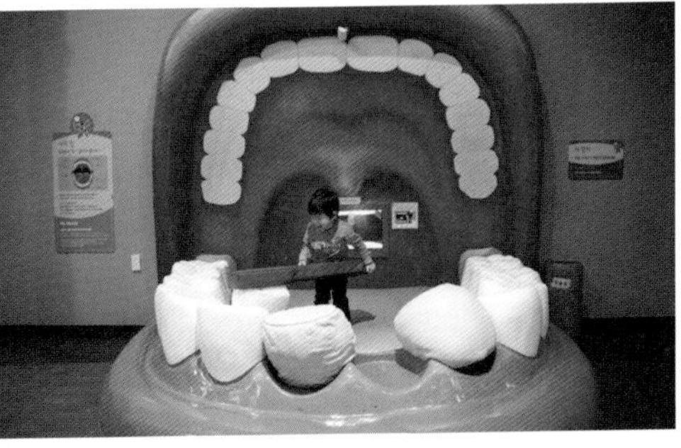

05 경기도 어린이박물관

체험형 어린이박물관의 시초인 경기도 어린이박물관은 전시물과 오감으로 교감하고 놀면서 배운다. '구관이 명관'이라는 말이 사실이다. 그간의 노하우를 통해 실감나는 장비들은 물론 전시 형태·배치·동선까지 신경 쓴 흔적이 역력히 보인다. 운동과학의 원리를 알아보는 튼튼놀이터, 눈에 보이지 않는 바람을 시각화해 재미를 준 바람의 나라, 우리 몸 탐구와 다양한 전시물을 이용한 전래동화까지 아이의 흥미를 유발한다. 연령을 고려한 공간 조성에 형제나 남매의 나이 차가 있더라도 걱정 없다. 36개월 미만 영아를 위한 아기둥지, 48개월 미만 유아를 위한 자연놀이터가 따로 있다. 건축가가 설계한 '21세기 책과 콩나무'는 14m의 클라이머 시설로 120cm 이상인 어린이만 이용 가능하다.

다양한 테마 놀이가 있는 어린이박물관은 다 둘러보기보다 관심 있어 하는 몇몇 전시를 오래 보고 온다는 생각으로 접근하면 좋다. <어린 왕자>를 매해 읽을 때마다 공감하는 부분이 다르듯 아이의 환경 변화나 관심사에 따라 기억에 남는 전시가 달라진다.

난이도 ★
주소 상갈로 6
여닫는 시간 10:00~17:30 (예약제 운영)
쉬는 날 월요일, 1월 1일, 명절 당일
요금 4,000원(12개월 이하 무료)
웹 gcm.ggcf.kr
여행 팁 인기가 많은 어린이박물관이라 주차장이 금세 차서 도로까지 대기를 하는 경우가 많다. 주말에는 꼭 오전으로 신청하자. 바로 옆 백남준아트센터도 추천한다.

06 다이노스타

공룡박물관이 아닌 체험형 공룡놀이터다. 실제 공룡시대에 온 듯 역동적인 공룡들이 포효하듯 울기까지 한다. 소리에 움찔대던 아이라도 걱정 말자. 놀다 보면 동무처럼 지낼 만큼 친근하고 재미있는 공룡들이 가득하다. 공룡시대 대표 캐릭터인 브라키오사우르스와 티라노사우르스가 옥상에서 반긴다. 여름에는 물놀이장, 겨울에는 눈썰매장이 되는 공간이다. 실내에선 범퍼카와 볼풀장, 모래놀이도 할 수 있다. 야외로 나오면 본격적인 놀이가 시작된다. 모래를 털어 화석을 발굴하고 공룡뼈를 찾아보자. 형·언니들만의 전유물이던 클라이밍은 안전장치를 더해 유아도 체험할 수 있도록 했다. 용기가 충전되었다면 공중 네트를 돌아다니며 신나게 놀아보자. 아래에는 어린이 골프장이 공룡마을을 두르고 있다. 살아있는 공룡을 타는 것 같은 공룡 라이더는 줄 서기 바쁘다. 이 모든 체험이 횟수와 추가 요금 없이 진행된다. 단, 다이노 정글짐만 예외다.

난이도 ★
주소 동천로 593
여닫는 시간 10:00~16:30
요금 어른 15,000원, 어린이 20,000원
웹 www.dinostar.co.kr

07 뮤지엄 그라운드

언택트

난이도 ★
주소 샘말로 122
여닫는 시간 10:00~18:00
쉬는 날 월~화요일
요금 어른 10,000원, 청소년 8,000원, 어린이 6,000원
웹 www.museumground.org

미술관의 첫인상이 호감이다. 현대적인 건축물 벽면에 옷자락처럼 살짝 벌어진 틈으로 들어가고, 좁은 복도에 숨겨진 입구부터 기대감을 끌어올린다. 일상의 예술적 기갈을 풀어줄 영감의 공간이다. 총 3개의 실내 전시공간과 야외 조각공원으로 구성된 미술관은 상설 전시가 없다. 늘 새로운 전시를 기획하고 고민해 다음 방문을 기대하게 한다. 다양한 예술 장르를 보다 넓은 분야의 고객층에게 보여주려는 그들의 의도와 맞닿아 있다. <초현실주의 작가>, <르네 마그리트> 전과 <4인의 그래피티> 전 등 이미 많은 전시로 인정받았다. 회화와 책, 음악을 함께 전시해 장르의 한계를 넘는 시도도 눈여겨볼 만하다.

Episode

여기서 선물 사는 거 어때?

입구에는 전시와 연관된 굿즈를 판매한다. 장난감을 제쳐두고 아이가 보고 있는 상품은 다름 아닌 반지.
"엄마, 우리 여기서 윤우 선물 사주는 거 어때?"
'뭐야. 지금 벌써 여자 친구 반지 고르는 거야? 엄마는? 엄마는!'

아이가 즐길 수 있는 여행법

어린이미술관은 아니지만 영유아와 초등생을 동반한 가족이 많이 찾는다. 예술을 쉽고 재미있게 구성해서다. 우선 전시장 배치가 재미있다. 일렬 또는 병렬로 연결된 전시실 배치와 달리 층을 구분하거나 공간을 분리해 다이내믹한 동선을 만들었다. 예상치 못한 전개에 아이도 흥미로워한다. 비비드한 색감의 활발한 분위기도 좋다. 전시와 함께 활동지를 끄적이고 낙서가 가능한 영역도 있다. 아이가 미술을 쉽고 재미있게 접할 수 있도록 전시한 연계 교육 프로그램도 운영한다. 방문객들이 편안하게 쉴 수 있는 카페와 야외 공간도 마련돼 있다.

용인 곤충테마파크

계절을 알리는 건 곤충들의 역할이 크다. 봄은 벌과 나비가 날아야 꽃이 생기가 있고 여름은 매미가 울어야 제맛이다. 가을은 귀뚜라미가 노래해야 멋이 흐르고 겨울나기를 하는 곤충들에게선 부지런함을 배운다. 쉽게 접할 수 있는 곤충이 다수의 해충이라 비호감이라는 누명을 쓰고 살아간다. 곤충 채집을 위해 잠자리채는 들었어도 잡기 두려운 아빠 엄마라면 곤충체험테마파크로 가자. 곤충에 대한 새로운 생각을 배우고 다양한 경험을 할 수 있다.

곤충생태체험관에서 입장료와 체험 프로그램을 선택한다. 인기 체험은 곤충 전시 가이드로 선생님의 안내에 따라 애벌레와 장수풍뎅이, 사슴벌레 등의 곤충을 관찰하고 만져볼 수 있다. 미래 식량으로 주목받는 웜밀은 의외로 고소해 아이들이 서로 먹겠다고 손을 들기도 한다. 샌드아트로 만드는 곤충이나 3D퍼즐도 있다. 체험관 뒤 목장에서 동물 먹이주기를 하거나 꼬꼬댁 유정란 훔쳐오기 체험이 인기다. 닭장에서 달걀 2개를 가지고 나오는데 위험요소는 없지만 아이에겐 스릴 넘치는 경험이다. 여름에는 곤충캠프도 열린다.

난이도 ★
주소 삼백로 835번길 46
여닫는 시간 토요일·공휴일 10:00~18:00, 일요일 13:00~18:00
쉬는 날 월~금요일
요금 입장료 3,000원, 곤충 전시 가이드 4,000원(가족당), 유정란 훔쳐오기 5,000원
웹 www.yonggon.com

09 동천 자연식물원

영유아를 위한 자연테마공원이다. 식물원은 원형의 유리온실로 큰 규모는 아니지만 무성하게 자란 나무가 싱그러운 기운을 전한다. 어항 속 물고기도 볼 수 있다. 중심에 설치된 복층 공간은 식물원을 제대로 감상할 수 있다. 마룻바닥에 책상과 의자, 1인용 소파를 두고, 블록놀이나 책도 구비되어 있어 아이와 부모 모두 풀냄새 가득한 초록빛 세상에서 여유로운 한때를 보낼 수 있다. 식물원 옆 온실하우스는 계절별 꽃과 동물들이 모여 있어 먹이주기 체험은 물론이고, 산책이 가능한 동물과 함께 식물원을 누비며 오붓한 시간을 가질 수 있다.
실외 놀이터는 기존 놀이기구에 공룡뼈 발굴, 외줄다리와 짚라인 등 흥미진진한 밧줄놀이기구가 있다. 산책로를 따라 올라가면 숲놀이터가 있어 자연물을 관찰하고 체력을 단련하기에 좋다. 자벌레와 장수풍뎅이처럼 흔히 볼 수 없는 곤충부터 운이 좋다면 겅중겅중 뛰는 노루를 만날 수도 있다. 계절별 놀이도 다채롭다. 봄에는 연못에서 올챙이를 잡고 여름에는 물놀이장, 겨울에는 썰매장이 열리는데 모두 입장료에 포함돼 있다.

난이도 ★
주소 동천로 233
여닫는 시간 하절기 10:00~18:00, 동절기 10:00~17:00
쉬는 날 월요일, 명절 당일
요금 어린이 10,000원, 유아(17~23개월) 5,000원, 어른 8,000원
웹 naturesoop.co.kr
여행 팁 먹이바구니를 돌려주면 슬러시를 먹을 수 있는 종이컵을 준다.

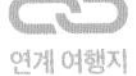
연계 여행지

성남 현대어린이책미술관

책이 아이에게 미치는 영향력은 이미 널리 알려져 있다. 인지 발달과 정서적 발달, 언어 발달 등에 도움을 준다. 책에 관심이 없는 아이라도 흥미롭게 경험하도록 마련된 이곳은 국내 최초로 책을 주제로 한 어린이미술관이다.

미술관은 MOKA랩·아틀리에가 있는 1층과 열린 서재가 있는 2층으로 구성돼 있다. 반구형의 열린 서재에는 6,000여 권의 국내외 그림책이 가득하다. 전문가가 미취학 아동에 맞게 책을 엄선했고, 미술 관련 프로그램이나 전시 또한 같은 연령을 고려해 진행된다. 뱃머리처럼 생긴 서재 중앙 계단은 마치 미지의 바다를 가로지르며 탐험을 떠날 듯하다. 낮은 계단 주위에 빈백이 있어 아이와 책을 읽기에도 편하다. 층을 연결하는 계단 '버블스텝'은 아이들이 가장 좋아하는 책 읽기 스팟이다. 징검다리를 닮은 계단은 벤치처럼 층을 두어 앉을 수 있다.

미술관 곳곳에 건축가 김창중의 작품으로 재미를 숨겨두었다. 공룡의 뼈대처럼 기둥을 세운 통로 '램프'는 빛과 그림자를 깊이 있게 보여준다. MOKA랩·아틀리에는 전시가 주를 이루는데, 보통 보는 것에 그치지 않고 작품에 참여해 보고 듣고 그린다.

난이도 ★
주소 성남시 분당구 판교역로 146번길 20
여닫는 시간 10:00~19:00
쉬는 날 월요일, 새해, 설날 및 추석
요금 6,000원(전시에 따라 변동)
웹 www.hmoka.org
여행 팁 판교 현대백화점 5층에 위치해 식당이나 푸드코트, 주차장 등 편의시설이 있어 편하다.

아빠 엄마의 생각

아이에게 좋은 책이란?

아이의 책 취향을 알기 위해서는 서점, 도서관, 혹은 책이 있는 곳에 가야 한다. 우리가 쇼핑을 할 때 취향이 드러나듯 이것저것 보고 아이가 뭘 좋아하는지 알아내는 것이 중요하다. 내가 생각하는 좋은 책은 아이가 재미있어 하는 책이다. 예를 들어 아이가 관심을 주제가 나온 책은 확실히 재미있어 한다. 에버랜드에서 판다를 본 아이에게 책 <판다 목욕탕>을 읽어주면 경험과 함께 기억하며 즐거워한다. 흥미로운 일이 없었다면 책에 나오는 주인공에 대해 영상을 보여주기도 한다. 반딧불이가 나오는 책을 보여주는데 아이가 뭐냐고 물어보면 유튜브에서 반딧불이 영상을 보여준다. 상상력은 줄어들지 몰라도 대상에 좀 더 애정을 쏟게 된다.

연계 여행지

이천 시몬스테라스

기업의 사업방향 및 전문성을 내세워 라이브러리를 구축하는데 많은 회사가 동참하고 있다. 감각적인 디자인의 수면 전문 브랜드 시몬스도 라이프스타일 문화공간을 만들었다.
1층 핑크문을 열면 '호텔(Hotel)' 콘셉트의 쇼룸이 나오는데, 최상위 컬렉션인 '뷰티레스트 블랙' 매트리스를 이용한 스타일링처럼 실제 호텔에 온 듯 모던하고 럭셔리한 공간이다. 지하 1층 '테라스'는 좀 더 입체적이고 대중적이다. '매트리스 랩'에선 자신의 수면 형태를 진단하고 솔루션을 찾는 체험을 하거나 라이프스타일 소품을 판매한다. 2층 '헤리티지 엘리'는 1870년부터 이어온 브랜드의 역사를 알리는 공간으로 빈티지한 재봉틀과 기계는 물론 세련된 시대별 광고도 볼 수 있다. 초창기 포켓스프링으로 만든 '아트 오브 스프링' 작품이 매력적인데, 전시에서 나타나듯 전세계 다양한 아티스트와 협업할 정도로 예술과 친근하다. 특히 개성있는 드로잉의 프랑스 일러스트레이터 장 줄리앙의 작품도 만날 수 있다.
야외 공간인 '라운지(Lounge)'에도 전시 공간이 있다. 서핑을 테마로 한 <리얼리티 바이츠>에 이어 다양한 전시가 이뤄진다. 겨울에는 초대형 크리스마스트리와 일루미네이션이 점등해 근사한 연말 분위기를 만든다. 커피가 맛있는 이코복스 카페에서 쉬어가는 것도 좋겠다.

난이도 ★
주소 이천시 모가면 사실로 988
여닫는 시간 일~목요일 11:00~20:00, 금~토요일 11:00~21:00
요금 무료
웹 www.simnons.co.kr

스냅사진, 여기서 찍으세요

아트 조형물이 많은 만큼 '인생샷'을 찍을 수 있어 인스타그래머라면 꼭 찾는 여행지다. 1층 테라스의 쇼룸이나 '아트 오프 스프링' 작품에서 많이 찍는 편.

색감이 눈에 띄는 핑크문이나 시몬스 타이포가 새겨진 건물 앞 라운지도 인기 스팟이다.

용인

PLACE TO EAT

01 도토리마을

경기도 어린이박물관 바로 앞에 위치한 식당이다. 박물관 내 구내식당이 붐비고 가성비가 좋은 편이 아니어서 바로 앞 도토리마을에서 가볍게 한 끼 먹기를 권한다. 막국수와 냉면, 짜장면 등의 면을 도토리가루를 사용해 제면한다. 육수가 짙은 편이라 묵밥이나 온면을 추천하고, 사골탕도 괜찮다. 도토리반죽을 수제비처럼 빚어 만든 샐러드는 맛이 좋아 따로 판매하기도 한다. 도토리빈대떡도 아이가 먹기에 무난하다.

주소 상갈로 9
여닫는 시간 11:00~21:00
가격 도토리막국수 7,000원, 도토리사골탕 7,000원

02 고기리막국수

고기리 계곡을 북적이게 하는 주요 식당으로 그만큼 맛있다. 1시간이 넘는 대기가 사악하지만 아랑곳하지 않고 기다리는 사람이 많다. 카카오톡으로 알림이 오는 대기시스템이 있어 식사시간보다 조금 일찍 도착해 주변 카페에서 기다리는 것도 방법. 물막국수, 비빔막국수, 테이블마다 시키는 들기름막국수가 있다. 통메밀을 제분해 만든 국수에 신선한 들기름을 듬뿍 올려 나온다. 식탁에 음식이 차려지면 들기름의 고소한 향이 탁하고 코를 친다. 거기에 참깨, 김까지 고명으로 올라간다. 간은 발효간장을 살짝 넣어 했다. 수육은 야들야들한 식감이 부드럽다. 어린이국수가 따로 있어 양을 조절할 수 있다.

주소 이종무로 157
여닫는 시간 11:00~21:00
쉬는 날 화요일
가격 들기름막국수 8,000원, 수육(소) 13,000원

03 죽석 총각손칼국수

칼국수 한 그릇에 5,000원으로 단일 메뉴다. 용인 인근 학교 학생들이 자주 찾는 식당으로 학생 할인에 맛도 좋아 유명해졌다. 직접 제면한 면에 오랫동안 끓여 묵직한 육수를 더해 만든 칼국수만 판다. 고춧가루가 들어가지 않아 맵지 않고 김가루를 많이 올려 아이도 잘 먹는 편이다. 매운맛을 원하면 아이용 칼국수를 덜고 매운 양념을 추가해 먹으면 된다. 반찬은 익은 김치와 덜 익은 김치가 나온다. 주말에는 대기가 긴 편이지만 금세 먹고 나가는 메뉴다 보니 오래 기다리지 않아도 된다.

주소 신구로 12번길 6
여닫는 시간 월~토요일 11:00~익일 05:00, 일요일 11:00~23:00
가격 칼국수 5,000원

04 루트889

미국식 스모크 바비큐를 전문으로 하는 레스토랑이다. 돼지고기 전지살, 소고기 차돌과 양지살, 닭다리 등을 12~18시간 동안 사과나무 훈연 방식으로 천천히 굽는다. 고기 기름이 쏙 빠져 맛은 담백하고 겉은 바삭, 속은 촉촉하다. 속까지 염지가 잘 될 수 있도록 주사로 투여하는 방식도 독특하다. 가족 단위 외식객이 많은 이유는 킥보드를 마음껏 탈 수 있는 앞마당 덕분이다. 마당에 테라스 좌석도 있어 온가족 편안한 시간을 보낼 수 있다. 한 달 전 택배 주문도 가능하나 일찍 소진되는 편이다. 도시락을 주문해 숙소에서 편하게 즐길 수도 있는데, 방문해 포장 주문해야 한다.

주소 성산로 435 여닫는 시간 11:00~21:00 쉬는 날 월요일
가격 풀드포크 플레이트 18,900원 이용 팁 재료 소진 시 인스타그램 @route_889으로 공지하니 가기 전 미리 확인할 것.

05 호가

에버랜드 인근에 있다. 미나리 또는 파를 넣은 소불고기를 판다. 팬에 1차로 익히고 자리에서 한 번 더 구워 먹는다. 불고기가 조금 남았을 때 볶음밥을 주문할 수 있다. 불고기 양이 적어 식사 메뉴를 추가하는 것도 좋다. 소고기뭇국과 잔치국수, 누룽지 등이 있다. 인원이 많다면 민물새우매운탕을 함께 주문해도 좋겠다. 반찬은 정갈한 편이나 양이나 종류가 많지 않다. 아늑한 인테리어로 좌식과 입식 모두 가능하다.

주소 성산로 670 여닫는 시간 11:00~22:00 쉬는 날 첫째, 셋째 월요일
가격 소불고기 13,000원

06 두부마당

에버랜드 인근에 위치한 식당으로 가성비가 좋다. 정성 들여 직접 만든 손두부와 찌개, 보쌈 등 한식 메뉴를 먹을 수 있다. 아이와 함께 먹기에는 수육과 구이두부, 찌개와 밥이 함께 나오는 보쌈정식이 적당하다. 찌개도 청국장이나 비지찌개, 순두부찌개 중 택할 수 있으나 모두 고춧가루가 들어 있어 매운 음식을 못 먹는 아이가 먹기엔 어렵다. 주말에는 두부돈가스를 판매하니 반찬으로 추가하는 것도 좋다.

주소 포곡로 339
여닫는 시간 10:00~21:00
가격 두부보쌈 27,000원, 보쌈정식 11,000원

07 동춘175

부산을 기반으로 한 패션기업 세정이 물류창고를 업사이클링을 통해 새로운 공간으로 탄생시켰다. 2동의 건물이 합쳐진 복합문화공간으로 기존의 의류 상점은 물론 라이프스타일 상품을 판매하는 동춘상회가 함께 한다. 동춘은 세정그룹의 모태인 동춘상회에서 따온 이름. 상회가 있던 중앙시장처럼 제철과 지역성을 살리고자 하는 세정의 지향점을 반영했다. 동춘상회가 있는 낮은 동에는 계단식으로 조성한 휴식공간이 마련돼 있다. 한쪽 면에 서가를 두어 아이들이 읽을 만한 동화책을 나열했다. 유명 음식점이 입점한 고메175와 친환경 식재료로 만드는 샌드위치와 브런치를 파는 카페도 있다. 활동적인 아이라면 트램펄린 파크인 바운스를 찾아봐도 좋겠다.

주소 동백죽전대로 175번길 6 여닫는 시간 10:30~21:00
가격 도노리편백집 편백찜 13,000원, 바운스 미취학 아동 1시간 11,000원

PLACE TO STAY

01 용인 자연휴양림

2층 건물인 숲속체험관과 독채로 운영되는 숲속의 집, 목조체험주택, 캠핑존이 있다. 조리를 할 수 있는 주방은 없지만 스몰캠핑을 할 수 있는 방갈로도 한 채가 있다. 식재료나 주전부리의 종류가 많은 매점이 있다는 것이 이곳의 장점. 숯불을 피워주거나 생맥주 판매는 자연휴양림에서 쉽게 볼 수 없는 서비스다. 타지역 자연휴양림과 차별화된 시설은 에코 어드벤처다. 나무로 만든 벽을 올라 공중에 달린 그물을 통과하는 등 숲을 다이내믹하게 체험하는 시설로 2개의 안전고리를 연결해 사고를 방지한다. 가장 쉬운 원숭이 코스는 5세부터 가능하며 110cm를 넘어야 이용 가능하다. 7세 이상은 침팬지 코스를 이용할 수 있다.

주소 초부로 220
여닫는 시간 체크인 15:00, 체크아웃 12:00
웹 yonginforest.foresttrip.go.kr

02 용인 라마다호텔

에버랜드를 지척에 두고 있어 접근성이 좋다. 루프탑에 있으면 에버랜드에서 하는 불꽃놀이를 구경할 수 있을 정도로 가깝다. 7가지 타입의 룸을 갖추고 있으며 다소 좁은 편이라 유아가 아니라면 프리미어 더블룸 이상으로 예약하는 것이 좋다. 에버랜드와 삼성화재 교통박물관 등 가족여행객이 많다 보니 다양한 키즈 콘셉트의 룸이 있다. 스포츠카 어린이 침대가 놓인 레드 카레이서 룸과 사랑스러운 핑크 키즈룸이 유명하다. 아기자기한 캐릭터 인테리어로 꾸며진 키즈 스위트룸과 티모니룸, 북유럽 감성의 뮤아 캐릭터룸은 유아가 묵기에 좋다. 굿즈와 키즈 전용 옷장, 가운이 구비되어 있어 '내 거'를 찾는 아이의 취향을 잘 반영하고 있다.

주소 마성로 420
여닫는 시간 체크인 15:00, 체크아웃 11:00
웹 ramadayongin.com

방구석 스포츠

아이의 에너지가 남아 숙소 곳곳을 방방 뛰어다녔다. 이왕이면 재미있게 놀기 위해 방구석 스포츠 대회를 열었다. 첫 번째는 양말 농구다.

준비물 양말, 휴지통(비슷한 바구니도 가능)
만들고 놀기 양말을 동그랗게 말아 휴지통에 넣어준다. 점점 멀리 가거나 벽에 맞히고 넣기 등 난이도를 변경한다.

두 번째는 링 던지기로 난이도를 달리할 수 있다.

준비물 링(야광봉을 연결해 크기를 조절하는 것도 좋다)
만들고 놀기 스탠드 옷걸이가 있어 링을 던져 걸어도 좋지만 서로의 팔에 링을 거는 방식도 재미있다. 아빠는 움직이는 아이의 팔에 링을 넣는 등 난이도를 높여도 좋다. 세 번째는 징검다리 건너기다. 악어를 배치해 스토리를 만들거나 장애물을 만들어 난이도를 높이는 것도 좋다.

베이킹 소다로 눈놀이

용인 자연휴양림(p.105)에 머무는 동안 밤새 눈이 내렸다. 코끝에 콧물이 주렁주렁 달릴 만큼 논 아이는 방으로 들어갈 생각이 없었다. 아쉬운 아이를 위해 방에서도 쉽게 할 수 있는 눈 놀이를 준비했다.

준비물 베이킹 소다, 트리트먼트, 놀이를 할 통, 북극곰 같은 오브제
만들고 놀기 베이킹 소다를 홈이 없는 박스나 통에 넣는다. 트리트먼트를 조금씩 뿌리면서 농도를 정한다. '펄펄 눈이 옵니다'노래를 부르며 잘 섞어준다. 시원하고 향도 좋아 촉감놀이하기 좋다. 틀이 있으면 물 조금과 함께 넣어서 아이스 벽돌을 만든 뒤 이글루를 지어도 좋다. 없다면 두꺼비집처럼 아이 손등 위에 쌓아 살짝 뺀다. 북금곰과 같은 오브제를 넣고 꾸며준다.

함께 읽어주면 좋은 책
• 눈 오는 날

인형극

아이는 경기도 어린이박물관(p.95)에서 본 인형극에 푹 빠져 5번 넘게 그 자리에 서서 보고 있었다. 좋아하는 책도 인형극으로 해주면 좋을 듯하다.

준비물 나무젓가락, 스케치북, 크레파스 또는 색연필, 극장(틀만 만들어도 가능), 테이프, 가위

만들고 놀기 책에 나오는 주인공을 그리고 오린 뒤 나무젓가락 한쪽 끝에 테이프로 고정한다. 극장을 세우고 인형을 이용해 이야기를 들려준다. 몇 번 듣던 아이는 직접 참여하기도 하고 이야기를 변형해 들려주기도 했다.

함께 읽어주면 좋은 책

• 날아라 메뚜기

PLAY
04

카네이션 리스 만들기

에버랜드(p.90)에서 아이는 가든에 오래 머물며 꽃을 오래 보았다. 남자아이라 좋아하지 않을 거라 지레 짐작한 내 잘못이다. 감사할 일도 많고 나들이 가기에도 좋은 5월에 카네이션 리스를 만들기로 했다.

준비물 다양한 두께의 종이, 스케치북, 테이프, 붉은 계열 물감, 가위, 박스, 녹색과 연두색 색지

만들고 놀기 다양한 두께의 종이를 빡빡하게 또는 느슨하게 말거나 별처럼 구겨 도장을 만든다. 도장에 물감을 묻혀 스케치북에 찍는다. 박스는 리스처럼 원형을 만든다. 도장 물감이 마르면 가장자리를 오려 꽃을 준비한다. 녹색과 연두색 색지는 잎사귀 모양으로 잘라 리스에 붙인다. 완성된 카네이션 리스를 감사하는 사람에게 주어 마음을 전하자.

함께 읽어주면 좋은 책

• 내 마음이 말할 때

WHERE TO GO

04

포천+양주

포천+양주

BEST COURSE

1박 2일 코스

01 아이와 여유롭게 보낼 수 있는 힐링 코스

1일 평강랜드 ▶ 점심 평강랜드 내 식당 ▶ 산정호수 ▶ 저녁 갈비1987

2일 국립수목원 ▶ 점심 기와골 ▶ 캠프오후4시

02 아이와의 다양한 활동을 중시하는 체험 코스

1일 포천 아트밸리 ▶ 점심 평양면옥 ▶ 국립수목원 ▶ 저녁 기와골

2일 장욱진미술관 ▶ 점심 도시락 ▶ 가나아트파크

2박 3일 코스

01 아이와 여유롭게 보낼 수 있는 힐링 코스

1일 평강랜드 ▶ 점심 평강랜드 내 식당 ▶ 산정호수 ▶ 저녁 갈비1987

2일 국립수목원 ▶ 점심 기와골 ▶ 캠프오후4시

3일 장욱진미술관 ▶ 점심 도시락 ▶ 가나아트파크

02 아이와의 다양한 활동을 중시하는 체험 코스

1일 평강랜드 ▶ 점심 평강랜드 내 식당 ▶ 산정호수 ▶ 저녁 갈비1987

2일 국립수목원 ▶ 점심 기와골 ▶ 포천 아트밸리 ▶ 저녁 평양면옥

3일 조명박물관 ▶ 점심 도시락 ▶ 가나아트파크

산정호수
평강랜드
포천
동두천
경기북부어린이
박물관
포천 아트밸리
캠프오후4시
조명박물관
양주
장욱진미술관
국립수목원
가나아트파크

포천

SPOTS TO GO

01 평강랜드

난이도 ★★
주소 우물목길 171-18
여닫는 시간 평일 09:00~18:00, 주말 09:00~19:00
요금 어른 8,000원, 어린이 7,000원
웹 www.peacelandkorea.com

한 드라마에서 '토마토 묘목에 하루에 열 개씩 예쁜 말을 들려주라'고 당부하는 장면을 본 적이 있다. 1973년 미국 과학자 도로시 리탈렉(Dorothy Retallack)의 클래식과 식물 관계 실험과 같은 맥락이다. 이곳은 온전히 식물만 생각한 생태주의자가 만든 식물원으로 관람객보다 식물이 잘 자랄 수 있는 환경으로 만들었다. 산성과 알카리성 토양을 나누고 얼음골과 같은 풍혈을 만들기 위해 구멍 뚫린 유공관을 심거나 강원도 정선의 돌을 옮겨왔다. 지난한 노력은 동양 최대 규모의 고산식물원을 만들었으며 서식지 외 보전기관으로 지정되었다. 대표적인 공간인 암석원에선 우리나라 백두산과 한라산을 비롯해 히말라야 산맥 등 세계 유명 고산지대 식물 1,000여 종이 자란다.

아이는 심심해!

아이가 즐길 수 있는 여행법

숲속놀이터도 있지만 여름이면 잔디광장에 물놀이장이 들어서고, 수심 1m 이하의 에어풀장과 에어바운스가 설치된다. 일반 물놀이장과 달리 취사가 가능해 고기나 먹거리를 준비해서 갈 수 있다. 매점에서 간단한 주전부리도 판매한다.

아빠 엄마도 궁금해!

평강랜드 둘러보기

약 400m 고지에 완만한 언덕을 따라 조성돼 있는 평강랜드에서 처음 만나는 잔디광장은 평탄한 지형이라 뛰어놀기 좋다. 나무 아래 쉬고 있는 거인은 덴마크의 업사이클링 예술가 토마스 담보의 작품. 폐목재를 활용해 만든 <잊혀진 거인> 프로젝트로 5명의 거인이 식물원 곳곳에 숨어있다.

부채붓꽃이 군락을 이룬 습지원과 양치식물이 자라는 고사리원을 지나면 노랑만병초 군락이 나타난다. 멸종위기종으로 5월말에서 6월초에 피는 보기 힘든 식물이다. 자분자분 사람의 발길로 다져진 흙길을 걸으면 비탈 위 숲속놀이터가 보인다. 놀이터 공중 그물에 누우면 나무들이 토하는 속삭임까지 들릴 듯 고요하다. 숲속놀이터 샛길에 있는 들꽃동산은 야생화로 가득차 화사하다.

이끼원과 자생식물원, 백두산 장지연못을 재현한 고층습지, 특이식물들의 고산습원은 아이 체력에 따라 움직이자. 고산식물과 다육식물로 꾸민 암석원을 지나 거인의 작별인사를 받으며 끝나는 코스다.

포천 아트밸리

우리 동네 뒷산이 채석으로 헐벗는다고 생각하면 불편하다. 그런데 채석장의 돌이 우리나라 최고의 화강암이라면 어떨까. 서울지하철의 안전을 책임지고 있다면, 인천공항에서 여행객을 맞이한다면, 청와대의 기둥을 맡고 있다면 어떨까. 이곳에 사용된 건축자재는 가장 격렬한 화산활동으로 생긴 화강암, 포천석이다. 백색에 흑색과 붉은색 장석이 섞인 모습이 아름다워 조경석이나 조각용으로도 사용된다. 1960년대부터 양질의 포천석을 꾸준히 공급했으나 주거환경과 자연경관 훼손을 이유로 문을 닫았다. 2003년까지 버려져 있던 공간에 예술이 더해져 복합문화공간으로 재탄생했다. 방치된 돌산이 자연과 예술이 함께하는 힐링의 명소로 거듭난 것이다.

난이도 ★★
주소 아트밸리로 234
여닫는 시간 월~금요일 09:00~19:00, 주말 09:00~22:00
쉬는 날 매월 첫번째 월요일
요금 입장료 어른 5,000원, 청소년 3,000원, 어린이 1,500원 모노레일 어른 왕복 4,500원, 청소년 3,500원, 어린이 2,500원(유모차 접어서 탑승)
웹 artvalley.pocheon.go.kr

아빠 엄마도 궁금해!

아이와 함께 포천 아트밸리 둘러보기

폐석장은 가파른 언덕에 자리해 모노레일을 타고 이동하는 것이 좋다. 상부 하차장에 내리면 가장 먼저 천문과학관을 만난다. 지구 지각구조를 살펴보고 태양계와 달 탐사와 관련된 전시를 볼 수 있다. 돔형 천체투영실에서 우주를 만날 기회도 있다. 나이가 어린 유아라면 지나쳐도 좋다. 내리막길에 접어들면 천주호에서 돌산의 민낯을 만난다. 채석장에 샘물과 빗물이 고이면서 만들어진 호수로 옥색 짙은 물빛은 20m 아래 화강토가 1급수 물에 반사되어 생겼다. 신비로운 분위기 덕분에 판타지 드라마 배경으로 이용되었다.

천주호와 연결된 정류장은 입구로 내려가는 모노레일 상부 승차장이다. 이곳에서 멀지 않은 곳에 있는 조각공원은 포천석을 이용한 조각 작품 30여 점이 전시돼 있다. 아이들이 뛰어놀기 좋은 잔디 언덕이라 피크닉을 즐기는 가족들도 많다. 천주호에서 하늘공원으로 이동해 전망대와 공연장을 둘러보고 올 수 있다. 절벽이 나선형의 돌음계단으로 조성돼 있어 아이와 함께 하는 여행에는 추천하지 않는다. 주말마다 문화예술 공연이 열리는 공연장은 조각공원과 이어져 있어 이동이 어렵지 않다. 50m의 화강암이 떡하니 막고 있어 천연 스피커가 따로 없다. 공연 일정은 홈페이지를 참조하자.

국립수목원

식물들도 특별히 좋아하는 흙이나 온도 등 취향이 있어서 환경을 조성하는 데 배려가 필요하다. 국립수목원은 그런 식물의 말을 듣고 연구하는 우리나라의 대표 연구기관이다. 조선의 7대 왕인 세조가 사냥터로 이용하던 숲은 그가 죽어 묻히면서 광릉이 되었고 일대를 광릉숲이라 불렀다. 600년간 보호받은 원시림은 온전히 보존되어 2010년에 '유네스코 생물권 보호지역'으로 지정되었다. 약 495m²(150평)에 조성된 수목원은 약 10만 종의 다양한 식물을 관찰할 수 있으며 동물과 곤충도 함께 만날 수 있다.

평일 5,000명, 주말 및 공휴일 3,000명으로 방문 인원을 제한하므로 홈페이지에서 미리 예약하는 것이 좋다. 당일 예약도 가능하다. 온실 뒤 산책로를 제외하면 유모차로도 이동 가능하다. 매점에 주전부리는 있으나 도시락을 준비해오는 것이 좋다.

난이도 ★★
주소 광릉수목원로 415
여닫는 시간 4~10월 09:00~18:00, 11~3월 09:00~17:00(홈페이지 예약 필수)
쉬는 날 일요일, 월요일, 1월 1일, 설·추석 연휴
요금 어른 1,000원, 청소년 700원, 어린이 500원
웹 www.forest.go.kr

아이는 심심해!

아이가 즐길 수 있는 여행법

수목원 전체를 천천히 산책하면 2시간 정도 걸리지만 아이와 함께라면 아래의 코스를 참조하자. 오른쪽으로 크게 둘러보는 코스로 볼거리가 오밀조밀 모여 있다. 처음 만나는 사거리 오른쪽 수국원을 지나 수생식물원이 나온다. 데크가 있어 피크닉을 즐기기에 좋다. 초여름이라면 만병초원으로, 그 외에는 난대식물 온실로 걸어가자. 온실 옆 소리정원은 시냇물이 야생화와 어우러져 아이들이 더욱 좋아한다. 우리나라 꽃 무궁화를 여러 종 식재한 무궁화원을 지나면 열대식물자원연구센터로 이어진다. 온실에서 약 1만여 종의 아열대 식물들이 자라고 있다. 내부는 숲해설가의 인솔을 따라 관람이 가능하며 입장시간과 인원이 제한되어 있다. 숲의 명예전당으로 내려와 입구로 돌아온 후 어린이 정원에서 놀다 가는 일정을 추천한다.

사이트에서 국립수목원에 자생하는 수목을 미리 공부해 갈 수 있다.

유튜브 채널로 쉽게 또는 연구 간행물을 통해 자세히 알 수도 있다. 방문 시기에 볼 수 있는 식물을 프린트해 카드 형식으로 들고가 찾은 뒤 연계 활동을 겸해도 좋다.

스냅사진, 여기서 찍으세요

프랑스 파리의 프티 팔레Petit Palais를 닮은 온실, 열대식물자원연구센터를 배경으로 찍으면 이국적인 사진을 건질 수 있다.

해질녘 숲은 더욱 사랑스럽다. 해를 마주하고 찍되 해가 나오면 빛번짐이 생긴다. 사람의 머리와 가장자리에 빛 테두리가 생기면 성공!

캠프오후4시

언택트

다양한 미디어와 볼거리가 가득한 아이 환경을 보면 부럽다가도 흙에서 뛰어놀고 조약돌로 소반 짓던 그 시절이 그립기도 하다. 그때의 기억을 소환해 아이와 함께 놀 수 있는 완벽한 자연놀이터는 없을까 찾다가 알게 된 캠프오후4시는 아이들에게 숲에서 놀잇감을 찾고 땅을 박차고 자유롭게 노는 즐거움을 선사한다. 자연을 장난감 삼아 놀기 시작하면서 창의력도 자란다. 캠핑장에 흔히 있는 트램펄린 같은 놀이시설도 없는 이유다. 대신 바람과 햇볕 한 줌씩을 가려줄 감성 오두막으로 아빠 엄마의 로망을 이뤄준다. 총 6동의 오두막은 이국적인 바비큐장과 모래놀이장이 함께 있다. 오두막이 피크닉에 가깝다면 카라반은 당일치기 캠핑이 가능하다. 에어컨과 식기, 조리도구 등 글램핑 옵션이 모두 제공되어 편리하다. 차박의 조상이라 할 수 있는 폭스바겐 T1 마이크로 버스에서 감각적인 피크닉을 즐기고, 인증사진을 남길 수도 있다.

자연 속에서 느긋한 시간을 보내는 캠핑. 좋은 건 알지만 아이를 돌보면서 장비를 챙기고 텐트를 치는 부담이 있다면 가볍게 쉬어갈 수 있는 캠프닉(campling picnic)을 추천한다. 수도권에 산다면 어린이집이나 유치원을 마치고 친구들과 함께 놀러가기에도 좋다. 간단하게 저녁 바비큐를 즐기고 별이 쏟아지는 밤하늘을 즐겨도 좋겠다.

난이도 ★★
주소 청군로2864번길 22
여닫는 시간 입실 13:00, 퇴실 19:00
요금 감성 오두막 피크닉 80,000원(2인 기준, 최대 4인), 4PM 버스·카라반 120,000원 인원 추가 유아·아동 20,000원, 성인 30,000원
웹 camp4pm.modoo.at
여행 팁 텐트를 칠 수 있는 캠핑존과 카라반 시설이 완비된 글램핑장, 에어스트림존도 있어 하루 묵어가기 좋다.

산정호수

오랫동안 포천의 유명관광지 자리를 차지하고 있는 산정호수는 가을이면 억새가 만발하는 명성산과 주변 경관이 호수와 어우러져 절경을 만든다. '산 속에 있는 우물'이란 이름처럼 잔물결도 없이 고요해 물 위를 걷고 싶어진다. 물 위에 부표를 띄우고 설치한 3.2km의 호반 둘레길의 일부인 수변데크라면 가능한 일이다.
아이와 한 바퀴를 돌기에 어렵다면 오리배를 전자동 보트로 추천한다. 페달을 굴리느라 허벅지가 터질 걱정은 하지 않아도 된다. 겨울에 호수가 꽁꽁 얼면 오리배 대신 오리썰매를 타면 되는데, 트랙터가 오리썰매 10마리를 끈다. 빙상 자전거는 타원의 고무대야를 연결해 아빠엄마가 자전거로 끈다.
호수 입구에 위치한 조각공원도 놓치지 말자. 작품 <평화 부르기>부터 현대미술작가들의 작품들을 볼 수 있다. 밤에는 '산정호수 별빛 여행'을 주제로 야간경관 조명을 설치해 반짝인다. 어린이 취향에 맞춘 소규모 놀이공원도 빠질 수 없는 코스다.

난이도 ★
주소 산정호수로411번길 89
여닫는 시간 24시간
요금 무료, 주차 소형 2,000원, 중형 5,000원
웹 www.sjlake.co.kr

양주

SPOTS TO GO

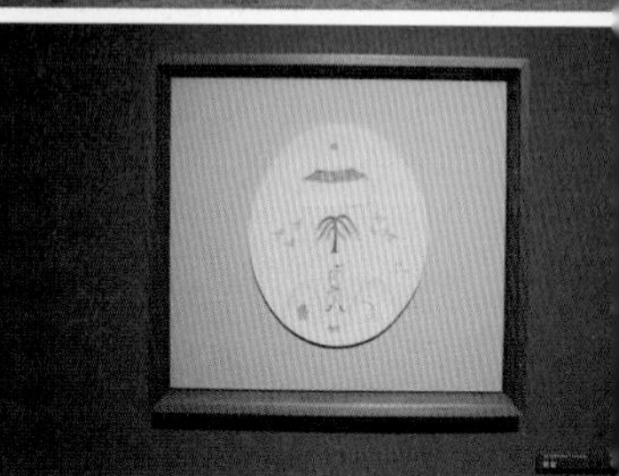

01 장욱진미술관

한국 근현대 미술을 대표하는 서양화가 장욱진의 미술관으로, 조각공원을 지나 구름다리를 건너 미술관으로 향한다. 건물은 2014년 김수근 건축상을 수상한 작품이다. 전체적인 평면 구도는 장욱진의 작품 <호작도>를 모티브로 삼았고 관객이 부는 시선에선 <하얀 집>을 닮았다. 십자 창틀의 커다란 창은 작품처럼 자리한다. 내부는 공간을 짜깁기한 듯 독특한 구조로, 바라보는 시선에 따라 다양한 감상이 가능하다. 관람은 장욱진 화가의 상설 전시로 이뤄진 2층부터 시작하자. 중년의 그가 즐겨 그린 <동물가족> 등 230여 점의 진품을 주제별로 전시한다.

1층은 기획전시 공간, 지하 1층은 드로잉을 체험해볼 수 있는 공간이다. 밖으로 나오면 잔디밭이 도처에 있다. 구름다리 아래로 석현천이 흐르는데 수심이 얕아 물놀이하기 좋다. 미리 주전부리를 준비해 피크닉을 즐겨도 좋겠다.

난이도 ★
주소 권율로 193
여닫는 시간 10:00~18:00
쉬는 날 월요일
요금 어른 5,000원, 어린이 1,000원, 주차 2,000원
여행 팁 장욱진미술관 앞 버스정류장마저 화가를 닮았다. 단조롭고 사랑스러운 정류장이다.

아동화처럼 쉬운 그림. 장욱진의 작품

화가의 삶과 사고방식, 화두를 가식 없이 캔버스에 풀어놓은 그림은 그가 늘 하던 말처럼 심플하다. 나무와 새, 집과 해 등 주제나 화풍이 맑고 순수한 아이를 닮았다. 간결하고 공감하기 쉬운 회화는 아이에게 다양한 상상력을 불러일으킨다. 용인에서 보낸 시절 그린 <동물농장> 시리즈는 민화를 닮아 향토적인 정서가 느껴진다.

지하 1층으로 가는 복도에는 작품 <식탁>이 있다. 수북이 담긴 밥그릇 아래 커피잔과 물잔, 뼈다귀와 넙치, 숟가락과 포크, 나이프가 그려져 있다. 실제 화가의 부엌에 찬장 대신 시멘트 벽에 그림을 그리며 딸들에게 '됐다. 오늘은 이것으로 한 끼 식사를 대신하자'라고 말한 일화가 유명하다.

가나아트파크

1984년 문을 연 토탈 미술관이자 우리나라 최초의 사설 미술관이다. 경영난으로 문을 닫았다가 2006년 일본 건축가 우치다 시게루와 반 시게루, 프랑스 건축가 장 미셸 빌모트의 설계로 새롭게 태어났다.

삼원색(파랑, 빨강, 노랑)을 사용한 발랄한 건물은 각각 피카소어린이미술관과 기획전시관, 실내놀이터다. 실내놀이터에는 섬유작가인 토시코 맥아담의 텍스타일 작품 <에어포켓>이 있다. 별도 비용과 예약으로 즐길 수 있는 에어포켓은 정글짐처럼 오르내리거나 매달리는 형태의 놀이기구다. 아이가 적응하는 데 시간이 걸리니 맛보기로 야외에 있는 '비밥'을 경험해 보고 참여하는 것이 좋다.

어린이체험관에서는 대형 블록놀이나 샌드아트 등 어린이가 참여할 수 있는 프로그램이 다양하다. 아트파크의 이름처럼 가만히 예술을 감상하는 공간이 아닌 어울려 뛰어노는 참여형 미술관으로 특히 조각공원에서는 작품을 만지고 오르는 등 다양한 방식으로 감상이 가능하다. 놀이터도 예사롭지 않다. 김진송 작가의 <목마놀이터>는 아이들에게 나무 장난감을 쥐여줘서 동심을 일깨우기 위해 만들었다.

난이도 ★
주소 권율로 117
여닫는 시간 평일 10:30~18:00, 주말 10:30~19:00
쉬는 날 월요일
요금 어른 8,000원, 청소년 7,000원, 어린이 6,000원
웹 www.artpark.co.kr
여행 팁 불고기라이스 등을 판매하는 푸드 카페가 있어 먹거리도 걱정 없다.

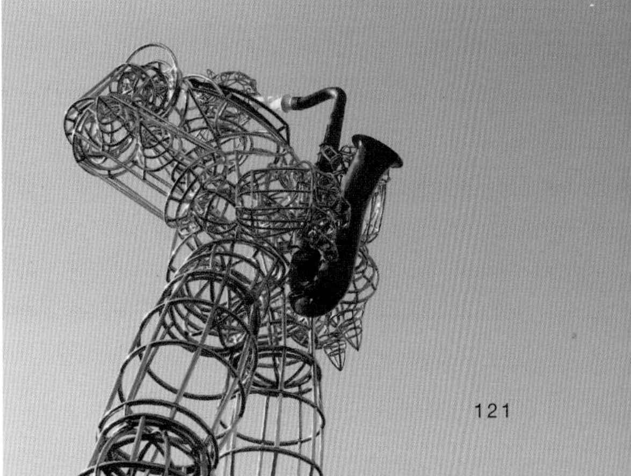

조명박물관

조명생산으로 유명한 기업 필룩스에서 운영하는 박물관으로 총 2층 규모로 실내 전시 공간과 체험 공간으로 나뉜다. 상설 전시인 <전통 조명관>은 호롱불 등잔부터 산업혁명 후 램프 역사까지 방대하다. <앤틱관>은 유럽 시대예술을 반영한 스탠드 조명예술이나 샹들리에를 전시한다.

아이를 위한 <조명놀이터>는 빛의 성질을 이용한 장난감과 구성놀이가 있다. 어두운 도로를 달리는 빛 자동차와 플라스틱 컵 쌓기, 빛으로 기차 레일만들기 등이다. 사회문제인 빛 공해를 고민하는 전시도 있다.

지하에는 체험전시다. <빛 상상 공간>은 휴대폰 빛으로 벽면에 그림을 그리거나 무한 확장되는 빛 설치미술처럼 무한한 상상력을 엿볼 수 있다. 구름 방에선 천둥번개를 재현한 전시가 열리는데 아이가 무서워할 수 있으니 미리 알려주거나 안아서 안심시킨 뒤 입장하자. <과학이 들려주는 빛 이야기>는 굴절이나 회절처럼 빛의 원리나 특성을 가지고 만든 전시라 유아는 이해하기 어려울 수도 있다. 대신 홀로그램 전시는 보고 연계 놀이를 해주면 좋다. 유아 공간은 <라이팅 빌리지>로 작은 놀이터다.

시기에 따라 특별 전시가 열리는데 하이라이트는 <눈의 여왕 크리스마스> 전시다. 덴마크 동화작가 안데르센의 겨울동화 스토리를 따라 전시가 꾸며져 있다.

난이도 ★
주소 광적로 235-48
여닫는 시간 10:00~17:00
쉬는 날 설·추석 연휴, 6월 20일
요금 어른 5,000원, 어린이 4,000원
웹 www.lighting-museum.com

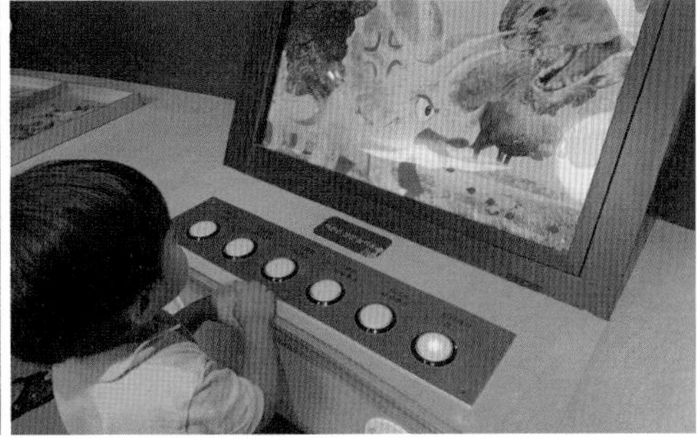

연계 여행지

동두천 경기북부어린이박물관

체험형 어린이박물관에 공룡이 떴다. 실제 크기만큼 큰 중생대 공룡, 브라키오 사우르스가 정글짐으로 분했다. 클라이머 공간인 <브라키오의 숲>이다. 몸속을 탐험하고 거대 나무에 올라가 공룡을 내려다보자. 내려올 때는 꼬리 미끄럼틀을 타고 슝~ 내려오는데, 하늘에는 프테라노돈이 날아다녀 긴장감이 고조된다. 아쉽게도 115cm 이상 어린이만 이용할 수 있다. 키가 작아 아쉬운 마음은 접어두자. <공룡숲으로의 초대>에선 공룡발바닥을 찾아가는 탐정이 되었다가 공룡 뼈를 찾는 고고학자가 된다. 직접 공룡이 되고 싶다면 공룡 옷을 입어보자. 어른 사이즈도 있어 공룡가족이 될 수 있다. 트리케라톱스와 티라노사우르스 얼굴을 쓰고 공룡 말을 배워보는 건 어떨까. 아직 유아라면 48개월 미만 아이를 위한 <바다놀이터>에서 다채로운 체험을 할 수 있다.
2층은 자연 전시가 주를 이룬다. 숲 전시관에선 위기에 처한 동물들을 수송카에 태워 구조하는 미션을 하거나 땅속 개미굴을 탐험할 수 있다. 거미줄 방방과 캠핑존도 있다. 숲 속 동물의 집도 만들어보자. 여름이면 실외 물놀이터가 문을 열어 온종일 놀기 좋다.

난이도 ★
주소 동두천시 평화로2910번길 46
여닫는 시간 10:00~18:00
쉬는 날 월요일, 설·추석 당일
요금 4,000원
웹 ngcm.ggcf.kr
여행 팁 도시락을 먹을 수 있는 런치룸은 홈페이지에서 미리 예약해야 한다.

포천

PLACE TO EAT

01 송영선할머니갈비집

포천의 이동면에서 생긴 갈비로 포천 미군부대 뒷고기로 나온 갈비살을 숙성해 군인과 면회객들에게 싸고 양 많게 판매했는데 입소문이 나면서 도축장도, 우시장도 없는 포천에 이동갈비거리가 생겨났다. 지금은 한우를 사용해 가격은 올랐지만 맛도 함께 좋아졌다. 원래 갈비와 갈비살을 이쑤시개로 꽂는데 '작업'을 통해 길게 낸다. 기존 갈비살에 다른 살을 식용접착제를 바르거나 겹쳐 꿰매 붙이는 것이다. 기름기가 적은 생갈비를 갖은 양념에 재워 2~3일 정도 숙성한다. 양념이 스민 고기를 은근한 숯불로 익히면 육질이 부드럽고 달다. 여름에는 2일, 겨울에는 3일 숙성해서 나오는 동치미는 갈비와 궁합이 잘 맞는다.

주소 화동로 2097
여닫는 시간 09:00~21:00
가격 양념갈비 1인분 33,000원, 물·비빔냉면 6,000원

02 갈비1987

이동갈비거리에서 과감한 시도를 거쳐 새로운 이동갈비를 선보이는 곳이다. 와인 소믈리에로 활동한 대표가 와인을 접목해 갈비양념을 만들었다. 이동에선 젊은 대표가 초짜(?)처럼 보이겠지만 그렇지 않다. 갈비 외길 인생을 살아오신 아버지의 노하우를 전수받았다. 세련된 인테리어와 이국적인 플레이팅도 이곳의 매력이다. 신선한 소고기만 낼 수 있는 육회에 갓김치, 조미되지 않은 김과 고추냉이 조합은 그의 실험의 결과 중 하나다. 된장소스로 된 샐러드와 모닝빵에 먹는 미니 갈비버거는 세계화를 목표로 하는 다양한 시도라 할 수 있다. 대기가 길 경우에는 2층 카페에서 대기할 수 있어 좋다.

주소 화동로 2065-1 여닫는 시간 평일 12:00~15:00, 17:00~21:00
토요일 11:00~15:00, 17:00~22:00(일요일 ~21:00)
가격 와인숙성이동갈비 42,000원, 11cm 이동갈비 44,000원

03 청산별미

직접 기르는 버섯농가에서 운영하는 버섯전골 식당이다. 채취한 지 얼마되지 않은 버섯을 취급해 신선하고 맛이 좋다. 노루궁뎅이 버섯이나 황금송이, 노란느타리 등 쉽게 접하지 못하는 다양한 버섯 종류를 먹고 보는 재미까지 있다. 식당 바로 옆에 버섯판매장도 있어 구매도 가능하다. 화학조미료를 사용하지 않아 뒷맛이 깔끔하고 향이 강한 버섯이 없어 아이가 먹기에도 부담 없다. 삼색칼국수와 들깻가루를 넣은 죽까지 먹고 나면 든든하게 다음 여행을 시작할 수 있다.

주소 청신로 1215 여닫는 시간 평일 10:00~20:00, 주말 10:00~19:30
가격 한우버섯샤브 2인분 30,000원

04 동이손만두

국립수목원 가는 길에 위치하고 있어 오며 가며 들르기 좋다. 식사시간에는 늘 대기가 있을 만큼 맛도 좋은 편이다. 편육과 김치만두를 매운 양념 육수에 넣어 끓여 먹는 만두전골이 유명하다. 아이가 먹기에는 매운 편이라 편육을 물에 씻어서 먹이거나 해물파전 같은 아이를 위한 요리를 따로 주문해야 한다. 밑반찬도 고춧가루가 들어간 물김치와 김치만 있어 아이 반찬을 따로 준비해 가는 것도 방법이다.

주소 광릉수목원로 700-3 여닫는 시간 11:00~20:00
가격 만두전골(소)25,000원, 해물파전 10,000원

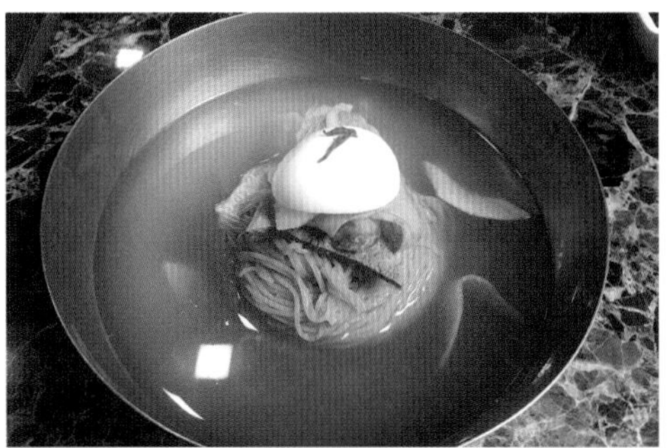

05 평양면옥

밍밍한 평양냉면이 무슨 맛인지 모르겠다는 입문자라면 평양면옥으로 가보자. 양지고기로 진하게 낸 국물에 간장과 비법 양념으로 감칠맛 나는 평양냉면을 선보인다. 면은 메밀 70%를 사용해 향이 짙다. 편육과 오이지, 배와 달걀을 고명으로 올리고 고춧가루 대신 실고추를 올렸다. 맵지 않아 아이가 먹기에도 좋다. 그 외에도 왕만둣국이나 왕갈비탕, 녹두지짐 등 다양한 메뉴를 맛볼 수 있어 취향대로 시킬 수 있다. 오이지와 물김치로 찬은 많지 않다. 여름철 점심시간에는 메뉴가 한정될 수 있으니 미리 전화해 보는 것도 방법.

주소 틀못이길 9 여닫는 시간 11:00~20:00
가격 평양냉면 10,000원, 왕만둣국 8,000원, 왕갈비탕 10,000원

06 기와골

국립수목원 인근에 있는 기와골은 오리진흙구이와 돼지갈비로 유명하다. 오리진흙구이는 하루에 낼 수 있는 양이 정해져 있는데, 조리시간이 오래 걸려 3시간 전에 예약을 해야 맛볼 수 있다. 간혹 오픈 시간에 맞춰서 가 첫 손님이 되면 운이 좋게 먹을 수 있는 경우도 있다. 기름기가 쏙 빠져 담백한 오리구이 안에는 밤과 대추, 호박씨, 잣, 해바라기씨 등 견과류와 무화과가 들어가 향도 좋다. 100년 넘은 한옥은 마치 시골 할머니댁에 온 듯 정감 있다. 마당에는 그네가 있어 아이들이 잠시 놀기에도 좋다.

주소 광릉수목원로779번길 11
여닫는 시간 11:30~16:00, 16:50~21:00
쉬는 날 월요일, 화요일
가격 오리진흙구이 58,000원, 돼지갈비 1인분 17,000원

+ 식당에서 음식 기다리는 동안 가볍게 할 수 있는 놀이

이야기를 바탕으로 스케치북에 그림 그리기를 해보자. 불이 난 빌딩과 소방차를 그린 뒤 아이들에게 파란색 크레파스를 쥐여주고 불을 끄라고 해보자. 다 끄기 전에 다시 불을 그려주는 것이 포인트!

양주

PLACE TO EAT

01 송추 가마골

1981년 국내에 가든 문화가 활발할 때부터 문을 연 갈비집이다. 처음에는 10평 규모에 테이블 4개를 두고 영업했으나 지금은 본점과 별관은 물론 전국 체인점에 포장판매까지 하는 거대 식당으로 성장했다. 양주 송추가마골 본점에서는 이동갈비 방식으로 3일 숙성시킨 소갈비구이만 주문 가능하다. 숯불에 굽는 돼지갈비구이와 갈비탕은 신관에서만 먹을 수 있다. 구이는 육질이 연하고 양념이 과하지 않아 아이가 먹기에도 좋다. 주말에는 대기가 많아 식사시간을 피해가거나 기다리는 동안 본관과 신관 사이 다리에서 아이와 놀아도 좋겠다.

주소 호국로 525
여닫는 시간 10:00~21:30
가격 가마골갈비 39,000원, 한돈명품구이 21,000원, 전통갈비탕 11,000원

02 오랑주리

삭막한 도시를 벗어나 자연을 그리워하는 마음을 충족시키고 싶다면 단연 식물원 카페를 추천한다. 대형 온실에 들어온 듯 압도적인 규모의 카페는 식물뿐 아니라 시냇물과 징검다리, 폭포를 놓아 산책할 수 있도록 조성했다. 활동적인 아이도 졸망졸망 다니기 좋다. 미세먼지가 심한 날이나 비가 올 때도 걱정 없이 야외활동을 할 수 있다. 식물원 공간과 카페 공간을 크게 구분하지 않고 적절히 섞여 있어 아이가 놀 수 있는 공간에서 음료를 마실 수도 있다. 마장호수 인근에 위치하고 있어 파주 여행 시에 들러도 좋다.

주소 기산로 423-19
여닫는 시간 평일 11:00~21:00, 금요일·주말 11:00~22:00
가격 아메리카노 8,000원

03 동두천 미식

경기북부어린이박물관 인근에 위치한 쌈밥 전문 식당이다. 앞마당에 일렬종대로 세운 항아리로 자존심을 드러내는 식당은 직접 담근 된장과 청국장이 유명하다. 쌈밥 메뉴는 한우소불고기와 제육볶음으로 나뉜다. 제육볶음도 고추장 양념과 아이가 먹을 수 있는 간장 양념으로 나눠져 있다. 찌개는 된장찌개와 청국장찌개를 고를 수 있다. 식전에 콩물을 먹을 수 있고 찬으로 나오는 모두부 맛도 괜찮다 슴슴하게 간한 나물도 많아 아이도 한상정식으로 즐길 수 있다.

주소 동두천시 신천로231번길 35-11
여닫는 시간 11:00~15:00, 17:30~19:50
쉬는 날 월요일 가격 제육쌈밥정식 13,000원

포천

PLACE TO STAY

한화리조트 산정호수 안시

경치가 아름다운 명성산과 호젓한 산정호수에 안긴 힐링 리조트다. 산정호수까지 도보로 이동이 가능한 거리라 밤에 조명을 설치한 조각공원 산책도 즐길 수 있다. 여행의 피로는 지하 700m에서 올린 온천수를 이용한 온천과 사우나에서 풀어보자. 노천탕도 있다. 객실은 깔끔한 편이지만 배치된 인원에 비해 좁은 편이다. 조식은 가격에 비해 종류가 많거나 가성비가 뛰어나지 않아 객실 내에서 조리해 먹는 것을 추천한다.

주소 산정호수로 402
여닫는 시간 입실 15:00, 퇴실 11:00
웹 www.hanwharesort.co.kr/irsweb/resort3/resort/rs_room.do?bp_cd=0701

양주

PLACE TO STAY

아세안 자연휴양림

국립자연휴양림 중 가장 독특한 가옥 형태를 띠고 있다. 우리나라와 아세안 국가 간의 돈독한 문화교류와 다문화 이해를 위해 아세안 전통가옥을 테마로 조성했다. 각국의 의상을 입고 기념촬영을 할 수 있는 체험이나 베트남 전통 장난감 '쭈온쭈온 만들기' 같은 공예체험도 할 수 있다. 가장 독특한 가옥 형태로 인기를 얻고 있는 인도네시아 숲속의 집은 산골짜기를 따라 가장 높은 곳에 위치해 있다. 전망은 좋지만 창문이 작아 개방감이 덜하다. 독채로 운영되는 라오스와 브루나이, 캄보디아와 필리핀 가옥이 인기있다. 양주의 유명 여행지 중심에 위치하고 있어 숙소로 머물기에 좋다.

주소 기산로 472 여닫는 시간 입실 15:00, 퇴실 12:00
웹 www.foresttrip.go.kr/indvz/main.do?hmpgId=0104

포천

여행지에서 즐기는 엄마표 놀이

다람쥐 먹이주기

국립수목원(p.116)을 걷는 동안 주차장에 떨어진 도토리가 많아 주웠다. 다람쥐처럼 숲속 친구들이 먹어야 할 식량이니 놀이를 할 만큼 주웠다가 다음날 산정호수의 동물 친구들이 먹을 수 있도록 돌려줬다.

준비물 스케치북, 크레파스 또는 색연필, 목공풀, 반구형 플라스틱 음료 뚜껑, 나뭇잎

만들고 놀기 다람쥐를 그리고 오려둔다. 플라스틱 뚜껑을 배에 목공풀로 고정한다. 다람쥐 발 아래 나뭇잎을 깔아주면 더욱 분위기 있다. 주워 온 도토리는 숙소 곳곳에 숨겨둔다.

"사람들이 도토리를 다 가져가버려서 숲속의 다람쥐가 배가 고프대요. 방에 있는 도토리를 찾아서 다람쥐에게 주세요."

애벌레 경주

국립수목원(p.116)에서 애벌레를 본 아이들은 숙소로 와 꿈틀꿈틀 기어가는 모습을 흉내 내며 놀기도 했다. 그렇다면 느림보 애벌레 중에 가장 빠른 친구는 누구일지 경주가 시작됐다.

준비물 A4용지, 사인펜, 가위, 빨대

만들고 놀기 A4용지처럼 가벼운 종이를 세로로 길게 자른다. 반으로 접은 뒤 대문 접기를 두 번 한다. 종이를 펼치고 얼굴을 그린 뒤 빨대로 바람을 불어 전진!

양주

공룡화산 스몰월드

동두천에 있는 경기북부어린이박물관(p.123)을 다녀온 뒤 공룡을 좋아하는 아이라면 무조건 좋아할 공룡화산 스몰월드 놀이를 했다.

준비물 재활용병, 점토, 구연산, 베이킹 소다, 빨간 물감, 물약통, 스티로폼 박스, 공룡 피규어 외

만들고 놀기 화산이 폭발하는 장면을 만들기 위해 스몰월드를 만들어보자. 여행할 때 음식물을 싸갔던 스티로폼 박스를 이용하면 편리하다. 재활용병에 점토를 붙여 화산을 만든다. 병 안에 구연산과 베이킹 소다를 1:1로 넣어준다. 물약통에 물과 빨간 물감을 넣어 병 속에 뿌리면 부글부글 화산이 폭발한다. 바닥을 색칠하거나 커피가루 또는 흙으로 채워도 되지만 촉감놀이를 좋아하는 아이를 위해 한천가루로 젤리를 만들어 굳혔다. 화산이 오기 전에 공룡을 구출하라는 미션을 주면 더욱 재미있다.

함께 읽어주면 좋은 책
- 불을 뿜는 화산으로

PLAY 04

크리스마스 트리만들기

조명박물관(p.122)에서 크리스마스 분위기를 잔뜩 느끼고 온 아이와 함께 직접 트리를 만들기로 했다.

준비물 색지, 크리스마스 오너먼트, 폼폼이, 알조명, 테이프, 가위

만들고 놀기 색지 위에 아이의 손을 올리고 손가락을 펼친다. 그대로 모양을 따서 오려준다. 연두색과 초록색을 함께 쓰면 더 화사하다. 부직포는 오리는데 손이 무척 아프니 꼭 색지로 하는 것이 좋다. 나무 모양으로 붙인 뒤 위에 크리스마스 오너먼트와 폼폼이, 알조명을 달아준다. 당시 칭찬 스티커를 다 받아 산타 할아버지가 선물을 줄 거라고 한 상태라 선물도 미리 준비했다. 산타 어플을 이용해 방문 인증사진을 보여줘도 좋겠다. 과정이 복잡하다면 솔방울에 폼폼을 붙여 간단하게 트리를 만드는 것도 좋다.

함께 읽어주면 좋은 책
- 아기곰의 첫 번째 크리스마스
- 커다란 크리스마스트리가 있었는데
- 산타 할아버지의 크리스마스

PLUS PAGE 놓치면 안 될 다양한 매력의 경기도

수원 해우재

언택트

난이도 ★
주소 수원시 장안구 장안로458번길 9
여닫는 시간 3~10월 10:00~18:00, 11~2월 10:00~17:00
쉬는 날 월요일, 1월 1일, 설날·추석 연휴
요금 무료

살면서 잘 자고, 잘 먹고, 잘 싸는 것이 가장 중요하다고 했다. 그중 지금껏 더럽다고 외면을 받던 화장실에 대해 낱낱이 알려주는 박물관이다. 이런 발칙한 계획을 한 사람은 심재덕 전 수원시장으로 외갓집 뒷간에서 출생해 원래 이름이 '심개똥'이었다고. 이를 계기로 30년간 머물렀던 집을 커다란 변기 모양으로 바꾸고 근심을 푸는 집, 해우재라 이름 지었다. 수원시가 깨끗하고 아름다운 공중화장실 가꾸기 운동의 발상지라는 것도 이해가 되는 배경이다.
박물관 실내는 화장실의 변천사와 역사를 전시, 야외에는 옛 화장실과 제주 똥돼지 화장실로 유명한 돗통이 있다.
해우재 문화센터에는 도서관과 어린이 체험장이 있다. 똥 모형을 직접 눈으로 보고 만지는 체험부터 똥지게를 지는 미디어 게임까지 웃기지만 진지하다. 아이들이 똥으로 지은 시는 박장대소를 부른다. 유일무이한 박물관, 해우재에서 유쾌한 하루가 보장된다.

Episode

엄마 아빠는 탐정

아이가 여행을 가면 화장실을 가지 않는다. 분명 뭔가 이유가 있다.
"쉬를 참으면 배가 아파서 병원에 가야 해요. 절대 참으면 안 돼"라고 해도 나아지지 않았다. 그때부터 아빠 엄마는 참는 이유에 대한 수사를 시작한다. 쉬를 할 때 주위를 두리번거리며 문을 닫아 달라고 한다.
결정적인 단서.
"엄마, 쉬하는 거 못 보게 해주세요."
아이는 공중화장실에서 소란스러운 가운데 소변을 보는 것이 힘들었던 모양이다. 그동안 불편했을 아이를 생각하니 마음이 아프다. 차에서 휴대용 배변통에 소변을 하게 하며 안심시켰다. 공중화장실은 모두 칸막이가 되어 있어서 아무도 보지 못한다고 설명해주는 것도 잊지 않았다. 그래서 지금은 화장실에서도 소변을 잘 보는 여행자가 되었다.

02 양평 문호리 리버마켓

문호리 강변에 물안개가 걷히기 시작하면 가판대가 도열한다. '만들고, 놀고, 꿈꾸고'라는 마켓 슬로건처럼 모두 손수 만들어 파는 재래 마켓이다. 사람의 정성이 담겨 그런지 상품마다 온기가 담겨 있다. 나의 취향에 맞는 물건을 찾기라도 하면 반가움에 발을 동동대기도 한다. 둘도 없는 수제품이기에 더욱 값지다. 직접 재배한 농산물이나 전날 짠 들기름, 발효차 등 먹거리는 물론 푸드트럭도 있다. 이곳에선 걷다, 보다, 먹다 하는 것이 여행객이 할 일이다. 아이들은 오랜만에 들판에서 뛰어놀기도 하고 솜씨를 부리는 공예가들에게서 소품 만드는 법을 배우기도 한다.
1년 내내 재미있지만 쥐불놀이와 달집태우기 행사를 하는 정월대보름 기간에 가는 것을 추천한다. 쉽게 볼 수 없는 전통놀이를 아이와 함께 해볼 수 있는 기회다. 달집태우기와 함께 진행하는 불꽃놀이는 추위를 물리치듯 따뜻하고 화사하게 밤하늘을 수놓는다.

난이도 ★
주소 양평군 서종면 북한강로 941
여닫는 시간 매월 셋째주 토~일요일 10:00~19:00
요금 무료
웹 rivermarket.co.kr

03 남양주 산들소리수목원

여행지도 유기농이 있다면 믿을까. 2005년 문을 연 산들소리수목원은 조성할 때부터 무농약을 원칙으로 청정한 환경을 조성해왔다. 작은 정원도 아니고 약 13만 8800m²(4만 2,000평), 축구경기장 2배는 됨직한 크기다. 수목원장(촌장)은 결승선도 없이 뛰는 마라토너처럼 자연이 주는 치유력을 전하는 데 꾸준히 힘쓴다. 독일식 치유센터를 개관하고 숲속의원을 준비 중인 방향성만 봐도 그렇다. 수목원 뒤로 보이는 불암산 암릉만 봐도 속이 후련해지는 건 기분 탓일가.

수목원에선 1,200여 종의 다양한 식물을 보유하고 있는데, 온실과 초화정원, 야생원, 허브원 등 12개의 테마 정원을 만날 수 있다. 흔하지 않은 식물이 많다보니 아이가 물어봐도 모른 체하거나 시선을 돌릴 때도 있다. 이럴 땐 포털 애플리케이션의 렌즈 검색을 이용하면 궁금증을 해결할 수 있다.

난이도 ★
주소 남양주시 불암산로 59번길 48-31
여닫는 시간 월~금요일 10:00~20:30, 토~일요일 10:00~21:30
요금 5,000원(음료 1잔 무료/ 음료에 따라 추가 요금을 낼 수도 있다)
웹 www.sandulsori.co.kr
여행 팁 주차장은 넓으나 들어가는 길이 좁은 동네 길이라 막히기 전에 가는 것이 좋다.

매표소 입구부터 차례로 둘러봐도 좋지만 입장객이 많아지기 전에 인기 스팟을 미리 이용한 뒤 느긋하게 즐기는 것을 추천한다. 계곡에서 나무뗏목을 탈 수 있는 뗏목나루와 나무수레를 탈 수 있는 수레놀이터다. 투박한 나무수레는 아빠 엄마가 힘차게 밀어줘야 하는 수동 운전이지만 잊었던 동심이 새록새록 솟아난다. 흔들목마와 시소, 아지트까지 겸하고 있어 감성적이다. 거기다 비교적 상부에 있어 이곳에서 놀고 내려가며 여유있게 구경할 수 있다.

산자락을 따라 오르막내리막이 있어 힘들다면 중간 지점에 있는 산들숲카페에서 쉬어가자. 간단한 도시락을 준비해 피크닉을 즐기는 것도 좋다. 수목원 하부는 정원과 동물농장, 개구리 생태연못 등이 있는데, 동물 먹이를 팔고 있지만 이미 배가 불러 안 먹는 경우가 많다.

신기한 물건 박물관에선 창의적인 완구와 도구, 박제 나비 등이 전시되어 있다. 기간에 따라 숲에서 즐기는 놀이나 가드닝, 만들기 체험 등 다양한 프로그램을 운영하니 해당 사이트를 참고하자.

함께 둘러보면 좋은 여행지

남양주 별똥별 유아숲체험원

'밤마다 별이 쏟아진다'는 별내에 위치한 이곳은 별똥별이란 이름도 여기서 시작됐다. 희한하게도 연결고리가 글자 똥에 맞춰져 숲에는 익살스러운 조형물이 많다. 아이가 똥과 방귀에 큰 반응을 보내는 '응아기'라면 완벽히 취향 저격이다. 놀이터 이름마저 '뿌지직', '꿀렁꿀렁', '뿡뿡', '뽀오옹'이다.

지형과 목재를 이용한 놀이기구로 채웠다. 언덕을 이용한 미끄럼틀은 무려 2층 높이다. 여름 곤충들이 좋아하는 참나무 종이 다양해 자연관찰을 하기에 좋다. 단, 모기나 해충이 많으니 벌레퇴치제를 꼭 사용하도록 하자. 주위에 매점이 없어 주전부리는 미리 준비해야 한다.

난이도 ★★ 주소 남양주시 별내 5로 82 여닫는 시간 일출~일몰
요금 무료
여행 팁 별내 중앙공원에 주차한 뒤 '수도권제1순환고속도로 아래 터널을 지나 별내 루이어닻별타운하우스 뒷길로 이동하는 것이 편하다.

안성 팜랜드

안성 팜랜드는 볼 것이 많은 여행지이기도, 볼 것 없는 여행지이기도 하다. 놀이동산을 시작으로 편의시설을 지나면 체험목장이 나타난다. 소나 말, 양과 같이 친숙한 가축들에게 먹이를 주거나 면양마을에서 직접 양몰이꾼이 되어볼 수도 있다. 동물들의 퍼레이드인 가축 한마당 공연과 영리하고 재빠른 개들의 퍼포먼스, 아기 돼지 레이스도 열린다. 팜랜드는 이름처럼 목장보다 농장으로 더 유명하다. 봄기운이 기지개를 켜면 유채꽃이 피고 호밀이 출렁인다. 나무 울타리 넘어 10만 평에서 자라는 밀밭 가운데 오래된 콘크리트 건물만이 덩그러니 서 있다. 볼 것 없는 공간이지만, 눈에서 많은 것을 지워냈더니 바라보는 것만으로 치유가 된다. 여름에는 해바라기, 가을에는 핑크뮬리와 코스모스가 한껏 피어나 가족사진을 남기기에도 좋다.

난이도 
주소 안성시 공도읍 대신두길 28
여닫는 시간 2~11월 10:00~18:00, 12~1월 10:00~17:00
요금 어른 12,000원, 어린이 10,000원
웹 nhasfarmland.com

05

안양 예술공원

언택트

오랫동안 휴양지로 사랑받아 온 안양유원지가 공공예술의 선두주자가 되었다. 삼성산 전체를 거대한 갤러리로 만든 안양 공공예술 프로젝트 'APAP'가 시작되고부터다. 시작점인 <안양 파빌리온>은 건축계의 노벨상인 플리츠커 수상자 '알바로 시자(Alvaro Siza)'가 아시아 최초로 설계한 건축물이다. 실내에는 골판지로 만든 쉼 공간 '오아시스'와 시민들의 가구를 기증 받아 만든 책장 '무문관', 쿠션과 매트로 된 '돌베개 정원'이 있다.

지도를 보고 찾는 야외전시장은 산의 등고선을 이어 만든 전망대까지 이어진다. 순례자의 길과 백팔번뇌를 결합해 종교의 화합을 이룬 작품 <거울 미로>와 음료상자로 만든 <안양상자집-사라진 탑에 대한 헌정>, 기와로 쌓은 <용의 꼬리>처럼 인상적인 작품을 연이어 만난다. 색감 있는 쉼터 리볼버에선 숨을 고르고 가자.

<나무 위의 선으로 된 집>은 주차장과 야외공연장을 잇는 산책로로 보기 싫은 주차장을 통로로 가렸다. 태국의 유명 아이돌 그룹의 뮤직비디오 촬영은 물론 인플루언서, 사진작가들도 찾을 만큼 감각적인 공간으로 유명하다.

난이도 ★★
주소 안양시 만안구 예술공원로 180
여닫는 시간 24시간 안양 파빌리온 10:00~18:00
쉬는 날 안양 파빌리온 월요일, 공휴일
요금 무료
여행 팁 아이와 쉬엄쉬엄 걸으면 1시간 정도 걸린다.

06 시흥 워너두 칠드런스 뮤지엄

1899년 미국 브루클린에서 최초로 만들어 국내 최초로 도입된 미국형 테마 파크다. 흥미유발을 돕는 놀이교육으로 미국 내에서 300여 곳이 운영될 만큼 인기다.
'불스 아이(Bulls Eye)'는 기술과 공학, 수학을 접목한 놀이로 장난감 총을 들고 화면 속 나쁜 바이러스를 퇴치하는 게임이다. 단, 총탄을 넣다가 지치거나 아빠 엄마가 게임에 빠져 아이 말을 못 들을 수도 있다. 배 위에 올라가 실감나는 바다낚시를 즐길 수도 있다. 상어나 고래처럼 대어를 낚을 수도 있지만 '아이 캡틴(Aye Captain)'은 플라스틱 병을 낚아야 성공이다. 병 안에 '지구를 지켜줘서 고마워'라고 적힌 병을 보고 아이는 환경보호와 지구의 소중함을 일깨운다. '워터 레이싱(Water Racing)'에선 레고 블록으로 만든 배를 물에 띄워 물의 성질을 몸소 깨닫는다. 다세대주택에 산다면 늘 겪는 층간 소음의 중요성도 이곳에선 놀이로 배운다. '쉬(SHHH)'는 편백큐브 곳곳에 삑삑이 장난감이 있어 조심히 걸어야 한다.

난이도 ★★
주소 시흥시 은계호수로 49 B1층
여닫는 시간 10:00~18:00
쉬는 날 월요일, 명절 당일
요금 어른 10,000원, 어린이 20,000원(주말 23,000원), 영유아(24~36개월) 11,500원(2시간 이용/초과 요금 10분당 어른 500원, 어린이 1,000원)
웹 www.wannadocm.co.kr

스포츠도 예사롭지 않다. '워너두 필드(Wannado Field)'에서는 조명색이 바뀌는 벌룬으로 축구를 하고 농구장에선 처음 만난 친구에게 놀이를 제안하며 사교성을 기른다. 멸종위기에 놓인 동물을 구하는 '애니멀 레스큐(Animal Rescue)'와 보이지 않는 바람을 경험하는 '플라이 하이(Fly High)'까지 즐기다 보면 약속한 2시간이 금세 지나간다. 아이가 아쉬워한다면 추가 금액을 내고 이용 가능하다.

딱 2가지 놀이는 신경 쓰는 것이 좋다. 첫째, '레이저 통과하기(Laser Buster)'는 암전 공간이라 아이가 무서워할 수 있다. 게임을 하기 전 미리 영상을 보고 설명해주자. 시간 맞춰 산책하는 공룡 '벨로시 랩터'도 조심하자. 카페 옆 컨테이너에 있다가 문이 열리면서 공룡이 움직인다. 겁이 많은 아이라면 미리 설명하거나 가장자리에 있는 체험장에서 시간을 보내자.

07

시흥 갯골생태공원

언택트

내륙으로 깊게 들어온 갯골과 소래염전에 조성한 생태공원이다. 한때 145만 평이나 되는 염전을 생생히 기록한 소금 창고와 소금 운반차, 가시렁차도 있다. 염전 체험장은 염전 일부를 복원해 아이들이 대파질을 하며 소금을 모으는 체험을 할 수 있도록 만들었다. 모래놀이 대신 소금놀이를 할 수 있는 공간도 있다. 염전 주변은 자줏빛 칠면초가 조경처럼 펼쳐진다. 2012년 국가습지보호구역으로 지정된 만큼 칠면초와 나문재 같은 갯벌 염생 식물과 농게와 망둑어, 다양한 철새를 만날 수 있다. 가을이면 갈대가 피어 넘실대는 장관이 펼쳐진다. 그 중심에 공원의 랜드마크인 흔들전망대가 있는데, 바람에도 흔들거려 붙여진 이름이다. 계단 없이 휘돌아 오르는 길이라 아이와 걷기에도 무리가 없다. 정상에서 보는 갯골의 전망이 시원시원하다.

난이도 ★
주소 시흥시 동서로 287
여닫는 시간 24시간
요금 무료

인천 차이나타운

작은 중국, 인천의 차이나타운으로 여행을 떠나보자. 인천의 한 어촌마을은 1883년 개항 후 중국인이 들어오면서 화교 사회가 형성되었다. 공화춘과 같은 중국 요릿집이 들어서고 '쿨리'라고 불렸던 부두노동자의 배를 채워주는 짜장면이 탄생했다. 중화요리점은 우후죽순으로 생겨났고 소위 '맛집'을 찾아 전국에서 사람들이 몰려왔다.
차이나타운까지 와서 짜장면만 먹고 간다면 억울한 일이다. 문호 개방과 함께 정착한 화교의 역사는 이제 인천의 독특한 문화가 되었다. 화교의 문화를 직접 눈으로 볼 수 있는 곳 중 하나로 의선당을 꼽는데, 우리나라에 하나밖에 없는 중국식 사당이다. 반듯한 기와 위에 두 마리 용 조각과 붉은색의 중국식 문이 이국적인 모습을 자아낸다. 사당은 중국을 오가는 배들의 순항을 기원하는 제사를 올리기 위해 1850년 지어졌다고. 우리나라 최초의 서구식 공원인 자유공원과 예술 아카이브인 아트플랫폼도 함께 둘러보기 좋다. 아이들이 가장 좋아하는 곳은 지척에 있는 동화마을이다. 활기를 잃은 마을에 색과 조형을 입힌 입체 벽화마을이다. 우리나라 전래동화는 물론 어른들도 좋아하는 디즈니 동화를 테마로 한 조형물이 곳곳에 설치돼 있다.

난이도 ★★
주소 인천시 중구 차이나타운로 59번길 12
여닫는 시간 24시간
요금 무료
웹 ic-chinatown.co.kr

인천 늘솔길공원

언택트

난이도 ★
주소 인천시 남동구 앵고개로 783
여닫는 시간 일출~일몰(양떼목장 하절기 08:00~18:00, 동절기 09:00~17:00)
요금 무료

2006년까지 한화 화약공장이 있던 황량한 자리에 친근한 공원이 들어섰다. 도심과 가까워 쉽게 접근할 수 있는 숲놀이터다. 특별할 것 없이 그냥 넓은 잔디에서 한갓진 시간을 보내도 좋지만 늘솔길공원은 이리저리 구경하기 바쁘다. 경기도에 단 두 곳인 양떼목장이 이곳에 있어서다. 2014년 잔디 조성을 친환경으로 하기 위해 면양 암수 2쌍을 데려왔는데, 매년 아기 양 울음소리가 우렁차게 들리더니 지금은 30마리 가까이 된다. 목장 체험은 무료고, 먹이가 따로 있는 것도 아니다. 숲에 나는 나뭇잎이나 잔디를 뜯어주면 된다. 일부러 당근이나 상추와 같은 무른 채소를 가져와 먹이면 배탈이 난다.

공원은 편백숲 무장애 나눔길을 따라 둘러볼 수 있는데, 휠체어나 유모차도 쉽게 이용할 수 있다. 다문다문 만들어진 놀이터는 유아가 이용하기 좋은 모래놀이터와 목재로 만든 숲놀이터가 있는데, 아이들이 문전성시를 이룬 곳은 편백나무 숲에 있는 모험 놀이터다. 감당할 수 있는 위험을 경험하면서 도전과 성취감을 얻을 수 있다. 거미줄처럼 생긴 밧줄놀이와 구름다리, 짚라인이 대표적인 시설이다. 나무 위 오두막 아지트도 많아 소꿉놀이하기에도 좋다.

10 부천 진달래공원과 백만송이 장미원

연두빛 움이 돋기 시작하면 꽃대궐에 파묻히는 상상도 연이어 한다. 봄을 알리는 매화와 벚꽃도 좋지만 붉게 피어나는 진달래는 어떨까. 진달래 군락은 대부분 산에 위치하는데, 강화도 고려산이 대표적이다.

부천 원미산에 위치한 진달래공원은 아이와 오르기에도 무리가 없어 가족 나들이객이 많이 찾는다. 입구에서 주전부리를 판매하지만 미리 도시락을 준비해 피크닉을 즐겨도 좋다. 조금만 오르면 정자와 넓은 벤치 공간이 나타난다. 풍성하게 개화한 진달래나무 사이로 길이 있어 사진 찍기에도 좋은 명당이다.

진달래가 지기 시작하면 도당산에 짙은 장미꽃 향이 나는데, 무려 160여 종의 장미 100만 송이가 피어나 백만송이 장미원이라 불린다. 포장된 길이 있어 유모차로 움직이기에도 좋다. 먹거리는 판매하지 않아 점심시간 전에 둘러보고 오는 것이 좋다.

난이도 ★★
주소 **진달래공원** 부천시 범안로129번길 17, **백만송이 장미원** 부천시 성곡로 63번길 99
여닫는 시간 24시간
요금 무료
여행 팁 진달래공원은 바로 옆 부천체육관 주차장을 이용, 백만송이 장미원은 도로 주차공간이 협소해 아침 일찍 관람하는 것이 좋다.

11 부천 아트벙커 B39

언택트

바야흐로 재활용을 넘어 '새 활용'의 시대다. 허름하고 낡은 것을 버리지 않고 새로운 용도를 부여한다. 삼정동 소각장을 옮기면서 문화예술 플랫폼으로 재탄생시킨 이곳은 소각 과정을 경험할 수 있게 설계해 대부분 원형 그대로다.

공간은 쓰레기 수거 차량이 가장 먼저 닿는 쓰레기 반입실부터 시작된다. 지금은 주 전시실로 활용되는 멀티미디어 홀(MMH)이다. 쓰레기가 모이던 벙커는 아파트 15층 높이의 거대한 콘크리트 공간으로 B39의 이름도 이곳에서 나왔다. B는 부천(Bucheon)과 벙커(Bunker), 무경계를 뜻하는 보더리스(Borderless)의 앞 글자를 땄다. 39는 벙커의 높이 39m와 인근 국도 39호선을 의미한다.

관람 동선은 쓰레기의 이동경로와 같다. 소각로던 에어갤러리는 한쪽 벽면만 골조로 남기고 허물어 외부와의 경계를 없앴다. 콘크리트에 남은 그을음이 지난날 소각로의 열기를 대변한다. 이어 연소된 쓰레기가 모이는 재 벙커와 유해가스를 처리하는 유인송풍실, 2층 중앙제어실, 기계설비실로 이어진다. 아이들은 과학자가 된 듯 마음껏 버튼을 누르며 논다.

난이도 ★
주소 부천시 삼작로 53
여닫는 시간 09:00~18:00
쉬는 날 월요일
요금 무료
웹 b39.space

스티로폼 동력배 만들기

여름날 안양 예술공원(p.135)에 도착해 너무 더워 아이와 계곡에 앉아 탁족을 했다. 주변에서 물놀이를 준비해 온 탓에 아이가 무척 부러워했다. 참나무 껍질처럼 넓은 나무 껍질에 나뭇잎을 태워 물 위에 띄우고 물을 저으며 뱃놀이를 했다. 인상적이었던 아이는 또 해달라고 졸랐다.

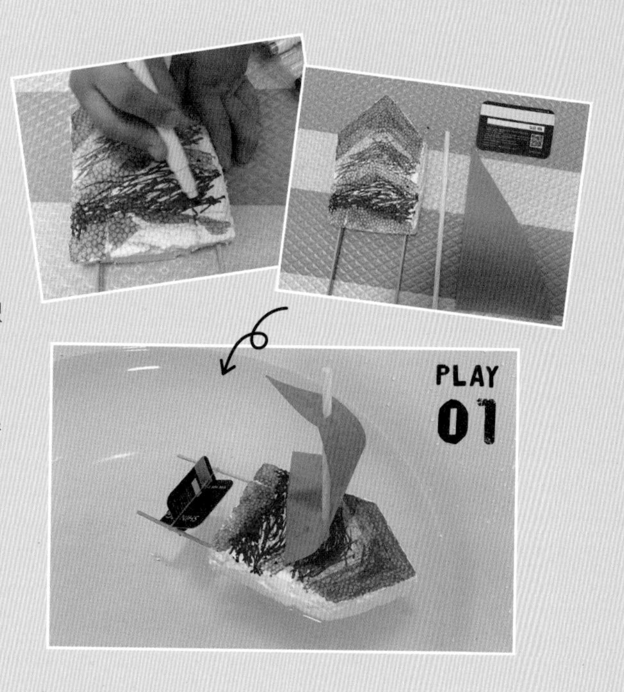

준비물 스티로폼, 칼, 가위, 네임펜, 꼬치 2개, 고무줄, 안 쓰는 카드

만들고 놀기 스티로폼은 배 모양으로 자르고 네임펜으로 꾸며준다. 배 후미 가장자리에 꼬치 2개를 끼운다. 카드는 반으로 자르고 자른 카드 중간에 반 정도 홈을 판다. 카드는 십자로 끼워 꼬치 사이에 끼운 고무줄에 건다. 고무줄을 돌렸다가 물 위에 놓아주면 앞으로 나아간다.

동물 똥 찾기

'응가기'를 맞이한 아이를 위해 수원 해우재(p.130)를 다녀왔다. 사방에 똥과 화장실을 보고 난 뒤 오히려 다양한 똥의 세계에 발을 들여놓아 곤란하게 됐다. 이참에 동물들의 똥에 대해 알아보기로 했다.

준비물 색지, 끈, 가위, 색연필이나 크레파스

만들고 놀기 동물과 똥을 그리고 털실과 연결해 숙소 곳곳에 숨겨둔다. 숨겨둘 때 똥은 밖으로, 동물은 숨긴 상태로 두어 누구의 똥인지 맞히면 동물카드를 가질 수 있다. 연계놀이로 클레이로 똥만들기도 해보자.

PLAY 02

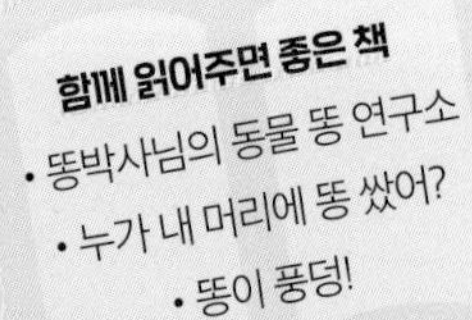

WHERE TO GO

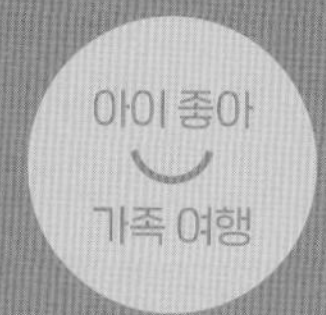

강원

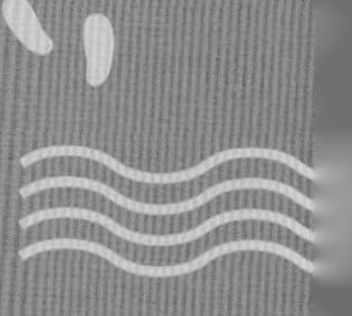

WHERE TO GO

01 춘천

춘천

BEST COURSE

1박 2일 코스

01 아이와 여유롭게 보낼 수 있는 힐링 코스

1일 남이섬 ▶ 점심 가평 송원막국수 ▶ 꿈자람 어린이공원 ▶ 저녁 함지레스토랑

2일 해피초원목장 ▶ 점심 토담숯불닭갈비 ▶ 투썸플레이스 춘천구봉산점 ▶ KT&G 상상마당 춘천 아트센터 ▶ 저녁 자매키친

02 아이와의 다양한 활동을 중시하는 체험 코스

1일 가평 대교 마이다스 호텔&리조트 키즈잼 ▶ 점심 가평 송원막국수 ▶ 가평 노랑다리미술관 ▶ 이상원미술관 ▶ 저녁 이상원미술관 레스토랑

2일 해피초원목장 ▶ 점심 회영루 ▶ 애니메이션박물관

2박 3일 코스

01 아이와 여유롭게 보낼 수 있는 힐링 코스

1일 남이섬 ▶ 점심 가평 송원막국수 ▶ 가평 노랑다리미술관 ▶ 가평 더스테이힐링파크 ▶ 저녁 더스테이힐링파크 내 식당

2일 KT&G 상상마당 춘천 아트센터 ▶ 점심 어쩌다농부 ▶ 꿈자람 어린이공원 ▶ 저녁 회영루

3일 해피초원목장 ▶ 점심 토담숯불닭갈비 ▶ 투썸플레이스 춘천구봉산점

02 아이와의 다양한 활동을 중시하는 체험 코스

1일 가평 대교 마이다스 호텔&리조트 키즈잼 ▶ 점심 가평 송원막국수 ▶ 가평 노랑다리미술관 ▶ 이상원미술관 ▶ 저녁 이상원미술관 레스토랑

2일 해피초원목장 ▶ 점심 회영루 ▶ 애니메이션박물관 ▶ 저녁 함지레스토랑

3일 꿈자람 어린이공원 ▶ 점심 어쩌다농부 ▶ 남이섬

해피초원목장
이상원미술관
애니메이션 박물관
꿈자람 어린이공원
춘천
KT&G 상상마당 춘천 아트센터
남이섬
가평 아침고요수목원
가평 대교 마이다스 호텔&리조트 키즈잼
가평 노랑다리미술관
가평 더스테이힐링파크

춘천

SPOTS TO GO

01 해피초원목장

춘천에서 강원도의 진면목을 볼 수 있는 곳으로 신이 손가락으로 책을 갈무리한 것처럼 산마루가 겹겹이 자리하고, 산등성을 비집고 든 의암호의 물길은 풍경에 생기를 더한다. 목장은 그 어디쯤 7만 평의 초원으로, 방목한 한우들이 목에 핸드벨만 맨다면 얼추 스위스의 산악풍경처럼 보인다. 덕분에 인스타그래머블한 여행지로 떠올랐다.
목장 체험을 다채롭게 경험할 수 있어 아이 여행지로 인기 만점이다. 소와 돼지, 토끼와 염소에게 먹이를 주며 교감하는 프로그램이 대표적. 이름처럼 '행복한 초원'은 방문객이 아닌 동물들에게 적용되는 표현인데, 넓은 공간에 둘러진 울타리와 하루 종일 먹는 동물들을 배려해 먹이를 조절하는 것이 인상적이다. 포토존인 소 방목장과 동물농장 사이는 너덜지대다. 걷기도 쉽지 않은 산비탈에 방목한 양들이 산양처럼 뛰어놀아 내셔널 지오그래픽의 한 장면처럼 자연을 살아가는 양을 아이에게 보여줄 수 있다. 봄에는 해설가와 함께하는 야생화 숲체험, 여름과 가을에는 지역 작물 수확체험, 겨울에는 눈썰매와 군고구마 체험 등 계절 특성을 살린 체험도 돋보인다.

난이도 ★★
주소 춘화로 330-48
여닫는 시간 하절기 10:00~19:00, 동절기 10:00~17:00
요금 6,000원
웹 happyhilok.co.kr
여행 팁 ① 주차장이 찾는 사람들에 비해 충분하지 않다. 주말 오후가 되면 목장 아래 큰 도로까지 차량이 줄을 서니 꼭 오전에 찾도록 하자.
② 아이 점심은 한우카레나 계란밥을 먹을 수 있다. 인기 메뉴인 한우버거는 미리 예약할 것.

Episode

가만히 있어!

울타리 안에서 입만 내민 양만 만나던 아이가 방목된 양에게 먹이를 주려니 쉽지 않았다. 쫓아가 건초를 입에 떠먹여주려고 했지만 양은 이리저리 뛰어다녔다.

"가만히 있어!"

결국 서운함에 폭발한 아이가 소리를 질렀고, 그래도 말을 듣지 않자 울면서 내 품으로 뛰어들었다.

"아이고, 서운했구나. 그런데 양은 네가 무작정 다가가서 무서웠을 수도 있어. 처음 만나는 네가 자신을 때리진 않을까? 싫은데 계속 만지려고 하는 건 아닐까? 겁먹었을 수도 있어. 큰소리까지 냈으니 양이 많이 놀랐을 거야. 무서워서 양이 엄마아빠를 찾고 싶었을걸."

"그냥 맘마 주려고 한 건데…."

"그럼 네가 친구가 되고 싶어서 그런다고 다정하게 말해봐. 놀랄 수 있으니 천천히 다가가야 해. 바로 오지 않을 수도 있어. 그래도 기다려주면 안심하고 다가올지도 몰라. 그래도 안 오면 오늘은 놀 기분이 아닐 수 있으니 다음에 놀자고 해줘. 네가 엄마한테 기분이 다시 좋아졌으니까 이제 놀자고 할 때처럼."

다행히 양이 우물쭈물 아이에게 와 먹이를 먹어서 기분이 좀 풀렸다. 이번 기회를 통해 동물의 존엄성과 마음을 표현하고 교감해야 한다는 걸 알았겠지.

함께 읽어주면 좋은 책

- 기분을 말해 봐!
- 우리집 막내 토식이

스냅사진, 여기서 찍으세요

노을이 질 때 가면 더 예쁘지만 역광 사진이 찍힐 수 있으니 주의할 것! 아이와 몸을 겹치게 두는 것보다 거리를 두고 찍는 것이 좋다.

포물선을 그린 강줄기와 산맥, 방목한 소를 배경으로 사진을 찍는 것도 추천!

이상원미술관

언택트

'집념의 화가'라 불리는 이상원의 사설 미술관. 그의 작품을 전시하기 위해 아들인 이승형 관장이 지었다. 지암리 산골에 자리한 현대적인 공간으로, 굽이진 산길을 따라 아스팔트를 깔았지만 보름달 같은 미술관이 밤낮 없이 떠있어 자연과 조화를 이룬다. 총 5층 건물로 학예연구실과 자료실인 5층을 제외하고 모두 둘러볼 수 있다. 이상원 화백의 작품을 만날 수 있는 3·4층은 2,000여 점의 작품을 계절에 맞게 전시한다. 신진작가들의 작품을 전시한 2층은 인사동에서 10여 년간 갤러리를 운영하며 작가 발굴에 힘쓴 부자의 뜻이 담긴 공간이다. 1층은 카페와 뮤지엄 숍으로 운영된다. 미술관 밖에는 공방이 있어 금속과 유리 도자 클래스를 운영한다. 수업에 따라 최소 4세부터 성인까지 체험 가능하다.

난이도 ★
주소 화악지암길 99
여닫는 시간 10:00~18:00
쉬는 날 월요일, 설, 추석 연휴 다음날, 전시 교체 기간
요금 어른 6,000~10,000원, 청소년 4,000원, 7세 미만 무료(네이버 예약 시 10% 할인) 멤버십 가입비 1만 원(1년 무료 입장)
웹 www.lswmuseum.com
여행 팁 주차장에서 미술관까지 전동차 운영. 우천 또는 동절기에 미술관까지 자차 이동 가능.

아빠 엄마도 궁금해!

미술학원을 다닌 적 없는 화가

화가 이상원은 1935년 강원도 춘천에서 태어났다. 그의 출생을 알리는 이유는 일제강점기부터 한국 전쟁, 근대화를 모두 겪어낸 세대라는 사실을 강조하기 위해서이다. 학도병 시절 겨우 살아난 그는 18살에 서울로 가 영화 <바람과 함께 사라지다>를 비롯한 극장 간판을 그렸고 미 8군에서 초상화를 그렸다. 그의 재능을 알아본 안중근의사기념사업회 이사장은 안중근 의사의 영정을 부탁하기도 했는데, 이를 시작으로 그는 당대 최고의 초상화가가 되었다. 하지만 작가로 인정받지 못한 그는 순수미술로 전향했고, 수묵산수화로 입선 후 독보적인 자신의 그림을 그리기 시작했다. 1975년 장지에 수묵, 그리고 유화물감을 더해 새로운 시도를 한 작품 <시간과 공간>이 국전에서 입선했는데, 정규과정 없이 독학으로만 이뤄낸 괄목할 만한 성과였다. 극사실화의 대표 작품인 연작

<동해인>은 미술을 모르는 사람이 보아도 날숨을 잠시 잊게 된다. 그림 속 인물의 주름에는 삶이, 눈에는 영혼이 깃들었다. 일면식도 없는 그들에게 연민을 느끼게 되는 것도 그가 그린 박애 때문일 것이다.

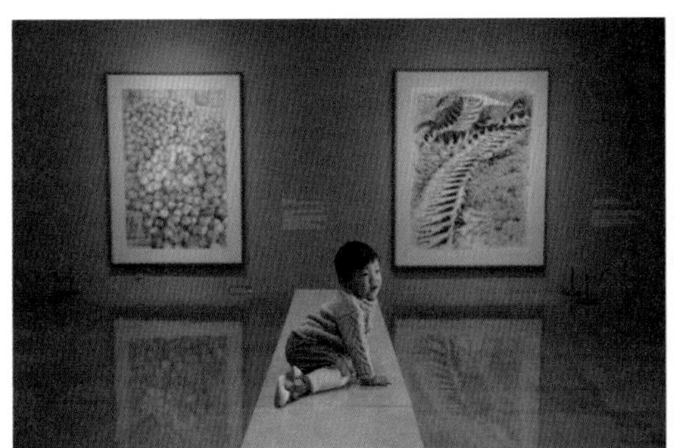

아이는 심심해!

아이가 즐길 수 있는 여행법

극사실주의 화풍이라 어른, 아이 모두에게 전시가 어렵진 않다. 이해의 깊이는 다르겠지만 아름다운 것을 보고 감탄하는 것은 모두 같다. 2층에는 전시 감상 후 하나의 주제로 그림을 그릴 수 있는 공간이 있는데, 목탄과 콩테처럼 익숙하지 않은 미술도구를 써볼 수 있는 기회다. 야외 테라스에는 선베드와 해먹이 있어 일광욕을 즐길 수 있다. 여름이면 화악산 계곡에서의 물놀이도 추천한다.

 KT&G 상상마당 춘천 아트센터 

언택트

공연과 영화, 전시, 아카데미를 운영하는 복합문화 공간이지만, 여행 중 이용하긴 어렵다. 성인을 위한 전시가 대부분이고, 그나마 야외 전시가 아이에게 흥미로운 편이다.

그럼에도 아이와의 여행지로 추천하는 이유는 건축 때문이다. 이곳의 전신은 1980년에 개관한 춘천어린이회관으로, 건축 거장 고(故) 김수근의 작품이다. 그는 이 건물의 슬로건을 '호숫가에 피어나는 끝없는 동심세계'로 내걸었지만, 끝내 재정 적자로 춘천시에 넘어갔다. 다행히 2013년 KT&G와 만나 벽 하나 손상시키지 않는다는 조건으로 아트센터가 되었다. 원래 어린이가 주인이었던 만큼 아이를 위한 공간은 그대로 남았다. 유기적으로 흐르는 공간은 때론 숨기도, 탁 트이기도 했다. 건축가가 한 인터뷰에서 '숨바꼭질하는 것처럼'이라고 말한 이유가 그것. 2층이지만 층고를 다르게 두어 시선이 다채롭고 계단 대신 둔 경사로가 동선을 늘리고 재미를 더했다. 이런 연속성은 2층 테라스도 마찬가지. 프레임을 두거나 벽 사이에 틈을 넣어 같은 건물의 풍경을 여럿 두었다. 아이의 끝없는 호기심을 자극하고 부지런히 놀 수 있는 공간이 되었으니, 김수근 건축가의 의도는 정확했다.

1층 카페 '댄싱카페인'은 에디오피아 소년 칼디와 커피콩을 먹고 춤을 춘 염소에게 영감을 얻었다. 이곳에서 카페인을 충전한다면 아이와 춤추듯 신나게 놀 수 있지 않을까. 독수리가 활강하듯 날개를 펼친 2,000석 야외음악당과 뒤꼍 어린이 자연 놀이터도 함께 둘러보자.

난이도 ★
주소 스포츠타운길399번길 25
여닫는 시간 갤러리 10:00~18:30, 댄싱카페인 09:00~22:00
요금 무료(프로그램별 상이)
웹 www.sangsangmadang.com

애니메이션박물관

아이와 처음 극장을 찾은 건 미국 월트 디즈니의 <겨울왕국>을 보기 위해서다. 어둡다고 울거나 긴 러닝타임에 지쳐 나가자고 할까 봐 조마조마 했지만, 염려와 달리 아이는 끝까지 보고 나왔다. 극장을 나오면서 아이와 나는 캐릭터들을 이야기하고 스토리를 공유했다. 만화가 나이를 초월해 공감의 매개가 된다는 점이 놀라웠다.

애니메이션 박물관에서 아빠 엄마는 수다스럽다. 로버트 태권V의 필살기도 알려줘야 하고 토이스토리의 우디와 친구들 소개도 해줘야 하니 말이다. 우리의 유년을 반짝반짝 빛나게 하던 추억의 만화가 향수를 부른다. 2층 체험공간으로 가면 앞장서는 건 아이이다. 자신의 모습을 찍어내는 블록판과 사진으로 남기는 주인공 체험, 스토리에 맞춰 소리를 입히는 제작도구 체험을 즐길 수 있다. 특히 스튜디오에서 주제가를 부르는 더빙 체험은 잊지 못할 추억을 선사한다.

애니메이션 박물관 옆 로봇박물관도 놓치지 말자. 아톰과 철인28호, 최신 로봇까지 다양한 로봇이 전시되어 있다. 마리오네트 로봇처럼 춤을 추는 공연도 있지만 하이라이트는 체험코너다. 로버트 태권V의 철이 또는 헬로 카봇의 차탄처럼 로봇을 조종하는 상상을 실현해주는 곳이다. 로봇으로 아이와 축구 한 게임을 하기에도 좋다. 2분 동안 치열한 플레이와 응원이 오간다. 체험은 대부분 4세 이상부터 이용 가능한데, 그보다 어리다면 보다 단순한 로봇조종 기구가 있는 2층 토이체험관을 이용하자.

난이도 ★
주소 박사로 854
여닫는 시간 10:00~18:00
쉬는 날 월요일
요금 애니메이션 박물관 6,000원, 로봇박물관 6,000원, 통합권 10,000원
웹 www.animationmuseum.com
여행 팁 ① 입장권은 애니메이션박물관에서 발권 가능하다. 입장 마감은 1시간 전이며 통합권의 경우 마감시간 2시간 전에 입장해야 한다.
② 2020년까지 토이로봇관 리뉴얼 중으로 가격 인하.

아빠 엄마도 궁금해!

아이와 애니메이션 보러 극장 나들이, 뭐부터 준비해야 할까?

① 아이들이 가장 낯설어 하는 건 암전이다. 미리 아이에게 어두워야 화면이 잘 보인다는 것을 알려주자. 휴대전화 밝기를 최대로 어둡게 하고 불을 켜고 끌 때의 화면 차이를 보여주는 것도 좋다. 또한 상대적으로 밝은 광고 시간에 먼저 들어가는 것도 방법이다.
② 영화관이 좋은 곳이라는 인식을 심어주자. 이곳에서 먹을 수 있는 팝콘을 사주는 것도 좋다. 캐릭터 음료수나 평소 좋아하는 간식을 챙겨가자.
③ 러닝타임 동안 아이는 한 자세로 영화 보기가 쉽지 않다. 손을 잡아주거나 아빠 엄마의 무릎 위에 앉혀서 보는 것도 좋다. 상영 중 이동을 하려면 제일 뒷좌석으로 예매하는 것도 방법이다. 화장실을 갈 수도 있으니 통로쪽 좌석이 좋겠다.
④ 대략의 스토리를 설명하는 것이 좋다. 아이가 볼 때 무섭거나 두려운 장면이 나오더라도 곧 극복하고 행복한 스토리가 나올 것이라 알고 있으면 그 장면을 기다리며 보게 된다.

뽀로로 주제가 더빙 체험 중!

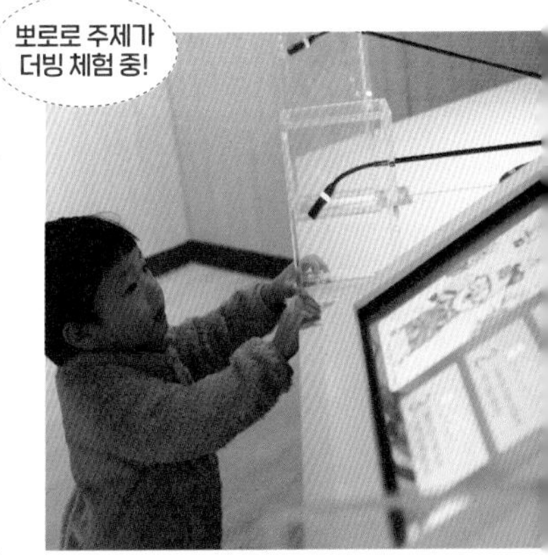

05 꿈자람 어린이공원

아이 여행에 놀이터를 빼놓을 수 있을까. 미군 기지였던 캠프페이지가 어린이공원으로 변신했다. 옛 격납고 건물은 개조해 실내 놀이터로 문을 열었는데, 1층은 영유아 전용, 2층은 초등학생 전용이다. 바닥 전체에 매트가 깔려 있어 안전하고, 1층에는 매점이 있어 허기를 달랠 수 있다. 영유아 전용구역에는 미끄럼틀과 트램펄린, 정글짐과 암벽타기 같은 시설이, 초등학생 전용구역에는 대형 에어 바운스가 더해진다.

모험심이 강한 아이라면 야외 놀이터로 이동하자. 정글짐과 미끄럼틀, 공중다리가 합체한 그물놀이터가 단연 인기다. 3가지 색상으로 구성된 놀이터는 난이도에 따라 나뉜다. 가장 짧고 쉬운 코스는 빨간색, 좀 더 길게 구성된 노란색, 사다리처럼 직각으로 오르는 장애물과 같이 대근육이 필요한 난이도 상급의 파란색이다. 도전하기 어렵다면 초급반처럼 쉬운 그물놀이터와 출렁다리도 따로 있으니 연습 후에 도전해 봐도 좋겠다. 물론 일반적인 실외놀이터가 있어 유아도 이용 가능하다.

여름에는 물놀이장과 물놀이 시설, 그늘막이 설치되며 겨울에는 야외놀이터가 운영되지 않는다. 실내놀이터는 입장시간이, 실외놀이터는 2시간의 놀이시간이 정해져 있다. 통합권을 이용할 경우 실내놀이터를 먼저 이용하고 실외놀이터로 이동하는 것이 효율적이다.

난이도 ★
주소 평화로 26
여닫는 시간 실내놀이터 평일 09:00~12:00, 14:00~17:00
실외놀이터 09:00~18:00(2시간 이용 가능)
쉬는 날 월요일
요금 실내놀이터 6,000원, 실외놀이터 3,000원, 통합 8,000원
웹 www.cuc.or.kr 내 꿈자람어린이공원 예약
여행 팁 입장 인원수가 제한되므로 홈페이지에서 미리 예약하는 것이 좋다.

남이섬

1944년 청평댐을 만들 때 북한강 수위가 높아져 생긴 육지의 섬이다. 기록에 따르면 조선 세조 이전부터 홍수 때마다 고립된 역사가 있다. 모함으로 처형당한 남이 장군의 가묘가 있어 오늘날의 이름으로 불린다. 1965년 수재 민병도 선생이 부지를 사고 유원지로 조성하면서 시끌벅적한 행락지가 되었으나, 동화작가이자 디자이너인 강우현 씨가 맡으면서 지금의 모습으로 변했다. 그의 걸음은 섬을 예술로 일궜다. 행락지의 쓰레기는 그의 연장에 따라 작품이 되었고 죽은 나무, 돌 한 덩이까지 생명을 얻었다. 남이섬을 편애하는 여행지로 삼은 데는 나름의 이유가 있는데, 2005년 안데르센 탄생 200주년을 기념해 <남이섬 세계 책나라 축제>를 시작했기 때문. 더불어 '모든 어린이가 행복한 세상을 만들자'는 유니세프의 뜻을 알리고 구호활동도 했다. 이 모든 과정은 2010년 세계에서 14번째 유니세프 어린이 친화공원이 되기에 충분했다. 섬 중앙까지 이동하는 유니세프 자선기차를 이용하면 쉽게 기부활동에 참여할 수 있다. '아이들이 구름처럼 모인다'는 뜻이 담긴 운치원 놀이터는 친화공원 인증 후 마련한 창의 놀이터로 이런 자연놀이터가 섬 곳곳에 자리한다. 토끼와 공작새, 청설모는 걷다 쉬이 만날 수 있고 타조는 안전상의 이유로 울타리에서 생활한다.

남이섬은 '나미나라 공화국' 콘셉트로 운영된다. 국기와 국가도 있다. 남이통보는 나미나라 공화국 화폐로 남이섬 내 관광청이나 중앙은행에서 환전할 수 있다. 아이와 해외여행 떠나기 전 가볍게 경험하기에 좋다.

난이도 ★★
주소 남이섬길 1
여닫는 시간 07:30~21:30
요금 13,000원(배 승선권 포함), 주차료 4,000원
웹 namisum.com
여행 팁 남이섬에선 볼거리가 많아 한 바퀴 도는데도 시간이 꽤 걸린다. 체력적으로 힘들거나 시간이 충분하지 않다면 자전거 또는 전기 자전거를 이용해보자.

스냅사진, 여기서 찍으세요

남이섬은 전체가 포토존이라고 할 정도로 사진을 찍기 좋다. 그중에서도 각종 드라마의 배경이 된 메타세쿼이아 가로수길이 가장 인기다. 하지만 방문객으로 늘 붐비니 다른 수목을 이용해도 좋다.

연못은 풍경이 반영되어 풍성한 사진을 얻을 수 있다. 아이의 흥미를 잡아둘 수 있는 공간이라 사진찍기에도 좋다.

아이의 스냅사진을 찍고자 한다면 자연놀이터도 추천한다.

연계 여행지

가평 아침고요수목원

경기 가평군 축령산 자락에 위치한 수목원으로 우리나라 최초의 한국식 정원을 선보인 곳이다. 영화 <편지>에서 야생초 연구원으로 나온 남주인공처럼 식물을 사랑한 한상경 씨가 설립자다. 삼육대학교 원예학과 교수였던 그는 세계의 정원을 살피고 돌아온 뒤 우리나라 수목의 아름다움을 알리기 위해 이곳을 만들었다. 인도의 시인이자 사상가인 타고르가 조선을 보고 '고요한 아침의 나라'라 표현한 것에 감동해 이름 지었다고.

약 5,000여 종의 식물이 2개의 주제로 정원을 이루는데, 봄부터 가을까지 연신 화목으로 여행자를 유혹한다. 겨울이라고 다르지 않다. 은하수가 땅으로 내려온 듯, 발광 플랑크톤이 밤바다를 수놓듯 정원은 환상적인 빛으로 채워진다. 수목원이 자랑하는 필수 코스는 하경정원이다. 대한민국 지도 모형이 빛으로 하모니를 이룬다. 신비로운 풍경을 제대로 담고 싶다면 전망대로 가자. 공룡이 낳은 알처럼 몽글몽글 모여 있는 키 작은 나무와 분수처럼 빛이 흐르는 큰 나무가 한눈에 들어온다. 나무를 장식한 색색의 조명 덕에 요정의 숲처럼 화려하게 반짝인다.

난이도 ★★ 주소 경기 가평군 상면 수목원로 432
여닫는 시간 4~11월 08:30~19:00, 12~3월 일~금요일 11:00~21:00, 토요일 11:00~23:00
요금 어른 9,500원, 청소년 7,000원, 어린이 6,000원
웹 www.morningcalm.co.kr
여행 팁 ① 모자, 머플러 등 방한제품을 잘 챙기자. 핫팩은 천주머니에 넣어 화상을 예방하자. 수목원 내 카페에서 잠시 온기를 충전할 수도 있다. ② 일몰과 동시에 점등되므로 여행자는 대부분 저녁 5시를 전후로 도착한다. 정체가 잦으니 1~2시간 전에 도착하자. 미리 식사를 든든히 하는 것도 좋다.

연계 여행지

가평 대교 마이다스 호텔&리조트 키즈잼

난이도 ★
주소 경기 가평군 청평면 북한강로 2245
여닫는 시간 일~목요일 10:00~18:00, 금~토요일 10:00~20:00
요금 자유놀이 입장권 시간당 16,000원(보호자 1인 무료입장), 프로그램 25,000~45,000원, 키즈잼 통합패스 55,000원(3시간, 프로그램 2개 선택)
전화 031-589-5650~1
웹 www.midashotel.co.kr/view/viewLink.do?page=homepage/KOR/kids/kids_jam

국내 1위 교육 전문기업인 대교에서 만든 키즈 아카데미로 다양한 놀이를 통해 배움의 즐거움을 경험할 수 있다. 이용하는 방법은 크게 두 가지이다. 키즈잼 선생님들이 개발한 프로그램을 이용하거나 입장권을 구매해 자유놀이를 즐기는 것. 연령 제한이 없는 자유놀이 공간에는 4,000여 권을 보유한 키즈 라이브러리, 미끄럼틀과 볼풀, 암벽타기 등으로 이뤄진 감성놀이터가 있다. 아이의 행동에 반응하는 미디어 인터랙티브실과 함께 주방놀이, 역할놀이가 가능한 다양한 의상도 있다. 프로그램은 5세 이상 가능하며 보호자는 참여하지 못한다. 세계의 문화와 축제를 경험하는 문화체험 GEE, 독창적인 재료로 상상력을 더하는 씽크잼, 다양한 식재료를 탐색하고 자극하는 쿠킹 클래스 외에도 미술, 악기, 블록, 공예, 운동 활동까지 다양하다. 인형을 이용해 긴장을 푸는 것으로 시작해 아이의 눈높이에 맞춰 진행하는 수업방식, 연계 질문과 이야기로 소통하는 모습이 인상적이다. 프로그램별로 가격이 다르고 수업마다 최대 8인이 가능하므로 전화로 사전 예약하는 것이 좋다.
춘천 가평을 여행할 때 비가 오거나 미세먼지가 많은 날에 실내 여행지로 삼아도 좋다. 아이 음료와 쉽게 구하기 힘든 해외 교구도 판매하고 있다. 마이다스 호텔&리조트 내에 위치하고 있어 숙박과 함께 이용하면 편리하다.

Episode

꽃이 잘 자라려면 어떻게 해야 할까?

명작을 다양한 기법으로 표현하는 파피에콜레 수업 중이었다. 그날은 프랑스의 인상주의 화가 르누아르의 작품을 다루고 있었다. 정물 <국화 꽃 화병, 1890>으로 미술활동을 하던 중 선생님이 질문했다.
"꽃은 왜 떨어질까요?"
아이는 말했다.
"사람들이 꽃을 만져서 그래요."
"그럼 꽃이 잘 피어나게 하려면 어떻게 해야 할까요?"
"노래를 들려줘야 해요."
"어떤 노래를 들려주면 좋을까?"
"기가 지니, 노래 틀어줘."

연계 여행지

가평 더스테이힐링파크

'자연과 함께 하는 힐링'이라는 주제로 만든 복합문화공간이다. 가장 먼저 눈에 띄는 곳은 와일드 가든으로 작은 채플과 질서 없이 놓인 바위, 이국적인 수목과 산책길이 유럽의 정원을 옮겨 놓은 듯하다. 이곳에서는 '컬처 얼라이브 프로젝트'라는 이름으로 요가나 파머스 마켓, 야외 콘서트 등의 행사가 열린다. 밤이면 빛을 발하는 라이팅가든이 있어 겨울에도 인기가 있다. 특히 채플에서 벌어지는 라이트 쇼는 우주와 생명을 주제로 한 스토리가 인상적이다. 가든과 마주한 공간은 카페 나인블럭으로 베이커리와 갤러리, 편집숍 등 라이프스타일 상점 9곳을 한데 담았다. 이곳의 빵은 맛 좋기로 유명해서 나오는 시간에 맞춰 가야 겨우 살 수 있다. 카페만 이용하기 아쉽다면 나인블럭 뒤로 이어진 산책로를 이용해보자. 들꽃 언덕과 숲 속 도서관인 독서당, 비밀의 연못과 목책가든을 두루 즐기는 데 총 1시간 30분 정도 걸린다. 치유의 숲에는 성격 좋은 알파카와 말 잘하는 앵무새가 있는 동물원이 나온다. 바로 옆 플라워 가든은 초여름에 피어나는 수국으로 장식된다. 들꽃 언덕까지 오르는 길이 가파른 편이라 아이와 오를 때 곳곳에 위치한 벤치에서 쉬어가며 가는 것이 좋다.

난이도 ★
(산책로 이용 시 ★★★)
주소 경기 가평군 한서로268번길 157
여닫는 시간 08:00~22:00
요금 입장료 5,000원
(포인트로 전환)
웹 www.thestayhealingpark.com
여행 팁 입장료는 더스테이 힐링파크 내에서 사용할 수 있는 포인트로 바꿔준다.

스냅사진, 여기서 찍으세요

이국적인 채플이나 정원, 나인블럭 카페까지 잘 꾸며진 여행지로 인생샷 성지라 부른다.

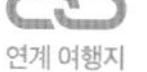
연계 여행지

가평 노랑다리미술관

언택트

아늑한 산자락에 위치한 숲속 미술관으로 1세대 패션디자이너이자 전위예술가인 손일광 관장이 만들었다. 미술관 앞 계곡 위에 노랑다리를 놓아 이름 지었다. 고흐의 <앙글루아 다리>를 재해석한 작품으로 선명한 색감, 구조적인 형태가 눈을 사로잡는다.
매표소는 화초로 꾸민 안온한 온실 카페다. 차를 한 잔 마신 뒤 관람하거나 반대로 해도 된다. 미술관은 여러 채의 건물이 계단과 다리로 연결되어 개미굴 같다. 설치미술에 가까운 건물은 독창적인 작품과 수집품들로 채웠다. 공학도이자 디자이너였던 작가는 과학과 미술을 접목한 작품을 주로 선보인다. 원소주기율표를 개발한 멘델레예프에게 영감을 받아 만든 휴대폰 작품이 대표적이다. 주말에는 작가가 도슨트를 자청하기도 하니 설명과 함께 관람하면 더욱 좋다.
아이를 위한 미술공간도 있다. 2층 공간으로 아래층은 새장, 위층은 미술실이다. 유리 바닥이라 다양한 색감의 새들이 움직일 때마다 바닥이 시시각각 변한다. 책상엔 크레파스와 색연필, 사인펜 등 미술도구가 널브러진 듯 어지럽다. 섞여있는 도구를 잡히는 대로 사용하니 개성있는 작품이 나온다.
미술관은 아직 진행형이라는 작가의 말처럼 하루가 다르게 그 모습이 변하고 있다. 작지만 오래 머물고 싶은 이곳을 두고두고 아껴볼 수 있으니 다행이다.

난이도 ★
주소 경기 가평군 청평면 양진길 42-12
여닫는 시간 10:00~17:00
요금 입장료 8,000원(음료 1잔 포함), 5세 이하 무료입장
웹 yellowtree30.itrocks.kr

PLACE TO EAT

01 | 함지레스토랑

레스토랑보다 고급 경양식 식당이라 부르는 것이 맞겠다. 1980년에 문을 연 이곳은 춘천 사람들의 추억이 담긴 공간으로, 졸업식 같은 특별한 날 여기 들러 돈가스나 함박스테이크를 시키고 소위 '칼질'을 했다. 짙은 고동색의 몰딩은 물론 테이블보마저 촌스럽다 할 정도로 고풍스럽지만 그만의 멋이 배어 있는데, 문을 연 날부터 쭉 사용했기 때문일지도 모른다. 중년의 웨이터가 홈메이드 수프를 시작으로 따끈한 빵, 메인 메뉴를 착착 날라 테이블에 놓는다. 영화 같은 일이 아닐 수 없다.

주소 중앙로 101 여닫는 시간 11:30~21:30 쉬는 날 일요일
가격 함지정식 24,000원, 돈가스 16,000원
이용 팁 바로 앞 주차가 어려울 수 있다. 길 맞은편 무료 주차장을 이용하는 것이 좋다.

02 | 어쩌다농부

맛집·멋집이 늘어선 육림고개에 있는 식당으로 산지에서 고르고 고른 식재료와 직접 농사지은 재료로 건강한 밥상을 선보인다. 태블릿에 띄워 놓은 메뉴판에는 식자재에 대한 자세한 설명이 쓰여 있는데, 좋은 식자재는 실망시키지 않는다는 그들의 고집과 자부심을 엿볼 수 있다. 제철에 맞는 요리를 선보이기 때문에 계절별로 메뉴 변동이 꽤 있다. 유기농인 데다 간이 세지 않아 아이와 맘 편히 먹을 수 있다.

주소 중앙로77번길 35
여닫는 시간 11:00~16:00(마지막 주문은 1시간 전)
가격 명란 들기름파스타 13,000원, 3년 된장 불고기덮밥 9,000원
이용 팁 식당 내부가 좁은 편이라 대기해야 할 수도 있다.

03 | 토담숯불닭갈비

'춘천' 하면 닭갈비를 빼놓을 수 없다. 우리가 익히 생각하는 닭갈비는 매운 양념에 채소와 닭갈비를 섞어 철판에 구워먹는 식이라 아이와 여행하면서 접하긴 어렵지만, 이곳의 숯불닭갈비는 무조건 예스다. 숯불에 달군 석쇠 위에 소금닭갈비와 간장닭갈비를 올려 구워 먹는데, 손질을 잘해 육질이 연하고 양념이 잘 배었다. 반찬은 쌈과 장아찌, 당근절임이나 동치미 등으로 조촐한데, 아이가 먹기엔 무가 적당하다. 닭갈비 골목에 위치한 이곳은 골목이라기보다 도로에 있고 주차시설도 잘 되어 있어 편하게 이동할 수 있다.

주소 신샘밭로 662 여닫는 시간 11:00~22:00
가격 소금·간장 숯불갈비 12,000원(2인분 이상 주문)
이용 팁 직접 굽는 방식이라 타기 쉬워 석쇠를 자주 바꿔줘야 한다.

04 | 자매키친

춘천시외버스터미널과 학교, 주택가에 위치해 현지인과 여행자 모두 즐겨 찾는 파스타 가게다. 일반 가정집을 개조한 키친은 아기자기하고, 사랑스러운 인테리어만큼 달콤한 마카롱도 함께 판매한다. 우삼겹이 들어간 돌돌고기파스타는 맵지 않게 조리해달라고 주문 가능하나, 다소 느끼할 수 있다. 아이가 먹기에는 단맛이 은은하게 밴 소양강 토마토크림커리나 목살볶음밥이 적당하다. 짭짤한 소스가 인상적인 식전 샐러드는 주문할 때 미리 요청하면 먹을 수 있다.

주소 충혼길 26 여닫는 시간 수~금요일 11:30~15:00, 17:00~20:00
토~일요일 11:30~20:00 쉬는 날 화~수요일
가격 돌돌고기파스타 10,000원, 소양강 토마토크림커리 10,000원
이용 팁 한 명이 조리하기 때문에 시간이 좀 걸리는 편이다.

05 | 회영루

1974년 문을 열어 2대째 운영 중인 내공 있는 중화요리 전문점. 불맛이 제대로 살아 있는 간짜장면이나 칼칼한 매운맛과 신맛이 조화로운 중국식 냉면이 유명하다. 싱싱한 해산물이 듬뿍 들어간 중국식 냉면 덕에 이곳 주방장은 TV프로그램에 달인으로 소개되기도 했다고. 아이를 위한 메뉴로는 바삭한 탕수육이나 해산물 우동도 괜찮다. 테이블과 좌식 공간이 모두 갖춰져 있으며 방으로 나누어져 있어 아이와 식사를 하기 좋다.

주소 금강로 38 여닫는 시간 10:00~21:00 쉬는 날 격주 월요일
가격 간짜장 6,000원, 중국식 냉면 8,000원

06 | 가평 송원막국수

가평 남이섬 근처에 위치한 막국수 전문점. 메밀면은 미리 제조하지 않고 주문과 동시에 반죽해 손으로 직접 눌러 뽑아낸다. 비빔의 형태로 나오는 막국수는 약간의 고춧가루가 들어가지만 대부분 간장양념이기 때문에 아이가 먹기에도 맵지 않다. 막국수를 주문하면 삶은 제육이 몇 점이 딸려 나오지만 따로 시겨서 함께 먹는 것을 추천한다. 반찬은 김치밖에 없어 막국수 조금에 제육을 싸서 주면 아이도 쉽게 먹을 수 있다. 농도를 조정해 물막국수처럼 먹을 수 있도록 육수를 따로 준다.

주소 경기 가평군 가평읍 가화로 76-1
여닫는 시간 하절기 11:30~19:00, 동절기 11:30~17:00 쉬는 날 화요일
가격 막국수 8,000원, 제육 18,000원

07 | 투썸플레이스 춘천구봉산점

441.3m의 구봉산은 산간도로를 따라 자리한 레스토랑과 카페를 찾아온 사람들 때문에 주말마다 북적인다. 과거에는 춘천사람들이 야경을 즐기러 오거나 여름 휴양지로 유명했던 곳이다. 당시 성업했던 구봉산 전망대라는 이름의 포장마차는 이탈리안 레스토랑인 산토리니가 되었다. 수려한 춘천 풍경을 배경으로 우뚝 선 하얀 종탑이 이국적인 분위기를 자아내 포토존으로 인기를 얻었다. 이후 주변에 특색 있는 카페가 늘어나면서 구봉산을 찾는 이는 더 많아졌다. 특히 투썸플레이스는 매장 내 통유리 스카이워크를 만들어 눈길을 끈다. 호반의 도시 춘천을 한눈에 품을 수 있다.

주소 순환대로 1154-105 여닫는 시간 10:30~23:00
가격 아메리카노 4,100원

08 | 카페 처방전

'현대한약방'으로 30년 넘게 지낸 자리에 카페가 생겼다. 한약방은 그대로 유지하고 있으니 공존하고 있다는 표현이 맞겠다. 카페에선 커피와 음료는 물론 한약차도 판매한다. 한약방에서 쓰는 약재를 달였다 하니 이건 진짜배기다. 달큰한 배도라지차처럼 아이가 먹을 수 있는 메뉴도 있다. 고인돌초콜릿과 프레첼 과자가 곁들여 나오지만 조금 출출하다면 가래떡추로스를 주문해도 좋다. 튀긴 가래떡과 시나몬가루, 콩가루를 묻힌 3가지 종류의 추로스가 나온다.

주소 중앙로77번길 23-4 여닫는 시간 10:00~22:00
가격 십전대보차 6,000원, 가래떡추로스 2,500원

PLACE TO STAY

01 | 헤이춘천

춘천 시내에 위치한 북유럽 감성의 디자인 호텔. 숙소의 색감처럼 따뜻한 봄을 나타내는 춘(春)관과 도시를 가로지르는 공지천을 볼 수 있는 천(川)관의 2개 건물로 이뤄진다. 객실 유형은 트윈, 더블, 디럭스, 트리플 등 다양하고, 키티버니포니의 라이프 스타일 소품으로 채운 스테이비비드룸, 야마하 사운드를 즐길 수 있는 사운드앤시어터룸, 반려견과 함께하는 캠프 바우와우룸 등 특색 있게 꾸몄다. 아이와 함께 간다면 키즈앤슬라이드 룸을 추천한다. 킹사이즈보다 큰 벙커형 침대를 미끄럼틀 삼아 놀 수 있는데, 아이가 숨 돌릴 틈 없이 빠져들 것이다. 욕실은 넓은 편이라 물놀이나 엄마표 놀이를 준비해도 좋겠다. 로비에는 커피머신과 전자레인지가 있으며 필요한 편의물품은 자판기를 통해 쉽게 구매 가능하다. 조식을 비롯, 카페 메뉴를 즐길 수 있는 캐주얼 다이닝 플랩잭 팬트리도 있다.

주소 남춘로 49 여닫는 시간 입실 15:00, 퇴실 12:00
웹 heyy.kr

02 | 이상원미술관 뮤지엄스테이

이상원 미술관을 여행하다 보면 잠시 머물기엔 아쉬운 마음이 들고, 그의 작품처럼 인상적이지만 일상적인 하루를 보내고 싶어진다. 냇가에 발을 담그고 작은 물고기라도 찾아보는 일, 일찍 산마루를 넘는 해를 보고 우리만의 전등을 켜는 일, 공방에서 손으로 무얼 만드는 일, 다음날 아침 멀리 떠나는 안개를 배웅하는 일, 누구보다 먼저 미술관을 관람하는 일, 모두 이곳에 머물며 할 수 있는 사사로운 경험이다. 주변에 음식점이나 편의점이 없지만, 건물 내 근사한 레스토랑이 있어 선뜻 감내할 수 있는 불편이다. 디너는 미리 예약해야 하고, 맛도 좋은 편이다. 객실은 원룸형 2인실과 방 두 개에 테라스가 딸린 4인실이 있다. 모던한 디자인의 인테리어에 예술적 포인트를 더해 심심하지 않다.

주소 화악지암길 99 여닫는 시간 입실 15:00, 퇴실 11:00
웹 www.lswmuseum.com/stay

03 | 가평 마이다스 호텔&리조트

학습지 '눈높이'로 알려진 대교가 만든 숙소로 교육기업에서 만든 만큼 아이를 배려한 시설과 이벤트가 눈에 띈다. 배산임수 지형에 세운 타원형 건물로, 72개 객실 모두 북한강을 바라보고 있다. 통유리창과 베란다가 있어 시시각각 변하는 풍경을 즐길 수 있고, 바닥은 원목을 사용해 위험하지 않고 깔끔하다. 디럭스 타입도 좋지만 아이와 함께라면 프리미어를 추천한다. 복층 구조로 계단에 안전구조물을 설치해 위험하지 않고, 다락방 같은 2층에 아이 책이 있어 포근한 시간을 보낼 수 있다. 아이를 위한 어메니티와 신청 시 가습기와 온풍기, 아기 침대와 침대가드도 대여 가능하다.

외부에도 놀거리는 많다. 잔디정원은 아이라면 누구나 뛰어다닐 수 있다. 울창한 나무 사이에 그물놀이터와 나무집을 세운 바움하우스도 자리한다. 수심 30cm로 아이가 놀기 딱 알맞은 숲속 연못도 있다. 여름에 물놀이를 할 수 있으며 물총, 구명조끼를 무료로 대여할 수 있다. 겨울에는 썰매장으로 변신하는데, 수상레저나 뱃놀이를 할 수 있는 선착장에선 겨울이면 빙어와 송어낚시 행사도 열린다. 실컷 놀다보면 1박 2일이 모자라다. 이곳 식당에서는 아침은 물론 점심 식사와 저녁 식사도 판매하고 있어 편리하다. 가평과 춘천 가는 길의 초입에 있어 여행의 시작이나 마무리를 함께 하면 좋겠다.

주소 경기 가평군 가평읍 북한강로 2245
여닫는 시간 입실 15:00, 퇴실 11:00
웹 www.midashotel.co.kr

04 | 가평 더스테이힐링파크

머무는 동안 심신을 회복하고 문화, 엔터테인먼트를 즐길 수 있는 숙소로 라이프스타일 제품 전문 브랜드 DFD라이프컬처 그룹에서 만들었으니 믿음이 간다. 숙소 유형은 복층 형태의 포레스트와 모던한 인테리어의 가든으로 나뉜다. 포레스트는 복층으로 올라가는 계단이 위험할 수 있어 아이의 주의가 필요해 가든을 추천한다. 가든은 3가지 타입으로 C와 D는 어린 아기와 함께 해도 괜찮다. C타입의 경우 침실 안에 샤워부스가 있으며 화장실은 거실에 유리부스로 마련했다. E타입은 4인 기준으로 낮은 침대가 있어 아이와 머무르기에 걱정 없다. 키친과 카페가 함께 있어 이용하기에 편리하고, 투숙객은 할인된 가격으로 스파를 즐길 수 있다. 나인블럭 앞 주차장에 주차한 뒤 입·퇴실 시 카트를 이용해 이동할 수 있다.

주소 경기 가평군 설악면 한서로 268번길 157
여닫는 시간 입실 15:00, 퇴실 11:00
웹 www.thestayhealingpark.com

인디언 머리띠 만들기

더스테이힐링파크(p.166)는 산 중턱을 두르는 산책로와 다양한 테마 정원이 있어 자연물을 구하기 쉽다. 힐링 파크로 들어가는 입구에서 억새를 몇 가닥 가져왔다. 어린이집에서 배운 동요 '열 꼬마 인디언'을 부르던 모습이 기억나 인디언 머리띠를 만들기로 했다.

준비물 박스 또는 크래프트 종이, 크레파스 또는 색연필, 털방울(폼폼) 같은 장식, 억새, 스테이플러

만들고 놀기 박스나 크래프트 종이에 마음에 드는 인디언 문양을 그린다. 털방울 같은 장식을 해주면 더욱 화려하다. 양면테이프를 그림 뒷면에 붙이고 억새를 붙여준다. 아이의 머리에 두르고 크기에 맞춰 스테이플러로 고정한다. 동요 '열 꼬마 인디언'을 부르며 율동한다.

표정놀이

이상원미술관(p.152)에서 작품을 보던 아이가 '아저씨가 슬픈가 봐'라고 이야기하더라고요. 내가 아무리 우는 척을 해도 쳐다보지 않아 사실 걱정이었거든요. 감정을 읽지 못하는 건가? 그런데 눈물을 흘리지 않는 작품 속 인물의 감정을 읽어내는 아이의 모습이 신기했습니다. 우리 아이가 공감을 잘 했으면 좋겠다고 생각했거든요. 표정에 따라 반응을 어떻게 하는지 역할놀이를 해봤습니다.

준비물 종이컵 2개, 사인펜 또는 색연필, 칼

만들고 놀기 종이컵에 아이의 모습을 그린 뒤 얼굴 부분을 오린다. 다른 종이컵에는 기존의 종이컵과 겹쳐 위치를 맞추고 표정을 3~4가지 돌려가며 그려준다. 두 개의 종이컵을 겹쳐 표정을 바꾸고 역할놀이를 한다.

WHERE TO GO
02
고성+속초

고성+속초 BEST COURSE

1박 2일 코스

01 아이와 여유롭게 보낼 수 있는 힐링 코스

1일 인제 매바위폭포 → 점심 인제 용바위식당 → 건봉사 → 저녁 백두산횟집

2일 화진포 → 점심 백촌막국수 → 설악산 권금성 → 저녁 순자집곰치국

02 아이와의 다양한 활동을 중시하는 체험 코스

1일 설악산 권금성 → 점심 순자집곰치국 → 국립산악박물관 → 아바이마을 → 저녁 봉포머구리집

2일 백제문화단하진포지 → 점심 백촌막국수 → 왕곡마을 → 저녁 통일전망대

2박 3일 코스

01 아이와 여유롭게 보낼 수 있는 힐링 코스

1일 인제 매바위폭포 → 점심 인제 용바위식당 → 건봉사 → 저녁 백두산횟집

2일 화진포 → 점심 백촌막국수 → 설악산 권금성 → 저녁 순자집곰치국

3일 국립산악박물관 → 점심 옥이네밥상 → 양양 낙산사 → 양양 휴휴암

02 아이와의 다양한 활동을 중시하는 체험 코스

1일 설악산 권금성 → 점심 순자집곰치국 → 국립산악박물관 → 설악산책 → 저녁 크래프트루트

2일 양양 낙산사 → 점심 원조함흥냉면옥 → 아바이마을 → 저녁 봉포머구리집

3일 화진포 → 점심 백촌막국수 → 왕곡마을 → 통일전망대

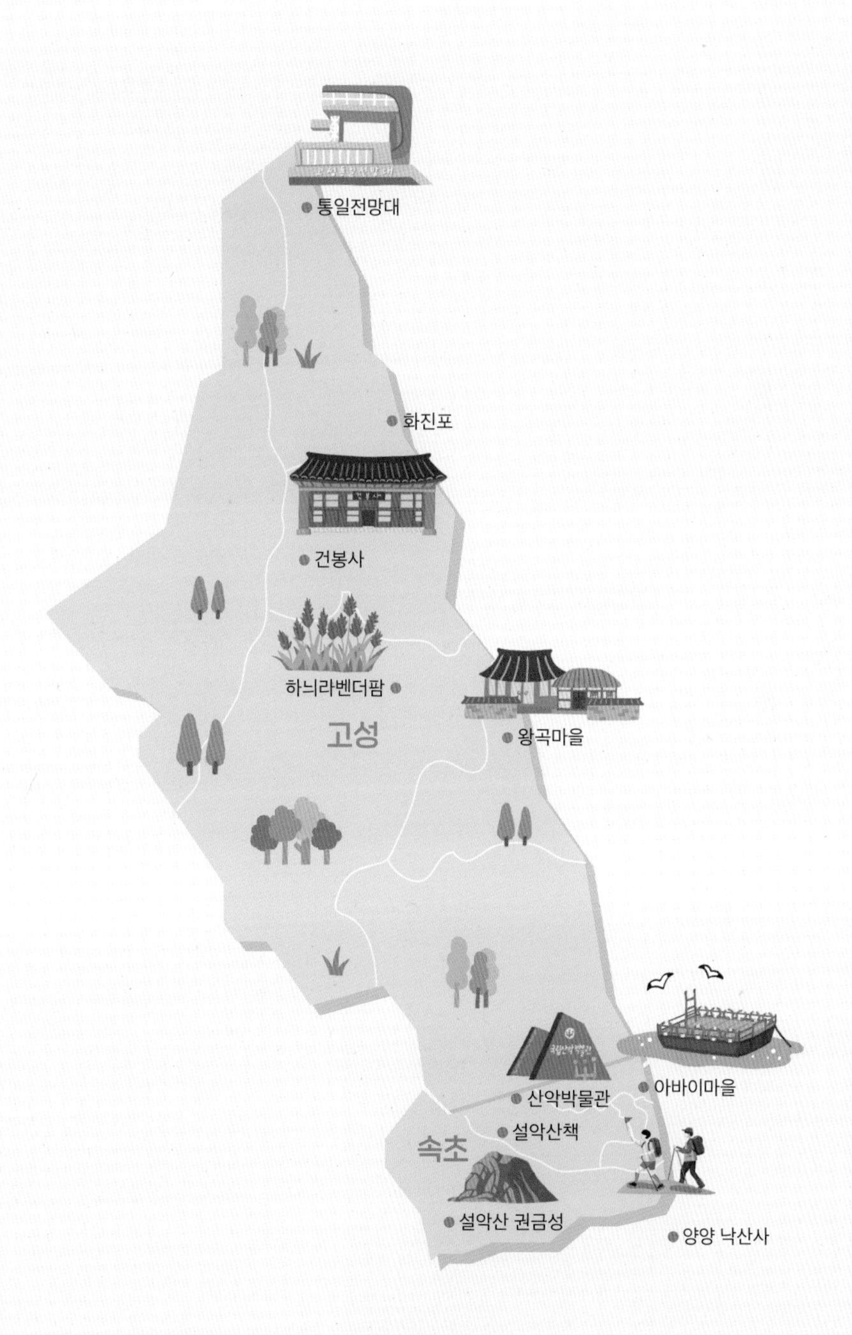
통일전망대
화진포
건봉사
하늬라벤더팜
고성
왕곡마을
아바이마을
산악박물관
설악산책
속초
설악산 권금성
양양 낙산사

고성

SPOTS TO GO

01 하늬라벤더팜

봄에서 여름으로 넘어가는 오묘한 계절이라면 하늬라벤더팜에 가야한다. 유럽 인상주의 화가 작품에서나 만나던 서정적인 농장 풍경을 고성 산골에서 만날 수 있는데, 균일하게 심어 놓은 연보랏빛 라벤더의 꽃망울이 터지듯 피어난다. 꿀벌과 꽃들 사이에 연애도 한창이다. 설레는 마음이 어디 벌들뿐이랴. 그윽한 라벤더 향기를 담은 바람이 여행자의 달뜬 마음을 더욱 고양시킨다.

이곳의 대표는 2000년대 초 힐링의 바람을 타고 허브 제품, 그중에서도 라벤더 밭을 일궜다. 원산지인 프랑스의 라벤더 씨앗을 공수하거나 일본에서 모종을 들여왔다고. 그러던 중 우리나라 기후조건과 맞는 잉글리시 라벤더 재배에 성공하고 경관농업을 시작했다. 스페인 기와 방식으로 만든 유럽풍 건물이 이국적인 풍경을 이룬다. 같은 시기에 피는 양귀비와 수레국화, 호밀밭까지 다채롭게 즐길 수 있다.

난이도 ★
주소 꽃대마을길 175
여닫는 시간 09:00~19:00
요금 어른 6,000원, 청소년 5,000원, 어린이 2,000원
여행 팁 개화시기인 6월쯤 인스타그램에서 하늬라벤더팜 (hani_lavenderfarm)을 팔로우하면 매일 개화 정도를 알 수 있다.

아이는 심심해!

아이가 즐길 수 있는 여행법
꽃이나 곤충을 관찰하거나 트랙터에 올라볼 수 있다. 6월 축제기간 동안에는 라벤더 피자, 향주머니, 아로마 스프레이 등 라벤더 제품을 만드는 체험도 가능하다. 하지만 아이가 가장 좋아했던 건 사진사 놀이였다. 정해진 프레임은 없어도 잘 나오는 풍경 덕에 보는 재미가 쏠쏠하다. 삼각대에 휴대전화를 놓고 리모컨을 쥐여줬고, 나중에는 타이머를 누르고 뛰어가서 포즈를 취하는 놀이로 연계되었다.

아빠 엄마의 생각

1 아이가 꽃밭을 여행하는 방법

꽃밭을 둘러보려면 생각보다 아이의 주의가 필요하다. 들꽃이 아니다보니 꽃을 꺾거나 화단을 망치지 않도록 조심해야 한다. 아이의 눈높이에 맞게 설명해주면서 의성어와 의태어를 많이 사용하면 귀에 더 쏙쏙 들어간다.

"농부 아저씨가 땀 흘려 만든 라벤더가 점점점점~ 자라더니 오늘 꽃이 피어났대. 아저씨는 아침에 꽃을 보고 무척 기뻐서 팔짝 팔짝 뛰었대. 그러다가 라벤더 한 송이를 밟았는데 꽃이 아파서 '잉잉'울더라는 거야. 아저씨는 엄청 미안하고 속상했대. 우리가 가서 예뻐해 주고 조심조심 다니자."

2 우리 아이가 너무 겁이 많은 건 아닐까

라벤더 팜에 도착한 아이는 화단은 고사하고 꽃 주변을 날아다니는 벌 때문에 밭 주변조차 가려고 하지 않았다. 아이에게 벌은 날카로운 침을 쏘는 공포의 존재로, 겁을 먹는 건 당연하다. 이럴 때 아빠 엄마가 쉽게 하는 말은 '괜찮아'이다. 전문가가 말하길 아이가 느끼기에 괜찮지 않은 상황이라 이해되지 않는 위로일 수 있다고 한다. 이 정도는 무서운 게 아니라는 말도 아이에겐 비난이 될 수 있어 위험하다고.

이럴 때 공감부터 시작해보자. 아빠 엄마도 침을 쏘는 벌이 무서웠는데 자신을 괴롭히지 않는 친구에겐 벌을 쏘지 않아서 괜찮았다고. 아이는 당장 벌에게 다가가거나 하지 않았지만 관찰하기 시작했고 마침내 화단 옆에서 사진을 찍기도 했다.

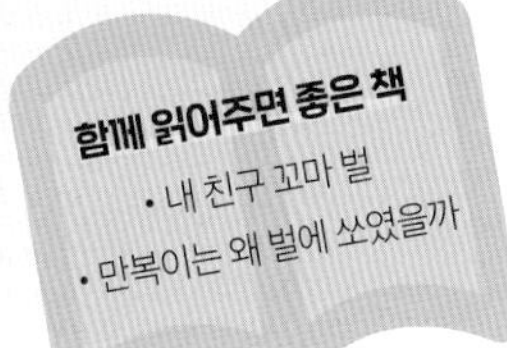

스냅사진, 여기서 찍으세요

라벤더 밭 사이에 길목이 있어 꽃이 상하지 않게 찍을 수 있다. 이랑을 정면으로 두지 않고 대각선으로 찍으면 꽃으로 가득 찬 사진을 얻을 수 있다. 옷은 흰색이나 밝은 색 계열이 좋다.

일몰 시간에 맞춰 가면 드라마틱한 색감을 얻을 수 있다.

통일전망대

언택트

2003년 금강산 관광을 위해 만든 4차선 도로를 타고 들어간다. 드문드문 지나가는 방문 차량은 지금은 갈 수 없는 금강산 대신 통일안보공원에서 멈춘다. 민간인 통제선을 넘기 위해 서인데, 검문과 출입 확인을 받아야 통일전망대에 이른다.

이곳에선 북한 땅을 바라보는 것이 가장 큰 일이다. 지나온 곳을 바라보다 눈길을 북쪽으로 옮겨도 이국적인 풍경은 없다. 날짜 변경선에 있는 피지 제도의 섬 환경이 하루 차이로 다르지 않은 것처럼 인간이 임의로 선을 그었다고 자연이 변하는 건 아니니 말이다. 휴전선이 마을을 가로질러 남과 북으로 나뉘는 고성은 주민 대부분이 피란민이자 실향민이다. 사는 동안 그들이 고향 땅을 볼 수 있는 곳은 1983년에 세워진 전망대뿐이다. 500원짜리 동전을 넣어야 보이는 망원경이 마을 보호수처럼 묵묵히 지켜보고 있다. 발자국 하나 없는 모래사장에 남실대는 파도와 금강산을 향한 도로, 철로가 선명하다.

2018년에 DMZ의 알파벳 D를 형상화한 전망타워가 새로 지어졌다. 1층은 카페와 특산물 홍보 판매장, 2층은 통일 홍보관과 전망교육실, 3층은 전망대로 2층에서 설명을 듣고 전망대를 가는 것이 좋다. 인근의 DMZ박물관도 둘러보자. 아이에게 역사나 호국 정신에 대해 아직 가르칠 필요는 없다. 그저 새는 날아갈 수 있어도, 파도가 한결 같아도 우리는 가지 못하는 땅에 대해 알려주자. 날카로운 휴전선이 걷히기 위해 종전 선언을 추진 중이고, 더 많은 어른들이 노력하고 있다고 알려주는 것도 좋겠다. 이곳에서 보낸 시간은 자라나는 아이에게 많은 궁금증을 불러일으킬 것이다.

난이도 ★★
주소 금강산로 481
여닫는 시간 09:00~18:00 (DMZ박물관 ~17:00)
요금 입장료 어른 3,000원, 청소년 1,500원, 주차비 5,000원(DMZ박물관 무료)
웹 www.tongiltour.co.kr
여행 팁 민통선을 통과한 후 도로변에 임의 주·정차 할 수 없으며 군사시설을 촬영하는 것은 금지다. 차량의 블랙박스도 꺼야 한다.

통일전망대 방문 절차
① 통일전망대에 가려면 통일안보공원에 들러 인적사항, 차량번호 등을 적는 출입신청부터 해야 한다. (대표자는 꼭 신분증을 지참해야 한다.)
② 출입신고서를 받고 안보교육을 받는다.
③ 민통선 검문소 통과 시 출입신고서를 제출하고 출입증을 받은 뒤 차량에 전면 비치한다.
④ 통일전망대 관람 뒤 돌아올 때 검문소에서 출입증을 반납한다.

03 왕곡마을

언택트

마을의 존재가 곧 역사인 이곳은 600여 년 전 조선 개국 시 고려에 충성한 양근 함씨 집안이 이룬 집성촌이다. 다섯 개의 봉우리와 송지호, 공형진 바다가 자리한 배산임수의 지형이다. 불길이 뒷산을 태워도 마을에선 자연 소화(自然消火)되고, 한국전쟁 때 떨어진 포탄 3발도 불발돼 마을 사람들은 전쟁과 화마도 피해갈 명당이라 믿고 살아간다. 바다에서 보면 물 위에 뜬 배와 같은 형상이라 방주형 길지라고도 하는데, 구멍에 해당하는 우물은 마을 어귀에 있는 하나가 전부다. 대신 중앙의 개울을 따라 기와집 20여 채와 초가 30여 채의 가옥이 이어진다. 북방식 전통가옥 형태로 원형을 잘 유지하고 있다. 윤동주의 고향인 북간도 용정마을과 닮아 영화 <동주>의 촬영지가 된 이곳의 큰상나말집은 동주가 살던 외가로, 정미소는 송몽규와 윤동주가 문예지를 만들던 장소로 나왔다. 엔딩 장면에 나왔던 그네도 이곳에 있다.

난이도 ★★
주소 왕곡마을길30
여닫는 시간 09:00~18:00
웹 www.wanggok.kr

아빠 엄마도 궁금해!

북방 기후를 보완한 가옥 특징

동해안 북부 산간지방 날씨를 고려해 만든 양통집이다. 뒷마당과 앞마당을 출입하는 문을 부엌 양쪽에 두어 이름 붙여졌다.

1 모두 집 안으로! 안방과 사랑방, 툇마루와 곳간, 부엌이 집 안에 이중으로 겹쳐 있다. 따뜻한 부엌에서 외부 작업을 할 수 있도록 토방을 두고, 키우는 가축도 부엌 안 외양간에서 길러 추위와 산짐승으로부터 보호한다.

2 전통 환기 시스템 까치 구멍 지붕 옆면에 까치둥지처럼 구멍을 내어 공기가 통하도록 했는데, 내부 환기와 겨울철 결로를 예방하기 위해서다. 까치 구멍이 없는 집은 대부분 서까래 위에 산자를 엮고 흙을 바르지 않아 숨 쉬는 지붕을 얹었다.

3 장 담그는 항아리 X, 굴뚝 마개 항아리 O 굴뚝 위에 뒤집힌 항아리가 있는데, 연기와 함께 나오는 불씨가 초가나 지붕에 옮겨 붙지 않도록 한 옛 조상들의 지혜다. 더불어 한 번 더 거꾸로 타니 열기를 더욱 오래 유지할 수 있다.

4 북서풍을 막아라 북풍을 막으려 뒷마당에만 담장을 만들었다. 햇빛이 드는 남향의 앞마당엔 담장이 없다. 같은 이유로 지붕 밑에 겹지붕을 두어 지나치게 내려온 것도 특징.

5 대설 주의보 높은 기단 위에 집을 짓고 대문을 없애 대설에도 외부와의 고립을 막았다.

아이는 심심해!

아이가 즐길 수 있는 여행법

옛 모습을 간직한 왕곡마을에서 아이와 전통놀이를 하는 건 어떨까? 전통그네를 타거나 굴렁쇠도 있지만 주변의 돌로 쉽게 할 수 있는 비석치기나 공기놀이, 땅따먹기를 해도 좋겠다. 3인 이상이라면 떡메치기나 한과 만들기, 두부 만들기 체험을 할 수 있는데, 미리 예약해야 한다.

떡메치기나 두부 만들기 033-633-8971
한과 만들기 010-2800-3429

04 건봉사

언택트

난이도 ★★
주소 건봉사로 723
웹 geonbongsa.org

설악산과 마주 보는 금강산을 오를 수 있다면 어떨까. '금강산 건봉사'라 적힌 현판이 실마리를 던져준다. 삼국시대에 신라에 불교를 전파한 고구려 승려 아도화상이 금강산 초입에 지었는데, 원래 민간인 통제선 내에 있어 발길이 끊어졌다가 1989년에 통제선이 북쪽으로 축소되면서 일반에게 개방되었다.

명산의 기운을 받아 조선시대에는 본찰(本刹) 건물만 642칸, 18개의 부속 암자를 두었다. 설악산의 신흥사와 백담사, 양양의 낙산사까지 말사로 거느렸으니 규모를 가늠하기 어려울 정도다. 10,000일 동안 염불을 계속하면 극락에 간다는 '염불만일회'의 효시로 1,800여 명이 참여한 기록도 있다. 조선 왕실도 공을 들였다. 세조 때는 왕실의 명복을 비는 원당으로 삼았고 왕실과 사대부의 시주를 받기도 했다. 임진왜란 때는 사명대사가 승병을 일으키고 일제강점기에는 봉명학교를 세워 독립운동을 펼쳤으며 만해 한용운 선생이 머물기도 했다. 호국불교의 산실인 건봉사도 한국전쟁을 피할 순 없었다. 대부분 소실되었으나 복원을 통해 그 가치를 이어가고 있다.

한국 전쟁 전 최대 사찰, 건봉사 관람 포인트

1 불이문

한국전쟁에도 살아남은 유일한 건물로 4개의 돌기둥에는 금강저를 음각해 사찰을 수호하는 기능을 하고 있어 일주문이자 천왕문으로 사용된다. 바로 옆 500여 년 된 팽나무는 건봉사의 보호수다.

2 범종각 옆 솟대

나무아미타불과 대방광불화엄경 문구가 새겨진 돌기둥이다. 마을의 액막이와 풍농, 풍어를 기원하는 민간신앙의 상징인 솟대로 불교에서 쉽게 볼 수 없는 상징물이다.

3 능파교

부처님의 세계인 대웅전으로 넘어간다는 뜻의 무지개 다리(홍예교)다. 홍수로 무너지길 여러 번. 1708년 세워진 능파교신창기비((凌坡橋新創記碑)에 건립연대와 건립자 등이 기록되어 있어 그대로 복원이 가능했다.

4 십바라밀

능파교와 산영루 사이 2개의 석주로 이승의 번뇌를 해탈하여 열반의 세계에 도달하기 위한 수행법인 십바라밀을 상징 부호로 새겨 놓았다. 보시(布施), 지계(持戒), 인욕(忍辱), 정진(精進), 선정(禪定), 반야바라밀(般若波羅蜜)과 그 아래에 방편(方便), 원(願), 역(力), 지(智)를 더한 것이다.

5 적멸보궁

우리나라 5대 적멸보궁 중 하나다. 임진왜란 때 12과의 치아사리를 일제에 빼앗겼으나 사명대사가 되찾았고, 1986년 도굴꾼이 훔쳐가 다시 8과만 되찾았다. 적멸보궁 뒤에 창을 내어 부처와 다름없는 진신치아사리탑을 놓고 치아사리 3과를 봉인했다. 나머지 5과는 종무소 내 진신사리 친견장에서 일반인이 볼 수 있도록 했다.

05 화진포

화진포는 동해안 지형 중에서도 독특한 형태를 지닌다. 1.7km의 백사장을 자랑하는 화진포 해변과 동해안 최대인 72만여 평의 석호, 그 풍광을 즐기던 근현대사 인물들의 별장이 모두 모여 있다. 남한 최북단의 해수욕장인 화진포 해변은 위로 마차진과 아야진, 명파와 같은 명품 해변을 거느리지만 모두 국방부 철조망이 둘러져 있어 일정 시간에만 이용 가능하다. 여름철 물놀이를 즐긴다면 화진포만 한 곳도 드물다. 호수와 바다가 연결된 위치에 있어 담수와 해수를 모두 누릴 수 있는데, 파도가 높은 날이라면 담수에서 보다 안전하게 물놀이를 즐기면 된다. 이런 날에는 호수와 바다의 접점지역인 모래언덕 위에 튜브 타는 사람들을 흔히 볼 수 있는데 담수로 넘어오는 파도를 탈 수 있기 때문이다.

화진은 '꽃피는 나루'라는 뜻으로 호수 주변에 해당화가 많이 피어 붙여진 이름이다. 김삿갓도 감탄해 화진8경에 넣었다 하니 늦은 봄에 찾아도 좋겠다. 가을이면 국화와 갈대, 코스모스가 피어 16km의 호수 둘레길을 걷는 재미도 있다. 인근의 생태박물관도 둘러볼 수 있다.

화진포 해변의 절경은 김일성별장에서, 호수의 풍치는 이승만별장에서 제대로 즐길 수 있다. 김일성별장의 전신은 1920년 독일 건축가가 지은 캐나다 선교사인 셔우드 홀의 별장이다. 그는 결핵요양소를 만들기 위해 국내 처음으로 크리스마스실 운동을 했던 인물이다.

난이도 ★
주소 현내면 화진포길 386
여닫는 시간 24시간
요금 무료

스냅사진, 여기서 찍으세요

화진포 해변은 모래가 곱고 단단한 편이다. 해가 잘 들고 파도가 지난 자리, 특히 담수와 만나는 위치에 서면 반영이 생긴다. 해변과 모래 반영, 하늘을 함께 넣어 찍어보자.

김일성별장

난이도 ★★
주소 화진포길 280
여닫는 시간 하절기 09:00~17:00, 동절기 09:00~16:30
요금 통합권 3,000원(김일성별장+이승만별장+이기붕별장+생태박물관)
여행 팁 1948년부터 2년 동안 김일성 가족이 여름휴가를 오던 곳으로, 계단에 김정일이 소련군 정치사령관의 자제와 찍은 사진이 있다.

이승만별장

난이도 ★★ 주소 이승만별장길 33
여닫는 시간 하절기 09:00~17:00, 동절기 09:00~16:30
요금 통합권 3,000원(김일성별장+이승만별장+이기붕별장+생태박물관)

이기붕별장

난이도 ★ 주소 화진포길 280
여닫는 시간 하절기 09:00~17:00, 동절기 09:00~16:30
요금 통합권 3,000원(김일성별장+이승만별장+이기붕별장+생태박물관)

함께 둘러보면 좋은 여행지

명파 해수욕장

해수욕장이 인파로 넘쳐나는 여름 휴가 시즌, 명파 해수욕장이 답이다. DMZ 코앞에 위치한 명파 마을의 해수욕장은 군사지역으로 한여름에만 문을 열어 청정 해변을 제대로 즐길 수 있다. 해수욕을 즐기는 사람도 많지만 조개를 줍는 사람들이 더 많다. 모래를 발로 몇 번 슥슥 문지르기만 해도 조개가 있다. 파라솔이나 튜브 대여도 가능하지만 한정적이라 그늘막을 따로 준비하는 것도 좋다.

마차진 해수욕장

명파해변 바로 옆에 있는 해수욕장으로 아이와 물놀이를 즐기기에 좋다. 명파보다 수심이 얕고 해변과 연결된 섬이 자연 방파제 역할을 해 파도도 높지 않다. 낡고 오래되었지만 해변 접근성이 좋은 금강산 콘도와 먹거리를 쉽게 구입할 수 있는 대진항이 인근에 있다.

아야진

고운 모래의 백사장과 모나지 않은 갯바위가 어우러진 고성 특유의 바다 풍경이다. 해수욕장 끝에 기차 바위가 있고 움푹 들어간 지형이라 파도가 잔잔하다. 기차바위 사이로 해조류와 해산물이 많아 스노클링을 즐기기도 좋다.

속초

SPOTS TO GO

설악산 권금성

설악산은 서울 북한산의 6배 정도 되는 면적의 장대한 산으로 네 개의 시·군을 두루 걸친다. 속초에는 울산바위와 흔들바위, 비룡폭포와 신흥사가 속해 있다. 한라산과 지리산에 이어 세 번째로 높은 산이지만 케이블카를 이용하면 단숨에 오를 수 있다. 덕분에 어린아이와 다리가 불편한 사람도 설악산의 절경을 쉽게 볼 수 있다. 기이한 생김새의 봉우리와 가파른 능선, 가까워진 하늘만큼 발아래 풍경이 아득하다. 케이블카는 5분 간격으로 자주 운행되지만 주말에는 대기가 길다. 미리 승차권을 발권한 뒤 신흥사를 둘러보거나 식당, 카페에서 시간을 보낸 뒤 맞춰서 오는 것이 좋다. 강풍이 불거나 날씨가 좋지 않을 때에는 운행되지 않으므로 출발 전 미리 홈페이지에서 확인할 것. 케이블카 상부 정류장에서 15분 정도 걸으면 권금성에 도착한다. 권씨와 김씨 성을 가진 고려 장수가 몽골의 침입을 막기 위해 하룻밤 만에 성을 쌓았다고 하여 권금성이라 불린다. 성벽은 무너지고 터만 남았으나 산세를 보니 천혜의 요새가 따로 없다. 그 뒤로 자리한 공룡능선과 만물상, 노적봉, 토왕성 폭포가 탄성을 자아낸다.

난이도 ★★ 주소 산악산로 1137
여닫는 시간 월~금요일 09:00~17:00, 토~일요일 08:30~17:00(기상 상황에 따라 달라짐)
요금 설악산 입장료 3,500원, 주차료 4,000원, 설악산 케이블카 어른 11,000원, 어린이 7,000원
웹 www.sorakcablecar.co.kr
여행 팁 케이블카 상·하부 정류장에는 간단한 음식을 판매하는 공간이 있는데, 겨울에는 잠시 몸을 녹일 수 있다. 눈이 많이 온 날은 꼭 아이젠을 준비해야 한다.

Episode

아빠, 엄마 안아줘.

아이가 오르막길이나 계단을 보면 어김없이 안아 달라고 한다. 헬스장에서 덤벨은 내려놓으면 그만인데, 17kg 아이를 안아주고 나면 손이 떨린다. 이럴 때는 스스로 걸어야 한다는 말을 먼저 해주자. 가위바위보 게임이나 숫자를 세면서 50까지 올라가자고 하는 것도 방법이다. 성공하면 칭찬을 많이 해줘서 자립심을 키운다. 가끔 흉내내기 게임이나 술래잡기로 유도하기도 한다. 단, 정말 힘들어할 때는 가능하면 안아주고 아니면 안았다가 힘들어서 안아줄 수 없는 상황을 연기해보자. 한 번에 되진 않는다. 예외 없이 여러번 이야기 하는 것이 중요하다.

"엄마가 너를 안으면 너무 좋아. 근데 걸으니까 너무 힘들다. 여기까지 오느라 엄마도 힘들었는데 안고 걸으려니 남은 힘이 없나 봐. 엄마도 안고 있으면 참 기분 좋은데…."

"엄마, 난 이제 내려가고 싶어."

"와. 고마워. 대신 엄마가 힘이 다시 돌아오면 또 안아 줄게. 걷다가 힘들면 말해. 조금 쉬었다가 가자."

국립산악박물관

언택트

19세기 중엽 조선에 처음 온 프랑스인이 이렇게 말했다. '조선은 산의 나라다.' 그냥 산이 아니라 '삼천리금수강산'이다. 이곳은 산악 문화를 알아볼 수 있는 국내 최초의 국립산악박물관이다. 대한민국 산에 대한 자긍심을 더하고 등산문화를 알리는 데 힘쓰기 위해 만들어졌다.
1층에는 우리나라의 명산을 알리는 전시실과 산악 영상실, 2층에는 체험 공간이 있다. 고산체험실은 10세 이상 이용 가능하며 저산소 저온도의 고산환경을 느껴볼 수 있다. VR체험을 통해 노스페이스로 알려진 알프스 북벽 아이거를 가상현실로 만날 수도 있다. 실제 등반과정을 촬영한 영상이라 더욱 실감난다. 3층은 등반의 역사와 산악 관련 인물 소개, 산악 문화와 생활을 소개하는 전시 공간이다. 매시간 진행되는 해설을 들으면 더욱 알찬 시간을 보낼 수 있다.

난이도 ★
주소 미시령로 3054
여닫는 시간 3~9월 09:00~18:00, 10~2월 09:00~17:00
요금 무료
웹 www.forest.go.kr/newkfsweb/kfs/idx/SubIndex.do?orgId=nmm&mn=KFS_37

아이들에겐 클라이밍이 가장 인기다. 6세 또는 120cm 이상 이용 가능하다. 암벽 높이는 10m로 3가지 난이도로 구분된다. 전문 강사 2명의 안내에 따라 체험한다. 모든 체험은 홈페이지에서 예약 가능하다. 6세 이하라도 걱정 말자. 소형 전동 클라이밍 기계가 있어 예약 없이 쉽게 체험할 수 있다.

아빠 엄마의 생각

아이와 함께 하는 여행이라면 등산을 고려하게 된다. 등산은 울퉁불퉁한 바닥을 걸으며 감각기관을 자극해주고 균형이나 체력, 대근육과 소근육을 발달시켜주기 때문이다. 준비물도 많고 부모의 체력도 뒷받침되어야 하는 등산이지만, 아이와 함께 해야 할 이유가 있다. 유년시절, 산을 오르다 만나는 등산객에게 엄마는 "수고하십니다"라고 인사를 하셨다. 가파른 구간에선 "조금 남았습니다. 힘내세요"라고 응원을 하기도, 좁은 산길에서는 하산하는 사람이 길을 양보하기도 했다. 등산 문화를 자연스럽게 접하게 된 시기였다. 이런 따뜻한 문화를 아이에게 보여줄 수 있다면 좋겠다고 생각했다.

설악산책(구 설악문화센터)

난이도 ★
주소 관광로 439
여닫는 시간 산책 09:00~20:00, 화반 11:00~21:00, 카페 소리 평일 09:30~21:30, 주말 09:00~22:00
쉬는 날 매월 2, 4번째 월요일
요금 무료(한식당 화반과 카페는 메뉴별로 상이)
웹 www.sorakcc.com
여행 팁 산책 공간에 음료 반입만 가능하다.

포구를 떠나는 어선과 해면에 충돌한 햇빛, 싱싱한 먹거리가 어쩌면 속초를 찾는 사람들의 로망일지 모른다. 하지만 요즘 속초 여행의 골자는 문예다. 속초 시내에 들러 '동아서점'과 '문우당 서림'에서 마음에 드는 책을 포장하고, 북스테이 '완벽한 날들'에서 하루를 보내기도 한다. 그런 면에서 이곳은 문예도시를 지원해줄 전초기지나 다름없다. 이곳은 지역민과 방문객이 함께 지역의 예술문화를 누릴 수 있는 복합문화센터다. 1·2층의 설악산책은 책을 읽을 수 있는 공간이다. 설악산의 산(山)과 책(冊)을 엮은 이름으로 문학 속을 거니는 산책을 은유하기도 한다. 층고가 높은 복층 건물로 1층은 베스트셀러와 신간 도서 위주, 2층은 예술이나 외국 도서가 주를 이룬다. 갤러리도 있다. 통유리창으로 설악산의 울산바위가 가득 들어찼다. 넋을 잃고 보기를 여러 번, 책을 읽을 수 있는 그 어떤 공간보다 다문다문 여유롭다.

1층 일부는 한식당 '화반', 2층 일부는 카페 '소리'다. 아이가 책에 흥미가 없다면 음악 카페에서 시간을 보내는 것도 좋다. 오디오계의 명품 탄노이 사의 턴베리(Turnberry) 스피커와 매킨토시 자디스(Jadis) 진공관으로 음악을 들을 수 있다. 대한민국 대표 기타리스트 한상원의 밴드 공연은 물론 클래식이나 재즈, 뮤지컬 등 다양한 장르의 공연도 마련하고 있다. 공연 일정은 홈페이지에서 확인 가능하다.

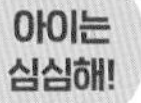

아이가 즐길 수 있는 여행법

유아 도서와 어린이 도서도 있지만 아이가 어리다면 오랜 시간 조용히 보내기는 어렵다. 카페 소리에서 시간을 보내도 되지만 유럽식 정원을 모티브로 한 야외공간으로 나가보자. 술래잡기나 타일처럼 구분된 바닥 돌 건너뛰기 등 몸으로 놀 수 있다. 아빠나 엄마가 번갈아 놀아줘서 서로에게 쉼표를 선물해도 좋겠다.

아바이마을

1·4후퇴 때 국군을 따라 남하한 함경도 피란민들이 정착한 마을이다. 청초호가 만들어진 사구에 움막집을 지어 지냈는데, 처음에는 며칠 있다 올라갈 줄 알고 모래땅이라도 고향과 가까운 곳에 자리 잡았다고 한다. 그러나 1년이 가고, 10년이 가도 북으로 향하는 길은 열릴 줄 몰랐고 그렇게 60년이 훌쩍 넘었다. 누군가는 반평생을, 누군가는 일생을 이 마을에서 살아냈다. 그들에게 이곳은 제2의 고향이 되었다. 바닷가 마을이니 아버지는 고깃배를 타고 어머니는 허드렛일을 하며 터를 잡았다. 나이 든 남자를 뜻하는 함경도 사투리 '아바이'가 자연히 마을 이름이 됐다. 이제는 실향민 2세대가 남아 여전히 바다와 함께 살아가고 있다. 집에서 해먹던 함경도식 순대와 갈비를 넣은 가리국밥, 함흥냉면을 파는 집도 생겨났다. 특히 돼지 대창에 찹쌀밥과 선지 등 다양한 소를 넣고 만든 아바이 순대는 반드시 맛봐야 할 메뉴다.

아바이 마을은 아직도 고향을 그리워하는 마음처럼 함경도 사람들의 터전을 고스란히 보여준다. 다만 갯배로 드나들던 마을에 설익대교가 완공되고, 이어 속초항을 연결하는 금강대교가 완공되면서 지금은 차로 편하게 움직일 수 있게 되었다. 가까워진 육지만큼 고향으로 가는 길도 불쑥 다가오길, 여행자의 기도도 함께 보태어 본다.

난이도 ★
주소 청호로 122
여닫는 시간 24시간
요금 무료
웹 www.abai.co.kr

아이가 즐길 수 있는 여행법

청초호와 바다를 연결하는 수로가 생기니 시내로 나가려면 갯배를 타야 했다. 동력이 전혀 없는 조각배는 배 중앙을 가로지르는 철선에 쇠갈고리를 걸어 직접 끌어당겨 이동한다. 사공이 있지만 너도나도 손을 보태니 힘들지 않다. 아이와 함께 한다면 줄다리기보다 훨씬 신나게 당길지도 모른다.

연계 여행지

양양 휴휴암

난이도 ★★
주소 양양군 현남면 광진2길 3-16
여닫는 시간 24시간
요금 무료

동해 바닷가에 자리 잡은 소박한 암자로 설악산의 대찰 신흥사(대한불교조계종)의 말사다. 휴휴(休休)란 '쉬고 또 쉰다'로 풀이되는 만큼 삶과 생각의 휴식처로 삼을 만하다. 게다가 바다가 지척이라 가슴이 탁 트이는 해방감도 맛볼 수 있다. 무엇보다 바위와 사철나무가 어우러진 주변 풍광은 장쾌하기까지 하다.

때때로 암자에선 처마 끝 풍경이 바닷바람에 흔들려 내는 딸그랑거리는 소리도 듣는다. 거기에 스님의 독경과 목탁 소리가 중첩되기라도 할 때면 순간 모든 것을 용서할 수 있을 것 같은 묘법(妙法)의 세상도 체험한다. 그 소리, 위로가 필요한 마음 가난한 이에게 건네는 따뜻한 말 한마디처럼 고맙다.

아이가 즐길 수 있는 여행법

연화법당에는 무인 먹이 판매를 하고 있어 황어에게 먹이를 줄 수 있다. 모순적이지만 방생 물고기를 파는 가게도 있다. 법당 옆 아늑한 해변에서 모래놀이를 즐기거나 작은 게, 소라 등을 잡을 수도 있다. 해변이 한눈에 보이는 카페 방하착(放下着)에서 팥빙수를 먹으며 쉬어도 좋겠다.

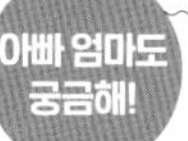

신묘한 힘, 기묘한 힘

영험하기로 유명한 휴휴암에선 3군데에서 소원을 빌어야 한다. 첫째, 연화대 너럭바위에 그려진 연꽃 위 와불. 불사(不仕)를 상징하는 감로수병을 들고 있어 사람들은 이곳에서 가족의 건강을 빈다. 둘째, 2006년 천일기도 중에 홍법 스님이 친견한 지혜관음보살상이다. 중생에게 지혜를 나눠 준다고 알려져 수능 때면 인산인해를 이룬다. 셋째, 우리나라 사찰 범종 중 가장 큰 관음범종이다. 잘못을 반성하며 세 번만 치면 쌓인 업장을 사라지게 하고 복을 불러준다고 한다.

용왕님이 시키셨나? 연화법당 황어 떼

연꽃을 닮은 반석 위에는 동해 용왕의 탱화가 놓여 있다. 불법(佛法:부처님의 말씀)을 용궁에 모시는 주체가 용왕이어서다. 가끔은 풍어제를 올리는 단이 되기도 한다. 연화법당 주변에는 황어 떼가 찾아오는데, 절에서 황어 몇 십 마리를 방생한 이후 해를 거듭하며 수만 마리로 늘어났다고 한다. 얕은 물에 황어가 모여들면 물빛이 검게 변할 정도로 물 반, 고기 반이다. 황어는 깊은 바다에서 서식하는 것으로 알려졌는데, 이곳 황어는 해만 지면 깊은 바다로 나갔다가 동틀 무렵 떼를 지어 되돌아온다. 더 놀라운 건 갈매기가 이 황어만은 사냥하지 않는다는 사실이다.

연계 여행지

양양 낙산사

2005년 만해 한용운 스님이 말한 '낙산사의 보물'들이 불에 탔다. 전각 21채가 전소되었고, 동종은 녹아내렸다. 신라시대의 천년 고찰은 혹독한 시간을 보내고 다시 돌아왔다.
낙산사는 남해 보리암, 강화 보문사와 함께 3대 관음도량이다. 당나라의 침입을 걱정하던 의상대사가 관음굴에서 붉은 연꽃을 타고 온 관음보살을 친견하고 지은 암자가 홍련암이다. 암자 바닥에 난 10cm가량의 구멍으로 관음굴을 볼 수 있다. 온 마음을 다해 기도하면 소원이 이루어진다는 영험함 덕분에 암자 댓돌에는 벗은 신발이 늘 놓여 있다. 홍련암 맞은편 절벽에 있는 정자는 의상대다. 만해 스님이 낙산사에 머물던 어느 날 일출을 볼 수 있는 정자를 짓자고 하여 만들어졌다. 가사문학의 대가인 정철은 이곳에 반해 <관동별곡>의 한 대목으로 묘사했다. 단원 김홍도와 겸재 정선은 화폭에 낙산사를 담았다. 가장 높은 곳에서 낙산사를 굽어보는 이는 해수관음상이다. 높이 15m로 낙산사 어디서도 쉽게 눈에 띈다. 해수관음상 앞 복전함 아래에는 여행복과 재물복을 준다는 두꺼비 삼족섬(三足蟾)이 숨어 있다. 해수관음상으로 가려면 홍예문을 거쳐 사천왕문, 반일루, 응향각을 넘어 원통보전을 지나야 한다. 관음보살이 의상대사에게 알려준 절터, 쌍대나무가 있던 자리로 이곳에만 보물이 3개다. 전각에 모신 건칠관음보살좌상도 친견해야 한다. 건칠은 종이나 마포로 신문지 탈처럼 종이나 마포로 만들어 옻칠을 한 뒤 색을 칠하는 화려한 기법이다. 담장에선 단아한 아름다움을 엿볼 수 있다. 조선 세조가 낙산사를 중창할 때 기와와 흙으로 담을 쌓고 화강암을 이용해 원형 무늬를 넣었다. 앞마당의 칠층석탑은 원래 3층이던 것을 세조가 7층으로 올렸다.

난이도 ★★
주소 양양군 강현면 낙산사로 100
여닫는 시간 06:00~20:30
요금 어른 4,000원, 청소년 1,500원, 어린이 1,000원, 주차 3,000원
여행 팁 낙산사를 방문하려면 공양국수를 먹을 수 있는 시간(11:30 또는 13:30)에 맞춰서 가자.

고성

PLACE TO EAT

01 | 백두산횟집

동해 하면 막 잡아 올린 싱싱한 회를 빼놓을 수 없다. 강원도 고성 가진항 어촌계장의 횟집으로 가성비가 좋으며 직접 배에서 잡은 생선만 취급하니 신선도가 남다르다. 양이 많다 보니 활어회와 갑각류 해산물을 적절히 섞어달라고 하는 것도 좋다. 때에 따라 산 오징어, 향이 좋은 돌해삼, 꼬득한 식감의 소라, 여름에 피는 능소화처럼 색이 고운 비단멍게도 있다. 해산물을 좋아하지 않는다면 새콤달콤한 양념 맛이 두드러진 물회를 먹는 것도 방법이다. 단, 매운탕은 꼭 먹어보길 추천한다.

횟집에선 아이가 먹을 음식이 주로 반찬인데, 이곳엔 매운 반찬이 많다. 그래도 바다 향 그득 품은 미역국은 매력적이다. 모두 포장해서 숙소로 가지고 와 미역국에 회를 넣어 끓여주면 생선 가시 없이 먹일 수 있다. 김이나 간단한 반찬은 편의점이나 마트에서 구입하면 된다.

주소 장사항해안길 37 여닫는 시간 09:30~22:00
가격 모듬회 80,000원(때에 따라 변동 가능)

Episode

요즘 엄마들은 밥 먹을 때 저, 저 휴대폰 보여주더라.

밥을 먹는데 옆 테이블에서 20대의 자녀와 여행 온 가족 중 어머니의 말이 들렸다.

"아니, 요즘 엄마들은 밥 먹을 때 꼭 저, 저 휴대폰을 보여주더라. 애가 밥을 어디로 먹는지도 모르겠네."

내가 들으라는 말인지, 들리라고 한 말인지 모를 정도로 크게 얘기해서 쳐다봤더니, 딸이 "요즘에는 다 저렇게 해"라고 하고 고개를 숙였다.

'저기요. 제 말 좀 들어보세요. 아이가 배 속에 있을 때는 저도 같은 생각이었답니다. 절대 그러지 말자고 약속까지 했지요. 아이가 이유식을 먹을 때만 해도 서로 교대를 해서 먹으니 괜찮았어요. 그런데요. 움직이기 시작하고 외식을 하니 교대해서 먹어도 허겁지겁 먹게 되더라고요. 저희는 한 달도 되지 않아 급성 위염과 소화불량이 생겼답니다. 매일 소화제를 먹었어요. 몸이 불편하니 아이에게도 화난 얼굴을 많이 보이게 되더군요. 저희는 아빠 엄마가 행복해야 아이가 행복하다는 말이 위로가 됐습니다. 오래오래 같이 건강하게 살아야 하니까요.'

막국수 한 그릇 먹고 나가는데 구구절절한 설명을 들을 시간이 있을까. 그냥 속으로 삼켰다.

TV에서 누군가가 말하길 "시간이 필요한 대답을 1분 만에 할 수 있는 대답처럼 질문을 하면 무례한 것이다"라고 했다. 이해하려고 질문한 게 아니라면 그런 말은 속으로 해주길.

02 | 백촌막국수

고성의 치열한 막국수 순위에서 손에 꼽히는 식당. 강원도의 막국수는 숙성 양념을 올린 면에 육수 또는 동치미를 따로 주는데, 백촌 막국수는 동치미를 내는 집이다. 붉은 양념을 따로 주기 때문에 아이가 먹기에도 좋고, 김 가루가 들어 있어 아이 입맛에 맞는 편이다. 먹을 때는 처음부터 육수를 흥건하게 붓지 않고 퍽퍽한 면이 비벼질 만큼만 자작하게 붓는다. 기호에 따라 식초와 겨자를 곁들이는데 식초는 살균효과가 있고 겨자는 메밀의 찬 성질을 잡아준다. 동치미의 무는 메밀의 독성을 잡는 역할을 한다. 막국수를 먹을 때 한 번은 잘 익은 맑은 열무김치를, 한 번은 편육과 함께 번갈아 먹어보길 추천한다. 반찬으로 나오는 매콤한 양념의 명태회무침도 맛이 좋다.

주소 백촌1길 10 여닫는 시간 월·목~일요일 11:00~17:00, 화요일 11:00~15:00 쉬는 날 수요일
가격 메밀국수 8,000원, 메밀국수 곱배기 9,000원, 편육 20,000원

03 | 테일

핸드드립 커피가 든 보온병과 커피잔, 마들렌, 비닐 매트가 세트인 피크닉 세트를 빌려주는 카페다. 필요하다면 니트 담요도 함께 빌릴 수 있다. 핸드드립 외 다른 커피를 주문할 경우 테이크아웃 잔에 포장해준다. 카페에서 1분 거리에 있는 가진해변에 나가 소풍 온 듯 커피를 즐겨보자. 아이가 모래놀이를 하는 동안 아빠 엄마는 편하게 차를 마실 수 있다. 여름이면 물놀이를 하는 동안 즐겨도 좋지만 파라솔이 없어 따로 양산을 준비하는 것이 좋다. 바람이 불거나 추운 겨울에는 카페 내에서 차를 마셔도 좋다. 단층의 오래된 가정집을 빈티지한 인테리어로 개조해 아늑하다.

주소 가진길 40-5
여닫는 시간 11:00~19:00 쉬는 날 수요일
가격 핸드드립커피 5,000원, 피크닉 세트 1인 8,000원(이용 시간 1시간 30분)

속초

PLACE TO EAT

01 | 순자집곰치국

강원도 가정식 백반집으로 곰치국이 가장 유명하다. 얼큰 곰치국과 맑은 곰치국 2가지가 있어 아이와 먹기에도 좋다. 곰치는 10여 년 전만 해도 못생긴 외모 때문에 버려지던 생선이었지만 시원하고 진한 국물 맛을 내기에 주로 밤새 조업을 마친 어부들의 속풀이 해장용으로 사용되면서 입소문을 탔다. 이바이 마을 스타일로 국물에 간을 녹여 얼큰하고 칼칼하면서도 진한 맛이 나게 끓인다. 싱싱해서 살이 물러도 풀어지지 않는다. 날씨가 좋지 않아 출항하지 못하면 곰치국을 먹을 수 없으니 미리 연락해 확인하는 것이 좋다. 황태해장국이나 불고기백반, 가자미구이백반처럼 아이가 먹을 만한 메뉴도 많다. 일찍 문을 열어 아침 식사를 하기에도 좋다.

주소 관광로 402
여닫는 시간 05:30~20:00
가격 곰치국 18,000원, 황태해장국 9,000원, 가자미구이백반 13,000원

02 | 봉포머구리집

머구리는 공기 공급선이 연결된 잠수 헬멧을 쓰고 수심 깊은 곳에서 물질을 하는 남자를 말한다. 이 식당은 30년을 머구리로 살아간 이광조 씨가 아야진 앞바다에서 멍게, 해삼, 성게, 문어 등을 잡아 물회를 만드는 데서 시작했다. 전복과 해삼, 광어, 우럭물회나 모둠 물회도 있다. 아이가 먹을 수 있는 반찬이 별로 없어 메뉴를 따로 시키는 것이 좋다. 맵지 않고 익힌 요리인 홍게살 비빔밥이나 오징어순대, 전복죽이나 성게미역국을 추천한다. 가격은 비싼 편이나 양이 많고, 찾는 사람은 많으나 공간이 넓어 대기는 길지 않다.

주소 영랑해안길 223 여닫는 시간 09:30~21:30
가격 전복물회 22,000원, 모듬물회 16,000원, 전복죽 15,000원, 성게미역국 10,000원

03 원조함흥냉면옥

함흥냉면은 속초에 살던 실향민이 만든 음식이다. 1951년 문을 연 이곳은 분단 이후 남한 최초의 함흥냉면 집이다. 함흥물냉면도 있으나 비빔냉면을 추천한다. 뼈째 썬 가자미로 식해를 만들어 고명으로 올리는데 오돌오돌 씹히는 맛이 일품. 그 맛에 반한 이들이 많아 택배 주문도 받고 있다. 고구마 전분으로 만든 면발도 쫄깃하다. 아이가 먹을 때에는 자박하게 깔린 간장육수에 비벼 줄 수 있지만 맛만 보게 하고 갈비탕이나 만둣국, 떡국과 같은 메뉴를 주문하는 것이 좋겠다.

주소 청초호반로 299
여닫는 시간 10:30~20:30
가격 함흥냉면 9,000원, 갈비탕 9,000원

04 그리운보리밥

속초를 여행하다 보면 물회나 냉면과 같은 한 그릇 음식을 자주 만난다. 이곳은 맛깔스러운 한식을 내는 식당으로 아이에게 다양한 반찬을 먹일 수 있다. 반찬 하나하나 지역의 식재료를 사용해 직접 만들었다. 10가지 정도의 반찬과 곤드레밥이 함께 나오는 된장 정식이나 청국장 정식이 유명하다. 청국장은 경남 하동의 친정어머니에게 배웠다. 생청국장은 따로 판매할 정도로 인기가 많다. 여행자도 많지만 속초 시내에 위치하고 있어 현지인에게 사랑받는 식당이다.

주소 법대로 34
여닫는 시간 08:00~15:30
가격 된장정식 10,000원, 청국장정식 11,000원

05 낙천회관

속초식 회냉면이라고 부르는 함흥냉면을 먹을 수 있는데, 고명으로 어부들이 즐겨 먹는 명태식해를 올린다. 가느다란 면은 고구마 전분을 90% 사용해 탄력이 느껴진다. 최근에 나온 홍게회냉면은 고명으로 부드럽고 향긋한 홍게회 무침을 올렸다. 함께 준 육수를 조금 넣고 취향에 맞게 설탕이나 식초, 겨자를 넣어 먹으면 된다. 냉면과 수육을 함께 먹을 수 있는 세트메뉴가 있어 저렴한 가격으로 즐길 수 있다. 아이가 먹을 수 있는 갈비탕은 물론 꿩만둣국이나 메밀전병, 오징어순대도 있다.

주소 수복로 128
여닫는 시간 10:00~20:30
가격 명태회냉면 9,000원, 홍게회냉면 12,000원, 오징어순대 12,000원, 꿩만둣국 8,000원

06 칠성조선소

1952년부터 고기잡이 목선을 만들다가 시대의 흐름이 철선 중심으로 바뀌면서 2017년 문을 닫았다. 자칫 버려질 수 있었던 공간은 이듬해 카페로 변신했다. 조선소 가족들이 살던 공간은 간단한 식음료를 주문할 수 있는 살롱으로, 식당은 조선소 뮤지엄으로 사용된다. 정체성을 잃지 않기 위해 조선소의 공구나 오브제를 이야기를 따라 전시한다. 앞마당에는 완성된 배를 진수하기 위해 설치했던 철로가 호수를 향해 뻗어 있다. 공터 한쪽에 마련된 플레이스케이프는 제재소가 있던 자리에 파도와 산, 나무와 배를 주제로 조형물을 만들어 둔 공간으로, 아이들이 놀기 좋다.

주소 중앙로 46번길 45
여닫는 시간 11:00~20:00
이용 팁 속초 시내 골목 안에 위치하지만 넓은 주차장이 있어 안심이다.

07 옥이네밥상

홍게 간장게장과 홍게탕이 유명한 식당. 홍게가 공급이 되지 않을 때는 꽃게로 대신한다. 그마저도 소진되면 먹을 수 없다. 다행히 다른 음식도 맛이 좋다. 생선구이는 이곳이 동해 바다구나 싶을 정도로 양이 많다. 대체로 간이 슴슴한데, 생선구이는 장아찌 양념을 곁들여 취향대로 먹을 수 있다. 장아찌류와 멸치볶음, 도라지정과 등 아이가 먹을 수 있는 정갈한 밥상이며, 성게미역국을 따로 주문해도 좋다. 젓갈백반도 유명한데 2인 이상부터 주문 가능하기에 인원이 많을 때가 아니면 주문하기 어렵다. 다행히 생선구이정식에도 반찬으로 젓갈류가 함께 나온다.

주소 미리내길 40 여닫는 시간 08:00~20:00
가격 생선구이 1인 15,000원, 꽃게간장 15,000원, 성게미역국 10,000원

08 크래프트루트

크래프트루트는 브루펍(직접 브루어리를 운영하는 레스토랑 겸 펍)이다. 속초 출신인 김정현 대표는 맥주에 지역 색을 제대로 담았다. 산뜻한 동명항 페일에일과 시원한 라거맥주인 갯배 필스너, 각종 대회에서 수상을 한 동명항 페일에일 등 지역의 이름을 붙인 것. 지역 풍경의 드로잉을 담은 패키지도 눈에 띈다. 가장 인기 있는 맥주는 부드러운 목 넘김과 열대과일향이 나는 속초 IPA다. 2가지 구성이긴 하지만 샘플러가 있어 여러 맥주를 맛볼 수 있다. 맥주는 홉의 향이 강한 데 비해 음식에는 향신료가 많지 않다. 맥주에 어울리는 음식을 내기 위해 고민한 결과다. 피자와 파스타, 스테이크 등 아이가 좋아하는 메뉴가 많다.

주소 관광로 418 여닫는 시간 평일 15:00~24:00, 주말 12:00~24:00
쉬는 날 화요일 가격 마르게리타피자 17,000원, 동명항 페일에일 7,000원

09 인제 용바위 식당

인제에서 고성으로 가는 길에 있다. 황태는 1950년대 말에 실향민들이 인제로 들어오면서부터 본격적으로 생산되었다. '하늘이 만드는 것이고 인간은 그저 걸어놓을 뿐'이라고 할 정도로 황태는 자연환경이 중요하다. 정면으로 동해 바다 바람이 불어오고 겨울에는 영하 10℃까지 내려가는 내설악을 낀 인제 용대리는 황태 말리기 참 좋은 마을이다. 명태잡이 어항과도 가까우니 이동하는 데 드는 비용이나 신선도도 걱정 없다. 매콤한 양념을 얹은 황태구이와 누룽지처럼 구수한 황탯국을 추천한다. 특히 황탯국은 말려서 꾸덕꾸덕해진 속살이 풀어지면서 부드러운 맛과 향을 낸다. 황태덕장을 함께 하고 있는 식당이라 가격이 저렴하고 황태 구입도 가능하다.

주소 인제군 북면 진부령로 107 여닫는 시간 08:00~18:00
쉬는 날 명절 가격 황태구이정식 12,000원, 황태국밥 8,000원
이용 팁 식당 옆 매바위 인공폭포도 함께 둘러보자. 여름에는 90m 높이에서 떨어지는 폭포를, 겨울에는 인공 빙폭을 오르는 클라이머를 볼 수 있다.

고성

PLACE TO STAY

01 | 까사 델 아야

숙면은 아이어른 할 것 없이 모두에게 중요하다. 특히 부모는 아이와 함께 생활하느라 잠이 늘 부족하다. 까사 델 아야는 숙박의 본질이라 할 수 있는 숙면을 제대로 취할 수 있도록 도와준다. 독립 포켓 스프링으로 주문 제작된 매트리스 위에 천연 라텍스로 만든 톱 매트리스를 올려 완벽한 완충효과를 느낄 수 있다. 몸에 착 감기는 헝가리 구스다운 베딩은 리넨으로 감쌌다. '부티크 빌라'를 구현한 이곳의 매력은 관심과 배려가 깃든 서비스다. 이를테면 방의 온도는 적당한지, 음악과 조명은 괜찮은지 끊임없이 체크하며 완벽한 휴식을 추구한다. 직접 만든 디퓨저와 친환경 브랜드 아베다AVEDA 입욕제 등의 어메니티도 그 일환이다. 주방이 있지만 이곳의 음식을 맛보는 것 또한 숙소를 제대로 즐기는 방법이라 할 수 있겠다. 조식으로 내는 전복죽은 37년 노하우로 식당을 이어온 대표의 어머님 솜씨다. 신선하기에 조리할 수 있는 전복 내장을 듬뿍 넣어 고소하고 건강하게 맛볼 수 있다. 숙소의 정점은 위치에 있다. 청간해변 바로 앞에 위치하고 있어 바다를 즐기기에도 좋다. 머무는 휴가, '스테이케이션'을 즐기기에 완벽하다.

주소 아야진해변길 19 여닫는 시간 입실 15:00, 퇴실 11:00
웹 www.casadelaya.com 이용 팁 평상형 침대가 놓인 B201, B202, B301을 추천한다.

02 | 대진항민박

어릴 적 바닷가 숙소는 저렴하고 편하고 친근하다는 이유로 무조건 민박이었다. 해수욕을 하고 앞마당에서 발을 대충 씻다 물총 싸움을 하던 그런 숙소 말이다. 이곳은 이름처럼 우리나라 최북단 항구인 대진항에 위치한 민박이다. 바닷가 바로 앞은 아니지만 고성의 신선한 해산물과 어촌 밥상을 즐길 수 있는 곳이 많다. 산책로 덱을 설치한 해상공원도 있어 아이와 함께 물고기 사냥을 나서도 좋다. 1층에는 방 2개와 주방이 포함된 거실, 샤워실을 겸한 화장실이 있다. 세탁기가 있어 물놀이를 다녀와도 뒷일이 걱정 없다. 2층에는 방과 화장실이 각각 하나 더 있다.

주소 대진항길 141 여닫는 시간 입실 15:00, 퇴실 11:00
웹 blog.naver.com/envy1811

03 산들산들펜션

화진포와 거진해변 인근에 있지만 설악산 끝자락을 살포시 잡고 있다. 숲에 숨어 있어 독립적이다 보니 쉼에 집중할 수 있는 온전한 공간이다. 골짜기를 따라 5개의 독채가 있는데, 가장 큰 패밀리 룸은 방 1개와 거실이 있어 2가구가 함께 와도 지내기 좋다. 침대는 없고 온돌 침구가 있으며, 식탁 외에 좌식 테이블도 있어 상황에 맞게 이용하기 편리하다. 아이가 어리다면 Room3나 Room4도 괜찮다. 침대가 놓인 3면이 벽으로 막혀 아이가 굴러 떨어질 염려가 없다. 단, 침대가 높은 편이라 오르내릴 때 주의가 필요하다. 숙소는 웨딩 또는 스냅 촬영 장소로 인기가 많다. 특히 펜션 입구의 빈티지 캐러밴은 따뜻한 감성의 소품으로 오밀조밀 꾸며 사랑스러운 공간을 연출했다. 오솔길도 있어 산책이나 숲놀이를 하기에도 좋다. 반려견 동반이 가능한 펜션이지만 인위적인 냄새나 털 하나 없을 정도로 청결에 무척 신경을 써 믿음이 간다.

주소 포남길 101 여닫는 시간 입실 15:00, 퇴실 11:00
웹 www.softwind.co.kr

속초 PLACE TO STAY

한화리조트 설악 쏘라노

설악산과 속초 바다의 한가운데 위치하고 있어 풍광이 좋고 이동이 편리하다. 객실은 디럭스룸과 로열룸으로 나뉘는데, 디럭스룸 중에는 뽀로로 테마 객실이 따로 있다. 취사가 필요 없는 호텔형을 원한다면 체크인 시 미리 알려 배정받을 수 있다. 객실은 좁은 편이나 깔끔하고 편리하다. 설악 쏘라노의 최대 장점은 설악워터피아가 있다는 점. 물놀이로 유명한 워터파크 시설로 수질이 좋으며 사우나도 운영한다. 물놀이를 하고 나면 빨랫감이 많이 나오는데, 코인 세탁실을 갖추고 있어 편리하다. 3동 지하에는 당구장과 오락실, 키즈 클럽도 있다. 리조트 내에 스타벅스 카페가 있고 속초 명물로 유명한 만석닭강정을 팔아 따로 발품 팔지 않아도 된다.

주소 미시령로 2983번길 111
여닫는 시간 입실 15:00, 퇴실 11:00
웹 www.hanwharesort.co.kr/irsweb/resort3/resort/rs_room.do?bp_cd=0102
이용 팁 대형 리조트에 설악워터피아까지 있어 주차공간이 부족할 때가 있다.

봉선화 물들이기

PLAY 01

건봉사(p.176) 적멸보궁 가는 길에 봉선화가 조롱조롱 매달렸다. 다홍 꽃잎, 분홍 꽃잎, 보라 꽃잎에 흰 꽃잎까지. 이파리를 함께 데려와 자연미술놀이를 하기로 했다.

준비물 봉선화 꽃잎과 이파리, 백반(약국에서 구매)이나 소금, 실이나 고무줄

만들고 놀기 숙소 근처에서 돌을 주워와 꽃잎을 '콩콩콩' 찧는다. 살살 모아 그릇에 담고 백반이나 소금을 넣고 다시 섞거나 찧는다. 손톱을 덮을 만큼 올리고 넓은 잎사귀나 비닐로 싸서 실로 묶는다. 반나절쯤 지나 실을 풀면 따스한 주황색 물이 고이 든다. 봉선화는 악귀를 쫓는다는 벽사로 사용되어 절이나 구옥에서 볼 수 있다. 같은 의미로 질병을 막는 민간신앙도 포함한다. 아이가 무서워하는 존재를 이야기하고, 물든 손톱이 아이를 지켜줄 거라고 알려주자.

얼굴 낙서

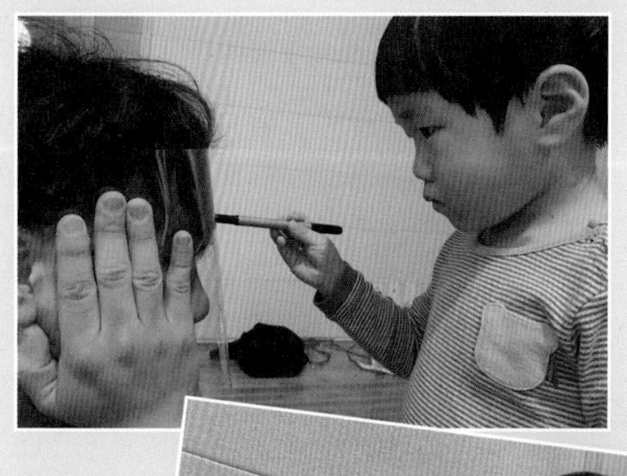

PLAY 02

여행을 하면서 자연물로 얼굴을 만들거나 모래 위에 서로의 얼굴을 그리는 미술놀이를 했다. 실제로 얼굴을 따라 그려보면 어떨까. 책 <누가 내 얼굴에 낙서했어>를 읽은 뒤 독서 연계 놀이를 했다.

준비물 OHP 필름지, 매직

만들고 놀기 OHP 필름지를 얼굴에 가까이 댄다. 탈처럼 얼굴 크기에 맞춰 구멍을 뚫고 고무줄로 귀 고리를 만들어 두 손을 자유롭게 할 수도 있다. 매직으로 서로의 얼굴을 그려준다. 다 그린 뒤에 얼굴에서 떼내어 얼마나 닮았나 비교해보자.

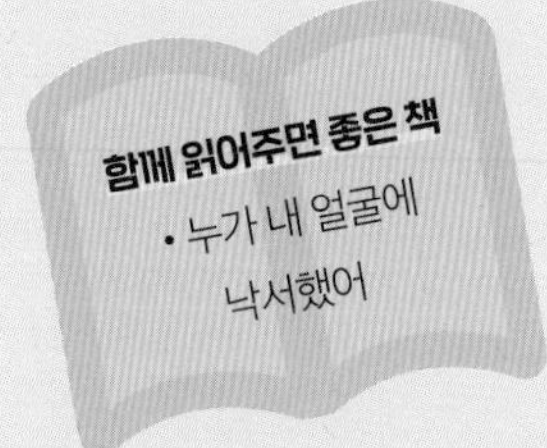

조개 손바닥 돌 발바닥

숙소 까사 델 아야(p.192)에서 일출을 보러 나왔다가 각자 마음에 드는 조개껍질과 돌멩이를 주웠다. 항상 나를 위해 노력해주지만 잘 보살피지 못했던 손과 발을 그리고 꾸미기로 했다.

준비물 조개나 돌처럼 바다에서 가져올 수 있는 모든 것, 스케치북, 색연필 또는 크레파스, 풀

만들고 놀기 손과 발을 스케치북에 올리고 가장자리를 따라 색연필로 그려준다. 손에 오브제를 붙이면서 손이 아이를 위해서 무엇을 해주는지에 대해 하나씩 이야기한다. 예를 들어 '밥을 먹을 수 있게 해주지', '그림을 그릴 수 있게 해주지', '간지러운 곳을 긁을 수 있게 해주지' 등이다. 발도 동일하게 이야기하며 꾸며보자.

PLAY 04

소라 달팽이 만들기

화진포(p.178)에서 물놀이를 하다가 햇빛에 몸을 말리는 중에 조개껍데기를 주웠다. 요즘 아이가 즐겨 보는 영국 방송사 BBC 애니메이션 <바다 탐험대 옥토넛>에서 본 소라게가 생각나 만들기로 했다.

준비물 소라 빈 껍데기, 클레이, 인형 눈 장식

만들고 놀기 클레이로 소라 몸통을 만들고 위에 소라를 붙여준다. 인형 눈 장식을 해주면 더 생동감 있다. 소라게가 몸집에 맞는 소라를 찾아 떠나는 애니메이션 내용에 따라 놀이를 해줘도 좋겠다. 아이는 소라게가 해초를 먹어야 한다며 초록색 클레이로 자신의 잠옷 무늬를 본떠 해초를 만들기도 했다.

바닷속 탐험

양양 휴휴암(p.185)에서 황어 떼를 본 아이는 물속에 들어가 보고 싶다고 했다. 당장에 스노클링을 할 수 있는 것도 아니고 잠수함도 탈 수 없으니 놀이로 풀기로 했다.

준비물 투명한 비닐, 매직, 검은 색지, 스케치북, 사인펜

만들고 놀기 3면이 막혀 있는 봉투형 비닐을 준비한다. 따로 구입해도 좋지만 옷 포장이 되어 있던 비닐을 썼다. 평소 아이가 좋아하는 바다 생물을 검은색 사인펜으로 비닐에 그린다. 비닐 안에 검은 색지를 넣어 그림이 잘 보이지 않게 한다. 스케치북에 손전등을 그리고 빛 부분은 흰색으로 둔다. 비닐 안에 손전등을 넣고 아빠 엄마가 바다 생물을 불러주면 아이가 찾아본다.

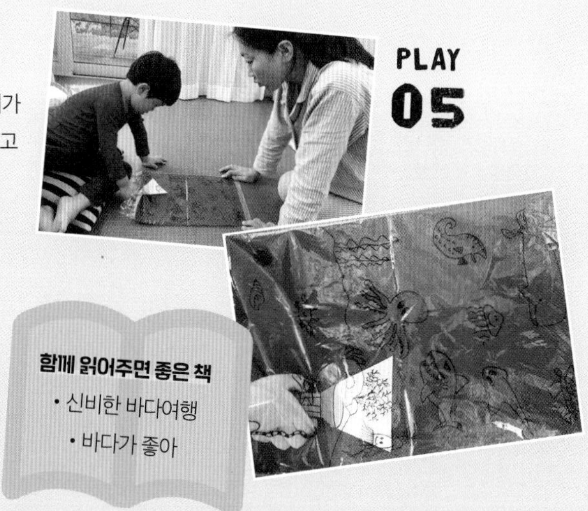

함께 읽어주면 좋은 책
- 신비한 바다여행
- 바다가 좋아

WHERE TO GO
03
강릉+평창

강릉 + 평창

BEST COURSE

1박 2일 코스

01 아이와 여유롭게 보낼 수 있는 힐링 코스

1일 정동진 ▶ 점심 초당할머니순두부 ▶ 선교장 ▶ 저녁 통일집

2일 월정사 ▶ 점심 삼거리정육식당 ▶ 하늘목장 ▶ 저녁 금천회관

02 아이와의 다양한 활동을 중시하는 체험 코스

1일 효석문화마을 ▶ 점심 가벼슬 ▶ 월정사 ▶ 대관령 양떼목장 ▶ 저녁 진태원

2일 하슬라아트월드 ▶ 점심 하슬라아트월드 내 레스토랑 ▶ 정동진 ▶ 정동심곡바다부채길

2박 3일 코스

01 아이와 여유롭게 보낼 수 있는 힐링 코스

1일 정동심곡바다부채길 ▶ 점심 하슬라아트월드 내 레스토랑 ▶ 하슬라아트월드 ▶ 저녁 통일집

2일 선교장 ▶ 점심 서지초가뜰 ▶ 강문해변 ▶ 저녁 금천회관

3일 하늘목장 ▶ 점심 진태원 ▶ 월정사 ▶ 저녁 산수명산

02 아이와의 다양한 활동을 중시하는 체험 코스

1일 아침 가벼슬 ▶ 효석문화마을 ▶ 점심 현대막국수 ▶ 월정사 ▶ 저녁 산수명산

2일 블루캐니언 ▶ 점심 진태원 ▶ 하늘목장 ▶ 금천회관

3일 하슬라아트월드 ▶ 점심 하슬라아트월드 내 레스토랑 ▶ 정동진 ▶ 정동심곡바다부채길

GANGMUN
강문해변
상원사
하늘목장
강릉
선교장
월정사
하슬라아트월드
대관령 양떼목장
정동진
효석문화마을
평창
정동심곡바다부채길
블루캐니언

강릉

SPOTS TO GO

선교장

척박한 환경의 강원도에서 유일한 만석꾼이 지은 조선시대 상류 주택이다. '고래등 같은 기와집'이라는 표현처럼 102칸으로 민가 중 가장 큰 규모다. 1748년 효령대군의 11대손인 이내번이 터를 잡고 안채를 올린 뒤 증축과 보수를 이어가며 300칸 넘게 지은 가옥은 현재 하인의 집을 포함해 123칸만 남았다. 정현종의 시 <방문객>이 '사람이 온다는 건/실은 어마어마한 일이다/(중략)/한 사람의 일생이 오기 때문이다'고 한 것처럼 선교장은 직위고하를 막론하고 손을 반겼다. 선교장의 입구인 월하문이 소박한 것은 길손들에게 부담 없이 오라는 배려다. 덕분에 유명인사나 시인묵객들의 참새 방앗간이 됐고, 풍류문화의 산실로 자리매김했다.

사계절 모두 아름답지만 활래정(活來亭)의 연꽃이 그윽하게 피어나는 초여름을 추천한다. 옛 선인이 다도와 문학을 즐겼던 만큼 화려한 풍광을 즐길 수 있다. 운동장만한 잔디마당은 아이들의 놀이터다. 뛰고 굴러도 크게 다칠 염려가 없으니 아빠 엄마의 잔소리도 쏙 들어간다. 솟을대문에는 '신선이 사는 그윽한 집'이라는 뜻의 선교유거(仙嶠幽居)가 쓰여 있다. 조선 말 최고 명필 소남 이희수가 선교장 주인의 배려에 대한 답례로 남겼다. 대문 옆으로 행랑채가 해질녘 그림자처럼 긴데, 큰사랑방인 열화당과 안채, 동별당, 중사랑을 아우르는 가림벽이다. 뒤로는 울창한 송림이 가옥을 품은 듯 안고 있다.

시인묵객들의 장기 거처였던 홍예헌 등에서 고택 체험을 할 수 있다. 카페 리몽에서 차를 마시거나 한국 전통문화 체험을 하고 공연을 즐겨도 좋다. '집은 사람이 살면서 채워진다'는 말처럼 살아 있는 한옥으로 명맥을 잇는 선교장의 철학을 배울 수 있는 여행지다.

난이도 ★
주소 운정길 63
여닫는 시간 하절기 09:00~18:00 동절기 09:00~17:00
요금 어른 5,000원, 청소년 3,000원, 어린이 2,000원
웹 www.knsgj.net

아빠 엄마도 궁금해!

이름으로 풀어보는 선교장

선교장 앞까지 경포호수가 있던 터라 배다리마을 즉, 선교라 불렀다. 선착장이 있어 배를 타고 들어오는 집이란 뜻이다. 대부분 양반집은 이름 뒤에 당(堂)이나 헌(軒)을 붙이는데 정원이 있는 넓은 집인 장원(莊園)의 장자를 붙였다. 일이 있을 때마다 사람을 불러 쓸 수 없는 규모이니 집을 관리하는 목수나 침모와 같은 전문 인력이 함께 생활했다.

손님에도 계급은 있다

선교장을 찾아온 손님은 주인과 만나 이야기를 시작한다. 집안 내력과 학식을 두루 알아보기 위해서다. 추사 김정희나 백범 김구처럼 상급에 해당되는 사람은 열화당에서 머물며, 신세를 지는 동안 시와 그림으로 고마움을 표현하고 우정을 쌓으며 배움을 나눈다. 중급에 해당하는 사람은 중사랑에 머문다. 아랫사랑은 행랑채다. 잠자리와 밥을 내어주고 아픈 사람은 치료해준다. 행랑 손님이 오래 머물면 상차림의 국과 밥 그릇 위치를 바꿔 떠날 때를 점잖게 알려준다.

러시아 공사까지 초대하는 강릉 최대의 사랑방

열화당 앞 전면에 지붕이 어색하게 서 있다. 1815년 러시아 공사가 선교장에 머물게 되었고, 감사의 마음으로 당시 비싼 재료였던 구리를 보내 지은 채양 시설이다.

스냅사진, 여기서 찍으세요

열화당 마당에 여름이면 능소화가 피어나니 그때를 맞춰가도 좋겠다.

활래정 앞 연못에는 초여름에 연꽃이, 한여름엔 배롱나무 꽃이 피어난다. 겨울을 제외하곤 연잎이 푸르러 스냅사진을 찍기에 좋다.

푸른 잔디밭이 색감도 좋지만 아이가 뛰어노는 자연스런 모습을 찍을 수 있다. 기왓집 배경이든 활래정 연못 배경이든 모두 좋다.

강문해변

언택트

할 수 있는 놀이가 많은 바다 여행은 아이에게 특히 설레는 여정이다. 모래놀이로 시간을 보내다 끊임없이 덤비는 파도를 피하는 것도 재미있다. 보이지 않는 바닷속은 상상력을 자극한다. 바다를 여행하면 항상 즐길 수 있는 놀이지만, 여기 대놓고 사진을 찍으라는 해변이 있다. 대형 조형물을 해변 곳곳에서 만날 수 있다. 강문 이니셜부터 연인에게 인기 많은 다이아몬드 반지 조형물, 기울어진 액자나 그네 의자 등 포토존으로 만들었다. 아이에게 포즈를 취하라고 하고 따라 찍어도 재미있다. 경포호가 바다와 만나는 지점의 솟대다리를 걸어도 좋다. 특히 해가 진 뒤에는 형형색색으로 바뀌는 조명이 있어 아이의 호기심을 자극한다.

난이도 ★ 주소 창해로 350번길 여닫는 시간 24시간 요금 무료

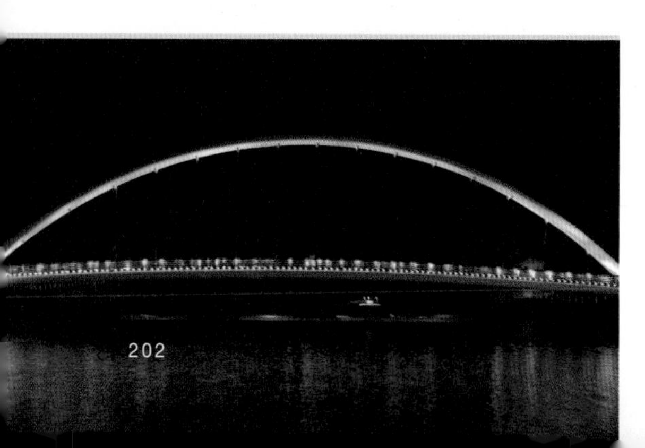

Episode

엄마, 오늘 우리 어디가?

긴 여행을 마치고 돌아온 날이었다. 아침에 일어나기 힘들어하던 아이가 번쩍 일어나 말했다.

"엄마, 엄마, 일어나."

여독이 풀리지 않아 한쪽 눈만 겨우 뜨고 봤더니 아이가 또랑또랑한 눈으로 말했다.

"엄마. 윤우는 바다가 보고 싶어. 같이 갈래?"

그날 짐을 싸고 동해 바다로 왔고 그 이후로도 한동안 아이는 모래놀이와 바다를 갈구했다.

이제 입버릇처럼 하는 말.

"엄마, 오늘 우리 어디가?"

'응. 어린이집.'

03 정동심곡바다부채길

광화문의 정동(正東)에 위치한 정동진과 깊은 골짜기 안에 있는 마을이라는 뜻의 심곡深谷을 잇는다. 부채 끝 지형에 탐방로를 설치해서 바다부채길이다. 해안선을 따라 기암괴석 사이를 누비고, 손에 잡힐 듯 가까이 바다를 두고 걸으니 이런 호사가 없다. 파도가 하얀 포말을 그리며 울부짖는 풍경도 날것 그대로의 힘을 보여준다. 다소 험악해 보이는 철조망과 빈 초소는 이곳이 민간통제구역이었음을 알린다. 군인들이 해안 경계를 위해 오가던 위험한 벼랑길이 한눈에 보여 그들의 노고에 감사하는 마음이 절로 든다. 거친 단면의 바위는 2,300만 년 전 한반도가 솟아오르며 생긴 단층으로 '해안지질학의 보고'로도 알려져 있다. 여서낭을 구해 서낭당을 지었다는 부채바위와 육발호랑이 전설을 지닌 투구바위는 경이의 시선으로 바라보게 된다. 육지의 것과 다른 해안단구에 지구의 내면을 훔쳐본 듯 짜릿하다.

바다부채길은 정동진 썬크루즈 뒤 정동 매표소 또는 심곡항 매표소를 이용한다. 편도로 걷는 다면 정동매표소를 추천한다. 매표소부터 해안길까지 계단이 가파르기 때문이다. 해안단구를 지나 몽돌해변, 거북바위, 투구바위, 부채바위, 심곡전망타워를 차례로 만난다. 편도 2.86km로 곳곳에 벤치가 있으니 아이의 체력에 맞게 쉬엄쉬엄 걷자. 아이와 함께 걸으면 1시간 30분 정도 소요된다. 회귀할 때는 셔틀버스 또는 일반버스 112-1번을 이용한다.

난이도 ★★
주소 정동 매표소 헌화로 950-39
심곡 매표소 헌화로 648-7
여닫는 시간 4~9월 09:00~17:30, 10~3월 09:00~16:30
요금 어른 3,000원 청소년 2,500원 어린이 2,000원
여행 팁 해안과 밀접해 날씨가 좋지 않은 경우 폐쇄하니 미리 매표소에 확인하자.

함께 둘러보면 좋은 여행지, 헌화로

심곡항에서 금진항까지 이어진 2.4km의 해안도로도 함께 둘러보자. '꽃을 드린다'는 낭만적인 이름의 연원은 신라의 향가 <헌화가>다. 신라 귀족인 순정공이 강릉 태수로 부임하던 날, 공의 아내인 수로 부인이 벼랑 끝에 만개한 철쭉을 보고 꽃을 꺾어줄 사람이 있는지 물었다. 이때 새끼 밴 암소를 끌고 지나가던 노인이 꽃을 꺾기 전 부른 노래다.

"붉은 바위 끝에 잡아온 암소 놓게 하시고 나를 아니 부끄러워하시면 꽃을 꺾어 바치오리다"

하슬라 아트월드

하슬라(何瑟羅)는 삼국시대 때 불리던 강릉의 옛 지명이다. '해밝음'이라는 순우리말로 해 뜨는 해안언덕 위에 자리하고 있다. 거대한 예술정원을 만든 사람은 박신정, 최옥영 조각가 부부다. 주관적이고 이해하기 어려운 예술 세계를 쉽게 풀어내기 위한 그들의 노력이 곳곳에 담겼다. 입구 조형물 매머드 두 마리는 하늘을, 숲을 담기도 한다. 숲이 담긴 작은 매머드의 배를 보며 아이는 '아기 매머드가 배부르다'고 감상했다. 창의적이라고 해야 할지, 천진하다고 해야 할지 몰라도 아이의 순수한 감상평을 나눌 수 있는 공간이라는 확신이 든다.
미술관은 현대미술관 1관을 지나 지하로 이어진 2관, 3관으로 연결된다. 피노키오와 마리오네트 박물관까지 둘러본 뒤 다시 아트월드 뒤 조각공원으로 이동하자. 입장권 바코드로 이동하므로 관람 마지막까지 가지고 있어야 한다.

난이도 ★★
주소 율곡로 1441
여닫는 시간 09:00~18:00
요금 자유관람권 어른 12,000원 어린이 11,000원 도슨트 관람권 어른 16,000원 어린이 15,000원
웹 museumhaslla.com
여행 팁 스테이크와 피자 등 이탈리안 메뉴와 육개장이나 한정식을 맛볼 수 있는 장 레스토랑과 시원한 뷰가 멋진 바다 카페가 있다.

하슬라 아트월드 관람 안내

현대미술관 1관

과학과 예술이 혼합된 키네틱 아트 작품을 만날 수 있는 공간이다. 쉽게 '움직이는 예술'이라고 생각하면 된다. 대표적인 작품은 작가 박종영의 <정의의 여신>이다. 눈을 뜨고 뱀에게 농락당하는 여신은 권력과 미디어에 정의가 좌우되는 마리오네트로 표현했다. 스위치로 마리오네트를 움직일 수 있어 아이도 호기심을 자극한다.

현대미술관 2관

지하로 이어진 현대미술관은 설치미술이 주를 이룬다. 아이가 가장 좋아하는 공간은 3관으로 이어지는 터널이다. 빨대처럼 생긴 원형 파이프 안에 사정없이 변하는 조명 속을 걸어야 한다. 좁고 어두워 아이에게 미리 이야기해 주는 것이 좋다.

현대미술관 3관

거대한 피노키오가 반겨주는 3관은 기획전시를 선보이는 장소로 시즌마다 새로운 조각 작품을 만날 수 있다.

피노키오와 마리오네트 박물관

이탈리아 작가 콜로디가 1883년 발표한 동화 <피노키오>를 모티브로 한 박물관이다. 조각가 부부가 유럽을 여행하며 수집한 피노키오와 마리오네트를 전시하고 있다. 덕분에 제페토 할아버지의 공방에 온 듯한 착각을 불러일으킨다. 센서로 움직이는 마리봇은 하늘을 날거나 춤을 추기도 한다.

조각공원

야외로 나와 목신의 통로를 지나면 약 10만 9100㎡(3만 3,000평)의 언덕 위에 조각공원이 조성돼 있다. 풍요의 여신이 바다를 향해 걸어가고 소똥을 말리고 재조합해 만든 소똥갤러리도 있다. 대지예술가답게 자연과 예술, 사람이 공존할 수 있는 가장 원시적인 공간을 만들어 냈다. 가파르진 않지만 언덕을 넘어야 하니 편한 신발과 복장은 필수다.

스냅사진, 여기서 찍으세요

현대미술관 1관에서 열리는 설치미술은 규모가 커 스냅사진 촬영을 추천한다.

야외 조각정원의 입구에 있는 목신과 바다를 배경으로 한 원형 프레임이 인기다.

정동진

난이도 ★
주소 정동역길 17
여닫는 시간 24시간
요금 무료

20대가 되면 절대자의 미션에 응답하듯 밤기차를 타고 일출을 보러 갔다. 그러나 야간 기차의 로망도 이제 옛말이다. KTX가 개통되어 서울에서 강릉까지 2시간 만에 도착하니 말이다. 덕분에 아이와 함께 정동진역까지 기차 여행을 할 수 있으니 또 다른 미션에 도전해보자. 정동진역에는 1995년 방영된 드라마 <모래시계>의 소나무가 서 있고 해변에는 2000년 새해에 맞춰 제작된 밀레니엄 모래시계가 있다. 세계 최대 규모로 지름 8m, 폭 3.2m, 무게 40톤에 이른다. 1년 동안 모래가 다 떨어지면 새해 0시에 육중한 모래시계를 굴려 뒤집는 행사를 한다. 검푸른 동해 바다에서 떠오른 해는 절벽 위 썬크루즈 리조트를 배경으로 정동진만의 일출 풍경을 만들어내는데, 여행자들의 일출 성지이자 새해 여행코스로 유명하다. 해가 뜨고 나면 뜨끈한 황탯국으로 몸을 녹인 뒤 썬크루즈 조각공원을 여행해도 좋다.

Episode

해님이 나 보러 온 거야?

놀이터에서 해가 질 때까지 노는 아이에게 집에 가자고 하면 늘 떼를 썼다.

"하지만 지금 해님이 다른 나라에 놀러 갔대. 너도 이제 집으로 가야지."

그러면 아이는 "코 자고 다시 해님이 놀러 오면 놀이터에 다시 오자."

늘 해가 아쉬운 아이는 정동진에서 해를 보며 말했다.

"우와, 해님이 우리나라에 놀러오고 있네. 바로 앞에 있네. 나 보러 왔나 봐."

평창

SPOTS TO GO

대관령 양떼목장

해발 700m의 고지대에 1988년 최초의 체험목장이 문을 열었다. 유연한 곡선의 구릉을 따라 양들이 풀을 뜯는다. 초지를 마음껏 누비며 스트레스 없이 자란 양들이라 보기에도 마음이 편하다. 푸른 벌판 넘어 우거진 숲은 봄을 부르고 싱그러운 여름을 맞이한 뒤 가을로 물들고 눈 내리는 겨울을 준비한다. 약 6만 2,000평 규모의 목장에는 능선을 따라 1.4km의 산책길이 있다. 아이의 체력에 따라 산책로 ①과 ②를 선택해 관람하자. ①코스는 움막을 지나 철쭉 군락지를 넘어 해발 920m의 정상을 오르는 길이다. 울타리를 따라 호젓한 길을 걷다 보면 1시간 정도 소요된다. ②코스는 움막을 지나 우측에 난 길로 빠져 먹이 주기 체험장으로 이동할 수 있다. 어미 양은 물론 아장아장 걷기 시작한 어린 양까지 고루 먹이를 줄 수 있다. 축사 옆 나무 그네를 타는 것도 재미있다.

늦은 오후에 도착했다면 양들의 퇴근길을 볼 수 있다. 울타리로 몰린 양이 길을 따라 줄지어 지나는 모습이 기차놀이 같다.

난이도 ★★
주소 대관령마루길 483-32
여닫는 시간 11~2월 09:00~17:00, 3·10월 09:00~17:30, 4·9월 09:00~18:00, 5~8월 09:00~18:30
요금 어른 6,000원, 어린이 4,000원
여행 팁 5월 중순 철쭉이 필 무렵 가는 것이 좋다. 여름에는 차양 시설이 없어 모자나 양산을 가지고 오는 것이 좋다. 대관령의 단풍과 설경도 유명하니 참고하자.

하늘목장

산에 오르는 것은 아마 하늘을 바라보기 위해서가 아니라 땅을 내려다보기 위해서일지 모른다. 대관령에서 가장 높은 선자령 아래 펼쳐진 하늘마루 전망대에 가면 그 말에 공감이 된다. 중첩된 산등성이 너머로 동해가 펼쳐지고, 바닷바람에 몰려온 구름이 대관령의 벼랑을 처음 만나 용솟음치듯 하늘로 오르는 모습도 볼 수 있다. 보는 것만 다가 아니다. 귀가 먹먹할 만큼 적요하지만, 풍력발전기의 날개 소리가 정적을 깬다. 29기의 발전기가 능선을 타고 서 있다. 멀리서 볼 때는 만만하던 바람개비가 가까이서 '위잉위잉'거리니 아이의 섣부른 허풍이 나올지도 모른다.

해발 1,100m의 하늘마루 전망대는 입구에서 3km 정도 떨어져 있어 도보 한 시간 이상 소요된다. 트랙터가 끄는 마차를 타고 오를 수 있어 아이와의 여행에도 문제없다. 트랙터 마차는 입구 근처 중앙역에서 출발해 하늘마루전망대에 바로 도착한다. 다시 마차를 타고 돌아와도 되지만 일정 구간을 걸어 보길 추천한다. 전망대를 출발한 마차는 앞등목장, 숲속여울길, 삼각초원, 양떼목장, 초지마당을 지나 중앙역으로 돌아오며 중간에 탑승이 가능하다. 아이의 컨디션에 맞춰 방목된 동물들을 볼 수 있는 앞등목장, 조금 힘들지만 운치 있는 숲속여울길까지 걷고 마차를 이용하는 것도 방법이다. 걷다 보면 양질의 공기가 기관지 속 묵은 때를 씻어내는 듯하다. 40년간 산업형 목장으로 외부인의 출입이 없다가 2014년 여행객을 맞이해 자연에 더 가까운 모습이다. 양떼목장에 내려 먹이 주기 체험도 즐겨보자. 초지마당에서 뛰어놀거나 바로 옆 놀이터에서 시간을 보내도 좋다. 주전부리를 판매하는 하늘스토어에선 달지 않은 하늘목장 플레인 요거트를 판매한다.

난이도 ★★
주소 꽃밭양지길 458-23
여닫는 시간 4~9월 09:00~18:00, 10~3월 09:00~17:30
요금 입장료 어른 7,000원, 어린이 5,000원, 트랙터마차 어른 7,000원, 어린이 6,000원, 양떼체험 2,000원

효석문화마을

언택트

난이도 ★★
주소 이효석문학관 효석문학길 73-25, 효석달빛언덕 효석문학길 54
여닫는 시간 10~4월 09:00~17:30, 5~9월 09:00~18:30
쉬는 날 월요일, 신정, 추석
요금 이효석문학관 2,000원, 효석달빛언덕 3,000원, 통합권 4,500원

강원도 평창 봉평면에서 태어난 이효석은 고향을 그리워하는 향수 문학의 선구자다. 자신의 고향을 서정적으로 아름답게 표현한 <메밀꽃 필 무렵>이라는 기념비적인 단편을 만들어냈다. 프랑스 여배우 다니엘 다리유를 사모하거나 레코드로 음악을 듣는 것처럼 새로운 서양 문물을 찾아 방황하던 구한말 지식인이었던 그는 사실 고향에 머문 시간이 10여 년 밖에 되지 않는다. 어쩌면 이방으로 돌아다니느라 고향에 대한 그리움이 컸는지도 모른다.
가산 이효석이 나고 자란 봉평면 창동리 일대는 문화마을로 재탄생되었다. 생가터를 중심으로 소설 속 배경인 물레방앗간과 충주집을 재현하고 그를 알리기 위한 문학관도 세웠다. 작가의 집필실과 서재를 재현했으며 작품을 전시하고 있다. 아이와 함께 여행할 때에는 그의 소설을 테마로 한 '효석달빛언덕'을 추천한다. 그가 평양에 머물 때 지낸 푸른 집을 재현했으며 집채만큼 커진 소설 속 당나귀는 달빛나귀 전망대로 분했다. 졸졸 흐르는 시냇물 위 바람개비 언덕도 아이들에게 즐거운 시간을 만들어준다. '소금을 뿌린 듯이 흐붓한 달빛에 숨이 막힐 지경'이라는 9월 초 메밀꽃이 필 무렵, 메밀과 소설 이야기를 담은 효석문화제가 열린다.

아빠 엄마도 궁금해!

<메밀꽃 필 무렵> 픽션인가, 논픽션인가?

1972년 9월 11일 동아일보에서 우리 향수문학의 백미로 꼽히는 이효석의 <메밀꽃 필 무렵>이 사실을 바탕으로 각색했다고 알렸다. 소설 속 허생원과 동이가 말다툼을 벌인 충주집은 평창에서 도시락을 맡겨두고 점심을 먹던 곳이고, 허생원과 성서방네 처녀의 사랑 이야기는 당시 알려진 소문이었다고 한다. 물레방앗간 터도 실제로 있던 곳이라니 소설이 생생한 이유가 아닐까.

친일파 문학인, 이효석?

이효석이 대학을 졸업하고 1931년 이경원과 혼인한 시기에 취업이 되지 않았다. 총독부 도서과장을 하고 있던 스승에게 찾아가 일자리를 부탁해 총독부 경무국 검열계에 취직한다. 출판 검열이다 보니 일제강점기 문학예술가 조직과 자주 부딪혔고 친일 행적이라 기록이 남게 되었다. 조직으로부터 봉변을 당하고 총독부를 나와 아내의 고향인 함경도 경성으로 간다. 이후 자신의 이름으로 된 작품을 내지 못하다가 아내 이경원의 이름으로 소설을 내기도 했다.

이효석과 왕수복의 사랑 이야기

이른나이에 아내와 딸을 잃은 이효석은 평양 시내에 있는 방가로 다방에서 커피를 자주 마셨는데 다방 주인이 왕수복의 언니였다. 왕수복은 당시 평양기생 출신이자 가수로 책 읽기를 좋아해 이효석의 팬이었는데, 예술적 감성을 나누다 보니 금세 연인 사이가 되었다. 그러나 얼마 되지 않아 이효석이 수막염으로 병석에 눕게 되고 왕수복과의 사랑은 2년도 채 잇지 못한 채 세상을 떠난다.

월정사

신라시대에 창건된 천년 고찰인 월정사는 불심으로 하나가 되는 교리를 진파했고, 군사적인 역할도 담당했다. 삼국시대 신라의 최전방에 위치한 탓에 고구려의 남하를 저지하고 동북방의 지역 민심을 안정시키는 이중의 역할을 수행했다. 승군이 있어 자체 방어도 했는데 그런 이유로 한국전쟁 당시 후퇴하는 아군에 의해 전소되는 아픔을 겪었다. 가람은 부처의 산인 수미산으로 가는 불교의 세계관을 따라 이루어진다. 부처가 있는 극락으로 가려면 첫 번째 일주문을 지나는데 월정사의 일주문은 천년의 숲과 이어져 있어 인기다. 1,800여 그루의 전나무가 1km나 길게 늘어선 숲은 극락으로 가기 전 몸과 마음을 깨끗이 씻어내는 듯 청명하다. 본찰에 가까워지면 악으로부터 수미산을 지키는 천왕문을 통과한다. 누하 진입은 산사의 지형적 특성답게 누각 아래로 들어간다. 좁고 어두운 문을 지나가며 심리적으로 위축되는데 부처님께 공경하는 마음으로 나아가라는 의도를 담고 있다.

난이도 ★
주소 오대산로 374-8
여닫는 시간 하절기 04:30~21:00, 동절기 05:00~21:00
요금 어른 5,000원, 청소년 1,500원, 어린이 500원, 7세 미만 무료
여행 팁 경내에 온실 카페 '난다나'가 있어 쉬어가기 좋다.

아이는 심심해!

아이가 즐길 수 있는 여행법

월정사 내에 아이를 위한 시설은 없지만 전나무 숲길 바로 옆에 오대천이 흐른다. 다양한 크기의 조약돌이 많고 물가로 내려갈 수도 있어 계절에 따라 가벼운 탁족이나 탑 쌓기를 즐겨도 좋다.

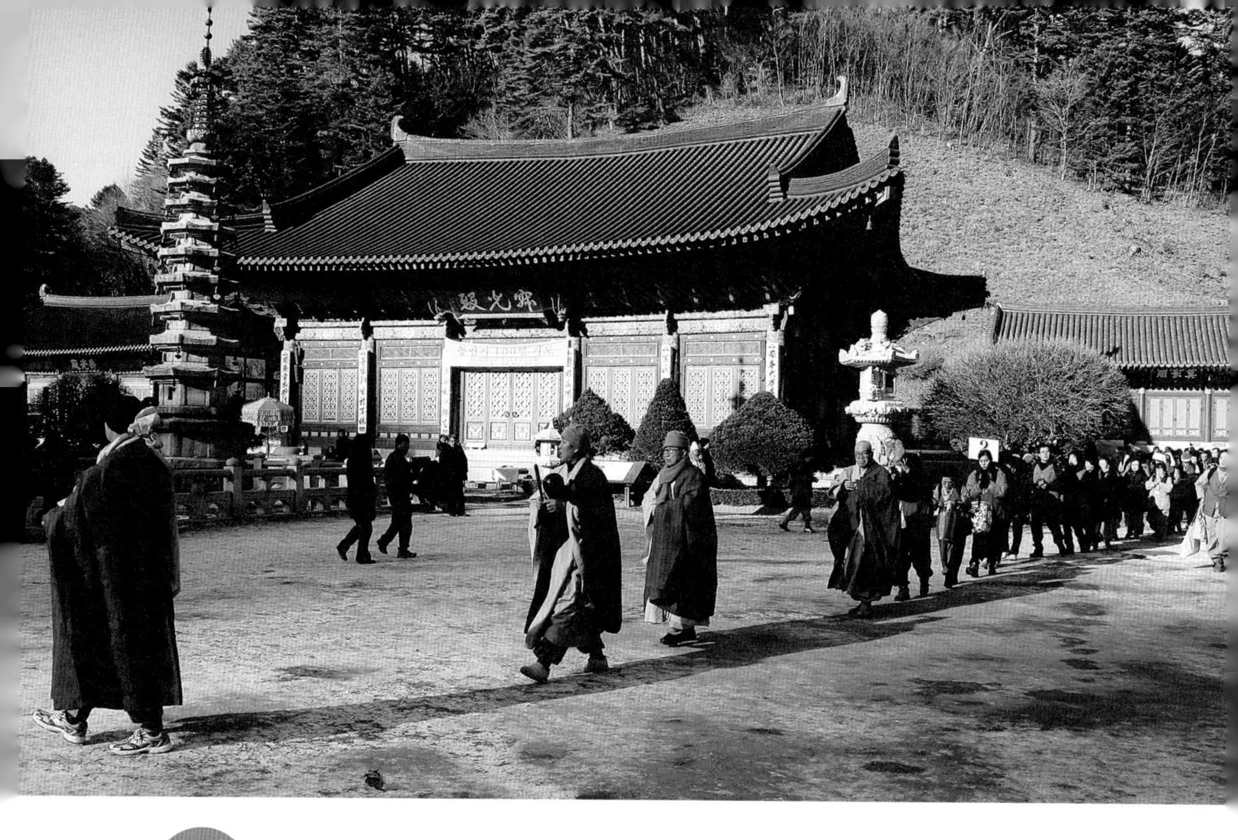

아빠 엄마도 궁금해!

고려 대표 석탑, 팔각구층석탑

고려 때는 풍수지리에 따라 도선이 사찰이나 탑의 위치를 정하는데 이를 비보사찰 또는 비보탑이라 한다. 월정사 팔각구층석탑은 대표적인 비보탑이다. 고려 석탑은 날씬해 보이는 것이 특징인데 더 호리호리하게 보이기 위해 높이 쌓았던 결과다. 연꽃 모양의 옥개석 끝에는 청동으로 만든 풍경을 달아 바람이 불 때마다 청아한 소리를 낸다. 탑 앞에 무릎을 꿇고 앉은 석조보살좌상은 중생의 몸과 마음에 든 병을 보살피는 약왕보살이다. 강원도 지역에서만 볼 수 있는 공양상은 그 온화한 미소만으로도 마음이 치유되는 듯하다.

적광전에 모신 부처는 누구인가?

적광전은 비로자나 부처님을 모신 전각을 말한다. 그러나 월정사 적광전에는 석가모니불이 모셔져 있다. 석가모니불을 모신 대웅전에 적광전 현판을 고쳐 단 것. 월정사를 창건한 신라의 자장율사는 중국 유학 시절 문수보살을 알현하게 되는데 부처의 사리와 가사를 전해 주며 신라의 오대산을 찾으라고 했고, 이후 월정사가 문수신앙을 드러내는 화엄사상의 근원지가 되었다. 비록 화엄경을 펼친 비로자나불은 없지만 사찰의 중심 건물은 적광전으로 명했다.

독특한 우리나라 사찰 문화, 산신각(삼성각)

우리나라는 오랫동안 산악 숭배문화가 발달해 사찰에도 산신이나 독성을 모셔 놓기도 한다. 월정사의 삼성각 내부의 벽화도 독특한데 산신과 산신을 상징하는 호랑이가 그려져 있다. 흔히 말하는 담배 피우는 호랑이라 재미있다. 칠성님, 나반존자(단군)도 함께 있다. 북극성을 부처로 상징하는 치성광여래가 있고 주변에 북두칠성 목각, 일월, 청룡, 주작, 백호, 현무 사신 등 전통 숭배 대상을 한데 모시고 있는 것이 특징이다.

상원사

상원사는 자장율사가 문수보살을 친견했다고 알려진 오대산에 자리한다. 월정사의 말사이나 문수보살과는 인연이 더욱 깊다. 세조와 문수보살의 설화에서도 알 수 있듯 아버지와 왕실의 평안을 빌기 위해 둘째 딸 의숙공주 내외가 문수동자좌상을 봉안했다. 문수전에는 일반적으로 문수보살을 모시는데, 이는 국내에서 유일하게 동자의 모습을 한 문수보살이다. 복장 유물에는 누가, 언제, 왜 만들었는지를 알리는 발원문과 명주로 만든 세조의 어의, 수정 구슬이 발견되었다. 신라 성덕왕 24년(725년)에 만들어진 가장 오래된 동종도 놓치지 말자. 동종 상단에 달린 용조각과 구름 속을 날며 악기를 연주하는 주악비천상을 보고 있노라면 뛰어난 조각 기법에 탄성이 나온다. 상원사 등산로를 따라가면 중대사자암이 나온다. 적멸보궁을 중심으로 지은 4개의 암자 중 하나다. 가파른 지형을 따라 5채의 건물을 짓고 가장 위의 건물을 비로전으로 정했다. 내부에는 오대산 문수성지와 관련된 11개의 이야기를 목각탱으로 볼 수 있다. 부처님 정골사리를 모신 적멸보궁은 오대산 비로봉에 도착해야 비로소 볼 수 있다. 중대사자암 초입부터 적멸보궁까지는 계단으로 이어져 있어 아이와 오르기 힘들 수도 있다. 시간을 넉넉히 두고 가거나 상원사만 둘러보아도 좋다.

난이도 ★★(적멸보궁 ★★★)
주소 오대산로 1211-14
여닫는 시간 하절기 04:30~21:00, 동절기 05:00~21:00
요금 무료
여행 팁 상원사 문수전과 마주한 청량다원은 오대산의 절경과 상원사 풍경을 즐기기에 좋다.

국보로 지정된 문수동자좌상

아빠 엄마도 궁금해!

너나 말하지 말거라

적멸보궁

어린 조카 단종을 강압적으로 몰아낸 세조는 병에 자주 걸렸다. 특히 몸 전체에 퍼진 종기는 저주를 받은 결과라는 소문이 퍼졌고, 민심이 흉흉해졌다. 세조는 치료를 위해 문수도량인 상원사를 찾았다. 계곡에서 몸을 씻던 중 주변에 있던 동자승이 등을 밀어주겠다고 했다.

"임금의 옥체에 손 댄 것을 어디 가서 말하지 말거라."

그러자 동자승이 말했다.

"임금도 어디 가서 문수보살이 등을 밀어주었다 하지 말거라."

뒤를 돌아보니 동자승은 온데간데없이 사라지고 종기는 깨끗이 나았다. 세조는 감격해 화공을 불러 그림을 그리게 하고 그대로 목각한 것이 국보로 지정된 문수동자좌상이다.

한 쌍의 고양이상

맨몸으로 지켜낸 부처

한국전쟁 중 오대산은 인민군과 빨치산의 활동 근거지였다. 국군은 숙소로 사용할 수 있는 상원사를 불태우기로 했는데, 이때 상원사의 한암 스님이 국군에게 잠시 기다리라 하고 수의를 입고 법당 안으로 들어갔다. 정좌를 한 뒤 '그대들은 나라를 지키라. 나는 부처를 지키겠다'라고 한 뒤 불을 붙이라 했다. 깜짝 놀란 국군은 문짝만 뜯어 마당에서 태운 뒤 돌아갔다.

중대사자암 비로전의 목각탱

왕의 목숨을 구한 고양이

세조가 상원사 법당에 올라 배례를 하려는데 고양이가 세조의 옷자락을 물고 늘어졌다. 이상하게 여긴 세조는 호위무사에게 법당을 뒤지게 했고 숨어 있는 자객을 잡았다. 세조는 은혜에 보답하려 절 사방 80리의 땅을 하사하고 한 쌍의 고양이를 돌로 새겨 계단 앞에 세웠다.

06 휘닉스평창 블루캐니언

사람이 살기 가장 좋다는 해발 700m 고원지대에 위치한 워터파크다. 강원도 평창의 맑은 공기와 천연 광천수를 경험할 수 있는 이곳은 실내와 야외 수영장에 온수를 갖추고 있어 쌀쌀한 날씨에도 걱정 없이 사계절 이용할 수 있다. 인기 있는 파도풀은 실내에 있고, 유아가 사용하기 알맞은 수심으로 가족 모두 즐길 수 있다. 워터파크의 자랑 실외 어트랙션도 빼놓을 수 없다. 높이 16.5m에서 4인용 슬라이드를 타고 내려오는 '훼밀리 슬라이드'부터 가파른 경사로 자유낙하할 수 있는 스피드 슬라이드까지 다양하다. 대부분 120cm이상 탑승 가능하다는 조건이 있다. 단, 36개월 이상이라면 보호자 동반 시 훼밀리 슬라이드는 탈 수 있다. 그물을 잡고 부표를 이동하는 타잔풀은 어린이표 정글의 법칙이다. 실내에서는 유아들의 어트랙션인 개구리풀 미끄럼틀에서 인생 최고의 스피드를 즐길 수 있다. 추위도 잊은 채 놀 수 있는 아이들이라면 이벤트 스파나 발한실에서 체온을 유지할 수 있도록 하자.

난이도 ★★
주소 태기로 174
여닫는 시간
10:00~20:00(오후권은 14:00 이후 입장, 야간권은 17:00 이후 입장)
요금 시즌별, 카드사 할인, 할인쿠폰, 이커머스 구매 등 할인 방법이 다양하므로 미리 확인 구매하는 것이 좋다.

주중		
종일권	대인	50,000원
	소인	43,000원
오후권	대인	44,000원
	소인	37,000원
야간권	대인	36,000원
	소인	31,000원
주말		
종일권	대인	55,000원
	소인	47,000원
오후권	대인	49,000원
	소인	42,000원
야간권	대인	41,000원
	소인	35,000원

연계 여행지

홍천 은행나무 숲

은행나무는 고생대에 출현해 공룡과 함께 살다 지금까지 남아 있어 '살아 있는 화석'이라 한다. 1,000년 혹은 그보다 더 오래 불멸에 가까운 생을 보내다 보니 영원한 사랑을 대표하기도 한다. 오대산 자락 2,000여 그루의 은행나무 군락지도 애틋한 부부의 사랑을 배경으로 한다. 이야기는 한 사내로부터 시작한다. 그는 만성 소화불량에 고생하던 아내를 위해 1985년 홍천 가칠봉에 있는 삼봉약수를 찾아왔다. 약수터를 오가던 중 발견한 계곡 근처에 보금자리를 마련했고, 아내의 쾌유를 바라는 마음으로 은행나무 묘목을 5m씩 한 그루 한 그루 심었다고 한다. 약수터까지 3km의 길을 걸어 다니니 아내의 병도 다 나았다. 전나무와 주목 같은 침엽수가 사계절을 싱그럽게 품었고 박달나무와 같은 활엽수가 생기를 더했다. 사랑꾼은 그저 유년 시절 뛰어놀던 은행나무 숲이 그리워 만들었다고 하지만 이곳을 찾는 방문객들은 여전히 사랑꾼과 그의 아내가 부러운 눈치다.

사유지인 숲은 한때 꽁꽁 숨겨져 있어 '비밀의 숲'이라는 별명이 있었다. 그러나 2010년 이후 매년 10월, 단 한 달간만 문을 연다. 황금빛으로 물든 은행나무 아래에서 찍은 소위 '인생샷'으로 유명해져 가을 단풍 명소로 떠올랐다. 이곳을 여행할 때에는 사유지라는 점을 잊지 말자. 광원1리 청년회를 중심으로 마을 주민들이 준비한 음식과 향토 먹거리를 판매하고 있으며 화장실은 이동식밖에 없다. 아이의 소변기나 대변기를 따로 준비하는 것이 좋겠다. 홍천시에서 주차장을 마련했으나 협소한 길을 따라 주차하니 안전에 주의해야한다.

난이도 ★★
주소 홍천군 내면 구룡령로 6791
여닫는 시간 매년 10월 10:00~17:00
요금 무료
여행 팁 주말에는 찾는 사람이 많아 오전에 도착하는 것을 추천한다.

강릉

PLACE TO EAT

01 통일집

고깃집이 다 거기서 거기라고 생각하는 사람이 있다면 통일집을 소개한다. 강릉의 구도심인 임당동에서 1973년부터 영업을 하고 있다. 치장 하나 없이 멀끔한 외관의 식당으로 들어서면 좁은 복도를 두고 개미굴처럼 방을 두었다. 메뉴는 등심, 차돌박이, 안창살과 양이 있다. 두툼하게 썬 등심이 유명하다. 살짝 얼린 고기는 일본식 간장양념에 잠시 담근 뒤 화로로 직행한다. 고기는 정형과 불맛에 좌우된다더니 역시 숯불을 사용한다. 차돌박이는 기름져 느끼할 수 있으니 마지막에 구워먹는 것이 좋다. 질리지 않는 이유는 직접 만든 동치미에 있다. 스테인리스 밥공기에 담겨온 살얼음 뜬 동치미는 풋내 하나 없이 시원하다. 고기를 조금 남겨 찰밥 위에 얹어 먹어보길 추천한다. 육고기와 탄수화물은 최고의 조합이라더니 쫄깃한 식감마저 감동이다. 된장찌개도 놀랍다. 두부와 고추 외에 별다른 재료가 들어가지 않았으니 맛 좋은 집된장 덕임이 틀림없다. 아이가 먹을 수 있는 반찬으로는 장아찌 종류 정도지만 고기와 밥만으로도 한 끼 잘 먹일 수 있는 식당이다.

주소 금성로61번길 11-1
여닫는 시간 12:00~14:30, 17:00~21:00
가격 등심 200g 25,000원, 차돌박이 200g 25,000원

02 초당할머니순두부

강릉에서 꼭 먹어야 하는 메뉴가 두부다. 홍길동전을 지은 허균의 아버지, 허엽의 호를 붙여 초당두부라 한다. 그가 강릉부사로 있을 때 간수 대신 동해 앞바다 물을 길어다 손수 두부를 만들었다고 한다. 지금은 심해에 파이프를 설치해 깨끗한 바닷물을 쉽게 공급받을 수 있다. 그러나 두부라는 음식은 결코 쉬이 만들어지지 않는다. 기계가 있다지만 콩물을 걸러내고 끓이는 데 사람의 손이 필요하고, 순수에 가까운 재료다 보니 바닷물 양에 따라 맛이 완전히 달라진다. 수고로움을 뒤로하고 한 그릇의 뽀얀 순두부가 몽글몽글하게 피어난다. 간이 약해 따로 간장양념을 주지만 첫술은 고소하고 말쑥한 맛 그대로 즐겨 보길 추천한다. 모두부는 순두부와는 또다른 영역이다. 융숭한 시간을 거친 두부 한 모는 단단한 조직감도 좋지만 김치와의 궁합이 대단하다. 아이가 먹을 만한 반찬은 장아찌 종류밖에 없지만 순두부백반을 시키면 비지찌개와 된장찌개가 함께 나온다.

주소 초당순두부길 77
여닫는 시간 목~월요일 08:00~16:00, 17:00~19:00, 화요일 08:00~15:00
쉬는 날 수요일
가격 순두부백반 9,000원, 모두부 13,000원

03 서지초가뜰

강원도 서지마을에 있는 창녕 조씨 명숙공 가문의 종가다. 1998년 최영간 종부가 문을 열었다. 모내기를 마친 질꾼(일꾼)들이 식사시간이 되어 우르르 몰려오면 종가의 어머니는 집 주변의 재료를 가져다 배부른 식사 한 끼를 대접했다고 한다. 그렇게 내려온 밥상이 못밥과 질상이다. 못밥은 모내기를 할 때 논으로 가져가 먹던 밥이다. 삶은 팥을 얹은 쌀밥과 10여 가지의 반찬이 상에 오른다. 다양한 나물무침은 산지 나물을 따다 햇살에 잘 묵힌 뒤 무쳐내 시간과 정성이 함축된 맛을 낸다. 포식해도 별미다. 제사가 많아 사용한 명태포가 늘 남았는데 여기에 발효를 도와줄 엿기름과 무를 넣고 찹쌀밥, 고춧가루를 넣어 만든다. 엿기름이 들어가 매운맛보다 단맛이 강하다. 씨종지떡은 쌀과 볍씨를 빻아 만드는데 단맛을 내기 위해 호박과 대추를 넣었다.

질상은 모내기가 끝나는 날 질꾼(모를 심는 일꾼)들에게 논 주인이 한 턱 내는 푸짐한 상이다. 못밥에 버섯맑은탕을 비롯한 한두 가지가 더 추가된다. 삶은 문어나 갈비찜처럼 강릉 양반의 상을 구성한 진짓상, 새 사돈 만나는 날, 사위 첫 생일상 등 재미있는 상차림으로 특별한 날 찾기에도 좋다. 찾는 이가 많다 보니 가끔 소홀한 밥상이 아쉬울 때도 있다. 그럼에도 불구하고 종가의 음식을 맛볼 수 있는 기회를 겪어봐도 좋겠다.

주소 난곡길76번길 43-9
여닫는 시간 11:30~20:30
가격 못밥 15,000원, 질상 20,000원

04 싸전

외관에서 오랜 세월의 연륜이 느껴진다. 1977년 빵가게를 시작한 부부는 쌀가게 자리였던 이곳으로 이전해 와 지금까지 운영하고 있다. 싸전은 쌀가게 이름을 그대로 쓴 것. 참새가 방앗간 들르듯 사람들이 오간다. 싸전의 빵은 추억이다. 빵을 기름에 튀기는 옛날 방식 그대로 빵을 만든다. 튀긴 빵에 하얀 설탕을 묻힌 찹쌀 도넛과 꽈배기가 대표적이다. 동네시장에서 먹던 야채빵도 있다. 마요네즈에 버무린 양상추와 당근·오이를 넣고 케첩을 뿌렸다. 슈크림 빵과 크로켓 빵, 밤 앙금빵도 있다. 이곳을 나서는 사람들 손엔 모두 멋스러운 비닐봉지가 들려 있다. '고로께. 햄버거. 사라다. 살아 있는 빵 싸전' 글귀가 시대를 거스른 듯 정겹다. 매일 딱 하루 치만 만들어 파니 품절되면 사지 못할 수도 있다.

주소 금성로 54
여닫는 시간 09:30~21:00
쉬는 날 수요일
가격 찹쌀도넛 1,000원, 꽈배기 700원, 야채빵 1,500원

05 버드나무 브루어리

1926년부터 탁주를 만들던 강릉합동양조장 터에 브루어리가 생겼다. 일제강점기의 양조장 형태를 띠고 있는 건물 구조 그대로다. '물 좋은 곳에 맛있는 술이 난다'고 했다. 백두대간을 흐르는 맑은 물이 관동의 중심인 강릉으로 흘러드니 좋은 재료를 마다할까. 물만큼 맥주에 중요한 홉은 강릉 농가에서 직접 재배해 공급받고 있다. 맥주는 강릉산 홉 향을 즐길 수 있는 하슬라 IPA와 강릉 사천면 미노리에서 수확한 쌀로 전통 술 빚기를 응용한 미노리 세션이 대표적이다. 아이 음식도 걱정 없다. 연곡농협에서 직접 도축한 한우를 구워낸 '대굴령 스텍끼'와 쉽게 먹을 수 있는 피자 등 이탈리아 요리를 선보인다. 단, 홍제피자는 김치가 들어가 맵다.

주소 경강로 1961
여닫는 시간 12:00~24:00(16:00~17:00에는 맥주나 음료만 가능)
가격 미노리세션 7,000원, 백일홍 레드 에일 8,000원, 대굴령 스텍끼 31,000원, 마르게리타 21,000원
이용 팁 주차는 홍제동 주민센터 옆 공영주차장을 이용하면 된다.

06 봉봉방앗간

명주동은 강릉의 옛 이름이자 원도심이다. 한양에서 강릉까지 이어진 길도 명주동을 통하니 대도호부관아와 임영관 삼문이 들어섰다. 행정 중심지로 발전한 명주동은 강릉시청으로 이어져 문화와 역사의 중심지로 자리매김했다. 그러다 2001년 시청이 홍제동으로 옮겨지면서 동네의 시간은 멈추었다. 덕분에 아날로그 감성은 고스란히 남았다.

봉봉방앗간은 명주동 중심에 있다. 1940년대부터 떡을 만들던 문화방앗간 자리다. 영화와 영상, 미술, 음악 등 비슷한 분야의 청년 넷이 문화를 나누는 방앗간을 지키고 있다. 낡았으나 추억이 켜켜이 쌓인 공간에는 마을 사람들도 수시로 방문한다. 직접 구입한 원두로 만든 핸드드립 커피가 맛있지만 마을 어르신을 위한 상황버섯차가 있는 까닭이다. 2층의 호호好好갤러리는 수능을 마친 고3 학생들의 작품으로 시작됐다.

주소 경강로2024번길 17-1
여닫는 시간 11:00~18:00
쉬는 날 월요일 가격 핸드드립 커피 5,000원

함께 둘러보면 좋은 여행지, 명주동

골목은 발에 차이는 조약돌처럼 시대의 흔적을 남겼다. 옛 토성 위에 지은 집과 일제강점기에 적이 두고 간 집, 80년대 좁은 담벼락까지 말이다. 이런 문화를 오랜 기간 어여삐 여기던 마을 사람들이 자발적으로 꾸려나가기로 마음먹었다. 강릉문화재단과 함께 문화, 예술 판을 벌이고, 살아 있는 마을 이야기를 들려주는 해설사로 나섰다. 마을 초입에 있는 햇살박물관은 우리나라 최초의 마을박물관이다. 도민증과 담뱃갑, 집안 생활용품을 기증받아 '오브젝트 명주'라는 이름으로 전시하고 있다. 대도호부관아 뒤 방송국은 영화 <봄날은 간다>에서 이상우(유지태 분)가 일하던 곳이다. 아이와 걸어서 오르긴 힘드니 차로 이동하는 것이 좋다.

07 | 보헤미안 로스터스 박이추 커피

강릉에서 단 하나의 커피를 만난다면 박이추 커피공장으로 가야 하지 않을까. 대한민국 1세대 바리스타 4명 중 유일한 현역 박이추 선생의 카페다. 원조를 찾는 이유는 세월이 쌓이는 동안 노하우가 늘어나기 때문. 하지만 선생은 원두를 볶는 로스팅이나 커피를 추출하는 핸드드립 기술이 중요한 건 아니라고 한다. 그가 생각하는 커피란 갈증을 해소하기 위해서가 아니라 삶의 여유를 맛보기 위해서다. 2층 테라스에 앉아 사천진 해변을 바라보며 커피를 마시고 있으니 이곳의 커피를 추천하는 이유를 알겠다. 커피를 마시는 여유가 중요하기에 대기 중인 손님이 오르내리지 않도록 대기실을 따로 두었다. 이곳에 온다면 블렌딩 커피도 좋지만 하나의 원두를 추출한 싱글 오리진 커피를 맛보자. 일행과 다른 커피를 주문해 테이스팅 해보는 것도 좋다. 맛의 차이를 확실히 느낄 수 있다.

주소 해안로 1107
여닫는 시간 평일 09:00~21:00, 주말 08:00~21:00
가격 하우스 블랜드 6,000원, 비엔나커피 6,000원
이용 팁 날씨가 좋다면 아이가 뛰어놀 수 있는 앞마당에 자리를 잡는 것이 좋다.

08 | 테라로사 커피공장

최근 유행하고 있는 공장형 대규모 카페의 대표 주자라 할 수 있다. 유럽의 소도시를 연상시키는 붉은 벽돌 건물은 인스타그래머블한 사진을 찍기에 좋다. 내부는 층고가 높아 답답하지 않으나 찾는 사람이 많아 시끄럽다. 날씨가 좋다면 복잡한 내부보단 테라스 자리를 추천한다. 카페가 한적한 공간에 자리하고 있어 시냇물이 흐르는 소박한 풍경에 힐링이 절로 된다. 테라로사 커피는 신맛이 많이 난다. 취향에 따라 호불호가 있으니 참고하자. 베이커리도 판매하고 있어 아이 간식 먹이기에도 좋다.

주소 현천길 25 여닫는 시간 09:00~21:00
가격 아메리카노 5,000원, 카푸치노 5,000원

Episode

엄마 끄피이~

아이와 여행을 하면서 카페는 쉼터의 역할을 톡톡히 했다. 아주 어릴 때는 유모차에서 낮잠을 재우고 여유를 즐겼다. 조금 자란 뒤에는 어린이 음료를 찾다가 이제 스무디나 과일 음료를 따로 시켜서 먹는다. 어느 날 엄마가 먹는 건 뭐냐고 물어보기에 "엄마는 커피"라고 알려주었더니 어린 발음으로 "엄마는 끄피이~"라고 대신 주문을 해주었다. 1살 더 자란 아이가 정확한 발음으로 "엄마 커피"라고 하길래, "아니야. 엄마 끄피이~"라고 해야지 했더니 "난 이제 형아야. 커피라고 말할 수 있다고~"라고 했다. 아이가 빨리 자라지 않았으면 좋겠다고 생각했다.

평창

PLACE TO EAT

01 가벼슬

곤드레밥으로 유명한 곳. 주문과 동시에 지은 곤드레밥에 들깨와 들기름으로 무친 콩나물, 고사리, 배추나물을 함께 넣어 빡빡하게 끓인 강된장을 넣어 먹는다. 지나친 일반화일지 모르지만 나물을 잘 먹지 않는 아이라도 가벼슬의 밥상 앞에서 무너지는 것을 매번 보았다. 그만큼 쓴맛이나 풋내 없이 맛있다. 메밀묵사발이나 메밀부침개도 맛이 좋다. 인원이 많다면 엄나무백숙을 미리 주문해 먹는 것도 좋다. 잘 먹인 한 끼에 뿌듯함이 느껴진다.

주소 이효석길 118-8
여닫는 시간 09:00~21:00
가격 곤드레밥 8,000원, 엄나무백숙 60,000원
이용 팁 아침 일찍 문을 열어 숙소의 조식 대신 먹을 수도 있다. 이효석 문화마을이 지척이다.

02 현대막국수

"산허리는 온통 메밀밭이어서 피기 시작한 꽃이 소금을 뿌린 듯이 흐붓한 달빛에 숨이 막힐 지경이다." 이효석의 소설 <메밀꽃 필 무렵>을 재현한 이효석문화마을의 축제가 끝나면 메밀의 종착역은 막국수다. 평창에는 한 집 걸러 막국수집이라고 할 정도로 많다. 그중 현대막국수는 100% 순메밀 막국수를 먹을 수 있다. 주문과 동시에 면을 뽑아내면 가위도 필요 없을 정도로 뚝뚝 끊어지기 때문에 아이가 먹기에도 좋다. 육수는 과일과 채소로 내어 깔끔하다. 고춧가루로 된 양념이 있으나 양이 적어 전체적으로 맵지 않다. 메밀전병은 속이 매운 양념이라 아이를 먹이기 위해서라면 메밀부침을 주문하는 것이 좋다.

주소 동이장터길 17
여닫는 시간 09:00~21:00
가격 순메밀막국수 10,000원, 메밀막국수 7,000원, 메밀부침 6,000원, 돼지수육(중) 20,000원

03 | 금천회관

횡계 시내에 위치하고 있는 이곳은 물갈비가 대표 메뉴다. 탄광촌 광부들이 일을 마친 뒤 목에 낀 탄가루를 빼기 위해 돼지고기를 먹었는데 그냥 먹으니 뻑뻑해 물을 부어 먹었고, 돼지갈비에 불고기 양념을 해서 물을 자작하게 부운 뒤 전골처럼 먹는 것이 유래가 됐다. 약간의 고기와 버섯을 남겨 졸인 뒤 밥을 비벼 먹어도 좋다. 아이가 먹기엔 맵지만 오삼불고기도 유명하다. 삼겹살과 오징어만 정직하게 들어갔으나 양념이 맵고 칼칼해 맛이 좋다. 두 메뉴 모두 2인분부터 주문 가능하다. 아이가 먹을 수 있는 단품 메뉴로 황태해장국이 있다.

주소 대관령로 92
여닫는 시간 10:00~21:00
가격 물갈비 12,000원, 오삼불고기 12,000원

04 | 진태원

진태원의 모든 식탁마다 있는 메뉴는 탕수육이다. 찹쌀반죽을 입힌 고기 튀김에 부추를 넣어 만든 탕수육 소스와 함께 먹는다. 자칫 텁텁할 수 있는 소스에 부추를 넣으니 뒷맛이 깔끔하다. 고기 튀김과 소스는 따로 주지만 부먹과 찍먹을 논할 필요가 없다. 튀김옷은 두껍지 않고 바삭하면서 부드러운 즉, 잘 된 고기 튀김이기 때문이다. 고기 튀김 반은 소스를 붓고, 반은 후춧가루를 섞은 소금에 찍어 먹다가 간장소스에 찍어 먹어보자. 그 뒤에 탕수육 소스에 찍어 먹으면 다양한 맛을 즐길 수 있다. 소스를 부은 탕수육도 바로 나온 튀김이라 바삭하고 흡수가 잘 되어 맛이 좋다.

주소 횡계길 19
여닫는 시간 월~토요일 11:00~16:00, 일요일 12:30~16:00
가격 탕수육(중) 25,000원, 짜장면 5,000원
이용 팁 주말에는 대기줄이 길어 여는 시간에 맞춰가는 것이 좋다.

아빠 엄마도 궁금해!

음식 이야기

탕수육

탕은 설탕, 추는 식초를 말하는데, 탕수라는 말 자체가 새콤달콤이라는 뜻이다. 육에 해당하는 러우는 중국 사람들이 가장 좋아하는 돼지고기를 뜻하는데, 그래서 튀긴 고기에 달고 새콤하게 끓인 녹말 채소 소스를 끼얹어 먹는 요리를 말한다. 탕수육은 18세기 중국과 영국의 아편전쟁에서 태어난 전쟁 음식이다. 전쟁에서 패한 중국은 불공정 조약을 맺게 된다. 그 결과 중국 영토에 영국 상인이 많이 살게 되었는데, 영국 사람들은 중국음식이 입에 잘 안 맞다며 국가적으로 항의했고 그때 개발된 음식이 달달하고 짭조름한, 포크로 콕콕 집어 먹을 수 있는 탕수육이다. 우리나라에선 임오군란으로 청나라에 원군을 요청하게 되면서 화교가 정착했고, 그때부터 청요릿집을 열어 판매했다고 한다.

05 산수명산

월정사 아래의 산채정식 음식점 중 하나로 20여 년 동안 산채정식만 전문으로 해 믿음이 간다. 산채정식의 주인공인 나물무침은 오대산에서 난 것을 사용한다. 주인 내외가 직접 나가 구해오기도 하고 나물꾼이나 마을 사람들이 채취해 파는 것을 구입하기도 한다. 곰취와 방풍나물, 곤드레와 같이 친숙한 나물은 물론 당귀, 우산나물, 눈개승마 같이 특별한 약초도 있다. 그렇게 만든 무침과 장아찌가 30여 가지로, 봄에 가져와 잘 말린 뒤 사계절 조리해 선보인다. 불교에서 금하는 다섯 가지 음식물인 오신채를 넣지 않고 간장과 참기름 등을 사용해 조리하는 것도 특징이다. 황태해장국이나 산도토리묵과 같은 강원도 토속 음식도 판매하며 여름에는 한우물회도 별미다.

주소 오대산3길 13
여닫는 시간 09:00~21:00
가격 산채정식 18,000원, 황태국정식 10,000원

06 삼거리정육점식당

마을 사람들이 주로 오는 현지인 식당으로 질 좋은 고기를 맛볼 수 있다. 정육점을 겸하고 있고, 소비량이 많다 보니 냉장육을 취급한다. 냉동은 고기의 수분이 팽창되므로 냉장육과 식감이 확실히 다르다. 구워먹을 수 있는 육고기는 생삼겹살과 가브리살 두 종류다. 매운 양념을 바탕으로 한 제육볶음과 오삼불고기도 맛이 좋다. 된장찌개가 있으나 고추가 들어가 맵다. 백반정식은 인심이 듬뿍 담겨 가성비가 좋다. 간장불고기부터 아이가 먹을 수 있는 기본 반찬이 많이 있다.

주소 경강로 4118
여닫는 시간 06:00~14:30, 16:30~21:00
쉬는 날 첫째·셋째 일요일
가격 생삼겹살 12,000원, 백반정식 7,000원

07 홍천 삼봉통나무산장

홍천 은행나무 숲 인근에 위치하고 있다. 이름처럼 통나무 산장의 건물이 편안한 분위기를 만든다. 음식마저 산장 분위기를 제대로 낸다. 홍천 은행나무 숲 대표의 아내가 먹으러 다녔다는 삼봉약수와 토종닭을 바로 잡아 압력밥솥에 끓이는 약수백숙이 유명하다. 물 좋은 고장답게 송어회도 맛볼 수 있다. 반들반들 윤이 나는 영롱한 주황색 어육을 보노라면 눈으로 먼저 먹는 것 같다. 채썬 양배추와 채소를 넣고 초고추장에 콩가루를 넣어 버무린 뒤 송어와 함께 먹어보자. 느끼함은 줄고 고소함은 배가 된다. 좋은 재료는 기본이다. 된장찌개와 청국장을 먹어보면 산장 주인의 음식 솜씨를 알 수 있다.

주소 홍천군 내면 삼봉휴양길 42 여닫는 시간 08:00~20:00
가격 약수백숙 50,000원, 송어회 35,000원, 된장찌개 7,000원

08 | 브레드메밀

아이가 어릴 때부터 예민해 엄마는 간식으로 쌀빵을 구입해 먹였다. 밀가루는 소화도 잘 안 될뿐더러 글루텐 걱정에서였다. 건강한 빵을 찾다가 발견한 곳이 이곳이다. 평창의 메밀을 발효해 호두와 건과일을 넣어 만든 빵 '보물상자'가 대표 메뉴다. 지역의 제철 농산물을 이용한 빵도 많다. 표고버섯을 이용한 표고파파, 평창 아라리 단팥빵이나 곤드레 감자 치아바타도 모두 이곳에서 나고 자란 재료를 사용했다. 개인의 입맛에 따라 다르겠지만 메밀 구운 도넛을 추천한다. 가볍게 먹기에도 좋고 적당히 달아 아이에게 먹이기 좋다.

주소 평창시장2길 15 여닫는 시간 12:00~19:00
쉬는 날 월~화요일 가격 보물상자 7,000원, 메밀 구운도넛 2,500원

09 | 카페 연월일

월정사 가는 길에 덩그러니 놓여 있는 카페에 당황할 수도 있다. SNS에서 일명 '논 뷰'로 유명해진 카페다. 큰 창을 통해 오대산의 모습을 바라보며 논의 변화를 살필 수 있어 마음이 편안해진다. 카페는 2층 건물로 미국의 시골집처럼 아늑하고 따뜻한 분위기의 외관을 지녔다. 내부는 넉넉지 않은 자리지만 카페에서 논 뷰를 볼 수 있는 곳은 두 군데다. 테라스 공간에는 큰 창이 있어 개방감이 있다. 가장 인기 있는 자리에서 사진을 찍으려면 방문 타이밍이 잘 맞아야 한다. 메뉴는 직접 재배한 당근을 사용한 당근주스와 당근케이크가 괜찮다.

주소 진고개로 129 여닫는 시간 09:30~21:30
가격 아메리카노 4,200원, 당근케이크 5,300원

강릉

PLACE TO STAY

01 하슬라 아트월드 뮤지엄호텔

하슬라 아트월드에서 운영하는 디자인 호텔이다. '예술에 눕다'라는 콘셉트에 맞게 24개의 객실이 다 작품이다. 조각가 최옥영 작가가 모두 디자인했으니 작품이라고 해도 과언이 아니다.

호텔은 신라 황룡사탑을 지었다는 한국 최초의 건축가 이바지 구역과 소나무 그림을 잘 그리던 신라 화가 솔거 구역으로 나뉜다. 모두 바다를 향해 있으나 솔거 구역은 철골 구조가 그대로 드러난 독특한 전망이다. 객실은 모난 구석이 없다. 모든 자연의 형태는 곡선이라는 작가의 시선을 담아 욕조와 세면대, 서랍장이 모두 둥글다. 유연하기로는 침대를 빼놓을 수 없다. 새둥지처럼 생긴 침대는 엄마 배 속처럼 편안한 잠자리가 되길 바라는 작가의 마음이 담겨 있다. 모든 객실이 똑같지 않듯 침대도 다양성을 추구한다. 테라스는 자연을 안으로 들였다. 신라의 포석정처럼 세면대를 흐른 물은 길을 따라 욕조로 들어간다. 통유리창으로 밖을 보니 욕조가 바다에 뜬 것 같다. 엘튼 존과 에미넴이 그래미 무대(2011)에서 보여준 앙상블만큼이나 자연과 예술이 조화롭게 어우러지는 공간이다. 테라스 바닥은 온돌로 되어 있어 아이가 물놀이를 즐기는 중에도, 일출을 보고 바다를 즐길 때에도 적정한 온도를 유지한다. 하슬라뮤지엄 호텔에서 머문다면 '아트스테이'라는 희소성 있는 경험과 강릉다움을 즐길 수 있다.

주소 율곡로 1441
여닫는 시간 입실 15:00, 퇴실 11:00
웹 museumhaslla.com/museumhotel
이용 팁 방음이 잘 되어 아이와 머물기에 좋다. 조식은 20여 가지의 정갈한 반찬이 나오는 산야초 정식이라 아이에게 든든한 한 끼가 된다.

02 호텔 봄봄

강릉 하면 오션 뷰나 숲속의 호텔을 생각했을지도 모른다. 호텔 봄봄은 숙박과 유흥 시설이 혼재해 있는 강릉 시내에 위치하고 있다. 아이와 함께 머무르기에 어수선하지 않을까 하는 걱정은 접어두자. 주차장과 바로 연결된 건물은 따스한 느낌을 주는 고벽돌로 마감되어 있다. 세로로 길게 난 창은 불편한 네온사인을 막아주기도 하지만 봄(Spring)을 바코드화해 디자인했다. 건물 전체로 봄을 선물하는 셈이다. 내부는 모던하고 세련된 인테리어로 구성되어 있다. 편의시설이 가까이 있는 것도 장점이다. 무엇보다 가성비 면에서 나무랄 것이 없다. 덕분에 강릉에 오는 부담이 덜어져 더 가까운 여행지처럼 느껴진다.

주소 교동광장로100번길 19
여닫는 시간 입실 15:00, 퇴실 11:00
웹 www.hotelbombom.com

평창

PLACE TO STAY

01 | 밀브릿지

오대산 방아다리 약수터에 위치한 이곳은 전나무 숲에 둘러싸인 자연 친화적 휴양공간이다. 5L짜리 플라스틱 물통을 들고 뒷산에 올라야 할 것처럼 자연에 푹 파묻힌 기분이 든다. 이름도 약수터의 영문명을 사용했다. 입구부터 전나무 향이 코끝을 스치더니 이내 폐까지 시원하다. 입실과 퇴실 때를 제외하고 차가 진입할 수 없어 숲과 바짝 친해진다. 숙소 주변을 두르는 산책길은 다듬어지지 않은 날것이다. 걷는 데 방해가 되지 않는 선이면 쓰러진 나무든 물길이든 그냥 흘러가는 대로 내버려둔다. 편의시설은 벤치가 전부인데, 누울 수 있는 벤치는 하늘을 마주하도록 되어 있어 밤에 별을 보기 좋다.

대한민국을 대표하는 건축가 승효상의 작품인 이곳의 객실은 2인부터 4인까지 다양하게 구성되어 있다. 내부는 방과 욕실을 겸한 화장실이 있다. 꾸미는 요식행위는 없다. 그저 눈을 뜨면 보이는 전나무 숲이 전부다. 전자레인지와 같은 간단한 조리기구를 공유할 수 있는 주방이 따로 있다. 건물을 나와 이동해야 하는 불편은 고의적이다. 그곳까지 가는 길에 만나는 우연한 풍경을 선물하기 위해서다. 서로 공유할 수 있는 공간이 사람들을 더불어 살 수 있게 한다는 그의 철학 '빈자의 미학'이 잘 들어맞는 곳이다. 미세먼지에도 방어막을 씌운 듯 전나무가 지키고 선 이곳에서 아이는 걱정없이 야외놀이를 한다.

주소 방아다리로 1011-26
여닫는 시간 입실 15:00, 퇴실 11:00
웹 www.millbridge.co.kr
이용 팁 여름에는 숲에 사는 벌레에 물릴 수 있으니 유아용 모기패치나 스프레이를 구비하도록 하자.

02 | 켄싱턴호텔 평창

자연놀이터와 캐릭터 키즈카페, '동화나라 포인포' 캐릭터룸, 온돌룸과 같이 아이와 머무르기 좋은 룸 구성으로 인기가 좋다. 전국에 있는 켄싱턴 호텔 중 한국관광공사의 호텔 등급 심사에서 특 1급 인증을 받은 곳으로 구성 하나하나가 키즈 호캉스에 적합하다. 동계올림픽이 열린 평창답게 1층 로비에는 올림픽의 역사를 배우거나 예술작품, 월계관을 쓰고 사진을 찍을 수 있는 포토존이 마련되어 있다. 코코몽 라운지는 넓지 않지만 대형 블록과 같은 상상력을 더하는 놀이 기구가 많은 편이며 통 유리창으로 보는 오대산의 풍경 덕에 답답하지 않다. 실내 수영장은 온수로 운영되며 여름에는 외부 수영장에서 워터볼이나 패들보드와 같은 물놀이 시설도 진행한다. 야외는 볼거리, 놀거리가 더욱 많다. 대형 프랑스 정원은 가족 스냅사진을 촬영하기 좋고 놀이터 키즈플레이그라운드가 있다.

주소 교동광장로 100번길 19 여닫는 시간 입실 15:00, 퇴실 11:00
웹 www.kensington.co.kr/hpc

피노키오 그림자 놀이

하슬라 아트월드(p.204)에서 본 피노키오 전시의 연계 놀이로 그림자 놀이를 해보았다. 따로 그림자 인형을 만들지 않더라도 숙소에서 자기 전에 쉽게 손으로 그림자 놀이를 해보자. 아이와 번갈아가며 그림자 맞히기 놀이를 해도 좋다.
낯선 숙소에서 수면등 없이 불을 다 끄면 아이가 무서워할 수도 있다. 화장실 불이나 현관불을 켜두고 그림자 놀이를 해보자.

준비물 검은 종이 또는 스케치북, 가위, 펜. 빨대 또는 막대, 손전등 또는 휴대전화

만들고 놀기 피노키오를 그린 뒤 오려서 빨대에 고정시켜준다. 코가 길어질 수 있도록 코 부분만 따로 그린 뒤 오려서 빨대에 고정시켜준다. 동화 이야기를 바탕으로 극을 해줘도 좋지만 아이가 사소한 거짓말도 쉽게 하기에 코가 길어지는 부분을 재편집해서 극을 하면 좀 더 관심을 가진다. 아이에게 질문을 하고 거짓말을 하면 코가 길어지는 모습을 보여줘도 좋겠다.

PLAY
02

구름 콜라주

여행 간 날에 비가 오면 외부 활동을 하기엔 번거롭다. 숙소에서 아이와 함께 놀이를 하는 것도 여행의 한 방법이다.

준비물 스케치북. 크레파스 또는 색연필, 가위, 풀

만들고 놀기 미술 재료를 낯설어하는 아이에게 그냥 낙서만 하도록 스케치북을 펼쳤다. 유독 파란색을 좋아하는 아이는 하늘색, 파란색, 군청색을 마구 칠했다. 기록으로 남기고 싶은 마음에 같이 가위를 들고 구름 모양으로 잘랐다. 아이와 함께 파란색 크레파스를 들고 동요 <이슬비>를 부르며 비를 그린다. 아래에는 빨간 우산, 파란 우산, 색색의 우산을 그리고 친구들을 그려준다.

함께 읽어주면 좋은 책
- 비 오니까 참 좋다
- 비가 주룩주룩

박스굴레 레이스

여행을 마치고 숙소로 돌아왔는데, 활동량이 적어 아이의 체력이 아직 남았다면 가족 올림픽을 열어보자. 미리 큰 박스를 준비해가도 좋고 리조트나 편의점에서 박스를 구해도 좋다.

준비물 박스, 크레파스 또는 색연필, 가위, 테이프

만들고 놀기 박스의 날개 부분은 자른다. 아이와 아빠 엄마의 몸에 맞게 크기를 정한 뒤 둥글게 만들어 테이프로 고정시킨다. 크레파스나 색연필로 자신의 박스 굴레를 꾸민다. 출발선에 박스 굴레를 두고 몸을 둥글게 말아 들어간다. 출발 신호와 함께 다람쥐가 쳇바퀴를 돌리듯 달린다.

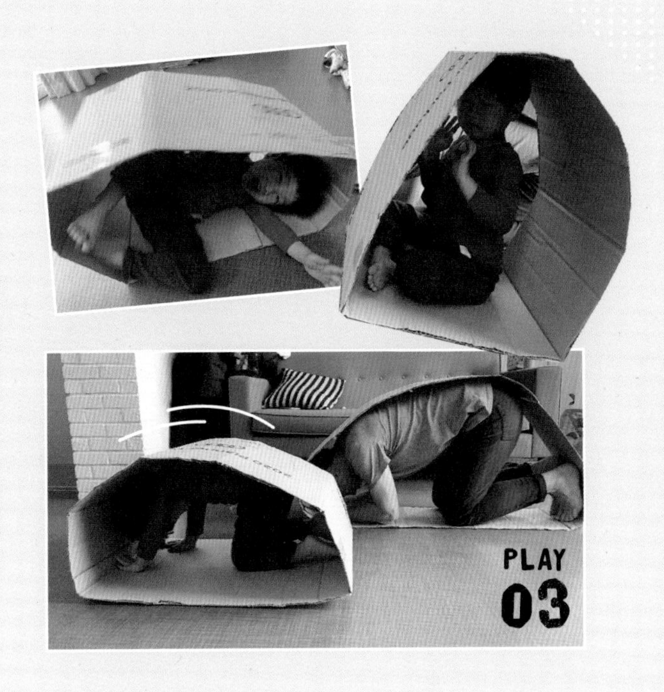

PLAY 04

모자 꾸미기

한참 영화 <겨울왕국>을 좋아하는 아이를 위해 대관령 양떼목장(p.207)에 가기로 했다. 올라프를 만들기 위해서다. 이왕 씌워주는 모자를 예쁘게 꾸미기로 했다.

준비물 모자, 폼폼, 테이프, 부직포, 가위

만들고 놀기 모자는 다이소에서 저렴한 것을 구매해 꾸몄는데, 잘 안 쓰는 모자로 해도 상관없다. 우리 아이는 폼폼을 두르고 부직포로 이름을 만들어 붙였다. 눈사람을 만들고 가지로 팔을 만든 뒤 자갈로 단추를 만들었다. 모두 아이가 찾아오는 재료였다. 코는 꼭 당근코로 해야 한다고 했기에 미리 준비해갔다.

함께 읽어주면 좋은 책
- 도토리 마을의 모자가게
- 눈사람 아저씨

WHERE TO GO

01 공주

부여

02 서산

당진

03 충주

괴산

아이 좋아

가족 여행

충청

WHERE TO GO
01
공주+부여

공주 + 부여

BEST COURSE

1박 2일 코스

01 아이와 여유롭게 보낼 수 있는 힐링 코스

1일 공산성 → 점심 고가네칼국수 → 송산리 고분군 → 저녁 곰골식당

2일 부소산성 → 점심 장원막국수 → 백제문화단지 → 저녁 시골통닭

02 아이와의 다양한 활동을 중시하는 체험 코스

1일 로보카폴리 안전체험관 → 점심 맛깔 → 공산성 → 석장리 선사유적지 → 저녁 배꼽

2일 백제문화단지 → 점심 향우정 → 부소산성 → 저녁 서동한우

2박 3일 코스

01 아이와 여유롭게 보낼 수 있는 힐링 코스

1일 공산성 → 점심 고가네칼국수 → 송산리 고분군 → 저녁 곰골식당

2일 석장리 선사유적지 → 점심 도시락 → 연미산 자연미술공원 → 저녁 배꼽

3일 부소산성 → 점심 장원막국수 → 궁남지

02 아이와의 다양한 활동을 중시하는 체험 코스

1일 로보카폴리 안전체험관 → 점심 맛깔 → 공산성 → 석장리 선사유적지 → 저녁 배꼽

2일 연미산 자연미술공원 → 점심 곰골식당 → 갑사 → 저녁 서동한우

3일 부소산성 → 점심 향우정 → 성흥산성 → 서동요테마파크

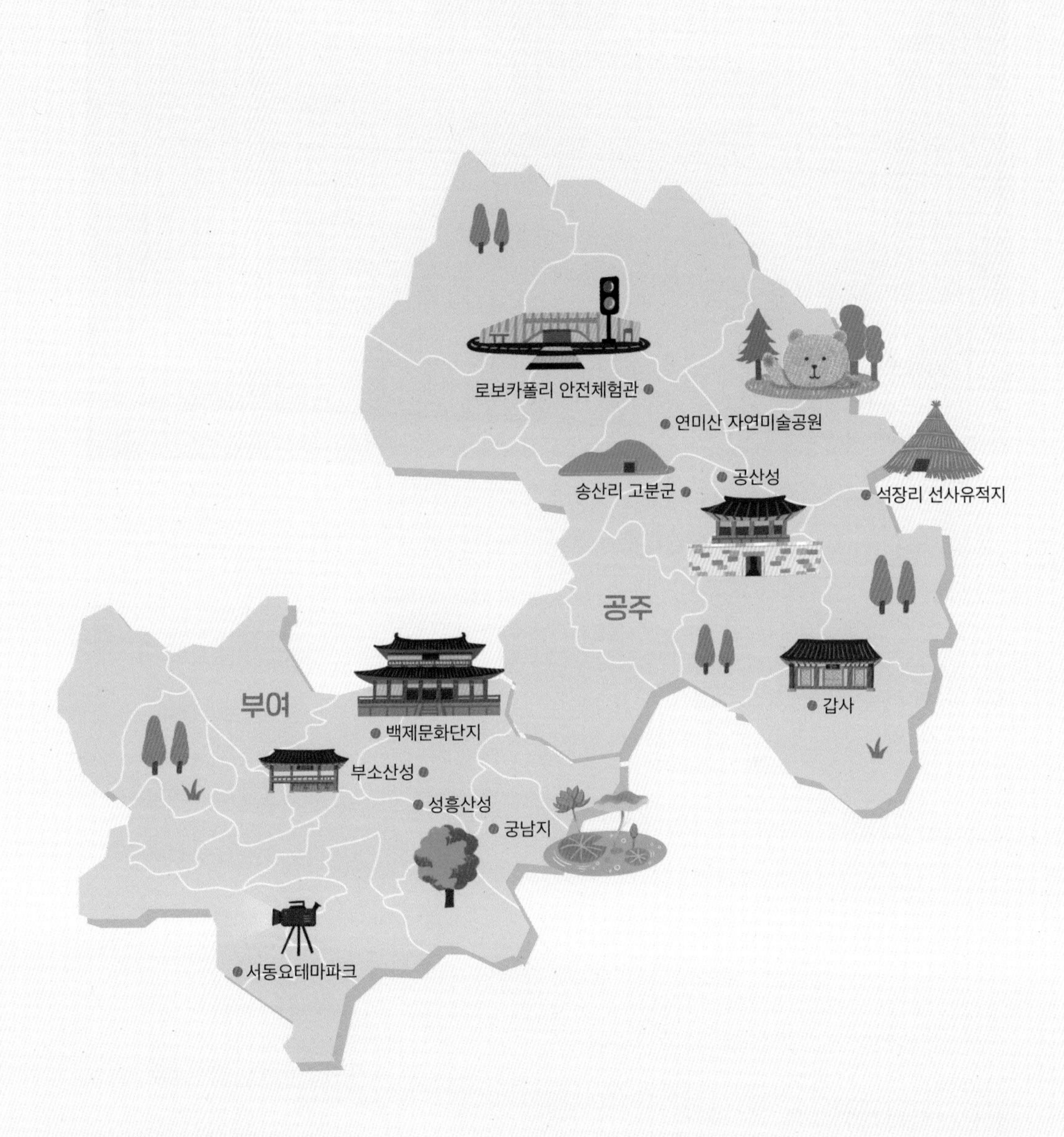
로보카폴리 안전체험관
연미산 자연미술공원
공산성
송산리 고분군
석장리 선사유적지
공주
갑사
부여
백제문화단지
부소산성
성흥산성
궁남지
서동요테마파크

공주

SPOTS TO GO

01 공산성

공주를 대표하는 유적이자 백제의 두 번째 도읍지다. 초여름에는 금서루 앞 철쭉이 피어나고, 여름 절정에 이르면 녹음이 짙어지며, 가을에는 영은사 은행나무를 시작으로 단풍이 물들고, 겨울에는 토성이 제 속살을 드러낸다.

흙을 다져 만든 토성은 둘레 2,660m다. 조선 초기 개축을 시작해 대부분 돌로 덮였으나 일부 그 흔적을 찾을 수 있다. 해발 110m의 공산을 따라 성곽이 구불구불 이어진다. 고꾸라질 듯 가파르다가도 이내 경사가 완만해져 한숨 돌린다.

때문에 아이와 걸을 때에는 성내로 걷는 것이 좋다. 가장 짧게는 금서루를 지나 오른쪽 오솔길로 들어 추정 왕궁지를 보고 성곽을 돌아오는 코스다. 아이의 체력이 가능하다면 왼쪽 성곽을 따라 공산정에 올라 시원하게 뻗은 금강과 시가지를 조망해보자.

강을 가로지르는 금강철교는 1932년 충남도청을 공주에서 대전으로 옮겨 가는 대가로 만든 다리다. 그전에는 공주에 오는 물자를 감당하기 위해 나룻배 20~30척을 이은 배다리가 대신했다. 밤이면 미르섬으로 가자. 성곽에 조명이 들어와 백제의 곱고 우아한 선을 새롭게 볼 수 있다.

난이도 ★★
주소 웅진로 280
여닫는 시간 09:00~18:00
요금 어른 1,200원, 청소년 800원, 어린이 600원
여행 팁 성곽에 안전 펜스가 없으니 낙상사고가 없도록 주의가 필요하다.

아이가 즐길 수 있는 여행법

공북루에서 성곽을 따라 조금 더 오르면 석빙고가 나온다. 겨울에 금강이 얼면 얼음을 옮겨 왕겨로 싸서 이곳에 보관했다. 입구는 창살로 막혀 있지만 가까이 다가가면 찬 기운이 돈다. 근처에 있는 민들레 홀씨를 띄웠더니 찬바람에 날아가는 모습을 볼 수 있었다. 조금만 더 걸어가면 만하루가 나온다. 조선 영조 때 금강의 물을 가둬 성내에 공급하는 연지도 있다. 만하루에는 성을 몰래 오갈 수 있는 암문이 있어 아이가 술래잡기나 숨바꼭질 같은 놀이를 하면 좋아한다.

백제를 한 번 살리고 한 번 멸망시킨 공산성

백제는 첫 번째 도읍지인 한성의 하남위례성(지금의 풍납토성)이 함락되고 공주(웅진)로 이동해 터를 잡았다. 고구려군의 남하를 막고 왕실을 보존하기 위해 고르고 고른 도읍지다. 한성과는 달리 평지가 거의 없고 좁았지만, 북으로 금강이 흘러 천혜의 자연을 이용한 난공불락의 방어성이었다. 공산성은 백제에게 64년 동안의 평화시대를 선물했다. 수도를 부여(사비)로 옮겼다가 다시 발을 들인 건 백제의 마지막 왕인 의자왕이다. 나당 연합군에게 쫓겨 사비성을 버리고 공산성에 왔으나 결국 항복해 백제는 멸망한다. 공산성은 백제를 구원하고 다시 멸망의 구렁텅이로 몰아넣은 결정적인 장소다.

의자왕은 왜 항복했나

의자왕은 재위 15년 동안 성군으로 알려졌다. 진덕여왕이 '신라는 작은 나라, 백제는 큰 나라'로 표현하며 우려할 정도였다. 신라는 나당 연합군을 만들어 백제를 공격했고, 의자왕은 공주 공산성으로 간다. 바다로 온 당나라 군대는 보급이 안 되었고, 백전불패의 흑치상지 장군이 이끄는 군대가 달려오는 중이었다. 이제 버티기만 하면 될 일이었는데, 의자왕은 급히 항복을 했다. 오늘날까지 의문이 이어지던 중에 중국에서 묘지명 하나가 발견된다. 백제인 예식진의 것인데 중국 문헌에 보면 '예식(예식진)이 의자왕을 데려와서 항복했다'고 적혀 있다. 매국노 한 명 때문에 백제의 운명은 그렇게 저물어갔다.

도망의 아이콘, 인조

조선 인조를 왕위로 올렸던 공신 이괄이 난을 벌이면서 한양은 반란군에게 점령됐다. 이때 인조는 피신해 공산성의 북문인 공북루 근처에 있는 영은사에 머물렀다. 10여 일이 지나고 남문인 진남루 근처 언덕에 있던 인조는 난이 평정되었다는 소식을 듣는다.
기쁜 마음에 그는 몸을 기대고 있던 두 그루의 나무(쌍수)에 벼슬을 내리고 이를 기록한 사적비를 만든다. 이후 공산성을 쌍수산성이라 불렀다. 인조는 다시 한양으로 올라왔으나 북방 군사력을 끌어다 쓴 탓에 병자호란이 터졌고, 남한산성에 한 번 더 몸을 숨기지만 결국 항복하고 만다.

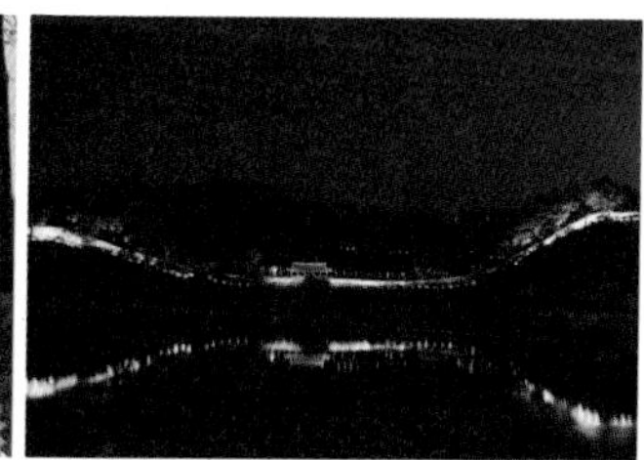

송산리 고분군

공주 송산의 남쪽 경사면은 백제의 왕과 왕비가 묻혀 있는 송산리 고분군이다. 봉긋한 고분은 두꺼비집을 오랫동안 토닥토닥 도닥여서 만든 듯하다. 둥근 능선이 부드럽게 이어지며 유순한 풍경을 만든다. 고분까지 가는 길에는 상념 따위 두지 말라는 듯 군더더기가 없다. 그저 걸었을 뿐인데 위안의 말을 건네받은 기분이다. 이곳에는 본래 17기의 무덤이 있었으나 석실로 이루어진 1호분에서 5호분, 그리고 국내 유일의 벽돌 고분인 6호분이 발굴되었다. 우리나라의 벽돌무덤은 고조선 이후 볼 수 없었으나, 이 고분군의 존재를 통해 백제가 당대 교류하던 중국 양나라의 영향을 받았음을 추측할 수 있다. 1971년 여름 장마가 길어지자 세기의 관심을 받는 6호분이 물에 잠길 위기에 놓였다. 물길을 다른 곳으로 옮기기 위해 배수로를 파는데 삽에 '탁' 하고 무엇인가 부딪혔다. 1,500년 넘게 지하에 잠들어 있던 무령왕의 묘였다.

난이도 ★
주소 웅진동 55
여닫는 시간 09:00~18:00
요금 어른 1,500원, 청소년 1,000원, 어린이 700원

무덤을 지키는 석수

아빠 엄마도 궁금해!

감히 임금의 무덤을 건드리다니!

무령왕릉이 발견되자 큰 폭우가 쏟아졌고 동네 사람들은 왕이 노했다고 소문이 퍼졌다. 임금의 무덤을 건드리면 큰일 난다고 하는데 그 말이 맞는지도 모르겠다. 당시 발굴을 지휘했던 김원룡 단장은 갑자기 빚을 떠안고 이를 해결하기 위해 정릉에 있는 집을 팔아야 했다. 유물을 운송하던 운전기사는 넘어져 다치고, 다른 이는 교통사고를 내는 악재가 이어졌다.

12시간의 졸속 발굴

1971년 7월 7일. 입구까지 팠는데 그날 밤 폭우가 쏟아졌다. 취재진은 공개를 요구했고 구경꾼은 점점 늘어났다. 급하게 진행된 발굴 작업. 위령제도 간소했다. 무령왕릉이라고 발표하자 난리가 났다. 경찰도 기웃대고 보도진들은 함부로 들어가 촬영하다가 청동숟가락을 밟아 부러뜨리기도 했다. 이틀간 유물을 쓸어 담듯 가지고 나왔다. 내부 실측도 못해 어떤 위치에 어떤 의미인지 알 수가 없게 되었다. 무령왕릉 발굴성과를 보고할 때, 박정희 전 대통령은 왕비의 금팔찌가 순금인지 확인하기 위해 휘어보기까지 했다. 우리 손으로 발굴 조사한 경험도 없고 행정조치도 미비한 그야말로 시대적 한계였다. 관장은 평생 나라와 국민, 후대에게 큰 죄를 지었다고 후회했다.

도굴을 피한 무령왕릉

백제고분은 일제강점기에 대부분 도굴되었는데 무령왕릉의 도굴 흔적이 없다. 사실 한 번의 위기가 있었다. 1938년 일제강점기에 한문교사로 공주에 온 가루베 지온은 6호분을 도굴해 일본에 가져가려 늘 어슬렁거렸다. 6호분 바로 뒤에 있던 무령왕릉이 발견되지 않은 것은 천운이었다. 그는 풍수지리 상 무령왕릉의 고분을 구릉이라 생각했던 것이다.

무령왕릉을 통해 백제를 보다

무덤 입구의 석수는 왕을 지키고 나쁜 기운이 물리치는 상상 속 동물이다. 날개가 달린 석수가 왕을 두고 하늘에 오를 수 없도록 한 쪽 다리를 부러뜨려 놓았다. 석수 뒤의 지석은 무덤 주인을 알려주는 이력서다. 영동대장군 백제 사마왕(무령왕의 이름) 523년 5월 7일(묻힌 날)이라 새겨져 있다. 왕이 묻힌 땅을 토지 신에게 산다는 토지매입서와 땅값 엽전 두 줄도 있다. 무덤의 벽돌 양식과 유물이 중국 양나라와 거의 동일하고, 목관을 일본 특산 나무인 금송으로 만든 것으로 보아 백제는 동아시아 교류가 활발했던 나라임을 알 수 있다.

신라보다 백제 문화가 알려지지 않은 이유

신라가 통일해 백제의 유산보다 많은 것이 당연하지만 또 다른 이유가 있다. 바로 무덤 방식의 차이다. 신라는 나무덧널에 돌을 쌓고 흙을 덮는 방식인 돌무지덧널무덤이다. 도굴하기 힘든 것은 물론 덧널이 썩으면 돌이 무너지니 진입이 쉽지 않았다. 백제는 돌로 방을 만드는 방식인 돌방무덤으로 방문만 찾으면 누구나 쉽게 도굴이 되는 형태라 터만 남은 무덤이 많다.

연미산 자연미술공원

육아를 하다 보면 체력이든 감정이든 무리를 하게 된다. 적당한 게으름의 시간, 쉼의 공간이 필요하다. 그건 부모에게만 해당되는 이야기는 아니다. 아이에게도 흥미를 채우면서 힘이 들면 잠시 쉴 수 있는 휴게공간이 필요하다.

연미산 자연미술공원에는 제각기 다른 취향을 만족시킬 '숲속의 은신처'가 많다. 16개국 25개 팀의 자연미술 작가들이 만든 셸터 프로젝트(Shelter Project)의 결과물이다. 홈이 파여 숨거나 벽을 만들어 들어갈 수 있는 구조물은 호기심을 자극한다. 아이의 아지트를 찾아 숲속 탐험을 떠나보자. 공원 내에는 80여 점의 자연미술 작품이 있다. 금강자연미술비엔날레 프로젝트인 <숨 쉬는 미술>과 더불어 2018년 <숲속의 은신처>, 2019년 <新석기시대> 작품 20여 점을 선보인다. 작품을 돋보이게 하기 위해 정리된 미술관과 달리 자연과 어우러져 숲과 예술을 함께 즐길 수 있다. 특별한 관람 예절은 없다. 관람자와 소통하는 쌍방향 전시는 작품을 눈으로만 감상하던 기존의 위계를 뛰어넘어 아이들이 직접 만져보고 몸으로 느낄 수 있다. 훼손이라 생각하지 않는다. 자연미술 작품이라 순리나 생명력에 따라 자연으로 되돌아가거나 교체된다. 남녀노소를 불문하고 예술 놀이터를 제공하기 위해 노력한 흔적이 또렷하다. 숲에 안겨 안정감을 느끼는 동시에 세상에서 잠시 비켜 난 기분이 든다. 이곳의 여행은 아이와 함께 색다른 휴식을 선물 받는 느낌이라 의미가 있다.

난이도 ★★
주소 연미산고개길 98
여닫는 시간 10:00~18:00
쉬는 날 월요일, 12~2월 동절기
요금 어른 5,000원, 청소년·어린이 3,000원
웹 www.natureartbiennale.org
여행 팁 여름에는 입구에 해충제 스프레이가 있지만 얇은 긴 바지와 티셔츠를 입히는 것이 좋다. 숲이 우거져 차양은 잘 되는 편이다.

아이가 좋아하는 작품 살펴보기

솔곰(Pine Bear) – 고요한

곰은 공주시의 마스코트다. 연미산 인근에 있는 고마나루 설화 때문. 자연미술공원 내에도 곰을 주제로 한 작품을 쉽게 볼 수 있는데, 작가는 곰과 일체가 된 소나무에 주목했다. 장구한 시간을 버티며 보고 들은 이야기를 대신해줄 10m 크기의 거대한 솔곰을 탄생시켰다. 내부에 2층과 3층 전망대를 만들어 바깥 숲을 내려다볼 수 있다.

렛잇비(Let it Bee) – 스테파노 데보티(Stefano Devoti)

벌집을 모티브로 한 작품으로 생명체와 유기적으로 연동된다. 실제로 몇 개의 벌통이 있어 벌의 집단 활동과 기하학적인 건축, 지속가능한 생산성을 보여준다. 내부에는 벌과 관련된 영상이 나오고 테이블과 의자가 있어 잠시 쉬어갈 수 있다.

잎 셸터(Leaf Shelter) – 애니 시니만, PC 얀서 반 렌즈버그(Anni Snyman, PC Janse van Rensburg)

나무가 햇빛을 바꾸기 위해 잎 모양을 바꾸는 것처럼 서로에게 영향을 주는 모습에서 영감을 얻었다. 쌍을 이룬 나무의 잎 모양을 본뜬 구조물로 공중에 떠 있다. 사다리를 타고 올라가 평상에서 놀 수 있어 아이들이 특히 좋아한다.

숲의 파도 셸터(Forest Wave Shelte)r – 팀 노리스(Tim Norris)

연미산 숲속에 있는 나뭇가지를 모아 만들었다. 서핑을 해도 될 듯 큰 파도의 형상으로 힘 있고 유동적인 모습이다. 반대로 파도 안 의자에 앉으면 어릴 적 안전하게 안아주던 아빠의 팔만큼 아늑하다.

FRP 원형 구조물(FRP Fabric Sphere) – 카즈야 이와키(Kazuya Iwaki)

아이가 가장 좋아한 작품이다. 원형 구조물이 모빌처럼 매달려 움직여서다. 작가는 보호 개념의 안식처보다 자연과의 교감을 더 중시했다. 바람이 불면 움직이고 선이 중심인 구조물은 틈 사이로 냄새가 들어온다. 숲을, 자연을 시각화한 작품이다.

앙뜨뉘우스(Ant News) – 배종헌

파빌리온은 여러 세계를 다양한 시선으로 경험하게 한다. 유리로 격리된 우리는 날씨와 숲으로부터 구분된다. 마룻바닥에 앉아 잠시 쉬어가는 동안 우리는 완전히 다른 세계의 뉴스를 개미의 관점에서 만날 수 있다. 문을 열고 나가는 순간 나무의 호흡과 풀벌레 소리가 들리면서 현실로 돌아온다.

석장리 선사유적지

역사 이전의 시간을 선사시대라고 한다. 기록이 없으니 유물로 당시를 추측한다. 1963년 고고학을 전공한 미국인 '알버트 모어Albert Mohr'부부가 홍수로 토양이 쓸려간 강변에서 뗀석기를 발견했다. 우리나라에 구석기시대부터 사람이 살았다는 증거다. 이듬해 연세대 사학과 손보기 교수가 함께 발굴을 진행해 새로운 석기를 찾아냈다. 약 3만 년 전 한반도 인류의 흔적이다. 아이와 과거를 여행하는 방법은 공감이다. 야외에는 선사시대 막집을 중심으로 선사인의 생활상을 조형물로 재현해 놓았다. '무얼 먹고 살았을까?', '사냥은 무엇으로 했을까?', '추울 땐 어떻게 했을까?' 질문이 생길수록 아이의 답변은 구체적으로 진화한다.

5월에는 구석기 축제가 열린다. 구석기 돌창 만들기나 당시 의상을 입고 퍼레이드를 하기도 한다. 가장 인기 있는 프로그램은 '구석기 음식나라'다. 돌화덕에 닭고기와 돼지고기, 감자와 옥수수 등을 꼬치에 끼워 구워먹을 수 있다. 밤에는 '구석기의 빛'을 주제로 한 별빛정원이 열린다. 롤 슬라이드가 구비된 놀이터는 늘 축제처럼 즐겁다.

난이도 ★
주소 금벽로 990
여닫는 시간 09:00~18:00
쉬는 날 명절 당일
요금 어른 1,300원, 청소년 800원, 어린이 600원
웹 www.sjnmuseum.go.kr
여행 팁 나들이 장소로도 좋아 돗자리를 비롯한 피크닉 준비를 해가도 좋다. 매점이 없으니 먹거리도 함께 챙기자.

로보카폴리 안전체험공원

언택트

아이가 자랄수록 할 수 있는 것도, 갈 수 있는 곳도 많아진다. 더불어 걷고 뛰기 시작하니 안전사고가 걱정된다. 아이가 안전수칙을 제대로 지킬 수 있도록 교육이 필요하다.

공원은 안전생활실천시민연합에서 운영한다. 현대자동차와 함께 '어린이 통학사고 제로 캠페인'을 실시하는 등 각종 안전사고 예방에 많은 노하우를 가지고 있다. 안전체험공원은 인기 캐릭터 '로보카 폴리' 친구들과 함께해 더욱 친숙하다. 체험시기에 따라 체험 프로그램은 생활안전, 교통안전, 재난안전, 물놀이안전, 자전거안전, 교통안전으로 나뉜다. 아빠 엄마도 그동안 잘못 알았던 상식에 화들짝 놀라기도 한다. 화재체험은 신체에 무해한 연기를 피워 탈출해 생생한 경험이 된다. 실내체험관은 키즈 카페처럼 꾸며져 있어 놀면서 배운다. 가장 인기 있는 교육은 자전거와 전동차 체험으로 보호장비 착용법부터 횡단교통표지까지 배울 수 있다. 전동차는 5세부터 운전이 가능하며 5세 이하 어린이는 보호자가 동승해야 탈 수 있다. 모든 체험은 홈페이지를 통한 사전 예약이 필요하다.

난이도 ★
주소 월미동길 219
여닫는 시간 평일 10:00, 14:00, 주말 10:00, 14:00, 15:30 (홈페이지 예약 필수)
쉬는 날 월요일, 설·추석 연휴
요금 무료
웹 www.safelife.or.kr/edu/edu_1_1_6.php
여행 팁 평일에는 단체 체험이 많아 주말이 좋다. 낮잠 자는 아이의 경우 오전 10시 체험을 추천한다.

갑사

흔히 '계룡산에서 도를 닦는다'고들 하지 않던가. 주봉인 천황봉을 잇는 능선이 마치 닭 벼슬을 머리에 쓴 용의 형상을 이루고 있어 길한 지형이다. 박찬호 선수가 1999년 LA다저스 시절 슬럼프를 이겨낸 곳으로 계곡 물에 냉수욕을 한 뒤 시즌 18승이라는 대기록을 세웠다.
기운이 남다른 계룡산에 으뜸을 뜻하는 갑을 붙인 사찰이다. 백제 때 아도화상이 창건했다. 세종 6년(1423년)에는 사원 통폐합 대상에서 제외되었고 세조 때는 왕실의 비호를 받아 석가의 일대기를 쓴 <월인석보>를 판각했다.
일주문에서 대웅전까지 일직선에 놓는 가람 배치와 달리, 갑사는 일주문 길과 철당간 길, 두 갈래로 나뉜다. 대웅전이 원래 개울 넘어 대적전 근처에 있다가 지금의 자리로 옮겨져서다.
갑사는 사찰로서 매력뿐 아니라 문학으로 한 걸음 더 다가온다. 작가 이상보의 수필 <갑사로 가는 길> 덕분이다. 그림을 그리듯 묘사한 그의 글이 풍경과 중첩된다. '보드라운 밍크코트를 입은 듯이 탐스러운 자태'의 설경도 좋지만 갑사의 절경은 가을이다. 오죽하면 춘마곡추갑사(春麻谷秋甲寺)라는 말이 생겼을까. 봄에는 마곡사가 어여쁘고 가을에는 갑사가 아름다워 그리 불린다. 사찰 전체가 붉게 물들고 오리 숲길이 단풍으로 채워진다. 그렇다고 가을에만 찾기엔 억울한 곳이다. 4월이면 황매화가 피어서다. 우리나라 최대 군락지로 일주문 안쪽에는 청초한 홑황매화가, 바깥쪽에는 풍성한 겹황매화가 몽글몽글 꽃핀다.

난이도 ★★
주소 갑사로 567-3
여닫는 시간 24시간
요금 어른 3,000원, 청소년 1,500원, 어린이 1,000원(현금 결재만 가능)
여행 팁 아이의 컨디션에 따라 일주문으로 올라 대웅전과 대적전을 보고 철당간 쪽으로 내려오는 방법을 추천한다.

갑사에서 꼭 봐야 할 포인트

주요 사찰 건물

임진왜란 이후 지금의 자리로 옮긴 대웅전은 칠존상을 모시고 있다. 칠존상이란 세 불상과 네 보살상을 말한다. 모두 나무로 틀을 짜고 흙을 바른 소조상이다. 삼신각은 우리나라 토속신앙을 가져온 건물이다. 부처 외에 다른 신을 모시는 유일한 공간으로 칠성탱화가 그려져 있다. 관음전 맞은편 건물은 <월인석보> 목판을 소장한 장판각이다. 굳게 잠겨 있어 목판을 볼 수는 없다. 종각 근처 간성장은 매국노 윤덕영이 공주 부자에게 받은 별장이다. 계곡에 있던 공우탑을 주변으로 옮겨 기념하는 흔적을 남겼다.

동종

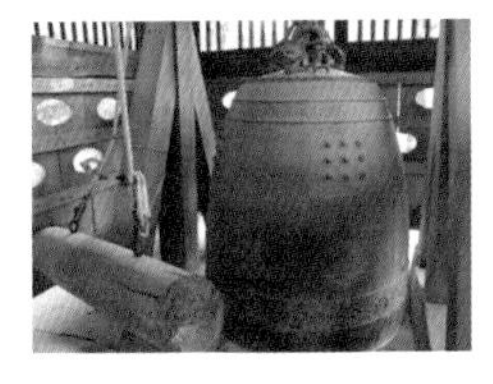

선조 17년(1584년) 왕의 평안을 축원하고자 주조되었다. 두 마리 용이 만든 상단 고리가 생동감 넘친다. 바로 아래 물결치는 입체 무늬와 인도 불교언어인 범자 31자가 새겨져 있다. 일제강점기 때 헌납이라는 명목으로 공출되었는데 인천에서 방출을 기다리던 것을 해방 후 되찾았다.

공우탑

종각 옆 공우탑은 소에게 바치는 3층 석탑이다. 백제 때 갑사에 속한 암자를 지을 자재를 운반하던 소가 죽자 그 넋을 위로하기 위해 세웠다.

석조약사여래입상

갑사의 암자인 중사자암에서 암굴형 법당으로 옮겨온 불상이다. 왼손에 보주 모양의 약합(藥盒)을 들고 있어 약사여래임을 알 수 있다. 살짝 감은 눈매와 지을 듯 말 듯한 미소가 신비로운 분위기를 자아낸다.

대적광전과 승탑

대적광전은 갑사의 본당인 금당 터로 추정되는 곳으로 목조아미타여래삼존상을 모시고 있다. 바로 앞 승탑은 고려시대, 승려의 사리나 유골을 안치한 부도고, 가장 하단인 기단부의 조각으로 유명하다. 편평한 바닥돌을 두고 2단의 하대석을 두었다. 상단은 구름 사이를 휘젓는 용을, 하단은 연꽃 사이로 달리는 사자를 새겼다. 하단에 승려 한 명을 숨겨놓아 아이와 함께 찾아보는 것도 재미있다. 구분선에 있는 오래되어 틀어진 것처럼 보이는 홈은 물이 빠지는 구멍으로, 의도적으로 만든 장치다.

철당간

행사 때 절 입구에 깃발을 매다는 시설이다. 3기 남은 철당간 중 통일신라 유물로는 유일하다. 철은 전쟁에 공출되기에 남아 있는 경우가 없어 더욱 귀하다. 원래 28마디이나 1893년에 벼락을 맞아 상단 네 마디가 부러졌다.

부여

SPOTS TO GO

01 부소산성

부여는 백제가 사비(부여)로 수도를 천도하면서 만든 계획도시다. 평지에 사비성을 만들고 왕궁을 수비하는 배후산성, 부소산성을 만들어 최후 방어기지로 사용했다. 해발 106m의 낮은 산이지만 북으로 백마강을 둔 천혜의 요새다. 또한 나성을 만들어 도시 전체를 방어하는 도성 개념을 실현한 예다.

산책코스는 백제 말의 충신인 성충, 흥수, 계백의 위패를 봉안한 삼충사에서 시작한다. 동쪽 언덕의 2층 누각인 영일루에서 왕과 귀족들은 매일 계룡산 연천봉에서 떠오르는 해를 보고 태평성대를 기원했다. 군창터는 1915년 불에 탄 곡식이 발견되어 군량미를 비축한 터로 밝혀졌으며 군사들이 만든 움집을 전시한 수혈건물지도 있다. 부여 최고의 전망대인 반월루에 오르는 것도 추천한다.

가장 유명한 장소는 삼천궁녀가 떨어졌다는 낙화암이다. 이곳에 들러 궁녀의 영혼을 위로한 뒤 임금이 마신 약수터 고란사까지 둘러볼 수 있다. 아이의 체력을 고려한다면 구드래 나루터에서 황포돛배를 타고 고란사 선착장에서 하차한 뒤 낙화암을 둘러볼 수도 있다.

난이도 ★★
주소 부소로 15
여닫는 시간 11~2월 09:00~17:00, 3~10월 09:00~18:00
요금 어른 2,000원, 청소년 1,100원, 어린이 1,000원
황포돛배 어른 왕복 7,000원, 편도 5,000원, 어린이 왕복 3,500원, 편도 2,500원

백제문화단지

1,400여 년 전 백제가 다시 깨어났다. 538년 성왕의 사비성이다. 사비궁은 '검이불루 화이불치(儉而不陋 華而不侈)', 검소하지만 누추하지 않고 화려하지만 사치스럽지 않다고 한다. 우수한 백제 예술을 복원하려 1994년부터 17년간 고증으로 기획하고 장인의 손으로 완성했다. 정양문(정문)을 지나 연꽃무늬 전돌을 따라가면 왕이 머문 천정전이 나온다. 즉위의례나 국가행사를 주관하는 정전이다. 내부에는 왕과 왕비의 평상복과 대례복을 전시하며 정전 앞에선 공연이 열리기도 한다. 어깨를 나란히 한 서궁 무덕전과 동궁 무사전은 무신과 문신 관련 업무를 처리하던 궁이다. 서궁에서는 백제 복식을 입어보거나 활쏘기 체험을 할 수 있다. 왕궁보다 높은 건물은 능사 내에 있는 높이 38m 거대 목탑이다. 능산리 고분군 절터에서 발견한 백제 창왕명석조사리감을 참고해 복원했으며, 백제를 대표하는 유물인 금동대향로도 이곳에서 출토되었다. 향로각에서 제작과정을 디오라마로 관람할 수 있다.
멀리서 북소리가 둥둥 울린다. 능사 앞으로 연지와 수경루가 있고, 안에 대북을 설치해 누구든 두드릴 수 있다. 언덕 위 제향루에 오르면 백제문화단지를 한눈에 볼 수 있다. 아이와 천천히 10분만 오르면 된다. 언덕 넘어 위례성 마을에서는 계백 장군을 비롯한 백제인의 생활상을 볼 수 있다. 천연염색이나 도예와 같은 체험 프로그램을 진행한다. 식사를 판매하는 주막이 있지만 매점이 없어 아이가 먹을 주전부리와 물은 챙겨야 한다. 단지가 넓어 30분마다 운행하는 해설차를 이용하거나 걷기 힘든 아이들은 유모차나 킥보드를 구비하는 것이 좋다. 언덕을 제외하고는 모두 이동할 수 있다.

난이도 ★
주소 백제문로 455
여닫는 시간 3~10월 09:00~18:00, 11~2월 09:00~17:00(야간개장 ~22:00)
요금 어른 6,000원, 청소년 4,500원, 어린이 3,000원
웹 bhm.or.kr

03 궁남지

'궁 남쪽에 못을 파고 20리나 먼 곳에서 물을 끌어왔다.' 정림사지가 있는 사비도성의 남쪽에 우리나라 최초로 만든 인공정원이다. 삼국사기에 따르면 중국 전설에 신선이 노는 산인 방장선산을 형상화해 만들었다고 한다. 면적이 12만 평에 달하나 당시의 크기를 따라가지 못한다. 연못 중앙에 있는 작은 섬도 지금보다 3배나 큰 면적이었다. 섬에는 포룡정이 세워져 있는데, 여름에는 수련과 가시연은 물론 수경식물들이 피어나고 '3월이면 큰 연못에 배를 띄워 놀았다'는 고서를 바탕으로 뱃놀이 체험을 할 수 있다.

난이도 ★ 주소 동남리 115-6 여닫는 시간 24시간 요금 무료

아빠 엄마도 궁금해!

서동과 선화공주의 천년 사랑

궁남지는 훗날 무왕으로 추정되는 서동에 관한 이야기가 담긴 여행지다. 서동의 어머니는 궁남지 인근에 살았는데 궁남지의 용과 통하여 서동을 낳았다고 한다. 용은 왕을 상징하니 법왕으로, 서동은 서자로 추정된다. 마를 캐는 아이라는 이름의 서동은 신라로 가서 정세를 살피라는 궁의 명을 받는데 이때 신라 진평왕의 셋째 딸 선화공주에게 반한다. 선화공주가 남몰래 밤마다 서동을 만난다는 서동요를 유행시켜 선화공주는 신라 왕궁에서 쫓겨나고 서동이 백제로 데려와 결혼한다. 궁남지는 신라를 그리워하는 선화공주를 위해 지어준 선물이다.

04 성흥산성

400년 된 느티나무 한 그루가 여행자들을 불러 모으고 있다. 성흥산성에 있는 사랑나무다. 나뭇가지가 반쪽 하트 모양을 하고 있어 사진을 찍고 좌우를 반전해 합치면 완벽한 하트가 된다. 드라마 <호텔 델루나> 외 많은 영화와 드라마의 촬영지가 되면서 '인생 사진'을 찍기 위해 오는 사람들이 많다. 사계절이 다 좋지만 월동 준비를 마친 느티나무는 더욱 또렷하게 하트를 그린다. 성흥산성 정상에 있지만 해발 240m로 높지 않다. 더구나 주변에 이보다 높은 산이 없어 사방이 훤하다. 덕분에 일몰에 오르면 호젓한 분위기를 즐길 수 있다. 산성과 연결된 꾁대기에는 고려의 개국공신인 유금필 장군의 위패를 모신 사당이 있다. 부여 백마강은 물론, 금강하류를 따라 익산과 논산, 강경까지 보이니 천혜의 요새가 따로 없다. 그러니 501년 옹성왕이 백제가 사비로 천도하기 전에 산성을 쌓았겠다 싶다. 백제가 멸망한 뒤에도 민초들은 이곳에 모였는데 마치 그들의 결기처럼 정상부에 띠를 두른 모습이 장관이다.

난이도 ★★
주소 성흥로 97번길 167
여닫는 시간 24시간
요금 무료
여행 팁 성흥산성까지 차를 타고 이동이 가능하며 주차장에서 사랑나무까지 오르는 길이 5분 정도로 짧지만 돌계단이라 주의가 필요하다.

스냅사진, 여기서 찍으세요

노을이 질 때 가면 더 예쁘지만 역광 사진이 찍힐 수 있으니 주의할 것!

아이와 몸을 겹치게 두는 것보다 거리를 두고 찍는 것이 좋다.

서동요테마파크

언택트

2005년에 촬영되었던 드라마 <서동요>를 위해 지어진 오픈세트장이다. 오래되어 허술한 부분이 있겠거니 생각했다면 오산. 드라마 <육룡이 나르샤>와 <구르미 그린 달빛>, <간택-여인들의 전쟁>의 배경이 된 꾸준히 사랑받는 촬영장이다. 촘촘한 역사적 구성과 소품까지 남아 있어 과거의 시간을 그대로 경험하게 한다. 백제의 명장 계백 장군이 태어난 충화면 천등산 자락에 위치해 있다. 덕용저수지가 세트장을 두르고 있어 테마파크에 들어서면 현대의 풍경은 순식간에 사라진다. 내부는 백제 왕궁과 도읍지, 저잣거리를 비롯해 백제의 교육기관인 태학사까지 다양하게 구성해 놓았다.

난이도 ★
주소 충신로 616
여닫는 시간 하절기 09:00~18:00, 동절기 09:00~17:00
쉬는 날 월요일
요금 어른 2,000원, 청소년 1,500원, 어린이 1,000원

아이는 심심해!

아이가 즐길 수 있는 여행법

세트장은 좁은 공간에 다양한 공간으로 구성돼 있어 아이가 둘러보기에도 심심하지 않다. 1층으로 입장했지만 어느새 언덕 위에 있고 다시 계단을 오르내리기도 한다. 건물과 건물 사이의 회랑이나 다리도 아이에겐 흥밋거리가 된다. 나무공이로 절구를 찧기도 하고 저잣거리에 내놓은 곡식이나 종이문서 등을 만져볼 수도 있다. 관가에선 곤장 체험이나 대북을 치는 체험, 투호놀이도 가능하다.

스냅사진, 여기서 찍으세요

촬영을 위해 만든 장소인 만큼 스냅 사진을 찍을 만한 곳도 많다. 귀족집의 정자나 저잣거리에서 찍은 사진은 백제로 이동한 듯하다.

특히 2층에서 찍을 경우 중첩된 기와와 함께 찍을 수 있어 더욱 좋다. 백제 왕궁과 정자 사이에 있는 회랑도 촬영장소로 추천한다.

공주

PLACE TO EAT

01 고가네칼국수

공주는 칼국수집이 많다. 한국전쟁 후 원조 물자로 밀가루가 보급되었는데, 교통 중심인 대전역을 필두로 밀가루 음식을 즐겨 먹었다. 교육도시다 보니 분식이 주를 이루게 되고 칼국수도 그 범주에 들어가 향토음식으로 자리 잡았다. 고가네 칼국수는 전골 형식으로 자리에서 끓여 먹는데, 한우 뼈를 끓인 국물에 투박하게 썬 배추와 호박, 버섯 등 채소와 우리 밀로 만든 면을 넣고 끓인다. 육수와 각종 재료에서 배어 나온 감칠맛 때문에 젓가락 놓기가 힘들다. 반찬은 배추 겉절이와 무김치가 전부다. 평양식 만두전골을 먹거나 칼국수에 보쌈을 곁들여 먹어도 좋다.

주소 제민천3길 56
여닫는 시간 평일 11:00~15:00, 17:00~21:30, 주말 11:00~15:00, 17:00~21:00 쉬는 날 일요일
가격 우리밀국수전골 6,000원(2인 이상, 1인분 주문 시 7,000원), 만두전골(소) 20,000원, 보쌈(소) 18,000원

02 곰골식당

구옥에서 백반정식을 먹을 수 있는 식당이다. 주말이면 대기를 해야 할 정도로 인기 있는 곳이지만 공간이 넓어 회전율이 빠르다. 가게 내 꽃밭과 마당이 있어 기다리는 동안에도 아이와 놀 수 있다. 생선구이와 참숯제육석쇠한판, 갈치조림, 묵은지 갈비를 맛볼 수 있다. 생선구이 외에 메뉴는 모두 매운 양념이다. 하지만 간이 센 반찬과 슴슴한 반찬이 골고루 나와 생선구이를 포함해 주문하면 아이와 먹기에 좋다. 특히 마른 김과 간장은 아이가 잘 먹는 반찬이다. 솥에 나오는 누룽지와 된장국도 아이가 먹기에 좋다.

주소 봉황산1길 1-2 여닫는 시간 11:00~21:00 쉬는 날 월요일
가격 생선구이 8,000원

03 맛깔

제민천 길에 있는 마당 깊은 음식점으로 아담한 정원이 자리한다. 연못에 금붕어가 있어 아이와 한참 구경하다 안으로 들어간다. 물맛 좋은 곳에 있다는 주조공장 자리에 세운 두부집이다. 손수 만든 두부를 넣은 두부전골과 순두부찌개가 유명하다. 송이버섯을 이용한 송이두부전골과 일반 전골, 매콤하고 감칠맛이 도는 순두부와 담백하고 깔끔한 백순두부가 있다. 전골과 순두부는 고춧가루가 들어가니 백순두부로 주문하면 아이와 함께 먹기 좋다. 좋은 콩을 사용하는 만큼 청국장도 맛이 괜찮은 편이다. 반찬은 단출하지만 이름처럼 맛깔스러운 밥상이 앞에 놓인다. 아이를 위해 돈가스도 주문하자. 직접 만들어 튀김옷은 얇지만 바삭하고 고기는 부드럽다.

주소 제민천3길 58
여닫는 시간 10:30~21:00
쉬는 날 일요일
가격 두부전골 10,000원, 맛깔돈가스 8,500원

04 배꼽

아이와 함께 고기를 구워 먹을 땐 뜨거운 불판과 매캐한 연기가 항상 걱정이다. 배꼽에선 석갈비로 그 걱정은 덜었다. 석갈비는 달궈진 돌판에 양파와 양배추 등 채소를 깔고 그 위에 미리 구운 갈비를 올려 낸다. 은은하게 굽고, 육질이 부드러워 아이가 먹기에도 좋다. 육즙이 아래로 빠져 함께 구워진 채소는 향과 맛이 강하지 않아 채소를 좋아하지 않는 아이에게 쉽게 먹일 수 있다. 반찬은 무난한 편이며 정식을 주문하면 된장찌개가 함께 나온다. 양질의 고기로 만드는 갈비탕 맛도 좋은 편이다. 공산성 맞은편 신도심에 위치하고 있으며 공주시외버스터미널과 가깝다.

주소 관골1길 34-10
여닫는 시간 11:30~21:30
가격 소석갈비 23,000원, 돼지석갈비 12,000원, 갈비탕 10,000원

05 베이커리 밤마을

공주를 여행하고 집에 갈 때쯤이면 손에 하나씩 들려 있는 간식이 밤파이다. 우리나라 생산량의 20%를 책임지고 있는 공주 밤. '알밤특구'로 지정되기까지 했으니 공주 밤에 대한 기대를 하지 않을 수 없다. 공산성 바로 앞에 위치한 베이커리 밤파이는 특허까지 낸 오리지널로 겉은 바삭하게 구운 페이스트리로, 속은 공주 알밤을 사용해 만든 만주 형태의 파이다. 한 박스를 다 먹을 때까지 멈출 수 없는 이유는 밤의 가장 큰 매력인 적당한 단맛을 유지하고 있기 때문. 개별로 구매도 가능하지만 6구 또는 10구로 박스포장이 가능해 선물용으로도 좋다. 밤파이 외에도 다양한 밤 베이커리를 판매하고 있다. 팡도르 형태의 '밤의 여왕'은 알밤이 층층이 쌓여 있어 깊은 밤맛을 느낄 수 있다. 2층 카페에선 공산성이 바로 보이니 밤라테도 먹으면서 쉬어가도 좋겠다.

주소 백미고을길 5-13 여닫는 시간 09:00~21:00
가격 밤파이 6구 12,000원, 밤팡도르 6,800원

06 청룡창고커피

공주를 역사적인 공간으로만 생각하는 사람들에게 새로운 면을 보여주는 카페다. 미곡창고로 사용하던 2층 건물에 인더스트리얼 콘셉트를 접목했다. 녹슨 철문과 달리 선명한 노란색 간판이 눈에 띈다. 복층 위로 올라가는 길엔 계단식 스탠드로 빈백을 놓았다. 하이라이트는 2층 공간이다. 콘크리트 벽에 청룡창고를 음각해 내벽인 붉은 벽돌이 드러나게 디자인했다. 삼각대도 가져다 놓았으니 대놓고 '인증 사진'을 찍으라고 만든 포토월이다. 2층에서 아래를 내려다보면 반짝이는 샹들리에가 눈을 사로잡는다. 창고의 거친 공간감이 무색할만큼 화려한 자태다. 카페에서 여유로운 시간을 즐겼다면 인근에 있는 정안천 생태공원으로 이동해볼 것. 봄이면 메타세쿼이아 가로수 아래에 철쭉이 피고, 여름에는 연꽃이 만발한다.

주소 새동네길 12 여닫는 시간 11:00~22:00
가격 아메리카노 다크 5,000원, 청룡 더티초코 7,500원

07 루치아의 뜰

제민천이 가로지르는 구시가 골목에 숨어 있다. 비밀의 화원을 찾듯 골목을 헤집다 보면 따뜻한 백열등 불빛으로 반기는 찻집이다. 라틴어로 빛을 뜻하는 '루치아'는 석미경 대표의 세례명이다. 교수로 일하던 남편을 따라 내려와 평소 차 문화 전문 사범을 하던 지식으로 차 문화공간을 만들고자 했던 그는 공주 원도심을 돌아보다 뜰이 있는 구옥에 자리 잡기로 했다. 집에서도 자연을 접할 수 있는 소단위인 뜰이 있었으면 하는 바람에서였다. 오늘날 이곳은 차 기구인 다기와 차 예절인 다도를 갖춘 찻집으로, 여유롭게 와서 차를 즐기기를 추천한다. 메뉴판 한 페이지를 넘기도록 많은 차 종류에 비해 커피는 오늘의 커피만 있다. 커피를 주문하면 안채인 초코루체에서 남편 박인규 대표가 만든 초콜릿이 함께 나온다. 평소 탁주의 쌉싸래한 맛을 좋아한다면 공주밤막걸리를 첨가해 만든 청량음료, 황홀극치도 독특한 경험이 될 것이다. <풀꽃>으로 유명한 공주 출신 시인 나태주는 이곳을 가리켜 이렇게 말했다.

"오래 묵은 세월이 먼저 와서 기다리는 집/백 년쯤 뒤에 찾아가도 반갑게 맞아줄 것 같은 집/세상 사람들이 너무 알까 겁난다."

주소 웅진로 145-8
여닫는 시간 월·수~목요일 12:00~19:00, 금~일요일 12:00~20:00
쉬는 날 화요일 가격 루치아크림티 12,000원, 홍차 7,000~8,000원

부여

PLACE TO EAT

01 장원막국수

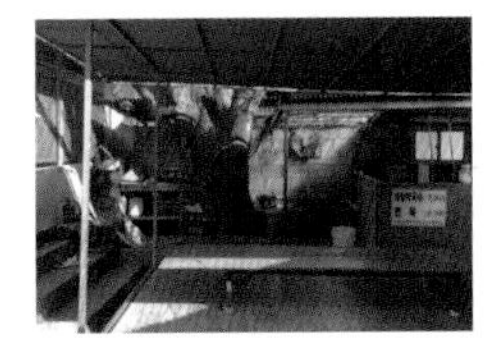

부소산 자락에 위치한 막국수 집이다. 여기까지 음식을 먹으러 오나 싶을 정도로 구석진 곳에 있지만 큰 공터 주차장이 말해주듯 줄 서서 먹는 가게다. 문을 닫은 유원지에 온 듯 빈티지한 간판이 반갑다. 파란 슬레이트 지붕의 가정집을 개조해 장사를 하다 사람이 많이 찾다 보니 대청마루와 마당에까지 상을 놓고 별채도 만들었다. 강원도에서 명인에게 배운 막국수를 파는데, 메뉴는 막국수와 편육 딱 두 가지다. 둘의 궁합이 최상이니 다른 메뉴가 필요 없다. 편육에 총총 썬 고추장아찌 하나를 올리고 막국수 면을 말아 함께 먹는다. 막국수는 고춧가루가 들어가지만 많이 맵지 않다. 아이가 먹을 때에는 양념을 조금 덜어내거나 양념을 풀기 전에 면발과 육수만 따로 덜어 편육과 함께 아이에게 먹일 수 있다. 면은 가늘지만 질기지 않고, 육수는 새콤달콤하다.

주소 나루터로62번길 20 여닫는 시간 11:00~17:00
가격 메밀막국수 7,000원, 편육 19,000원

02 서동한우

현지인이 즐겨 찾는 고깃집이나 TV 프로그램에 소개가 되어 여행객의 발걸음이 끊이지 않는다. 이곳의 시그니처는 드라이에이징 암소 한우로 바람과 습도를 조절해 15일 이상 고기를 말려 숙성했다. 특허까지 받은 건조숙성 방법은 고기의 육즙을 더욱 단단히 가두고, 바싹 구워도 육질은 연하게 유지되도록 만든다. 설익힌 채로 구워 먹이지 않아도 되니 아빠 엄마의 마음이 놓인다. 고기 맛을 제대로 따지는 우리 아이가 2인분가량을 혼자 먹었으니 가히 숙성 한우의 맛이 기가 막히다 할 만하다. 숙성을 통해 지방과 수분이 줄어드니 구울 때도 연기가 잘 나지 않는다. 가격이 부담스럽다면 서동탕과 함께 즐겨도 좋다. 한우의 우설과 갈비, 도가니, 소꼬리 등 다양한 부위를 넣어 끓인 곰탕으로, 몸보신에 그만이다.

주소 성왕로 256 여닫는 시간 11:00~22:00
가격 서동건조숙성 등심&채끝 150g 35,000원, 서동모아 특수부위 150g 25,000원, 서동탕 12,000원

03 향우정

부여의 대표 여행지인 부소산성과 구드래 선착장 근처에 30여 개의 음식점이 모여 있는 굿뜨래 음식특화거리가 있다. 그중 향우정은 연잎쌈밥과 불고기가 유명하다. 연잎쌈밥은 더위와 습기로부터 음식을 상하지 않게 하기 위해 고안된 우리 음식문화다. 찹쌀을 넣어 쫀득쫀득하고, 은행과 대추, 콩과 같은 고명을 얹어 고소하며, 연잎의 은은한 향이 밥알까지 스며든 별미다. 궁남지가 있어 연잎이 유명한 부여의 대표 음식으로 자리 잡았다. 연잎쌈밥과 불고기가 함께 나오는 세트 메뉴도 있다. 연잎 향이 부담스러운 아이를 위해 어린이돈까스를 별도로 판매한다. 밑반찬으로 전과 보쌈 등 아이가 좋아할 메뉴부터 다양한 종류의 반찬이 정갈하게 나와 아이에게 고루 먹일 수 있다. 건강한 한 상을 먹고 난 뒤에는 지척에 있는 구드래 조각공원에서 뛰어 놀아도 좋겠다. 이곳에서 부여에 터를 둔 조각가의 작품 30점과 국내외 작가의 여러 작품들을 감상할 수 있다.

주소 나루터로 33
여닫는 시간 10:00~22:00
가격 연잎쌈밥정식 16,000원, 불고기정식 13,000원

04 시골통닭

아이와 함께 여행하다 보면 외식마저 귀찮을 때가 있다. 숙소에서 즐길 만한 메뉴가 있다면 그것은 바로 통닭. 이곳은 전국의 치킨 맛집 중 다섯 손가락에 든다는 집이다. 마치 모형처럼 노릇한 색의 통닭은 이름대로 가마솥에 닭을 통째 튀겨내는 옛 방식으로 나온다. 바삭한 튀김옷은 땅콩가루를 갈아 넣어 더욱 고소하다. 고온의 기름에 통째로 튀겨내니 닭의 수분을 잡아줘서 육즙이 그대로 남아 있다. 이른바 겉은 바삭하고 속은 촉촉한 통닭이다. 숙소 문을 열고 들어오는 아빠의 모습이 유년 시절 월급날 누런 종이봉투에 싸인 통닭을 사오던 아버지와 닮았다. 식당에서 먹으면 닭모래집 튀김, 마요네즈로 버무린 양배추 샐러드, 무초절임 등이 밑반찬으로 함께 나온다. 식당에서는 쌀떡을 약간 넣은 뜨거운 닭국물을 함께 준다. 포장 통닭을 먹을 때의 유일한 아쉬움이다.

주소 중앙로5번길 14-9
여닫는 시간 10:00~23:00
가격 통닭 16,000원, 삼계탕 12,000원

05 | 책방 세간

카페를 겸한 작은 책방이다. 서점이 아니라 책방이라고 하는 이유는 다정한 공간이라 그렇다. 책이 모인 방. 책을 파는 곳이 아니라 나의 취향을 선별해주는 장소로, 매달 다른 취향을 다양한 장르로 구현해준다. 어느 날 책방 세간을 찾았을 때, 쌀을 주제로 한 전시가 열렸다. 곡식의 낟알을 털어내는 홀태에 벼를 올려둔 옆에 <음식의 언어>와 같은 책이 전시돼 있었다. 비단 이불 속에 놋그릇을 두어 식지 않게 두는 우리 문화도 느껴볼 수 있었다. 간이 인덕션에 있던 뚝배기가 보골보골 끓기 시작하더니 이내 밥 냄새가 났다. 오감으로 느끼는 쌀이었다. 때문에 매달 다른 주제로 열리는 이곳의 컬렉션이 기대된다.
책방 세간의 겉모습은 터줏대감처럼 자리한 시골 마을 슈퍼를 닮았다. 80여년 된 담배 가게를 개조했으니 오래됐다 할 만하다. 책방을 중심으로 '자온길 프로젝트'가 실행되고 있다. 한때 번성했던 나루터 인근의 옛 명성을 되찾기 위해서다. 사진관과 프렌치 레스토랑, 100년 된 한옥의 숙박체험까지 지역 문화유산을 기반으로 도시 재생을 추진하고 있다.

주소 자온로 82 여닫는 시간 12:00~19:00
가격 고종황제 세트 7,000원

06 | 합송리 994

지은 지 60여 년 된 시골집을 2년간 고쳐 만든 한옥 카페로 옹이가 그대로 남은 기둥과 서까래, 격자창 등 따스한 풍경이 그대로 남아 정겹다. 복원에 가까운 본채는 허투루 쓴 공간이 없다. 마루와 연결된 5개의 방은 소박한 소품으로 꾸몄다. 테이블에 담요를 덮은 보온용품 코타츠도 있다. 대청에 딸린 누마루는 층을 높여 복원해 가장 인기 있는 장소다. 안채 옆 쪽마루도 햇볕을 받으며 차 한 잔 마시기 좋다. 화장실 가는 길에 들리는 꼬꼬댁 소리에 얼른 아이를 따라 쫓아가 보니 바깥 마당에 닭장이 있다. 흉내만 낸 시골집이 아니라서 더욱 친근하다. 핸드드립 커피와 시그니처 백설라테가 유명하며 과일푸딩이나 코코아, 생딸기 에이드와 같이 아이들이 먹을 수 있는 메뉴도 다양하다.

주소 흥수로 581-6
여닫는 시간 11:00~18:00 쉬는 날 목요일
가격 백설라테 6,500원

공주

PLACE TO STAY

01 봉황재 한옥

공주 원도심에는 제민천이 흐른다. '백성을 구하는 냇물'이라니 이름 한번 거창하다. 헌데 이 동네 심상치가 않다. 순수시인 박목월이 신혼집을 차린 곳도, 유관순 열사가 이화학당에 가기 전 다닌 영명학교도 이곳에 있다. 명문의 바통을 이어받은 공주사대 덕분에 공주로 유학 오는 학생이 늘어 하숙이 많았다. 봉황재도 그중 하나다. 1960년에 건축된 근대 한옥을 고친 모던 한옥이다. 기하학 무늬의 모자이크 타일을 되살려 옛 양옥의 추억을 끄집어냈고, 화장실을 포함한 욕실을 방에 두어 한옥의 불편함을 개선했다. 4개의 방 중 안방은 난방이 드는 넓은 다락에 동화책장이 있어 아빠 엄마와 책을 읽는 비밀공간이 된다. 대청마루와 주방은 공용공간이다. 대청마루에는 로컬 크리에이터를 자청하는 주인장의 안내문과 이곳에 묵었던 여행자들이 남긴 '봉황재에서 할 일 리스트'가 있는데, 누군가의 안부와 당부를 받는 듯해 따뜻하다. 주방에선 간단한 조리가 가능하다. 소담한 화단의 앞마당은 주관적으로 보름달이 뜰 때 가장 곱다.

주소 큰샘3길 8 여닫는 시간 입실 15:00, 퇴실 11:00
웹 blog.naver.com/bonghwangjae

02 공주한옥마을

한옥은 우리 민족의 생활사를 담고 있다. 전통 건축 자재인 소나무와 황토를 이용해 벽이 숨을 쉬고, 구들장이 있어 아랫목은 따뜻하다. 다만 한옥에서 아이와 지내는 건 꽤 노력이 필요한 일이다. 한옥의 특성상 화장실은 밖에 있고 한 채를 빌리는 경우가 많다 보니 가격도 무시할 수 없기 때문. 그런 면에서 이곳은 한옥의 멋과 현대적인 시설을 조합해 아이와 함께 체험하기에도 부담스럽지 않다. 화장실은 내부에 있고 TV와 에어컨 같은 편의시설도 있으며 가격이 합리적이다. 충청감영과 공주국립박물관이 지척이고 전통놀이마당과 잘 만든 놀이터도 있다.

주소 관광단지길 12 여닫는 시간 입실 15:00, 퇴실 11:00
웹 www.gongju.go.kr/hanok

부여

PLACE TO STAY

01 롯데리조트 부여

백제 대표 유물인 산수문전을 닮아 반원형 건물인 리조트는 백제 전통 건축양식을 현대적으로 재해석해 만들었다. 배흘림기둥으로 전통미를 살린 회랑은 밤에 조명을 켜 독특한 분위기를 풍긴다. 객실은 디럭스 패밀리 트윈 또는 온돌 룸을 추천하는데, 다이닝 공간이 따로 구분되어 있어 쾌적하게 지낼 수 있다. 클린형 객실은 조리가 되지 않지만 싱크대가 따로 있어 간단한 씻기가 가능하다. 조리를 위한 콘도형 객실도 있다. 부대시설인 아쿠아 가든은 1.1m의 유수풀과 유아가 놀 수 있는 풀, 미끄럼틀이 있다. 선베드와 원두막, 텐트를 대여할 수 있다. 물놀이를 하는 여행자를 위해 지하 편의시설에 코인세탁실이 있으며 객실마다 간이 빨래대가 있어 편리하다. 객실과 로비, 물놀이 시설인 아쿠아 가든, 편의점이 거리가 있는 편이다. 백제문화단지와 지척이다.

주소 백제문로 400 여닫는 시간 입실 15:00, 퇴실 11:00
웹 www.lotteresort.com

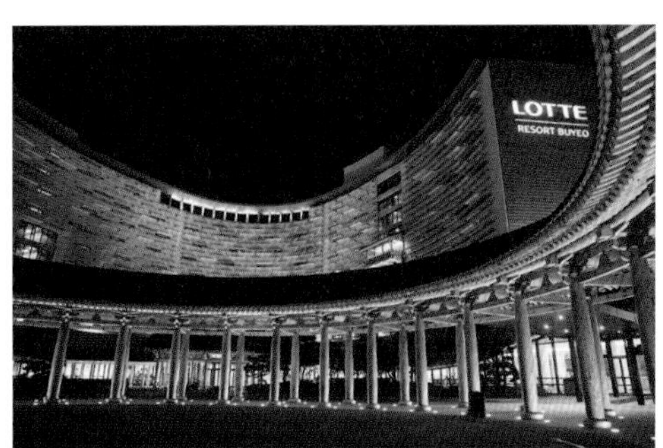

02 부여126맨션

시골마을의 한적한 에어비앤비로, 농가 별채의 원룸 구조다. 내부는 편안하고 따뜻한 분위기다. 2명이 누울 수 있는 침대가 있고 1명의 침구를 요청할 수도 있다. 조리시설은 없고 미니냉장고와 커피포트가 있다. 책상과 모니터 TV가 있으며 욕실을 겸한 화장실이 있다. 방은 작은 편이나 몸집이 작은 어린 아이는 올망졸망 놀기 좋다. 낮에는 잔디가 있는 마당에서 놀거나 산책로를 따라 걸으며 농촌 분위기를 느낄 수 있다. 조식은 숙소에서 운영하는 브런치 카페에서 먹을 수 있으나, 다소 떨어져 있어 차량으로 이동하기를 권한다.

주소 라복로 94번길 여닫는 시간 입실 15:00, 퇴실 11:00
웹 abnb.me/hZfKfjWkq1

여행지에서 즐기는 엄마표 놀이

돌도끼 만들기

우리나라 최초로 구석기 유물이 발견된 공주 석장리 선사 유적지(p.240)를 여행할 때였다. 석기시대 생활을 재현한 모형을 보며 "이건 뭐예요?", "저 사람은 뭐하는 거예요?" 하며 관심을 가졌다.

준비물 에어캡, 검은색·흰색 물감, 붓, 테이프, 키친타월 심 또는 나뭇가지, 노끈

만들고 놀기 구석기 유물이 발견된 건 주먹도끼지만 아이가 놀기 쉽게 돌도끼를 만들기로 했다. 에어캡을 주먹돌처럼 모양을 만들어 테이프로 고정한다. 검은색과 흰색 물감을 적절히 섞어 에어캡을 칠한다. 이때 비율을 다르게 해서 바르면 더욱 돌처럼 보인다. 나뭇가지나 키친타월 심을 노끈으로 고정한다. 아빠 엄마가 동물 머리띠나 가면을 쓰고 사냥감이 되어 아이를 쫓아다니면 훨씬 재미있다.

함께 읽어주면 좋은 책
- 벼룩이 세상을 바꿨다면?
- 스톤헨지 놀이터

김밥 만들기

나들이를 즐기고 싶은 장소가 많다. 간단한 끼니와 주전부리를 사서 가도 좋겠지만 아이가 직접 만든 김밥을 만들어서 가는 건 어떨까. 손수 만든 음식이라 더 잘 먹는 데다 아빠 엄마에게 먹여주며 자랑하는 모습이 사랑스럽다. 물론 피크닉 후에는 꼭 정리정돈을 잊지 말자. 꼬마김밥 밀키트를 이용하면 편하다.

준비물 김밥 재료 세트, 계란, 밥, 시금치, 도시락 박스

만들고 놀기 마트에서 김밥 재료 세트를 구입하면 힘이 한결 덜 든다. 신선재료로 만들어야 하는 제품만 구입해 만들고, 밥은 햇반으로 대체해도 된다. 시금치는 삶아서 참기름과 간장으로 양념하고 달걀은 구워 길게 자른다. 간은 김밥 재료 세트에 대부분 다 되어 있어서 간을 생략해도 좋다. 재료를 넣는 과정과 돌돌 마는 과정을 아이에게 맡겨보자. 아이가 어리다면 꼬마김밥으로 만들자. 만들고 난 뒤에는 이불에 아이를 눕히고 돌돌 마는 이불김밥 놀이로 연계 놀이를 추천한다.

함께 읽어주면 좋은 책
- 돌돌말아 김밥

연꽃 만들기

부여 궁남지(p.246)는 다양한 연꽃이 피어나는 연지가 많다. 홍련과 백련은 물론 가시연과 빅토리아연처럼 독특한 연이 많아 미리 이름을 알아가면 더욱 즐겁다. 이곳에서 본 연꽃을 만들어보기로 했다.

준비물 동그란 화장솜, 면봉, 스테이플러, 풀, 물감, 약통, 사인펜

만들고 놀기 화장솜을 꽃잎처럼 양 옆으로 접은 뒤 동그랗게 붙여준다. 안으로 차곡차곡 쌓아 붙이고 가운데 면봉 윗부분만 잘라 수술처럼 붙여준다. 아이는 꿀이라고 하는 부분이다. 약통에 약간의 물과 물감을 풀어 아이에게 주고 꽃잎을 물들인다. 사인펜으로 화장솜 가장자리를 칠한 뒤 약통에 물을 넣어 뿌리면서 번지는 모습을 관찰한다.

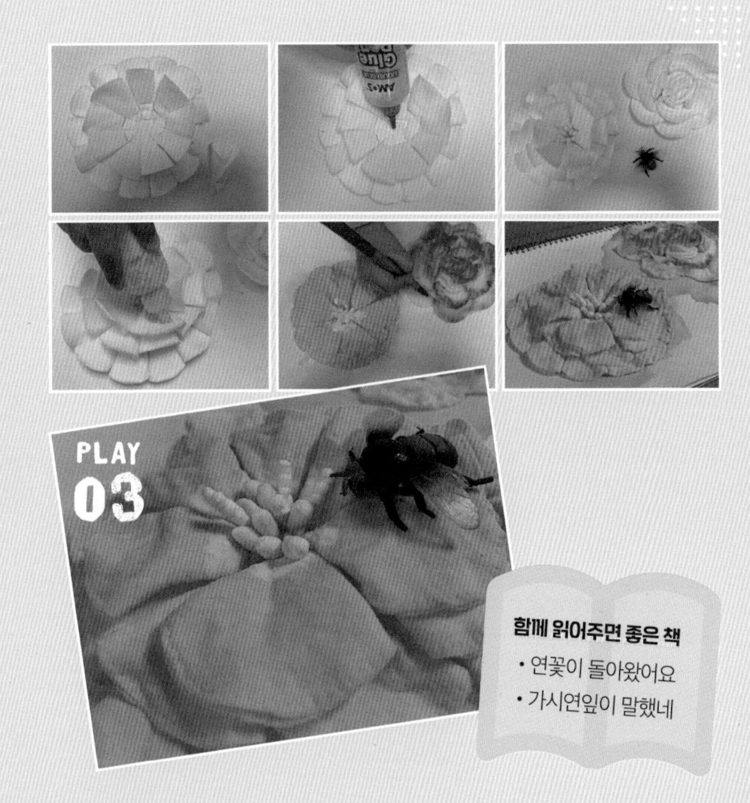

함께 읽어주면 좋은 책

- 연꽃이 돌아왔어요
- 가시연잎이 말했네

PLAY
04

개구리 점프

부여 궁남지(p.246) 연지 옆길을 걷다가 갑자기 튀어나온 개구리에 아이는 깜짝 놀랐다. 매번 물속에 수영하는 개구리를 봤던 터라 '개구리 점프'는 그야말로 책 속에서만 봤던 장면이기 때문. 신기해하는 아이를 위해 개구리 점프 놀이를 하기로 했다.

준비물 박스, 부직포나 색지, 인형 눈알, 펜, 집게, 아이스크림 막대, 목공풀

만들고 놀기 박스 날개를 뜯어 개구리 얼굴을 그리고 오린다. 똑같이 부직포나 색지를 오려 개구리 얼굴 박스에 붙인다. 인형 눈알을 붙이고 코와 입을 그려 개구리 얼굴을 완성한다. 집게에 아이스크림 막대를 붙이고 박스를 집게로 고정시킨다. 집게가 없으면 지렛대처럼 종이를 말아 받침대를 놓아도 좋다. 아이스크림 막대 박스에 연잎을 그리거나 연꽃을 붙여 골인 지점을 만든다. 막대에 개구리를 얹고 손가락으로 튕겨서 연잎이나 연꽃 위에 올리면 성공!

함께 읽어주면 좋은 책

- 개구리가 폴짝!

WHERE TO GO
02
서산+당진

서산 + 당진

BEST COURSE

1박 2일 코스

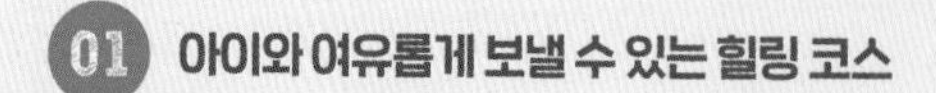

1일 개심사 ▶ 점심 용현집 ▶ 서산 용현리 마애여래삼존상 ▶ 저녁 덕수네 가리비

2일 아그로랜드 태신목장 ▶ 점심 아그로랜드 태신목장 내 식당 또는 도시락 ▶ 아미미술관 ▶ 저녁 우렁이박사

02 아이와의 다양한 활동을 중시하는 체험 코스

1일 태안 안면도쥬라기박물관 ▶ 점심 큰마을영양굴밥 ▶ 간월암 ▶ 서산버드랜드 ▶ 저녁 영산각

2일 해미읍성 ▶ 점심 황토우렁이쌈밥 ▶ 아그로랜드 태신목장 ▶ 저녁 길목

2박 3일 코스

01 아이와 여유롭게 보낼 수 있는 힐링 코스

1일 개심사 ▶ 점심 용현집 ▶ 서산 용현리 마애여래삼존상 ▶ 저녁 덕수네 가리비

2일 아그로랜드 태신목장 ▶ 점심 아그로랜드 태신목장 내 식당 또는 도시락 ▶ 아미미술관 ▶ 저녁 우렁이박사

3일 외암민속마을 ▶ 점심 마을 내 음식점

02 아이와의 다양한 활동을 중시하는 체험 코스

1일 태안 안면도쥬라기박물관 ▶ 점심 큰마을영양굴밥 ▶ 간월암 ▶ 서산버드랜드 ▶ 저녁 영산각

2일 해미읍성 ▶ 점심 황토우렁이쌈밥 ▶ 아그로랜드 태신목장 ▶ 저녁 길목

3일 신리성지 ▶ 솔뫼성지 ▶ 점심 우렁이박사 ▶ 아미미술관

당진
아미미술관
유기방 가옥
서산 용현리 마애여래삼존상
아그로랜드 태신목장
솔뫼성지
솔뫼성지
신리성지
개심사
서산
해미읍성
서산버드랜드
간월암

서산

SPOTS TO GO

개심사

평탄한 일주문을 지나 돌계단이 보인다. 입구에 적힌 세심동(洗心洞)은 마음을 씻는 골짜기다. 몸부림치듯 굽은 소나무 숲을 지나는 동안 청량한 솔향은 폐부 깊숙이 파고든다. 20여 분의 시간은 아이의 느린 걸음 덕분에 더디 간다.

개심사(開心寺), 마음을 여는 절집은 경지(鏡池)부터 시작된다. 마음을 빈집처럼 잘 비웠는지 스스로 확인하는 연못이다. 물 위 외나무다리는 거울처럼 아이의 얼굴을 비친다.

의자왕 16년(654년) 백제시대에 창건된 사찰로 조선 성종 6년(1475년)에 화마가 모든 것을 앗아간 뒤 지금의 모습을 갖췄다. 사찰의 전면에 있는 건물은 범종루다. 누각을 지탱하는 자연목의 활발한 곡선이 마음에 흥을 일으킨다. 개심사에서 가장 오래된 건물인 심검당의 굽

난이도 ★★
주소 개심사로 321-86
여닫는 시간 24시간
요금 무료
여행 팁 주차장이 넓은 편이지만 겹벚꽃 개화 시기에는 매우 붐빈다. 오전 일찍 도착하는 것을 추천한다. 왕복 이동시간이 꽤 걸리므로 아이 주전부리는 꼭 챙겨가자.

은 기둥도 덩달아 춤을 춘다. 자연석을 놓은 주춧돌 위에 넘어지지도 않고 섰다. 툇마루에 앉아보면 대웅전이 반듯하게 맞이한다. 삼존불 뒤로 보물 영산회괘불탱이 자리하는데, 석가가 영축산에서 설법하는 모습이다.
늦봄이면 탱화보다 겹벚꽃에 시선이 옮겨진다. 누가 몰고 왔는지 분홍 구름이 몽글몽글 떠다니는 듯하다. 꽃이 육법 공양 중 하나라더니 이 정도면 부처님 마음이 풍요롭겠다. 우리나라에 네 그루밖에 없다는 청벚꽃도 개심사에 모두 있다. 특히 명부전 앞 청벚꽃이 싱그럽다.
서산 나들목부터 개심사까지 목장길이 이어진다. 100~300m 내외의 낮은 구릉이 릴레이를 잇는다. 드라이브 내내 초지의 진한 목가적 풍경을 감상할 수 있다.

스냅사진, 여기서 찍으세요

겹벚꽃 사진은 개심사 인근에 위치한 문수사도 유명하다. 이곳은 아래로 붉은 철쭉이, 위로 분홍빛 겹벚꽃이 터널을 만들어 더욱 화사한 사진을 찍을 수 있다.

겹벚꽃이 피는 시기에는 찾는 이가 많아 사진을 찍기 어렵다. 명부전 옆 요사채는 출입이 되지 않아 오르는 계단에서 찍으면 그나마 주변에 사람이 없다. 두 그루의 겹벚꽃이 어깨를 나란히 하고 있어 풍성한 꽃잎과 함께 촬영할 수 있다.

서산 용현리 마애여래삼존상

언택트

삼국시대의 서산은 태안, 당진과 함께 해상교육의 중심지였다. 가야산 일대는 내포지역으로 농업과 어업이 활발해 부자가 많았다. 바닷길을 따라 고대 불교가 유입되어 큰 절이 중창되었는데, 항해에 몸을 실은 이들의 가족들은 불공을 드리느라 밤낮없이 절을 했다. 보원사지는 통일신라 전 중창된 보원사의 옛터로 1,000여 명의 승려가 수행했다는 대찰(大刹)이다. 철불과 백제 금동여래입상 등의 문화재가 발견되었으나 규모를 짐작할 수 있는 문화재는 당간지주와 오층석탑이 남았다.

1958년 보원사지를 조사하던 중 인근 용현계곡에서 마애삼존불상이 발견되었다. 6세기경 바위에 새긴 삼존불상이다. 중앙의 본존불은 석가여래입상이고 오른쪽은 미륵보살, 왼쪽은 제화갈라보살이다. 이는 법화경에 나오는 현재, 미래, 과거의 부처를 뜻한다. 불룩한 광대와 풍만한 얼굴, 푸근한 인상은 우리가 알아오던 엄격한 부처의 얼굴이 아니다. 친숙하고 소박한 표정 때문에 '백제의 미소'라 불린다. 15도 정도 아래로 기울어진 얼굴 윤곽을 따라 그림자가 변해 미소가 달라진다. 석공이 정을 쪼아 만든 기술력보다 자연과 융화되어 만든 자애로운 표정이 보다 성스럽게 느껴진다.

난이도 ★★
주소 마애삼존불길 65-13
여닫는 시간 09:00~18:00
요금 무료

아이는 심심해!

아이가 즐길 수 있는 여행법

마애삼존불상은 용현계곡 인근에 있다. 계곡은 여름철 물놀이도 유명하지만 1급수 민물고기가 많다. 미리 통발을 준비해 물고기를 잡아 봐도 좋겠다. 약 7분 거리에 용현자연휴양림이 있어 숲 해설이나 솟대 만들기 같은 산림문화 프로그램을 이용해도 좋다.

03 유기방 가옥

봄을 명확히 설명하는 꽃이 있을까. 매화와 벚꽃, 과실수 꽃들의 향연이 이어지지만 하나만 꼽으라면 땅에서 분주하게 피어오른 수선화를 꼽겠다. 매년 봄이면 새 학기를 맞아 등원하는 이이처럼 노란 수선화 때문에 설렌다. 그리스 신화의 나르시스 설화가 깃든 수선화는 생김새부터 이미 아름답다. 접시에 찻잔을 얹은 듯 작고 반짝인다.

4월이면 유기방 가옥 야산 3만 평이 수선화로 일렁인다. 일제강점기인 1919년 지어진 한옥인데 전통 가옥과는 조금 다른 모습을 띤다. 안채 앞 중문채를 헐어내고 누각형 대문채를 새로 지었다. 가장자리로 토담을 쌓아 기와를 얹은 모습이 정겹다. 충청남도 민속문화재로 등재되었으며 드라마 <미스터 션샤인>의 촬영 장소이기도 했다. 가옥의 주인인 유기방 씨는 20여 년 전부터 소일거리로 수선화를 식재했는데 알음알음 찾아오는 이가 늘어 서산 축제로 발전했다. 때문에 평소에는 입장료가 없지만 4월 말 수선화 필 땐 유료로 운영한다.

난이도 ★ 주소 이문안길 72-10 여닫는 시간 08:00~18:00
요금 어른 5,000원, 청소년 4,000원, 어린이 3,000원(수선화 필 때만)

스냅사진, 여기서 찍으세요

꽃밭에 길을 터놓아 수선화 속에 안긴 듯 찍을 수 있다.
팀 버튼 감독의 영화 <빅 피쉬> 속 프러포즈 장면에 주인공처럼 촬영해보자.

수선화는 아이의 키와 비슷하게 자라 사진을 찍으면 무척 예쁘게 나온다. 전체 풍경보다 아이를 클로즈업해서 찍는 것이 더 좋다.

해미읍성

언택트

난이도 ★
주소 남문2로 143
여닫는 시간 하절기 05:00~21:00, 동절기 06:00~19:00
요금 무료

조선시대 대표 읍성으로 적이 보이지 않는 평지에 성을 쌓은 이례적인 건축물이다. 충청도 전군의 지휘를 맡은 병마절도사를 배치해 왜구를 막았던 서해안 방어 최전선이다. 가장 높은 언덕에 세운 청허정(淸虛亭)에 오르니 그제야 서해 바다가 보인다.

둘레 1.8km의 성곽은 높이 5m, 두께 2m다. 큰 돌은 외벽에 쌓고 사이에 잡석과 흙을 채웠다. 석축에는 지역 이름을 새겨 실명제를 시행했다. 성곽 주변에 해자를 파고 가시가 많은 탱자나무를 빽빽이 심어 '탱자나무 성'이라고도 불린다. 평지라 보급이 어려워 성 내에 군부와 민가를 두고 자체 수급했다. 소나무는 무기로 만들고, 송진은 화약을, 대나무는 활과 화살을 만들었다. 신기전과 투석기, 내아와 객사, 민가를 재현하고 민속놀이체험을 할 수 있다.

아이는 심심해!

아이가 즐길 수 있는 여행법

넓은 평야에 세운 읍성이라 아이들이 뛰어놀기 좋다. 연날리기나 공놀이를 하기에도 좋으니 미리 준비하자. 소나무 숲에서 큰 솔방울을 주워 축구를 하거나 나뭇가지로 필드하키를 해도 좋다. 솔잎 리스를 만들거나 솔잎을 서로 교차해서 머리카락 싸움처럼 당겨 승부를 겨뤄보자. 내아 앞에는 아이들이 오르내리거나 수평을 잡고 놀 수 있는 구조물이 있다.

아빠 엄마도 궁금해!

아낌없이 주는 나무, 어찌 이리 혹독한 운명일까.

'호야나무'라 부르는 회화나무 한 그루가 있다. 순교자들을 호야등불에 빗대어 붙인 이름이다. 교인들은 동쪽 가지에 매달리거나, 활이나 돌에 목숨을 잃었다. 그렇게 1866년 병인박해 때 나무가 보낸 영혼만 1,000여 명이다. 충청도 각지에서 잡힌 천주교 신자들은 옥사에 갇혀 그 모습을 고스란히 지켜봐야 했다. 시인 나희덕이 '수천의 비명이 크고 작은 옹이로 남는다' 했는데 고목 앞에 서니 못내 아릿하다. 2014년 8월 17일 프란치스코 교황이 이곳을 방문해 미사를 집전했다. 박해받은 영혼과 함께 고단한 세월을 보낸 호야나무도 짐을 덜었기를 바라본다.

05 간월암

서해의 복잡한 해안선, 천수만에 간월도가 있다. 바위섬은 간조에 길이 열렸다가 만조에 고립되는데, 고찰은 그 위에 올라앉았다. 야멸치게 부는 바닷바람을 막아줄 대나무 숲도 세울 수 없다. 한 걸음 터를 두고 대웅전과 산신각, 용왕단이 옹기종기 모여 있어서다. 어린 왕자의 별 B612가 우주를 앞마당으로 쓰듯, 사찰 또한 바다를 그리 삼았다. 해가 수평선을 향해 바짝 내려가면 그때부터 장관이 펼쳐진다. 하늘도 바다도 붉어질 때, 사이에 끼인 간월암이 존재감을 드러낸다. 사진사들의 마음을 사로잡는 이유로 낙조만 매력적인 건 아니다. 태조 이성계를 도와 조선 건국을 이룬 무학대사가 이곳에서 달을 보고 깨달음을 얻었다고 한다. 이후 이곳에 암자를 짓고 무학사라 이름 붙였다. 1941년 폐사가 된 무학사를 새로 단장하면서 무학대사에게 깨달음을 준 달을 기리고자 간월암이라 불렀다.

난이도 ★
주소 간월도1길 119-29
여닫는 시간 24시간
요금 무료
웹 ganweolam.kr
여행 팁 사이트에서 물때를 확인하고 가야 간월암에 들어갈 수 있다.

아이가 즐길 수 있는 여행법

간조 때 육지에서 간월암까지 이어진 길은 갯벌로 이루어져 있다. 방게가 서식 구멍을 들락거리고 망둑어가 놀라 푸다닥 뛴다. 아이들이 갯벌을 그냥 지켜보는 것만으로도 소중한 탐사 체험이 된다.

06 서산버드랜드

천수만에 7.7km의 방조제가 가로지른다. 폐유조선으로 조수간만의 물살을 막은 '정주영 공법'의 결과물이다. 개간한 농경지는 50만 명이 1년 동안 먹을 수 있는 양을 생산한다. 늦가을 북부 시베리아에서 온 철새들이 이곳에 도착하면 농부가 미처 담지 못한 낟알을 먹는다. 황새와 노랑부리저어새처럼 멸종위기 새를 포함한 200여 종의 철새 50여 만 마리가 이곳을 찾는다. 다양한 해양 생물과 갈대숲이 무성한 2개의 담수호는 수천km를 날아온 철새의 피로를 보듬는다.

서산버드랜드는 천수만과 간월호를 바라보고 있다. 30m 높이의 둥지전망대나 야외 관찰데크의 망원경을 이용하면 몇 발자국 앞에서 보는 듯 선명하다. 철새의 이름과 특성은 다양한 표본과 자세한 자료로 구성된 박물관 전시 도움을 받자. 서산을 상징하는 장다리 물떼새는 디오라마로도 볼 수 있다. 피라미드 형식의 건물은 4D 영상관으로 아이들이 이해하기 쉬운 주제로 영상을 상영한다. 숲속 놀이터로 이어진 길에 생태연못, 숲생태 학습장이 있어 보고 느끼는 체험학습을 하기에 좋다. 만들기를 좋아한다면 철새박물관 생태체험방에서 새 모형을 만들거나 촉감놀이 등을 할 수 있다. 하이라이트는 철새 탐조투어다. 철새들이 오기 시작하는 10월에 시작하는데 10인 이상일 때만 진행되므로 인원이 모집되었는지 미리 문의하는 것이 좋다.

난이도 ★★
주소 천수만로 655-73
여닫는 시간 3~10월 10:00~18:00, 11~2월 10:00~17:00
쉬는 날 월요일
요금 어른 3,000원, 청소년 2,000원, 어린이 1,500원
웹 birdland.seosan.go.kr
여행 팁 철새들이 방문하는 늦가을에서 겨울에 방문하는 것을 추천하며, 활동이 왕성한 해질 무렵에 가면 하늘을 수놓는 군무를 감상할 수 있다.

연계 여행지

태안 안면도 쥬라기박물관

아이와 함께하는 여행이 아니라면 공룡으로 퍼레이드를 여는 박물관은 계획에 없었을 것이다. 생각해보면 유년에 '아기 공룡 둘리'에 열광했는데 언제부턴가 공룡은 흥미로운 존재에서 벗어났다. 그러다 상상력을 불러일으키는 존재로 다시 급부상하는 시기가 오는데 바로 아이 덕분이다. 앞발가락을 구부리고 포효하다 보면 타의를 가장한 자의로 놀이에 참여하게 된다. 덩치가 크고 힘이 세며 날카로운 이빨과 무시무시한 발톱을 가진 공룡에 함께 열광해 보자.

박물관은 2억 3,000만 년 전 중생대 백악기와 쥐라기 시대를 재현해 놓았다. 2층 높이의 중앙 전시장에는 마멘키사우루스가 뼈대만 남긴 채 쉬고 있고, 머리 위로 케찰코아툴루스가 활공 중이며 아래로 초식 공룡들이 그를 뒤따른다. 티라노사우루스를 포함한 육식 공룡들은 한 발짝 물러나 시시탐탐 그들을 노리고 있다. 생생한 모형은 영화 <박물관은 살아있다>처럼 살아있는 판타지를 경험하는 듯하다. 이곳은 얼핏 공룡 모형으로 흉내 낸 박물관과는 다르다. 오랜 기간 국내외 발굴현장을 돌아다니며 화석을 수집하고 고증과 검증을 통해 만들었다. 세계 최초로 발견한 티라노사우루스의 알, 미국 모리슨 층에서 발굴된 디플로도쿠스와 수우와세아 골격, 스피노사우르스의 골격과 하드로사우르스의 피부 화석 등 20여 가지의 뼈와 화석이 진품 마크를 달았다. 사냥 장면과 같이 아이의 이해를 도와줄 영상도 곳곳에 배치했다. 공룡 외에도 포유류와 인류를 소개한 자료, 300여 종의 광물과 원석 등 다채로운 전시물이 준비돼 있다.

난이도 ★★
주소 태안군 남면 곰섬로 37-20
여닫는 시간 09:30~17:30
쉬는 날 월요일(여름 성수기 제외), 설날·추석 당일
요금 어른 10,000원, 청소년 8,000원, 어린이 6,000원
웹 www.anmyondojurassic.com

아이는 심심해!

아이가 즐길 수 있는 여행법

고증을 통해 만든 모형과 사냥 영상이 실감나 무서울 수 있으니 입장 전에 공룡은 이 시대에 없으며 만들어진 모형이라는 것을 꼭 알려주자. 종이를 접어 만든 용기 모자나 무서울 때 쓰면 안 보이게 되는 선글라스를 씌워주는 것도 방법. 무서울 때 구조신호를 보내면 아빠 엄마가 지켜주는 퍼포먼스도 효과가 있다.

공룡을 보고 이름을 맞추는 퀴즈 스크린(2층)이나 오비랍토르 화석을 발굴하는 체험(지하 1층)도 있다. 놀이터와 공룡 모형이 있는 쥬라기공원(야외)에서는 알로사우루스 배속으로 걸어가 타고 내려오는 미끄럼틀이 가장 인기다.

당진

SPOTS TO GO

01 아그로랜드 태신목장

1978년 당진에 태신목장을 만들 때만 해도 목초지에 소를 방목하고 기르는 1차 산업의 영역에 있었다. 2000년대 들어 관광을 접목한 낙농체험 목장이 트렌드가 되었고 그 선두주자로 인증을 받았다. 30만 평의 넉넉한 초원은 팍팍한 하루에 빈틈을 선물한다. 웃자라닌 들풀에 흰 목책이 선을 그리고 푸른 하늘이 색을 완성한다. 한 편의 고운 시처럼 서정적인 풍경이다. 소가 깊고 선명한 발자국을 남기며 지난 흙길을 걸어보는 것도 좋겠다.

난이도 ★★
주소 상몽2길 231
여닫는 시간 3~10월 10:00~18:00, 11~2월 10:00~17:00
요금 어른 11,000원, 어린이 8,000원
웹 www.agroland.co.kr

아이는 심심해!

아이가 즐길 수 있는 여행법

자연 목장으로 국내 최대 규모를 자랑하다 보니 걸어 다니기엔 퍽 힘이 든다. 다행히 황소처럼 우람한 덩치의 트랙터 열차를 타고 한 바퀴 둘러볼 수 있다. 주요 스폿에서 내리고 탈 수 있어 미리 동선을 세워두는 것도 좋다. 트랙터 열차가 출발하는 곳은 체험장으로 별도의 비용을 내면 소와 양, 염소에게 건초 먹이를 주거나 송아지에게 우유를 먹일 수도 있다. 체험 선생님의 설명에 따라 진행되는 우유 짜기는 4세 이하의 경우 부모님과 함께 할 수 있다. 출발시간에 맞춰 종이 울리면 트랙터가 출발한다. 초지체험장을 거쳐 동물농장을 지나면 벚나무 가로수로 이어지는데, 이 길이 목장길 3분의 1을 차지해 벚꽃 흩날리는 낭만가도를 달릴 수 있다. 이곳에선 꼭 한 번 내려야 한다. 몽골 텐트를 설치해둔 청보리밭은 청량감 넘치는 풍경을 선물한다. 맞은편 제2방목초지에선 보더콜리가 모는 양몰이 쇼가 열린다. 지척의 나무놀이터에선 트로이의 목마를 닮은 말과 자이언트 소, 양이 아이들을 반긴다. 바삐 움직이며 즐거워하는 아이와 함께 다니다 보면 느긋한 오후가 훌쩍 지나간다. 목장 입구 건물에서 간단한 음식과 음료를 팔고 있다. 곳곳에 피크닉 장소를 마련해 두었으니 미리 도시락이나 주전부리를 준비하는 것을 추천한다.

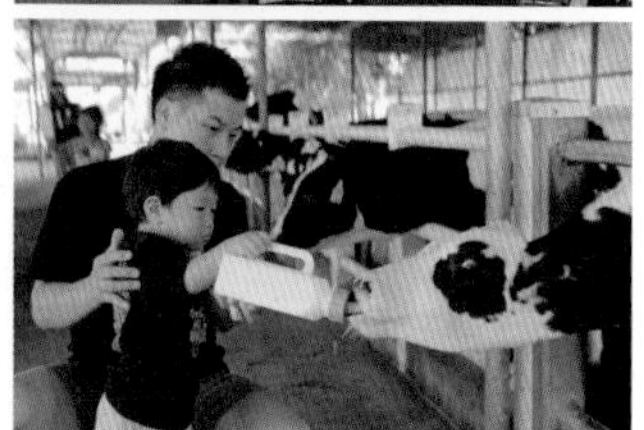

02 아미미술관

음식이 어디에 담기느냐에 따라 맛은 달라지지 않아도 기분엔 차이가 있지 않을까? 작품을 담는 미술관도 정체성을 벗어나지 않는 선에서 많은 시도를 해왔다. 아미미술관은 아이들이 더 이상 찾지 않는 조그만 시골 학교였는데, 서양화가 박기호와 설치미술가 구현숙 부부가 1993년 이곳을 구매해 10여 년 동안 조금씩 고치고 가꾸어 문을 열었다. 풀 한 포기, 나무 한 그루 허투루 손대지 않고 자연과 함께 조화를 이룬다. 흰 벽을 가득 메운 담쟁이는 창문과 외벽을 구분 짓지 않고 자랐는데, 그 사이를 비집고 든 햇살이 작품을 비춘다. 뜻밖의 미장센에 기립박수를 보내야 했다. 자연 속에서 예술을 누리는 호사라니.

중앙 현관으로 들어서면서 관람은 시작된다. 옛 학교의 나무 복도가 삐그덕 거리는 소리에 반가움도 잠시, 현란한 총천연색 모빌에 압도된다. 화사한 색감 덕분에 소위 인생 사진을 남길 수 있다는 스폿이다. 아미미술관의 최대 장점은 미술을 보는 데 그치지 않는다는 점이다. 상설전시와 기획전이 열리는 5개의 전시실에 다양한 포토존이 있어 방문객은 작품의 일부가 된다. 야외 전시장은 아이가 뛰어놀기 좋은 잔디운동장이다. 늦봄이면 교정 주변으로 겹벚꽃과 모란이 피어나니, 아이와 함께 마음먹고 가족사진을 찍으러 와도 좋겠다.

난이도 ★ 주소 남부로 753-4 여닫는 시간 10:00~18:00
요금 어른 6,000원, 청소년·어린이 4,000원 웹 amiart.co.kr

Episode

아이의 표현 스킬을 키워요

나의 나쁜 버릇 중 하나는 아이가 무엇을 말하려고 할 때 얼른 캐치해서 대신 말하는 것이다. 아이가 단어를 선택해서 말을 이어 나가는 동안 기다리는 습관을 들이려 매일 스스로 다그치고 있다. 내 허벅지에 눌러앉아 한나절 내내 수다 떠는 아이를 보면 그런 생각이 들곤 한다. '이렇게 하고 싶은 말이 많았는데 아기 때는 어떻게 참았니?'

프랑스는 언어보다 미술을 먼저 가르친다고 들었다. 모든 교육의 기초가 미술에 있기 때문이다. 아이들의 소근육을 발달시키는 신체적인 부분부터 유연한 사고까지 연관되어 있다고 한다. 가끔 아이의 행동을 보면서 그들의 교육에 한 표를 보내기도 한다. 아름다운 것을 보고 공감하고 감탄할 수 있는 표현력, 천진한 생각을 발현하는 범위가 넓어지는 것을 확인할 때다. 아이에게 미술은 소통의 배설에 가깝다. 지금 당장 말할 순 없어도, 아빠 엄마가 이해하지 못하더라도 아이는 자신의 세계를 표현한 데 만족하는 듯했다. 엉뚱하긴 해도 자주, 호기심 어린 눈으로 아이의 세계를 들여다보자.

신리성지

언택트

당진 내포의 논길을 따라 초록을 실은 바람이 불어온다. 봉긋 솟은 푸른 언덕에서다. 야트막한 봉우리에 두툼한 콘크리트 외벽 건물이 야윈 십자가를 지탱하고 있다. 조선의 종교 탄압 속에서 믿음으로 보낸 가톨릭 신자들을 닮았다. 이곳은 프랑스 선교사 다블뤼 주교의 유적지다. 신리에 위치해 신리성지라 부른다. 제5대 조선교구장이었던 다블뤼 신부가 머물던 손자선의 집 주변에 조성되었다. 탄압 당시 400여 명의 신자들이 모인 가장 큰 규모의 교우촌으로 굵직한 인물들이 대거 등장한 곳이기도 하다. 주교를 비롯해 오메트르 신부와 위앵 신부, 황석교 루카, 손자선 토마스다. 잔디 위 다섯 개의 경당은 그들을 각각 기리고 있다. 때문에 선교사들의 무덤, '조선의 카타콤'이라고 부른다. 완만한 경사의 끝은 우리나라 유일의 순교미술관이다. 병인박해로 순교한 이들을 위해 150주년에 만들었다. 엘리베이터로 이어진 꼭대기 층은 하늘 전망대로 신리성지를 한눈에 둘러볼 수 있다. 성지를 두르는 십자가의 길과 잔디밭, 연못 위 징검다리까지 아이와 함께 가벼운 산책을 즐기기에 좋다.

난이도 ★
주소 평야6로 135
여닫는 시간 순교미술관 09:00~17:00
쉬는 날 순교미술관 매주 월요일
요금 무료
웹 sinri.or.kr

아빠 엄마도 궁금해!

충청도에는 왜 성지가 많을까?

서해안은 군사적 요충지이자 교역을 담당하는 항구가 많았다. 우리나라 초대 사제인 김대건 안드레아 신부도 선교사 입국로를 찾기 위해 서해안을 물색하기도 했다. 신리성지가 있는 내포 지역은 서해와 연결된 충청도 서남부 지역 즉, 홍성, 당진, 예산 등을 말한다. 삽교천은 신리까지 물길을 끌어들이는데 이를 통해 서학과 신학이 전파되었고 선교사들이 비밀 입국을 하기도 했다. 한 지역을 관리하는 교구장 신부, 주교가 내포에서 활동해 한국 천주교회의 발상지로 자리 잡았다.

솔뫼성지

우리나라 최초의 사제인 김대건 안드레아 신부가 태어나 7살까지 지낸 곳이다. 그가 신부가 되는 건 어쩌면 당연한 일인지도 모른다. 증조할아버지인 김진후 비오부터 작은할아버지 김종한 비오, 아버지 김제준 이냐시오와 본인에 이르기까지 순교자 4대가 이곳에서 나고 자랐다. 김대건 생가 앞 완만한 구릉엔 이름처럼 소나무가 산을 이룰 정도로 많다. 바람에 흔들리지 않는 소나무처럼 굳건한 믿음을 전하려 이다지도 잘 자라 우뚝 서 있나 싶다. 처절한 박해의 시간과 달리 푸른 사철나무의 그늘은 평온하기만 하다. 아이와 나들이를 나온 가족은 돗자리를 깔고 앉아 솔방울로 쌓기 놀이를 한다. 유유자적 흘러가는 하늘의 구름만 보아도 멋진 시간이다. 십자가의 길을 따라 느릿한 산책을 끝내고 나면 카페솔뫼에 들러 너른 들녘을 바라보자. 봄에는 유채꽃, 여름에는 해바라기, 가을에는 코스모스를 심기도 한다.

난이도 ★
주소 솔뫼로 132
여닫는 시간 10:00~17:00
(미사시간 07:00, 11:00)
요금 무료
웹 www.solmoe.or.kr
여행 팁 산책길이 평지로 되어 있어 유모차로 이동하기 편하다.

연계 여행지

아산 외암민속마을

아이에게 마을을 소개하는 여행은 퍽 낭만적이다. 낮은 담장을 기웃대고 단정할 리 없는 들풀을 구경한다. 반듯하고 넓은 도로 대신 좁고 구불거리는 길을 걷는다. 특유의 느긋함을 즐길 수 있는 곳이 마을이다.

이곳은 기와와 초가가 어우러진 민속마을로 67가구가 이웃하고 지낸다. 마을 중심으로 파고들면 600년 된 느티나무가 촌장처럼 중심을 잡고 서 있다. 이정표는 있지만 갈 길은 돌담이 알려준다. 동맥처럼 뻗은 돌담 길이만 5km를 넘는다. 담벼락은 충청도 색을 잘 드러낸 반가의 고택과 초가를 잇는다. 골목만큼 수로도 구석구석을 누빈다. 설화산에서 내려온 외암천은 인위적으로 만든 향촌의 물길을 따라 흐른다. 봄에는 매화, 여름에는 능소화, 가을에는 은행나무로 수더분한 시골 정취를 화려하게 바꾼다. 마을 대부분이 100년이 넘는 고택으로 이루어져 고매한 매력도 빼놓을 수 없다. 건재고택은 마을의 이름이 된 조선 성리학자 외암

난이도 ★★
주소 아산시 송악면 외암민속길 5
여닫는 시간 하절기 09:00~17:30, 동절기 09:00~17:00
요금 어른 2,000원, 청소년·어린이 1,000원
웹 www.oeam.co.kr

이간 선생이 태어난 집이다. 사랑채 앞 괴목과 노송이 아름다운데 행정안전부가 '한국의 정원 100선'에 선정하기도 했다. 내부는 개인소유라 들어갈 수 없고 일정 시간에 개방한다. 한옥의 세간을 구경하지 못해 아쉽다면 마을 민박도 운영하니 옛집에서 하루를 묵어가도 좋다. 마을에서 진행하는 다양한 체험 프로그램이 있어 하루가 바삐 지나간다. 민속놀이는 물론 무료로 진행되는 의복체험은 한복을 곱게 입을 수 있고 머리까지 매만져준다. 일정 체험료를 지불하면 한지공예를 만들거나 떡메치기, 엿 만들기처럼 음식 만들기 체험도 할 수 있다. 아이들이 가장 좋아하는 농촌 수확체험은 두 손 가득 든 수확물에 아빠 엄마까지 만족스럽다.

함께 둘러보면 좋은 여행지

아산 곡교천 은행나무길

1973년 곡교천을 따라 2km 구간에 은행나무를 식재해 만든 가로수길이다. 가을이면 황금빛 터널로 많은 여행객을 불러 모은다. 천변으로 코스모스를 심어 깊은 가을색을 느낄 수 있기 때문. 자전거도로가 있어 아이의 자전거나 킥보드를 들고 와 타는 것도 좋겠다.

난이도 ★ 주소 아산시 염치읍 은행나무길 여닫는 시간 24시간
요금 무료 여행 팁 가로수길 중간에 공영주차장 또는 충청남도 경제진흥원 주차장을 이용해야 한다. 가을에는 찾는 이가 많아 주차가 어려우니 일찍 도착하는 것이 좋다.

서산

PLACE TO EAT

01 용현집

마애삼존불에 올라가기 전 용현계곡에 위치하고 있다. 1981년 문을 연 식당은 내장을 제거한 민물고기를 고아 만든 어죽으로 유명하다. 고서에 보면 조상들은 여름철 입맛을 돋우려고 민물고기 요리를 많이 먹었다고 하는데, 강가에서 물고기를 잡아서 바로 매운탕이나 튀김으로 해먹던 것을 최고의 피서로 여겼다. 어죽은 거기서 비롯된 것으로, 일꾼의 영양과 허기를 달래기 위해 먹던 요리다. 충청도식 어죽은 민물새우를 넣고 끓인 국물에 고춧가루와 고추장을 풀어 얼큰한 맛이다. 깻잎과 들깻가루가 들어가 비린 맛이 없다. 아이가 먹을 수 있는 메뉴로 수제 돈가스가 있으며 토종닭백숙도 순한 맛이라 먹기 좋다. 인원이 많다면 김치전과 도토리묵도 함께 곁들이길 추천한다. 날씨가 좋은 날에는 야외 좌석에서 즐겨보자. 나무 그늘 아래에서 계곡의 물소리를 들으며 먹을 수 있다. 바로 옆 도로가 있으나 특별한 날을 제외하곤 차량이 많지 않다.

주소 마애삼존불길 66 여닫는 시간 4~10월 11:00~18:00, 11~3월 평일 11:00~15:00, 주말 11:00~17:00 쉬는 날 월요일
가격 어죽 7,000원, 수제돈가스 8,000원

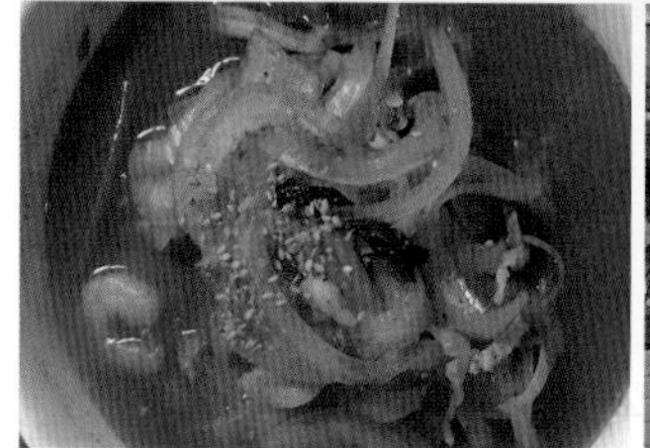

02 영성각

지역 사람들이 오랫동안 사랑한 중화요리집이다. 현지인에게 추천받아 알게 된 식당이나 이후 TV에서 활발히 소개되어 찾는 이가 늘었다. 제철 채소와 해산물을 넣고 오래 우려 깊은 맛을 내는 짬뽕이 유명하다. 아이와 먹기엔 탕수육도 괜찮다. 따로 말하지 않으면 소스는 부어서 나온다. 눅눅하다 할 수 있지만 오히려 고기튀김의 쫄깃한 식감이 살아 인상적이다. 화려한 색감의 탕수육 위에 뿌려진 건 완두콩과 깨다.

주소 남문1로 40-1 여닫는 시간 11:00~20:00
쉬는 날 월요일 가격 짜장면 6,000원, 탕수육 15,000원

03 황토우렁이쌈밥

해미읍성 인근에 위치하고 있다. 대표 음식은 이름처럼 우렁이 쌈밥이다. 강된장처럼 자작자작하게 끓여 내놓는다. 맵지 않아 아이에게 쌈을 싸서 먹이기에도 좋다. 쌈밥이긴 하지만 쌈 종류가 많지 않아 아쉽다. 우렁이된장도 청양고추가 들어가지 않았으나 집된장의 진한 맛이 있어 밥에 비벼주면 간이 무난하다. 식당의 메뉴 일체(우렁이쌈장과 초무침, 제육볶음과 된장찌개)를 모두 먹고 싶다면 우렁이정식을 주문하면 된다. 일찍 문을 열어 아침 식사가 가능하다.

주소 남문2로 163 여닫는 시간 06:00~20:00
가격 우렁이된장 6,000원, 우렁이맛쌈장·제육볶음 9,000원, 우렁이정식 12,000원

04 큰마을영양굴밥

굴로 유명한 간월도 가는 길에 있는 영양굴밥집이다. 굴을 싫어하는 사람은 바지락영양밥을 추천한다. 영양굴밥은 뚝배기에 굴과 은행, 대추, 버섯 등을 함께 넣어 밥을 짓는다. 2인 이상이면 식사가 나오기 전 굴전이 달래간장과 함께 나온다. 입맛을 돋우고 감칠맛이 뛰어나 추가 주문을 하고 싶을 정도로 별미다. 반찬은 나물과 장아찌, 마요네즈로 버무린 샐러드, 동치미가 나온다. 조미하지 않은 김에 굴밥과 달래간장을 올려 아이에게 먹인다. 함께 나오는 된장찌개도 맵지 않아 먹을 수 있다. 반찬으로 어리굴젓이 나오는데 삭히는 정도가 심하지 않아 무난하게 먹을 수 있다. 서해안에는 굴탕이 유명한데 바로 굴물회다. 사람들이 자주 물어봐서인지 굴물회로 메뉴에 올려놓았다. 서해 굴의 아릿하고 짜릿하고 시릿한 맛을 제대로 느낄 수 있다.

주소 간월도1길 65 여닫는 시간 09:00~19:30
가격 영양굴밥 14,000원, 바지락영양밥 14,000원

05 덕수네가리비

바닷가 앞 건물에 포장마차를 더해 운치가 있다. 덕곶리 앞바다로 지는 해를 보면서 가리비찜을 먹으러 오는 사람들이 많다. 가리비는 심해 잠수부인 머구리가 배를 타고 바다로 나가 잡는다. 그렇다 보니 저렴한 편은 아니다. 담백한 맛과 결을 따라 갈라지는 식감에 빠지면 또 빠져나올 수 없는 조개가 가리비다. 덕수네가리비는 자연산만 사용해 조개 안에 있던 작은 게가 나오기도 한다. 연탄불에 1분 정도 익힌 뒤에 얼른 먹는다. 많이 익으면 조개살이 질겨지니 바삐 움직여야 한다. 낮에는 해물칼국수를 먹으러 오는 가족이 더 많다. 조개로 우린 육수에 꽃게와 새우, 바지락, 매생이 등 해산물 잔치가 열린다. 1만 원을 추가하면 낙지도 한 마리 들어가니 영양식이 따로 없다. 청양고추는 따로 들어가지 않아 맵지 않다.

주소 독곶해변길 116 여닫는 시간 10:00~22:00
가격 가리비찜(1인분) 20,000원, 해물칼국수 7,000원

아빠 엄마도 궁금해!

음식 이야기
왕이 사랑한 어리굴젓

간월암에서 수행하던 무학대사가 태조에게 진상품으로 올렸다고 해서 유명하다. 어리굴젓의 '어리'는 맵고 얼얼하다는 뜻이다. 염장한 간월도 굴에 태양초 고춧가루를 버무려 숙성해 매운맛이 강하다. 허나 임진왜란 때 일본에서 고추가 들어왔으니 태조 때는 아마 다른 의미로 붙여진 이름인 듯하다. 어리는 '덜 되다'의 뜻도 있다. 천수만은 조수간만의 차가 심해 썰물 때는 햇빛에 노출이 되는데 그래서 작고 단단한 굴이 나온다. 아마 크기를 두고 붙인 이름일지도 모른다. 서산 굴의 색은 검은 편인데, 쫀쫀하고 감칠맛이 뛰어나다. 자잘한 털이 있어 양념이 잘 배기 때문에 어리굴젓 맛이 좋다.

당진

PLACE TO EAT

01 해안선횟집

4월 중순이 지나면 서산과 당진은 겹벚꽃으로 치장한다. 이때쯤 수온이 올라가면서 서해 연안에 실치가 나타나는데 실처럼 가늘고 투명한 작은 생선이다. 세상에서 가장 작은 회로, 한 젓가락에 수십 마리가 집히는 참 풍요로운 회다. 다만 성격이 안 좋아서 그물에 걸리면 바로 죽는다. 잡힌 뒤 한나절 내에 먹어야 해서 포구 인근에서 바로 먹어야 한다. 신선하면 시원한 맛이 나는데 조금만 지나도 비린내가 올라오기 때문에 회는 미나리무침과 함께 먹는다. 아이가 먹기엔 실치국도 별미다. 그 외에 실치전, 영양굴밥, 바지락칼국수 등이 있다. 5월 중순쯤 지나면 실치 뼈가 억세져서 회로는 못 먹는다. 끓는 물에 데쳐 바람 통하는 바닷가 그물에 펴서 말리면 뱅어포가 된다. 식당이 있는 장고항은 노적봉과 촛대바위로 유명하다. 바위 틈을 비집고 틔운 소나무는 한 폭의 동양화 같은 비경을 빚어낸다.

주소 장고항로 298-2
여닫는 시간 10:00~22:00
가격 실치회(3~4인분) 35,000원, 영양굴밥 12,000원, 바지락칼국수 7,000원

02 우렁이박사

당진은 내포평야가 있어 논우렁이 많다. 우렁쌈장으로 특화된 식당은 쌈장에 3가지 단계를 나눴다. 가장 무난한 메뉴인 우렁이쌈장은 된장에 우렁이와 으깬 두부를 넣어 바글바글 끓인다. 아이에겐 우렁이쌈장에 반찬으로 나온 콩나물무침을 잘게 썰어 비벼서 먹게 했다. 살짝 매운맛이 나는 담복찜장은 매운 김치를 먹는 아이라면 먹을 만하다. 마지막으로 짜고 매운맛은 우렁이덕장이다. 상추쌈을 싸 먹을 때 적당하며 아이가 먹기엔 맵다. 모두 뚝배기에 나오는데 끓어 넘칠 수 있으니 숟가락을 꽂아두는 것이 좋다. 세 가지 모두 맛보고 싶다면 박사네정식을 주문하면 된다. 새콤달콤한 우렁이초무침이 함께 나온다.

주소 샛터로 7-1
여닫는 시간 3~11월 06:00~20:00, 12~2월 06:30~20:00
가격 박사네정식 12,000원, 우렁이쌈장 7,000원, 담복찜장 8,000원, 우렁이덕장 8,000원

03 길목

생소한 음식 '꺼먹지'로 차려 내는 향토음식 한 상을 먹을 수 있다. 꺼먹지는 시래기와 비슷한데 가을 무청을 염장해 묵혔다가 이듬해에 꺼내면 검게 변한다. 꺼먹지를 넣은 깻묵찌개는 들깨를 넣어 걸쭉하게 끓여내는데, 꺼먹지를 아무리 씻어도 짠맛이 나 따로 간은 하지 않는다. 고추기름이 뿌려져 나오는데 섞어 먹어도 그렇게 맵진 않지만 미리 따로 달라고 하거나 아이에겐 걷어서 먹이는 것이 좋다. 꺼먹지를 이용한 보쌈, 전, 두부, 버섯 등의 반찬이 나와 아이의 한 끼 식사로 걱정 없다. 반찬은 들기름을 사용해 구수한 맛이 나며 조미료를 사용하지 않아 뒷맛이 깔끔하다. 깻묵지개가 들어가는 꺼먹지정식이 부담스럽다면 두렁콩 밥상도 맛보자. 당진의 논두렁을 따라 심은 검은 콩으로 조리한 밥상이다.

주소 덕평로 616
여닫는 시간 11:30~22:00
가격 꺼먹지정식 15,000원, 두렁콩밥상 10,000원

04 아산 온양청국장집

온천으로 유명한 온양관광호텔 맞은편에 있는 청국장집이다. 대표 음식은 청국장찌개다. 공장식 청국장이 아닌, 가마솥에 장작으로 직접 콩을 삶아 뜨끈한 구들장에 3일 동안 발효해 띄우는 수제 청국장이다. 일정한 맛을 만들기 위한 부단한 수고로움이 감사하다. 그 맛을 보고자 대통령과 유명인들이 방문했을 정도. 고춧가루가 조금 들어가지만 매운 정도는 아니다. 고등어구이를 추가로 주문할 수 있으니 아이 식사에 넣을 수도 있다. 청국장찌개와 보쌈이 함께 나오는 청국장보쌈정식을 시켜도 괜찮다.

주소 아산시 온천대로 1452 여닫는 시간 09:00~20:30 쉬는 날 화요일
가격 청국장찌개 9,000원, 청국장보쌈정식 17,000원
이용 팁 시내에 있으나 주차장이 넓어 불편하지 않다.

05 해어름

이름처럼 일몰을 고려해 지은 카페다. 행담도와 평택항 뒤로 지는 해가 아름다운데, 어스름해지면 정원의 조명이 켜지며 한 번 더 해어름의 풍경에 빠지게 된다. 음료 가격은 비싼 편이나, 아이와 여행할 때 일부러라도 찾고 싶은 카페로 잘 차려진 조경에 아이가 뛰어놀기 좋은 데다 일부 공간은 모래놀이를 할 수 있도록 되어 있다. 함께 노는 아빠 엄마가 지치지 않도록 벤치도 있다. 카페 앞 바다는 간조 때 물이 빠져 모래사장이 된다. 만약 집으로 가는 길이 지척에 있는 서해대교를 지나간다면 교통체증을 고려할 수밖에 없다. 아이가 차 안에서 답답해하지 않도록 카페를 마지막 코스로 정해 시간을 조절하도록 하자.

주소 매산해변길 144 여닫는 시간 11:00~22:00
가격 아메리카노 8,000원

서산

PLACE TO STAY

01 별담

서산동부전통시장 내에 위치한 루프탑 숙소다. 3층까지 오르는 길이 불편하지만 만약 옥탑방에 대한 로망이 있었다면 이 숙소에서 이룰 수 있다. 낯선 공간에 머물 여행객을 위해 쓴 마음이 무척 곱다. 숙소는 바닥, 천장, 벽 대부분이 원목으로 되어 있는데, 질감과 색을 달리해 심심하지 않으면서 안온한 분위기를 자아낸다. 침실은 방을 따로 두어 온전한 휴식을 제공한다. 침대는 아이가 어리다면 함께 잘 수 있으나 아니라면 따로 마련된 침구를 이용할 수 있다. 침대 위에 다락처럼 복층 공간을 두었으나 잠을 자기엔 안전상의 이유로 추천하지 않는다. 거실은 차를 마실 수 있는 좌식 테이블과 의자가 있고 그에 맞는 다기와 차를 이용할 수 있다. 프로젝트 빔이 있어 영화도 볼 수 있다. 푸른 돌처럼 반짝이는 타일이 매력적인 주방에는 조리기구는 물론 갖고 싶은 그릇에 각종 양념, 에어프라이어까지 구비되어 있다. 티슈와 물티슈를 함께 구비해놓은 세심함에 다시 감동한다. 별담은 호스트의 취향에 반해 머무는 여행을 넘어 자발적 고립을 만든다.

주소 시장3길 20 여닫는 시간 입실 15:00, 퇴실 11:00
웹 abnb.me/dktSEoR2W2

02 제로플레이스

해가 진 저녁에 도착한 숙소는 어두운 산길에 홀로 빛나는 등대처럼 자리했다. 아침에 골짜기에 빛이 스며들자 황락호수의 물안개가 가야산을 신비롭게 보듬는다. 25년 전 영가든이었던 식당은 건축가 아들의 손에 의해 다시 태어났다. 모든 것을 내려놓고 '0'으로 돌아가자는 뜻으로 지은 제로플레이스는 오는 이들의 근심까지 제로로 만든다. 총 5개의 객실은 불필요한 요소를 걷어낸, 오롯한 공간이다. 덕분에 빈자리를 넉넉하게 내어놓았다. 시원한 시야는 통유리창에 맺힌 유려한 풍경에 멈춘다. 바로 앞에 놓인 욕조에서의 물놀이도 추천한다. 침대는 프레임이 없어 아이가 굴러 떨어질 걱정은 없지만 에폭시로 마감한 바닥 위에 넘어지지 않도록 조심해야한다. 하루의 시작은 군더더기 없는 조식으로 한다. 고요한 호숫가를 걷다 주인장의 조경 솜씨에 일순간 놀란다. 울창한 숲과 말간 호수와 자연스레 교감하고 있어서다.

주소 일락골길 367-19
여닫는 시간 입실 16:00, 퇴실 12:00 웹 www.zeroplace.co.kr

03 수화림

제로플레이스에서 함께 운영하는 숙소로 아이와 함께 머무는 동안 추천 받았던 부티크 펜션이다. 수화림의 공간을 살피는 동안 그 의도를 눈치챌 수 있었다. 공간 분리가 확실했는데, 침실은 거실과 층을 달리하거나 떨어져 있고 노천탕은 혼자 즐길 수 있도록 숨어있다. 육아로 지친 아빠 엄마가 독립된 공간에서 홀로 여유로울 수 있는 구조다. 디자인그룹 오즈의 첫 작품으로 완공된 해에 문화체육관광부가 주최한 '젊은 건축가상'을 수상했다. '드러나는 풍경의 숨바꼭질'이란 디자인의 주제는 건축물이 자연에 감싸여 있기에 실현 가능했다. 테라스에선 아이가 넓은 마당에서 마음껏 뛰어노는 모습을 볼 수 있다. 뛰면 안 된다는 말을 꺼낼 일 없다는 것이 낯설지만 당연했음을 깨닫는다. 아이와 아빠 엄마를 모두 배려한 숙소다.

주소 일락골길 368-10
여닫는 시간 입실 15:00, 퇴실 11:00
웹 www.soohwarim.com

04 한글도서관 서산글램핑

더 이상 학생이 찾지 않는 학교를 새 단장해 개장했다. 건물 안 교실은 원형을 고스란히 살려 객실로 만들었다. 침대가 놓인 객실도 있지만 대부분 텐트와 바비큐장이 실내에 있는 형태다. 덕분에 겨울에도 바람과 추위를 막아줘 아늑하게 캠핑을 즐길 수 있다. 단, 온수매트나 전기히터는 있지만 따로 난방이 되는 것은 아니다. 운동장 양 옆으로 게르Ger처럼 생긴 돔 텐트를 설치해 글램핑을 할 수 있도록 되어 있다. 내부에는 침대와 테이블, 의자, 에어컨 등이 비치되어 있다. 어촌체험이 가능한 웅도가 지척에 있어 해수욕이나 갯벌체험을 즐길 수 있다. 깡통기차를 타고 마을 한 바퀴를 구경할 수도 있다. 바지락 체험이나 낙지잡이, 망둥어 낚시 등 체험으로 먹거리를 잡아 바비큐장에서 구워먹는 재미도 쏠쏠하다. 글램핑장의 화장실과 샤워실도 깔끔해 으레 캠핑장에서 불편하다 여기던 샤워도 걱정을 덜었다.

주소 오지검은고지길 1-10 여닫는 시간 입실 15:00, 퇴실 11:00
웹 www.한글도서관.com

여행지에서 즐기는 엄마표 놀이

공룡풍선 만들기

안면도 쥬라기박물관(p.271)을 다녀온 아이는 평소에도 좋아하던 공룡이 더 좋아진 모양이다. 집에 있는 공룡 피규어를 가지고 오지 않아 가지고 있는 문구로 공룡을 만들었다.

준비물 풍선, 색지, 테이프, 펜, 끈

만들고 놀기 풍선을 색깔별로 불어서 묶어준다. 풍선색과 똑같은 색지를 고르라고 한 뒤 좋아하는 공룡의 얼굴과 다리, 팔을 그린다. 풍선은 몸, 나머지 부분을 테이프로 붙인다. 여러 공룡을 가지고 역할 놀이를 하거나 끈을 달아 천장에 붙여주고 움직여준다.

각 티슈로 공룡만들기

공룡풍선을 만들고 난 뒤 아이는 자신이 티라노사우루스가 돼 공룡들을 잡아먹어야겠다고 했다. 차에 있던 각 티슈와 뜯지 않은 각 티슈 2개까지 탈탈 털어와 공룡을 만들었다.

준비물 각 티슈, 색지, 장갑, 풀, 가위, 양면테이프

만들고 놀기 각 티슈에 아이가 원하는 색지를 둘러주고 1개는 눈과 코, 이빨을 만들어 붙이고, 2개는 상단에 발톱을 오려 붙인다. 장갑에는 티라노사우루스의 발톱 두 개를 양면테이프로 붙인다. 티라노사우루스로 변신한 아이는 천장에 매달려 있는 공룡들을 잡아먹으러 출동했다.

함께 읽어주면 좋은 책
- 고 녀석 맛있겠다

PLAY 03

철새 만들기

서산버드랜드(p.270)에서 천수만을 나는 철새를 보고 아이는 '나도 날고 싶다'라고 했다. 그럼 엄마가 날개를 만들어줘야지! 우리는 철새가 되어 보기로 했다.

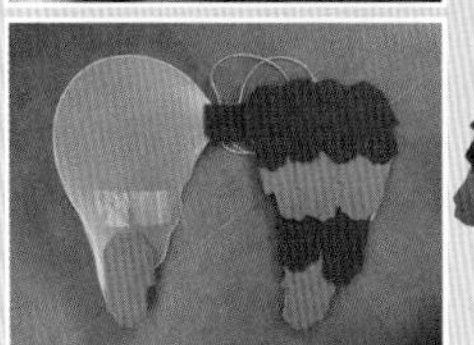

준비물 날개 모형(없을 경우 세탁소용 옷걸이와 살색 스타킹, 끈), 부직포, 테이프, 펜, 가위

만들고 놀기 날개 모형이 없다면 세탁소용 옷걸이를 풀어 날개 모형으로 만들고, 아이의 어깨에 맞게 끈을 달아준다. 살색 스타킹을 씌워 모서리에서 묶은 뒤 남은 부분은 가위로 잘라 마감한다. 아이 손바닥을 부직포에 대고 그린 뒤 오려 여러 깃털를 만들고, 날개 모형에 테이프를 붙이고 날개를 붙인다. 낱알을 크게 만들어 숨겨놓고 찾아 먹거나 풍선으로 알을 만들어 품어보기도 한다. 놀이가 끝난 뒤 깃털을 활용하기로 했다. 박스를 오리 모양으로 오려 벽에 붙인다. 테이프를 붙이고 날개를 마음대로 붙인다. 아이는 자신만의 패턴을 만들더니 나에게 깃털 색을 말하며 골라 붙였다.

함께 읽어주면 좋은 책
- 날아라, 꼬마물떼새!
- 철새야, 안녕!
- 겨울이 왔어요!

젖소 우유짜기

아이가 어릴 때 아그로랜드 태신목장(p.272)에 가서 젖소 우유짜기 체험을 했다. 동영상으로 찍어서 가끔 보여줬는데 하루는 우유짜기 체험을 다시 하고 싶다고 말했다. 당장 가기는 어려우니 박스로 급히 만들기로 했다.

준비물 박스, 색지, 색연필이나 크레파스, 라텍스 장갑, 우유, 바늘, 테이프, 가위, 넓은 그릇

만들고 놀기 박스에 젖소 몸과 다리 모양을 만든다. 라텍스 장갑이 긴 편이라 길이를 잘 재는 것이 좋다. 흰 색지를 붙이고 검은 색지로 홀스타인 종의 얼룩을 붙인다. 흰 색지에 소 얼굴을 그리고 박스에 붙여준다. 라텍스 장갑에 우유를 넣고 박스 안쪽으로 테이프를 붙인다. 장갑 손가락 끝을 바늘로 뚫고 아이가 젖소 우유를 짜듯 눌러주면 구멍으로 우유가 나온다.

함께 읽어주면 좋은 책
- 젖소에게 무슨 일이?

PLAY 05

이건 누구 무늬일까

아그로랜드 태신목장(p.272)에 있는 동물 친구들의 이름을 외치며 좋아하던 아이를 위해 동물 무늬 맞히기를 하기로 했다. 아이 연령에 따라 난이도에 차이를 줘도 좋다.

준비물 스케치북, 네임펜 또는 유성매직펜, 색연필, OHP필름, 가위

만들고 놀기 스케치북을 가로세로로 한 번씩 접어 4개의 카드를 만들고, OHP필름도 크기에 맞게 자른다. 스케치북에는 동물무늬를 뺀 동물을 그리고 OHP필름은 그림 위에 올려 동물무늬만 그린다. 동물카드와 OHP필름을 따로 두고 동물과 무늬 짝을 찾는다. OHP필름을 숙소 곳곳에 숨겨두고 놀이를 시작해도 좋다. 동물을 들고 "잉잉잉, 내 무늬가 없어졌어. 내 무늬를 찾아줘~"라고 말하고 같이 찾아다니자.

함께 읽어주면 좋은 책
- 동물들의 멋진 무늬
- 무슨 무늬게?

WHERE TO GO

03

충주+괴산

충주+괴산

BEST COURSE

1박 2일 코스

01 아이와 여유롭게 보낼 수 있는 힐링 코스

1일 오대호아트팩토리 ▶ 점심 고소미부엌 ▶ 충주세계무술공원 ▶ 수안보 ▶ 저녁 대장군

2일 점심 괴산손짜장 ▶ 화양구곡

02 아이와의 다양한 활동을 중시하는 체험 코스

1일 오대호아트팩토리 ▶ 점심 장모님만두 ▶ 충주세계무술공원 ▶ 라바랜드 ▶ 저녁 민들레

2일 활옥동굴 ▶ 점심 가마솥토종닭집 ▶ 수옥폭포 ▶ 한지체험박물관

2박 3일 코스

01 아이와 여유롭게 보낼 수 있는 힐링 코스

1일 오대호아트팩토리 ▶ 점심 장모님만두 ▶ 중앙탑공원 ▶ 저녁 중앙탑메밀마당

2일 수주팔봉 캠핑장 ▶ 점심 피크닉 준비(취사 가능) ▶ 수안보 ▶ 저녁 대장군

3일 괴산자연드림파크 ▶ 점심 할머니네맛식당 ▶ 화양구곡

02 아이와의 다양한 활동을 중시하는 체험 코스

1일 숲속작은책방 ▶ 점심 짚은목맛집 ▶ 산막이옛길 ▶ 저녁 할머니네맛식당

2일 한지체험박물관 ▶ 수옥폭포 ▶ 점심 가마솥토종닭집 ▶ 수안보 ▶ 저녁 대장군

3일 활옥동굴 ▶ 점심 통나무묵집 ▶ 충주세계무술공원 ▶ 라바랜드 ▶ 저녁 실희원

오대호
아트팩토리
중앙탑 공원
라바랜드
충주세계무술공원
충주
활옥동굴
수주팔봉 캠핑장
수안보
괴산
수옥폭포
산막이옛길
한지체험박물관
화양구곡

충주

SPOTS TO GO

오대호아트팩토리

언택트

자동차와 공룡의 세계를 지나온 아이는 로봇 또는 캐릭터에 흠뻑 빠진다. 자이언트 로봇을 보러 가자는 말에 얼른 길을 나서는 이유다.

옛 능암초 자리가 국내 1호 정크아티스트 오대호 작가가 머물며 폐기물 아트의 전진기지로 변신했다. 휑뎅그렁했던 운동장은 정크아트로 가득하다. 한가운데 무리지어 선 거대 로봇이 위용스럽다. 2m가 넘는 로봇은 실린더와 엔진, 휠 등 고철을 재활용했다. 계기판과 헤드라이트로 만든 눈이나 사이드미러 귀까지, 원래 재료의 모습을 상상하거나 유추하는 재미도 있다.

작가의 철학을 갈아 넣은 작품은 키네틱 아트다. 키네틱 아트란 '움직이는 예술'로, 작품에 움

난이도 ★
주소 가곡로 1434
여닫는 시간 10:00~17:30
쉬는 날 월요일
요금 5,000원
여행 팁 고철을 사용하다 보니 아이가 다칠 수 있다. 주의만 하면 다칠 염려는 없으나 만일을 대비해 아이용 연고와 밴드를 준비하자.

직일 수 있는 장치가 있다. 전시를 보고, 만지고, 돌리고, 타면서 관람한다. 가장 인기 있는 작품은 아트바이크다. 클래식 바이크인 할리데이비슨을 닮은 자전거부터 게처럼 옆으로 가는 자전거, 손으로 페달을 돌리는 무당벌레 자전거 등 부피도 없이 자란 상상력으로 만든 작품이다. 바람을 가르며 달리는 아이들의 웃음소리가 운동장 담을 넘어 흩어진다. 덕분에 아빠 엄마도 덩달아 유년의 길목을 잠시 걷게 된다.
교실에선 폐품을 이용한 아트체험을 할 수 있다. 달뜬 얼굴의 아이는 포부를 드러낸다. 폐품을 붙여 창작품을 만드는 정크 아트와 김희동 교수가 재생 골판지를 이용해 직접 만든 키네틱 아트 체험이다. 키네틱 아트는 볼트와 너트로 쉽게 고정할 수 있고 공룡과 곤충, 로봇처럼 아이의 구미를 당기는 주제여서 집중도가 높다.

아빠 엄마의 생각

지구를 구해야 해

히어로 만화영화를 즐겨보다 1989년 작, <2020년 우주의 원더키디>를 보고 지구를 지키는 건 로봇이 아니라 사람이라 생각했다. 만화영화에 반추해서인지 지구를 위한 잠깐의 노력이라도 하려는 사람이 되었다. 아이에게도 "지구를 지켰어"라는 말을 왕왕 한다. 화장실 불을 끄거나 양치컵을 사용할 때처럼 말이다. 길을 가다 쓰레기가 보이면 집에 있는 쓰레기통에 버리자는 아이의 말에 줍기는 하지만, 매일 보이는 게 문제다. 담배꽁초마저 손으로 집는 아이를 보며 이대로는 안 되겠기에 '지구의 날'을 만들었다. 여행 중 가능한 날, 쓰레기봉투와 나무젓가락을 준비해 쓰레기 줍기를 한다. 행동으로 배우고, 의미 있는 시간도 가지고, 지구를 지켰다는 뿌듯함도 함께 느낄 수 있다.

중앙탑공원

완만한 잔디밭에 자리를 깔고 수풍을 즐기거나 공놀이나 원반던지기를 하기도 한다. '문화재와 호반예술의 만남'을 주제로 한 26점의 조각을 보며 산책을 즐길 수 있다. 도드라지게 올라선 탑평리 칠층석탑은 국보 제6호다. 통일신라 때 국토의 중앙에 세워 '중앙탑'이라 한다. 7층 높이로 쌓기 위해 2단 기단을 세웠으나 너비가 좁아 날카로운 느낌이다. 아서왕의 엑스칼리버처럼 봉긋한 토담 위에 꽂혀있어 존재감이 강렬하다. 방문객들은 차례로 올라가 탑의 육중한 몸피를 둘러본다.
공원 옆 남한강은 2013년 세계조정경기가 열렸던 경기장이다. 중계를 위해 만든 1.4km의 강변 다리는 물 위에 부유해있어 운치를 더한다. 수면 위에 고였던 산그림자가 가면 무지개빛 조명이 켜진다. '지구에 불시착한 달'은 강변에 하나, 중앙탑 아래 하나 설치되어 있다.

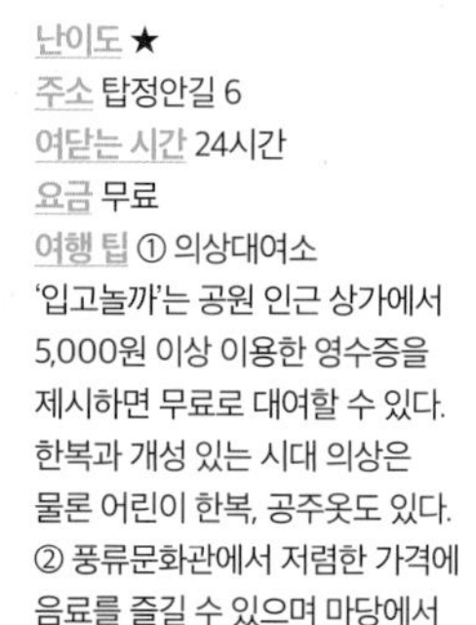
난이도 ★
주소 탑정안길 6
여닫는 시간 24시간
요금 무료
여행 팁 ① 의상대여소 '입고놀까'는 공원 인근 상가에서 5,000원 이상 이용한 영수증을 제시하면 무료로 대여할 수 있다. 한복과 개성 있는 시대 의상은 물론 어린이 한복, 공주옷도 있다. ② 풍류문화관에서 저렴한 가격에 음료를 즐길 수 있으며 마당에서 전통놀이를 할 수 있다.

아빠 엄마도 궁금해!

발로 잰 통일신라의 중앙

충주가 중원문화의 중심이 된 데는 여러 가지 이유가 있다. 삼국시대에 '중원을 차지하는 자 세상을 얻게 된다'는 미명 아래 치열한 대립이 있었던 곳이다. 중앙에 있으니 교통의 요지로서 지리적 강점도 갖추었다. 통일신라 원성왕은 국토의 중앙이 정확히 어딘지 무척 궁금했다. 어느 날 같은 보폭을 가진 두 사람을 불렀다.

"너희는 각자 우리 신라의 남쪽 끝과 북쪽 끝으로 가 같은 날, 같은 시간에 중앙으로 걸어오도록 하라."

그렇게 해서 두 사람이 만난 곳에 탑을 세우고, 주변 하천은 남북 끝에서 반이 된다고 해서 '안반내'라 불렀다.

석탑이 있는데 왜 절은 없죠?

석탑 주변으로 있던 절은 1970년대 홍수로 쓸려가고 높은 지대에 자리한 석탑만이 살아남았다. 마을을 복구하며 절터를 불도저로 밀어버리니 그 터는 아예 찾아볼 수가 없게 되었다. 이후 1992년, 중앙탑 훼손이 지속되자 사적공원을 조성해 지금의 모습을 갖추고 있다.

충주세계무술공원

언택트

아이와의 여행에서 하나라도 더 챙겨보고 싶은 마음에 공원은 늘 뒷전이다. 푸른 잔디에서 여유롭게 뛰어노는 공원이라면 그렇겠지만 세계무술공원라면 얘기가 다르다. 자연과 휴양, 놀이, 야경까지 뭘 좋아할지 몰라 다 준비한 공원이다.

공원 전체를 조망할 수 있는 세계무술박물관부터 시작하자. 소림사도 아니고 웬 무술. 충주는 고구려 때부터 전승되고 있는 우리나라 전통무예 택견의 고장이다. 인간문화재 신한승 택견 명인이 택견원을 세우고 전통을 이어가고 있다. 바로 옆 라바랜드를 거쳐 본격적으로 공원에 들어선다. 한 품에 들어오지 않는 버즘나무를 따라 걸으면 나무숲놀이터가 나온다. 한 번 입장하면 개미지옥처럼 빠져나오기 어려워 미리 도시락을 먹거나 놀이터 앞 매점에서 주전부리를 준비하는 것이 좋다. 놀이그물 위 수직운동에 전념하던 아이는 싱그러운 기운이 드넓게 펼쳐진 잔디로 와다닥 뛰어간다. 놀이터 옆 놀이터로 이동하기 위해서다. 어린이를 위한 돌미로원이다. 그럴 리 없겠지만 아이 체력이 남아 있다면 공원과 이어진 탄금대에서 일몰을 구경하거나 라이트월드에서 야경을 관람해도 좋다.

공원은 약 26만m^2(축구장 40배 크기)로 계획 없이 움직였다간 금세 지친다. 크게 한 바퀴 돌거나 맘에 드는 곳만 콕 집어서 가는 것이 좋다.

난이도 ★
주소 남한강로 24
여닫는 시간 세계무술박물관 09:00~18:00, 나무숲놀이터 동절기 09:00~17:00 하절기 09:00~17:30, 라이트월드 평일 17:30~22:00 주말 17:30~22:30
쉬는 날 월요일, 1월 1일, 설날·추석 당일
요금 무료, 라이트월드 어른 10,000원 어린이 8,000원
여행 팁 공원 인근에 전투기 비행장이 있어 초속으로 나는 전투기를 구경할 수 있다.

충주세계무술공원 둘러보기

세계무술박물관

39개국 47개 무술단체가 가입한 세계무술연맹이 충주에 본부를 두고 있다. 박물관에선 이들의 다양한 무술을 전시한다. 가장 인기있는 3층 체험관에서 가상 대련과 격파 체험을 할 수 있다. 매년 여름이면 무림 고수를 가르는 무술대회가 열려 공원이 시끌벅적하다. 남녀노소 누구나 참여할 수 있는 다양한 체험 프로그램과 무술시연을 통해 각국의 전통무예를 만나볼 수 있다.

나무숲놀이터

플라타너스로 불리는 버즘나무 다섯 그루를 이어 만든 놀이터다. 목재 구조물과 나무 기둥에 그물을 단단히 묶어 2층으로 만들었다. 출렁다리와 원통 터널, 미끄럼틀과 데구르르 구를 수 있는 그물망까지 다양해 한눈에 들어오지 않을 정도다. 상상이 되지 않는 놀이 환경으로 인해 아이들은 탐색 능력이 늘고 가변성에 대한 대처를 키울 수 있다. 모험도 좋지만 안전이 우선이다. 숲놀이터에는 안전관리관이 상주하고 있으며 어린이와 유아의 공간을 구분해 안전하게 이용할 수 있다. 청소년과 어른은 입장할 수 없다.

미로공원

거침없이 트인 시야는 미로공원에 가닿는다. 담장에는 밤에 불을 밝힐 곤충들이 다닥다닥 붙어 있다. 안으로 들어서면 돌미로가 조성되어 있다. 남한강 호박돌로 돌담을 쌓아 만들었다. 충주를 상징하는 사과와 태극문양으로 단계별 코스가 나뉘어 있다. 하 코스는 어른 허리까지 오는 낮은 담이라 아이도 겁내지 않고 도전 가능하다.

라이트월드

어두컴컴한 밤이 찾아오면 공원은 충주에서 가장 밝아진다. 낮 동안 데면데면하던 조형물들이 화려한 LED 등을 켜고 유혹한다. 충주의 상징인 7층 석탑부터 프랑스 에펠탑, 영국 타워브리지 등 세계의 유명 건축물을 빛으로 일궈냈다. 가장 인기 있는 곳은 이탈리아의 루미나리에. 영롱한 전면부도 아름답지만 100m의 빛 터널을 걸을 수 있어 드라마틱한 분위기를 연출한다.

라바랜드

원초적인 매력의 악동 캐릭터 '라바'를 주제로 만든 놀이동산이다. 귀여운 캐릭터가 주는 친근함에 아이는 금세 경계를 풀고 놀이기구에 몰입하기 시작한다. 아빠 엄마와 같이 탈 수 있는 작지만 알찬 놀이기구라 아이도 쉽게 용기를 낸다. 타는 시간보다 대기 시간이 더 길던 대형 놀이동산과 달리 회전율이 빠른 것도 장점이다.

라바랜드는 크게 실외 놀이동산과 실내 키즈카페로 나뉜다. 놀이동산에선 9종의 어트랙션을 즐길 수 있다. 1층 야외에는 드롭 형태의 라바 로켓과 회전하는 라바 UFO, 라바 라이더가 있다. 바이킹은 120cm 이상 제한이 있다. 입구에서 앙증맞은 관람차까지 라바 지하철로 이어진다. 여름에는 그늘이 되어주고 비 오는 날에는 놀이기구까지 천막으로 이어 뽀송뽀송하게 즐길 수 있다(우천 시 바이킹과 관람차 제외). 2층 옥상에는 공원 풍경을 감상하며 돌아보는 라바 기차가 있다. 쿵쾅 부딪히는 재미로 타는 범퍼카도 인기다. 실내놀이터는 볼대포를 쏘거나 트램펄린처럼 키즈카페에 있는 시설들로 이루어져 있다. 스크린을 이용한 모션 캐치나 동작 인식 놀이 등 아이의 취향을 고려한 다양성도 돋보인다.

아이가 나가기 싫다고 하면 있는 대로 늑장을 부려도 부담이 적다. 추가 금액이 저렴하고 카페나 푸드코트를 이용하면 금액별로 추가시간을 무료 제공한다.

난이도 ★
주소 남한강로 30
여닫는 시간 3~11월 10:00~19:00, 12~2월 10:00~18:00 (2시간 이용)
요금 어른 6,000원, 어린이 12,000원, 30분당 추가요금 1인 1,000원
웹 www.cjlarvaland.co.kr
여행 팁 노후화된 기계와 무력한 직원의 태도는 고려하도록 하자.

수주팔봉 캠핑장

호사스런 망중한을 즐기기 위해 '차박러'가 즐겨 찾는 무료 캠핑장이다. '차박'은 자동차 뒷좌석을 펼쳐 야영을 즐기는 새로운 형식의 캠핑이다. 수주팔봉 캠핑장은 취사가 가능하고 화장실과 샤워장까지 갖추고 있어 숙박이 아니더라도 한나절 피크닉을 보내기에 적합하다. 달천이 감싸 안은 팔봉마을 앞으로 자갈마당이 펼쳐지고 비단천이 일렁이듯 수직 절벽이 오롯하다. 하늘을 지붕 삼고 수주팔봉을 벽으로 두니 내 집같이 편안하다. 절벽 사이로 흐르는 팔봉폭포는 농지 개간을 위해 칼바위를 잘라 만들어졌다. 예전의 정취를 알 수 없어 무엇이 낫다 할 수 없지만 30m 아래로 물꼬를 튼 물길이 와르르 쏟아져 운치를 더한다. 차로 2~3분 거리에 위치한 수주마을에선 폭포 위를 연결하는 출렁다리에 오를 수 있다. 이름처럼 달천에 비친 아름다운 여덟 개의 봉우리를 제대로 감상할 수 있다.

난이도 ★
주소 이문안길 72-10
여닫는 시간 24시간
요금 무료
여행 팁 ① 출렁다리 넘어 전망대는 가는 길이 몹시 험해 추천하지 않는다.
② 치우는 사람이 따로 없는 노천캠핑장이니 아니 온 듯 깨끗이 치우고 가자.

아이가 즐길 수 있는 여행법

자갈과 모래가 적절히 뒤섞인 물놀이 명소다. 깊은 곳은 급류가 세니 반드시 강변에서 즐기도록 하자. 다슬기를 줍거나 물고기도 잡을 수 있다. 자갈을 쌓아 성을 만들거나 친환경 물감으로 그림그리기도 좋다.

활옥동굴

석순과 종유석이 자라는 생태 천연동굴은 아니다. 이곳은 일제강점기에 개발된 채굴 광산이다. 해방 후 전성기를 누리다 1970년대 산업화를 거치면서 아시아 최대 활석광산으로 자리매김했고, 2000년대까지 명맥을 이어왔으나, 중국의 값싼 활석이 수입되면서 문을 닫았다. 2018년, 채굴기의 우렁찬 기계 소리가 다시 넓고 깊은 구덩이를 빚기 시작했다. 길이 2.3km나 되는 초대형 지하 관광지로 개발한 것이다. 묵은 공간은 정체성을 살리고 체험 요소를 더해 사람들을 불러 모으고 있다.

축축한 어둠 속을 헤매리란 예상과 달리 쾌적하고 밝은 동굴 내부가 놀랍다. 백색도가 높은 활석이 조명 빛을 받아 전체적으로 환하다. 덕분에 아이도 스스럼없이 동굴 탐험에 나선다. 무거운 광물을 올리기 위해 사용한 '권양기'와 채굴을 재현한 전시공간에서 고단한 서사를 읽는다. 계절을 가리지 않고 온도가 일정해 장을 숙성하거나 와인창고로 이용되는 모습도 볼 수 있다. 배양기에 인삼과 고추냉이를 심어 식물 재배 연구도 하고 있다. 이곳에서 자란 인삼은 카페에서 음료로 마실 수 있다. 17가지 동굴 테마 중 가장 인상적인 곳은 카약 체험이다. 지하수가 모여 이룬 호수에 투명 아크릴 카약을 타는 코스다. 성인 허리 정도밖에 되지 않는 수심이지만 햇빛을 보지 못해 희끄무레한 송어가 무리지어 다닌다. 운이 좋다면 웅크리고 잠을 자는 박쥐도 만날 수 있다.

난이도 ★
주소 목벌안길 26
여닫는 시간 09:30~18:30
쉬는 날 월요일
요금 동굴 관람료 어른 6,000원, 어린이 4,000원 동굴 관람료+보트 어른 9,000원, 어린이 6,000원
여행 팁 ① 동굴 내는 11~15℃를 유지하고 있으니 여름에는 두꺼운 옷을 미리 준비하자.
② 주말에는 관람객이 많아 평일을 추천한다. 평일이 어렵다면 주말 오픈 시간에 맞춰가자. 16:00를 넘어가면 긴 대기줄로 보트를 못 탈 수도 있다.

아이는 심심해!

아이가 즐길 수 있는 여행법

동굴이 처음이라면 아이는 낯선 환경에 두려울 수 있다. 아이가 흥미로울 만한 탐험 스토리를 만들어 주는 것도 방법이다. 이야기를 만들기 어렵다면 영화 <모아나>를 추천한다. 주인공 모아나가 반신반인 마우이를 찾아가 함께 모험을 떠난다. 미리 마우이의 갈고리를 만들어 준비하면 더욱 실감이 난다. 특히 야광도료로 꾸민 동굴은 영화 일부와 흡사해 손뼉을 맞춘 듯 궁짝이다.

수안보

한때 '온천' 하면 '수안보'를 대명사로 사용할 정도로 융성했던 지역이다. <조선왕조실록>에서 태조 이성계가 피부염 치료를 위해 방문했다는 기록이 있고, 숙종도 즐겨 찾아 '왕의 온천'이라는 수식어가 붙었다. 일제강점기인 1929년부터 근대 온천이 조성되었고, 1970년대 이후에는 웨딩마치를 올린 신혼부부의 첫 여행지이자, 버스가 아침마다 바통터치를 하고 가는 수학여행 행선지로 인기를 끌었다. 다만, 이제는 진입로에 들어서자마자 이 빠진 간판이 맞이할 만큼 쇠락했다.

그럼에도 야금야금 찾게 되는 수안보의 매력은 역시 온천수다. 물의 힘만으로 땅을 뚫고 솟구쳤다는 우리나라 최초의 자연 용출 온천이다. 수온은 다른 온천지역에 비해 높은 온도인 53℃다. 온몸이 시뻘게지는 뜨거운 물에 칼슘과 나트륨, 불소, 마그네슘 등이 들어 있어 신경통을 앓는 어르신들이 많이 온다. 좋기로 따지면 남녀노소 가릴 이유 있을까. 약알카리성을 띤 온천수로 인해 목욕 후 매끈해진 피부에 '물 좋다'를 읊조리게 된다.

난이도 ★
주소 수안보 한화리조트 수안보로 321-36, 수안보 파크호텔 탑골1길 36
여닫는 시간 수안보 한화리조트 06:00~21:00, 수안보 파크호텔 06:30~21:00(상황에 따라 단축 운영)
요금 수안보 한화리조트 어른 12,000원, 어린이(48개월~13세) 10,000원(투숙객 어른 8,000원, 어린이 7,000원), 수안보 파크호텔 어른 14,000원, 어린이 4,000원(투숙객 50% 할인)
여행 팁 충주·괴산을 여행할 때 산이 많다 보니 일몰에 대한 기대가 낮다. 여유로운 저녁시간에 수안보에 들러 온천으로 피로를 풀어도 좋다.

노천탕 양대 산맥, 수안보 한화리조트 VS 수안보 파크호텔

그렇다면 20여 곳의 온천 중 어디가 좋을까. 수안보는 전국에서 유일하게 충주시가 온천수를 직접 관리하고 있다. 같은 수질의 온천수를 호텔과 대중탕에 차별 없이 보낸다는 얘기다. 객실에 탕을 두고 가족이 함께 목욕할 수 있는 숙소도 있으나 노천탕이 있는 시설을 이용하길 권한다. 실내 온천탕은 높은 습도로 아이가 답답해 할 수 있어서다. 노천탕을 갖춘 시설은 2곳, 수안보 한화리조트와 수안보 파크호텔이다. 한화리조트는 2018년에 신축 건물을 세워 단정하고 깔끔한 시설을 자랑한다. 파크호텔보다 물온도가 2~3℃ 낮아 아이도 물에 들어가기 알맞은 온도다. 파크호텔은 옛 온천시설이 가진 시원시원한 인테리어로 낡았지만 정감이 간다. 시설로 보자면 한화리조트의 손을 들어주고 싶다. 대신 나무 벽으로 가린 한화리조트 노천탕에 비해 산 중턱의 풍경을 즐길 수 있는 것이 파크호텔의 장점이다. 산책로를 따라 성봉 채플까지 다녀오는 사람들도 늘고 있다.

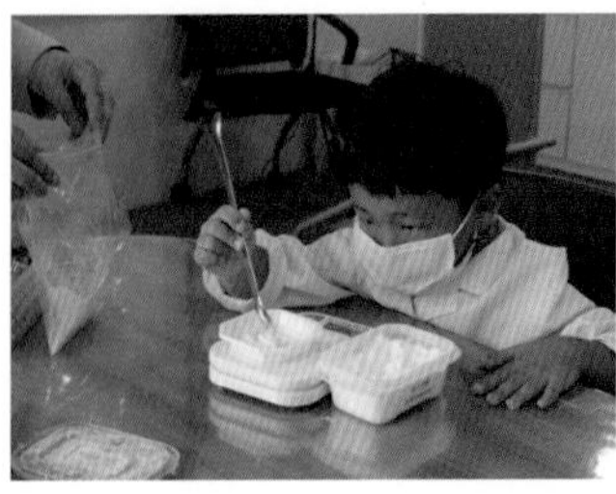

연계 여행지

음성 한독의약박물관

언택트

<사피엔스>의 저자 유발 하라리는 현존하는 직업의 절반이 30년 안에 없어진다고 예측했다. 그의 말처럼 매년 유망 직종은 바뀌고 사라지는 직업도 왕왕 보인다. 변화하는 시대에 아이에겐 어떤 교육을 해야 할까. 답은 (주)한독 창업주에게서 찾았다. '아픈 사람이 가난으로 죽어서는 안 된다'는 신념이 지금의 (주)한독을 만들었다. 올바른 방향성이다. 그러나 1964년 만들어진 이 박물관이 아이에게 재미까지 전달할 수 있을지 의문이었다.

박물관은 2만여 점의 의약 유물 중 1만여 점을 전시한다. <청자상감상약국명합>과 <구급간이방> 등 6점의 보물도 포함된다. 모르면 감흥이 옅어지게 마련. 주말 프로그램 '큐레이터와의 대화'를 통해 유익한 시간을 보낼 수 있다. 관람은 2층 한국전시실을 시작으로 중앙 나선 계단을 지나 1층 국제전시실로 이어진다.

박물관의 체험 프로그램은 이색적이고 재미있어 늘 인기다. 사전 예약을 통해 신청할 수 있다. '오늘은 내가 약사'는 약재를 저울로 재고 섞어 타정해 천연 소화제를 만드는 프로그램이다. 다만 방부제도 없고 위생 문제도 있어 먹기를 권하진 않는다. 성인도 푹 빠지는 박물관 탈출 게임 '닥터H의 비밀노트'도 체험해보자. 애플리케이션을 통해 천재 과학자 닥터H가 남긴 암호를 해독하고 그가 발견한 궁극의 명약을 찾아가는 프로그램이다. 전시실 곳곳에 단서가 있어 큐레이터가 알려준 내용을 복기하게 된다. 어린이를 위한 '키즈 탐정대의 추리노트'도 있다.

난이도 ★
주소 음성군 대소면 대풍산단로 78
여닫는 시간 09:00~17:00
쉬는 날 월요일, 설·추석 연휴
요금 무료
여행 팁 체험은 국가정책에 따라 운영 여부가 정해지므로 방문 전 박물관에 꼭 확인하자.

아빠 엄마도 궁금해!

한독의약박물관 둘러보기

2층 한국전시실

이제마와 허준의 초상화로 시작되는 한국전시실은 사상의학으로 시작해 침술과 한의학, 근대 서양약학까지 이어진 우리 의약의 변천사를 보여준다. 보물 <구급간이방>과 <동의보감>의 초간본과 같은 중요 의서를 만날 수 있다. 아이에게 흥미로운 전시는 조선시대 한약방이다. 약을 빻을 때 사용한 약연과 달일 때 쓰는 약틀, 맷돌 등을 직접 만져볼 수 있다. 위험한 약재는 약장 제일 아래 문을 하나 더 두어 보관하고, 경계심이 강한 까투리의 꽁지깃털을 침통 안에 넣어 침을 놓을 때 조심하라는 선조의 지혜도 배울 수 있다.

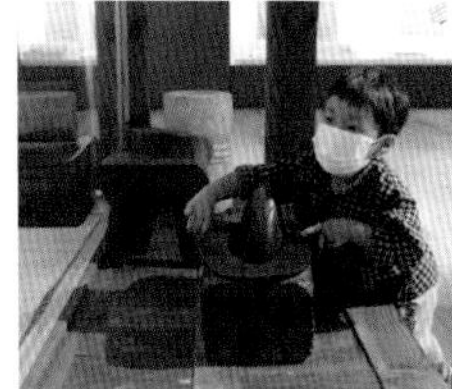

1층 국제전시실

한국전시실에 비해 비주얼적인 면이 많아 아이도 관심을 가진다. 19세기 독일 약국을 그대로 옮겨온 약국과 페니실린을 처음 발견한 플레밍 박사의 연구실은 유리에 지문을 묻혀가며 볼 정도다. 전쟁으로 안구를 잃는 사람이 많아 생긴 의안은 서로의 눈을 보며 색깔을 고르기도 했다. 해부학의 아버지인 베살리우스가 시신을 해부하는 그림이나 청진기의 발달과정 등도 볼 수 있다.

흥미진진한 팩토리투어센터

온실 약초원을 개조한 '흥미진진한 팩토리투어센터'는 식물이 오밀조밀 모여 안락한 숲을 닮았다. 음료와 빵을 판매하는 카페가 있어 휴식을 취하기 좋다. 가능하면 센터 내에서 진행하는 '사랑의 묘약 체험'을 추천한다. 약재인 별사탕과 비타민 사탕을 약 봉투에 넣어 조제하고 복약 지도를 한다. 상황극 놀이로 아이의 흥미를 더욱 자극해보자.

괴산

SPOTS TO GO

01 한지체험박물관

언택트

아이가 크레파스로 그림을 끄적이기 시작하자 기쁜 마음으로 스케치북을 한가득 샀다. 다음날 스케치북 페이지마다 선 하나씩만 그려져 있는 걸 보고 화도 못 내고 꾹 참았던 기억이 있다. 혹 그런 추억이 있다면 한지체험박물관을 추천한다. 장인 정신을 배우거나 예술 수업을 하겠다는 의도는 없다. 한 장의 종이가 탄생하는 과정에 참여해 물건의 가치를 자연스레 알게 되면 그걸로 됐다.

박물관 벽면이 햇빛에 달궈지면 단층의 ㄷ자 한옥도 매무새를 다듬는다. 한 쪽은 완성된 한지를 널고, 다른 한 쪽은 닥나무 겉껍질을 말린다. 종이의 원료인 닥나무 껍질을 가져다 묵은 때를 닦아내고 바삭해질 정도로 말리는 '백닥'이다. 이내 곧 종이가 될 것 같아도 삶고, 두들

난이도 ★
주소 원풍로 233
여닫는 시간 09:00~18:00
쉬는 날 월요일 설·추석 당일
요금 어른 4,000원
청소년 3,000원

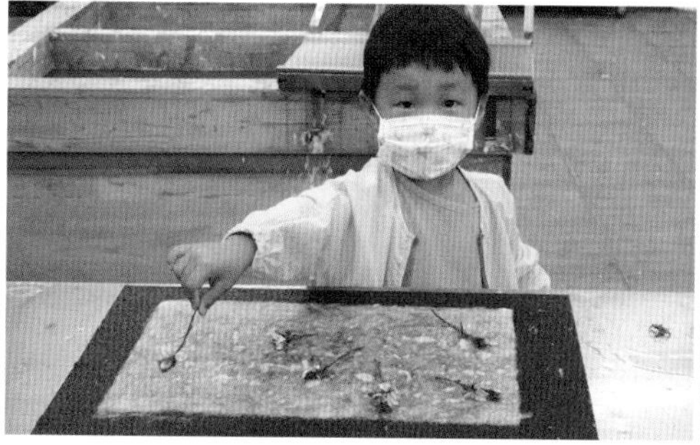

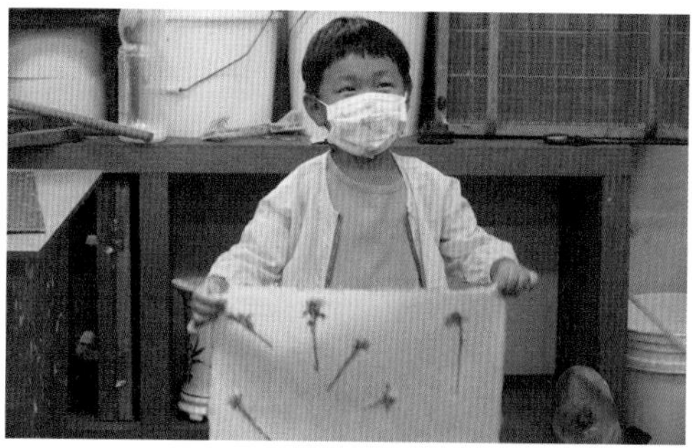

기고, 섞고, 뜨는 등 99번의 손길을 더 거쳐 백옥의 한지가 된다. 내부 전시에는 무형문화재 한지장인 안치용 선생이 혼인할 때 입었다는 한지 한복 한 쌍과 생활 속 전통가구, 소품들이 전시되어 있다. 닥종이 인형으로 만든 디오라마는 전통 생활상을 재현했다.

천 년의 세월을 견딜 수 있다는 한지 만들기를 하고 싶다면 대표 체험인 <야생화 한지뜨기>를 권한다. 이미 지난한 과정을 거친 뒤 마지막을 남겨두고 있어 영유아도 쉽게 참여 가능하다. 닥섬유와 닥풀이 물과 섞여 지통(종이를 만드는 통)에 담겨 있다. 무거운 쌍발을 들어 한지 물을 뜨고 앞뒤, 양옆으로 흔들면 섬유질이 고루 펴진다. 매끈한 판에 발을 올리고 물기를 없앤다. 마당에서 채집한 야생화로 한지를 꾸민 뒤 그 위에 한 번 더 섬유질을 올린다. 이제 김밥을 말 때처럼 발을 차곡차곡 거두고 뜨거운 판 위에 말리면 완성. 은은하고 따뜻한 색감의 한지에 투박한 무늬가 박힌다. 한 장의 종이는 세상에서 유일한 기념품이 된다.

수옥폭포

깊은 산이 많은 괴산은 울울창창한 수목에 숨겨놓은 명품 폭포가 많다. 수옥폭포도 그중 하나다. 관광안내소가 있는 주차장에서 10분 정도 걸으면 도착해 아이와 함께 가기 그만이다. 폭포에서 시작된 계곡를 따라 정돈된 길에는 피크닉 테이블과 의자가 있어 쉬어갈 수도 있다. 경쾌한 물소리가 먼저 마중을 나오더니 이내 물방울을 실은 바람도 만난다. 우거진 나무 사이로 수직으로 흐르는 거대한 폭포가 빗장을 풀 듯 나타난다. 높이 20m에서 시작된 물줄기는 매끈한 바위벽을 타고 흐른다. 조령고개를 넘어 과거를 보러간 선비가 낙방하고 돌아올 때 위안 받던 풍경이라고 하는데, 절로 고개를 주억이게 된다. 폭포 아래 깊은 소(沼)를 만들고 떠난 계류는 유속이 빨라 물놀이를 즐기거나 물고기를 잡기 어렵다. 대신 소 가장자리 얕은 물에서 탁족을 즐겨도 좋다.

난이도 ★
주소 수옥정1길 23
여닫는 시간 24시간
요금 무료
여행 팁 주차장 입구에 카페와 음식점, 느티나무 펜션이 있다.

03 산막이옛길

오지로 불릴 만큼 산 깊숙한 곳에 장막처럼 주변이 산으로 둘러싸여 있다고 해서 붙여진 이름이다. 괴산댐이 생기면서 산막이 마을은 더욱 고립되었다. 마을 사람들은 세상과 소통하기 위해 산허리를 타고 위험천만한 벼랑길을 만들었다. 오래도 아닌 약 60년 전의 일이다. 정비된 산책로 덱 아래로 언뜻 보이는 옛길이 아찔하다. 고개를 들면 걸음마다 갈무리를 해 두고 싶은 풍치가 이어진다. 산막이 마을을 포함한 <연하구곡>을 쓴 노성도가 말한 것처럼 '가히 신선이 별장으로 삼을 곳'이라 할 만하다.

난이도 ★★★
주소 산막이옛길 54-15
여닫는 시간 24시간(배 운항시간 09:30~17:00, 산막이나루 17:30 마지막 출발)
요금 무료(배 이용 어른 5,000원, 어린이 3,000원, 미취학 아동 무료)
여행 팁 오후에는 산막이 옛길 뒤로 해가 넘어가 여름이 아니라면 정오를 전후로 걷는 것이 좋다.

아이와 산막이 옛길, 족집게 1타 강사처럼 짚어주기

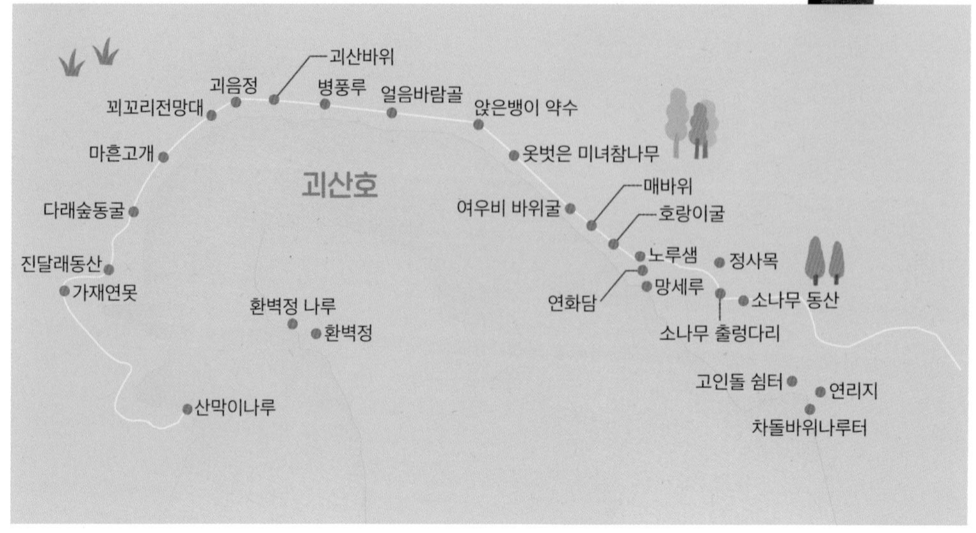

산막이옛길은 충북 괴산군 칠성면 외사리 사오랑 마을과 산막이 마을을 이어주던 10리 길(4km)이다. 초입에 있는 차돌바위나루에서 배를 타고 산막이나루로 이동해 반대로 걸어 나오길 추천한다. 배를 타고 가면서 아이에게 걸을 길에 대해 이야기하고 나무 그늘에 슬쩍 보이는 쉼터나 전망대를 알려줘 행선지를 찾아가는 미션을 준다. 볼거리가 차돌바위나루 쪽에 모여 있는데 아이가 걷기 마지막쯤 흥미를 잃을 때 나타나 지루해하지 않는다. 상대적으로 오르막이 덜하고 나루에서 나오는 배를 타기 위해 대기할 수도 있다.

차돌바위나루

주차장에서 산막이옛길로 진입하기까지 가파른 오르막길이 반복된다. 처음은 관광지에 으레 있는 농특산물 지정 판매장 길이다. 친정엄마 집에서 온 사람처럼 두 손 가득 싸안고 가는 이가 여럿이다. 저렴하고 품질이 좋다는 방증이다. 나올 때 어디서 구매할지 정하다 보면 힘이 난다. 차돌바위나루에서 배를 타고 출발하면 달천을 막고 있는 괴산댐이 보인다.

산막이나루

배에서 내려 화장실을 이용한 후 출발한다. 본격적으로 옛길에 들어서면 다시 초입까지 걷는 동안 다시 만날 수 없다. 나루 건너 한반도 지형과 환벽정을 보며 걷는 길이 호젓하다. 떨어진 모과 열매를 떼굴떼굴 굴리거나 수크령으로 로봇놀이를 해도 좋다. 그늘이 많이 없어 그림자 밟기 놀이도 가능하다. 새벽에 부지런히 뽑아놓은 거미줄이 있다면 나뭇가지에 엮어 나뭇잎이나 보리수 열매, 참나무 쭉정이 같은 자연물을 붙이며 걸어도 좋다.

가재연못

피난골 계곡의 도랑을 막아 가재가 살 수 있는 연못을 만들었다. 소원을 비는 돌이 있는데 가재가 살고 있으니 돈보다 돌을 던져 넣는 것이 낫다. 주변에 물레방아가 있으며 봄에는 진달래 동산이 붉게 물들어 장관이다. 동산 쉼터에서 숨을 고르고 다래숲동굴부터 꾀꼬리전망대까지 오르내리기를 반복한다. 이때부터 대장놀이를 해보자. 대장은 제일 앞에, 대원은 뒤에 서고 주변 탐색을 한다. 지도나 안내판, 신기한 곤충과 식물을 발견하면 대장에게 즉시 보고한다.

꾀꼬리전망대

40m 절벽 위에 세워진 전망대다. 배에서 볼 때에는 높지 않아도 직접 위에 서면 가랑이 사이가 서늘하다. 바닥에 투명 유리로 마감해 호수가 훤히 보인다. 험준한 옛길 위에 포장된 길을 오르내리면 병풍루에 도착한다. 시야를 넓게 조성해 두어 괴산호 풍경을 감상하기 좋다. 미리 준비한 주전부리를 먹으며 오래 쉬어도 좋다. 앉아 있는 시간이 길어지면 벌레퇴치제를 꼭 뿌리도록 하자.

앉은뱅이 약수

참나무 밑동에 작은 구멍을 내어 물이 흐른다. 앉은뱅이가 옹달샘 물을 먹고 걸어서 나갔다는 전설의 약수다. 산막이 옛길을 걷는데 약수 한 잔 걸치지 않으면 그대로 주저앉을 것 같으니 일리가 있는 말일지도 모르겠다. 다행히 오늘날엔 정자와 벤치가 있어 여유롭게 쉬어갈 수 있다. 바로 옆에 작은 계곡물이 있어 잠시 놀다가도 좋다. 미녀 참나무와 스핑크스 바위 등 상상력을 동원해야 하는 자연물을 지나면 호랑이굴이 나온다.

호랑이굴

흙 위로 자연 암석이 텐트를 친 듯 자리한다. 1968년까지 호랑이가 드나들었던 굴이다. 민화 속 우리 호랑이 모습을 한 조각이 있어 토속적인 장면을 자아낸다. 가까이 다가가면 호랑이 울음소리가 들려 아이가 깜짝 놀랄 수 있다. 혹은 화들짝 놀라게 할 수도 있다. 잠시 쉬며 또는 걸으며 아이에게 <호랑이와 곶감>, <팥죽할머니와 호랑이>, <토끼의 재판>처럼 전래동화를 들려주면 힘을 낼 수도 있다.

소나무 출렁다리

울창한 솔숲 사이에 만든 출렁다리다. 나리가 긴 편인데다 일부 구간은 꽤 높아 스릴이 넘친다. 나무목 사이가 촘촘해 아이의 몸이 빠질 우려는 크게 없으나 안전 그물이 없어 어린 아이는 이용하지 않는 편이 좋다. 지네를 잡아먹는 두더지와 도토리를 쥐고 도망가는 다람쥐 등 산 속 동물들도 만날 수 있으니 두 눈 크게 뜨고 걸어보자.

화양구곡

괴산의 명산 중에서도 형님뻘인 속리산에 자리하고 있다. 일찍이 명승지로 지정된 화양계곡은 찾는 이가 많았다. 조선 후기 좌의정까지 지낸 우암 송시열은 빼어난 경치 9곳을 정해 화양구곡이라 칭송했다. 제1곡인 경천벽부터 제9곡인 파천까지 3km의 길을 순례길처럼 차근히 밟아간다. 제7곡까지는 평지이나 8곡부터 길이 험해져 쉬이 발길이 가지 않는다. 그러니 전력을 다해 걸을 필요는 없다. 아이와 함께 제4곡 암서재까지 오가더라도 정말 좋다.
'기암괴석이 하늘을 떠받든다' 해서 이름 붙여진 경천벽부터 구곡이 시작된다. 계류를 거슬러 제2곡인 운영담까지 20여 분 정도 걸린다. 지겨울 아이를 위해 밤송이처럼 둥근 자연물을 이용해 멀리 보내기를 하거나 차선규제봉 사이를 지그재그 오가는 레이스를 벌여도 좋다.

난이도 ★
주소 화양동길 78
여닫는 시간 24시간
요금 무료 (주차 5,000원)
여행 팁 문화생태탐방로가 조성되어 유모차도 쉽게 이동할 수 있다.

야트막한 보를 만든 화양2교까지 오면 심심할 틈이 없다. 이내 제2곡 운영담을 볼 수 있어서다. 운영담이란 '거울처럼 맑은 물에 구름이 비친다'는 뜻이다. 메밀묵처럼 매끈한 수면에 구름처럼 기암절벽도 새겨진다. 모진 물살이 제 살을 다 깎아 해변처럼 모래가 쌓이니 화양 비치(Beach)라 해야 할까. 덕분에 아이도 무르팍 까질 염려 없이 뛰고 물고기도 잡는다.

송시열이 효종의 죽음을 슬퍼하며 통곡했다는 제3곡 읍궁암을 지나면 마침내 제4곡 암서재와 금사담이 나온다. 암서재는 송시열의 서재이자 지내던 암자다. 높은 암반 위에 지어졌으나 너럭바위 사이로 구르는 물소리가 청량해 책을 덮고 나오지 않으면 직무유기가 될 성싶다. 바위지대는 아이가 놀기엔 깊고 휘돌아나가는 계류가 있어 물놀이하기는 어렵다. 고개를 조금만 하류로 돌리면 금사담이다. 물속에 보이는 모래가 금싸라기 같다 해서 지어진 이름이다. 물길이 숨고르기에 들어가 수심 깊은 곳만 아니면 아이가 놀기에도 좋다. 바위며 모래에 올갱이(다슬기)가 많아 줍다 보면 허리 펴기가 쉽지 않다. 주변의 나뭇가지로 뗏목을 만들어도 좋다.

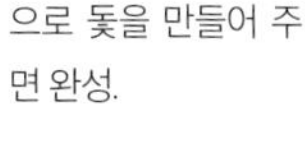

나무 배 만들기

길이가 정당한 나뭇가지를 일렬로 놓는다. 머리끈을 가장자리에 있는 나뭇가지에 걸고 하나하나 교차해서 고정한다. 양옆 모두 머리끈을 묶으면 더 단단하다. 나뭇잎으로 돛을 만들어 주면 완성.

연계 여행지

청주 청주랜드동물원

동물은 아이의 순수한 호기심을 자극하는 탐구 대상이다. 움직임을 관찰하고 따라 하며 교감 능력을 향상시킨다. 그러나 아이의 호감이 흥미의 대상으로만 반응하진 않는지 살펴보아야 한다. 동물 복지에 대해 생각하고 노력하는 동물원을 골라야 할 때다.

1997년 개장한 동물원은 당시 우후죽순으로 만든 공공 동물원이 그렇듯 동물에 대한 고려 없이 지어졌다. 가두는 역할에 충실한 '우리'다. 백두대간을 휘젓고 달리던 호랑이가 단칸방에 사니 아픈 건 예견할 수 있는 일이다. 계속 같은 곳을 뱅뱅 도는 것과 같이 의미 없는 행동을 반복하는 '정형행동'을 보이기도 한다. 동물원에선 당장 방사장을 넓힐 수 없어 기본적인 습성을 보장해줄 행동 풍부화 도구를 설치했다. 뛰어오르기와 매달리기를 좋아하는 맹수에게 생두 수입 포대로 만든 샌드백을 달았다. 안전한 식물성 재료인 데다 제법 질겨 물어뜯기 알맞다. 장난기 많은 반달곰에게는 폐 소방호스로 엮은 해먹을 설치했다. 아이에게 동물의 습성과 도구에 대한 설명을 같이 해주면 좋다.

2017년 동물원에도 큰 변화가 생겼다. 관람로 위에 표범이 지나다니는 구름다리를 만들어 방사장을 넓혔다. 비록 위아래라도 같은 공간을 공유해 관람이 아니라 교류하는 듯하다. 공사는 철조망 대신 유리창으로 바꾸고 예민한 스라소니와 소극적 대면을 위해 관람 덱의 층위를 달리했다. 산비탈을 따라 방사장을 조성한 것도 생태환경을 생각한 부분이다.

주소 청주시 상당구 명암로 224
여닫는 시간 09:00~18:00 쉬는 날 월요일, 명절
요금 어른 1,000원, 청소년 800원, 어린이 500원

아빠 엄마도 궁금해!

서식지 외 보전기관

청주동물원은 2014년 환경부로부터 '서식지 외 보전기관'으로 지정되었다. 서울대공원 농물원, 에버랜드와 함께 멸종 위기에 놓인 야생동물을 보호하고 있다.

"보전서식지는 야생동물이 살 수 있는 환경이 돌아올 때까지 기다리는 노아의 방주와 같다."

청주동물원을 배경으로 한 영화 <동물, 원>(2019년作)에서 김정호 수의사가 한 말이다.

웅담 채취 농장에서 구조된 반달곰과 부리가 비뚤어져 사냥을 못하는 독수리가 아사(餓死) 직전에 이곳으로 왔다. 멸종위기 종인 스라소니가 사육사와 수의사의 관심으로 번식에 성공하기도 했다. 반대로 수사자는 중성화수술을 해 번식을 막았다. 갈기를 잃은 사자를 불쌍하다 여길 일은 아니다. 개체수 조절을 위해 필요한 일이다. 동물이 자연사할 때까지 또는 서식지가 다시 회복될 때까지 그들을 보살피는 일종의 보호다.

동물원에서는 다양한 체험 프로그램을 운영한다. 그 중에서도 <야생동물시티투어>는 특별하다. 전문가와 함께 동물원과 야생동물구조센터, 황새생태연구원을 둘러볼 수 있다. 동물복지와 생태환경에 대해 좀 더 의미있는 시간을 가질 수 있다. 동물원을 제외한 장소는 개인방문이 되지 않는다.

우리 아이도 알아야 할 올바른 동물원 관람

① 먹을 것과 먹지 못할 것. 아무것도 주지 마세요.
② 동물을 부르거나 큰소리를 내지 마세요.
③ 유리창이나 철조망을 두드리지 마세요.

충주

PLACE TO EAT

01 가마솥토종닭집

앞마당에 가마솥을 올린 아궁이가 시뻘게진 장작을 품고 있다. 가마솥 뚜껑을 열지 않아도 푹 익어갈 백숙이 눈에 보이는 듯하다. 닭볶음탕이나 오골계백숙, 토끼탕도 있지만 대표 메뉴는 역시 장작불닭백숙이다. 찾는 이도 많은 데다 오래 걸리는 음식인 만큼 1시간 전에 미리 예약하는 것을 추천한다. 김을 폴폴 내고 오는 백숙은 토종닭을 사용해 살이 두툼하진 않지만 쫄깃쫄깃하다. 아이가 먹기에는 질긴 편이어서 살코기를 잘게 자른 뒤 녹두죽에 넣어달라고 하자. 양이 많은 편이라 남은 음식은 포장해 아이스박스에 보관하자. 아이의 조식 메뉴로 딱이다.

주소 새재로 1752 여닫는 시간 12:00~20:00
쉬는 날 화요일 가격 닭백숙 50,000원

02 민들레

충주호를 두르는 드라이브 길에 위치하고 있다. 온 가족이 함께 귀촌해 한옥을 고쳐 만든 카페 겸 레스토랑이다. '매일이 공사중'이라고 할 만큼 뚝딱뚝딱 만들어낸 정감 있는 소품으로 꾸며져 있어 순박하고 아늑한 분위기를 즐길 수 있다. 날씨가 좋으면 마당에서 식사도 가능하다. 아이가 움직일 수 있으니 실내보다 마음이 편하다. 봄에는 다래꽃이 피고 여름이면 신록이, 가을이면 단풍이 아름답다. 겨울에는 모닥불도 피워 운치를 더한다. 불고기나 돈가스처럼 아이가 먹을 만한 음식도 다양하고 와플이나 떡구이처럼 간단한 주전부리 메뉴도 있다.

주소 지등로 1055
여닫는 시간 11:00~23:00
가격 버섯 생등심 불고기 13,000원, 돈가스 11,000원

03 장모님만두

충주 무학시장 안에는 순대·만두골목이 있다. 무학천에 놓인 다리 중 하나다. 40여 년 전 장이 서면 꼭 지나야 할 길목이라 먹거리를 머리에 이고지고 나와 바닥에 앉아 팔던 것이 지금의 모습까지 왔다. 원래 냇가가 보이는 풍경이었는데 냉장시설이 놓여 아쉽다. 장모님만두는 삼각형으로 빚은 매운 김치만두가 유명하다. 아이는 고기만두를 넣은 만둣국을 권한다. 별다른 육수 없이 끓여냈는데도 사골처럼 진하고 뒷맛이 깔끔하다. 가진 것 없이 장사를 할 때부터 만들던 슴슴한 맛 그대로다. 시에서 인정하는 로컬 명소지만 다리 위 점포는 상점 등록이 되지 않아 현금 지불만 가능하다.

주소 공설시장길 13(다리 위 순대·만두골목 내)
여닫는 시간 08:00~21:00(문 여는 시간은 1시간 정도 유동적)
가격 김치만두 8개 2,000원 만둣국 6,000원

04 중앙탑 메밀마당

1996년에 문을 연 식당은 메밀막국수와 치킨을 함께 먹을 수 있어 유명하다. 메뉴는 단출하다. 메밀막국수와 메밀비빔막국수, 메밀프라이드치킨이다. 모든 음식에 메밀을 넣어 만들었다. 바삭한 튀김옷의 치킨은 시장에서 팔던 옛날 통닭 방식으로 아이가 먹기에 좋다. 메밀막국수는 매운 양념이 있어 따로 메밀떡만둣국을 주문하는 것도 방법이다. 비빔막국수는 반찬으로 나오는 열무김치를 함께 먹어보자. 막국수와 치킨이라는 독특한 조합에 호불호가 갈리지만 손님은 늘 많은 편이다. 충주 대표 여행지인 중앙탑 바로 앞에 있어 동선을 정하기에 편하다.

주소 중앙탑길 103 여닫는 시간 11:00~21:00
가격 메밀프라이드치킨 15,000원, 막국수 6,500원

05 통나무묵집

충주는 참나무가 많아 묵요리를 전문으로 하는 식당이 많다. 한옥을 편의대로 개조해 만든 통나무묵집은 대청마루와 누마루를 그대로 살려 전통적인 운치가 있다. 토속음식인 묵밥이 대표적이다. 도토리와 메밀 두 종류로 차게 또는 따뜻하게 즐길 수 있다. 감칠맛 그득한 묵밥은 입안으로 튕기며 들어오도록 조금 급하게 훌훌 먹어야 맛이다. 한 숟갈 뜨면 몽글몽글 은단만큼 작은 두부가 있어 식감도 좋다. 김치양념이 들어가서 섞기 전에 따로 아이용을 덜어두는 것이 좋다. 쫀득한 도토리빈대떡은 청양고추가 들어간다. 반죽이 매운 건 아니라 빼고 줘도 잘 먹는다. 아이가 먹을 만한 밑반찬이 없어 다른 메뉴가 필요하다면 청국장은 주문할 때 맵지 않게 요청할 수 있다.

주소 안림로 146 여닫는 시간 11:00~22:00
가격 묵밥 7,000원 도토리빈대떡 7,000원 청국장(2인 이상) 8,000원

06 대장군

왕이 드시던 코스를 재해석한 꿩 요리 전문점이다. 손질하기가 어려운 꿩을 요리기능사가 직접 손질하며 농장을 운영하고 있어 신선도와 맛이 독보적이라 할 수 있다.

코스는 앞가슴살을 저민 회부터 시작한다. 입안에서 부드럽게 녹는 참치회 식감이나 비린내가 전혀 없다. 아이가 먹을 때에는 당일 잡아서 당일에 끓여야 나오는 꿩 육수에 살짝 익혀 먹는다. 속가슴살을 넣어 만든 냉채는 달달한 양파소스를 올린다. 색과 달리 자극적이지 않고 시원고소하다. 이어 나온 만두는 피 안에 든 완자가 풀어지지 않아 조직감이 단단하다. 꿩 특유의 향도 잡아내 거부감이 없다. 이어 허벅살로 만든 꼬치와 불고기, 밤과 단호박, 브로콜리로 색을 낸 수제비가 이어진다.

찬으로 나온 백김치는 김치대전에 나가 최우수상을 받았다. 아이에게 먹이기 좋으며 자일리톨을 먹은 것처럼 입안이 개운하다. 감자샐러드는 정말 묘하다. 물에 삶아내는데 아삭하지도 물컹하지도 않은 환상 비율이다. 참깨소스로 버무려 고소하다.

주소 미륵송계로 105 여닫는 시간 11:00~21:00
가격 A코스 1인 40,000(B코스에 꿩나물전, 꿩사과초밥 추가), B코스 1인 30,000원
이용 팁 꿩요리를 제대로 먹고 싶다면 평일에는 1일 전에, 주말에는 2~3일 전에 예약하는 것이 좋다. 방문객이 많기도 하지만 신선도를 위해 당일 직접 공급하기 때문이다.

07 실희원

기차가 지나는 한적한 마을에 한옥의 예스러움을 살린 찻집 겸 식당이다. 부지런한 주인 내외가 뽕잎 밥상을 대접한다. ㄱ자 한옥에 시원시원하게 창을 내어 자리마다 풍경이 좋다. 마당에 식재된 꽃과 나무가 잘 가꿔져 있다. 잔디마당은 아이가 뛰어놀기에도, 자연물을 관찰하기에도 적당하다. 뽕잎밥과 함께 나오는 9가지 찬은 제각각 독립적인 맛을 뽐낸다. 손수 기른 채소와 직접 만든 효소를 아내가 만든 도자기 그릇에 담아낸다. 아이가 먹을 반찬이 많지 않아 소불고기를 함께 주문하는 것이 적당하다. 뽕잎밥은 예약해야 하나 최근 찾는 손님이 많아 예약 없이 진행하고 있다.

주소 조돈뒷말길 26-8 여닫는 시간 11:00~20:00
쉬는 날 월요일
가격 뽕입밥 14,000원, 소불고기 25,000원

08 고소미부엌

아기자기한 플레이팅으로 SNS에서 인기를 얻은 고소미부엌은 한 끼로도 손색없는 퓨전 분식을 맛볼 수 있다. 가장 인기 있는 메뉴는 아보카도 스테이크 덮밥이다. 떡볶이와 돈가스, 면요리도 선보이고 있다. 충주는 피크닉을 즐길 만한 여행지가 많다. 고소미부엌에서 만든 메추리주먹밥이나 김밥, 유부초밥을 포장해 가는 것을 추천한다. 유부초밥은 계절에 따라 재료가 변경되며 고를 수 있다. 간이 자극적이지 않아 아이가 먹기에도 좋다. 시내에 위치하고 있어 이동하기도 편리하다. 재료가 소진되면 조기 마감할 수 있어 미리 전화하거나 인스타그램(@gosomi_kitchen)을 확인하자.

주소 연수동산로1길 9 여닫는 시간 11:00~20:00
쉬는 날 월~화요일 가격 메추리주먹밥 3,900원, 고소미김밥 5,500원, 고소미돈가스 8,900원

09 게으른 악어

충주호반의 능선을 따라 난 36번 국도는 드라이브 명소다. 구불구불한 길을 가다 시야가 트이는 곳에 카페 게으른 악어가 있다. 호수에 악어라니 의아하겠지만 월악산 악어봉 아래 있어서다. 좀 더 자세하게 표현하자면 악어봉에서 호수 안쪽으로 이어진 산자락의 모습을 보면 마치 악어 떼가 물속으로 들어가는 형상이어서 붙여진 이름이다. 초록이 완연한 여름에 보면 더욱 실감이 난다. 카페에서 완벽한 악어의 모습을 볼 순 없지만 옆모습은 볼 수 있다. 포토존에서 사진을 찍으며 한갓진 시간을 보내거나 직접 끓여먹는 라면으로 출출한 속을 달랠 수도 있다. 악어봉은 오르는 길이 험해 카페에서만 즐기길 추천한다.

주소 월악로 927
여닫는 시간 10:00~19:00
가격 아메리카노 4,500원, DIY라면 4,500원

괴산

PLACE TO EAT

01 할머니네맛식당

물이 맑고 유속이 느려 다슬기가 많다. 괴산에선 올갱이라 부르는데 이른 시간부터 문을 여는 식당이 많은 이유도 괴산 사람들의 소울푸드여서인지 모른다. 할머니네 맛식당은 올갱이국과 올갱이무침 단 두 가지다. 직접 잡은 올갱이는 특유의 비린내가 있는데 밀가루와 계란을 입혀 제대로 잡았다. 덕분에 집된장을 넣어 끓인 국물이 깔끔하고 구수하다. 오래 끓여 부드러운 아욱도 제 몫을 제대로 한다. 국물 한 술에 담긴 올갱이가 많아 좋으면서도 한 톨씩 발라낸 수고로움에 감사한 마음이 든다.

주소 괴강로 12
여닫는 시간 10:00~21:00
쉬는 날 월요일
가격 올갱이국 7,000원

02 괴산손짜장

괴산 시내에 있는 중국집이다. 쫄깃한 수타면으로 만든 짜장면과 짬뽕으로 유명하다. 짜장면은 춘장의 짠맛이 강하지 않고 적당한 전분물로 밀도가 부드럽다. 일반적인 짜장면과 비교하면 간이 싱겁다고 생각할 수도 있는데 아이가 먹기엔 적당하다. 짬뽕은 국물이 녹인 버터처럼 부드러운데 해물이 많이 들어가 깔끔하다. 국물 맛에 비해 면에는 잘 배지 않아 아쉽다. 면은 짜장면 소스에 비벼 먹으니 의외로 찰떡. 주말에는 손님이 많아 탕수육 세트 메뉴는 주문이 되지 않으니 미리 문의해보자. 식당 앞 골목이 복잡해 주차를 할 수 없다면 하천 방향으로 이동해 갓길에 주차할 수 있다.

주소 읍내로18길 19-1
여닫는 시간 11:00~19:30
쉬는 날 수요일 (수요일이 장날이면 전날)
가격 짜장면 5,000원, 짬뽕 7,000원

03 | 짚은목맛집

산막이옛길에 있는 식당이다. 여행지에서 보내는 시간이 한나절이라 식사를 꼭 주변에서 해야 하므로 동선에 넣기 좋다. 이 지역에서 난 버섯으로 만든 버섯전골이 유명하다. 향이 강하다 보니 아이가 먹긴 어렵고 호불호가 갈린다. 오히려 버섯전이라면 무난하게 먹을 수 있다. 비빔밥을 주문하면 아이에게 평소에 먹지 않는 채소를 골고루 먹일 수 있어 추천한다. 고추장 양념이 따로 나오는데 전과 함께 나온 간장양념장에 비벼주면 맛이 있다. 미역냉국처럼 감칠맛이 강한 도토리묵밥은 매운 양념이 들어가 아이가 먹기엔 어렵다. 그냥 먹어도 좋지만 묵과 열무김치를 함께 먹으면 조화롭다. 그 외에도 올갱이국과 청국장, 돼지고기두루치기 등 괴산의 특산물을 이용한 음식이 많아 골라먹을 수 있다. 음식 맛도 괜찮은 편이지만 짚은목맛집의 최대 맛은 친절이다. 옛길을 걷기 전, 또는 걸은 뒤 온몸에 에너지가 충전되는 느낌을 받을 수 있다.

주소 산막이옛길 80-7 여닫는 시간 08:30~18:00
가격 야채버섯전 10,000원, 냉도토리묵밥 8,000원, 비빔밥 8,000원

04 | 대사리만두

만두도 딱 김치만두만 파는 단일 메뉴 식당이다. 먹고 갈 수도 없다. 포장만 가능하다. 그럼에도 만두가게는 대기하는 손님으로 가득하다. 금방 쪄낸 만두를 애지중지 가져오면 톡 쏘는 냄새에 손이 간다. 손가락 두 개만 한 만두 한 알을 입에 넣으면 쫀득한 만두피가 이에 들러붙는다. 생각보다 맵싸한 김치소는 부드럽게 매운 고추장보다 날카롭게 스치는 고춧가루의 맛이다. 매운맛이 입안에 오래 남지 않아 새우깡처럼 다시 손이 간다. 이곳엔 아이가 먹을 만한 음식은 없다. 옛길을 걸을 때 아빠 엄마를 위한 주전부리로 준비해보자. 기운이 난다.

주소 읍내로 135
여닫는 시간 10:30~19:00
쉬는 날 둘째·넷째 월요일
가격 김치만두 20개 5,000원, 40개 10,000원
이용 팁 대기가 길어 미리 전화 예약하는 것을 추천한다.

충주

PLACE TO STAY

01 충주호캠핑월드

캠핑을 하고 싶다는 아이의 말에 장비 걱정부터 된다면 글램핑장으로 가자. 캠핑에 필요한 부분이 대부분 갖춰져 있어 아빠 엄마도 걱정 없이 아이의 바람을 이뤄줄 수 있다. 개별 화장실과 샤워실, 수영장도 있어 오붓한 시간을 보낼 수 있다. 충주호 전망을 제외하고 프라이버시 침해 방지용 담장이 설치되어 있어 편안하게 쉴 수 있는 것도 강점이다. 아침에는 몽환적인 물안개가 피어오르고 한낮에는 쪽빛 호수를 배경으로 한 테라스에서 바비큐를 즐길 수 있다. 캠핑장 중앙 넓은 잔디밭에서 공놀이를 하다 보면 여기저기서 또래 친구들이 나오기도 한다. 밤이면 모닥불을 피우고 별바라기를 하는 건 어떨까. 캠핑장 아래로 산책로가 있어 호반둘레길을 걸을 수 있다. 충주를 여행하며 호수의 매력에 푹 빠졌다면 이곳에서의 하루를 추천한다.

주소 호반로 696-1
여닫는 시간 입실 15:00, 퇴실 11:00
웹 충주호캠핑월드.com
이용 팁 일반 캠핑장도 운영하니 참고하자.

02 월상339

외곽에 위치하고 있지만 군더더기 없이 깔끔한 숙소다. 주변에 저수시설인 보(洑)가 있으며 중앙탑 공원과 가까워 야경을 즐기고 오기 적당하다. 객실은 온돌방에 침대가 놓여 있으며 바닥에서도 잘 수 있을 만큼 넓은 편이다. 취사가 필요하다면 일월방, 아니라면 이월방을 권한다. 이월방은 2면에 난 큰 창이 개방감 있으며 저수지를 볼 수 있다. 커피포트와 전자레인지가 있어 간단한 조식을 챙겨 가면 먹을 수 있다. 주변에 슈퍼마켓은 없으나 1층 카페에 간이 편의점이 있다.

주소 김생로 1168
여닫는 시간 입실 15:00, 퇴실 11:00
웹 www.충주월상339펜션.kr

괴산

PLACE TO STAY

01 괴산자연드림파크

걷기나 체험으로 에너지 소모가 많은 날은 하루쯤 이곳에서 쉬어가자. 바른 먹거리를 지향하는 아이쿱에서 만든 테마파크다. 자연드림파크 숙소인 로움 호텔에 머물면 스포츠센터의 헬스, 수영장, 사우나를 무료 이용할 수 있고, 2,000원으로 찜질방까지 사용할 수 있다. 당구장과 볼링장, 스크린골프장도 운영하지만 아이가 이용하긴 어렵다. 대신 다트 던지기, 레이싱 게임기들이 있어 잠깐 놀기에는 좋다. 스포츠센터 옥상에는 루프탑이 있어 괴산의 산과 들을 한눈에 볼 수 있다. 포장한 음식 또는 분식점에서 구매한 음식을 가져와 먹을 수 있는 테이블도 있다. 식당은 중국음식점 괴짜루와 고깃집인 고깃길, 한우뼈를 사용한 탕을 판매하는 우당탕이 있다. 공장에서 직접 만든 맥주와 피자 등을 파는 비어락하우스도 있다. 가족 관람이 가능한 영화가 있다면 소규모 괴산극장을 이용해보자. 객실은 가족실이 매트리스가 낮고 벽 사이에 두어 아이가 몸부림치다 다칠 염려가 없다. 어메니티도 자연드림에서 판매하는 유기농 제품이다. 조식은 건강한 맛으로 아이 먹이기엔 좋다. 테마파크 내에 체험 프로그램도 운영 중이다. 자연드림에서 나온 재료를 통해 음식 만들기나 공예품 만들기, 공방 견학이 있다.

주소 자연드림길 200 여닫는 시간 입실 15:00, 퇴실 11:00
웹 www.naturaldreampark.co.kr
이용 팁 수영장 이용 시 물놀이용이 아닌 일반 수영복 또는 몸에 붙는 래시가드를 입어야 하며 수영모를 꼭 사용해야 한다.

02 숲속작은책방

아이에게 책읽기는 집에서 인위적인 시간을 만들어 권할 때가 많다. 손에서 책을 놓더라도 다시 돌고 돌아 책장을 넘기러 오게 되는 공간을 선물해주는 건 어떨까. 주소도 찾기 힘들던 숲속 작은 책방은 다문다문 책을 사러 오는 사람들 또는 책방에 머물러 오는 사람들의 걸음으로 길을 만들었다. 책방은 '가정식 서점'이라는 별칭처럼 평범한 집 문을 열고 들어간다. 짐짓 어지러워 보이지만 아이의 눈높이를 맞추고 호기심을 부르는 디스플레이다. 의자에 앉아서, 때론 바닥에 주저앉아 책을 읽을 수도 있다. 2층은 스테이 공간이다. 비밀의 책장을 열면 아이가 좋아할 만한 장난감과 책이 가득이다. 책방이 문을 닫으면 한 가족에게만 온전히 허락한 책의 세계가 열린다.

주소 명태재로미루길 90
여닫는 시간 입실 15:00, 퇴실 11:00(책방 수~일요일 13:00~18:00)
웹 cafe.daum.net/supsokiz
이용 팁 ① 숲속 작은 책방은 숙박하지 않아도 책방만 이용할 수 있다. 입장료는 책 구매다.
② 책방 내에 망가지거나 다칠 수 있는 물건이 많아 5세 이상의 가족만 숙소 예약이 가능하다.

공룡 키네틱 모빌

오대호 아트팩토리(p.290)에서 폐품을 붙여 만드는 정크 아트 체험을 하려 했으나 아이는 공룡 키네틱 아트에 푹 빠져 있었다. 정크아트는 엄마 욕심이라는 생각에 얼른 키네틱 아트 체험을 시작했고 무려 5마리의 공룡이 만들어졌다. 책장 위에 그냥 두려니 망가질 것 같아 모빌을 만들기로 했다.

준비물 공룡 키네틱 아트, 나뭇가지, 낚싯줄, 물감, 붓, 송곳

만들고 놀기 공룡 키네틱 아트에 마음에 드는 색의 물감으로 색칠을 한다. 잘 말린 뒤 공룡 중심 부분에 송곳으로 구멍을 뚫고 낚싯줄로 고정시킨다. 반대쪽 낚싯줄은 나뭇가지에 묶어준다. 나머지 공룡도 길이가 다른 낚싯줄에 같은 방식으로 고정시킨다. OHP필름지에 화산을 그리고 셀로판지를 붙여 오너먼트를 만들어도 좋다.

종이옷과 무지개 목걸이 만들기

라바랜드(p.296)에서 바이킹 앞을 서성이던 아이는 자신도 타겠노라 말했다. 120cm 이상만 탈 수 있는 기구 앞에서 100cm 아이는 그만 속이 상해버렸다. 조금 더 크고 오자는 말에도 위로가 안 되었던 모양이다. 아이에게 예전에 읽었던 책 <세상에서 가장 큰 아이> 이야기를 들려주며 '집으로 된 옷'과 '무지개 목걸이'를 만들어 보기로 했다. 옷은 짐을 쌀 때 썼던 이마트 종이봉투를 뒤집어 사용하고 무지개 목걸이는 선캐처를 만들었던 색마카로니를 뜯어서 이용했다.

PLAY 02

준비물 마카로니, 일회용 비닐, 물감, 실, 아이 몸이 들어 갈 만한 종이봉투, 크레파스

만들고 놀기 일회용 비닐에 마카로니와 한 가지 색 물감을 넣고 입구를 막은 뒤 고루 흔들어 준다. 비닐을 잘라 마카로니를 말린다. 가지고 있는 무지개 색 종류만큼 반복한다. 잘 마른 색마카로니를 실로 꿰어 색깔별로 늘어뜨린 뒤 실 가장자리를 한데 묶어준다. 집으로 된 옷은 종이에 집 모양을 그리고 머리와 팔 부분을 가위로 오려 구멍을 낸다. 두 가지 모두 착용하고 구름을 먹거나 입으로 바람을 부는 등 거인이 할 수 있는 행동을 하며 사진으로 남겨보자. 거리차를 이용하는 것도 방법이다.

함께 읽어주면 좋은 책
- 세상에서 가장 큰 아이

한지로 청사초롱 만들기

괴산 한지체험박물관(p.302)에서 만든 야생화 한지로 뭘 만들까 고민하다가 중앙탑공원(p.292)에서 본 청사초롱이 생각났다.

준비물 일회용 플라스틱 컵, 송곳, 아이스크림 바 또는 나무젓가락, 실(노끈), LED티라이트, 면봉, 칼, 테이프

만들고 놀기 컵 하단에 작은 구멍을 뚫고 실을 감은 면봉을 넣어 테이프로 고정한다. 실은 아이스크림 바에 묶는다. 컵 뚜껑에는 LED 티라이트를 테이프로 고정한다. 컵 뚜껑을 닫고 적당한 크기로 자른 한지를 둘러 테이프로 고정한다. 손잡이인 아이스크림 바를 들어 거꾸로 세워주면 완성. 야경도 볼 겸 중앙탑공원으로 나가보자.

PLAY 04

나비의 생애

산막이옛길(p.305)을 걸으며 애벌레도 보고 나비도 본 아이. 그런데 애벌레가 전혀 다른 곤충인 줄 알고 있다. 곤충이 알을 낳고 부화하면 애벌레가 되었다가 번데기가 되었다가 어른 벌레가 되는 과정을 알려주기로 했다. 이해가 되었다면 책을 통해 애벌레 종류에 따라 나방이나 다른 곤충이 될 수 있다는 것과 번데기가 되지 않는 곤충도 있다는 것 등 차차 영역을 넓혀보자.

준비물 박스, 초록색 부직포 또는 종이, 나무젓가락, 목공풀, 스케치북, 사인펜, 가위

만들고 놀기 박스로 같은 크기의 사각형 4개를 만든다. 가운데 나무젓가락 크기보다 조금 크게 접히는 구간을 만든다. 사각형 박스에 나무 그림을 그리고, 나뭇잎을 붙인다. 스케치북에 알, 애벌레, 번데기, 나비를 그리고 오려 나뭇잎에 차례대로 붙인다. 그림을 그리지 않은 바깥 면에 목공풀을 발라 다른 사각형 박스를 맞대어 붙인다. 원형 박스를 만들고 가운데 나무젓가락을 목공풀로 고정한다. 나무젓가락에 물레방아처럼 된 사각형 박스를 끼운다. 돌리면서 나비의 생애에 대해 이야기한다.

함께 읽어주면 좋은 책
- 나비가 되고 싶어
- 호랑나비와 달님

WHERE TO GO

01 고창

담양

02 남원

임실

03 전주

04 구례

아이 좋아 가족 여행

전라

WHERE TO GO
01
고창+담양

고창+담양

BEST COURSE

1박 2일 코스

01 아이와 여유롭게 보낼 수 있는 힐링 코스

1일 책마을해리 → 점심 상하농원 내 상하키친 → 상하농원 → 저녁 상하농원 내 농원식당

2일 선운사 → 점심 청림정금자할매집 → 죽녹원 → 메타세쿼이아길 → 저녁 덕인관

02 아이와의 다양한 활동을 중시하는 체험 코스

1일 선운사 → 점심 수궁회관 → 책마을해리 → 상하농원 → 저녁 상하농원 내 상하키친 또는 농원식당

2일 학원농장 → 점심 대가 → 소쇄원 → 죽녹원 → 메타세쿼이아길 → 저녁 승일식당

2박 3일 코스

01 아이와 여유롭게 보낼 수 있는 힐링 코스

1일 고창고인돌박물관 → 점심 옛날쌈밥집 → 선운사 → 저녁 청림정금자할매집

2일 책마을해리 → 점심 상하농원 내 상하키친 또는 농원식당 → 상하농원 → 저녁 조양관

3일 고창읍성 → 점심 진우네국수집 → 죽녹원 → 메타세쿼이아길 → 저녁 덕인관

02 아이와의 다양한 활동을 중시하는 체험 코스

1일 학원농장 → 점심 옛날쌈밥집 → 고창읍성 → 고창고인돌박물관 → 저녁 조양관

2일 선운사 → 책마을해리 → 점심 상하농원 내 상하키친 또는 농원식당 → 상하농원 → 구시포해변 → 저녁 수궁회관

3일 메타세쿼이아길 → 점심 진우네집국수 → 죽녹원 → 소쇄원 → 저녁 전통식당

고창
책마을해리
선운사
상하농원
구시포해변
고창고인돌박물관
학원농장
고창읍성
담양
죽녹원
메타세쿼이아길
명옥헌 원림
소쇄원

고창

SPOTS TO GO

01 선운사

고창의 천년 고찰인 선운사는 창건부터 신비롭다. 선운사 뒷산인 도솔산 큰 못에 사람들을 괴롭히는 이무기가 살았는데, 백제 승려인 검단선사는 이무기를 교화시키고 그 자리에 돌과 숯을 던져 못을 메웠다. 그 무렵 마을에 눈병이 돌았는데, 검단선사를 도운 사람들의 눈병이 낫는 걸 보고 동네 사람들이 모두 도와 금세 메워졌다. 이무기는 머물 곳이 없어지자 마을에 큰 화를 불렀고, 이를 본 지장불이 하늘에서 내려와 이무기를 쫓아냈다. 검단선사는 그 자리에 지장의 하늘과 도솔산 사이의 구름 한 조각이라는 뜻의 선운사를 지었다. 이야기는 허무맹랑하지만 토착신앙을 불교로 몰아내고 절을 창건했다고 하면 이해가 된다.

난이도 ★
주소 선운사로 250
여닫는 시간 05:00~20:00
요금 어른 3,000원, 청소년 2,000원, 어린이 1,000원
웹 www.seonunsa.org

아이는 심심해!

아이가 즐길 수 있는 여행법

선운사는 산골짜기에 있어 비탈길을 올라야 하는 대부분의 사찰과 달리 비교적 완만한 무장애 탐방로로 조성돼 있다. 주차장에서 선운사까지 유모차로도 쉽게 도착할 수 있고, 나무 그늘이 있어 여름에도 안심이다. 길을 따라 도솔천이 흘러 청량함이 더해진다. 돌멩이 던지는 놀이도 좋지만 나뭇잎 배를 만들어 따라가도 좋겠다. 떨어진 나무껍질에 나뭇잎 돛을 끼우면 더욱 실감난다. 가을에는 단풍이 다양하고 고운 길이니 떨어진 자연물을 채취하고 놀이해보자.

불심으로 선운사를 오는 사람도 많지만 여행자가 찾는 이유는 따로 있다. 봄이면 사찰을 둘러싼 500년 수령의 동백숲이 붉게 물든다. 동백나무의 최북단에 위치해 봄꽃의 전성기가 지나도 만개한 자태를 뽐낸다. 여름이면 진분홍의 배롱나무 꽃이 피어난다. 바통을 이어받는 꽃은 가을의 꽃무릇이다. 고즈넉한 사찰의 설경도 아름다우니 사계절 찾아도 좋겠다.

아빠 엄마도 궁금해!

가을이면 꽃무릇으로 붉은 카펫이 깔리는 선운사, 왜 꽃무릇이 많은 걸까?

꽃무릇은 선운사 스님을 짝사랑하던 여인이 상사병에 걸려 꽃이 되었다 하여 상사화라고도 불린다. 여인이 품은 마음만큼 자랐다고 하면 낭만적이겠으나 사실 꽃무릇이 가진 독성 때문이다. 선운사는 고려 때 90여 개의 암자와 3,000여 명의 승려가 머무른 대찰로 꽃무릇 뿌리를 찧어 단청이나 탱화에 바르면 벌레가 안 꼬였다고 한다. 참고로 동백나무는 산불로부터 사찰을 보호하기 위함이고, 해마다 껍질을 벗는 배롱나무는 세속의 번뇌를 벗어버리고 수도에 정진하라는 뜻이다.

아파트 5층 높이의 나무가 있다고?

사찰로 들어가는 입구에 장대한 크기의 송악이 있다. 자칫 절벽에 자란 여러 채의 나무로 보일 수 있으니 잘 봐야 한다. 두릅나무과의 덩굴식물이라 그렇다. 땅 아래에 뿌리를 두고 벽을 따라 약 15m를 자란 한 그루의 나무로 내륙에 있는 것 중 가장 크다.

소금을 공양하는 절

선운사 창건 전 도솔산에는 도적 떼가 살고 있었는데 출가 전 어부 출신이었던 검단선사가 이들에게 소금 만드는 법을 가르쳐 터를 잡고 살아가게 했는데, 바로 인근의 사등마을이다. 선운사 앞바다인 줄포만은 염도가 높고 갯벌이 발달해 소금 생산에 유리했다. 산이 밀접해 있어 물을 끓일 땔감도 구하기 쉬웠다. 소금으로 부를 축적한 마을 사람들은 검단선사에게 감사하는 마음으로 '보은염선제'라는 행사를 열었고, 매년 봄가을 2가마니의 소금을 시주한다고. 지금도 보은염을 판매하고 있으니 이정도면 은혜 갚는 소금이 아닐까.

스냅사진, 여기서 찍으세요

배롱나무 꽃을 가장자리에 액자 꾸미듯 넣고 가족사진을 찍어도 좋다.

한여름에 방문한다면 만세루 옆 배롱나무를 배경으로 찍어보자.

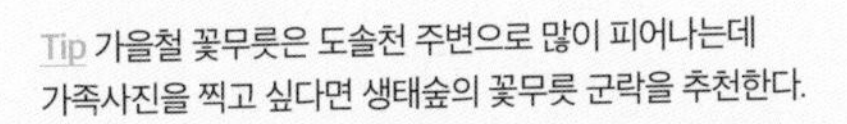

Tip 가을철 꽃무릇은 도솔천 주변으로 많이 피어나는데 가족사진을 찍고 싶다면 생태숲의 꽃무릇 군락을 추천한다.

고창읍성

궁궐을 중심으로 세워진 도성과 달리 지방 읍을 방어하기 위해 만들어진 성곽이 읍성이다. 왜적의 침입을 막기 위한 목적으로 지어졌으나 일제강점기에 읍성 대부분이 파괴되었고, 현재 해미읍성, 낙안읍성과 함께 3대 읍성으로 남아 있다. 1453년 지어진 고창읍성은 야산에 위치한 지형에서 붙여진 이름으로 일명 '모양성'이라고 부른다. 언덕이 높은 산마루를 사투리를 몰랭이라고 하는데 삼한 시대에는 모로비리, 백제 시대에는 모양부리라 불렀다. 모로와 모양은 높다는 뜻으로 높을 고(高), 비리와 부리는 넓은 벌판을 뜻하는 말로 넓은 곳에 잘 드러난다 하여 드러날 창(彰)을 써서 고창이 되었다.

난이도 ★★
주소 판소리길 20
여닫는 시간 04:00~22:00
요금 어른 3,000원, 청소년 2,000원, 어린이 1,500원
여행 팁 아이와 읍성전체를 밟기엔 어렵다. 정문에서 동문 등양루까지 걷다가 내려와 읍성 내부를 관람하자.

아이는 심심해!

아이가 즐길 수 있는 여행법

읍성 앞에는 돌을 이고 있는 여인들의 동상이 있다. 아이의 궁금증을 유발시키기 딱 좋다. 답성놀이를 설명하고 따라 해보자. 떨어뜨리지 않고 빨리 도착하기와 같이 약간의 룰을 정할 것. 오르막 구간과 같이 짧은 동선을 정하는 것이 좋다.

읍성 내에는 대나무 숲이 있다. <임금님 귀는 당나귀 귀>를 읽어주고 비밀 하나씩 혹은 그냥 소리치고 오기를 해보는 건 어떨까.

아빠 엄마도 궁금해!

십시일반 힘을 모아 쌓은 읍성

성곽은 자연지형을 이용해 밖은 돌로 쌓고 안은 흙을 다져 경사면을 만드는 방식을 택했다. 약 50m마다 축성 방법이 다른데 성곽의 구간을 정해 쌓아서다. 대부분 자연석을 거칠게 다듬어 크기가 다르며 일부 사찰에서 가져온 석재들을 깨뜨려 재활용하기도 했다. 특히 공북루의 주춧돌 높이가 제각각인데 연결 부위의 완성도가 높아 계획한 것을 알 수 있다.

내가 지었소! 건축실명제

읍성 돌에 새겨진 '계유소축감동송지민(癸酉所築監董宋芝玟)'는 '계유년(1453년)에 감동(임시 벼슬) 송지민이라는 사람에 의해 지어졌다'는 뜻이다. 무려 조선시대에 실명제를 도입했다는 증거다. 등양루의 '진원종면(珍源終面)'은 '진원(전남 장성군) 사람이 여기까지 완성했다'는 뜻. 영광과 장성, 함평, 심지어 제주에서까지 동원되었음을 알 수 있다.

극락에 가고 싶으면 고창읍성을 밟아요

1678년부터 여인들이 머리에 돌을 이고 읍성을 도는 답성놀이가 전해 내려오고 있다. 한 바퀴를 돌면 다릿병이 낫고 두 바퀴를 돌면 무병장수하며 세 바퀴를 돌면 극락왕생한다고 알려져 있다. 특히 윤삼월에 해야 효험이 좋다고 하는데 이유는 날씨 때문이다. 고창읍성은 해안을 가까이 두고 있어 습하다. 겨울철에는 서릿발 현상이 일어나는데 땅속의 수분이 얼어 지면이 부풀어지니 봄이 되면 성곽이 잘 무너졌다. 여인들이 걸으며 투닥투닥 밟아 다진 덕에 날로 성벽이 튼튼해졌다. 머리에 얹은 돌은 다시 가져오지 않고 성안에 쌓아둬 유사시 투석전에 대비했던 선조의 지혜를 엿볼 수 있다.

드라마 <미스터 션샤인> 촬영지는 어디?

야트막한 야산을 이용한 읍성은 산세가 남에서 북으로 향하고 있어 남문이 없다. 성의 정문에 해당하는 북문 공북루와 서문 진서루, 동문 등양루 세 개의 문을 두고 있다. 그중 등양루가 촬영지다. 언뜻 보이는 문의 특징은 옹성이다. 성문 앞에 한쪽 구석만 뚫린 항아리처럼 성벽을 쌓아 적이 성문에 직접 접근하는 것을 막는다. 좁은 탓에 인원이 제한되기도 하고 옹성 안으로 들어오면 고립되니 방어에 특화된 장치다. 군사적인 요소뿐 아니라 고을 수령이 머물던 동헌과 내아, 평근당 등 22채가 있어 행정적 기능도 했다.

고창고인돌박물관

고인돌은 전 세계적으로 대략 6만~7만 기 정도 있는데 한반도에 3만~4만 기가 집중되어 분포하고 있다. 가히 '고인돌의 나라'로 불릴 만하다. 그중 고창은 죽림리와 상갑리, 도산리 일대에 447기의 고인돌이 밀집해 있다. 햇빛이 잘 드는 구릉과 밀물 때 바닷물이 유입되는 고창천이 있어 사람이 살기에 좋은 환경이기 때문이다. 고인돌의 크기와 무게는 권력과 경제력을 상징했기에 당시 사람들은 보다 크고 무거운 형태를 만들어내고자 했다. 고창의 고인돌은 탁자식과 변형 탁자식, 기반식(바둑판식), 개석식 등 다양한 형식을 인정받아 세계문화유산에 등재되어 관리 받고 있다.

고창천을 중심으로 나뉜 총 6개의 코스를 둘러볼 수 있다. 걷는 것이 부담스럽다면 모로모로 탐방열차를 타고 이동해보자. 2코스와 3코스, 5코스를 왕복하며 총 40분 정도 소요된다. 3코스에서 10분 정도 기념사진을 찍는 시간도 있다.

난이도 ★
주소 고인돌공원길 74
여닫는 시간 11~2월 09:00~17:00, 3~10월 09:00~18:00
쉬는 날 월요일, 1월 1일
요금 어른 3,000원, 청소년 2,000원, 어린이 1,000원
웹 www.gochang.go.kr/gcdolmen
여행 팁 고인돌 유적이 아이에겐 그저 돌무지로 보일 수 있으니 고인돌의 제작방식과 생활상을 엿볼 수 있는 박물관을 둘러본 뒤 관람하는 것이 좋다.

아이는 심심해!

아이가 즐길 수 있는 여행법

탐방열차를 타는 것만으로도 재미를 느끼지만 아이는 뭘 봐야할지 잘 모른다. 설명도 성인 위주라 듣기 어렵다. 홈페이지에서 탐방코스를 확인해 고인돌 형태를 카드그림이나 지도로 준비하자. 고인돌을 찾아냈을 때 특징을 짚어주는 것도 좋다. 주변의 돌 3~5개를 주워 고인돌을 만들어보자. 죽은 곤충이 있다면 땅에 묻고 그 위에 고인돌을 만들어도 좋다. 박물관에서도 고인돌 만들기 체험을 할 수 있다

아빠 엄마도 궁금해!

세계에서 고인돌이 가장 많은 우리나라, 고창에선 다양한 거석문화를 볼 수 있다고?

1코스는 가장 기본적인 형식인 시신을 묻고 바로 돌로 덮어놓은 형식. 즉, 개석식 고인돌과 고창에서만 볼 수 있는 군장 고인돌을 볼 수 있다. 군장 고인돌은 북방식의 하단과 남방식의 덮개돌이 합쳐진 것으로 '북남 남녀(北男 南女)' 전설이 스며 있다. 옛날 고창 매산부락의 족장에게 아름다운 딸이 있었는데 북쪽 남자가 이곳에 왔다가 사랑에 빠졌다. 족장은 이방인을 사위로 받아들이지 않았고 결국 딸은 스스로 목숨을 끊는다. 족장은 자신의 실수를 뉘우치며 딸의 영혼을 달래기 위해 무덤은 북방의 형식으로 다리를 만들고 남쪽의 덮개로 덮었다는 이야기다.

2코스는 '두꺼비 고인돌'이 유명하다. 태풍 '루사'로 무덤이 파헤쳐졌는데 도괴를 걱정해 부분 발굴 작업을 했고 50여 점의 토기와 관련 유물이 발견되었다. 3코스는 2006년 주민이 이주하기 전까지 생활하던 곳으로 개석식과 'ㅠ자형' 탁자처럼 생긴 북방식 고인돌을 볼 수 있다. 4코스는 채석장이 있고 5코스는 개석식, 지석식 고인돌을 볼 수 있다. 6코스는 유적지와 3.4km 떨어져 있어 차로 이동해야 한다. 민가 안 장독대 앞에 있어 보존 상태가 좋은 일명 장독대 고인돌(북방식)이 있다. 박물관 내 복원된 고인돌과 발굴 당시 사진으로도 볼 수 있다.

Episode

엄마, 사람 죽은 데는 가지 말자

박물관에서 고인돌이 생기는 과정을 본 아이가 사람 죽은 데는 가고 싶지 않다고 했다. 죽음이 뭔지 모를 나이라 설명을 하지 않았던 것이 실수였다. 이대로 죽음을 두려워하게 될까 싶어 며칠이 지난 뒤 영화 <코코>를 함께 봤고 연계된 책도 읽었다.

"죽으면 몸은 두고 마음만 '죽은 자들의 세상'에 간단다. 그곳에서 머무르려면 살아 있는 사람들이 기억해줘야 해, 외롭지 않도록 기억해주면 영원히 그곳에서 살아 있는 거야."

물론, 아이는 영화를 모두 이해하지 못했지만 적어도 무시워하진 않게 되었다.

함께 읽어주면 좋은 책

- 할아버지는 어디 있어요?
- 할아버지는 바람 속에 있단다.
- 잘 가 안녕

학원농장

언택트

고창을 여행하는 묘미는 구릉에 있다. 구름처럼 굴곡진 구릉 사이를 달리다 보면 숨 쉬듯 변하는 풍경에 창밖을 살피게 된다. 하이라이트는 학원농장이다. 농작물 수확보다 경치에 중점을 둔 경관농업의 대표 여행지다. 봄바람에 청보리가 일렁이는 4월엔 축제가 열린다. 2003년 마을 사람들이 힘을 모아 만든 축제로 약 9만 9,000m^2(30만 평)에 청보리가 펼쳐진다. 보리로 된 음식을 만들거나 전통놀이, 트랙터 관람차 타기 등 다양한 체험을 할 수 있다. 6월에 보리 수확이 끝나면 햇빛을 맨몸으로 받아낸 해바라기가 황금빛 물결을 만들고, 가을이면 메밀꽃이 자리를 대신한다. 드라마 <도깨비>의 배경이 되었던 그 메밀밭이다. 완만한 구릉에 고고히 자리 잡은 나무집이 드라마의 여운을 채워주고 있다.

아이는 심심해!

아이가 즐길 수 있는 여행법

일상생활에서 아이에게 '안 돼'라는 말을 수도 없이 했다. '찻길에선 뛰면 안 돼' '밤에는 집에서 뛰면 안 돼' '아스팔트에서 뛰면 안 돼'라고. 하지만 이곳에선 아이에게 웃으며 말할 수 있다. '뛰어도 돼' '넘어져도 크게 안 다쳐' '만져도 돼' '놀아도 돼'라고 말이다. 아이가 신나게 달릴 수 있도록 바람개비를 준비해보자. 바람을 잘 느낄 수 있도록.

난이도 ★
주소 학원농장길 158-6
여닫는 시간 24시간
요금 무료 웹 www.borinara.co.kr
여행 팁 해바라기는 주무대가 되는 큰 밭에서만 재배된다. 주변 밭에는 일부 해바라기와 황화코스모스, 백일홍 등이 재배되니 놓치지 말자.

스냅사진, 여기서 찍으세요

학원농장은 작물이 상하지 않도록 걷는 길을 조성해두었다.

길 정면보다 각도를 옮겨서 길이 조금만 보이게 하면 풍성한 사진을 찍을 수 있다.

주행사장 옆 도깨비숲 방향으로 가면 원두막이 있는 밭이 있는데 뒤로 가로수도 보여 스냅사진 찍기 좋다.

원두막 위에서 찍을 때에는 카메라를 높이 들어야 왜곡이 생기지 않는다.

상하농원

아이가 누런 벼를 보며 고개를 갸웃했다. 껍질을 까 쌀을 보여주고 밥이 된다고 했더니 아이가 말했다. "쌀은 마트에서 파는 거야"라고. 농부의 수고로움까지는 아니더라도 논에서 자라고 밭에서 캐는 우리 먹거리에 대해 알려주고자 한다면 체험형 힐링 농원인 상하농원으로 가자. 농원은 크게 4곳으로 구분할 수 있다. 다양한 동물을 만나고 먹이를 줄 수 있는 동물농장과 귀여운 양들이 사는 양떼목장, 특급 대우를 받는 행복한 소들의 젖소목장, 자연 먹거리를 만들거나 일일 농부가 될 수 있는 체험교실이다. 그 외에도 상하농원의 특산품을 살 수 있는 농원상회, 카페와 식당이 있어 하루 종일 놀아도 지루하지 않다.

난이도 ★
주소 상하농원길 11-23
여닫는 시간
09:30~21:00(시설마다 상이 / 17시 이후 무료입장)
파머스테이블 조식
07:30~10:00(사전예약 필수 063-563-6611)
요금 어른 8,000원, 어린이 5,000원
웹 www.sanghafarm.co.kr
여행 팁 상하농장 숙박시설인 파머스빌리지의 조식은 숙박객이 아니더라도 즐길 수 있다. 농장에서 직접 재배 혹은 가공한 제품을 사용해 친환경적인 데다 맛도 좋다. 게다가 투숙객에게는 상하농원 입장료가 무료다. 일찍 도착해 조식을 즐긴 뒤 상하농원 관람을 추천한다.

아빠 엄마도 궁금해!

아니, 누렁소가 젖소라고?

우리가 흔히 생각하는 얼룩무늬의 젖소는 홀스타인(Holstein) 종이다. 한데 젖소 목장에 누렁소가 떡하니 자리하고 있다. 영국에서 온 저지(Jersey) 종이다. 홀스타인보다 몸집이 작은 저지는 황소 눈처럼 크고 맑은 눈망울을 가졌다. 호기심이 많아 사람들에게 잘 다가오니 특히 인기다. 목장에선 저지가 우유 생산량은 적지만 유지방과 유단백 함량이 높아 버터나 치즈를 만드는 데 사용한다.

소머리에 뿔이 없어요

젖소 목장 건물에는 젖소를 개월 수에 따라 구분해 사육하고 있다. 아직 어려서 뿔이 없나 했더니 대부분의 젖소가 뿔이 없는데, 이유는 소들끼리 서로 다치는 등의 위험을 줄이기 위해서다. 뿔이 자라는 곳에 연고를 발라 억제시키는데 간혹 뿔이 자란 소는 따로 격리해 사육하고 있다.

아이는 신심해!

아이가 즐길 수 있는 여행법

자연이 주는 풍요로운 선물을 직접 만드는 건 어떨까. 별도의 비용을 내면 다양한 체험을 할 수 있다. 농원에서 자란 정직한 재료로 소시지와 쿠키, 케이크, 유기농 아이스크림 등을 만드는 체험이 대표적이다. 겨울에는 김장체험도 있다. 작물 수확이나 젖소 착유체험처럼 농부가 되어 농업의 가치를 이해하는 시간도 가질 수 있다. 인기가 많은 프로그램이니 미리 홈페이지에서 예약하는 것도 잊지 말자.

책마을해리

어릴 적 교육방송에서 방영했던 애니메이션 <톰 소여의 모험>을 기억한다. 두 소년이 나무 위 오두막에서 모험과 스릴을 꿈꾸던 것처럼 놀이터에 아지트를 만들기도 했다. 우리 아이에게도 직접 트리하우스를 만날 수 있는 기회는 있다. 책마을해리에 있는 아파트 3층 높이의 플라타너스 나무에 있는 오두막이 바로 그것. 쉽게 오를 수 있는 계단이 있고 좁은 내부지만 창문과 테라스가 많아 답답하지 않다. 한쪽 벽에는 암벽타기가 있어 어린 모험가에게 재미를 준다. 내부에는 볏짚이 깔린 침대 대신 상상의 나래를 펼쳐줄 책이 가득하다.

책마을 해리는 폐교를 개조해 만든 작은 도서관이다. 무려 17만 권의 책이 도서관을 가득 메우고 있다. 그렇다고 책만 볼 수 있는 건 아니다. 책의 시작인 종이를 만드는 것부터 활자를 찍고 책을 만들 수 있는 체험까지 다양하다. 영화와 공연, 행사를 함께하는 '책영화제 해리'도 열린다. 이곳을 여행할 예정이라면 보름달이 뜨는 금요일 밤을 기억하자. 그 밤에는 공연도 보고 책 이야기도 하는 '부엉이와 보름달 작은 축제'가 열린다.

난이도 ★
주소 월봉성산길 88
여닫는 시간 11:00~17:30
쉬는 날 화~목요일, 공휴일
요금 입장료 대신 책 구매(북카페에서 구입)
웹 blog.naver.com/pbvillage
여행 팁 책마을 내 그림책방에는 흥미롭고 기발한 책이 많다. 골판지로 만든 책과 의자에 앉아 책 읽는 시간을 가질 수 있다. 출판사도 함께 운영하는 책마을 해리는 1,500명의 작가를 탄생시켰다. 읽는 사람 누구나 글을 짓고 책을 만들 수 있다. 특히 마을 어르신들이 만든 책과 엽서는 거침없는 묘사와 따뜻한 시선으로 우리를 설레게 한다.

스냅사진, 여기서 찍으세요

그림책방에서 책을 읽어주며 자연스러운 모습을 찍는 것도 좋다.

오두막에서 의자에 앉아 찍거나 창밖을 내다보는 아이의 모습을 담아보자. 해질녘에는 역광이라 창밖 모습을 담긴 어렵다.

07 구시포해변

길이 1.7km, 폭 2m의 넓고 긴 백사장을 가진 구시포 해변은 서해 특유의 고요하고 잔잔한 분위기를 즐길 수 있다. 여름에 개장하는 해수욕장은 경사가 완만해 어린아이들이 놀기에 적합한데, 수심도 깊지 않고 물이 따뜻해 오래 해수욕을 즐길 수도 있다. 하지만 여름이라도 해가 지면 금세 온도가 낮아지니 꼭 긴팔 점퍼를 준비하자. 갯벌 체험도 가능하지만 구시포 해변에 사는 수백 마리의 갈매기 떼 때문인지 옆 동호 해변이 수확 가능성이 높은 편이다. 대신 갈매기 떼의 비상이 눈요깃감이 된다. 해수욕이 목적이 아니라면 일몰 시간에 맞춰 가보자. 기형도 시인이 시 <노을>에서 말한 '땅에 떨어져 죽지 못한 햇빛들이' 갯벌을 황금빛으로 물들인다.

난이도 ★
주소 구시포 해변길
여닫는 시간 24시간
요금 무료
여행 팁 공용화장실에 발 씻는 곳이 따로 있지만 아이가 칭얼댈 수 있으니 미리 생수통에 씻을 물을 담아서 갯벌 입구에서 씻어주는 것도 좋다.

Episode

구름이 부끄러운가봐

노을을 보던 아이가 '구름이 왜 이렇게 빨개졌지?' 하고 물어보더라고요. 그래서 '글쎄? 부끄러운 일이라도 있나?' 하고 답해줬더니, 아이는 대답했습니다.
"그럼 내가 이렇게 슝 날아가서 약 발라주면 되지."

담양

SPOTS TO GO

01 죽녹원

담양은 더 이상 대나무를 떼어놓고 말할 수 없는 여행지다. 우리나라의 대나무 30%를 차지하는 담양에서 전국 최대 규모의 대숲을 이룬 곳이 죽녹원이다. 여름에는 더위를 피하고 겨울에는 녹음을 잃지 않아 사시사철 여행객들에게 인기다. 2.2km에 달하는 산책로는 올해를 기대되게 하는 '운수대통길', 친구와 걸으면 좋은 '죽마고우길', 호젓한 '사랑이 변치 않는 길' 등 8가지 테마로 만들었다. 시가문화촌은 담양의 유명 정자 6개를 재현했다. 가사문학의 대가 송강 정철이 <사미인곡>을 쓴 송강정과 <성산별곡>의 배경이 되었다는 식영정이 대표적이다. 정자에서 서당체험과 가야금, 한자나 예절교육 등 다양한 체험을 진행한다.

난이도 ★★
주소 죽녹원로 119
여닫는 시간 3~10월 09:00~19:00, 11~2월 09:00~18:00
요금 죽녹원 어른 3,000원, 청소년 1,500원, 어린이 1,000원
죽녹원+이이남아트센터 어른 4,000원, 청소년 2,500원, 어린이 2,000원
웹 www.juknokwon.go.kr
여행 팁 죽녹원 길을 모두 다 걷는 것은 아이에게 버거울 수 있다. 운수대통길 - 놀이터 - 죽림폭포 - 사랑이 변치 않는 길 - 시가문화촌 동선을 추천한다.

아이가 즐길 수 있는 여행법

대나무로 만든 흔들침대와 그네가 곳곳에 비치돼 있다. 본격적으로 놀고 싶다면 놀이터로 이동! 바로 옆 죽림 폭포에는 대나무를 좋아하는 판다 모형이 있어 아이들의 시선을 끈다. 죽녹원 내 이이남 아트센터에선 제2의 백남준으로 불리는 미디어 아티스트 이이남 작가의 작품을 감상할 수 있다. 특히 돋보기로만 볼 수 있는 꽃과 나비 작품이 아이의 호기심을 자극한다.

아빠 엄마도 궁금해!

사찰과 옛집에 대나무가 많은 이유는?

① 대숲에 바람이 이는 소리가 마음을 평안하게 한다. 대잎이 흔들리며 사각사각 내는 소리는 근심을 잊는다 하여 망우송(忘憂頌)이라 불린다.
② 산사태를 막기 위해서다. 대나무 대는 곧으나 뿌리는 서로 얽히고 깊어서 흙이 무너지지 않는다.
③ 산짐승을 막기 위해서다. 일반 농가의 울타리는 쉽게 넘어올 수 있지만 빽빽하게 심은 대숲은 쉬이 들어올 수 없다.
④ 대나무 공예품이나 죽로차를 얻을 수 있다.

가사문학과 대나무

가사문학이란 고유의 민요적 향가나 고려가요, 한시와 시조를 말한다. 유교에서도 대나무는 사군자 중 하나로 절개와 지조를 대표하는 초목이다. 사시사철 푸르고 곧게 자라는 대나무는 선비정신을 상징했다. 푸른 기개, 곧은 성품과 속이 비어 재물과 관직에 마음을 비웠다. 선조들은 좋은 풍경 속에 정자를 짓고 그 속에 풍류의 정취를 담았다. 고산 윤선도가 지은 <오우가>에 대나무에 관한 시가 있다. '대나무는 나무도 아닌 것이 풀도 아닌 것이 곧기는 뉘 시기며 속은 어이 비었는가'라고 고백한다.

02 메타세쿼이아길

하늘을 덮을 만큼 융성한 나무가 대나무만 있는 건 아니다. 관방천의 방풍림 끝에 메타세쿼이아 길이 있다. 미국의 인디언 영웅 세쿼이아의 이름을 딴 나무로 1년에 1m씩 자란다고 하여 메타세쿼이아라 부른다. <아름다운 거리 숲> 대상과 <한국의 아름다운 길 100선> 최우수상을 받았으며, 이국적인 풍경으로 영화나 광고 촬영지로 많이 활용되고 있다. 봄·여름엔 녹음으로, 가을에는 붉게 물들어 불꽃 터널을 만든다. 앙상한 가지만 남은 겨울에는 늘어난 공백만큼 마음이 느슨해진다. 한때 고속도로 개발 계획이 발표되어 없어질 뻔했으나 담양군민의 반대로 지켜낸 소중한 길이다.

난이도 ★
주소 학동교차로, 메타세쿼이아로 177(메타세쿼이아인증센터), 담양88로 428(어린이 프로방스 입구)
여닫는 시간 5~8월 09:00~19:00, 9~4월 09:00~18:00
요금 어른 2,000원, 청소년 1,000원, 어린이 700원, 미취학아동 무료
여행 팁 메타세쿼이아길과 개구리생태공원, 어린이 프로방스가 가까운 입구는 학동교차로 방향에 있다.

아이는 심심해!

아이가 즐길 수 있는 여행법

메타세쿼이아 길을 중심으로 어린이 프로방스마을과 호남기후변화체험관, 개구리생태공원이 조성돼 있다. 어린이 프로방스 마을은 넓은 잔디밭과 연못, 조형물과 놀이터가 있다. 국내 유일의 개구리생태공원은 살아 있는 개구리를 다양하게 만날 수 있는 온실 생태관과 미디어, 조형 등으로 개구리에 대해 알아볼 수 있는 전시관이 있다. 호남기후변화체험관은 시간이 없을 경우 지나쳐도 된다.

03 소쇄원

난이도 ★★
주소 소쇄원길 17
여닫는 시간 09:00~17:00
요금 어른 2,000원, 청소년 1,000원, 어린이 700원

'소쇄처사양공지려(瀟灑處士梁公之廬)'
원림을 두른 담장에 소쇄처사 양공(양산보)의 조촐한 집(소쇄원)이라 새겨져 있다. 양산보는 학문이 뛰어나 15세에 조선 전기 문신인 조광조의 문하생이 되었고 17세에 과거에 급제한 인물. 그러나 같은 해에 일어난 기묘사화로 스승이 유배되고 사사하자 낙향해 어릴 때 놀던 아름다운 계곡에 정원을 지었다. 여러 차례 벼슬자리를 내었으나 그는 소쇄원에 박혀 은둔의 길을 걸었다. 소쇄원은 조선을 대표하는 원림으로 꼽힌다. 자연을 최대한 손대지 않은 조경과 최소화한 인공의 건물이 잘 어울리는 정원이다. 1592년 임진왜란으로 대부분이 화재를 겪었으나 양산보의 손자가 다시 재건했다.

아빠 엄마도 궁금해!

소쇄원의 아름다운 이름

맑고 깨끗한 기운이라는 뜻의 소쇄원은 정자와 담장 모두 기품이 넘친다. 소쇄원 초입의 담장을 따라 걷다 보면 '오곡문'이 나온다. 주자가 공부했던 무이정사를 말한다. 담 아래 냇물이 흐르는 것이 눈에 띈다. 물길을 그대로 두어 자연을 거스르지 않는다. 냇물을 따라 시선을 옮기면 절벽 위 '광풍각'이 나온다. 비 갠 뒤 해가 뜨며 부는 청량한 바람이라는 뜻이다. 그 뒤의 건물은 '제월당'으로 비 갠 뒤 하늘의 상쾌한 달이다. 주인인 양산보가 머물던 집이다.

양산보가 기다리는 봉황은 누구인가?

담양으로 내려와 은둔 생활을 하던 양산보는 가장 먼저 초가지붕을 얹은 대봉대를 지었다. 봉황을 기다린다는 뜻이다. 정자 주변에는 봉황이 둥지를 튼다는 벽오동 나무와 먹이로 즐겨 먹는다는 대나무가 있다. 이곳에서 오매불망 기다리던 봉황은 스승인 조광조가 꿈꾼 이상사회 또는 이상사회를 맞이할 어진 임금이 아닐까. 양산보의 친구이자 이후 사돈이 되는 김인후는 정원의 미 48가지에 대해 <소쇄원 48영>이라는 시로 표현했다. 그중 대봉대는 가장 많은 분량을 차지할 정도로 멋스럽다.

손님을 배려한 구조

소쇄원은 돌담은 있으나 문이 없어 열린 공간이다. 소쇄원 외부에 둘러진 애월담은 바람을 막기 위해 높이 지었으나 손님이 머무는 광풍각은 다른 손님이나 주인을 신경 쓰지 말고 편히 지내라고 담을 낮게 쌓았다. 광풍각의 4면은 모두 들 수 있는 문으로 되어 있고 중앙에 있는 온돌방도 3면이 문으로 되어 있다. 공간은 구분하지만 시선은 막지 않아 원림을 즐길 수 있게 했다.

04 명옥헌 원림

명옥헌은 소쇄원과 함께 아름다운 민간 정원으로 손꼽힌다. 조선 광해군 때 문신인 오희도가 어지러운 세상을 등지고 외가로 내려온 곳이 후산마을이다. 이곳에 생활하던 서재를 아들 오이정이 새로 지었다. 조선시대 정원에 흔히 쓰이는 방지원도(方池圓島)를 따른 형태다. 둥근 섬이 들어간 네모난 연못으로 '하늘은 둥글고 땅은 모나다'는 세계관을 믿어서다.
자연을 그대로 살린 정원, 원림은 선비의 소탈함을 닮았다. 아래 연못과 윗 연못, 그 사이에 정자를 두었다. 정자는 방을 중심으로 우물마루를 두른 기교 없이 반듯한 모양이다. 명옥헌 현판과 서까래에 적힌 삼고(三顧) 현판이 유일한 장식이다. 명옥헌은 우암 송시열이 '윗 연못에서 흐르는 물소리가 옥구슬 같다' 하여 지은 이름으로 바위에 새긴 그의 글씨를 모각해 현판으로 만들었다. 서까래의 삼고 현판은 인조가 반정을 꾀하기 전 오희도를 3번 찾아와 도움을 청한 것을 뜻한다. 여름이면 원림 전체에 불이 난 듯 붉은 배롱나무 꽃이 피어난다. 구름처럼 붉은 덩어리가 정자를 숨겨 비밀의 정원처럼 신비로운 분위기를 자아낸다.

난이도 ★★
주소 후산길 103
여닫는 시간 24시간
요금 무료

고창

PLACE TO EAT

01 수궁회관

맛집이 으레 그렇듯 벽이 낙서로 가득한 식당이다. 메인 메뉴는 간장게장이다. 사이즈에 따라 일반, 대, 특대 사이즈로 나뉘는데 늦게 갈 경우 일반이 다 판매될 수도 있다. 아이를 위한 음식은 계절 메뉴인 굴밥 정식이나 바지락 비빔밥과 삼겹살이 있고, 미역국이 함께 나온다. 매운 양념으로 된 밑반찬이 많은 편이고 조미되지 않은 김과 두부가 나온다.

주소 심원로 218
여닫는 시간 10:00~21:00
가격 간장게장(일반/대/특대) 20,000원/25,000원/30,000원, 굴밥정식 12,000원

02 청림정금자할매집

풍천장어로 유명한 고창에서 장어구이는 빼놓을 수 없는 음식이다. 이곳은 햇볕 잘 드는 연못에서 키운 노지 장어를 대부분 사용한다. 수량이 모자랄 때에는 일반 장어를 사용한다는 뜻. 소금구이와 고추장구이가 유명하며 된장구이와 복분자구이도 있다. 초벌구이로 기름을 뺀 뒤 석쇠에 대파를 깔고 장어를 올린다. 장어 기름이 파를 익혀 함께 쌈으로 먹으면 더욱 맛있다. 장어즙을 넣은 장어탕 수제비는 맵지 않아 아이가 먹기에도 좋다.

주소 인천강서길 12 여닫는 시간 10:00~19:00
가격 소금구이(1인분) 30,000원, 양념구이(1인분) 27,000원, 복분자구이(1인분) 30,000원, 된장구이(1인분) 30,000원

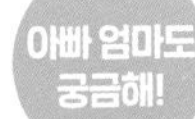

고창을 대표하는 풍천장어

고창 선운사 근처에서 나는 풍천장어가 유명하다. 풍천은 지명이 아니라 '바람 풍(風)' '내 천(川)' 자를 써서 바람이 불어오는 바다와 민물이 만나는 지점을 말한다. 역류하는 하천은 우리나라에서 유일해 고유명사처럼 굳어졌다. 풍천장어는 어릴 때 바다에서 강으로 올라와 5년에서 길게는 10년 넘게 살다가 다시 바다로 회귀해 산란하는 특성 때문에 붙여진 이름이다. 지금은 대부분이 양식인데 움직임이 자연산보다 많지 않다 보니 몸이 통통하고 살은 부드럽다.

03 조양관

1935년 일본식 여관으로 지어졌다가 15년 뒤 여관과 한정식 집을 겸해 운영한 것이 지금에 이르렀다. 그 가치를 인정받아 대한민국 근대문화유산으로 지정되었다. 이곳을 멋집이라고 하는 이유도 거기에 있다. 특히 5월에는 보랏빛 등나무 꽃이 피어 낭만적인 분위기를 더한다. 2층은 다다미 공간으로 단체 손님이 올 경우 사용했으나 지금은 개인 공간으로 사용 중이다. 한정식은 조, 양, 관 코스가 있으며 호박죽을 시작으로 육사시미와 연어, 불고기 등 입맛을 돋우는 메뉴부터 생선구이, 삼합, 굴무침 등 식사류가 이어진다. 유명세에 비해 맛은 좀 무난한 편이다.

주소 천변남로 86 여닫는 시간 11:30~21:00
쉬는 날 월요일 가격 조 코스 20,000원, 양 코스 32,000원, 관 코스 42,000원

04 옛날쌈밥집

당연히 동네 사람인 듯 안부를 물어 당황할 만큼 현지인이 많이 찾는 식당이다. 우렁쌈밥 한 메뉴만 하는 고집스러운 맛집이기도 하다. 하지만 맛을 보면 이유 있는 고집임을 알 수 있다. 14가지가 넘는 반찬이 하나같이 정갈한데, 특히 갈치속젓과 부추김치는 밥도둑이다. 나물을 잘 먹는 아이라면 괜찮지만 아니라면 김이라도 챙겨가자. 유일한 고기반찬이 양념불고기라 살짝 맵다. 우렁된장은 맵지 않아 비벼서 쌈을 싸줘도 좋다. 따로 직원을 두지 않고 두 분이 운영하기 때문에 사람이 많을 때는 기다려야 할 수도 있다. 친절이 과하지도 않지만 불편하지도 않다.

주소 남정6길 7 고려씽크공장
여닫는 시간 12:00~20:00
가격 우렁쌈밥 10,000원

담양

PLACE TO EAT

01 덕인관

담양의 대표 음식인 떡갈비를 먹고 싶다면 덕인관으로 가자. 공장이 아닌 한우 암소 갈비살을 조형해 기름기를 제거하고 곱게 다져 만드는 식당 중 하나다. 덕분에 농림축산식품부에서 대한민국 식품명인으로 지정되었다. 떡갈비는 미리 초벌구이해서 나와 먹기 편하다. 젓가락만 대도 쉽게 갈라지는 건 밀가루를 넣지 않았다는 증거라고 자부심이 대단한 곳이다. 반찬은 대부분 간이 적당하고 국은 우거지 혹은 시래기 국으로 아이가 먹기에도 좋다.

주소 죽향대로 1121
여닫는 시간 11:00~21:00
가격 명인 전통떡갈비 32,000원, 한우 약선떡갈비 19,000원, 대통밥정식 20,000원

02 진우네집국수

영산강을 사이에 두고 죽녹원 맞은편에 위치하고 있다. 수백 년 된 아름드리나무 아래 앉아 강과 대나무숲을 바라보며 먹는 국수라니. 풍치 좋은 곳에 자리한 정자가 따로 없다. 메뉴는 딱 두 가지. 짜지 않고 진한 멸치육수로 맛을 낸 국물국수와 입가에 매운맛이 잔잔히 남아 중독성이 느껴지는 비빔국수가 있다. 모두 중면을 사용했으나 양념이 잘 스며들어 맛이 좋다. 비빔국수를 먹을 때는 약물에 삶은 달걀도 함께 부숴서 비벼먹자.

주소 객사3길 32 여닫는 시간 09:00~20:00 쉬는 날 명절
가격 멸치국물국수 4,000원, 비빔국수 5,000원, 삶은 달걀 2개 1,000원

03 대가

소쇄원에 간다면 이곳에서 식사를 즐겨보자. 생선구이로 유명한 한정식집이다. 생선은 비금도 천연 소금과 대잎분말, 매실즙과 7가지 한약재를 첨가해 24시간 숙성시켜 구워낸다. 모듬생선구이를 주문하면 두툼한 삼치와 고등어, 갈치, 조기, 꽁치가 나온다. 이곳의 특징은 생선구이와 함께 떡갈비, 돼지떡갈비, 대통밥을 다양한 세트 메뉴로 구성했다는 것. 입맛에 맞게 고를 수도 있고 어린이 메뉴도 따로 있다. 한정식의 기본인 반찬도 정갈하고 맛있다.

주소 가사문학로 619
여닫는 시간 11:00~21:00
쉬는 날 명절, 명절 전날
가격 모둠생선구이(2인분) 32,000원, 생선구이+영양솥밥(1인분) 10,000원

04 전통식당

담양에서 한정식을 제대로 즐길 수 있는 곳으로 꼽힌다. 메뉴는 담양 한상과 소쇄원 한상 차림이 있다. 담양 한상은 4가지 정도의 젓갈과 밑반찬, 찜과 수육, 숙주불고기 등으로 차려진다. 간이 강한 불고기에 숙주를 넣어 시원하고 깔끔한 맛이 일품이다. 보리굴비를 좋아한다면 소쇄원 한상을 주문하자. 전통방식 그대로 만든 보리굴비와 전복찜, 소고기 육전을 추가로 먹을 수 있다.

주소 고읍현길 38-4
여닫는 시간 11:30~20:00
쉬는 날 명절
가격 담양한상 15,000원, 소쇄원한상 29,000원

05 승일식당

돼지숯불갈비로 유명한 식당이다. TV프로그램 <백종원의 3대 천왕>과 <한식대첩2>에 출연 후 식사시간 외에도 줄을 서는 집이 됐다. 참나무 숯에 초벌구이를 한 뒤 은은한 불에 다시 구워져 나온다. 덕분에 몇 분 기다리지 않아도 금세 상차림이 완성된다. 다만 미리 구워놓고 쌓아둔 고기는 육즙이 빠져 퍽퍽한 맛이 나기도 한다. 공깃밥을 주문하면 시래깃국이 함께 나와 아이가 먹기 좋다.

주소 중앙로 98-1 여닫는 시간 10:00~21:00
쉬는 날 명절 전날부터 5일
가격 돼지갈비 15,000원

고창

PLACE TO STAY

01 상하농원 파머스빌리지

일명 논 뷰를 자랑하는 파머스빌리지는 상하농원에서 운영하는 숙소다. 농원 언덕 위에 자리한 숙소는 밭을 일구는 사람, 구름이 머무는 풍경으로 치유의 시간을 갖게 한다. 자연 그대로를 옮긴 듯 나무와 돌을 바탕으로 지은 숙소는 객실마다 통유리 창을 두어 차경의 미학을 실천했다. '농부의 휴식처'를 콘셉트로 만든 테라스룸은 자연 친화적인 가구와 조명을 사용해 안도감을 준다. 어린 아기와 함께 여행한다면 온돌룸을 추천한다. 침구가 도톰하고 푹신해 불편하지 않다. 가족을 위한 패밀리룸과 스위트룸도 있다.

주소 상하농원길 11-23 여닫는 시간 입실 15:00, 퇴실 11:00
웹 www.sanghafarm.co.kr/hotel

02 힐링카운티

건강하고 여유로운 삶을 위해 만들어진 복합휴양단지 웰파크시티 내에 위치하고 있다. 4개의 숙소가 함께 있는 2층 건물로 대단지를 이루고 있어 예약도 편리하다. 내부는 편백나무와 황토로 만들어 건강에 중점을 뒀다. 숙소 내 게르마늄 온천으로 유명한 홀론 스파와 파동석을 이용한 파동욕장이 있으며 숙박객은 할인 받을 수 있다. 차로 3분 거리에 위치한 석정온천 휴스파는 온천수를 이용한 워터파크 시설로 사계절 아이와 즐기기 좋다.

주소 석정2로 207-44
여닫는 시간 입실 15:00, 퇴실 11:00
웹 www.huespapension.com

담양

소아르호텔

담양을 여행할 때 가장 좋은 위치에 있는 숙소가 바로 이곳이다. 메타프로방스 내 자리한 호텔은 메타세쿼이아 길과 마주하며 죽녹원까지 5분 거리에 있다. 17개의 객실이 모두 다른 디자인으로 구성되어 있어 고르는 재미도 있다. 독특한 설치미술과 그림, 다양한 색으로 사용해 아이가 지루할 틈을 주지 않는 것도 매력. 다만 소품이나 가구의 뾰족한 부분은 아이가 조심할 수 있도록 얘기해 주자. 카페를 함께 운영하고 있으며 친절한 주인아저씨가 내어주는 빵과 음료가 조식으로 나온다.

주소 메타프로방스3길 2 여닫는 시간 입실 15:00, 퇴실 11:00
웹 www.soarhotel.com

거미줄에 걸린 곤충 친구들을 구하자!

고창 상하농원(p.334)에서 본 거미가 기억에 남았던 아이를 위해 숙소에 거미줄을 만들었다.

준비물 털실, 스케치북, 색연필 또는 크레파스, 가위, 테이프

만들고 놀기 할로윈에 지인이 준 거미 모형을 오늘 쓰기로 하고 챙겨왔지만 그냥 거미를 그려서 만들어도 좋다. 플라스틱 통에 끼운 줄을 위아래로 당기며 '거미가 줄을 타고 올라갑니다' 노래를 부르기도 하고 책도 읽어준다. 숲속의 곤충 친구들을 그려 테이프로 거미줄에 고정한 뒤 거미가 나타난다. 긴장된 음악을 효과음으로 넣어줘도 좋다. 거미에게 잡히기 전에 아이가 곤충 친구들을 구하는 미션! 엄마가 든 거미가 느리다가 갑자기 빠르게 움직여야 스릴 만점이다. 이 놀이의 단점은 멍청한 곤충들이 구해주면 다시 거미줄에 걸려 엄마는 또 거미를 움직여야 한다는 것.

함께 읽어주면 좋은 책
- 거미가 줄을 타고 올라갑니다

PLAY
02

종이컵 볼링

몸을 움직이며 놀기 좋아하는 아이라면 간단한 볼링 게임을 준비하자.

준비물 종이컵, 공 또는 뭉친 양말

만들고 놀기 종이컵을 쌓아 올린 뒤 공 또는 뭉친 양말로 볼링을 한다. 꼭 굴리지 않더라도 던져서 종이컵을 무너뜨려도 된다. 가끔 아이가 공이 되어 달려오기도 한다. 이 놀이의 단점은 아빠 엄마에게 종이컵을 쌓으라고 떼를 쓴다는 것. 해주지 않으면 자신이 쌓아 올리는데 반듯하지 않지만 균형을 잡으려고 애를 쓴다. 연계해서 종이컵으로 자신의 성을 만드는 놀이까지 할 수 있다.

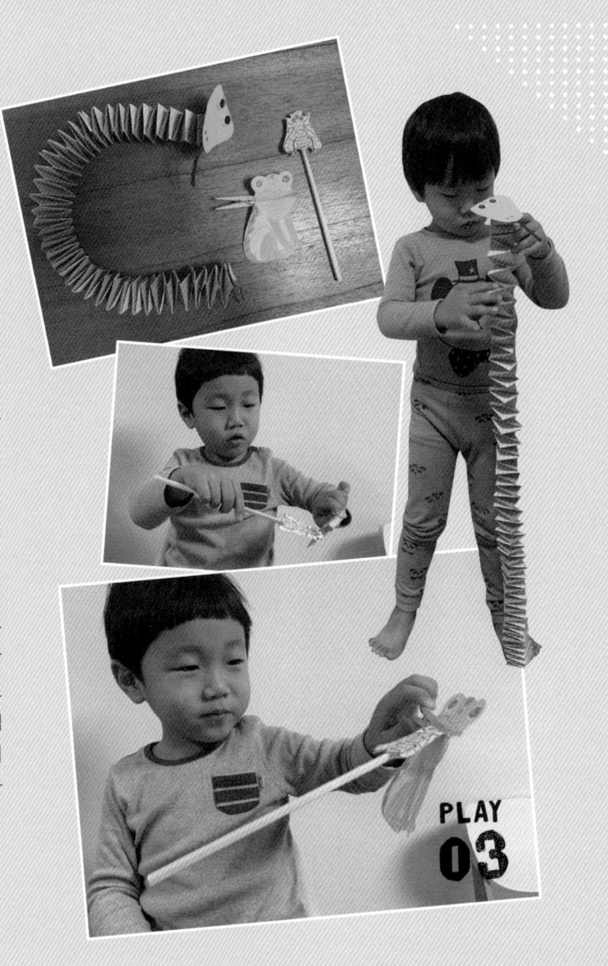

개구리 먹이 사슬

담양 메타세쿼이아길(p.340)에 있는 개구리 생태공원에서 아이가 개구리 영상을 보던 걸 기억했다. 전시관에 먹이 사슬 부분도 있었는데 아이가 그냥 스쳐 지나가 따로 만들어 보기로 했다.

준비물 스케치북, 색지, 색연필 또는 크레파스, 가위, 빨래집게 또는 나무집게, 나무젓가락, 풀

만들고 놀기 개구리가 먹는 파리를 그려 나무젓가락에 붙인다. 입 큰 개구리를 그리고 입부터 꼬리까지 잘라준다. 그림은 빨래집게 또는 나무집게에 붙이고 집게 부분의 입을 연 채 날아다니는 파리를 먹어보자. 배부른 개구리가 지나가다 종이로 만든 뱀에게 잡아 먹히는 먹이 사슬 구조에 대해 알려주자. 뱀은 색지를 두 손가락 굵기로 길게 자른 뒤 같은 길이로 하나 더 만든다. 두 개를 십자로 교차하게 두고 반대 방향으로 접어 나간다. 마지막에 뱀 머리를 붙여주면 된다.

고슴도치 만들기

고창 상하농원 파머스빌리지(p.334)에는 책을 읽는 공간이 있다. 그곳에서 읽은 <나도 안아줘>를 보고 고슴도치를 만들기로 했다.

준비물 점토, 솔잎, 눈 모형

만들고 놀기 몸은 점토로 만들고 가시는 지나가다 주운 솔잎을 꽂았다. 점토나 클레이를 준비하면 좋으나 없으면 갯벌에서 가져오거나 숙소 밖의 흙 위에 해도 좋다.

함께 읽어주면 좋은 책
- 나도 안아줘

WHERE TO GO
02
남원+임실

남원 + 임실

BEST COURSE

1박 2일 코스

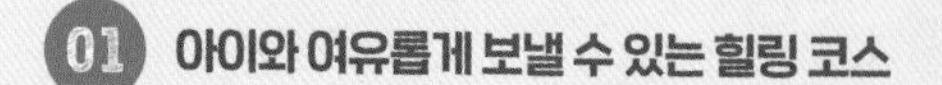

01 아이와 여유롭게 보낼 수 있는 힐링 코스

1일 광한루원 → 점심 새집추어탕 → 춘향테마파크 → 남원시립 김병종미술관 → 저녁 청학동회관

2일 전라북도119안전체험관 → 점심 임실치즈테마파크 내 프로마쥬레스토랑 → 임실치즈테마파크

02 아이와의 다양한 활동을 중시하는 체험 코스

1일 춘향테마파크 → 남원시립 김병종미술관 → 점심 동춘원 → 광한루원 → 서도역 → 저녁 청학동회관

2일 옥정호 → 전라북도119안전체험관 → 점심 임실치즈테마파크 내 프로마쥬레스토랑 → 임실치즈테마파크

2박 3일 코스

01 아이와 여유롭게 보낼 수 있는 힐링 코스

1일 광한루원 → 점심 새집추어탕 → 춘향테마파크 → 남원시립 김병종미술관 → 저녁 청학동회관

2일 남원 백두대간 생태교육장 전시관 → 점심 아담원 → 실상사 → 저녁 지리산고원흑돈

3일 전라북도119안전체험관 → 점심 임실치즈테마파크 내 프로마쥬레스토랑 → 임실치즈테마파크

02 아이와의 다양한 활동을 중시하는 체험 코스

1일 진안 마이산 탑사 → 점심 초가정담 → 전라북도119안전체험관 → 임실치즈테마파크 → 저녁 임실치즈테마파크 내 프로마쥬레스토랑

2일 옥정호 → 점심 행운집 → 서도역 → 춘향테마파크 → 남원시립 김병종미술관 → 저녁 새집추어탕

3일 광한루원 → 점심 동춘원 → 남원 백두대간 생태교육장 전시관 → 정령치전망대 → 저녁 지리산고원흑돈

임실
옥정호
임실치즈테마파크
전라북도119안전체험관
서도
서도역
남원
광한루원
춘향테마파크
남원백두대간
생태교육장
전시관
실상사
남원시립 김병종미술관
정령치전망대
정
령
치

남원

SPOTS TO GO

01 춘향테마파크

문학 전성기였던 조선 영·정조 시대에 만들어진 판소리계 소설 <춘향전>을 배경으로 조성됐다. 테마파크는 크게 만남의 장, 맹약의 장, 사랑과 이별의 장, 시련의 장, 축제의 등장 총 5가지 구역으로 나뉜다. 조선시대 가옥과 모형으로 테마에 맞는 스토리를 보여준다. 본격적인 이야기는 사랑과 이별의 장부터 시작된다. 월매의 집부터 가슴 아픈 이별을 하는 장면이다. 시련의 장에는 춘향이 수청을 들지 않아 고문을 당하는 관아가 있으며, 그곳에서 옥중 춘향을 두고 벌어지는 이야기를 볼 수 있다. 형벌 체험장도 있어 우스꽝스러운 사진을 남기기도 좋다. 축제의 장은 암행어사가 된 이몽룡이 춘향을 아내로 맞이하는 장면으로 테마파크의 마지막을 해피엔딩으로 장식한다.

난이도 ★★
주소 양림길 43
여닫는 시간 4~10월 09:00~22:00, 11~3월 09:00~21:00
요금 어른 3,000원, 청소년 2,500원, 어린이 2,000원
여행팁 테마파크로 올라갈 때는 일부 구간에 에스컬레이터가 있다. 입구와 출구가 다르니 주차한 위치에 따라 가까운 곳으로 이동하자.

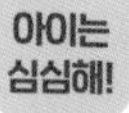

아이는 심심해!

아이가 즐길 수 있는 여행법

아이가 어리다면 이야기의 전체를 이해하긴 어려울 수 있다. 입구 근처에 있는 향토 박물관에서 춘향전에 대해 잠시 관람한 뒤 테마파크로 이동하자. 조형물을 보고 짧게 이야기만 해주더라도 다음 내용을 궁금해 한다. 테마파크는 언덕 위에 조성되어 있어 아이가 힘들어 할 수도 있다. 다행히 짧은 동선 안에 토끼 사육장이나 사물놀이같이 흥미로운 볼거리가 있다. 내려올 때는 간단한 놀이를 준비해도 좋다. 예를 들어 떨어진 모과를 주워 내리막길에 데구르르 굴려보자. 지그재그로도 굴리거나 다른 모과를 치기도 하고 계단 위로 통통 튀기다 보면 어느새 출구에 도착한다.

아빠 엄마도 궁금해!

이몽룡, 실존 인물인가? 그것이 알고 싶다!

작자 미상인 <춘향전>이 남원 출신 의병장 조경남이 지었다는 설이 있다. 그는 이몽룡의 모델로 알려진 조선 문인, 계서 성이성의 글공부 선생이었다. 성이성이 12세 때 남원 부사로 부임한 아버지를 따라 내려왔을 때 만났다. 17세에 남원을 떠나 32세에 급제하고 44세에 암행어사로 남원에 출두했다. 일련의 사건이 이몽룡과 평행이론을 이룬다. 특히 <춘향전>의 암행어사 출두장면은 성이성이 출두할 때 남긴 기록과 겹친다.

'독에 든 술은 천 사람의 피요/ 소반 위의 안주는 만백성의 기름이라/ 촛농 떨어질 때 백성 눈물 떨어지고/ 노래 소리 높은 곳에 원성 소리 높더라.'

남원에 출두한 밤, 성이성은 옛 스승인 조경남과 광한루에 누워 16살 소년시절의 이야기를 나누었고 그 이야기가 소설의 바탕이 되었을 것이라 추정한다.

"거기 얘 방자야"의 방자는 이름이 아니다

향단이는 이름인데 방자는 이름이 아니다. 조선시대 지방 관아에서 심부름하던 남자 하인을 방자(房子)라 했다. 관노비인 방자는 관아 소속의 재물로 여겨 월급을 받지 못했으며, 양반과 시비가 붙는 날에는 목숨을 내놓아야 했다. 고을 사또의 아들인 이몽룡은 이런 사회적 신분을 이용해 국가 인력을 사용한 것이다. 당시 이런 일은 비일비재했다고 하니 소설로 조선의 사회상을 보여주려 한 건 아닐까.

춘향전이 삼국시대 이야기를 리메이크했다고

김부식의 <삼국사기>에 보면 백제의 귀족 한주와 고구려 안장태왕의 사랑 이야기가 담겨있다. 백제의 동태를 살피러 간 태왕은 한주를 만나 사랑에 빠졌으나 적지에서 오래 남을 수 없어 다시 오겠다는 약속만 남기고 돌아왔다. 이후는 춘향전과 비슷하다. 새로 부임한 태수와 한주가 실랑이하다 안장태왕이 군대를 이끌고 와 물리치고 한주를 왕후로 맞이한다.

02 광한루원

남원 대표 여행지인 광한루원은 누각이 있는 빼어난 경치로 오랫동안 사랑받는 명소다. 무려 조선 세종 때부터 말이다. 1419년 남원에 유배 온 황희 정승이 주위 풍경에 반해 누각을 짓고 '광통루'라 불렀다. 이후 집현전 학자인 정인지가 달의 여신 항아가 사는 '광한청허부(廣寒淸虛府)' 같다 하여 '광한루'로 이름을 바꿨다. 이후 당대 문신이자 가사문학의 대가인 송강 정철이 연못을 파고 전설 속 신선이 산다는 삼신산(영주산, 방장산, 봉래산)의 이름을 딴 세 개의 인공 섬을 만들었다.

달의 궁전을 닮은 광한루는 춘향과 몽룡이 첫눈에 반한 장소다. 내아에 박혀 글만 읽던 몽룡이 봄기운에 방자를 앞세워 광한루로 나들이를 갔다가 그네를 타던 춘향을 만난다. 봄꽃으로 물든 지리산 아래 나비처럼 고운 치마를 흩날리는 춘향이었으니 마음이 기울지 않는 것이 이상할 풍경이다. 세기의 연인이 그러했던 것처럼 연못 위 오작교를 건너고 수중 누각인 완월정에 앉아 노래도 불러보자. 탈을 쓴 춘향전의 주인공들을 찾는 것은 물론, 전통의상을 빌려 입을 수도 있다. 특히 연못 속 잉어밥 주기는 놓치지 말자.

난이도 ★
주소 요천로 1447
여닫는 시간 08:00~20:00 (무료개장 19:00~20:00)
요금 어른 3,000원, 청소년 2,000원, 어린이 1,500원
웹 www.gwanghallu.or.kr
여행 팁 19:00시부터 20:00시까지 무료로 입장 가능하니 야경 또한 놓치지 말자.

아빠 엄마도 궁금해!

춘향전의 배경지에 웬 오작교?

광한루원은 옛 선인들의 세계관을 바탕으로 지어진 건축이다. 달의 궁전인 광한은 우주를, 연못은 은하수를 뜻한다. 그 위로 음력 칠월 칠석에 까마귀와 까치들이 몸을 잇대어 만든 오작교가 있는데, 폭 2.8m, 길이 58m로 우리나라에서 가장 긴 홍예(무지개) 다리다. 연못 위 나룻배 한 척은 '상한사'로 뱃사공 견우가 은하수를 건널 때 탄다는 나룻배를 상징한다. 호수 바닥에는 직녀의 베틀이 흔들리지 않도록 괴는 데 쓰였다는 '지기석'도 있다.

견우와 직녀는 왜 은하수에서 만나게 되었나?

은하수를 중심으로 동서로 마주 보는 두 별을 견우성과 직녀성이라 한다. 일 년에 한 번 직녀성이 빛나면 견우성도 빛나는데 칠월 칠석에만 보인다. 별의 애틋한 만남이 견우와 직녀 설화로 이어졌다고.

스냅사진, 여기서 찍으세요

광한루 앞 돌 자라는 화기를 막기 위해 두었다.
어디 못 가게 자라 위에 앉아볼까?

삼신산 또는 광한루 앞에서 연못에 반영된
광한루원의 풍경을 함께 담아서 찍어보자.

03 남원시립 김병종미술관

춘향테마파크가 위치한 함파우길에 모던한 외관의 미술관이 있다. 노출 콘크리트를 이용한 건물은 전원에 있음에도 이질감이 없다. 전면의 통유리는 지리산 능선을 고스란히 되받아치고 바닥의 잔잔한 물은 지리산 골짜기를 따라 내려온 요천 같다. 내부에는 남원 출신 화가이자 작가인 김병종의 작품을 기증받아 일부를 상설전시하고 있다. 단색화 위주의 동양화에 색채를 더해 실험적인 작품, <생명의 노래> 시리즈가 대표적이다. 생기를 불어넣은 생명처럼 유기적인 스토리가 흥미롭다. 남원에서 보낸 유년 시절을 담은 작품도 눈여겨보자. 외관을 따라 난 산책길에는 전신 벤치가 있어 양지에 핀 꽃처럼 광합성을 할 수 있다. 목이 마르면 미술관 내 북카페로 가자. 김병종 작가의 저서이자 작품인 <화첩기행>으로 이름을 붙였다. '너무 맛있어서 미안'한 커피와 직접 만든 케이크를 맛볼 수 있다.

난이도 ★
주소 함파우길 65-14
여닫는 시간 10:00~18:00
쉬는 날 월요일, 1월 1일, 설날·추석 당일(월요일이 공휴일인 경우 개관, 다음날 휴무)
요금 무료
웹 nkam.modoo.at
여행 팁 2층 건물이나 엘리베이터가 있어 유모차도 쉽게 이동할 수 있다. 유모차가 무료 대여되고, 기저귀 교환대, 물품보관함도 있다.

아이는 심심해!

아이가 즐길 수 있는 여행법

미술관에서 아이는 이상한 포즈를 취하며 높게, 때론 낮게 보고 옆으로 또는 거꾸로 보기도 했다. 그건 아이 나름의 관람법이었다. 김병종의 작품은 틀에 박힌 구조나 고정된 시선으로 그린 그림이 아니다. 색은 밝고 선은 따뜻하며 화폭 속 개체는 친근하다. 마치 아이가 그린 그림처럼 어렵지 않다. 그래서 어른인 나보다 더 그림을 이해하기 쉬웠을지도 모른다. 김병종 화가를 십자가 위에 서게 한 <바보 예수> 또한 그렇다. 무표정한 예수가 작가의 아우성에 동조와 애도로 발현했다. <슬픈 예수>, <고통받는 예수> 등이 그것이다. 작품은 나를 대신해 십자가에 걸린 것처럼 관객의 감정을 투영해 위로를 안긴다. 아쉽게도 이 작품들은 기획전시에서만 만날 수 있다. 정문에서 미술관으로 가는 길이었다. 물에 비친 그림자를 보고 아이가 말했다.

"엄마, 내 그림자가 수영하네. 엄마 그림자도 같이 수영한다."

스냅사진, 여기서 찍으세요

1층 갤러리에서 쉬는 동안 자연스러운 모습을 담아보자. 통유리창으로 보이는 인공연못과 수목도 함께 나오면 좋다.

미술관 외관 비탈길에 서서 정면 또는 약간 틀어서 사선으로 찍어보자.

실상사

지리산 자락을 굽이굽이 둘러 도착한 실상사는 지나온 길과 달리 수만 평의 논 한가운데 덩그러니 서 있다. 통일신라 흥덕왕 때 당나라 유학을 마치고 온 홍척 스님이 세운 최초의 선종 사찰로 화엄종과 같이 경전을 공부하고 수행하는 교종과 달리 명상 수행을 우선시하는 선종사상을 이어오고 있다. 한때 3,000여 명의 승려가 수행할 만큼 융성했던 사찰이다. 뒤를 잇는 신도들의 걸음이 땅을 다진 것인지 첩첩산중에 펼쳐진 평지 사찰이다. 오르막길을 오르지 않아도 되니 아이여행에 그만이다.

실상사는 단일 사찰 중 가장 많은 문화재를 품고 있다. 불국사 석가탑의 상륜부 모델이 된 동·서 삼층석탑과 석등, 약사전의 철조여래좌상이 대표적이다. 1996년부터 약 10년간 진행된 발굴 작업에서 127평이나 되는 목탑지가 발견되기도 했다.

난이도 ★ 주소 입석길 94-129 여닫는 시간 24시간 요금 무료

아이는 심심해!

아이가 즐길 수 있는 여행법

실상사에는 대안학교가 있어 들어서자마자 아이들의 웃음소리가 들린다. 근원지는 굵은 느티나무에 매단 그네였다. 흙을 다진 언덕을 휘저으며 술래잡기를 하는 아이들도 있다. 둘러보니 놀이터는 없지만 놀기엔 좋은 장소다. 아이는 그곳에서 그네를 밀고 공깃돌을 쌓으며 놀았다. 통나무 위를 걷고 빗자루를 타고 마당을 쓴다.

아빠 엄마도 궁금해!

일본에게 정기를 뺏길지도 몰라요!

실상사는 나라를 지키는 호국 사찰로 불린다. 풍수 지리설에 따르면 지리산 원줄기의 맥이 일본의 후지산까지 일직선으로 닿아 있다고 한다. 백두대간을 타고 지리산까지 이어진 정기를 지키기 위해 약사전의 철조여래좌상이 그 맥을 누르고 앉아 있다. 철불을 돕는 건 보광전 범종이다. 몸체에는 타종 부위에 일본 지도가 있고 반대편에 우리나라 지도가 있다. 중생을 구하고 악을 쫓는 타종 소리로 일본의 야욕을 꾸짖고 우리나라의 번창을 기도했다고 한다. 이는 '일본이 흥하면 실상사가 망하고 일본이 망하면 실상사가 흥한다'는 구전을 낳기도 했다고. 실제로 일제강점기에는 철불의 양손을 절단했고 타종을 막았으며 주지스님이 문초를 당하기도 했다. 절단된 철불의 양손을 찾지 못해 목재로 만들어 붙여두었는데 어느날 복장유물을 꺼내던 중 발견돼 따로 보관전시하고 있다.

이거 불교 탱화 맞아?

약사전 철불 뒤 후불탱화가 낯설다. 불교 세계관을 그리는 탱화가 아니다. 지리산 산청 남사예담촌의 이호신 화백이 그린 <지리산 생명평화의 춤>으로 지리산의 자연과 사람, 문화를 넣은 인드라망 세계를 나타낸다. 인드라망이란, 인드라의 그물을 말하며 이음새의 구슬이 서로를 비추고 이어주는 관계를 말한다. 지리산의 어머니 마고신 아래 상징적 문화유산과 대자연의 순리, 마을 사람들의 삶, 세월호 리본과 같은 평화와 치유 상징물도 함께 그렸다.

서도역

언택트

1934년 간이역으로 시작한 서도역은 3년 만에 보통역으로 승격되었다. 철로에 녹이 슬 겨를 없이 달린 기차는 2002년 전라선 이설과 함께 더 이상 이곳을 찾지 않았다. 대신 남원시는 서도역을 1932년 준공 당시로 상태로 돌려놨다. ㅅ자 맞배지붕의 일본식 목조건물로 기름을 먹인 소나무 판자로 벽을 덧댔다. 근대 양식의 간이역이라 드라마 <미스터 션샤인>에서 구동매가 고애신을 기다리던 장소로 등장하기도 했다. 숯덩이 가슴으로 기다린 구동매와 시간을 초월한 듯 자연스러운 배경이 더해져 많은 여행자가 이곳을 찾는다. 1990년대 한국 문학사 최고의 걸작으로 손꼽히는 대하소설 <혼불>의 배경이기도 하다. 주인공인 허효원이 완행열차를 타고 와 내린 곳이자 효원의 남편인 강모가 전주로 학교를 다니면서 타고 내린 역이다.

난이도 ★
주소 서도길 23-17
여닫는 시간 24시간
요금 무료
여행 팁 입구 없이 자유롭게 출입할 수 있다. 역사는 잠겨있고 기찻길을 걸으며 주위를 둘러보자.

함께 둘러보면 좋은 여행지, 혼불 문학관

서도역에서 1.7km 떨어진 노봉마을에 혼불 문학관이 있다. 소설 <혼불>과 최명희 작가의 문학정신을 전승하고자 개관되었다. 소설 속 종가와 노봉서원, 새암바위는 물론 작가의 생전 집필실도 재현했다. 집필기간만 무려 17년. 작가 최명희는 '혼불 하나면 됩니다. 아름다운 세상입니다. 참 잘 살다 갑니다'라고 생의 끝맺음을 남겼다. 소설 속 청암 부인이 만든 청호 저수지 앞에 앉아 망중한을 즐겨도 좋겠다.

난이도 ★ 주소 노봉안길 52 여닫는 시간 09:00~18:00(동절기 09:00~17:00) 쉬는 날 월요일 1월1일 요금 무료

함께 둘러보면 좋은 여행지, 신생마을

가을이 깊어지면 신생마을에도 핑크뮬리가 피어난다. 볏과 식물로 핑크뮬리 그래스라 불리며 가을에 분홍색 꽃을 피운다. 신생마을 핑크뮬리 밭은 계단식으로 만들어졌다. 아이 키보다 큰 식재다 보니 사진 찍기가 어려운데, 덕분에 이곳에서는 높이를 맞춰 찍을 수 있다. 거기다 군락 사이로 길이 나 있어 훼손하지 않고도 분홍빛 구름 위에 올라선 듯 몽환적인 분위기를 연출할 수 있다.

난이도 ★★ 주소 신생길 50번지
여닫는 시간 24시간
요금 무료 여행 팁 간이화장실 외에 편의 시설이 없다.

스냅사진, 여기서 찍으세요

폐역이라 철길을 걸을 수 있으니
아이와 함께 걷는 모습을 찍어도 좋겠다.

과거의 시간으로 유인한 듯 오래된 역사가 운치있다.
의자에 앉거나 걸어오는 모습을 담아보자.

남원 백두대간 생태교육장 전시관

백두산에서 지리산에 이르는 우리나라의 중심 산맥인 백두대간의 역사, 문화, 생태정보를 다양한 매체를 이용해 전시하고 있다. 입구와 연결된 2층은 백두대간 산줄기의 역사와 기록을 둘러볼 수 있다. 가장 흥미로운 곳은 어드벤처 라이더관이다. 움직이는 백두산 호랑이 라이더를 타고 백두대간을 달린다. 속도가 빠르지 않아 안전하다. 1층에는 '지리산에 이르다'는 주제로 지리산 골짜기와 지리산 동식물을 모형전시하고 있다. 특히 백두대간에 해당하는 산의 흙을 모아둔 설치전시는 북한의 산이 채워지지 않아 안타까움을 자아낸다.
5D 서클 영사관은 남원 노치마을의 당산제 이야기를 애니메이션으로 구성했다. 360도 스크린에 영사되며 바닥이 움직이거나 바람이 나오는 등 10여 분 동안 노치 소년과 백호의 이야기에 푹 빠져들게 된다. 외부에는 토끼, 말 사육장과 곤충온실, 생태문화체험장과 어린이 놀이터가 있으며 여름에는 물놀이터도 개방된다.

난이도 ★
주소 운봉로 151
여닫는 시간 3~10월 10:00~17:00, 11~2월 10:00~16:00
쉬는 날 월요일, 설·추석 당일
요금 어른 2,000원, 청소년 1,500원, 어린이 1,000원
여행 팁 어드벤처 라이더관은 10:20, 13:20, 15:20에 30분간 운영된다. 5D 서클 영사관은 11:00, 14:00, 16:00에 상영된다.

07 정령치전망대

아이와 지리산을 오르는 건 포기해야 한다? 아니다. 차로 쉽게 오를 수 있는 정령치 전망대로 가자. 마한의 왕이 진한과 변한의 침략을 막기 위해 정씨 성의 장군을 보내 지키게 했다고 하여 '정나라 정(鄭)', '고개 령(嶺)', '언덕 치(峙)'를 붙였다. 가파른 산길 도로를 오르면 선유폭포를 지나 정령치 전망대에 도착한다. 정령치 만복대에서 시작한 서부능선은 노고단과 천왕봉의 주능선을 지나 백두대간 릴레이를 시작한다. 아무리 차로 간다고 해도 호락호락하게 맞이할 지리산이 아니다. 13km의 굽이진 길을 오르고 올라야 해발 1,172m의 정령치에 다다른다. 반야봉과 토끼봉, 명선봉, 촛대봉, 천왕봉 등 지리산 봉우리들이 기골이 장대한 장군처럼 서 있다. 능선을 조금 더 즐기고 싶다면 0.5km 떨어진 개령암지 마애불상 또는 0.8km 떨어진 고리봉까지 걸어보자. 5월에는 철쭉이 피어 걷는 길이 더욱 즐겁다. 전망대에는 주차장과 휴게소가 있다. 간단한 주전부리가 있으나 가격이 비싼 편이니 미리 준비하는 것이 좋다.

난이도 ★ (고리봉 등산 시 ★★★)
주소 정령치로 1523
여닫는 시간 24시간
요금 중소형 주차 최초 1시간 1,000원, 1시간 이후 10분당 가산요금 300원, 9시간 이상 13,000원
여행 팁 전망대를 찾는 사람이 많아 오후에는 주차장이 복잡하므로 오전을 추천한다. 산봉우리는 한 계절 빠르게 흘러간다. 가을에는 아래쪽 단풍이 서서히 물들기 시작하면 산봉우리는 절정이니 참고하자.

아이는 심심해!

아이가 즐길 수 있는 여행법

차가 기우뚱할 정도로 회전이 많은 정령치 가는 길. 아이에게 모형 운전대 또는 종이를 돌돌 말아 테이프로 감은 운전대를 쥐여주자. 오른쪽, 왼쪽을 외치며 몸을 좌우로 기울어지는 모션도 함께 해야 재미있다.

임실

SPOTS TO GO

임실치즈테마파크

어느 분야에서 뛰어난 능력을 가진 사람을 장인이라고 한다. 임실은 치즈 장인의 고장으로 깨끗한 목초를 먹인 젖소의 우유, 그리고 유럽 치즈 장인에게 전수받은 지정환 신부의 기술이 한통속이 되어 토종 치즈를 만들어낸다. 벨기에 출신의 지정환 신부는 1958년 임실에 선교사로 왔다. 척박한 환경에서 뚜렷한 수익산업이 없는 농민들을 도울 수 없을까 고민하다 산양 두 마리를 키우며 치즈를 만들기 시작했다. 치즈라는 낯선 먹거리에 '우유두부'라는 이름을 붙이고 가까이 다가가고자 했다. 오랜 시행착오를 거쳐 젖소를 이용한 체다치즈와 모차렐라치즈 만들기에 성공하고 지금의 임실치즈를 탄생시켰다.

난이도 ★
주소 도인2길 50
여닫는 시간 09:00~18:00
쉬는 날 월요일
요금 무료
웹 www.cheesepark.kr
여행 팁 10월에는 임실N치즈 축제가 열린다.

아이는 심심해!

아이가 즐길 수 있는 여행법

치즈테마파크는 스위스 아펜첼을 모티브로 만들었다. 축구장 19개 규모의 광활한 초원에 유럽식 건물과 다양한 포토존이 있어 추억을 남기기 좋다. 구멍이 송송 뚫린 에멘탈 치즈 모양의 홍보탑은 이곳의 랜드마크다. 놀이터인 플레이 랜드로 가는 길은 롤라이더로 연결된다. 마중물을 들이켠 우물펌프처럼 어른, 아이 할 것 없이 미끄러져 내려온다. 체험도 인기다. 홈페이지에서 미리 예약할 경우, 치즈와 피자 만들기 체험도 할 수 있다. 체험을 못하더라도 프로마쥬레스토랑에서 정통 임실치즈를 사용한 피자와 스파게티를 맛볼 수 있다.

아빠 엄마의 생각

아이가 밥을 잘 먹지 않을 때 하는 이야기가 있다. '밥이 만들어지기까지 많은 사람들의 힘이 보태져야 하는 거야. 네가 밥을 먹지 않으면 그 사람들이 속상하겠다'라고. 물론 아이는 그 후로도 밥을 깨작대며 먹기도 한다. 하지만 이걸 만든 사람들이 속상하지 않을까, 하고 한 번 더 생각해보지 않을까? 치즈 체험에서 '오늘은 네가 치즈를 만드는 사람이 되는 것'이라고 알려줬다. 아이는 치즈 체험을 하며 쭉 늘어지는 쫀득한 매력에 푹 빠졌다. 만든 치즈를 먹어보라고 권했을 때 '치즈 만들어줘서 고마워'라고 말했다. 감사인사에 뿌듯해져 쌀을 짓는 농부의 마음을 조금은 알아줬으면 하는 바람에서였다.

02 전라북도119안전체험관

아빠 엄마는 아이의 안전이 늘 걱정이다. 아이에게서 한시도 눈을 떼지 않을 수 없으니 안전 교육을 알기 쉽게 설명해줄 전북 119 안전체험관으로 가보자. 재난상황 대처를 체험과 놀이로 가르칠 수 있는 신개념 에듀테인먼트 시설이다.

이곳은 재난종합 체험동과 위기탈출 체험동, 물놀이 안전체험장, 전문응급처치, 어린이안전마을로 구성돼 있다. 재난종합 체험동은 소방안전 및 교통안전, 지진과 태풍 체험 등 일상생활에서 접할 수 있는 위기상황 대처법을 배운다. 안전벨트를 매고 차량을 뒤집거나 비옷과 보호 안경을 쓰고 태풍의 풍속을 직접 경험하기도 한다. 특히 화재연기 탈출 체험은 아이들로 하여금 앞이 보이지 않는 공간에서도 안전수칙을 지키도록 유도하니, 체험관의 필요성을 온전히 설명한다(초등학생 이상/보호자 동반 5~7세). 위기탈출 체험동은 체력과 담력이 필요하다. 재난 상황에서 완강기나 외줄로 탈출하거나 산악구조나 고공횡단 등 자신을 지키는 법을 배울 수 있다(초등학교 4학년 이상). 또한 이곳엔 전국 안전체험관 중 유일하게 물놀이 안전체험장이 있다. 물놀이 중 발생할 수 있는 급류와 익수사고를 경험하고 선박사고에 대비해 탈출방법과 배에 부착된 구명뗏목 사용법을 알려준다. 구조대가 도착할 때까지 물 위에 떠 있을 수 있는 생존수영 교육도 있다(유치원생 이상). 5세부터 7세 아동을 위한 어린이 안전마을에서 체험이 가능하다.

난이도 ★★
주소 이도리 947-2
여닫는 시간 10:00~17:00
쉬는 날 월요일, 명절
요금 재난종합체험동·어린이안전마을·전문응급처치 2,000원, 위기탈출체험동 4,000원, 물놀이 체험장 8,000원, 생존수영교육 8,000원
웹 safe119.sobang.kr
여행 팁 아이의 컨디션과 취향에 맞춰 시간표를 정하고 홈페이지를 통해 체험별 예약을 하는 것이 좋다.

03 옥정호

난이도 ★ (국사봉전망대 ★★★)
주소 국사봉로 639
여닫는 시간 24시간
요금 무료

옥정호는 전라북도 임실과 정읍에 걸쳐 있는 호수다. 1925년 일제가 곡창지대인 호남평야에 농업용수를 공급하기 위해 만든 저수지에서 시작되었다. 1965년 인구 증가로 인한 식수 공급과 전력 생산을 위해 우리나라 최초의 다목적댐으로 건설되었고, 호수 주변에는 11km의 멋진 드라이브 코스가 생겼다. 이 길은 건설교통부가 지정한 '아름다운 한국의 길 100선'에 꼽히기도 했다. 일교차가 심한 봄이나 가을에는 해가 뜨고 난 뒤에도 물안개가 짙게 피어올라 신비로운 분위기를 자랑한다. 호수에는 마치 수면 위로 몸을 드러낸 한 마리의 붕어처럼 섬이 자리 잡고 있다. 마을 사람들은 외따로 떨어졌다고 '외앗날'이라 부르던 산이다. 수심보다 높아 육지의 섬이 된 이곳은 상수원 보호구역으로 현재 사람이 살지 않는다.

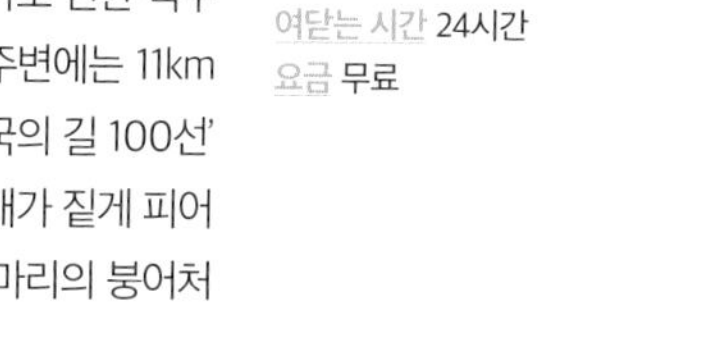

옥정호를 볼 수 있는 전망대는 여럿이나 호수를 헤엄치는 붕어섬을 보고 싶다면 국사봉 전망대를 추천한다. 전라도 방언으로 '섬까끔'이라 부르는 벼랑이 물길을 막아 산등성이를 타고 S자로 흐르는 물길을 볼 수 있다. 전망대는 주차장에서 시작되는 가파른 나무계단을 20여 분 정도 오르면 도착할 수 있다.

아빠 엄마의 생각

아이와 여행에서 산은 쉽지 않다. 국사봉 전망대를 가기로 한 건 거인국에 온 듯 묘한 풍경을 보여주고 싶어서다. 오르막길이 걱정되었지만 나는 아이에게 힘들 것이라고 재차 이야기했다. 말은 했지만 아이는 몇 계단을 오르고 안아달라고 했다.

"저기 계단 위 나무 보이지? 일단 저기까지 가보자."

목적지까지 오른 아이에게 폭풍 칭찬을 시작했다. 역시 넌 할 수 있었다고. 다음 목적지를 정해주고 다시 오르기를 반복했다. 아이는 더 이상 칭찬으로 오를 수 없는 듯했다.

"엄마도 힘들어서 너를 안아줄 수 없을 것 같아. 대신 우리 둘 다 쉬었다 가자. 힘들 땐 쉬었다가 가는 거야."

우리는 물도 마시고 다리도 주무르며 천천히 쉬었다.

"이제 가자." 아이가 벌떡 일어났다.

목표는 정상이었지만 어른 걸음으로 20분이면 도착하는 첫 번째 쉼터에서 우리는 멈췄다. 그래도 붕어섬의 모습은 뚜렷이 보였다. 아이는 호수 속 큰 물고기가 놀라운 듯 호들갑이었다. 다시 아빠와 만난 아이는 자신이 산을 오를 수 있다고 자랑했다. 그동안 산을 오를 수 없었던 건 아이가 할 수 없다고 생각한 부모의 한계선이지 아이의 한계선이 아니었다.

연계 여행지

진안 마이산 탑사

1억 년 전 퇴적된 호수 바닥이 지각 변동으로 솟아 암마이봉과 숫마이봉이 생겨났다. 마치 말의 귀를 닮았다 해서 '마이산'이라 한다. 봄이면 탑사까지 이어진 2km의 길이 벚꽃으로 일렁인다. 가장 아름다운 풍경은 호수 탑영제 길이다. 호수에 부력을 이용한 덱 길을 만들어 놓았다. 물에 반영된 암마이봉에는 크고 작은 홈이 움푹 파여 있다. 이곳은 세계 최대 규모의 타포니Tafoni 지형으로 모래와 자갈로 된 퇴적층이 주요 형성 요인이다. 풍화작용이 바위 표면이 아닌 내부에서 팽창되면서 표면의 자갈 덩어리를 밀어내 생겨났다.
두 봉우리가 온몸으로 바람을 막아선 탑사는 깊은 바닷속처럼 적요하다. 덕분에 태풍이 몰아쳐도 골짜기를 따라 쌓은 돌탑 80여 기가 끄떡없다. 주변 자연석으로 쌓은 탑은 '막돌 허튼 층 쌓기' 양식으로 지어졌는데, 이는 옛날 성곽이나 돌담, 방사탑을 쌓을 때 쓰던 방법이다. 가장 아름다운 탑은 높이 13.5m의 천지탑 2기로 불탑처럼 상륜부가 있다. 1930년대에 이갑룡 처사가 쌓았다. 고서와 구전에 따르면 풍수지리에 의해 쌓은 비보탑들이 있던 자리에 불사를 짓고 이갑룡 처사가 천지탑의 상륜부와 여러 탑을 조성했다고 한다.

난이도 ★★
주소 진안군 마령면 마이산남로 367
여닫는 시간 24시간
요금 어른 3,000원, 청소년 2,000원, 어린이 1,000원
여행 팁 남부 주차장에서 마이산 탑사 입구까지 유모차로 갈 수 있는 무장애 길이다. 따로 유모차를 보관할 곳은 없어 자물쇠를 가져가는 것이 좋다.

연계 여행지

진안 산약초타운

언택트

능선으로 이어진 산봉우리만 보다 고원 위에 두 봉우리만 우뚝 선 마이산을 마주하면 기이하기만 느껴진다. 말의 귀처럼 생긴 마이산 봉우리를 제대로 보려면 멀리서 보아야 한다. 마이산 북부 주차장 방향으로 가면 산약초 타운이 나온다. 해발 200~400m 고원에서 약초가 잘 자라는 진안은 자생약초로 유명하다. 특히 홍삼이 유명해 마을 바로 옆에서 홍삼스파를 운영하고 있다. 야외 노천탕에서 마이산을 조망할 수 있어 인기다. 전시관 앞으로 산약초가 식재된 약초원과 전시장, 단풍나무숲과 생태학습장이 정원처럼 가꿔져 있다. 가장자리로 유순하게 뻗은 산책로에 오르면 봉긋하게 솟은 마이산 능선을 함께 볼 수 있다. 가을이면 일대에 구절초가 피어나 더욱 아름답다. 밤에는 LED 꽃과 빛 터널 등 야경도 준비되어 있다.

난이도 ★★
주소 진안군 진안읍 외사양길 16-19
여닫는 시간 24시간
요금 무료
여행 팁 공원 외각으로 조성된 산책로는 일부 가파른 구간이 있으나 유모차로 이동 가능하다.

남원

PLACE TO EAT

01 동춘원

아이와 여행할 때 중국음식점은 무난하게 먹을 만한 메뉴가 많아 자주 선택하게 된다. 동춘원은 바빠지는 것이 싫어 TV 촬영을 거절한 현지인 맛집이다. 짜장면보다 춘장의 진한 불맛을 느낄 수 있는 간짜장면을 추천한다. 탕수육은 깨끗한 기름으로 튀긴 뽀얀 고기튀김과 적당히 단맛을 유지한 소스가 잘 어우러진다. 양은 많은 편이고, 소스는 부어져 나온다. 미리 이야기하면 따로 담아주니 참고하자. 단무지와 함께 나온 열무김치도 맛있다.

주소 비석길 95
여닫는 시간 11:00~21:00
쉬는 날 매월 1일, 15일
가격 간짜장면 7,000원, 탕수육 20,000원
이용 팁 11:00시에서 21:00시까지 운영하는 전용 주차장이 있어 차로 가도 편리하다.

02 새집추어탕

남원 명물인 추어탕 거리에 위치하고 있다. 마을 사람들은 지리산 맑은 물에서 사는 미꾸라지를 잡아 보양식으로 즐겨 먹었다. 남원시에서는 토종 미꾸리 양식에 성공한 뒤 미꾸리를 주로 사용한다. 미꾸리는 미꾸라지보다 몸이 가늘고 동글동글하게 생겼다. 뼈가 억세지 않아 부드러우며 구수한 맛이 강하다. 때문에 추어탕이나 숙회로 즐겨 먹는다. 추어탕에는 지리산에서 자란 고랭지 시래기를 사용한다. 깻잎으로 미꾸라지를 말아 튀긴 추어튀김도 맛이 좋다.

주소 천거길 9 여닫는 시간 09:00~21:00
가격 추어탕 9,000원, 향단정식 40,000원

03 청학동회관

광한루원 근처에 있는 한정식집이다. 1961년 삼양식당 개업 사진을 걸어 오랜 시간 사랑받은 식당의 자부심을 엿볼 수 있다. 단층 한옥집에 좌식과 테이블 좌석이 나뉘어 있다. 앞마당을 가득 채운 장독대 풍경이 멋스럽다. 식전에 삼백초와 어성초, 오가피 등 7가지 약초로 우려낸 7초차가 나온다. 입맛을 돋우는 데부터 신경 쓴 주인 배려가 눈에 띈다. 대표 메뉴는 참게장과 강된장이다. 섬진강에서 잡은 참게로 만든 게장은 대를 이은 손맛 덕에 짜지 않고 감칠맛이 그득하다.

주소 관서당길 31
여닫는 시간 12:00~21:00
가격 참게장정식 17,000원, 강된장정식 17,000원

04 지리산고원흑돈

식당이 위치한 남원 운봉 지역은 한국형 순종 흑돈인 버크셔K가 탄생한 곳이다. 지리산 고원 흑돈의 대표인 박화춘 박사가 영국산 돼지종인 버크셔를 들여와 해발 500m의 운봉 고원에서 한국형 버크셔를 개발했다. 일반 돼지에 비해 불포화지방 함량이 높아 육질이 부드럽고 쫄깃해 구이는 물론 철판 샤부샤부로도 즐길 수 있다. 바로 옆 정육점에서는 버크셔K를 비롯한 흑돈을 판매하고 있으며 가공된 소시지나 돈가스도 구입할 수 있다.

주소 인월장터로 248 여닫는 시간 11:00~20:30
쉬는 날 매월 1, 3주 화요일 가격 흑돈 한마리(4인분) 47,000원

05 명문제과

남원 시내에 위치한 명문제과는 정겨운 시골 동네 빵집이다. 30년 넘게 한자리에서 빵을 구워낸 제과장의 대표 빵은 꿀아몬드와 생크림 소보로다. 꿀아몬드는 바삭한 식빵 속에 부드러운 커스터드 크림을 바르고 위에 꿀과 아몬드를 발라 구워낸다. 단맛이 과하지 않고 고소해 인기다. 생크림 소보로는 공갈빵처럼 속이 빈 소보로를 만들어 팔다가 안에 생크림을 채워 넣었더니 더 인기가 많아졌던 데서 유래한다. 수제햄빵이나 카스테라 등 다양한 빵을 구입할 수 있다.

주소 용성로 56 여닫는 시간 10:00~22:00
쉬는 날 월요일(매월 다섯째주 월요일 제외)
가격 꿀아몬드·생크림소보로 1,700원, 수제햄빵 3,000원
이용 팁 사람이 많은 주말에는 빵 나오는 시간(10:00, 13:00, 16:30)에 맞춰서 가야 살 수 있다.

06 | 산들다헌

슬레이트 지붕에 다진 흙으로 지은 근대 한옥을 고쳐 예스럽고 소담한 인테리어가 눈에 띈다. 유기그릇에 담은 대추빙수는 직접 쑨 국산 팥과 연유, 바삭바삭하게 말린 대추칩과 쑥시루떡을 올려 낸다. 프랑스에서 직수입한 발로나 초콜릿을 우유에 녹여 만든 핫초콜릿도 인기 메뉴. 커피는 베리에이션 된 2종류 중 선택할 수 있고 한 가지 원두를 사용한 싱글 오리진도 가능하다. 직접 만든 마스카르포네 치즈를 사용한 티라미수와 제주 유기농 말차를 더한 말차 티라미수는 환상 조합이다. 내부 구조가 독특하고 부딪힐 수 있는 곳도 많아 아이의 주의를 당부하는 안내 글이 고맙다.

주소 향단로 21 여닫는 시간 11:00~22:00
쉬는 날 월요일 가격 대추빙수 9,000원, 커피 4,000원~

07 | 아담원

남원 외곽에 위치한 아담원은 나무를 키우는 조경 농원이었으나 정원 카페로 변신했다. 잔디광장에는 대나무숲 아래 연못인 죽연지와 편백나무길, 식물 1,000여종이 있어 눈이 즐겁다. 호젓한 산책로에도 테이블과 의자를 두어 아담이라는 이름처럼 '나와 나누는 대화'를 하기에 알맞다. 내부 인테리어는 안락하고 고급스럽다. 실내에는 대형 화목난로가 있는데, 겨울에는 장작 타는 소리를 들을 수 있어 운치가 있다. 벽 대부분이 통창으로 되어 있어 편하게 정원을 관람할 수 있다. 아담원 건물과 연결된 억새밭은 사진 스폿으로도 유명하다.

주소 목가길 193 여닫는 시간 수~금요일 10:30~19:00, 토~일요일 11:00~19:30 쉬는 날 월~화요일
가격 입장료 10,000원(음료 1잔 포함)
이용 팁 서가 공간은 아이와 함께 들어갈 수 없다.

08 | 전망대 커피숍

춘향테마파크 인근에 위치한 전망대 커피숍은 일명 '뷰 맛집'이다. 덕음산 능선 끝자락에 전망대를 만들고 1층과 2층을 커피숍으로 만들었다. 요천을 중심으로 자리한 남원 시내를 한눈에 조망할 수 있는 것이 매력적이다. 지리산을 제외하고 높은 산이나 건물이 없어 별 좋은 날이면 속이 뻥 뚫리는 시야를 선물한다. 남원 시내 가로등이 하나둘 켜지는 밤에는 불빛이 발아래 반짝인다. 여름에는 외부 테이블에서 맥주를 마시는 사람들로 붐빈다.

주소 양림길 23-52 원각사
여닫는 시간 10:00~23:00
가격 아메리카노 4,000원

임실

PLACE TO EAT

01 행운집

임실 강진면 버스터미널 앞 소담한 강진시장에 있는 행운집은 수더분한 국숫집이다. 시멘트마저 닳아버린 간이 아궁이에 솥을 올려 우린 멸치육수가 정직하다. 면은 임실에서 직접 손으로 만들고 건조한 백양국수를 사용한다. 국수는 중면, 칼국수는 납작면을 사용하는데 양은 많은 편이다. 밑반찬은 때에 따라 다르다. 숨도 죽지 않은 겉절이와 파무침, 묵은지가 나올 때도 있다. 꼭 머리고기 편육이 나오는데 국물 없이 고춧가루를 버무린 새우젓과 함께 먹으면 맛이 좋다.

주소 호국로 14-12 여닫는 시간 09:30~19:00
쉬는 날 둘째·넷째주 일요일(장날 제외)
가격 물국수 4,000원, 팥칼국수 5,000원, 다슬기칼국수 7,000
이용 팁 식대는 현금 또는 계좌이체로 지불해야 한다.

02 하루

옥정호를 드라이브하다 보면 만날 수 있다. 아니, 도로 아래 숨어 있어 알고 가지 않으면 쉬이 보이지 않는다. 문화공간 하루는 100년 된 정자 '송화정'과 모던한 다도 공간 '밀다헌'이 함께 한다. 너른 마당에는 구름을 띄운 듯 소나무가 그늘을 만든다. 그윽한 향이 난다 했더니 호숫가를 면한 언덕에 차밭이 줄을 맞춰 있다. 유유히 흐르는 강물이 지겹지 않듯 누군가 게으르게 여행하라고 한다면 이곳이 정답이다.

주소 강운로 1175-13 여닫는 시간 11:00~19:00
쉬는 날 명절 가격 문화비 7,000원(음료 1잔 포함)

03 진안 초가정담

마이산 남부 주차장 인근 음식골목에 있다. 좌식과 테이블 좌석 모두 마련된 음식점은 인테리어도 깔끔하고 정갈하며 내부도 꽤 넓은 편이다. 참나무 화로에서 구운 등갈비와 메추리구이, 산나물을 듬뿍 넣은 비빔밥, 도토리묵 등을 맛볼 수 있다. 산채비빔밥은 8가지 산나물과 버섯 등을 넣어 비벼 먹는다. 같이 나온 시래기국도 짜지 않고 적당하다. 다양하게 먹고 싶다면 입맛에 맞게 구성된 세트 메뉴를 주문해 풍성하게 먹을 수 있다.

주소 진안군 마령면 마이산남로 213
여닫는 시간 09:00~21:00
가격 산채비빔밥 8,000원

남원

PLACE TO STAY

01 | 남원예촌 by 켄싱턴

남원 대표 한옥 호텔인 남원예촌은 이력부터 화려하다. 유네스코 인류무형문화재 최기영 대목장이 기초를 다지고 이근복 번와장, 박만수 옻칠장 등 대한민국 최고의 명장들이 힘을 얹었다. 건축방식을 재해석하거나 변형하지 않은 진짜 한옥이다. 아궁이에 참나무 장작을 때서 불을 피우는 전통 구들장 체험도 할 수 있다. 체크인할 때 주는 마패를 내밀면 호텔 바로 옆 광한루원과 춘향테마파크, 백두대간 생태교육장을 무료입장할 수 있다.

주소 광한북로 17
여닫는 시간 체크인 15:00, 체크아웃 11:00
웹 www.namwonyechon.com

02 | 켄싱턴리조트 지리산남원

남원 시내를 가로지르는 요천 앞에 있어 전망이 좋다. 아이에게 특화된 켄싱턴리조트는 남원에서도 다르지 않다. 가장 인기 있는 방은 오마이카 키즈룸으로 유럽 아동가구 '띠띠' 브랜드의 자동차 침대가 있다. 리모컨으로 시동을 걸거나 스피디한 주행 소리, 경적 소리를 내기도 한다. 아이용 레이싱복까지 구비돼 있으며, 친환경 소재로 만든 조이비 텐트와 아기 욕조, 베이비 부스터 등 꼭 필요한 용품이 마련돼 있다. 어린이 전용 보디 케어 브랜드 정글 키즈의 어메니티도 제공한다. 여기서 끝이 아니다. 아이용 미끄럼틀에 볼풀, 이젤에 크레파스까지 있다. 투숙객에게 미리 연락해 아이의 이름을 물어보고 방에 웰컴 인사를 그려놓는 서비스도 살갑다. 키즈룸에 묵지 않는다고 속상해하지 말자. 리조트 외부에 토끼와 앵무새 등 동물 친구들이 있는 팜 빌리지와 큰 규모의 키즈 놀이터, 나무기차와 같은 포토 스폿과 보드게임까지 갖추고 있다.

주소 소리길 66 여닫는 시간 체크인 15:00, 체크아웃 11:00
웹 www.kensingtonresort.co.kr

03 | 백두대간 트리하우스

우리나라에서 가장 넓은 면적의 국립공원으로 모든 이를 품어준다는 어머니의 산, 지리산 품에 안겨 있다. 트리하우스는 땅을 다져 자연 훼손을 시키는 것보다 지형을 그대로 살리고 기둥으로 단차를 개선했다. 그 모습이 나무처럼 생겨 트리하우스로 부른다. 울창한 소나무 숲에서 솔향이 나고 편백나무를 댄 벽에서 피톤치드도 그득하다. 남원시에서 운영하고 있어 가격도 합리적이다. 내부에서 취사는 되지 않고 관리사무소를 겸한 생태교육장에선 가능하다.

주소 행정공안길 299
여닫는 시간 체크인 15:00, 체크아웃 11:00
웹 www.namwon.go.kr/reserve

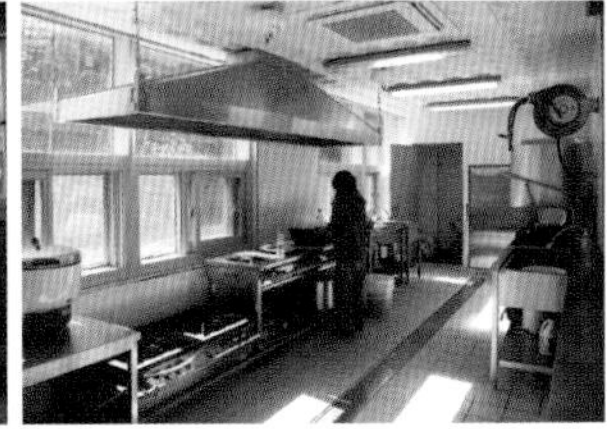

임실 PLACE TO STAY

01 | 숨펜션

아이와 여행할 때 아침부터 움직여 운무를 보기란 쉽지 않다. 하지만 옥정호 바로 앞에 위치한 숨 펜션에서는 가능하다. 실내는 복층 구조로 2층은 침실이다. 복층이긴 하나 방처럼 넓고 계단에는 손잡이가 있어 안전하다. 2층에서 보는 일몰과 일출은 놓치지 말자. 1층엔 거실형 주방이 있고 바비큐가 가능한 테라스도 있다. 옥정호 물안개 둘레길과도 가까워 산책하기에도 좋다.

주소 운정길 93-1 여닫는 시간 체크인 15:00, 체크아웃 11:00
웹 www.soominn.com

02 | 임실치즈펜션

체험은 물론 놀이터와 동물 친구들까지 즐길거리가 많은 임실치즈테마파크에서 오래 시간을 보낸다면 이곳에서의 하룻밤을 추천한다. 유럽 분위기가 물씬 풍기는 외관의 펜션에는 침대가 딸린 방과 거실, 조리가 가능한 주방이 있다. 스위스 베른의 건물을 닮은 시계탑 광장에는 카페와 음식점이 있어 먹거리도 걱정 없다. 겨울에는 썰매장과 놀이시설을 설치해 더욱 즐겁게 하루를 보낼 수 있다. 숙박객은 펜션 앞까지 차로 이동 가능하며 주차장도 넓다.

주소 도인2길 50 여닫는 시간 체크인 15:00, 체크아웃 11:00
웹 www.cheesepark.kr

여행지에서 즐기는 엄마표 놀이

전신 자화상 그리기

남원시립 김병종미술관(p.358)에서 본 생명의 노래 시리즈는 아이와 우리에게 매우 인상적이었다. 그림에 자신을 대입해 이야기를 만드는 아이를 보고 숙소로 돌아와 자화상을 그리기로 했다. 이왕이면 좀 더 크게 몸 전체를 그렸다.

준비물 전지, 크레파스 또는 색연필

만들고 놀기 전지에 아이가 누우면 머리부터 발끝까지 누운 자세 그대로 선을 그린다. 아이와 함께 눈, 코, 입, 귀, 머리, 옷 등 이름을 말하고 거울을 보고 그려보자. 김병종 화가의 작품 <운림산방의 봄>, <선운사의 봄>, <녹우당>과 같이 여행지 또는 여행지에 있는 자화상 그림을 그리는 것도 좋다.

PLAY 02

자연물로 얼굴 만들기

백두대간 트리하우스(p.377)에 머무르면 낙엽과 솔잎, 나뭇가지 등 자연물이 넘쳐난다. 산책을 하다 자연물을 모아 얼굴을 만들어 보기로 했다.

준비물 다양한 자연물

만들고 놀기 솔잎으로 얼굴 형태만 만든 뒤 뭐가 필요한지 물어본다. '눈처럼 생긴 건 뭐가 있을까? 찾아보자'라고 한 뒤 가져온 자연물로 얼굴을 만든다.

낙엽으로 사자 만들기

남원 백두대간 생태교육장 전시관(p.364)에서 백두산 호랑이를 비롯한 야생동물을 볼 수 있다. 여행지와 연계로 사자를 만들어보기로 했다. 백두대간 트리하우스(p.377)에서 산책하며 다양한 낙엽을 주웠다.

준비물 스케치북, 낙엽, 크레파스, 풀

만들고 놀기 스케치북에 사자 얼굴만 그린다. 주워 온 낙엽을 얼굴 주변으로 붙여 갈기를 만든다. 모양을 잘라 가면으로 만들어보자. 먹이를 쫓는 육식동물 놀이를 해도 좋다.

PLAY 03

불이야

평소 소방관이 될 거라고 할 정도로 불 끄기에 관심을 가진 아이를 위해 전라북도119안전체험관(p.368)에 갔다. 역시 소화기로 불 끄는 체험을 제일 즐거워한 아이를 위해 욕실에서 연계 놀이를 준비했다.

준비물 전지, 비닐, 테이프, 크레파스, 욕실용 물감(스노우키즈 거품 물감 추천)

만들고 놀기 아이와 함께 전지에 우리 마을을 그려보자. 욕실 벽에 전지를 붙이고 그 위에 4면을 테이프로 비닐을 붙여 물이 들어가지 않도록 한다. 욕실용 물감으로 불을 그리고 아이가 샤워기로 불을 꺼보자. 소화기 물총을 사용하면 더욱 실감난다. 과정이 복잡하다면 욕조 타일에 욕실용 크레용이나 크림형 물감으로 그려도 된다. 이런 경우 그린 마을 전체가 사라져 아쉽긴 하다.

PLAY
05

리코타 치즈 만들기

임실치즈테마파크(p.366)에서 치즈 만들기가 재미있었다면 다양한 치즈를 보여주자. 취사가 가능한 숙소에서 쉽게 만들 수 있는 리코타 치즈다.

준비물 우유, 소금, 식초, 면포(아기 손수건)

만들고 놀기 우유를 약불로 끓이면서 넘치지 않도록 살살 저어준다. 끓으면 소금을 조금 넣고 우유 500ml에 식초 1큰술 정도 넣는다. 우유가 몽글몽글하게 굳어지면 약불로 살짝 더 끓이고 불을 끈다. 유청을 분리하기 위해 면포에 부어 꼭 짜준다. 크래커 위에 리코타 치즈를 올리고 딸기를 올려 냠냠! 아빠 엄마와 함께 요리 프로그램처럼 진행하면 더욱 재미있다.

WHERE TO GO

03 전주

전주

BEST COURSE

1박 2일 코스

01 아이와 여유롭게 보낼 수 있는 힐링 코스

1일 경기전 → 점심 베테랑 → 전동성당 → 한옥마을 → 저녁 한국집

2일 오목대 → 전주향교 → 점심 메르밀진미집 → 한국도로공사 전주수목원

02 아이와의 다양한 활동을 중시하는 체험 코스

1일 한옥마을 → 점심 메르밀진미집 → 전주향교 → 오목대 → 저녁 한국식당

2일 경기전 → 전동성당 → 점심 왱이집 → 팔복예술공장 → 한국도로공사 전주수목원

2박 3일 코스

01 아이와 여유롭게 보낼 수 있는 힐링 코스

1일 경기전 → 점심 베테랑 → 전동성당 → 한옥마을 → 저녁 한국집

2일 오목대 → 전주향교 → 점심 메르밀진미집 → 팔복예술공장 → 저녁 한국식당

3일 덕진공원 → 점심 도시락 → 한국도로공사 전주수목원

02 아이와의 다양한 활동을 중시하는 체험 코스

1일 한옥마을 → 점심 메르밀진미집 → 전주향교 → 오목대 → 저녁 한국식당

2일 경기전 → 전동성당 → 점심 남부시장 → 남부시장 내 청년몰 → 팔복예술공장 → 저녁 한국식당

3일 덕진공원 → 점심 도시락 → 한국도로공사 전주수목원

한국도로공사 전주수목원
팔복예술공장
덕진공원
한옥마을
경기전
전주
전동성당
오목대
전주향교

SPOTS TO GO

01 한옥마을

전주는 오늘날 '전통이 살아있는 도시'로 살아남기까지 많은 일이 있었다. 이 고장은 조선을 건국한 태조 이성계의 본향으로 반촌(班村)을 이루고 살았다. 그러다 을사조약(1905년)이 체결되고 2년 뒤 전주부성 서문 밖에 살던 일본인이 성곽을 헐었다. 풍남문 서문 상권을 장악한 일본인을 견제하기 위해 이곳 사람들은 풍남문 동문(지금의 교동일대)에 한옥을 지었고, 마을이 형성됐다. 당시 부촌이었으나 1977년 '한옥보존지구'로 지정돼 개발에 발이 묶였고, 1997년 해제 후 '전통문화특구'로 지정되면서 전통에 현대적인 감각을 더한 한옥마을로 거듭났다. 크고 작은 세월의 부침 속에도 700여 채의 한옥이 마을을 이룬다. 규모가 크다 보니 전기이륜차와 전동킥보드 등 다양한 탈거리를 이용해도 되지만 산책하듯 걸어 여행하는 방법을 추천한다. 한 해 1,100만 명이 넘는 관광객이 찾는 이유가 구석구석 보물처럼 쌓여 있다.

난이도 ★★
주소 기린대로 99
여닫는 시간 24시간
요금 무료
여행 팁 전국의 어느 한옥마을보다 한복을 많이 입는 장소다. 한복을 입고 벗는 일이 번거롭지만 이곳에서만큼은 즐겨보길. 한복대여점이 한옥마을 내에 위치하고 있어 편리하다. 화려한 개량한복 외에도 단아한 한복을 보유하고 있는 '지음우리옷'을 추천한다.

아이는 심심해!

아이가 즐길 수 있는 여행법

아이와 함께 찾는 여행객이 많아 다양한 체험관이 준비돼 있다. 전주김치문화관에선 김치 만들기 체험과 PNB전주 초코파이 체험도 가능하다. 액세서리를 만들 수 있는 공방도 많이 있는데, 위험한 과정은 공방에서 진행해주기 때문에 어렵지 않다. 아이와 함께 커플링을 만들거나 미아 방지 팔찌나 목걸이를 만들어도 좋겠다.

아빠 엄마도 궁금해!

아이와 함께 한옥마을, 어디가면 될까?

길거리 음식이 주를 이루는 태조로는 경기전과 전동성당, 오목대를 잇는 중심거리다. 태조로와 십(十)자를 이루는 은행로는 카페와 음식점, 상권이 조성되어 있다. 이곳은 인공 실개천이 흐르는 친수공간을 만들어 더욱 운치 있다. 호젓한 경기전 길은 대하소설 <혼불>의 저자 최명희 작가의 문학관과 이어진다. 17년간 쓴 원고와 손편지, 작가의 흔적이 고스란히 남아 있다. 단어 하나하나에 힘을 준 듯 모두 갈피하고 싶은 문장들이 주옥같다. 전주한옥마을 관광안내소와 주차장이 연결되는 한지길은 전주소리문화관, 전통 술박물관 등 전주의 문화를 계승하고 알리는 공간이 많다. 고종 황제의 직계손이자 마지막 황손 이석의 집도 있다. 승광재에서는 한옥체험은 물론 황손이 안내하는 황실의 살아있는 이야기를 들을 수 있다.

스냅사진, 여기서 찍으세요

경기전 길에 위치한 삼원한약방은 1938년에 지어졌다. 당시 부안의 만석꾼이 집을 짓는다고 해서 동네 사람들이 다 구경을 올 정도였다는데 담벼락만으로도 그 규모를 가늠할 수 있다. 한약을 짓는 일은 물론이고 사주팔자, 작명도 하고 있다. 옛 모습을 그대로 담고 있어 스냅사진 찍기 좋다.

경기전

태종 10년(1410년)에 조선을 건국한 태조 이성계의 어진을 모시기 위해 지어졌다. 경기전이라는 이름은 '왕조가 일어난 경사스러운 터'라는 뜻이다. 전주 이씨의 시조이자 태조의 고조부인 이안사(李安社)가 살았던 전주를 조선왕조의 발상지로 여겨 이곳에 모셨다. 세종은 조선 중심도시였던 한양, 충주, 성주와 함께 전주 경기전에 조선왕조실록을 보관하는 사고를 만들어 보관하기도 했다. 태조의 영험한 기운 덕분일까? 1592년 임진왜란으로 경기전을 포함한 전국 3곳의 사고가 불탔는데 전주사고만 화재를 피해 오늘날 실록의 역사를 알 수 있게 되었다. 소실된 경기전 건물은 1614년 광해군이 중건했다. 경기전은 왕궁은 아니지만 본전에 내삼문과 외삼문으로 공간을 분할하고 영혼이 된 태조가 걸어올 수 있도록 왕의 길(신도神道)을 만들었다. 정문 입구에 하마비가 있는 이유도 지위의 높고 낮음을 떠나 모두 말에서 내려 태조의 어진에 예를 갖추도록 했던 장치다.

난이도 ★
주소 태조로 44
여닫는 시간 3~10월 09:00~19:00, 11~2월 09:00~18:00
쉬는 날 어진 박물관만 월요일
요금 어른 3,000원, 청소년 2,000원, 어린이 1,000원
여행 팁 경기전은 정문 외에도 한옥마을과 접한 동문이 있다. 동선을 고려해 정문 또는 동문을 이용해 입장하자.

아이는 심심해!

박물관 지하 가마실에서는 위패와 어진을 봉안할 때 사용하던 가마를 직접 볼 수 있으며 모형 가마를 체험할 수 있다. 특히 닥종이 인형으로 만든 13m의 태조 어진 봉안행렬이 눈에 띈다. 8일 동안 한양에서 전주로 태조 어진을 모셔오는 300여 명의 행렬을 담았는데, <영정모사도감의궤>를 바탕으로 재현했다. 아이의 눈높이에 맞게 사람이나 사물의 묘사나 느낌, 상상에 대한 대화를 해보자. 그외 어진 따라 그리기, 탁본체험을 할 수 있다.

아빠 엄마도 궁금해!

임금의 얼굴, 어진

어진은 임금의 용안을 그린 초상화다. 초상화를 가장 많이 남긴 태조는 25점이나 그렸다. 전주 경기전, 평양 영종전, 경주 집경전, 개성 목청전, 영흥 준원전에 태조의 어진(초상화)을 모시는 '어용전(御容殿)'을 세웠는데 임진왜란 때 모두 소실되고 전주 경기전의 어진만 남았다. 일제강점기에 사진으로 촬영된 태조 이성계의 젊은 시절 어진이 있었으나 한국전쟁을 거치면서 현재는 소재를 알 수 없어 경기전의 어진이 유일하다.

어진박물관 1층에 있는 태조의 초상화는 1688년 서울 영희전에서 진본을 보고 태조어진을 모사했고, 그 모사본을 고종9년(1872년)에 새로 그린 것이다. 당시 보기 힘든 180cm를 훌쩍 넘는 키라 앉아 있음에도 기골이 장대하고 강인한 모습이다.

어진의 수난사

조선은 500년 동안 27분의 임금이 있었으나 남은 어진은 태조와 영조, 철종과 고종만 남았다. 태종은 '털 끝 하나라도 다르면 그 사람이 아니다'라고 해서 어진을 없애고, 인종은 유언에서까지 어진을 그리지 말라고 했으며, 연산군과 광해군은 폐위되어서 없다. 숙종 이후 어진 제작이 활발해지는데, 영조는 매 10년을 기념해 어진을 그렸다. 잘생긴 외모로 유명한 정조는 어진을 세 번 그렸다.

대체 이 많은 어진은 어디로 갔을까? 1921년 일제강점기, 일제는 창덕궁에 신선원전이란 건물을 만들어 12대 어진을 봉안했다. 이후 어진은 한국전쟁으로 부산 국원원 내 벽돌식 창고에 임시 보관되었는데, 휴전이 선언되고 서울로 환도되기 이틀 전 화재로 어진 대부분을 소실했다. 1950년 이전에는 왕의 어진에 카메라를 들이댈 수 없어 사진조차 남기지 못했다.

하나밖에 없는 태조 어진의 수난이 현대에도 이어졌다. 경기전 침실에 보관되던 어진은 2005년 국립고궁박물관 개관 행사를 위해 서울로 갔다가 어진의 왼쪽 귀 옆 부분이 50cm 정도 찢어졌다.

박물관 속 어진

박물관에 기록에 없는 왕의 어진을 볼 수 있다. 영조는 1900년에 모사한 반신상이고 세종과 정조 어진은 남아 있지 않아 기록으로 전해진 모습을 후대에 그린 표준 영정이다. 철종은 부산 화재 때 1/3이 불에 탄 어진을 복원했으며 고종과 순종의 어진은 사진을 보고 그렸다.

스냅사진, 여기서 찍으세요

넓은 규모에 단층 한옥으로 구성되어 있으며 한옥 기와와 이국적인 전동성당을 함께 담을 수 있다.

창이나 문, 대청마루처럼 한옥의 프레임을 이용해 찍어보자.

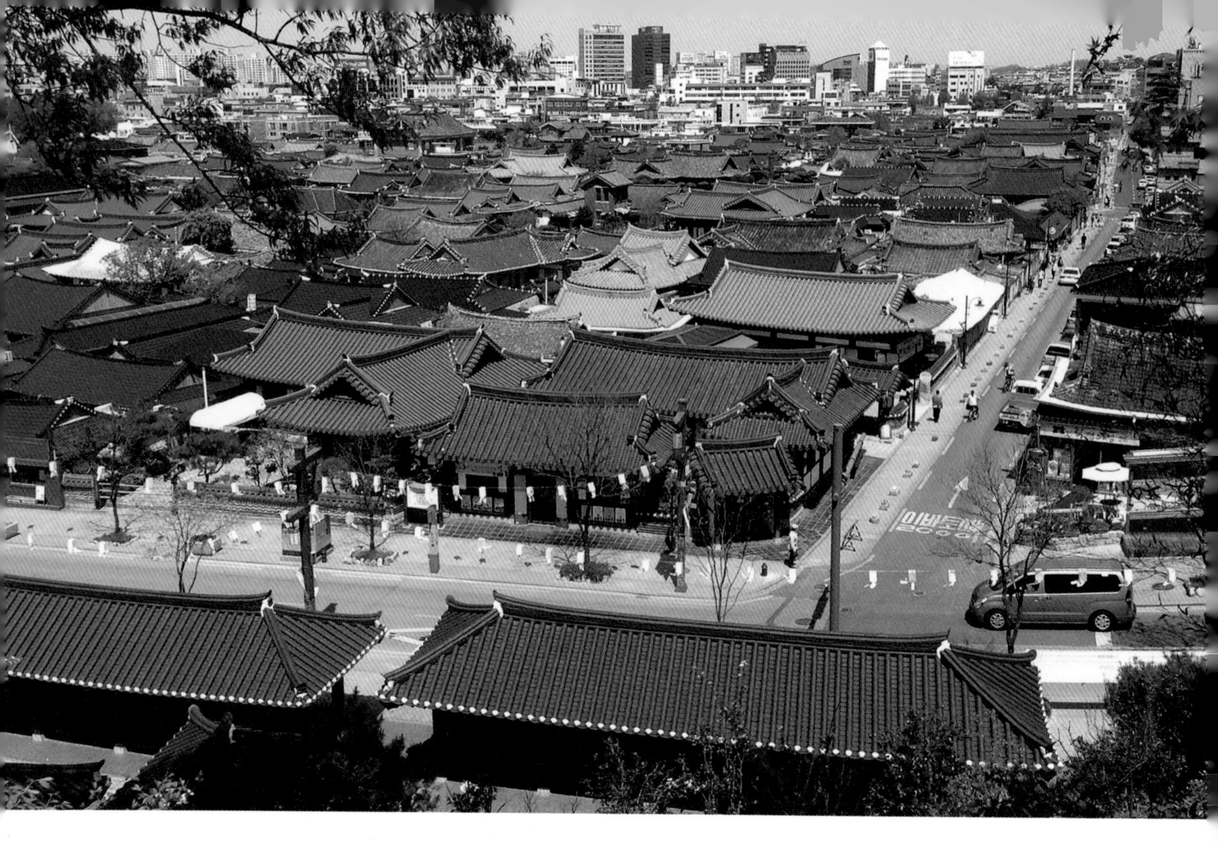

오목대

언택트

신의 시선으로 보고 싶은 인간의 마음은 시대를 막론하고 모두 같은가 보다. 이성계가 남원 황산에서 왜구를 물리치고 전주로 돌아와 승전을 자축하는 연회를 열었다. 마을 가장 높은 곳인 오목대에서 말이다. 한옥 정수리가 다 보이는 곳이니 승리감에 젖은 그의 잔치에 걸맞은 장소다. 연회에서 <대풍가>를 부르며 야심을 내비친 태조 이성계는 조선왕조를 건국한 뒤 이곳에 정자를 지었다. 바로 옆 비각에는 1900년 고종이 세운 '태조고황제주필유지' 비석이 있다. 기울어진 조선에 태조의 기개가 필요했던 고종의 간절함이 사무친다. 오목대는 태조로 끝에 위치하고 있다. 언덕 위까지 계단이 있지만 아이와 함께라면 자만벽화마을을 둘러보고 육교를 건너가도 좋다. 오목대 아래 테라스 전망대에선 한옥의 아름다운 지붕선을 감상하기 좋다.

난이도 ★★
주소 기린대로 55
여닫는 시간 24시간
요금 무료

전주향교

고려 공민왕 때 유학자의 위패를 모시기 위해 지었다가 지방 양반 자제를 위한 향교로 발전했다. 지금의 중·고등학교에 해당하는 조선시대 교육기관으로 원래 경기전 옆에 있었으나 어진이 봉안된 뒤 책 읽는 소리가 시끄럽다는 이유로 지금의 자리로 옮겼다.

향교의 정문인 만화루를 지나면 내삼문이 제향 공간으로 안내한다. 대성전에는 공자의 초상과 '대성지성 문성왕' 위패가 있다. 유교의 근본인 논어를 지은 공자에게는 공로를 인정해 왕의 칭호를 썼다. 그 외 4명의 성인과 설총, 최치원과 같은 우리나라 현인 18명의 위패를 모셨다. 두 그루의 은행나무는 향교에 제를 올릴 때 열매로 사용됐다. 이 열매를 따서 공을 들이면 과거에 급제한다고 했으니 영험하기 그지없다. 대성전 뒤 쪽문으로 들어서면 배움의 산실인 명륜당이 나온다. 유생들이 생활한 동재와 서재 사이에는 은행나무가 400년 넘게 생명력을 뿜어내는데, 드라마 <성균관스캔들>이 촬영되었던 바로 그 나무다. 명륜당과 연결된 계성사는 전국 향교 중 유일하게 공자, 맹자, 안자의 아버지 위패를 봉안하고 있다. 효의 고장다운 건물이 아닐 수 없다.

난이도 ★
주소 향교길 139
여닫는 시간 하절기 09:00~18:00, 동절기 09:00~17:00
요금 무료
웹 www.jjhyanggyo.or.kr
여행 팁 향교 관람 후 전주천을 걷거나 징검다리를 건너보는 시간을 가져도 좋겠다. 궂은 날씨이거나 아이 낮잠을 재워야 한다면 무형유산원도 추천한다.

스냅사진, 여기서 찍으세요

250년에서 400년 수령의 은행나무와 단청 없이 단아한 한옥이 고즈넉한 분위기를 자아낸다. 내삼문 앞 잔디 공간이나 대성문 옆 쪽문, 명륜당과 동재에 앉아 은행나무와 함께 찍어도 좋다.

한 프레임에 담을 수 없었던 향교 은행나무는 계성사 앞으로 방향을 바꾸어 찍으면 잘 나온다.

전동성당

한옥마을의 고즈넉한 정취를 따라 걷다 보면 죽비처럼 내리치는 풍경이 있다. 한옥 담장 너머 우뚝 솟은 전동성당이다. 기와 물결 위에 붉은 벽돌로 핀 이국적인 건축물은 전주의 분위기를 단번에 환기시킨다. 1998년에 개봉한 영화 <약속>에서 남녀 주인공이 결혼식을 올린 장소로 인기를 얻기 시작해 전주여행의 필수코스로 자리 잡았다.

난이도 ★
주소 태조로 51
여닫는 시간 하절기 09:00~18:00, 동절기 09:00~17:00
요금 무료
여행 팁 성당 내부는 미사시간에만 공개되며 신자만 들어갈 수 있다.
평일 미사 06:00(월~토요일), 11:00 (화~금요일)
토요일 미사 16:00, 18:00
일요일 미사 06:00, 09:00, 10:30, 17:00
웹 www.jeondong.or.kr

아빠 엄마도 궁금해!

한국 최초의 순교자, 윤지충과 권상연

전동성당 정면을 마주 보는 동상은 최초의 순교자 윤지충과 권상연을 재현한 것이다. 윤지충은 윤선도의 후손이자 정약용의 고종사촌 형으로 정약용의 실학에 많은 영향을 받았다. 권상연은 윤지충의 이종사촌으로 그와 교리를 들으며 깊은 인연을 맺었다.

1791년, 윤지충은 어머니가 세상을 떠나자 유언대로 전통 상례 대신 교회의 가르침에 따른 장례를 치렀다. 유교의 나라 조선에서 양반이 제사를 지내지 않으니 큰 일이었다. 조문을 온 집안 어르신과 친지들은 상복도 입지 않은 아들과 불탄 신주를 보고 매우 개탄했다. 풍문이 조정에 이르자 서학에 불만이 있는 이들을 중심으로 천주교 박해가 시작됐다.

윤지충과 권상연은 원래 있던 진산관아에서 전주로 압송되어 박해를 받았다. 풍남문 밖에서 형을 집행했는데 죄를 말하길, '저들은 천주만 있고 임금과 어버이는 모른다. 부모와 조부모를 섬기지 않고 신주라고 나무토막을 믿는다. 자백을 받으려 고신할 때에도 신음소리 없이 영광으로 여긴다'라고 했다. 끝내 참수형을 당한 순교자는 전주성 사대문 중 풍남문 밖 성벽에 매달렸다. 지금의 전동성당 자리다.

호남 최초의 서양식 근대 건축물

전동성당은 한국 천주교회로 호남의 모태 본당이 된 전교의 발상지이자 대표 순례지다. 박해를 통해 늘어나는 순교자만큼 신자는 날로 급증해 새로운 성당이 필요했다. 그 즈음인 1907년 초대 주임 신부인 프랑스인 보두네(Baudounet)가 로마네스크 양식의 성당을 지었다. 설계는 명동성당 건설에 함께한 프와넬 신부가 맡았다.

일제강점기에 접어든 불안한 시대임에도 불구하고 일꾼들이 모여들었다. 당시 전주는 전라도와 제주까지 관장하던 전라감영 소재지로, 제주에서도 일꾼들이 찾아왔다. 일제가 전주성을 헐자 순교자가 매달리던 풍남문 성곽 돌을 가져와 초석을 다졌다. 성당 뒤편 지하실의 주춧돌이 바로 그것이다. 건립 당시 공사청부는 중국인 인부 100여 명으로 헐어버린 성벽 흙으로 붉은 벽돌을 구워서 만들었다.

대문호 빅토르 위고는 노트르담 성당을 보고 '돌이 만들어내는 광대한 교향곡'이라 묘사했다. 성채처럼 육중한 외관을 보고 있노라면 고개를 주억거리게 만든다. 첼로의 묵직한 음처럼 무게를 지탱하는 양쪽의 버팀벽과 신을 향한 인간의 무한한 욕망처럼 높이 솟은 첨탑이 그렇다. 속세와 격리된 듯 단아한 내부도 인상적이다.

덕진공원

언택트

시내에 위치하고 있어 예부터 전주 사람들의 휴식처로 사랑받았다. 시민들의 여가시설로 조성된 인공 호수처럼 보이지만 고려시대에 형성된 역사 깊은 자연 호수다. 1974년 수련을 식재하면서 4년 뒤 시민공원으로 조성되었다. 50여 년 전 동네 여인들이 단옷날 창포물에 머리를 감고 한 해 건강을 기원하기도 했는데, 단오 물맞이 축제가 1959년부터 시작해 지금까지 이어지니 장구한 역사가 놀랍다. 연못은 여름에 절정을 달린다. 한 해를 보낸 연꽃들이 쥐어짠 숨을 내뱉듯 수면 위로 피어난다. 야구장보다 조금 큰 1만 2,000여 평의 규모다. 그윽한 향기에 이곳만 다른 질감의 공기가 흐른다. 고아한 꽃 매무새를 가까이 보고 싶다면 연꽃 무리에 둘러싸인 연지정으로 가자. 3층 정자인 연화정도 좋다. 길이 260m, 높이 16m로 내륙 최장 거리의 현수교와 연결되어 있다.

전주시가 슬로시티로 선정되긴 했지만 한옥마을을 보고 여유를 느끼기엔 어려움이 있다. 덕진공원에서 전주만이 가진 느림의 미학을 찾아보길 권한다.

난이도 ★
주소 권삼득로 390
여닫는 시간 24시간
요금 무료
여행 팁 공원 옆 전북대 입구에는 맛집이 많이 모여 있다. 상추에 싸먹는 튀김이 유명한 '옛날 땡땡이 상추튀김'을 꼭 들러볼 것.

07 한국도로공사 전주수목원

문 밖으로 나서면 아이는 아스팔트를 걷는다. 운동화 쿠션이 아니라 푸근하게 받쳐주는 흙길을 걸을 기회가 많지 않은 것이 어른으로서 미안해질 때가 있다. 수목원을 운영하는 한국도로공사도 아마 같은 마음이 아니었을까! 전주IC 부근에 위치한 수목원은 국내에선 유일하게 공기업이 운영한다. 고속도로를 건설하면서 훼손된 자연환경을 복구하고자 수목을 길러 공급한다. 자연학습장으로 훌륭한 들풀원, 양치식물원, 계류원, 허브원, 수생식물원은 물론 무궁화원, 장미원과 같은 꽃을 즐길 수도 있다. 늘 푸른 대나무길, 죽림원을 걷거나 트리하우스가 있는 수국원도 좋겠다. 겨울에도 유리 온실이 있어 생명감을 느낄 수 있다. 아이들이 가장 좋아하는 곳은 잔디광장이다. 달리기만 해도 아이는 간드러진 웃음을 터트린다. 액자 형태의 스냅사진을 찍기 좋은 생태습지원은 주차장 옆에 별도의 입구가 있으니 놓치지 말자.

난이도 ★
주소 번영로 462-45
여닫는 시간 하절기(3월 15일~9월 15일) 09:00~19:00, 동절기(9월 16일~3월 14일) 09:00~18:00
쉬는 날 월요일, 설·추석 당일
요금 무료
웹 www.ex.co.kr/arboretum
여행 팁 잔디광장 옆 피크닉 쉼터에서 도시락을 먹을 수 있다. 오전에 한옥마을에서 먹거리를 잔뜩 사서 이곳에서 먹어도 좋겠다.

팔복예술공장

경제개발이 한창이던 1969년, 팔복동에는 공장단지가 들어섰다. 10년 뒤 카세트테이프를 만드는 (주)쏘렉스 공장도 단지에서 문을 열었다. 해외 수출까지 하던 공장은 1980년대 말 카세트테이프가 CD에게 자리를 내주면서 1991년 폐업했다.

흉물처럼 방치되어 동네 밉상이던 공장이 2018년 시민을 위한 예술 놀이터로 새 활용되었다. 외관을 그대로 살려 옛 공간의 정체성을 유지했다. A동은 1층에 상주 예술가의 작업실과 카페, 2층과 옥상은 전시공간이다. B동은 교육센터다. '팔복꿈틀'만화방과 그림을 그릴 수 있는 '팔복스케치북'은 주민들이 숨겨둔 곶감처럼 찾는 공간이다. 이곳이 처음인 여행객이라도 걱정 말자. 팔복동 주민들로 구성된 해설사가 공간과 전시를 설명해준다. 카페의 바리스타도 이 동네 출신이다. 카페 '써니'는 쏘렉스 전신인 '썬전자'에서 따온 이름이다. 탁영환 작가의 작품 대형 '써니'는 청바지에 줄무늬 남방, 녹색 두건을 두른 여공의 모습으로 여행객을 반긴다. 카페에는 당시 공장에서 쓰던 물건들을 모은 전시공간과 아이를 위한 그림책방이 있다.

난이도 ★ 주소 구렛들1길 46 여닫는 시간 10:00~18:00(토요일 10:00~21:00)
쉬는 날 월요일, 설·추석 당일 요금 무료 웹 www.palbokart.kr 여행 팁 써니부엌에서 간단한 식사가 가능하다.

PLACE TO EAT

01 왱이집

전라도에서 유래된 콩나물국밥은 직접 끓이는 방식과 토렴하는 방식이 있는데, 왱이집은 토렴을 하는 남부시장식이다. 토렴이란 식은 밥을 국물에 적셨다가 다시 빼는 행위를 여러 번 하는 작업으로 뜨거운 밥을 그대로 말면 전분이 녹아 국물이 탁해져서 텁텁한 맛이 느껴진다. 하지만 밥이 적당히 식어서 단단해진 다음 토렴하면 온도도 맞고 밥 알갱이의 씹히는 맛도 살아있어 식감도 좋다. 덕분에 국밥 온도도 뜨겁지 않아 바로 먹을 수 있다. 또 다른 특징은 수란이다. 스테인리스 그릇에 날달걀을 주는데 국물을 서너 숟갈 넣고 김을 잘게 부셔서 넣은 뒤 먹는다. 역대 대통령이 방문할 정도로 유명한 식당으로 전주 전통술인 모주와 함께 곁들이면 더욱 맛있다.

주소 동문길 88
여닫는 시간 24시간
가격 콩나물국밥 7,000원, 모주 2,000원

아빠 엄마도 궁금해!

달달한 모주의 유래

콩나물국밥과 세트를 이루는 것이 모주다. 막걸리를 거르고 난 술지게미에 다시 물을 부어 만든 찌끼술이라 도수가 높진 않다. 고서에 의하면 인목대비가 광해군 때에 폐위되자 인목대비의 어머니가 제주도로 귀양을 가게 되었고, 어렵게 살다 보니 동네에서 술지게미를 얻어서 싸구려 술을 만들어 팔아 생활했다고 한다. 대비의 어머니가 만든 술이라는 뜻의 대비모주라 부르다가 나중에 대비 두 자를 빼고 모주라 부르게 되었다고 한다. 옛날에는 전라도와 제주도가 같은 전라감영에 속해 넘어왔을 것으로 추정한다. 옛날에는 술지게미에 사카린을 넣고 끓여 먹었으나 요즘은 양조장 막걸리에 생강, 대추, 계피와 흑설탕을 넣어 끓인 것이 보통이다.

02 메르밀진미집

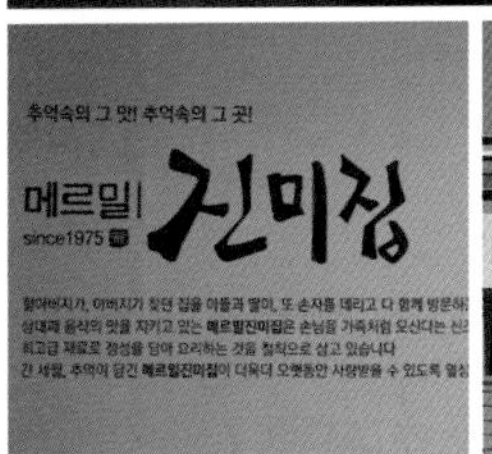

유네스코 미식도시로도 지정된 전주에서 여행객은 비빔밥을, 현지인은 메밀국수를 먹는다는 말이 있다. 실제 전주 곳곳에 줄 서서 먹는 국숫집이 많은 걸 보면 영 틀린 말은 아닌 듯싶다. 진미집은 한옥마을 근처에서 50년 가까이 메밀국수를 팔고 있다. 곱게 간 콩국물에 메밀로 된 면을 낸 메밀콩국수가 인기 메뉴다. 얼음을 동동 띄워 콩가루와 함께 나온다. 짙은 색의 메밀면은 적당한 찰기를 품었다. 전주 사람들은 여기에 설탕을 넣어 먹는다. 메밀소바도 유명하다. 냉면 그릇에 푸짐하게 면을 담고 소바 소스는 따로 주는데 무즙 없이 파와 김, 고추냉이를 곁들였다. 달짝지근하고 짭조름하며 감칠맛이 도는 딱 전주식 소바다.

주소 전주천동로 94
여닫는 시간 4~10월 10:00~19:30, 3~11월 10:00~19:00
쉬는 날 3~11월 월요일 가격 메밀콩국수·메밀소바 7,000원
이용 팁 주차장이 있어 여행객들이 들르기 편하다.

03 베테랑

40여 년 전부터 성심여중과 성심여고 학생들의 단골 가게였다. 친구들 여럿 모아 푸짐한 칼국수에 쫄면과 만두를 시켜 나눠 먹으며 시시콜콜한 이야기를 나누는 추억의 가게다. 돌아서면 배고픈 학생들의 분식집어서 그런지 냉면 그릇 가득 담긴 칼국수의 양에 놀란다. 면은 칼국수면이 아닌 중면이다. 달걀과 김을 푼 걸쭉한 국물이 면을 타고 올라와 간은 적당하다. 고춧가루와 들깨를 뿌려 부드럽고 고소하다. 아이가 먹을 수 있게 해달라면 고춧가루를 빼고 준다. 만두는 피가 얇아 텁텁하지 않다.

주소 경기전길 135 여닫는 시간 09:00~21:00
쉬는 날 명절
가격 칼국수 7,000원, 만두 5,000원
이용 팁 주차장이 마련돼 있다.

04 한국식당

풍남문 인근에 자리한 백반집. 전주부성과 전라감영이 있던 자리로 서민들의 밥상이 늘 바삐 채워지던 곳이다. 그 전통을 이어받아 이 골목에는 백반집이 많다. 그중 한국식당은 가성비 좋은 백반집으로 유명하다. 김치찌개와 청국장, 달걀찜과 돼지양념불고기 외에 생선구이, 생선조림, 전과 밑반찬으로 구성돼 있다. 아이에게 먹일 수 있는 반찬이 두루 있어 한 끼 먹기에 좋다.

주소 전라감영로 48-1 여닫는 시간 11:00~20:00 쉬는 날 명절
가격 백반정식 8,000원 이용 팁 맞은편에 주차장이 있다.

05 한국집

1952년 전주비빔밥을 최초로 선보인 곳이다. 생달걀이 아닌 달걀지단으로 고명을 올려 깔끔한 맛이다. 3대째 이어온 비빔밥의 비결은 곰소천일염으로 만든 고추장을 오랜 시간 묵혀 더하기 때문이라고. 깔끔한 인테리어와 중앙 정원, 별관까지 전주 안심음식점이라고 하더니 청결에 신경 쓴 모습을 볼 수 있다. 2011년에는 미쉐린가이드에 소개되었다. 갈비탕과 육개장 등 다른 메뉴도 있다. 한옥마을 인근에 있어 도보로 이동이 가능하다.

주소 어진길 119
여닫는 시간 09:30~16:00, 17:00~21:00
쉬는 날 명절
가격 전주비빔밥 11,000원, 갈비탕 12,000원

06 가족회관

가족회관의 손맛은 전주 최초의 음식 명인이자 대한민국 식품 명인인 김년임 명인의 손에서 비롯된다. 과거 관사에서 음식을 만들던 어머니의 손맛을 이어받아 비빔밥을 만들기 시작했다. 비빔밥을 젓가락으로 조심스레 비비다 보면 밥알이 재료와 엉키지 않는 모습에 의아할지도 모른다. 비법은 밥이다. 사골 육수로 짓기 때문에 밥알이 코팅되어 윤이 난다. 나물과 김, 버섯, 황포묵까지 서른 가지 이상의 고명이 올라가 시각적으로 훌륭하다. 아이와 먹을 때에는 고추장을 미리 옮겨 놓거나 따로 달라고 하고 간장으로 양념해서 먹어도 좋다.

주소 전라감영5길 17 여닫는 시간 10:30~20:30
가격 전주비빔밥 12,000원

아빠 엄마도 궁금해!

비빔밥의 역사

비빔밥을 일러 화이부동(和而不同)의 음식이라고 한다. 조화를 이루되 개성이 살아있다는 뜻으로 화합과 상생을 대표하는 음식이다. 비빔밥의 역사는 명확하지 않다. 조선 왕실의 탯자리인 전주에선 일 년에 지내는 제사가 수도 없이 많았는데, 제사상과 따로 상을 차리기 어려우니 음복의 의미로 먹다가 발전되었다는 설이 유력하다. 동학농민운동 때 먹은 군용식단, 농번기 새참, 임금님의 비빔수라, 중국의 골동반에서 비롯됐다는 설도 있다. 과거보다 위상이 높아진 비빔밥은 1990년대 초에 비행기 기내식으로 선보인 뒤 1997년 세계 최고 기내식에 수여하는 머큐리상 받았고, 프랑스 셰프 피에르 가니에르는 비빔밥을 극찬한 바 있다.

07 남부시장

조선 후기 풍남문 옆에서 조선 3대 시장 중 하나인 남문밖장이 열렸는데 이것이 남부시장의 전신이다. 매곡교 근처의 우시장과 싸전다리의 싸전, 즉 쌀가게 시장이 열려 그 규모가 가장 컸다. 1970년대까지 전국 쌀 시세를 쥐락펴락하던 호남 제일가는 시장이었으나 전통시장의 부침에 활기를 잃어갔다. 그러다 2011년 문화체육관광부의 문전성시(문화를 통한 전통시장 활성화 시범사업) 프로젝트의 일환으로 청년몰이 들어섰다. 시장의 창고처럼 사용하던 시장 2층에 공간을 만들고 창업이 안정화될 수 있게 일년 치 임차료를 지원한다. '적당히 벌고 아주 잘살자'는 청년몰의 모토는 그들의 시대정신을 잘 보여준다. 개성 있는 상점들로 이루어진 청년몰에는 전주 곳곳을 일러스트로 남긴 기념품이나 수제품 체험 등을 할 수 있다. 뿐만 아니라 1층에선 전통음식을 즐기고 2층에선 퓨전음식을 맛볼 수 있다.

주소 풍남문1길 19-3
여닫는 시간 청년몰 화~일요일 11:00~23:00(점포별 상이)
이용 팁 시장 1층 봉봉에선 아이들도 좋아하는 전병을 판매한다. 당일 직접 구워 판매해 건강한 주전부리로 추천한다.

아빠 엄마도 궁금해!

국밥 레전드, 조점례 남문피순대

순대에 계급이 있다면 남문피순대는 필시 양반일 것이다. 예부터 식자재가 풍부한 전라도는 음식이 맛있기로 유명한데 45년 전통까지 더해지니 혈통에 의심이 없다. 이곳의 대표메뉴는 피순대와 모둠고기로, 깻잎에 싸서 먹는다. 1830년 쓰인 <농정회요>는 피순대에 콩나물이 들어간 도저장(餡猪腸)이라는 음식을 수록했는데, 여기에서 유래되었다. 피순대를 넣은 순댓국은 뽀얏기보다 맑은 국물이다. 돼지고기 삶은 물에 뼈만 넣고 끓인 육수를 섞어 만든다.

주소 전동3가 2-198 여닫는 시간 24시간
가격 순대국밥 7,000원, 피순대(소) 12,000원

08 삼양다방

한자리를 오래 지키고 있는 곳에는 특별한 분위기가 있다. 1952년에 문을 연 삼양다방은 우리나라에서 가장 오래된 다방이다. 당시 전주에는 피란 왔던 연예인과 지식인들 사이에서 살롱문화가 만들어지고 있었다. 자연스레 피어난 문화 덕분인지 다방이 있던 건물엔 전주문화방송이 들어섰고 다방은 그들의 사랑방으로 자리했다. 세월이 흘러 방송국도 이전하고 카페가 다방을 대신하게 되자 문을 닫을 위기가 찾아왔다. 다행히 2013년 전주 예술인들의 도움으로 외관을 개조하고 내부는 사용하던 물품을 그대로 두었다. 덕분에 옛 정취는 고스란히 남았다. 이곳에서 꼭 먹어봐야 할 메뉴는 삼양에그커피다. 커피, 프리마, 설탕을 넣어 만드는 옛날 커피에 달걀노른자를 톡 넣어준다. 부족한 단백질을 보충하려고 먹던 커피가 지금은 삼양다방의 대표 메뉴가 되었다.

주소 동문길 94 여닫는 시간 08:30~24:00
가격 옛날커피 3,000원, 쌍화차 9,000원

09 전망

한옥 지붕의 고운 처마선이 보고 싶은데 오목대까지 가기 힘들다면 카페 전망에 들러 보자. 엘리베이터를 타고 쉽게 올라가 볼 수 있다. 전망은 오목대 방향과 한옥마을 방향이다. 4층은 실내지만 전체가 통유리로 되어 있어 궂은 날에도 편하게 경치를 감상할 수 있다. 5층엔 실내공간과 루프탑이 있다. 늦은 오후에는 기와의 명암이 분명해져 흥미로운 풍경을 만든다. 이어지는 야경 또한 한옥의 분위기를 바꾼다.

주소 한지길 89
여닫는 시간 09:00~23:00(21:00 이후 루프탑 테이블 이용 금지)
가격 아메리카노 5,000원

10 행원

전주의 한옥마을에서는 한복을 입고 여행하는 것이 유행이다. 그중 가장 화려한 의상은 기생 의상이다. 어우동이 썼을 법한 전모(氈帽)와 단풍이 든듯 고운 색의 치맛자락까지 옷매무새가 매혹적이다. 기생은 접대 여성과 같은 왜곡된 이미지도 있으나 본디 예인(藝人)이다. 시와 노래, 가무와 연주로 주흥을 돋웠다. 일제강점기에 관기제도가 폐지되자 기생은 조합이자 양성기관인 권번(券番)을 만들었다. 전주 낙원권번은 1928년에 문을 열었다. 대부분의 기생학교가 역사 속으로 사라졌지만 다행히 이곳은 카페로 분해 손님들을 맞이하고 있다. 토요일 오후 5시에 방문하면 가야금이나 대금 연주, 판소리 공연을 볼 수 있다.

주소 풍남문3길 12 여닫는 시간 10:00~22:00
가격 아메리카노 4,000원

아빠 엄마도 궁금해!

풍류객들의 사랑방, 요정(料亭) 행원

전주의 마지막 기생이자 '전주 문화예술계의 대모'로 불리는 남전(藍田) 허산옥(1924~1993)이 낙원권번의 터와 건물 일부를 인수해 시작했다. 전주에는 사불여(四不如)라는 말이 있다. '관리는 아전만 못하고 아전은 기생만 못하고 기생이 소리만 못하고 소리가 음식만 못하다'는 뜻이다. 요정 행원은 이 모든 것이 갖춰져 퍽 인기가 있었다. 한국전쟁 때는 피난을 내려온 당대 예술인들을 후원하고 응원했다. 풍류객들의 피란처이자 풍류 공간이 되었다. 덕분에 남전 허산옥은 당대의 예술가인 허백련과 송성용, 이응노와 같은 거장들에게 글과 그림을 배웠다.

이후 1983년, 판소리 무형문화재 성준숙 명창이 인수해 2000년대에는 한정식 식당이 되었다. 국악 공연과 함께 한정식을 즐길 수 있어 전국적으로 소문이 자자했다. 지금은 명인들의 소리를 들을 수 있는 찻집이 되었다. 성준숙 명창은 판소리 적벽가 완창으로 등재되었으나 5바탕으로 불리는 춘향가, 수궁가, 흥부가, 심청가를 모두 불러 유명하다. 춘향가는 완창에 9시간 걸리고 가사와 음·조가 모두 정확해야하니 진정한 소리꾼이 아닐 수 없다.

독특한 구조의 한일 합작 건물

행원은 'ㄷ'자형 한옥 배치에 적산가옥 한 채가 더해져 'ㅁ'자 형태다. 전라북도에선 최고이고, 전국에선 세 손가락에 드는 크기의 한옥이다. 이렇게 큰 한옥을 지을 수 있는 이유는 대들보 덕분이다. 곧게 뻗은 소나무가 흔치 않으니 당시 행원의 주인이 재력가임을 알 수 있다. 상량문에 '단기 4279년(서기 1946년) 3월 3일 오전 7시에서 9시 사이에 기둥을 세우고 같은 날 오전 11시부터 오후 1시에 들보를 올리다. 하늘의 해·달·별빛에 응해 인간세계엔 오복을 갖춘다'는 뜻의 글이 있다. 의역하면 이곳은 명당이라서 한 번만 머물다 가셔도 대대손손 복을 받는다는 뜻이다.

이 방은 권번의 흔적이 남아 있다. 기생들이 앉는 방에서 높인 단이 있고 가야금 3점이 걸려 있다. 가운데 가야금은 무려 126년이나 된 것으로, 가야에서 처음 만든 원형 그대로의 모습으로 깊은 소리가 매력적이다. 오른쪽은 110년 된 가야금으로 성조와 가락이 유행하면서 속주하기 쉬운 디자인으로 만들어졌다. 왼쪽은 100년 된 가야금으로 쇠줄을 사용해 거칠고도 영롱한 소리를 낸다. 사람이 살지 않으면 금세 망가지는 한옥처럼 계속 사용해야 그 소리를 이을 수 있어 지금도 공연에 사용된다.

PLACE TO STAY

01 학인당

한옥마을에서 가장 오래된 고택으로 100년이 넘었다. 정확히는 인재 백낙중 선생이 지은 본채가 그렇다. 고종과의 인연으로 궁중 도편수와 대목장이 도와 궁중 건축양식으로 지어졌다. 구한말 근대 건축답게 유리로 댄 여닫이문이 눈에 띈다. 본채에는 백범 김구 선생이 묵어간 백범지실과 애국지사 해공 신익희 선생을 기리는 해공지실이 있다. 드라마 <미스터 션샤인> 외 다수 작품의 촬영지다. 본채와 마당을 두고 마주한 사랑채는 가족이 머물기에 딱 좋다. 별채는 2인 기준으로 아이가 어리다면 지내기 어렵지 않다. 신식 화장실이 딸려 있으며 바닥에 열선이 있어 아이를 씻길 때도 걱정 없다. 종부가 들려주는 학인당 이야기나 전통 예절 배우기, 전통 다례 등 아이와 함께 할 수 있는 체험도 있다.

주소 향교길 45 여닫는 시간 입실 15:00~19:00, 퇴실 09:00~11:30
웹 from1908.kr

02 백희 게스트하우스

백희는 1층에 갤러리 겸 카페를 운영하고, 2층은 게스트하우스, 3층은 루프탑으로 사용하는 복합문화공간이다. 도로에서 고개를 빼꼼 내민 듯 자리한 숙소는 담장을 허물고 벤치로 경계를 둬 개방감이 있다. 경기전 뒤편에 위치하고 있어 한옥마을과 경기전을 둘러보기 좋다. 위치에 비해 가성비가 좋은 편. 한옥은 아니지만 고유의 색동을 활용해 스타일링했다. 9개의 방 중 Space 7을 추천한다. 긴 창으로 보이는 경기전 담장과 나무, 담소를 나눌 수 있는 수전돌테이블이 개성 있다. 주변에 식당도 많아 동선이 편하다.

주소 어진길 94-6
여닫는 시간 입실 15:00, 퇴실 10:30(루프탑 14:00~20:00)
웹 www.becky.co.kr

03 | 모던달빛 게스트하우스

한옥마을 주차장에서 큰길 맞은편에 위치하고 있다. 50년 된 건물을 매입해 1층은 공용공간, 지하는 갤러리, 2층은 전시공간과 게스트하우스로 활용하고 있다. 이름처럼 모던한 인테리어에 인더스트리얼과 색동을 조화롭게 스타일링했다. 13개의 객실로 Space 13과 12를 제외하고 1~2인 방이라 좁다. 깔끔한 실내와 친절한 서비스로 가성비가 좋다. 한옥에서 머물고 싶다면 모던달빛에서 운영하는 별채, 관선한옥도 눈여겨보자. 모던달빛과 2분 거리에 있어 고요하고 아담한 한옥 분위기를 느낄 수 있다.

주소 기린대로 114
여닫는 시간 입실 15:00, 퇴실 10:30
웹 moderndalbit.co.kr

04 | 호텔 바라한

전주에 시외버스로 도착하거나 자가용으로 여행한다면 괜찮은 숙소다. 전주 시내에 위치하고 있어 버스터미널과 백화점, 마트가 가까이 있다. 관광지 주변의 작은 규모 숙소가 답답했다면 이곳으로 가자. 2018년 문을 연 신식 호텔로 감성적인 내부 인테리어가 돋보인다. 노트북과 충전기 등 편의품이 구비돼 있다. 가격은 저렴한 편이며 시기에 따라 할인 폭도 크다. 모텔 밀집지역에 있으나 외부 도로와 가깝다.

주소 용산2길 17-5
여닫는 시간 입실 15:00, 퇴실 12:00
웹 barahan.modoo.at

나비 만들기

한국도로공사 전주수목원(p.393)을 여행할 때 아이가 나비를 보더니 버섯 밑에 숨으라고 했다. 한동안 좋아하던 책 <비 오는 날 나무에서>에 나오는 대목이다. 나비는 다른 곤충에 비해 아름답다 보니 아이가 쉽게 마음을 연 곤충이기도 하다.

준비물 택배 박스나 골판지, 끈, 스테이플러, 테이프, 눈 모형, 은행잎
만들고 놀기 택배 박스나 골판지를 나비 모양으로 그린 뒤 날개 부분을 뚫어준다. 테두리선이 두꺼워야 찢어지지 않는다. 눈 모형을 붙이고 뒤집는다. 어깨선 부분에 끈을 두고 스테이플러로 고정한다. 뚫린 날개 부분에 테이프를 차례로 꼼꼼하게 붙인다. 다시 뒤집은 뒤 은행잎을 날개 부분에 붙인다. 나비 날개를 달고 빨대를 문 뒤 꽃에서 꿀도 빨아 보고 책에 나오는 내용처럼 비를 피해보기도 하자.

PLAY 01

함께 읽어주면 좋은 책
- 비 오는 날 나무에서
- 나비가 되고 싶어

장보기

아이가 여기저기 떼쓰는 경우가 많이 없다. 아마 어릴 때부터 장보기를 같이 해서 그런 듯하다. 좀 더 자란 뒤에는 카트를 선물해 자기 물건은 자기 카트에 담을 수 있게 했다. 여행지에서도 그렇게 담은 음식은 잘 먹고 남기지 않았다.

PLAY
03

아이스 축구놀이

여행지에서 카페에 가면 아이는 자리에 가만히 앉아 있기가 쉽지 않다. 그럴 때 쉽게 할 수 있는 놀이다.

준비물 얼음, 트레이, 종이컵, 종이, 테이프

만들고 놀기 음료에 나온 얼음을 트레이에 두고 손가락을 튕겨 상대편 골대에 넣으면 이긴다. 골대는 카페에 있는 휴지를 돌돌 말아 만들거나 종이컵을 눕혀 놓자. 종이가 있다면 골대 모양으로 잘라 테이프로 붙여도 된다. 아이가 재미있어 한다면 숙소나 집에서 빨대 축구놀이로 연계해보자. 종이를 구겨 만든 공을 빨대로 불어 상대편 골대에 넣으면 이긴다.

WHERE TO GO
04
구례

구례

BEST COURSE

1박 2일 코스

01 아이와 여유롭게 보낼 수 있는 힐링 코스

1일 화엄사 → 점심 지리각식당 → 운조루 → 섬진강어류생태관 → 저녁 섬진강다슬기식당

2일 쌍산재 → 점심 하동 무량원 → 하동 최참판댁 → 하동 매암제다원 → 저녁 하동 찻잎마술

02 아이와의 다양한 활동을 중시하는 체험 코스

1일 하동 삼성궁 → 점심 하동 찻잎마술 → 하동 매암제다원 → 하동 하덕마을 섬등갤러리 → 하동 최참판댁 → 저녁 하동 은성식당

2일 하동 쌍계사 → 점심 섬진강재첩국수 → 쌍산재 → 섬진강어류생태관 → 저녁 섬진강다슬기식당

2박 3일 코스

01 아이와 여유롭게 보낼 수 있는 힐링 코스

1일 화엄사 → 점심 지리각식당 → 운조루 → 섬진강어류생태관 → 저녁 섬진강다슬기식당

2일 쌍산재 → 점심 섬진강재첩국수 → 하동 쌍계사 → 저녁 하동 동정산장

3일 하동 차 시배지 정금차밭 & 하동야생차박물관 → 점심 하동 은성식당 → 하동 최참판댁 → 하동 하덕마을 섬등갤러리 → 하동 매암제다원

02 아이와의 다양한 활동을 중시하는 체험 코스

1일 하동 삼성궁 → 점심 하동 찻잎마술 → 하동 매암제다원 → 하동 하덕마을 섬등갤러리 → 하동 최참판댁 → 저녁 하동 무량원식당

2일 하동 차 시배지 정금차밭 & 하동야생차박물관 → 점심 하동 은성식당 → 하동 쌍계사 → 쌍산재 → 저녁 섬진강다슬기식당

3일 섬진강어류생태관 → 점심 지리각식당 → 화엄사

화엄사
구례
쌍산재
운조루
섬진강어류생태관
사성암
쌍계사
하동야생차
박물관
삼성궁
차 시배지
정금차밭
매암제다원
하덕마을 섬등갤러리
최참판댁
하동
광양 매화마을

구례

SPOTS TO GO

01 화엄사

백제 성왕 22년에 연기조사가 화엄경의 화엄 두 글자를 따서 이곳에 창건했다. 화엄은 석가가 깨달음을 얻은 직후에 설법한 내용으로 그것을 경전으로 만든 것이 화엄경이다. 화엄경은 불교 대표 경전 중 하나다. 통일신라 때 대법당인 장육전 벽을 화엄경을 새긴 돌로 장식했는데, 정유재란 때 소실되어 파편만 남았다. 화엄석경 파편은 성보박물관에서 볼 수 있다. 화엄경은 이상세계인 불국토가 연화장세계, 연꽃 모양의 세계에서 일체된다고 했다. 일주문을 들어서면 보이는 겹겹이 핀 연꽃 형태의 가람도 그 이유에서다. 그럼에도 화엄사는 연꽃 향보다 매화 향이 더 유명하다. 연활하고 짙은 화엄사 흑매가 있기 때문. 홍매화가 붉다 못해 검붉어서 흑매라 한다. 조선 중기 문신인 신흠이 '매화는 한평생 추위에도 향기를 팔지 않는다'고 했다. 겨우내 지조를 지킨 매화는 임 만난 3월께에 피어난다.

난이도 ★★
주소 화엄사로 539
여닫는 시간 07:00~19:30
요금 어른 3,500원, 청소년 1,800원, 어린이 1,300원

아이는 심심해!

아이가 즐길 수 있는 여행법

사찰 기와 끝은 암막새와 수막새로 막는데, 수막새는 원형의 형태로 다양한 문양으로 장식한다. 그중 '신라의 미소'라 불리는 수막새가 있다. 아이와 함께 신라의 미소를 찾는 미션을 해보자.

화엄사에는 양비둘기 20마리 정도가 살고 있다. 이름에 양이 들어가 외국 종인 것 같지만 토종 비둘기로 화엄사 경내 지붕을 날아다니는 모습을 볼 수 있다. 구층암에는 다람쥐가 많다. 천연기념물인 흑매와 올벚나무 외에도 동백과 상사화 같은 꽃나무, 서어나무, 푸조나무 등 식재가 다양해 자연놀이를 하기에도 좋다.

아빠 엄마도 궁금해!

저를 전적으로 믿으셔야 합니다!
족집게처럼 뽑아낸 꼭 봐야 할 곳

어머니의 산, 지리산이 품은 화엄사는 산 중의 보물섬이다. 국보 4점과 보물 8점, 지방문화재 2점 외에 천연기념물도 2점 지정되어 있다.

일주문과 사천왕문을 지나면 보제루가 나온다. 1층 통로를 낮은 자세로 들어가 대웅전을 만나는 구조와 달리 건물 옆으로 돌아가게 만들었는데, **국보 각황전** 때문이다. 화엄석경이 있던 장육전을 복원해 대웅전과 같은 높이에 있다. 바로 앞 석등은 3층 목조 건물 **장육전**의 것으로 각황전에 비해 몸집이 크다. 현존하는 목조 건물 중 가장 큰 규모지만 3층 건물이었던 장육전에 비할 바가 아니었던 듯하다. 각황전 옆 동백나무 숲을 따라 108계단을 오르면 사사자삼층석탑과 석등이 자리한 **효대**를 만난다. 우리나라 최초로 화엄학을 전파하고 화엄사를 지은 연기대사의 효심을 기리는 장소다. 1층 기단은 인왕상, 사천왕상, 보살상을 조각하고 희로애락을 상징하는 네 마리의 사자상을 올렸다. 가운데 연꽃을 든 비구니는 연기조사의 어머니다. 2층 기단은 악기를 연주하고 춤추는 천인상을 새겨 부처를 찬미한다. 맞은편 석등은 무릎을 꿇고 어머니에게 차를 바치는 연기대사가 있다. 차는 향, 등, 꽃, 과일, 쌀과 함께 육법공양물 중의 하나로 부처와 같은 어머니를 향해 정성을 다하는 그의 효심을 나타낸다. 연기조사는 화엄사 창건 때 마을 사람들의 공덕에 고마움을 표하고자 차 공양을 올렸다 한다고 한다. 대나무 숲길로 이어진 **구층암**에 가면 차 공양을 받을 수 있다. 구층암은 **천불전 앞 요사채 기둥**이 유명하다. 죽은 모과나무 고목 2그루를 기둥으로 세웠다. 죽어 1,500년을 더 살고 있는 셈이다. 1년에 딱 한 번 볼 수 있는 국보도 있다. 석가가 영축산에서 설법하는 모습이 살아있는 **영산회생괘불**이다. 보물 동오층석탑과 서오층석탑이 있는 화엄사 마당에서 가을날 화엄음악제가 열릴 때 볼 수 있다.

사성암

시원한 강줄기와 소박하게 안긴 구례의 풍경을 지닌 오산 꼭대기에 있다. 화엄사를 창건한 연기조사가 짓고 화엄 사대천왕이라 할 수 있는 원효, 의상, 도선, 진각 고승이 수도해 사성암이라 한다.

주법당인 유리광전은 거북이 등껍질 같은 절벽에 딱 붙은 기이한 모습이다. 원래 있어야 할 불상 자리에 원효대사가 손톱으로 새겼다는 마애약사여래상이 있는데, 높이 3.9m로 바위에 부처를 그리고 금박을 입혔다.

맞은 편 산마루를 오르면 800년 된 귀목나무 쉼터가, 다시 나한전을 지나면 소원바위가 나온다. 뗏목 팔러간 남편이 무사히 돌아오기를 아내가 목숨 다하는 날까지 기도했던 장소다. 불심이 염원에 탄복하였는지 딱 한 가지 소원만 들어준다고 하니 아이와 함께 빌어보는 것도 좋겠다. 이어 산왕전이 나오는데, 산신의 기운이 강해 삼신각보다 높은 산왕전을 지었다고 한다. 사람의 키 3배는 됨직한 바위 사이에 숨어 있는데, 그중 하나는 도선국사가 수행했다는 도선굴이다. 어두워서 아이가 무서워한다면 제단 위 촛불에 그림자놀이를 하거나 핸드폰 전등으로 탐험가 놀이를 해도 좋다.

난이도 ★★★
주소 사성암길 303
여닫는 시간 24시간
요금 무료(셔틀버스 왕복 어른 3,400원, 어린이 2,800원)
여행 팁 사성암 입구 주차장이 협소해 산 아래 입구 주차장에서 셔틀버스를 이용해야 한다.

Episode

아이가 오르는 세 번째 산이다. 암자 입구까지 차로 오를 수 있지만 주차장이 협소해 셔틀버스를 이용한다. 시골 버스가 낯설까 걱정했지만 슈퍼에서 할머니가 준 곶감 하나를 먹으며 잘 있었다. 힘이 좋은 버스라서 꼬부랑길을 잘 올라간다며 좋아했다. 등산은 아니지만 버스에서 내린 후 입구부터 가파른 오르막길을 올라야 한다. 우리는 한 가지 규칙을 정했다. '걷다가 힘들 때는 뒤로 걷자. 그럼 조금 괜찮아'고 말하며, 앞뒤로 차분차분 걸었다. 사성암을 오르는 어르신들이 해주는 칭찬도 응원이 됐다. 그날은 단 한 번도 안아 달라는 말없이 산왕전까지 오르고 내렸다.

운조루

풍수지리에 '터가 좋다' 하는 명당자리는 어디쯤일까? 조선 중기 <택리지>를 지은 이중환은 구례를 '가장 살기 좋은 땅'이라 했다. 운조루는 선녀가 금가락지를 떨어뜨렸다는 토지면, 배산임수를 둔 오미동에 있다. 집 앞 오봉산은 신하가 엎드려 절을 하는 형국이니 이곳에 삼수부사를 지낸 류이주가 99칸의 대저택을 지은 것도 그 때문인가 싶다.

고택 남쪽 산세가 불꽃의 형세라 화기를 막기 위해 지은 연당이 있다. 원래 661m²(200평)이었으나 지금은 일부만 남았다. 솟을대문에는 임금이 하사한 홍살이 더해졌다. 대문 위 말머리뼈는 도난당한 호랑이 머리뼈 대신이다. 택호인 운조루는 사랑채를 말하는데, 구름 위를 나는 새가 사는 빼어난 집이라는 뜻이다. 장구한 세월에 고택은 낡았으나 여전히 빼어난 운조루 철학을 볼 수 있다.

난이도 ★
주소 운조루길 59
여닫는 시간 08:00~16:00
요금 어른 1,000원
웹 www.unjoru.kr

아빠 엄마도 궁금해!

배려의 아이콘, 운조루

3면으로 트인 누마루를 둔 사랑채는 바깥어른의 공간이다. 사랑채와 안채로 향하는 길은 얕은 경사를 두어 연로한 부모님이 출입할 때 가마가 안으로 쉽게 들어가게 했다. 오르막 끝에 있는 구멍은 낮은 굴뚝이다. 밥 짓는 연기가 담을 넘어 끼니를 거르는 사람들의 마음이 불편할까 배려한 부분이다. 안채는 안주인과 자녀가 머무는 곳이다. 마당 부엌 앞 돌확은 건축 당시 거북이 형상의 돌이 나온 명당이다. 원래 안방을 두어야 하는데 불을 때면 거북이 죽는다 하여 부엌을 두고 늘 돌확에 물을 채워둔다. 안방 앞 돌확은 손을 씻는 용도로 만들어 실용성을 더했다. 바깥 출입이 쉽지 않은 안사람을 위해 안채에 다락을 둔 것도 눈에 띈다. ㅁ자 구조의 안채 너머로 설핏 밖을 보곤 했다.

조선의 노블레스 오블리주, 타인능해

안채와 사랑채 사이에 나무 뒤주가 있다. 홈을 파 쓴 글씨는 타인능해(他人能解). '누구나 열 수 있다'는 뜻이다. 쌀 세 가마니가 들어가는 뒤주는 한 달에 한 번씩 다시 채웠고, 배고픈 이는 누구나 가져갔다. 한 해 생산된 200가마니 중 40가마니를 베풀었다. 운조루의 상생은 여순사건과 한국전쟁, 공비 토벌의 방화와 약탈을 비켜갈 수 있게 했다. 당시 문 밖에 있었으나 도난을 우려해 지금의 자리에 옮겼다.

쌍산재

'사람이 살아야 집이 숨쉰다'했다. 5,000평 대지에 세운 고택 쌍산재는 사람이 드물어지는 것이 안타까워 2004년 일반에 개방했다. 광범한 규모와 달리 대문은 단출하다. 행랑채를 날개처럼 펴고 있는 전형적인 고택과는 다르다. 집 앞 당몰샘에 가려져 오히려 숨겨진 느낌마저 든다. 샘물은 장수 비결로 알려져 간간이 사람들이 찾아와 물통에 담아간다.
고택은 대문을 열자마자 관리동과 안채, 건너채와 사랑채를 우수수 쏟아내는데, 평지에 수건돌리기 하듯 에둘러 앉았다. 바로 뒤엔 감나무를 심고 대나무를 덧심어 아늑하다. 울창한 대숲 사이로 난 돌길은 비밀 정원 입구다. 누구도 비밀이라 하지 않았지만 클라이맥스를 향한 전조처럼 긴장감을 조성한다.
숲길 끝에 갑작스러운 공백으로 시야가 확 트인다. 몇 해 전만 해도 텃밭으로 사용하던 잔디밭이다. 덕분에 아이들은 물고기 떼처럼 뛰어다닌다. 잔디밭 넘어 서당채는 동백나무로 둘러싸여 있는데, 글공부하던 선비들이 한눈 팔지 말라는 배려다. 조경사를 쓰지 않아 용트림하듯 구불거리는 나뭇가지가 인위적이지 않다. 때문에 정원 내에서 가장 아름다운 곳이라 힘줘 말할 수 있다. 그와 반대로 누마루가 있는 경암당은 호쾌한 풍경이다. 집주인은 경암당 옆 쪽문인 영벽문을 꼭 열어보라 당부한다. 이유는 가서 확인하자.

난이도 ★
주소 장수길 3-2
여닫는 시간 5~10월 09:00~17:00, 11~4월 10:00~17:00
요금 5,000원(음료 1잔 포함)
웹 www.ssangsanje.com
여행 팁 쌍산재는 고택 숙박체험도 함께 운영하고 있다. 화재 위험이 있어 취사는 금한다.

스냅사진, 여기서 찍으세요

볕 좋은 날 서당채 대청마루에 앉아
맞은편에서 입구 방향으로 찍어보자.

해의 방향에 따라 반대편에서 찍어도 좋다.

섬진강어류생태관

진안 마이산에서 발원한 섬진강은 212.3km를 흘러 남해에 도착한다. 강이 바다로 순례하는 동안 삶의 터전으로 살아가는 다양한 동식물들을 볼 수 있다. 전시관 1층은 다양한 수종의 민물고기가 사는 대형 수조가 방문객들을 반긴다. 맞은편에는 대한민국 지도를 형상화한 수조가 있다. 비단잉어가 사는 수조는 아이 눈높이 정도로 일부 구간은 투명유리로 되어 있다. 먹이를 젖병에 넣어 비단잉어에게 주면 아기처럼 받아먹는 모습이 인상적이다. 섬진강 이야기를 따라 2층으로 이동하면 낚시 장난감과 손으로 물고기를 만져보는 터치풀 체험시설이 있다. 최상류와 상류, 중류, 하류에 서식 중인 물고기와 자라, 남생이, 갑각류와 파충류도 볼 수 있다. 이어진 전시관에는 초대형 메기와 철갑상어가 있어 어른도 겁이 날 정도다. 책상과 의자가 마련된 다목적 공간에선 책을 읽거나 배지나 부채, 접시 등 만들기 체험이 가능하다. 야외에선 섬진강 수달을 볼 수 있는데, 오후 3시에 먹이 주는 체험을 하니 놓치지 말자. 그 외에 놀이터와 치어를 기르는 어류보존동 등이 있다.

난이도 ★
주소 간전중앙로 47
여닫는 시간 09:00~18:00
쉬는 날 월요일(공휴일 시 다음날 휴무), 1월 1일, 설·추석 연휴
요금 어른 3,000원, 청소년 2,000원
웹 sjfish.jeonnam.go.kr

연계 여행지

광양 매화마을

3월이면 남도를 향한 그리움이 치솟는다. 봄의 시작을 알리는 매화가 피기 때문. 섬진강을 굽어보는 청매실농원 구릉에 10만여 그루의 매화나무가 꽃망울을 툭툭 터트린다. 한 달 남짓 피어 있는 매화꽃을 보기 위해 일명 '눈치 보기'가 시작된다. 축제기간에 가면 사람이 많고 봄비라도 내리면 꽃이 후두두 떨어지기 때문이다.
매화마을에는 3개의 전망대가 있다. 섬진강과 매화마을을 내려다볼 수 있는 육각정, 매화마을 중심에 있는 팔각정, 옆으로 난 길을 따라 오르면 나오는 전망대가 그것이다. 이 고운 풍경은 많은 영화나 드라마가 촬영 명소가 되기도 했다. 특히 임권택 감독의 100번째 영화 <천년학>을 위해 만든 세트장은 아직도 남아 있다.

난이도 ★★★
주소 광양시 다압면 지막길 55
여닫는 시간 24시간
요금 무료
여행 팁 축제기간의 주말에는 주차장이 멀고 사람이 많아 아이와 여행하기 힘들다. 개화 시기를 보고 피해 가는 것이 좋다.

아빠 엄마도 궁금해!

매실 명인 홍쌍리 여사

1965년 23살 되던 해에 광양으로 시집온 그녀는 유명한 매실 농원을 일궜다. 당시에는 시아버지가 끼니 대용으로 심은 밤나무가 산을 빼곡히 채웠는데, 약용으로 쓰던 매실나무가 조금 있었다고. 밭일을 하고 새참을 먹다가 매실을 조물조물 쥐었더니 손이 깨끗해진 경험을 한 이후 연구를 시작해 지금의 매실농원을 완성했다. 나무가 자라기 어려운 돌산이라 석공을 불러 돌을 쪼개고 구멍에 다이너마이트를 넣어 부쉈다. 눈 내리는 겨울에도 피어나는 설중매의 생명력처럼 거친 돌산 6만 평에 1만 그루의 매화나무가 자라났다. 억척스러운 땅에 고운 꽃을 피운 것처럼 삶의 고비마다 쓴 시는 그녀를 문단에 등단하게 했다. 초등학교밖에 나오지 않아 말 한마디 제대로 못하는 것이 한에 맺혀 밤에 책을 읽고 시를 썼다. 칠십이 넘어도 농사일을 놓지 않는 것처럼 그녀의 삶에 은퇴는 없다.

SPOTS TO GO

연계 여행지

하동 매암제다원

뜨겁게 내린 커피보다 찻잔을 덥히며 마시는 차 한 잔이 그리울 때가 있다. 여린 새순을 따서 덖은 찻잎을 뜨거운 물에 우려내면 봄이 만든 진한 맛이 우러난다. '야생녹차'라 불리는 하동녹차는 보성이나 제주 차밭과는 달리 산비탈에 듬성듬성 자란다. 기계가 들어갈 수 없으니 하나하나 손으로 작업한다. 상처 나지 않게 정성들여 따다 보니 맛과 향도 좋다.
매암제다원은 평지에 있지만 하동의 다른 다원처럼 모두 수작업을 한다. 차를 마실 수 있는 매암다방은 셀프로 운영하는데, 3,000원의 이용료를 내면 차를 마시고 다기를 씻기만 하면 된다. 후발효 세작홍차와 세작녹차를 맛볼 수 있다. 세작은 참새의 혀처럼 생긴 차나무 여린 새순을 말하는데, 쓰거나 떫지 않고 부드럽고, 진한 세작은 처음 시작하는 사람도 받아들이기 쉽다.

난이도 ★
주소 하동군 악양면 악양서로 346-1
여닫는 시간 하절기 10:00~19:00, 동절기 10:00~18:00
쉬는 날 월요일
요금 우전 6,000원, 그 외 5,000원
웹 tea-maeam.com
여행 팁 여름에는 벌레퇴치제가 구비되어 있다.

다원 입구의 차 박물관은 1926년 일제강점기에 수목원 관사로 사용하던 건물이다. 돌출된 창호와 다다미, 도코노마 등 일본 건축양식의 특징이 그대로 남아 있다. 현재 약 130여 점의 차 유물을 전시하고 있다.

스냅사진, 여기서 찍으세요

차박물관의 다다미방은 유명한 포토 스팟이다.
여닫이 문턱에 앉아 차밭과 지리산을 한꺼번에 담아보자.

연계 여행지

하동 차 시배지 정금차밭 & 하동야생차박물관

언택트

우리나라 최초로 차나무를 심은 천년 차밭으로 신라 흥덕왕 3년(828년)에 당나라 사신으로 갔던 김대렴이 차나무 종자를 가져와 이곳에 심었다. 화개천은 골짜기 깊이 흐르고, 안개가 많으며 밤낮 기온 차가 커서 차나무 재배에 축복받은 환경이다. 오르기도 힘든 비탈에 소복소복 무리 지은 차밭이 밀도 있게 자란다. 이랑을 일군 다른 하동 차밭과도 다르다. 때론 바위틈을 비집고 얽히며 야생 그대로의 모습이다. 자연의 순리대로 기른 차는 그 맛을 인정받아 고려 시대를 거쳐 조선 시대까지 왕의 진상품이었다.

봄이면 짙푸른 신록 속에 첫물차를 수확하는 손길로 바쁘다. 4월 초에 따는 우전과 5월에 따는 세작이 해당된다. 우전은 우리나라 다도를 정립한 초의선사가 애정을 쏟은 차로 지난가을부터 차곡차곡 쌓인 영양분을 담아 맛이 부드럽고 감칠맛이 돈다. 화개면의 차나무는 농약을 사용하지 않아 친환경 인증을 받았다. 걱정 없이 새순을 질근질근 씹으면 시원한 향이 난다.

주소 **정금차밭** 하동군 화개면 차시배지길 4-5
하동야생차박물관 하동군 화개면 쌍계로 571-25
여닫는 시간 **정금차밭** 24시간, **하동야생차박물관** 09:00~18:00
쉬는 날 **하동야생차박물관** 월요일
요금 무료(찻잎따기 체험 3,000원)
웹 하동야생차박물관 hadongteamuseum.org

아이는 심심해!

아이가 즐길 수 있는 여행법

인근의 하동 야생차박물관에선 5월에서 10월까지 찻잎 따기 체험을 할 수 있는데, 다례체험은 무료다. 인원이 많으면 차 제조과정인 덖음도 경험할 수 있다. 뜨겁게 달군 솥에 찻잎을 덖고 멍석에 비비고 말리는 과정을 거친다. 오감으로 즐기는 야생차 기행을 떠나보는 것도 좋겠다.

연계 여행지

하동 쌍계사

쌍계사는 지리산의 산사다. 불일폭포 아래로 흐르는 계곡에 을 이루어 '쌍계'다. 신라 성덕왕 22년(723년) 의상의 제자인 삼법화상이 유학을 다녀오는 길에 '육조의 정상을 삼신산 눈 쌓인 계곡 위 꽃이 피는 자리에 봉안하라'는 계시를 받았다고 한다. 당나라 승려인 육조 혜능의 두개골을 가져와 육조정상탑에 모시고 옥천사라는 절을 지었는데 지금의 금당이다.

그로부터 100여 년이 지나 진감선사가 부흥을 일으켜 대웅전 가람을 만들고 쌍계사가 되었다. 그는 유학하며 배운 불교음악, 범패를 가르치고 야생차를 보급하는 데 힘썼다. 하동 사람들이 사람을 만나면 찻물부터 끓이는 것도 그의 덕분이다. 진감선사가 생을 다한 뒤 신라 정강왕은 그를 기려 진감선사대공탑비를 세웠다. 신라 최고의 지성으로 꼽히는 고운 최치원이 비문을 짓고 글씨를 썼다. 흑대리석으로 만든 몸돌은 왜란과 전쟁으로 금이 가고 깨졌으며 총알 자국도 선명하다. 우리 민족의 아픔과 상처가 깊이 남은 것이다.

비석은 대웅전이 아닌 금당을 따라 동서로 섰다. 금당 영역은 석가모니의 생애를 그린 팔상도와 영산회상도를 그린 팔상전이 중심이다. 그 위로 추사 김정희가 현판을 쓴 금당이 있다.

난이도 ★★
주소 하동군 화개면 쌍계사길 59
여닫는 시간 24시간
요금 어른 2,500원, 청소년 1,000원, 어린이 500원
웹 www.ssanggyesa.net
여행 팁 화개면의 이름처럼 4월이면 벚꽃이 개화하는데, 화개장터에서 쌍계사까지의 길목을 십리벚꽃길이라 부른다. 이 기간에는 교통 정체로 쌍계사까지 느릿하게 움직이지만 흩날리는 꽃비에 불쾌감이 무장해제된다.

연계 여행지

하동 최참판댁

'어디 최씨 문중의 종갓집이오?'
누군지 몰라도 너른 악양 들판을 마당으로 두고 있는 집주인이 부럽다. 최참판댁이라고는 하나 사실 부러워해야 할 당사자는 없다. 최 참판은 소설 <토지>의 주인공으로 내용을 충실히 재현한 공간이다. 소설에 묘사된 대로 사랑채 담장엔 능소화를 심고 별당 담장 아래에는 해당화를 심었다. 만석꾼 최치수가 앉았을 사랑채 대청마루는 83만여 평에 달하는 농지가 한눈에 내려다보인다. 구한말부터 해방에 이르는 근현대사를 담고 있는 소설의 무대로 서희와 길상처럼 서로에게 어깨를 기댄 부부송이 둥근 동산 위에 있다. 별당에 지은 방지원도의 연못처럼 네모난 들에 만든 둘만의 우주가 작지만 선명하다.

난이도 ★★
주소 하동군 악양면 평사리길 66-7
여닫는 시간 09:00~18:00
요금 어른 2,000원, 청소년 1,500원, 어린이 1,000원

참판댁 기와집 14채 주변에는 서 서방네와 용이네, 칠성이네 등 주요 인물의 집과 마을을 조성했다. 드라마 <토지>부터 <미스터 션샤인>까지 영화와 드라마의 주요 촬영지로 활용되고 있다. 박경리 문학관의 문을 열면 인물 하나하나에 개인의 서사가 드러난 <토지>의 인물 형상도가 분위기를 압도한다. 내부에는 토지 친필 원고와 초판본, 선생의 유품과 사진이 전시돼 있다.

아이는 심심해!

아이가 즐길 수 있는 여행법

<토지>의 배경으로 만들어진 촬영지이지만 마을 사람들이 작품 속 인물들로 분해 생기가 있다. 최 참판은 사랑채에서 글을 읽고 윤씨 부인은 안채에서 바느질을 한다. 초가집도 예외는 아니다. 전통 공예 체험이나 서 서방네 동물농장, 떡메치기 체험 등 활기가 넘친다. 밭에서 기른 배추는 최참판댁 김치 만들기에 사용된다. 가상의 공간이나 살아있는 마을을 만들려는 노력이다. 외양간 황소에게 먹이를 주는 것도 아이에겐 즐거운 경험이 된다.

연계 여행지

하동 하덕마을 섬등갤러리

언택트

하덕마을은 소설 <토지>의 무대인 하동군 악양면에 있다. '만석지기 두엇은 능히 낼 만하다'는 무딤이 들판. 그곳에 섬처럼 자리한 마을을 '섬등'이라 한다. 곡식이 풍성하다 해도 집집마다 곳간이 가득한 것은 아닐 터. 마을 사람들은 삼과 모시, 목화를 삼고 토란과 고추도 길렀다. 약이 귀하던 시절, 하동에서 잘 자라는 차는 대밭에 있는 비단가리(사금파리)를 주워 끓여 먹으면 곧잘 나았다고. 그렇게 차는 마을 사람들의 삶이 되었고, 마을의 부주제도 '차꽃 피는 날'이다. 담벼락이 지리산 천년 차나무라면 마을 사람들의 선량한 마음을 순백의 차꽃으로 표현했다.

전국에 벽화거리가 열병처럼 번졌지만 섬등갤러리는 다르다. 돌담 위 굽은 담장을 넘어가는 자동차나 안테나에 걸린 나비처럼 작품은 마을이 되고 마을은 작품이 된다. 그물을 펼친 어부는 담벼락 주인으로 젊은 날에 밀짚모자를 쓰고 섬진강에서 은어를 잡으셨다. 사물패가 담장 위로 줄지어 가는 작품은 '쌍계사 가는 길'이다. 마을 축제처럼 쌍계사로 소풍가던 설렘을 담았다. 쌍계사에서 찍은 사진은 마을 벽면에 기록되어 있다.

작가 이승현의 <만남>은 고(故) 정서운 할머니의 삶을 징검다리로 표현했다. 작가 박나리의 <천년 차나무>가 그려진 담장은 고(故) 정서운 할머니의 집이다. 금이 간 담장과 도열에서 벗어난 기와, 허물어진 집이라도 주인이 돌아오길 기다리는 눈치다. 일제강점기 때 끌려간 아버지를 풀어주겠다는 말에 속아 일본군 위안부로 끌려갔는데, 차꽃처럼 맑은 14살 소녀였다. 1992년 일본군 위안부 증언에 나섰으나 돌아가신 2004년에도 지금도 일본의 사과를 받아내지 못하고 있다.

난이도 ★
주소 하동군 악양면 악양서로 227
여닫는 시간 24시간
요금 무료
여행 팁 넓은 규모는 아니지만 찬찬히 봐야 하는 동네다. 지유명차 보이차를 마실 수 있는 차꽃오미나 팥빙수가 맛있는 팥이야기에서 쉬어가도 좋다.

연계 여행지

하동 삼성궁

언택트

삼성궁은 해발 850m의 지리산 청학동에 있다. 푸른 학이 노닌다는 무릉도원으로 선도(仙道) 수행자들이 많이 살고 있다. 1983년 한풀선사가 이곳으로 들어와 천신에게 제사를 지내던 성지, 고조선의 소도를 복원했다. 시조인 환인, 환웅, 단군 세 성인을 모시는 궁이다. 한풀선사와 수행자들이 쌓은 돌탑이 1,500여 개, 솟대가 3,333개로 매일 새로운 돌을 쌓으니 지금은 어느 정도일지 가늠할 수 없다.

청학 구조물을 올린 박물관을 지나면 마고성으로 이어진다. 마고신의 삼족오와 천지인을 상징하는 삼태극, 사방신 등 창조신 마고할미의 전설을 바탕으로 돌에 그림을 새기고 돌담을 쌓았다. 삼신 할매를 모신 삼신궁은 지리산 계곡 물을 막아 만든 연못, 중천지에 있다. 물이 옥빛이라 신비감을 더한다. 가장 높은 곳에 세 성인의 초상을 모신 건국전이 있다. 돌담으로 만든 길은 수행자의 의지에 따라 계속 바뀐다. 그들이 정해둔 대로 걷기만 하면 된다. 계단을 오르고 돌담을 둘러가지만 웅장한 지리산과 어울려 모두 새롭고 흥미로운 풍경이다.

난이도 ★★★
주소 하동군 청암면 삼성궁길 13
여닫는 시간 하절기 09:00~18:00, 동절기 09:00~17:00
요금 어른 7,000원, 청소년 4,000원, 어린이 3,000원

PLACE TO EAT

01 섬진강다슬기식당

섬진강에서 잡은 자연산 다슬기만 사용해 요리를 선보인다. 다슬기는 민물에서 잡아 특유의 비릿한 냄새가 날 수 있는데 맑은 국물임에도 진하고 깔끔하다. 대표 메뉴는 주문 즉시 만들어 차진 수제비에 다슬기와 부추, 애호박을 넣어 끓인 다슬기수제비다. 시래기를 넣어 된장으로 간을 한 다슬기토장국도 인기다. 인원이 많다면 매콤하고 달달한 다슬기무침도 함께 먹어보자. 인기가 많아 재료가 소진되면 일찍 문을 닫을 수도 있다. 미리 전화 확인 후 가는 것이 좋겠다.

주소 섬진강대로 5041 여닫는 시간 08:30~20:00
가격 다슬기수제비 8,000원, 다슬기토장탕 9,000원

02 섬진강재첩국수

섬진강을 따라 도로를 달리다 보면 간이트럭이 세워져 있었다. 섬진강에서 난 재첩을 넣은 국숫집이다. 지금은 번듯한 가게를 차려 궂은 날에도 재첩국수를 맛볼 수 있다. 도로 맞은편 강변 쉼터에는 평상 몇 개가 자리하는데, 느티나무 아래에 소리 없이 흐르는 강물을 배경으로 국수를 들이켠다. 봄이면 줄지은 벚나무가 꽃을 피워 신선놀음이 따로 없다. 짭짤하고 쫀득한 재첩살, 시원한 국물, 향긋한 부추 향이 가득한 재첩국수가 대표 메뉴. 여기에 전병을 곁들여 먹으면 더욱 맛이 좋다.

주소 섬진강대로 4276
여닫는 시간 09:00~19:00
쉬는 날 목요일
가격 재첩국수 8,000원, 전병 10,000원
이용 팁 강변 쉼터 자리까지 식당에서 개인이 음식을 가져가야 한다. 도로를 지날 때 조심하자.

03 지리각식당

화엄사 입구에 위치한 산채요리 전문집이다. 30가지가 넘는 반찬이 나오는 산채정식이나 가볍게 비벼 먹을 수 있는 산채비빔밥이 유명하다. 따뜻한 자연산 버섯전골(맑은 국물)도 좋다. 산채비빔밥에는 시래기국이 함께 나오지만 나물을 별로 좋아하지 않는 아이라면 파전이나 감자전을 곁들이거나 재첩국이나 콩나물국밥(고춧가루), 토종닭백숙 메뉴도 좋다. 등산객을 위해 아침 일찍부터 문을 열어 아침 식사를 하기에도 좋다.

주소 화엄사로 381
여닫는 시간 07:30~19:30
가격 산채백반 10,000원, 버섯전골 15,000원

PLACE TO EAT

04 하동 찻잎마술

야생차로 유명한 하동에서 다오티푸드 정소암 대표가 운영하는 녹차음식 전문점이다. 차를 직접 재배하고 연구해 차 문화뿐 아니라 음식문화도 바꿔 놓았다. 녹차씨에서 기름을 짜고, 차씨를 발효해 만든 식초, 차꽃으로 만든 와인 등 새로운 제품이 40여 가지다. 대표 메뉴인 고운 비빔밥은 최치원 선생의 호를 따서 이름 붙였다. 화개에서 초근목피를 먹고 살았을 모습을 상상해 만든 음식이다. 제철 채소 고명에 녹차 씨앗과 청국장으로 만든 간장을 넣어 비벼 먹는다. 별천지찜은 최치원의 '호중별유천'에서 딴 이름으로 통삼겹살에 녹차소스와 찻잎을 넣고 조린 찜이다. 고기요리임에도 녹차 덕분에 뒷맛이 깔끔하다.

주소 하동군 화개면 화개로 519
여닫는 시간 11:00~19:30(예약 필수)
가격 고운비빔밥·별천지찜 15,000원(차꽃와인, 차씨오일, 차꽃진 제공)

05 하동 동정산장

직접 기른 토종닭을 잡아 숯불에 구워주는 닭숯불구이가 인기다. 간장마늘소스에 재워 나온 닭고기를 숯불 위에 초벌구이하고 양념을 다시 묻힌 뒤 두 번 굽기 때문에 양념이 잘 배어 맛이 좋다. 다양한 김치와 산나물무침, 장아찌와 겉절이가 함께 나오고 식사 뒤에는 녹두죽이 나온다. 구이 외에도 백숙, 옻닭, 닭볶음탕 등이 있다. 여름이면 아이와 함께 가기 좋은 식당이다. 산장과 연결된 계곡에서 물놀이 후 예약한 시간에 식사를 할 수 있다.

주소 하동군 화개면 화개로 796 여닫는 시간 09:00~22:00
가격 닭숯불구이 50,000원

06 하동 은성식당

하동은 남해로 이어지는 섬진강 하류에 있어 먹거리가 풍부하다. 그중 대표 음식으로 참게를 빼놓을 수 없다. 봄에 민물과 바다 경계에 산란하고 여름에 강바닥을 거슬러 오르는 회귀형 게다. 7cm 정도로 아이 손만 한 작은 크기지만 맛이 좋아 조선 왕실에 진상되던 귀한 재료다. 이곳은 섬진강 참게로 만든 탕과 게장이 유명한데, 참게탕이 매우면 참게를 갈아 만들어 고소하고 감칠맛이 도는 참게가리장을 추천한다. 토속음식점답게 은어구이, 은어튀김이나 재첩 요리, 백숙 등 아이가 먹을 수 있는 음식도 있다. 식당에서 보는 섬진강 전망도 좋다.

주소 하동군 화개면 섬진강대로 3917 여닫는 시간 08:30~20:00
가격 참게탕(소) 35,000원, 재첩회덮밥 15,000원, 제첩국백반 10,000원

07 하동 무량원식당

평사리 일대에 자리하고 있어 최참판댁이나 하덕마을을 여행할 때 가기 쉽다. 일부러 찾아가야 하는 곳에 있으나 늘 찾는 이들로 북적이는 식당이다. 알고 보니 음식 경연대회 심사위원으로 초대될 만큼 실력자의 솜씨다. 짜지 않고 구수한 청국장정식과 자극적이지 않은 재첩국정식이 유명하다. 함께 내는 밑반찬은 너나할 것 없이 맛이 있고 건강하다. 매실장아찌와 보리고추장은 찾는 사람이 많아 따로 판매할 정도. 볶은 메밀을 테이블마다 두어 손님 건강까지 챙기는 모습이 고맙다.

주소 하동군 하동읍 섬진강대로 2770
여닫는 시간 08:00~21:00
가격 청국장정식 8,000원, 재첩해장국 5,000원

08 하동 스타웨이 하동

지리산까지 쭉 뻗은 평사리 들판과 S자로 굽이치는 섬진강을 보려면 고소산성에 가야 한다. 아이와 함께 가기엔 망설여질 만큼 가파르고 힘이 드는 여행지다. 고소산성 아래 이를 대체할 만한 전망대가 문을 열었는데, 이곳은 카페가 있는 건물을 중심으로 별처럼 스카이워크가 놓였다. 바닥에는 원형 유리가 있어 아래까지 시원하게 보인다. 카페에는 빈백 쿠션을 둔 야외 공간이 있어 더욱 인기다. 운해가 낀 섬진강변이나 날이 좋은 밤, 은하수가 쏟아지는 평사리 들판이 보고 싶다면 숙소 스타웨이 하동 힐포트를 이용해 보자.

주소 하동군 악양면 섬진강대로 3358-110
여닫는 시간 3~10월 09:30~18:00, 11~2월 09:30~17:00(4~9월 금, 토 09:30~21:00)
가격 입장료 어른 3,000원, 청소년 2,000원 아메리카노 6,000원

PLACE TO STAY

01 노고마주

'노고단을 마주하다'의 줄임말로, 숙소에서 보는 지리산 노고단 풍경이 아름답다. 독채 건물로 하루에 한 손님만 받는다. 방에 침대와 TV, 식탁과 조리공간이 함께 있다. 침대는 아래에 각진 받침이 있으나 높이가 낮아 크게 염려하지 않아도 된다. 아이가 큰 편이라면 비좁을 수 있어 따로 이불을 요청하면 바닥에서도 잘 수 있다. 바비큐를 주문할 수 있고 마당의 채소는 바로 따서 먹을 수 있다. 한여름에는 넓은 수영장도 개방한다. 차를 타고 나가면 10분 거리에 자연드림 테마파크 내 마트를 이용할 수 있다. 예약은 네이버 예약 또는 에어비앤비 사이트에서 가능하다.

주소 죽정길 57-58
여닫는 시간 입실 15:00, 퇴실 11:00
웹 www.instagram.com/nogomaju

02 하동 켄싱턴리조트 지리산하동점

아이와 함께 여행할 때 놀이터나 키즈룸 등 아이의 편의를 많이 생각하는 켄싱턴리조트의 지리산하동점이다. 아쉽게도 이곳은 아이를 위한 보드게임이나 음료 판매 외에 특별한 시설은 없지만, 장점은 화개천과 야생 차밭을 볼 수 있는 뷰와 차 시배지가 바로 옆에 있고, 야생차박물관도 인근에 있다는 것이다. 봄에는 교통체증이 심한 십리벚꽃길을 여유롭게 둘러볼 수 있고, 여름에는 쌍계사 계곡에서 놀기에도 좋다. 무엇보다 저렴한 가격으로 하루를 보낼 수 있다.

주소 하동군 화개면 쌍계로 532-6 여닫는 시간 입실 15:00, 퇴실 11:00
웹 www.kensingtonhotel.com

03 하동 차꽃오미

하덕마을 내에 위치한 숙소로 100년 된 고택을 쓸고 닦고 고쳐 손님을 맞이하고 있다. 주방이 딸린 안채와 사랑채가 있다. 두툼한 요를 깔아 편안한 잠자리를 제공하는데, 매일 빨아서 햇빛에 말리는 광목이불이다. 자칫 답답할 수 있는 한옥에 통유리로 된 창을 달아 마당 넘어 지리산을 볼 수 있게 했다. 아이와 노는 건 고양이에게 맡기고 툇마루에서 쉴 수도 있다. 연고는 없지만 늘 찾아오는 10마리의 고양이가 마당에서 망중한을 즐긴다. 애교 피우는 아이, 모른 체하는 아이, 눈치 보는 아이 등 다 성격이 다르다. 아이가 쫓아가면 장난을 치기도 하고 도망가기도 한다. 바깥채에는 보이차로 유명한 지유명차를 맛볼 수 있다. 발효차라 아이도 마실 수 있다. 다만 공복이 아닐 때 먹이도록 하자.

주소 하동군 악양면 악양서로 233-28
여닫는 시간 입실 16:00, 퇴실 11:00
웹 abnb.me/zFojQJdho3

03 하동 아름다운산골

하동 칠불사에 온돌로 유명한 아자방이 있다. 숙소는 이 아자방을 모티브로 만든 황토구들방이 유명하다. 방에 황토찜질이 가능한 공간을 두었다. 내부에 있다 보니 아이가 있어도 걱정 없이 찜질을 할 수 있고 씻기에도 편리하다. 객실에 따라 편백나무 욕조도 있고, 방마다 툇마루가 있어 쉬기에도 좋다. 숙소 바로 옆은 쌍계사 계곡의 상류로 여름에는 평상이 있어 발을 담그고 놀 수 있는데 물살이 세다 보니 아이가 물놀이할 때는 주의를 해야 한다.

주소 하동군 화개면 범왕길 198
여닫는 시간 입실 16:00, 퇴실 11:00
웹 www.harmony-pension.co.kr

물고기 만들기

섬진강어류생태관(p.416)에서 알록달록한 색감 때문인지 비단잉어를 가장 좋아했다. 예쁜 색깔의 비늘을 가진 물고기의 우정과 용기를 다룬 책 무지개 물고기를 읽어주고 연계 놀이를 했다.

준비물 스케치북, 크레파스, 화장솜, 물감, 약통, 목공풀, 포일, 가위

만들고 놀기 스케치북에 무지개 물고기를 그리고 비늘 부분에 비늘 모양으로 만든 화장솜과 포일을 목공풀로 붙인다. 약통에 물감을 넣고 물로 희석시킨다. 아이가 약통에 든 물감을 뿌려 알록달록한 비늘을 만든다. 물고기를 더 만들어 책에 나오는 무지개 물고기처럼 포일을 떼서 붙여주어도 좋다.

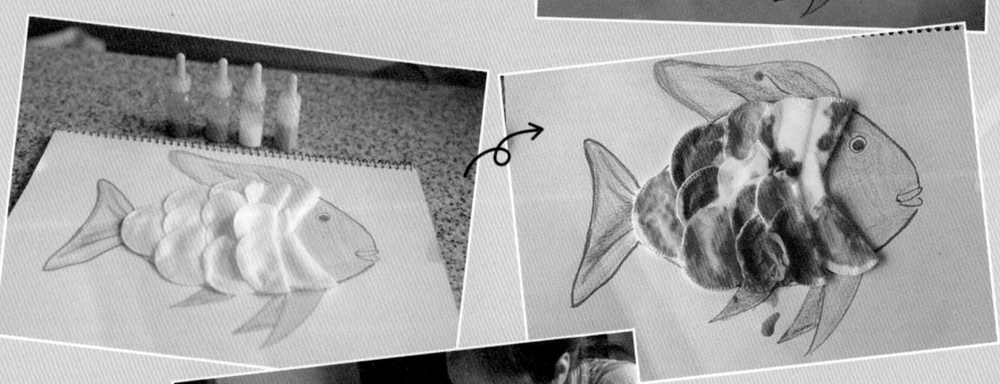

함께 읽어주면 좋은 책

- 무지개 물고기 시리즈 총 7권

알록달록 지퍼백 물감놀이

물감을 가지고 간 김에 여행하면서 본 동식물을 표현하기로 했다. 숙소 차꽃오미(p.429)에서 본 고양이를 먼저 그렸다. 아직은 물감을 다루기 어려워 손이나 숙소가 지저분해질 수 있기 때문에 지퍼백을 사용하기로 했다.

준비물 지퍼백, 색지나 스케치북, 가위, 물감, 약통

만들고 놀기 색지나 스케치북에 고양이를 그리고 형태를 오려준다. 지퍼백에 그린 고양이를 붙이고 지퍼백을 열어 곳곳에 물감을 짠 다음 지퍼백을 닫고 아이가 문질러서 무늬가 바뀌는 걸 관찰해보자. 길고양이가 다양한 색깔을 가지고 있는 이유를 설명하고 혼혈에 대해서도 가볍게 이야기해보는 것도 좋겠다.

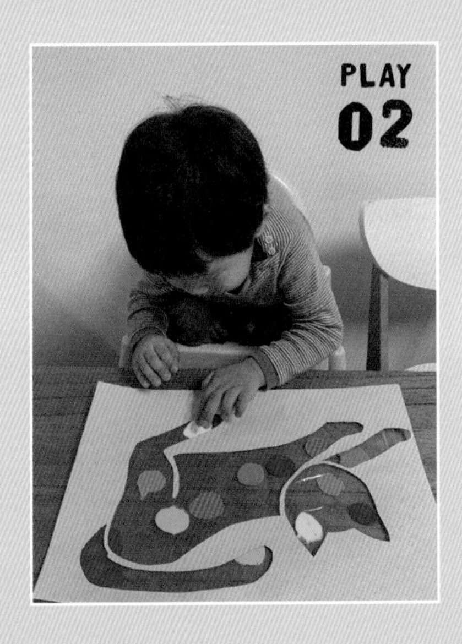

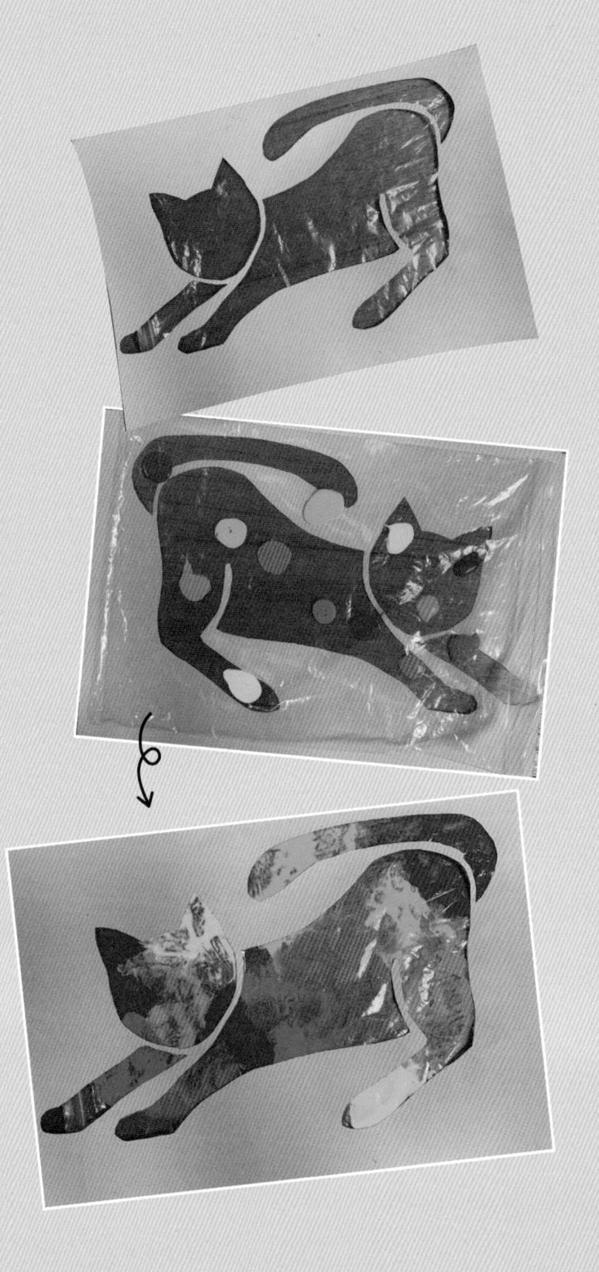

WHERE TO GO

아이 좋아
가족 여행

경상

WHERE TO GO
01
부산+울산

부산+울산

BEST COURSE

1박 2일 코스

01 아이와 여유롭게 보낼 수 있는 힐링 코스

1일 국립해양박물관 → 점심 제주복국 → 문화공감 수정(정란각) → 해동용궁사 → 저녁 원조짚불곰장어 기장외갓집

2일 장생포 고래문화특구 → 점심 고래문화마을 내 고래막집 → 대왕암공원 → 대왕별 아이누리 → 저녁 언양 기와집불고기

02 아이와의 다양한 활동을 중시하는 체험 코스

1일 장생포 고래문화특구 → 점심 고래문화마을 내 고래막집 → 대왕암공원 → 대왕별 아이누리 → 저녁 언양 기와집불고기

2일 백제문화단화진포지 → 점심 백촌막국수 → 왕곡마을 → 저녁 통일전망대

2박 3일 코스

01 아이와 여유롭게 보낼 수 있는 힐링 코스

1일 죽성성당 → 점심 미청식당 → 해동용궁사 → 해운대 → 저녁 백두산횟집

2일 오륙도 스카이워크 → 점심 제주복국 → 국립해양박물관 → 태종대 → 저녁 순자집곰치국

3일 장생포 고래문화특구 → 점심 고래문화마을 내 고래막집 → 대왕암공원 → 대왕별 아이누리 → 저녁 언양 기와집불고기

02 아이와의 다양한 활동을 중시하는 체험 코스

1일 문화공감 수정(정란각) → 점심 영도 해녀촌 → 흰여울문화마을 → 송도해변 → 다대포 → 저녁 인근 식당 또는 엄용백 돼지국밥

2일 광안리 → 해운대 → 점심 거대곰탕 → 송정해변(다릿돌전망대) → 해동용궁사 → 저녁 수림원

3일 장생포 고래문화특구 → 점심 고래문화마을 내 고래막집 → 대왕암공원 → 대왕별 아이누리 → 저녁 언양 기와집불고기

죽성성당
(죽성드림세트장)
태화강국가정원
(십리대숲)
부산
국립부산과학관
울산
해동용궁사
장생포 고래문화특구
송정해변
대왕암공원
해운대
광안리
간절곶
문화공간 수정(정란각)
오륙도 스카이워크
흰여울문화마을
국립해양박물관
송도해변
태종대
다대포

부산

SPOTS TO GO

해동용궁사

바다를 절 앞마당까지 끌어당긴 수상 법당으로 수행하는 승려의 목탁소리처럼 파도가 절에 와 닿는다. 작은 암자로 지내다 1976년 부임한 정암스님이 용을 타고 승천하는 관음보살의 꿈을 꾼 뒤 중창에 이르렀고, 강원도 원주에서 바위 하나를 가져와 다듬고 절 가장 높은 곳에 해수관음보살을 모셨다. 한 가지 소원은 꼭 들어준다는 우리나라 대표 관음성지로 중생의 소원이 간절한지, 장쾌한 사찰 풍경 때문인지 늘 사람들로 붐빈다.

십이지상을 지나 일주문에 다다르면 대웅전까지 108계단으로 이어진다. 아직 미륵불도 보지 못했는데 계단에 선 득남불과 마주한다. 포대화상의 배를 만지면 아들을 낳는다는 소문에 애타는 마음들이 닿아서인가 까맣게 손때가 탔다. 용문석굴을 지나면 두 갈래 길이 나오는데, 용문교를 지나면 대웅전이 있는 중심 사찰에 도달한다. 그 길에 마음을 홀리는 것이 많아 사찰 지하, 바위틈에서 나오는 신비한 약수인 감로수 한 모금으로 마음을 진정시킨다. 석가탄신일이면 이 물로 아기 불상을 씻기는 관욕불 행사도 열린다. 중창으로 많은 전각이 생겼으나 산사의 신선각에 해당하는 건물인 용궁단은 그대로 남았다. 그 뒤 굴법당은 창건할 때부터 바위굴에 미륵좌상 석불을 모셨던 장소로 직접 볼 수는 없다. 앞에 미륵불로 불리는 거대한 포대화상을 보는 것으로 아쉬운 마음을 달랜다. 다시 용문석굴로 돌아와 방생터로 가면 삶과 죽음의 영역에 있는 지장보살을 모시고 있는데, 바다에 더 치우쳐 있어 사찰 전체를 조망하는 전망대 역할도 한다. 방생터와 이어진 홍룡교는 수산과학원까지 해안로를 이어준다.

난이도 ★★
주소 용궁길 86
여닫는 시간 05:00~일몰
요금 무료(주차료 3,000원)
웹 www.yongkungsa.or.kr
여행 팁 워낙 유명한 사찰로 찾는 이가 많아 오후에는 정체가 심하다. 오전에 방문하거나 수산과학원에 무료주차한 뒤 둘러보고 해안길을 따라 용궁사에 다녀와도 좋다. 단, 수산과학원이 문을 열었을 때만 가능하다.

아이가 즐길 수 있는 여행법

사찰이 아이에겐 자칫 지루할 수 있지만 용궁사는 설화를 바탕으로 해룡과 거북바위 같은 흥밋거리가 많다. 16나한상 앞 동전을 던져 소원을 비는 곳도 재미있는 장소가 될 수 있다. 수산과학원으로 이어진 해안로에는 수많은 돌탑이 있어 함께 돌을 얹고 소원을 비는 것도 좋다.

함께 둘러보면 좋은 여행지, 국립수산과학원

언택트

수산 연구와 관련 과학 기술을 연구하는 국립수산과학원 소속 박물관이다. 고래테마관을 시작으로 해양 자원이나 어업, 수산물 전시를 볼 수 있으며 독도관을 따로 두어 독도의 가치와 생물 등을 설명한다. 아이들이 가장 좋아하는 곳은 수족관이다. 바다에 사는 해수어는 물론 낙동강에 사는 담수어도 만날 수 있다. 해삼이나 생물을 손으로 만질 수 있는 터치풀도 있어 생동감 넘치는 체험도 가능하다. 날이 좋으면 과학원 앞 몽돌해변로에서 쉬어가도 좋다.

난이도 ★ 주소 기장해안로 216 여닫는 시간 09:00~18:00
쉬는 날 월요일, 설날·추석 연휴 요금 무료

Episode

난 괜찮아

수산과학원으로 가던 중 발견한 돌탑지에서 각자 돌을 주워와 하나씩 쌓기로 했는데 내 차례에 올린 모난 돌이 탑을 무너뜨렸다. '금방 울겠지'라는 생각에 미안한 얼굴로 아이를 보자 아무렇지도 않게 말했다.

"괜찮아. 다시 하면 되지 뭐."

미안한 마음에 따로 탑을 쌓자고 했다. 한참 뒤 내 탑을 보고 아이는 말했다.

"예쁘게 만들었네."

아이가 고운 말을 쓰는 모습이 기특했다. 다 놀고 다시 돌아오는 길에 살짝 넘어진 아이는 이렇게 말했다.

"난 괜찮아. 피는 안 났어."

여러 번 반복해서 이야기하는 아이를 보고 '아플 텐데 혹시 삼키는 건가' 하고 걱정되기도 했다. 며칠이 지나고 나는 아이 입버릇의 출처를 알았다.

"엄마 괜찮아. 피는 안 났어. 윤우는 안 놀랐어?"

스냅사진, 여기서 찍으세요

용궁사 전체를 조망할 수 있는 방생터에서 찍는 것도 좋지만 해안로에 있는 돌탑지로 가면 주변에 인파가 적어 여유롭게 찍을 수 있다.

02 죽성성당(죽성드림세트장)

언택트

배 타는 식구가 있는 어촌이 그렇듯 두호마을도 정화수를 떠 놓고 치성을 드리는 이가 한둘이 아니었다. 지금도 마을 앞바다 두모포에선 제사 흔적을 볼 수 있는데, 검박한 토속신앙의 흔적이 남은 마을에 2009년 성당이 들어섰다. 용이 어깨를 드러낸 듯 거친 갯바위 위, 붉은 지붕과 흰 벽돌을 쌓아 이국적인 건물에 하얀 포말이 스쳤다 사라지는 풍경 하나는 으뜸이다. 사실 죽성성당은 지붕 꼭대기에 십자가는 달았으나 종교 건물이 아니다. 2009년 방영된 드라마 <드림>의 촬영을 위해 만들어졌고, 함께 있는 등대도 가짜다. 그럼에도 많은 여행객이 낯선 정취를 보러 이곳을 찾는다. 웨딩스냅 촬영이나 소위 인생샷을 찍으러 오는 이도 많다. 성당에 불이 켜지는 해질 무렵이나 달 뜨는 풍경이 장관이다. 그냥 돌아서기 아쉽다면 소박한 두호마을의 벽화도 함께 구경해보자.

난이도 ★
주소 죽성리 134-7
여닫는 시간 24시간
요금 무료

스냅사진, 여기서 찍으세요

마을 정자 쪽에 있는 방파제에 나가서 찍어보자.
성당의 왼쪽 풍경이 반대편보다 깔끔하고 구도가 좋다.

오후에는 성당에 그늘이 생겨 인물 사진을 찍는데
아쉬움이 남는다. 대신 성당 뒤로
고운 일몰과 떠오르는 달을 볼 수 있다.

국립부산과학관

2012년 '아이들에게 과학을 돌려주자'는 한 공익 캠페인이 그해 광고 대상을 수상했다. 우리에게 더 많은 과학자와 과학을 접할 기회의 필요성에 공감했던 결과다. 놀면서 과학을 배울 수 있는 국립부산과학관은 80% 이상 체험형 전시로 구성돼 있다. 1관은 자동차와 항공우주관이다. 네모바퀴로 가는 자전거나 주행 시뮬레이터 조종도 흥미롭다. 우리나라 최초의 우주 발사체 나로호를 발사시키는 체험과 달에서 걷는 듯한 중력 체험은 무척 실감이 난다. 중력 회전 원리를 알아보는 자이로스코프는 놀이기구처럼 재미있어 대기해야 할 정도다. 2관 선박관은 부력과 선박 시뮬레이션, 3관은 에너지와 의과학관이다. 에너지 원리와 원자, 인체 관련 전시를 하고 있으며 유아가 이해하기는 다소 어렵다. 대신 과학놀이터인 새싹누리관에서 놀아보자. 자동차 충전소와 정비소에서 체험하거나 석탄을 넣어 움직이는 증기기관차의 원리를 배울 수 있다. 놀이터처럼 친근한 시설에 시간 가는 줄 모른다. 아이가 만들기를 좋아한다면 꿈나래동산으로 가. 물로켓, 에어로켓, 배 등을 만드는 키즈메이킹 수업을 해보는 것도 좋다. 페트병 블록을 조립하거나 컵 쌓기, 보드게임 등 자율적인 놀이 진행도 가능하다. 여름이면 야외물놀이장이 문을 열고, 지렛대나 회전 같은 물리법칙을 이용해 만든 야외놀이터 '사이언스파크'도 놀면서 과학을 배울 수 있는 곳이다.

난이도 ★
주소 동부산관광6로 59
여닫는 시간 09:30~17:30
쉬는 날 월요일, 설날·추석 당일
요금 어른 3,000원, 청소년 2,000원
웹 www.sciport.or.kr
여행 팁 놀거리, 볼거리가 많아 머무는 시간을 여유롭게 정하자. 과학관 내 푸드코트가 있어 먹거리도 걱정 없다.

Episode

넌 커서 뭐가 되고 싶어?

여행을 하며 여러 체험들을 하다 보니 문득 아이가 커서 뭐가 되고 싶은지 궁금했다.
"윤우야, 커서 뭐가 되고 싶어?"
"어른."
아이의 대답을 듣고 웹툰 <미생>을 그린 윤태호 작가님 이야기가 떠올랐다.
'꿈을 꼭 직업으로 생각 안 했으면 좋겠다.'
답은 항상 질문에 있다고 했던가. 어른이 되고 싶다는 아이에게 궁금하진 않겠지만 혹 물어보게 된다면 그의 말처럼 물어보기로 했다.
"어떤 사람으로 살고 싶어?"

해운대

부산의 국민 해수욕장으로 여름이면 백사장 전체에 오색 파라솔이 무지개처럼 뜬다. 해변은 시루에서 파도를 타는 콩나물처럼 사람이 많다. 파도를 타기 좋고 사람들과 복작거리며 물놀이를 하는 재미도 있으며, 편의시설과 주변 맛집이 많은 것도 이곳을 찾는데 한몫한다. 하지만 이곳의 압도적인 풍경은 단연 독보적이다. 신라의 문인 최치원이 이곳을 지나다 해변과 소나무 경치에 반해 자신의 호인 해운을 따 이름 지었으니 말이다. 조선시대에는 토착 원주민들의 어장이었으나 수려한 풍경 덕에 조선팔경에 꼽히기도 했다. 일제강점기에는 일본인들의 해수욕장으로, 한국전쟁 당시에는 미군의 휴양지로 사용되었다. 1965년 해수욕장으로 정식 개장한 해운대는 해수온천까지 더해져 많은 사람들이 찾았다. 지금도 할매탕이나 송도탕처럼 가족탕을 운영하는 곳이 있으니 해운대 여행의 마지막은 해수온천으로 즐겨보자. 온천 후에는 유약을 바른 도자기처럼 피부가 반질반질 빛난다.

난이도 ★
주소 해운대해변로
여닫는 시간 24시간
요금 무료
여행 팁 여름에 아이와 해수욕을 하기엔 수심이 깊고 파도가 센 편이라 추천하지 않는다. 웨스틴조선호텔 앞 해변에 바위가 여럿 있어 그 사이에서 아이와 물놀이를 해도 좋겠다. 모래놀이만 할 경우에도 호텔 앞 에어건으로 모래를 털어낼 수 있어 편하다.

아빠 엄마도 궁금해!

해운대, 해변만 즐기고 가면 0점

꽃피는 동백섬

해운대의 봄은 동백섬이 깨운다. 섬 둘레를 따라 산책로를 걸으면 토종 동백과 애기동백을 포함한 25종류의 동백나무를 만날 수 있다. 기암괴석과 동백꽃이 함께 어우러진 모습이 아름다워 고서 <동국여지승람>에도 남았다. 웨스틴조선호텔에서 출발해 900m 길이의 산책로는 아이와 가볍게 걷기 좋다. 황옥공주상이 있는 데크길은 일출과 월출 명소다. 등대에서 마린시티의 마천루까지 이어진 야경도 시선을 사로잡는다. 그 앞에 마치 정자처럼 선 건물은 2005년 APEC 정상회의 회의장으로 만든 누리마루로, 누리는 세상을 뜻하고 마루는 정상을 뜻하는 순우리말이다.

바다 쓰레기가 멋진 상품으로, 바다상점

해변 중심에 있는 경찰서에 바다상점이 있다. 2016년 문을 연 이곳은 해양 쓰레기를 업사이클링 제품으로 만들어 판매한다. 비치파라솔로 만든 에코백과 백사장에서 마모된 유리를 담은 병, 청바지로 만든 트라이포트 쿠션까지 아이디어 상품이 다양하다. 바다를 지키기 위해 쓰레기를 줍는 비치코밍 행사를 열어 환경에 대한 경각심을 깨워주는 것은 물론 에코백과 교환하는 이벤트도 열린다.

해안 절경이 한눈에 들어오는 달맞이고개

해변 남쪽으로 솟은 언덕으로 꼭대기에 있는 해월정은 달이 뜬 밤에 신선이 놀다 간다고 할 정도로 풍광이 신비롭다. 때문에 문탠로드라는 별칭도 있다. 분위기 있는 카페와 레스토랑이 많아 휴일에는 인파

로 북적인다. 봄에는 벚꽃로드로 변하는데 해무가 자주 드리워져 몽환적인 분위기를 연출한다.

클래식한 디자인의 해변열차 블루라인 파크

2016년 바다 바로 옆을 지나던 동해남부선이 폐선된 후, 걷는 여행이 활발해지면서 미포철길이 유명세를 얻었고, 기차여행의 아쉬움을 풀어줄 블루라인 파크로 재탄생했다. 해운대 미포에서 송정까지 있는 4.8km 구간의 해변 열차는 절경을 관람하기 위해 의자가 모두 바다를 향해 있다. 미포정거장을 출발해 달맞이 터널, 청사포, 다릿돌 전망대, 구덕포를 지나 마지막 송정역에 정차한다. 티켓은 1회권(편도), 2회권(왕복), 6회권(다구간)으로 모든 여행지를 둘러보고 싶다면 6회권을 구매하는 것이 좋다. 실내에는 버스 창문처럼 작은 미닫이문이 있어 바닷바람이 불쑥 들어온다. 1시간마다 운행되는 열차는 속력 15km/h로 편도 30분 정도 소요된다. 해운대 스카이캡슐은 철로보다 7~10m 정도 높인 공중레일을 오가는데, 미포정거장을 출발해 청사포까지만 운행한다. 편도 또는 왕복 이용 가능하며 편도 25분 정도 소요된다. 패키지 상품을 구입하면 해변열차와 교차 이용도 가능하다.

난이도 ★ 주소 해운대구 중동 948-1 여닫는 시간 11~4월 09:00~18:00, 5~6·9~10월 09:00~20:00, 7~8월 09:00~22:00
요금 해변열차 1회권 7,000원, 2회권 10,000원, 6회권 13,000원 스카이캡슐 2인승 편도 30,000원, 왕복 55,000원, 3인승 편도 39,000원, 왕복 69,000원, 4인승 편도 44,000원, 왕복 77,000원
여행 팁 미포정류장에 주차장이 있으나 주차타워 형식이며 매우 협소하다.

송정해변

부산 토박이라면 해수욕은 송정이라고 말할 것이다. 여기에 부산을 찾는 여행객들도 말을 보탠다. '요즘은 송정이지'라고. 국내 서퍼들 사이에서는 송정포니아(서핑으로 유명한 캘리포니아를 혼합한 별명)라 할 만큼 서핑의 성지로 알려졌다. 서핑보드 대신 튜브지만 일정하게 얕은 바다와 잔잔한 파도가 아이와 함께 해수욕을 즐기기 좋다. 서퍼들과 부딪히지 않을까 하는 걱정은 접어두자. 길이 1.2km로 해안이 넓어 북적이지 않는다. 여름이 아니더라도 이곳을 찾아야 할 이유는 많다. 서핑 명소가 되면서 트렌디한 카페와 음식점이 모여 있어 여유로운 시간을 보낼 수 있다. 핫플레이스로 유명한 카페나 음식점은 구덕포 방향에 많은데, 갯바위 지형이라 아이와 작은 게나 고둥을 잡을 수 있다. 반대편 해안 끝에 자리한 죽도공원은 울창한 자연림으로 산책 코스가 유명하다. 산책로 끝에 위치한 정자 송일정은 일출과 월출을 보기 위해 많은 사람들이 찾는다.

난이도 ★
주소 송정해변로
여닫는 시간 24시간
요금 무료

함께 둘러보면 좋은 여행지, 청사포 다릿돌전망대

'푸른 모래'라는 이름과는 달리 해안 괴석과 몽돌이 많은 소박한 어촌이다. 2017년 스카이워크인 다릿돌전망대가 생기면서 명소로 거듭났다. 해수면에서 20m 높이, 바다로 72.5m나 뻗은 스카이워크는 아찔한 투명 바닥 아래로 다섯 개의 바위섬, 다릿돌이 보인다. 다릿돌은 청사포 해녀들이 전복과 조개를 캐는 바다밭으로, 겨울과 봄에는 미역 양식을 하고 여름과 가을에는 물질을 한다. 해산물과 함께 조개구이 맛집들도 유명하다. 해운대 신시가지 조성 때 생긴 가게들이다. 청사포의 맛과 멋, 인심까지 제대로 즐기고 가자.

난이도 ★ 주소 중동 산3-9 여닫는 시간 9~5월 09:00~18:00, 6~8월 09:00~20:00 요금 무료
여행 팁 미포철길을 따라가면 바로 나오지만 청사포 마을에선 계단 및 엘리베이터를 이용해 올라가야 한다.

광안리

20년 전만 해도 광안리 해수욕장은 주변의 유흥업소들로 인해 오염이 많이 되어 부산 사람은 해수욕하지 않는다고 할 만큼 수질이 좋지 않았다. 1994년 광안대교가 착공된다고 했을 때 넓은 바다를 조망하는 데 방해가 된다는 이유로 반응은 좋지 않았지만 2002년 광안대교가 개통되고 광안리는 새시대를 맞이했다. 해운대 마린시티의 마천루와 함께 어우러져 현대적인 풍광을 만들어냈다. 많은 광고와 영화의 배경이 되었으며 할리우드 마블사의 영화 <블랙 팬서>가 광안대교에서 촬영되면서 세계적인 관광지로 입지를 다졌다. 매해 10월이면 광안대교를 중심으로 불꽃축제가 펼쳐진다. 광안대교의 야경을 색다르게 보고 싶다면 황령산 봉수대 전망도 추천한다.

광안리는 포구로의 역할도 계속 이어나가고 있다. 광안리에서 해운대로 넘어가는 해안에 방파제와 포구가 조성되어 있다. 길목의 민락회타운, 민락회센터, 밀레니엄회센터, 민락어민활어직판장 등에서 활어회를 구입할 수 있다. 민락어민활어직판장의 주차타워에는 독일 그래피티 작가 헨드릭 바이키르히의 <어부의 얼굴> 벽화가 있는데, 아시아 최대 규모다.

난이도 ★
주소 광안해변로
여닫는 시간 24시간
요금 무료
여행 팁 광안리 해변 북쪽에 위치한 남천동 삼익비치아파트는 봄이면 벚꽃터널이 풍성해 꽃구경하기 좋다. 다만 정체가 심하니 주차는 다른 곳에 하고 걸어가는 것이 좋다. 아파트 단지의 해안 쪽 방파제길도 함께 걸어보자.

스냅사진, 여기서 찍으세요

광안대교가 랜드마크인 만큼 모래사장 정면에서 찍는 것이 좋다.

해변에 높은 빌딩이 많아 그림자가 빨리 생기므로 오후 2~3시 전에 가는 것이 좋다(계절에 따라 상이).

오륙도 스카이워크

인간이 새처럼 날고 싶다는 욕망에서 스카이워크를 만든 건 아닐까. 공중에 부유해 아득해지는 기분을 느끼기 위해서 말이다. 이왕이면 해안 절벽 위를 나는 바다새가 되어도 좋겠다. 스카이워크는 동해와 남해의 경계에 있는 승두말에 있는데, 예부터 말의 안장을 닮았다 해서 지어진 이름이다. 해수면으로부터 35m 높이에 철제빔을 고정하고 고하중 방탄유리 24개를 이었다. 깨지지 않는 것을 알고 있어도 오금이 저리고 손바닥에 땀이 난다. 말발굽 형태로 이어진 유리다리는 15m나 되는데, 정점에 서면 풀어진 다리가 수습될 만큼 가슴 벅찬 경치가 펼쳐진다. 만조 때는 섬이 5개로 보이다가 간조 때는 6개로 보인다고 해서 오륙도(五六道)다. 하지만 스카이워크에선 가장 가까이 있는 방패섬과 솔섬만 보인다.

난이도 ★ (오륙도 해맞이공원, 해녀촌 ★★)
주소 오륙도로 137
여닫는 시간 09:00~18:00
요금 무료
여행 팁 오륙도 스카이워크와 가까운 공영주차장이 있지만 일찍 만차가 된다. 해녀촌이 있는 하부주차장은 넓은 편이지만 스카이워크까지 계단을 올라야 한다.

아빠 엄마도 궁금해!

오륙도를 다르게 즐기는 방법

오륙도를 촘촘히 보고 싶다면 스카이워크 아래 해녀촌으로 가자. 오륙도를 차례로 두르고 먼 바다에서 전체를 조망할 수 있다. 하선도 할 수 있는데 다음 배를 타야 하기 때문에 주로 낚시를 위해 온 사람들이 내린다. 해녀촌에서 해산물을 구매한 뒤 소위 '초장집'이라고 하는 포장마차에서 손질을 부탁해 먹을 수 있다. 간단한 먹거리도 판매한다. 스카이워크 위 언덕인 오륙도 해맞이공원에 오르면 탁 트인 시야에 속이 후련해진다. 앞으로 오륙도가 있는 망망대해가 보인다면 뒤로 광안대교와 해운대 마린시티의 마천루가 한꺼번에 들어온다. 공원은 이기대로 이어지는 갈맷길 초입까지 4.7km의 길이 이어져 있는데, 아이와 연못이 있는 공원까지만 올라도 만족스럽다. 4월이면 해안 절벽을 따라 핀 노란 유채꽃이 환상적이다.

함께 둘러보면 좋은 여행지, 이기대 어울마당

언택트

임진왜란에 우리나라를 지켜낸 것은 민초라 했다. 이기대는 나라를 지키는 데 앞장선 두 기생을 기리기 위해 지어진 이름이다. 당시 왜군들이 수영성을 함락시키고 경치 좋은 이곳에서 승전 잔치를 벌이고 있을 때, 수영에서 유명한 기생 두 명이 술에 취한 왜장을 부여안고 물에 빠져 죽었다. 해안 절벽은 아니지만 갯바위가 많은 곳이니 그럴지도 모르겠다.

매점에서 간식을 먹거나 계단식 스탠드에 앉아 바다를 조망할 수도 있다. 이곳에서 보는 광안대교와 초고층 건물 풍경이 미래 도시 같다. 지척에는 갯바위와 자갈 해안이 있다. 여름에 갯바위 위에 앉으면 파도가 발을 스치고 가는 재미가 있다. 자갈을 바다에 던지는 것은 언제나 재미있는 백발백중 놀이다.

주소 용호동 산28-1 여닫는 시간 24시간 요금 무료

Episode

엄마는 내가 지켜줄게

여행을 하다 보면 아이가 무서워하는 경우가 있다. 그럴 때는 항상 엄마가 지켜준다거나 구해준다는 말로 안심시키곤 한다. 혹시 아이가 별거 아닌 일에도 의존도가 높아지진 않을까 지레 걱정을 했다. 스카이워크를 걸으면서 무서운 척을 했더니 아이가 말했다.

"엄마, 무서워?"

이번에는 엄마가 무섭다고 했더니,

"걱정 마. 내가 있잖아. 손 잡아줄게."

기특하기도 하고 든든하기도 한 작은 손을 잡고 건넜다. 아이는 자신이 엄마를 지켜줘서 뿌듯한 모양이었다. 아이의 의존도는 무슨, 이러다 아들 의존도가 높아질 지경이다.

스냅사진, 여기서 찍으세요

오륙도 스카이워크에서 찍는 것도 좋지만 지나가는 사람이 많아 좋은 사진을 찍기엔 어렵다. 오히려 주차장 위쪽 언덕 위로 올라가면 전망대가 있는데 이곳에서 오륙도를 배경으로 스냅사진을 찍어보자.

08 문화공간 수정(정란각)

1426년 부산포가 개방된 이후 부산은 각국의 배들이 경제와 문화를 실어 나르는 국제도시가 되었다. 일본과 교역하기 위한 초량왜관이 들어서고 일본인 전관거류지가 생겼는데, 지금은 당시의 건축물의 절반도 찾아보기 힘들다. 도시 개발과 식민지 문화 청산이란 이름으로 과거를 지워서다. 다행히 정란각(貞蘭閣)은 2007년 근대문화유산 등록문화재로 지정된 이후 건물을 복원해 찻집 '문화공감 수정'으로 문을 열었다. 관리를 위해 입장료 대신 차를 판매하고 있다. 노인 복지의 일환으로 동구에 사는 어르신들이 직접 차를 준비한다. 덕분에 음식과 함께 놓고 가는 옛이야기와 친절은 덤이다.

난이도 ★
주소 홍곡로 75
여닫는 시간 09:00~18:00
요금 음료 4,000원
웹 ntchmgsugung.modoo.at

적이 남긴 재산, 적산가옥

부산포 개항과 함께 성장한 초량동은 왜관까지 있어 부호들이 많이 찾았다. 정란각은 일제강점기에 일본인 사업가 다마다 미노루의 집으로 1939년 처음 지어졌다. 조선에서 무역과 섬유공업을 하던 재력가로 거금을 들여 일본에서 건축 자재를 공수해왔다. 그토록 공을 들였음에도 불구하고 2년 뒤 해방을 맞아 쫓기듯 모국으로 돌아가고 정란각은 적산가옥으로 남았다.

일본 전통 건축 양식을 들여다보다

맞배지붕을 올린 대문을 들어서면 풍채 좋은 이층집이 시선을 압도한다. 정원의 포석과 연결된 널찍한 엔가와는 주인보다 먼저 손님을 맞이한다. 엔가와는 한국의 툇마루와 같은 일본 남부 가옥의 특징이다. 비가 오는 날에는 유리로 된 미닫이 덧창을 닫아 정원을 내다볼 수 있고 산들바람이 부는 가을날이면 만개한 금목서 꽃향기가 풍겨온다. 정란각이 생길 때부터 있던 금목서는 일본에서 아들이 태어나면 심는 나무다. 원래 담장 밖까지 있던 정원은 부동산 개발로 부지를 팔아 지금의 모습이 되었다. 꽤 큰 규모의 연못이 있었다는데 말로만 들어야 하니 안타까운 마음이다.

일본 특유의 미적 감각이 살아있는 내부 장식

1층은 온돌, 2층은 다다미다. 2층은 임권택 감독의 영화 <장군의 아들>에서 히야시의 집으로 나왔는데, 실제 일본 무사계급의 주택 구조다. 겨울에 바람과 추위를 막고 여름엔 습기와 통풍을 조절하는 후스마는 나무틀에 종이를 바른 문으로 방 사이에 달아 손님이 오면 문을 열어 접대를 한다. 바닥을 한층 높여 병풍이나 그림으로 장식하는 도코노마는 집주인의 취향을 나타내는 공간이다. 환기용 창인 란마와 목재계단의 문양도 눈여겨보자.

해방 이후의 정란각

한국인이 인수해 고급요릿집인 요정(料亭)을 차렸다. 복도는 미로처럼, 2개의 계단은 마주치지 않도록 비밀스러운 동선을 만들었다. 한때 유명인만 드나들던 곳이 공개되었는데, 영화 <범죄와의 전쟁>과 아이유의 '밤 편지' 뮤직비디오를 이곳에서 촬영했으며, 일반인들에게는 스냅 촬영지로 인기가 많다.

09 태종대

난이도 ★★
주소 전망로 24
여닫는 시간 24시간(다누비 열차 하절기 09:00~17:30, 동절기 09:00~17:30)
요금 무료(다누비 열차 어른 3,000원, 청소년 2,000원, 어린이 1,000원)
웹 taejongdae.bisco.or.kr

옛날이야기에 신선들이 수염 세는 줄 모르고 논다 하면 무조건 경치가 좋다는 말이다. 특히 신선대는 기암괴석이 만들어낸 기기묘묘한 풍경 중 가장 유명한 곳이다. 반듯하게 가로로 잘린 넙적바위가 신선대, 위에 홀로 우뚝 솟은 바위는 왜구에 끌려간 남편을 기다리는 망부석이다. 7천만 년 전 백악기 출신 공룡의 발자국도 이곳에서 발견되었다.
태종대 순환도로는 3.7km로 다누비 열차를 타면 20여 분 걸린다. 3곳의 기착지(전망대, 영도등대, 태종사)가 있으며 여러 번 탈 수 있다. 첫 번째는 타원의 우주선을 닮은 전망대로 태종무열왕이 반한 태종대의 풍경을 고스란히 감상할 수 있다. 두 번째는 신선대를 볼 수 있는 영도등대로 파식대지와 해식동굴 등 퇴적지질을 체험할 수 있다. 영도등대 전망대를 겸하고 있는데 바로 아래 건물에 있는 매점에 들러 간식을 먹어보자. 컵라면 값으로 오션뷰 레스토랑을 즐길 수 있다. 마지막으로 도착하는 태종사는 여름이면 반드시 들러야 할 장소다. 사찰을 둘러싼 울창한 숲 아래는 수국으로 채워진다. 마지막 정차지는 정문으로 회귀한다. 배가 고프다면 인근 태원자갈마당에서 조개구이나 해산물을 즐겨도 좋다.

스냅사진, 여기서 찍으세요

초여름 수국이 피어나면 태종사는 필수 여행지가 된다.
경내 모든 곳에 수국이 피지만 대웅전 뒤 산신각 쪽을 추천한다.

아이 얼굴만큼 커다란 수국.
머리로 수국을 통통 튕기자 여행객들의 애정을 듬뿍 받기도 했다.

10 국립해양박물관

바다를 가진 도시, 부산만의 특혜는 무료로 아쿠아리움을 볼 수 있는 국내 유일의 종합 해양 박물관이 있다는 것이다. 박물관에 들어서자마자 3층에 있는 직경 11m, 362톤 규모의 대형 수조로 사람들이 모인다. 상어, 가오리와 같은 큰 물고기부터 파랑돔과 같은 작은 열대어까지 300여 마리가 더불어 살고 있다. 바다거북도 함께다. 수조 중앙이 터널로 되어 있어 마치 바닷속에 들어온 기분이다. 아쿠아리스트가 물속에서 직접 먹이를 주는 피딩쇼도 11시 40분부터 15분간 열린다. '바다를 만나다'라는 주제로 전시 중인 3층은 수조 외에도 다양한 볼거리와 체험을 제공한다. 불가사리와 해삼 등 해양생물을 만날 수 있는 터치존, 요트를 직접 운전하는 듯한 시뮬레이션존, 로봇 물고기가 헤엄치는 수조도 있다. 4층은 부산의 주력 사업인 해양산업과 해양과학, 해양영토에 대해 전시물로 설명하고 있는데, 아이가 어리다면 다소 지루할 수 있다. 대신 전면 유리창으로 된 전망휴게실이 있어 쉬어갈 수 있다. 2층은 어린이박물관으로 컨테이너를 직접 이동할 수 있는 부두 크레인 체험과 잠수함 조종과 같은 체험형 전시가 많다. 1층은 기획전시관과 해양도서 2만여 권이 있는 도서관이 있다. 1층과 연결된 해양데크는 아이들이 뛰어놀기 좋다. 놀이열차는 유료로 운행 중이다.

난이도 ★
주소 해양로 301번길 45
여닫는 시간 09:00~17:00
쉬는 날 월요일
요금 무료
웹 www.knmm.or.kr
여행 팁 박물관 내 레스토랑이 있으며 도시락을 싸온 방문객을 위한 피크닉 존도 있다.

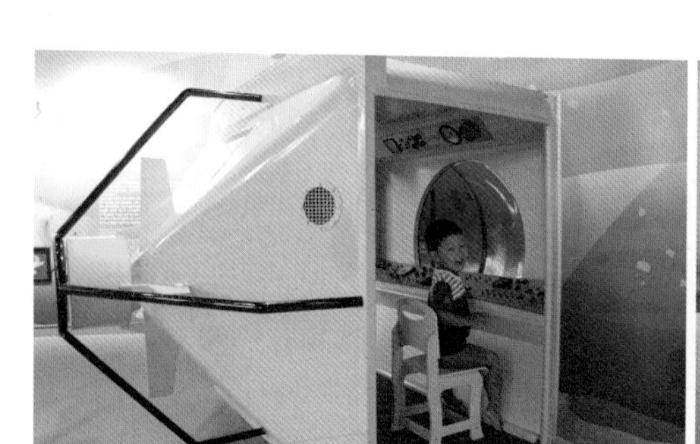

흰여울문화마을

영도 중심인 봉래산의 물줄기가 절벽마을을 지나 바다로 떨어지며 흰 포말을 인다고 붙여진 이름이다. 절벽 위 흰 돌담의 마을은 푸른 바다를 배경으로 해 '부산의 산토리니'라는 별칭을 가졌다. 빼어난 경치는 애잔한 역사 위에 세워졌다. 한국전쟁 이후 이곳에 모인 피란민들은 절벽에 땅도 제대로 다지지 못하고 천막을 얹어 살았다. 워낙 경사면이 가팔라 미끄러지기 일쑤로 비라도 많이 오면 집이 쓸려갔다. 살아야 하니 힘을 합쳐 축대를 쌓고 터를 잡았고, 다닥다닥 붙은 판잣집 머리에 슬레이트 지붕을 올리게 된 것은 1990년대쯤이다. 그 모습이 작고 야물어서 꼬막집이라 부른다.

2014년부터 마을 사람들은 도시재생사업을 성공으로 이끌었다. 위로 절벽마을길과 아래로 절영해안로로 나뉘며 계단으로 연결되는데, 각각 차로 이동해 보는 것이 좋다. 마을 골목은 흰여울 점빵이 있는 메인 길만 걸어도 제대로 즐길 수 있다. 점빵에는 토스트와 라면을 골목에 만든 테이블에 앉아 먹을 수 있는데, 자릿세 없는 최고의 오션뷰를 자랑한다. 마을 앞바다는 우리나라 어느 해안에서도 쉽게 볼 수 없는 풍경이 펼쳐진다. 부산항에 들어오는 선박들이 대기하는 외항이자 며칠씩 쉬어 가는 배들의 숙소, 묘박지다. 마치 섬처럼 자리를 잡은 선박들이 밤이면 크리스마스 트리처럼 불을 밝혀 낭만적인 무드를 만든다.

난이도 ★★
주소 흰여울길 6
여닫는 시간 24시간
요금 무료
웹 www.ydculture.com
여행 팁 흰여울문화마을은 2송도삼거리 간이주차장에, 절영해안로는 반도보라아파트 해변도로에 주차하면 가깝다.

영도의 옛 이름, 절영도

광활한 초지가 있어 신라 때부터 목장으로 발달한 섬은 고려 때 제주마를 육지로 데려오기 위한 임시 거처로 사용했다. 구한말까지 끊을 절(絶), 그림자 영(影), 절영도라 불렸다. 그림자가 끊어질 정도로 빠른 명마를 생산하는 섬이었다. 지금도 목장 이름을 딴 음식점이나 지명이 있으며 절영해안로도 옛 이름에서 붙여졌다.

함께 둘러보면 좋은 여행지

언택트

깡깡이예술마을

1887년 일제는 최초의 근대식 조선소인 다나카조선소를 세웠다. 40년 동안 포구 주변을 매립해 60여 개의 조선소와 선박수리소를 만들었는데, 해방 이후 주춤했던 조선업은 1973년 대평동에 조선중공업이 생기면서 본격적으로 시작되었다. 철선은 표면에

헨드릭 바이키르히가 대동대교맨션 외벽에 작업한 작품, <우리 모두의 어머니>

녹이 생겨 주기적으로 제거하고 페인트를 칠해야 하는데 대부분 전쟁으로 가장이 된 여성이 맡았다. 선박에 매달려 작은 손망치로 배 표면을 두들기면 깡깡 소리가 나는데 그래서 '깡깡이 아지매'라고 불렀다. 높은 곳에서 떨어지고 다치는 일은 물론 고막이 찢어져 난청에 시달리는 사람이 많았다. 노동이 배신하진 않았지만 그보다 더 값을 치러 건강을 앗아갔다. 지난하긴 해도 숭고한 삶을 살아온 아지매도 없어지는 만큼 조선소도 줄었다. 점점 쇠락해가는 마을은 2016년 도시 재생 프로그램을 통해 생기를 되찾았다. 마을박물관이 들어서고 예술 공연이 열린다. 벽화나 아트벤치 등 퍼블릭 아트를 통해 여행자도 불러 모으고 있다. 홈페이지에서 마을지도를 인쇄해 아트보물을 찾아나서는 해적놀이를 해도 좋겠다.

난이도 ★★ 주소 대평북로 36 여닫는 시간 24시간(깡깡이 안내센터 10:00~17:00) 쉬는 날 깡깡이 안내센터 월요일 요금 무료 여행 팁 조선소 해상투어는 만 6세 이상 가능

함께 둘러보면 좋은 여행지

언택트

영도대교

조선 세종 때 포구로 발달한 부산은 고종 13년에 근대 항구로 변했다. 일제강점기에 영도는 조선소를 지었고 주거지가 늘어나자 최초의 연륙교(連陸橋, 섬과 육지를 이어주는 다리)이자 도개교인 영도다리를 놓았다. 길이 31.3m의 콘크리트 상판이 하늘 높이 들어 올려진다는 믿기 힘든 소식에 부산시민 6만 명이 구경에 나섰다. 경남 김해·밀양 등 인근 지역민도 몰려들어 그날 영도다리 일대는 인산인해를 이뤘다고 한다. 하루에 대여섯 번씩 들어 올리니 교통체증이 문제였다. 영도 인구가 증가해 물 공급이 필요하자 다리에 수도시설을 설치하면서 1966년 여름, 개통식 후 32년 만에 도개는 멈췄다. 그러나 2013년, 근현대의 역사를 시민들이 기억하도록 영도다리를 복원했다. 매일 오후 2시가 되면 도개를 알리는 사이렌이 울리고 육중한 몸을 들어 올리는 영도다리를 보기 위해 여행자들이 모여든다.

난이도 ★ 주소 용미길 9번길 645 여닫는 시간 24시간(도개시간 14:00) 요금 무료

아빠 엄마도 궁금해!

너, 영도다리 밑에서 주워왔지

영도다리 앞 노래비는 가수 현인의 '굳세어라 금순아' 가사가 새겨져 있는데, 피란길에 헤어진 금순이를 그리워하는 내용이다. 이곳은 우리나라에 하나밖에 없는 도개교로 전국에 소문나 있었다. 누구나 다 아는 장소라 피란길에 헤어지면 부산 영도다리에서 만나자는 약속을 했다. 먼저 다리에 도착한 사람들은 가족과 연인을 찾느라 눈물로 벽보를 붙였다. 기약 없는 약속을 지키려 매일같이 다리를 찾던 사람들은 난간을 부여잡고 많이 울었을지도 모른다. 다리 밑에는 부모의 손을 놓친 아이들도 많았다. 당시의 기억을 가진 부모는 아이가 말을 안 들을 때면 다리 밑에서 주워 왔다고 하는데, 그 다리가 바로 영도다리를 말한다.

영도를 떠나면 영도할매가 해코지한다?!

천상의 선녀가 옥황상제에게 탐라의 여왕이 되기를 바라고 하늘에서 내려왔다. 어느 날 최영 장군이 탐라로 와 연인이 되고 그를 따라 영도까지 왔는데, 버림받아 영신이 되었다. 바로 영도할매다. 영도를 지키는 신으로 심술궂고 시샘이 많아 영도에 살다 나갈 때는 밤에 몰래 나가야 한다는 설이 있었다. 영도여행을 마치고 나갈 때에는 영도할매에게 잘 놀다 간다고 인사라도 하고 가자.

스냅사진, 여기서 찍으세요

영화 <변호인>에서 부림사건 피해자로 나온 진우(임시완 분)의 집은 현재 흰여울안내소로 이용되고 있다. 건물 가장 안쪽에 난 창을 프레임으로 영도 바다와 사진 찍기 좋은 포토존이다.

흰여울 마을의 카페 대부분 바다뷰라 여행사진을 남기기 좋다.

송도해변

1913년 우리나라 최초의 공설 해수욕장으로 일제강점기 시대에 일본 명소의 이름을 딴 송도에 일본인의 휴양을 위해 만들었다. 해방과 한국전쟁 역사의 소용돌이를 통과한 송도는 신혼여행의 메카로 떠올랐다. 1964년 송도의 명물 4총사가 해수욕장의 변신을 꾀했던 것. 출렁다리를 놓은 거북섬과 420m의 케이블카, 발장구 좀 친다는 사람들은 해상 다이빙대에 올라 점프했고 차양을 친 소형 배, 포장유선이 오리배처럼 떠다녔다.

송도는 지난 영광을 되찾으려 4총사 중 일부를 다시 내세웠다. 총 길이 365m의 거북섬 구름산책로는 불가사리처럼 화사한 테트라포드를 더했다. 해상케이블카는 최대 높이 86m, 총 길이 1.62km의 바다 위 하늘길을 날아간다. 일반 캐빈 외에 바닥 전체가 유리인 크리스털 캐빈이 있어 스릴을 더한다. 상부 승강장에선 움직이는 공룡 전시와 조형물이 아이의 시선을 사로잡는다.

난이도 ★
주소 송도해변로 171
여닫는 시간 24시간(해상케이블카 평일 09:00~20:00, 주말 09:00~21:00)
요금 무료(해상케이블카 어른 왕복 15,000원, 어린이 왕복 11,000원
웹 www.busanaircruise.co.kr (해상케이블카)

다대포

다대포에서의 하루는 무한한 매력이 있다. 대기가 열기로 달아오르면 모래성을 쌓았다 무너뜨리며 재잘대는 아이의 웃음소리로 가득하다. 부산의 서쪽에 위치해 일몰이면 드라마틱한 분위기를 자아낸다. 하늘은 연필로 그린 선을 지우개로 덜 지운 듯 번지고 해가 지면 데면데면하던 바다와 하늘이 경계도 없이 합쳐져 뻥 뚫린 공간에 선다.

뭐니뭐니해도 다대포의 매력은 약 1km의 해안사구다. 무릎 언저리를 밑돌 정도로 수심이 낮고 완만해 아이가 앉아서 찰방찰방 물놀이와 모래놀이를 하기 좋다. 바람에도 흩날릴 만큼 모래가 고와 바람이 강하면 아이의 눈에 모래가 들어갈 수 있으니 해수를 머금어 단단한 해변 주위에서 놀도록 하자. 해변에서 서쪽으로 더 이동하면 생태체험학습장도 만날 수 있다. 민물과 바닷물이 만나 먹이가 풍부해 빛조개와 풀게, 괭이갈매기 등의 서식활동도 볼 수 있다. 밤이면 데크로 만든 산책로를 따라 조명이 켜지고, 지름 60m, 둘레 180m로 세계 최대 규모로 기네스북에 오른 바닥분수 '꿈의 낙조분수'에도 불이 켜진다. 음악에 맞춰 LED조명과 물줄기가 자유자재로 움직이고 최대 55m까지 치솟는다. 분수를 열지 않는 겨울에는 일루미네이션 아트를 이용해 빛축제를 연다.

난이도 ★
주소 몰운대1길 14
여닫는 시간 24시간
요금 무료
여행 팁 도로와 해변 사이에 다대포공원이 조성되어 있어 돗자리를 깔고 쉴 수 있다.

울산

SPOTS TO GO

장생포 고래문화특구

우리나라에 고래를 테마로 한 마을은 울산 장생포가 유일하다. 그 시작은 선사시대에 만들어진 울산 반구대 암각화로 울산 앞바다에 출몰한 고래가 새겨져 있는데, 종류만 58가지다. 고래문화특구는 고래문화마을과 고래박물관, 고래생태체험관으로 나뉜다. 문화마을은 고래잡이로 전성기를 보낸 1970~80년대 장생포마을의 모습을 재현해 놓았다. 옛 교복 대여는 아이들 크기도 있어 가족이 함께 맞춰 입어도 좋고, 옛날 먹던 불량식품을 공유하는 재미도 있다. 고래박물관은 실제 고래의 뼈대와 포경업에 대한 전시로 꾸며진다. 고래 크기만 한 미끄럼틀이 2층과 3층을 잇는다. 생태체험관은 수족관 형태 전시와 과거 포경 생활상을 디오라마로 전시한다. 언덕 위 마을과 박물관은 모노레일이 이어준다. 20여 분이면 도착하지만 색다른 탈거리에 아이들은 그저 신난다.

난이도 ★★
주소 고래로 244
여닫는 시간 09:30~18:00
쉬는 날 월요일, 설·추석 당일
요금 고래문화마을 2,000원
장생포고래박물관 어른 2,000원, 청소년 1,500원, 어린이 1,000원
고래생태체험관 어른 5,000원, 청소년 4,000원, 어린이 3,000원
모노레일 어른 8,000원, 어린이 6,000원
웹 www.whalecity.kr

저, 고래 좀 잡아도 되겠스키

1891년 러시아가 우리 앞바다에서 고래를 잡고 장거리 이동을 위해 고래해체기지를 빌리면서 산업이 시작됐다. 지금의 북한 2곳과 남한 1곳에 태평양어업회사를 설립해 1마리 가격이 1,000원, 부지 사용료 450원을 대한제국 정부에 지불하고 매월 세금 12원을 해관에 납부했다. 일제강점기에는 모든 항구를 일본이 가졌다가 해방 이후 우리가 포경기지 역할을 이어왔다.

자, 떠나자 고래 잡으러~

고래문화마을은 고래잡이의 생활을 여실히 보여준다. 포경은 노르웨이식으로 속도가 빠른 배로 고래를 따라다니며 대형 작살이 발사되는 포경포로 잡는 방식이다. 6방 정도는 쏘아야 하는데 명포수는 복부에 작살을 명중시켜 고래를 즉사시킨다고 한다. 고래해체기지에선 고래 위에서 지시하는 해부장과 해부원들의 모습을 재현했다. 고래 위가 미끄러워 철심이 박힌 장화를 신고 올라갔다. 고래 해체를 하는 날은 고래 찌꺼기로 반찬을 한다고 주우러 다닌 동네 아낙들을 볼 수 있었다. 먼 바다에서 잡을 경우 신선도를 위해서 선체에 그늘막을 쳐 놓고 해체하기도 했다. 바로 옆 고래 착유장은 고래기름을 짜내던 곳으로, 기름은 화장품, 약품, 세제로 사용됐다.

내가 바로 장생포 슈퍼스타

고래막집은 고래를 해체하고 개선장군답게 어깨 쭉 펴고 대포 한잔 하러 가는 곳이다. 그해 첫 고래를 잡으면 막집은 잔치 분위기로 포수는 슈퍼스타였다고 한다. 솜씨 좋은 포수는 다방에서 스포츠 스타가 거액을 받고 팀을 옮기는 것처럼 스카우트 제의를 받곤 했다. 포수는 돈이냐 의리냐로 고민이 많았다고.

영화 인디아나 존스의 실제 주인공, 앤드류스의 집

약 백 년 전 앤드류스는 악마고래가 있다는 말을 듣고 장생포 일대에서 연구를 시작했다. 이후 실제로 목격한 귀신고래를 학계에 보고한 업적도 있다. 귀신고래는 그 모습이 신출귀몰하기도 하고, 미역을 좋아해서 미역을 뒤집어쓰고 있으면 어부들이 귀신이라고 불러 이름 붙여졌다.

고래잡이 금지. 그럼 고래고기집은 어떻게 해

장생포 사람들이 대형 고래를 마지막으로 잡았던 게 1970년대 초다. 1980년대에 국제포경위원회가 포경업을 금지하고 나라에서도 법령을 정했다. 지금 먹을 수 있는 고래 고기는 다른 물고기를 잡기 위해 설치한 그물에 걸려 죽거나 자연사할 경우 유통되는 것. 부위에 따라 12가지 맛을 낸다는 고래고기는 수육, 육회 등으로 다양하게 요리해 먹는데, 이제는 귀해져서 쉽게 맛보기 어려운 음식이다.

태화강국가정원(십리대숲)

울산은 1960년대 국가 주도의 산업도시로 성장하면서 대규모 공업지대가 조성되었고, 태화강은 오폐수가 급격히 늘면서 시민들은 '죽음의 강'이라 불렀다. 수십 년에 걸친 간벌 작업을 통한 수질 개선과 친환경 산책 조성사업으로 여의도공원 면적의 2배가 넘는 규모의 대공원을 만들었다. 봄부터 가을까지 수백 종류의 꽃도 피고, 여행객이 찾는 사철 푸른 대나무 군락지다. 태화강을 따라 10리, 약 4km 구간에 대나무숲을 조성했다. 대나무숲은 공기 속 비타민이라고 하는 음이온이 다량으로 뿜어져 나와 깊이 들어갈수록 상쾌한 기분이 든다. 거기다 햇빛을 받지 못해 높이 빽빽하게 자라다 보니 숲 내부의 습도가 높아 천연 미스트가 따로 없다. 푸르고 곧은 모습에 바람 스치는 대숲 소리에 신경 안정과 피로회복에도 도움을 준다고 하니 잠시 쉬는 여행지로 딱이다. 특히 야경의 새로운 패러다임을 제시한 십리대숲 은하수 길은 필수코스다. 마치 반딧불이가 서식하는 것처럼, 색색의 별들이 쏟아지는 것처럼 대나무 전체가 반짝반짝 빛난다. 울산시는 대숲을 100리까지 연장한다고 하니 정말 울산을 가로지르는 은하수가 나타날지도 모른다.

난이도 ★
주소 태화강국가정원길 154
여닫는 시간 24시간
요금 무료
여행 팁 십리대숲은 전원교 근처 공영주차장을 이용하는 것이 가깝다. 태화강국가정원안내센터(신기길 40) 앞으로 십리대숲 입구가 보인다.
웹 www.taehwaganggarden.com

간절곶

난이도 ★★
주소 간절곶해안길 165
여닫는 시간 24시간
요금 무료

새해를 맞아 각오를 다지거나 소원을 빌기 위해 해맞이 명소를 찾는데, 그중 인기 있는 곳이 간절곶이다. 우리나라에서 가장 해가 빨리 뜨는 곳으로 포항 호미곶보다 1분, 정동진보다 5분이나 빠르다. 선착순도 아닌데 제일 빨리 태양에 소원을 빌고 싶은 마음으로 이곳을 찾는다. 간절하게 소원을 빌어서 간절곶 같겠지만 사실 나무 위 높은 곳에 있는 과일을 딸 때 쓰는 긴 장대, 즉 간짓대라는 말에서 유래했다. 먼 바다에서 보면 홀로 삐죽 튀어나와서 어선 안전사고도 많았는데 그때마다 어부들을 수호한 건 간절곶등대다. 1920년에 세워졌으며 바다에서 가장 잘 보이는 곳이면서도 바다 위 떠오른 해도 가장 잘 보여 해맞이하기 그만이다.

아빠 엄마도 궁금해!

간절곶에서 놓치지 말아야 할 여행 포인트

고래 형상 비석

울산 대곡리에 선사시대에 그린 암각화 일부를 옮겨 놓은 비석이다. 반구대 암각화는 세계 최초로 고래 사냥에 대한 기록이 남아 있으며, 고래의 종류와 생태까지 알 수 있을 만큼 세세하게 기록된 유적이다.

소망우체통

2007년 간절곶 해맞이 축제와 함께 설치되었다. 1970년대 사용된 옛 우체통의 모습인데 무려 5m 높이로 아파트 2층 크기만 하다. 엽서는 남울산우체국에서 평일 오후 1시에만 회수해 일반우편으로 배달되는데, 소망우체통 소인이 찍혀 아날로그 감성을 자아낸다. 소망과 염원을 편지로 써서 그런지, 우체통에 담긴 엽서 중 80%가 수취인 불명이다. 오히려 가슴속에 간직하고픈 사연과 소망이 모두 이루어졌을까.

잔디광장 조각공원

바다를 향해 주먹 쥔 손을 든 석상은 신라의 충신 박제상으로 일본에 볼모로 잡혀간 왕자를 구출하러 갔다가 대신 붙잡히고 끝내 목숨을 잃었다. 모녀상은 치술령에서 박제상을 기다리다 망부석이 되었다는 그의 아내와 두 딸이다. 유라시아 대륙을 횡단하는 해의 처음과 끝을 상징하기 위해 간절곶과 포르투갈 호카곶이 MOU를 맺었다. 호카곶의 상징탑을 십자가를 제외하고 모두 재현했는데, 우리나라 종교계가 반대해 원형에서 십자가를 없앴다.

대왕암공원

우리나라 동남단에서 가장 뾰족하게 나온 곶, 그중에서도 바위섬 끝이 일출 포인트다. 간절곶과 함께 우리나라에서 가장 빨리 해가 뜨는 곳으로 알려진 이곳은 그 풍광이 좋아 새해가 아니더라도 일출을 보기 위해 많은 여행자가 찾는다.

바위섬으로 가는 길은 네 가지 코스로 나뉜다. 바닷가길(2.6km/40분)은 슬도와 대왕암을 잇는 오른쪽 해안가 둘레길로 고동섬 전망대와 용디이목 전망대를 지나며 고즈넉한 어촌 풍경과 몽돌해변을 볼 수 있다. 전설바위길(1.8km/30분)은 나무데크로 정비된 왼쪽 해안가로 용굴(덩덕구디)과 할미바위, 탕건암의 전설을 짚어볼 수 있다. 사계절길(1km/20분)은 바위섬까지 잇는 직선 코스로 아이와 걷기 가장 좋다. 봄이면 수십 그루의 왕벚나무들이 꽃을 피워 낭만적이다. 차가운 해풍이 부는 겨울이라도 걱정하지 말자. 1만 5,000그루의 몽환적인 해송숲이 방문자를 맞이하는 송림길(1km/20분)은 마치 동화속 비밀의 숲에 있는 듯한 기분이 든다. 바위섬 인근 자갈마당에선 해녀가 잡은 해산물을 맛볼 수 있다.

난이도 ★
주소 일산동 산907
여닫는 시간 24시간
요금 무료
웹 daewangam.donggu.ulsan.kr

아빠 엄마도 궁금해!

대왕암 공원이 대왕암 아냐? 아니다.

대왕암은 신라 문무왕의 수중릉으로 사후 화장해 경주 앞바다에 뿌렸다는 전설의 바위섬이다. 지리학자 조사단에 의해 과학적 증거가 없다고 밝혀졌지만 죽어서도 백성의 안위와 국가의 안정을 생각한 문무왕의 추모공간임은 틀림없다. 그런데 왜 울산에서 대왕암공원이라 한 걸까? 이곳은 문무대왕비의 수중릉이란다. 백성을 생각하기에 부창부수(夫唱婦隨)가 따로 없다.

동해안 최초의 등대, 울기등대

1904년 12월 22일 일본 해군성에 의해 준공되었다. 당시 선박길잡이 역할보다 러일전쟁에서 일본이 해상권 장악을 위해 전략적으로 활용된 등대다. 해방을 맞으며 등대는 본래의 목적을 되찾고, 1987년 12월12일까지 80년간 등대 역할을 했다. 팔각형태 구조물에 아치형 등탑입구, 태극무늬가 구한말 건축양식으로 근대문화재로 지정되었다. 봄에는 등대체험캠프도 열린다.

함께 둘러보면 좋은 여행지, 대왕별 아이누리 언택트

대왕암 주차장 넘어엔 대왕별 아이누리가 자리한다. 비행선을 닮은 건물 뒤로 잔디가 동해 바다로 내달린다. 어린이테마파크 풍경 중 클래스가 단연 으뜸이다. 거기다 흙, 모래, 언덕, 나무를 이용한 자연놀이터부터 AR·VR을 접목한 놀이시설까지 스펙트럼이 광범위하다. 시설은 대부분 3층에 위치하는데, 블록이나 보드게임을 할 수 있는 창작놀이실과 놀이터, 스크린 볼풀인 슈팅버블팝이 있다. 회차별로 10명이 이용 가능한 샌드크래프트는 꼭 즐겨야 할 체험으로 꼽힌다. 10가지 종류의 콘텐츠로 화산이 폭발하고 물의 흐름을 이해하는 과정이나 개미왕국처럼 게임 형식의 프로그램도 있다. 촉각을 자극하는 모래놀이가 마음을 편안하게 한다. 행글라이더나 정글래프팅 등 5가지 VR 체험은 신장 120cm 이상인 아이가 이용할 수 있다. 대신 아빠가 놀 수 있는 기회이기도 하다. 두 가지 모두 입장료와 별개로 현장에서 발권해야 한다.

안에서만 놀기엔 풍경이 아깝다. 안내데스크에서 실외 모래놀이 세트를 대여해 밖으로 나가자. 점핑네트나 오르기네트도 있고 아파트 2층 높이의 미끄럼틀도 있다. 여름에는 바닥분수가 개장해 시원하게 즐길 수 있으며 곳곳에 그늘막이 설치되어 있어 쉴 수도 있다.

난이도 ★ 주소 등대로 100 여닫는 시간 10:00~18:00 쉬는 날 월요일 요금 3,000원(체험비 각 3,000원) 웹 www.uimc.or.kr

스냅사진, 여기서 찍으세요

송림을 지나 대왕암 다리 앞을 보면 기암으로 된 언덕이 있다.

대왕암을 배경으로 꽤 웅장한 사진을 찍을 수 있다.

부산

PLACE TO EAT

01 수림원

탕과 찜, 수육까지 아귀 딱 한 어종만 다루는 식당이다. 내장이 같이 들어가는 아귀탕은 생아귀를 사용하는데, 된장을 풀어 내장의 비린 맛이 덜하고 맑은 국물이라 맵지 않아 아이도 먹을 수 있다. 아귀는 뼈도 들어 있지만 살이 조직적이고 단단하며 덩이가 커서 가시 없이 먹기 좋다. 아귀살 자체는 담백하며 국물은 시원하다. 반찬은 해초를 이용해 만드는데, 겨울에도 직접 채취한 해초를 사용하니 바닷가 마을만 가질 수 있는 특권이다. 하지만 간이 적당한 찬은 적어 김을 따로 챙기는 것이 좋겠다.

주소 이천길 61
여닫는 시간 10:30~20:30
가격 아구탕 10,000원, 아귀찜(소) 30,000원, 아귀수육(소) 50,000원

02 미청식당

양장구는 성게 중 말똥성게를 말하는 부산 방언이다. 양장구밥은 비빔밥처럼 다른 재료가 들어가지 않고, 밥과 양장구, 간을 위해 조미김이 올라간다. 입맛에 따라 양장구를 더 추가할 수 있다. 성게가 흐트러질 수 있으니 젓가락으로 비벼야 한다. 아이는 성게미역국이 좋은데, 국물맛이 깔끔하고 시원하다. 대변항 인근에 위치한 이곳은 거친 해류와 적당한 수온이 만든 쫄깃한 미역을 사용한다. 갈치찌개는 매운 양념이라 아이가 먹긴 어렵지만 식당의 대표메뉴로 내세울 만큼 맛이 좋다.

주소 기장해안로 1303 여닫는 시간 09:00~21:00
가격 양장구밥 15,000원, 성게미역국 12,000원, 갈치찌개 20,000원

03 연화리 진품물회

물회와 물메기탕이 유명한데, 물회는 영업시간이 끝나기 전에 소진되는 경우가 많다. 아이는 전복죽을 추천하는데, 전복살만 넣은 하얀 죽이 아니라 내장을 고스란히 넣어서 연둣빛이 돈다. 싱싱한 전복을 사용해 가능한 레시피다. 사장님이 직접 참깨를 골라 방앗간에서 짜낸 참기름도 역할을 톡톡히 한다. 진득하고 고소한 맛이다. 탕요리는 계절 메뉴로 제철에 나는 생선을 쓴다. 봄에는 도다리쑥국, 겨울에는 물메기탕이 유명하다. 사계절 먹을 수 있는 생우럭탕이 있다.

주소 연화1길 65 여닫는 시간 10:00~21:00
가격 해물물회 20,000원, 전복죽 15,000원

04 | 원조짚불곰장어 기장외가집

곰장어는 먹장어를 부르는 부산 방언으로 기장곰장어라고 고유명사를 쓸 정도로 기장군이 유명하다. 외모가 흉물스러워 잘 먹지 않는 어종인데 조선 말에 흉년에다 왜구의 수탈로 먹을 것이 없자 볏짚을 태운 뒤 산 곰장어를 던져 구워 먹었다. 이때 자신을 보호하는 진액이 나와 짚불과 함께 탔고, 까맣게 탄 껍질을 톡 분지르듯 양 옆을 까내면 쫄깃한 속살이 나왔는데 맛이 좋았다고 한다. 기장외가집은 곰장어를 전통방식 그대로 구워 손질한 뒤 나오는데, 주문 후에 직접 볼 수도 있다. 소금구이와 양념구이가 있는데, 다행히 1인분씩 주문 가능하다. 양념구이는 손질한 곰장어를 양념과 함께 버너에 올려 먹는데 움직이는 모습을 그대로 볼 수 있으니, 비위가 좋지 않으신 분들은 그냥 소금구이를 주문하고 양념을 조금 달라고 하는 것도 방법이다. 양념구이는 볶음밥을 해서 먹을 수 있다.

주소 공수2길 5-1
여닫는 시간 10:00~21:30
가격 짚불곰장어 24,000원, 양념곰장어 24,000원

05 | 아저씨대구탕

아침부터 속이 시원해지는 대구탕을 먹기 위해서 문턱이 닳도록 들르는 사람이 많다. 사시사철 수급이 어려우니 냉동 대구를 사용하지만 손질은 모두 가게에서 직접 한다. 주문이 들어오면 직접 끓여 대구살이 탱탱하게 유지된다. 가시가 많이 없어 아이가 먹기에도 좋다. 찬은 나물류 정도 먹을 수 있지만 적당하지 않다. 대신 조미되지 않은 김이 나오는데 산지답게 향과 맛이 좋다. 찬으로 나오는 멍게젓갈은 다른 식당에선 쉽게 맛볼 수 없는 맛으로 비리지 않게 잘 양념돼 김에 밥과 함께 싸먹으면 밥도둑이 따로 없다.

주소 달맞이길62번길 31
여닫는 시간 07:00~21:00
쉬는 날 2·4번째 월요일
가격 대구탕 10,000원

06 초원복국

해운대에서 온천을 즐기고 난 뒤 딱 먹기 좋은데, 찬 성질이 있는 복국이 몸속에 화나 열을 내려주기 때문이다. 고단백·저지방 식재료로 다이어트에도 좋다. 복국은 일제강점기부터 부산에서 발달했는데 가마솥에 콩나물과 복어, 미나리를 넣고 뚝배기에 덜어 먹었다. 초원복국에서도 솥째 끓여 그릇에 따로 담아준다. 부산에서는 풍미를 살리기 위해 국물에 식초를 한 번 휘 둘러서 먹는다. 찬은 정갈한 편으로 복어튀김을 함께 낸다. 복어는 잔가시가 없어 살만 잘 발라 아이에게 주기 편하다. 넓지 않은 공간이라 시끄럽지 않고 층이 많아 복잡하지 않다.

주소 해운대해변로 329-2
여닫는 시간 08:00~22:00
가격 은복국 12,000원

07 옵스(OPS)

부산에서 나고 자라면서 꽤 오랫동안 옵스(OPS) 빵을 접했다. 그중에서도 학원전이라는 빵은 이름에서부터 눈치챌 수 있는데 학원 마치고 집에 돌아오면 엄마가 챙겨주는 간식으로 유명하다. 카스텔라여서 부드럽고 우유와 먹으면 찰떡궁합이다. 다른 종류의 빵도 괜찮은 편이나 바게트와 같은 딱딱한 식감은 추천하지 않는다. 옵스에서 운영하는 드마히니는 프랑스 음식을 선보이는 레스토랑 겸 카페다. 브런치도 가능하며 브루잉 커피를 선보여 깊은 맛을 낸다. 내부 인테리어는 프랑스 왕실처럼 고급스럽고 산뜻한 분위기다. 테라스에서 동백섬을 볼 수 있어 잠시 쉬어가기에도 좋다.

주소 마린시티1로 167 현대카멜리아아파트 상가 1층
여닫는 시간 09:00~21:00
가격 학원전 1,500원, 로셰 3,000원

08 더베이101

갤러리와 카페, 상점, 푸드트럭 등을 운영하는 복합문화공간으로 맥주와 먹거리를 사서 넓은 야외 테라스에서 먹을 수 있다. 바다를 사이에 두고 마린시티의 마천루를 즐길 수 있는 것도 빼놓을 수 없는 묘미다. 밤이면 크리스마스 점등처럼 한 번에 불이 켜져 설레기까지 한다. 요트클럽도 함께 운영해 바다에서 풍경으로 즐길 수도 있고, 요트를 타고 1시간 동안 마린시티와 광안대교를 둘러볼 수도 있다.

주소 동백로 52
여닫는 시간 09:00~24:00(요트 11:00~20:00)
가격 피시앤칩스 20,000원~ 맥주 6,000원~(요트 주간 20,000원, 야간 30,000원)
웹 www.thebay101.com

09 거대곰탕

다 끓여져 나오는 곰탕에도 손님의 취향을 배려한 흔적이 잘 보이는 식당이다. 기본 간은 되어 있는데 미리 말하면 간이 안 된 육수를 제공한다. 토렴도 미리 부탁할 수 있는데, 뜨거운 밥을 그대로 말면 전분이 녹아 국물이 탁해져 맛을 버리지만 적당히 식어서 단단해진 다음 토렴하면 온도도 맞고 밥 알갱이의 씹히는 맛도 살아 있는 최상의 상태가 된다. 다진 마늘을 함께 주는데 조금 넣으면 곰탕의 풍미가 더해진다. 추가로 바지락젓갈을 주문할 수 있는데 고기와 젓갈을 더해 먹으면 잘 어울린다. 김치는 따로 판매할 정도로 맛이 좋다.

주소 해운대해변로 163 현대베네시티 아파트 상가1동 103호
여닫는 시간 10:00~21:00
가격 한우곰탕 맑은고기국물 14,000원, 한우곰탕 진한사골국물 15,000원, 바지락젓갈 5,000원

10 할매재첩국

한국전쟁 때 역이 있던 구포에서 재첩국을 팔던 할매가 20년 전 광안리로 옮겨왔다. 어렸을 때 새벽이면 '재첩국 사이소' 소리를 들으며 깼었는데, 그때의 맛을 그대로 유지하고 있다. 재첩은 해감이 제대로 안 되면 모래가 씹혀 어려운 음식인데 이곳은 걱정 없이 먹을 수 있다. 짭짤하고 쫀독한 재첩 살과 시원한 국물, 향긋한 파 향이 어우러져 맛있다. 다 먹으면 약간 눅진하게 혀에 감도는 감칠맛 때문에 여운이 남는다. 차가워도 맛이 좋아 아이에게 먹이기 좋고, 따로 포장해 숙소에서 먹일 수도 있다. 밥은 비벼먹을 수 있게 삼색나물과 김과 고추장을 넓은 대접에 담아 주고 푸짐한 반찬에 고등어조림까지 나온다.

주소 광남로 120번길 8 여닫는 시간 06:00~22:00
가격 재첩정식 9,000원

11 엄용백 돼지국밥

부산에서 돼지국밥집은 흔히 볼 수 있는데, 맛 또한 보통 이상으로 현지인들의 소울 푸드로 꼽힌다. 그러나 음식 비위가 약한 사람이라면 꺼렸던 것도 사실이다. 이곳은 마치 돼지곰탕처럼 담백하고 깔끔한 맛을 낸다. 특히 극상국밥이라고 있는데 여기에는 제주 흑돼지의 돼지다릿살, 토싯살, 항정살, 가브릿살, 오소리감투까지 다양한 부위를 함께 넣었다. 담음새도 예뻐 국밥에 꽃이 핀 듯하다. 같이 나오는 곁들임도 풍성한데, 김치와 깍두기는 물론 부추무침, 고추와 나물을 넣은 절임 등이 나오고 추가 메뉴로 명란젓이 있다. 토박이도 먹어보지 못한 조합이었으나 잘 어울린다. ㄱ자형 단층 가정집을 개조해 심플하고 모던한 인테리어로 요즘 힙한 레스토랑 못지않다.

주소 수영로 680번길 39
여닫는 시간 11:30~23:00
가격 돼지국밥 8,500원, 극상 돼지국밥 10,000원
이용 팁 수영로터리 번화한 뒷골목이라 주차가 쉽지 않다. 가게 주변 분위기는 괜찮지만 유흥가이다 보니 낮에 가는 것이 좋다.

12 영도 해녀촌

영도 해녀가 잡은 해산물을 자갈해변에서 맛볼 수 있다. 8명의 해녀가 있는데, 순서를 정해 손님을 주거니 받거니 하신다. 주로 소라나 멍게, 때에 따라 해삼이 있고 오징어도 있다. 이곳의 하이라이트는 성게김밥. 김밥집은 따로 있어서 '누구야, 여기 김밥 두 줄' 하고 주문을 하는데 이 김밥이 참 매력적이다. 그냥 먹으면 맛이 심심한데 성게를 올리는 순간 미슐랭 1스타급으로 맛이 급상승한다. 성게를 올리면 올릴수록 크리미하고 고급스러운 맛이 난다. 바다를 바라보며 먹는 맛이니 흔히 바다를 통째로 집어 삼켰다 해도 과언이 아니다. 이곳의 유일한 단점인 일회용 나무젓가락이 냄새가 날 수 있어 손으로 먹거나 따로 가져가면 좋다.

주소 중리남로 2-35 여닫는 시간 11:00~일몰
가격 성게 20,000원, 김밥 2줄 5,000원

13 오륙도 가원

가든 형태의 한우 전문 레스토랑으로 오륙도 앞바다가 보이는 자리에 모던한 인테리어로 자리했다. 완만한 비탈을 타고 선 건물은 아래에 카페가 있으며 그 사이를 잇는 잔디밭이 있어 아이와 놀기에도 좋다. 한우 부위는 갈비살, 등심, 안심 등 유명 부위부터 제비추리, 꽃살, 안거미 등 특수 부위도 함께 있다. 냉장육을 자리에서 참숯불에 구워낸다. 커플 세트나 특수 부위 모둠처럼 여러 부위를 모은 메뉴도 있다. 좌석이 넓어 여유로운데 모든 자리는 아니지만 바다를 보면서 먹을 수 있는 구조다.

주소 백운포로 14 여닫는 시간 11:30~22:00
가격 갈비살 27,000원, 한우 등심 27,000원

14 제주복국

옛 문헌에 '사람이 한 번 죽는 것과 맞먹는 맛'이라고 극찬한 복어를 맛볼 수 있는 곳으로 부산시에서도 인정한 맛이다. 참복, 까치복, 은복 등 다양한 복어를 매운탕과 맑은 탕으로 맛볼 수 있다. 복껍질 초회와 복어튀김이 함께 나온다. 초회와 튀김, 찜, 수육, 복국까지 저렴한 가격으로 코스요리를 맛볼 수 있어 좋다. 가장 저렴한 은복의 수량이 확보되지 않으면 까치복을 저렴하게 판매하기도 한다. 넓은 좌식보다 소음이 덜한 입식에 앉자.

주소 절영로 481
여닫는 시간 평일 10:00~15:00, 17:00~20:30, 주말 09:00~21:00
가격 은복매운탕 10,000원, 참복코스 30,000원

15 | 남천리 팥빙수

부산 도심에 숲을 옮겨 놓은 듯한 이곳은 가게를 넘어서 바로 앞 옥상 건물을 타고 등나무 덩굴이 넘어왔다. 벽면도 심상치 않다. 안에서 자라던 나무들이 틈 사이를 비집고 나오고, 한여름이면 대나무 잎이 무성해 입구를 한참 찾아야 할 정도다. 내부로 들어서니 마치 식물원처럼 안에 자라는 식재는 더 많다. 그래서 오랜 단골들은 '숲속의 팥빙수집'이라고 부른다. 찾는 사람이 늘어 2층도 짜깁기하듯 만들었는데 마치 톰 소여의 나무집같이 아담하고 재미있다. 팥빙수와 팥죽 두 가지를 파는 이곳은 팥을 쑤는 일에 정성을 다한다. 요즘 팥빙수처럼 우유얼음은커녕 고명 하나 없고 그저 얼음 위에 팥을 올리고 녹차가루를 살짝 뿌려준다. 원래 보성 녹차 부산총판 자리로, 계속 해서 보성 녹차와의 인연을 이어가고 있다. 이렇게 만든 팥빙수가 3,000원이다. 쉽게 1만 원이 넘는 시대에 착한 팥빙수가 아닐 수 없다.

주소 수영로 394번길 35-3 여닫는 시간 10:00~22:00(변경 가능)
가격 팥빙수 3,000원, 팥죽 3,000원

16 | 브라운핸즈 백제

카페가 있는 붉은 벽돌의 건물은 장구한 시간을 보내며 이야기를 담았다. 1922년 건립된 서양식 5층 건물로 부산 최초의 근대식 개인 종합병원인 백제병원으로 지어졌다. 한국인 주인은 파산으로 문을 닫고 일본으로 도망갔고, 이후 봉래각이란 중국집에서 일본 아카즈키 부대의 장교 숙소를 거쳐 중화민국 영사관, 신세계예식장 등의 역할을 맡아오다 지금에 이르렀다. 카페는 이 건물 안으로 들어갈 수 있는 유일한 통로다. 프레임과 타일, 벽돌과 색이 바랜 콘크리트까지 옛 모습을 그대로 까발리듯 남겨놓았다. 공간의 가치를 잘 이해하고 남긴 디자이너의 역할이 돋보인다. 커피 한 잔으로 근대 건물을 즐기는 일, 브라운핸즈 백제에선 가능하다.

주소 중앙대로 209번길 16 여닫는 시간 10:00~22:00
가격 아메리카노 5,300원, 생초코라떼 6,500원

17 | 헤이든

부산 송정부터 시작되는 카페는 해안을 따라 곳곳에 자리한다. 카페 헤이든도 그중 하나다. 시원한 바다 전망을 보러 이곳을 찾는데, 짧은 소나무 산책길과 잔디 정원도 있어 아이와 놀이를 하거나 뛰기에도 좋다. 하이라이트는 바로 앞 몽돌 해변이다. 아이가 바다에 돌은 집어던지는 동안 엄마는 야외 테이블에 앉아 호젓하게 커피를 마실 수 있다. 식빵부터 달달한 디저트까지 다양한 베이커리도 판매해 아이 간식을 챙기기에도 좋다.

주소 동백리 449 여닫는 시간 10:30~22:00
가격 아메리카노 5,500원, 헤이든말차커피(아이스) 7,500원

18 | 에세떼 e.c.t studio

깡깡이 마을의 한 공장을 새 단장해 만든 카페로 일직선으로 길게 뻗은 공간 위에 공장에서 사용하던 트레일이 그대로 드러난다. 일렬종대로 늘어선 나무 의자 아래로 빈티지 소품을 전시하고 있다. 커피는 콜롬비아와 에티오피아 싱글 오리진을 취급한다. 커피만큼 디저트도 유명한데 종류도 많다. 고르기 어렵다면 디저트 세트로 다양하게 즐겨 보자. 2층은 인형의 집이나 영화 세트장처럼 꾸며져 있어 아늑한 분위기다.

주소 대평북로 29 여닫는 시간 평일 12:00~22:30, 주말 12:00~21:00
가격 아메리카노 4,900원, 디저트 세트 12,900원

19 | 손목서가

흰여울문화마을 길을 걷다 중간쯤 나타나는 북카페다. 사진기자 출신인 손문상 씨와 시인인 아내 유진목 씨의 이름을 합쳐 손목서가라 불렀다. 서가는 1층인 서점을 말하는데, 직접 고른 책을 판매하는 독립 서점이다. 포스트잇에 요목조목하게 적은 감상이 눈에 띈다. 2층 북카페는 5개의 테이블이 오밀조밀 붙어 있다. 3개의 창문에 각각 테이블이 있어 전망을 감상하기 좋다. 아이와 함께라면 실내보다 건물 앞마당 자리가 편하다. 바다는 물론 지나가는 사람을 구경하는 재미도 있다. 어린이 동반 손님에게는 어린이 음료를 무료로 제공해준다.

주소 흰여울길 307
여닫는 시간 평일 11:00~21:00, 주말 11:00~19:00
가격 드립커피 5,000원

20 | 신기여울

1987년 청용금속 건물을 다시 세우면서 '새롭게 일어선다'는 뜻의 신기산업으로 사명을 바꾸었다. 직원을 위해 2층과 3층은 카페로 만들었는데 인기를 얻어 영도바다 뷰를 제대로 볼 수 있는 신기여울과 봉래산 속에 있는 신기숲까지 생겨났다. 신기여울은 흰여울문화마을과 이어져 있어 많은 여행객들이 찾는 카페다. 골목과 연결된 신기잡화점은 아기자기한 소품이 많아 하나쯤 구입하고 싶어진다. 1층과 2층은 카페, 3층 옥상은 루프탑이다. 경사를 따라 건물이 있는 데다 주위는 모두 낮은 건물이라 모든 층에 루프탑이 있다고 할 만큼 뷰가 좋다.

주소 절영로 202-2
여닫는 시간 평일 12:00~20:30, 주말 10:00~21:30
가격 아메리카노 4,500원, 카페라떼 5,500원

울산

PLACE TO EAT

01 | 언양 기와집불고기

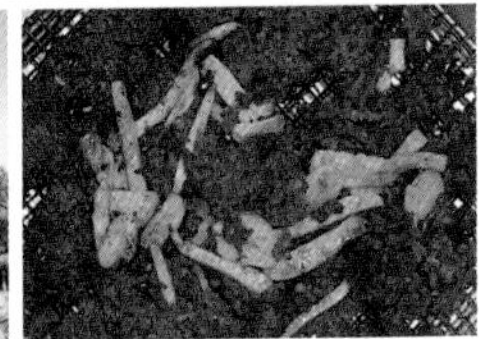

언양은 일제시대부터 목초지와 푸줏간이 많이 있던 동네라 소고기를 저렴하게 구입할 수 있었다. 1960년대 경부고속도로를 만들기 위해 전국에서 인부들이 모였는데 일이 끝나고 집으로 돌아간 뒤 입소문이 났다. 언양불고기는 여러 부위의 고기를 얇게 썰어 양념이 잘 배게 하는데, 2~3일 숙성해 모양을 잡고 양면 석쇠에 올려 숯불에 구워낸다. 고기를 뒤적이지 않고 그대로 굽는데 육즙이 빠져나가지 않게 하기 위해서다. 고기 위에 마늘과 새송이버섯을 올리는 것이 기와집불고기의 특징이다. 미나리쌈에 싸 먹으면 더욱 맛이 좋다. 한옥 기와집에 방을 나누고 테이블을 여럿 두었는데 서까래 사이에 공기통이 있는 묘한 장면이 연출된다. 번호표를 뽑아야 할 정도로 대기가 길다.

주소 헌양길 86 여닫는 시간 11:00~21:00 가격 언양불고기 22,000원, 모듬 27,000원 쉬는 날 구정·추석 전날과 당일

02 | 태하소 언양불고기

기와집불고기와는 모양이 살짝 다르다. 최소한의 양념을 더한 소고기를 떡갈비처럼 뭉쳐 석쇠에 넓게 구워내는데, 위에 굵직하게 썬 마늘만 올린다. 반찬은 많은 편이다. 정육점을 함께 해 저렴하게 먹을 수 있으며 언양불고기도 포장 판매한다. 정형을 직접 하니 생간이나 천엽 등 부속물을 반찬으로 낸다. 아이가 먹을 만한 간간한 양념의 반찬도 여럿이다. 점심에는 된장찌개와 돌솥밥이 함께 나오는 불고기정식도 있다. 넓은 내부는 인테리어가 깔끔하고 주차장도 규모가 있어 이용이 편리하다.

주소 방천3길 1 여닫는 시간 11:00~21:30 가격 언양불고기 19,000원, 한우구이 25,000원

03 | 원조옛날곰탕

언양불고기와 마찬가지로 소고기를 접할 기회가 많다 보니 곰탕도 함께 발달했다. 3개의 가마솥 중 하나는 살코기를, 하나는 뼈를 삶아내고, 남은 하나는 두 개의 국물을 섞어 끓인다. 7시간 넘게 끓인 뽀얀 국물은 맛이 깊고 고소하다. 아이가 그대로 먹어도 좋고, 매운 음식을 잘 먹는다면 고춧가루를 넣어 만든 양념을 섞어도 좋다. 소머리와 양지, 소 혀, 볼살 등 다양한 부위의 고기와 함께 내는데, 누린내가 많이 없고 오랜 시간 끓여 야들야들하다. 언양시장 앞이라 현지인 단골도 많다. 내부는 깔끔하게 리모델링했는데 테이블이 붙어 있어 이동이 좀 불편하다. 좁은 골목 안에 위치하고 있어 근처 강변 공영주차장에 주차해야 한다.

주소 장터2길 11-5 여닫는 시간 10:00~22:00 쉬는 날 매월 10일, 20일 가격 곰탕 9,000원, 수육백반 16,000원

04 복순도가

100% 햅쌀과 전통 누룩을 발효제로 사용해 항아리에서 자연발효한 생막걸리다. 전통 누룩이 발효되면서 자연스럽게 천연 탄산이 생기는데 뚜껑을 열면 거품이 터져 나온다. 탄산의 힘으로 아래 있던 침전물이 위로 올라와 자연스레 섞인다. 이를 모르고 흔든 뒤 뚜껑을 열면 샴페인처럼 터지는데, 이를 두고 막걸리계의 돔 페르뇽이라는 뜻으로 '막페르뇽'이라는 별명이 붙었다. 맛 또한 과하지 않은 단맛과 적당한 신맛이 어우러진다. 복순도가의 발효 건축도 놓치지 말자. 화전방식으로 볏짚 재를 외벽에 바르고 불로 그을린 뒤 그대로 두어 자연의 색을 입혔다. 겉벽에 박힌 새끼줄은 농사를 짓고 쌀로 술을 빚는 과정을 상징한다. 매립된 새끼줄은 시간이 지날수록 썩어 사라지는데 유기물이 시간에 순응하는 모습을 보여준다. 내부는 막걸리 누룩 찌꺼기로 벽을 바르고 숙성실은 황토 벽돌을 사용했다.

주소 향산동길 48 여닫는 시간 09:00~18:00 가격 복순도가 손막걸리 12,000원

부산

PLACE TO STAY

01 아난티 힐튼

아난티 코브는 복합 휴양단지로, 중심에 선 힐튼 호텔은 가장 완벽에 가까운 휴식을 만든다. 350개의 객실 중 디럭스와 프리미엄 객실이 가장 인기가 좋다. 객실 절반 이상이 바다를 향해 있으며 마운틴 뷰 객실도 안락한 숲을 바라볼 수 있어 좋다. 호텔 본연의 쉼을 도울 침대는 할리우드 킹베드 사이즈를 놓아 아이와 함께 자더라도 넉넉하다. 아기는 따로 유아용 침대를 제공하기도 한다. 가장 기본인 디럭스 룸도 18평으로 넉넉한 공간이며 모던하면서도 클래식한 인테리어가 무심한 듯 공을 들인 모습이다. 룸 공간의 약 40%는 욕실이 차지한다. 화장실과 샤워룸 사이에 두 개의 세면대가 있고 욕조는 통유리창 앞에 있어 몸을 담근 채 풍경을 즐길 수 있다. 호텔과 연결된 아난티 타운은 더 스파 하스타와 서점 이터널저니, 로마의 유서깊은 카페 산트 에우스타키오, 목란과 이탈리안 레스토랑 볼피노 등 괜찮은 라이프스타일의 총 집합체다.

주소 기장해안로 268-31 여닫는 시간 체크인 15:00, 체크아웃 11:00
웹 www.ananti.kr

Episode

아빠 코를 골지 마

아빠가 아침에 일어나더니 연신 억울한 표정으로 아이를 본다. 어젯밤 아이가 손으로 아빠의 코와 입을 막았다는 것이다. 가볍고 부드러운 거위털 침구 덕분인지, 수영장에서 물놀이를 열심히 해서인지, 오랜만에 푹 잠들어서 코골이가 심했다고 한다.
"아들, 아빠가 코 골아서 너무 시끄러웠어?"
아이가 말했다.
"아니, 아빠 코 아프지 말라고 그런 거지."
저렇게 크게 코를 골다간 아빠 코가 다치기라도 할 줄 알았다고 한다. 그 말에 아빠는 감동으로 코가 턱 막혔다나?!

02 | 콘트 호텔

감각적인 인테리어가 돋보이는 부띠크 호텔로 객실마다 각각의 시그니처 콘텐츠를 통해 색다른 스테이를 경험하게 한다. 아이와 보내기엔 패밀리 스위트 또는 다이닝 스위트를 추천한다. 두 개의 퀸 사이즈 더블 침대를 할리우드 베드로 붙여 사용하면 여유롭다. 주변에 뉴트로에 발맞춘 식당과 카페가 있으며 호텔 내에 루프탑 카페와 이탈리안 레스토랑도 있다. 주차공간이 협소하지만 무료 발레 서비스가 있어 편하다. 기차를 타고 온다면 부산역과 가깝고 흰여울문화마을이나 부산 서부 여행지와 가까운 편이다.

주소 용두산길 12 여닫는 시간 체크인 16:00, 체크아웃 12:00
웹 www.hotelcont.com

03 | 네버엔딩 웨이브

여행은 낯선 곳에서의 설렘과 동시에 두려움도 늘 공존한다. 여행하며 받은 새로운 자극에 피곤함을 느꼈다면 네버엔딩 웨이브에서 하루를 묵어가자. 익숙한 듯 편안한 숙소의 이미지는 우리가 흔히 집이라고 생각하는 구조여서인지도 모른다. 인테리어 디자이너인 호스트는 30년 된 주택을 감성적이고 온기가 남실대는 공간으로 재탄생시켰다. 2층 건물 중 1층 좌측과 우측을 독립적인 숙소 공간으로 사용한다. 인덕션을 구비한 주방이 있어 아이에게 필요한 음식을 조리할 수 있고 추가 요금을 지불하면 마당에서 바비큐도 가능하다. 송정 바다가 가까이 있으나 조용한 주택가에 있는 것도 장점이다. 물놀이나 모래놀이를 하고 오면 더러워진 옷을 빨래할 수 있도록 세탁기가 있다.

주소 송정중앙로6번길 82 여닫는 시간 체크인 15:00, 체크아웃 11:00
웹 airbnb.me/wljrBhL9s4 :

울산 PLACE TO STAY

롯데시티호텔

비즈니스 호텔이지만 하루 묵어가는 데 불편하지 않을 정도로 아늑하다. 바닥은 카펫이라 아이가 넘어져도 다칠 염려가 없고 침대는 넓은 편이다. 트리플 룸이면 아이와 묵기에도 침대가 넉넉하다. 룸 컨디션은 가격 대비 가성비가 좋다. 1층에 무인 편의점과 5층에 코인 세탁실이 있어 급할 때 이용할 수 있고, 시내에 위치해 프랜차이즈나 백화점이 가까이 있으며 필요한 물건을 사거나 편의시설을 이용하기 좋다. 또한 여행지와도 거리가 멀지 않다. 주차공간이 협소해 호텔 건물이 아닌 인근 건물 주차장을 이용해야 할 수도 있는 점이 다소 불편하다.

주소 삼산로 204 여닫는 시간 체크인 14:00, 체크아웃 12:00
웹 www.lottehotel.com/ulsan-city/ko.html

띠띠뽀 기차 놀이

다릿돌전망대(p.444) 앞에 미포 철길이 이어진다. 동해남부선으로 열차가 다니다 폐선이 되어 도보로 걸을 수 있는 장소다. 평소에도 기차를 좋아하던 아이에게 기차가 되어 철로를 달려 볼 수 있도록 했다.
+ 관광열차를 운영하는 그린레일웨이 사업으로 바로 앞 철길은 어수선하다. 송정역 뒤로 이어진 철길을 이용할 수 있다.

준비물 박스, 색지, 가위, 목공풀, 끈.
만들고 놀기 박스의 날개 부분은 자르고 사각의 통으로 만든다. 아이가 좋아하는 <띠띠뽀> 캐릭터를 따라 색지를 붙여준다. 아이의 어깨 길이에 맞도록 박스 상단에 구멍을 뚫어 끈을 연결하는데, 얇은 끈은 아이 어깨가 아프거나 흘러내릴 수 있으니 넓은 끈을 사용하는 것이 좋다.

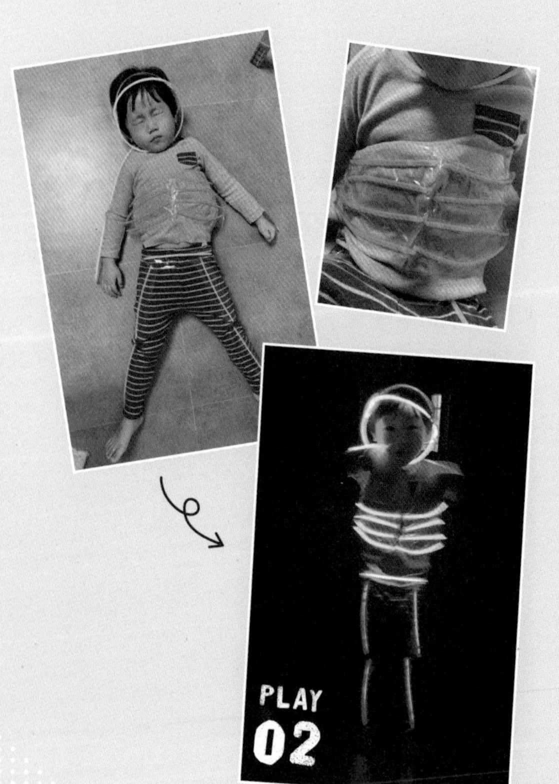

신체놀이 – 뼈

국립부산과학관(p.441)에서 놀던 아이는 의외로 의학관에 관심을 가졌다. 가상 해부 테이블에서 한참 뼈 모양을 관찰하던 아이가 자신의 팔과 엄마의 쇄골을 누르며 물어봤다.
"엄마, 이 딱딱한 건 뭐야?"

준비물 야광봉 테이프, 가위
만들고 놀기 아이를 눕히고 야광봉으로 뼈 위치를 설명하면서 테이프로 붙여준다. 몸에 붙으면 아플 수 있으니 긴팔 티셔츠와 긴바지를 입히도록 하자. 아빠나 엄마를 눕히고 다시 뼈 위치를 말하며 야광봉을 테이프로 붙여준다. 두개골은 머리 크기만큼 야광봉을 원으로 연결하고 2개의 원이 교차되도록 테이프로 고정한다. 가로 원은 얼굴 쪽 길이를 짧게 하면 살짝 위로 들려 아이의 시야를 가리지 않는다. 이제 불을 끄고 음악을 틀면 무시무시한 해골 파티가 시작된다.

칭찬 스티커 만들기

한 해를 시작하며 '형아'가 된 아이는 은근 으스대기 시작했다. 대왕암공원(p.460)에서 아이가 새해를 보며 빌었던 소원이 기억나 칭찬 스티커를 만들기로 했다.

준비물 박스, 색연필, 꾸미기 도구, 색지 또는 부직포 또는 스티커

만들고 놀기 아이와 어떤 주제로 칭찬 스티커를 만들지 의견을 나눈다. 평소 아이가 고쳤으면 하는 습관이나 행동을 이야기하며 유도한다. 아빠 엄마의 뜻대로 되지 않아도 아이가 고집하는 주제가 있다면 허용되는 선에서 주제를 정한다. 아이가 셀 수 있는 숫자보다 조금 많게 스티커 양을 정한다. 선물을 주는 주체와 선물을 그려 동기 부여를 해주는 것도 좋다. 글을 읽지 못하는 아이라면 그림을 더해주면 이해가 높다. 칭찬 스티커를 받았을 때에는 과정과 노력에 대해 구체적으로 칭찬한다. 그리고 지금까지 받은 스티커와 앞으로 남은 스티커 숫자를 함께 세어보자.

'하나, 둘, 셋, 넷…', '일, 이, 삼, 사…', '첫째, 둘째, 셋째, 넷째…'

고래 스몰월드

장생포 고래문화특구(p.456)에서 다양한 방식으로 고래를 접한 아이는 그에 대한 애정이 더욱 커졌다. 아이가 마음껏 이야기를 만들고 놀 수 있도록 고래 스몰월드를 만들었다.

준비물 고래 모형, 한천가루, 파란색 물감(또는 식용 색소), 물, 냄비, 넓은 원통(또는 트레이, 쿠키 박스 등)

만들고 놀기 냄비에 물을 끓이고 한천가루를 넣는다. 물과 한천가루는 10:1 정도로 넣으면 되지만 크게 상관없다. 한천가루를 많이 넣으면 단단해지고 적게 넣으면 물렁해진다. 가루가 잘 풀어지도록 저은 뒤 파란색 물감을 원하는 대로 넣는다. 아이가 어리다면 만약을 위해 식용 색소를 이용하는 것이 좋다. 넓은 원통 또는 트레이에 부은 뒤 고래 모형을 넣어 자리를 잡는데, 트레이를 살짝 기울여 굳히면 심도가 달라진다. 굳으면 말캉말캉한 젤리 바다가 된다. 모래사장을 만들고 싶다면 밀가루 반죽이나 굵은 소금에 물감을 풀어 만들 수 있다. 아이는 젤리바다를 부수며 고래를 구출하고 모래사장으로 소풍을 가며 다양한 이야기를 만든다.

고래 스몰월드는 굳는 시간이 필요하므로 저녁에 숙소에서 만들기를 추천한다. 다음날 아침 같이 스몰월드를 하고 놀다가 아이가 놀이에 빠지면 짐을 후다닥 쌀 수 있는 시간을 벌 수 있다.

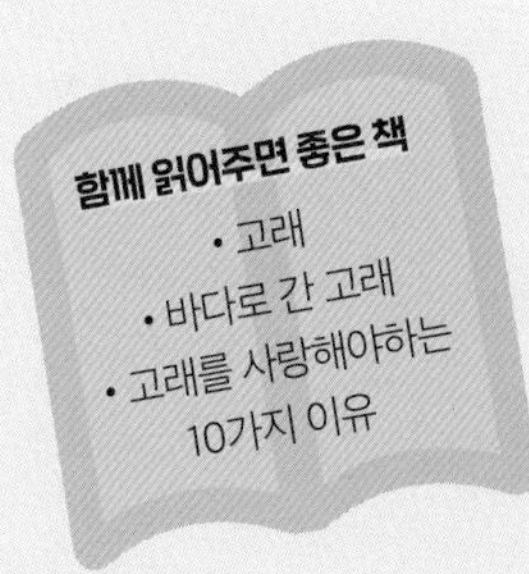

PLAY
04

WHERE TO GO

02

경주+포항

경주 + 포항

BEST COURSE

1박 2일 코스

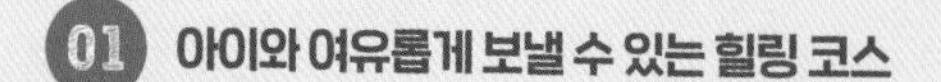

01 아이와 여유롭게 보낼 수 있는 힐링 코스

1일 대릉원 → 점심 별채반 → 첨성대 → 월정교 → 저녁 퇴근길숯불갈비 → 동궁과 월지

2일 호미곶 → 점심 담박집 → 포항운하 → 저녁 동해해물촌 → 영일대해변

02 아이와의 다양한 활동을 중시하는 체험 코스

1일 대릉원 → 첨성대 → 점심 교리김밥 → 교촌마을 → 동궁원 → 저녁 토함 → 동궁과 월지

2일 호미곶 → 점심 담박집 → 포항운하 → 저녁 동해해물촌 → 영일대해변

2박 3일 코스

01 아이와 여유롭게 보낼 수 있는 힐링 코스

1일 대릉원 → 점심 별채반 → 첨성대 → 월정교 → 저녁 퇴근길숯불갈비 → 동궁과 월지

2일 뽀로로 아쿠아빌리지

3일 호미곶 → 점심 담박집 → 포항운하 → 저녁 동해해물촌 → 영일대해변

02 아이와의 다양한 활동을 중시하는 체험 코스

1일 대릉원 → 첨성대 → 점심 교리김밥 → 불국사 → 저녁 부성식당 → 동궁과 월지

2일 뽀로로 아쿠아빌리지 → 점심 함양집 → 국립경주박물관

3일 호미곶 → 점심 담박집 → 포항운하 → 저녁 동해해물촌 → 영일대해변

용계정
포항
영일대해변
독락당
포항운하
호미곶
대릉원
첨성대
동궁과 월지
교촌마을
월정교
국립경주
박물관
뽀로로 아쿠아빌리지
동궁원(버드랜드)
경주
불국사

경주

SPOTS TO GO

01 대릉원

경주를 '삶과 죽음이 공존하는 도시'라고 한다. 능선처럼 이어지기도, 흩어지기도 한 고분은 경주에선 흔한 풍경이다. 대릉원은 미추왕(味鄒王)을 대릉(戴陵)에 장사지냈다'는 <삼국사기>의 기록에 따라 이름 붙여졌다. 대릉원 내에는 유일하게 주인을 알고 있는 미추왕릉이 있다. 봄이면 벚꽃이 피어 왕을 위한 유희가 펼쳐진다. 왕과 왕족은 한 곳에 여러 기를 두기에 이곳은 신라 왕족의 능원이다. 아직까지 주인 찾기 논쟁이 이어지는 황남대총과 주인이 누군지 모른다고 밝혀진 천마총도 있다.

난이도 ★
주소 계림로 9
여닫는 시간 09:00~22:00
요금 어른 3,000원, 어린이 1,000원

아빠 엄마도 궁금해!

천마총은 연습용?!

경주의 수많은 고분은 누구의 능인지 알 수 없어 번호를 붙였다. 1부터 155까지 있으며 마지막 155호분이 천마총이다. 1971년 경주를 방문한 박정희 전 대통령은 경주의 관광자원을 개발하기 위해 98호분 황남대총 발굴을 지시한다. 고분 중 가장 큰 규모로 당시 기술로는 성공을 장담할 수 없었다. 연습 기회를 가지기 위해 찾은 고분이 98호분 옆에 있던 155호분이다. 도굴된 듯 많이 파손되어 있어 열어보니 누구도 든 흔적이 없는 고분이었다. 1973년 4월부터 12월까지 신라 금관과 허리띠 등 1만 1,500여 점의 유물이 발굴되었다.

왜 무덤 이름이 천마총일까

발굴된 무덤에 이름을 붙여야 하는데 무덤 주인의 이름을 알 수 없을 때 대표 유물의 이름과 총을 합쳐 부른다. 대표 유물인 금관이 나왔으나 1921년 발굴된 금관총이 있기에 천마도의 이름을 붙였다. 천마도는 왼쪽과 오른쪽 1쌍으로 제작되기에 3쌍 6점의 그림이 발견되었다. 1쌍은 자작나무 껍질에 천마 무늬 말다래, 1쌍은 대나무살 위에 금동천마를 붙인 말다래, 옻칠을 한 칠기제 말다래다.

신라 사람은 그림을 잘 못 그렸다? 고분에 회화 유적이 없는 이유

천마도의 공식 명칭은 천마도 장니(天馬圖障泥)다. 장니(=말다래)란 말안장 옆에 길게 늘어뜨리는 안전장치로 말을 탄 사람의 지위를 상징하는 장식이다. 부장품으로 발견된 천마도는 신라시대의 회화 수준을 알 수 있는 유일한 그림이다. 신라 무덤 구조는 적석목곽분, 즉 돌무지덧널무덤으로 돌로 채우고 그 위에 흙을 덮는 방식이어서 무덤 안에 매끈한 벽이 없어 벽화를 남길 수 없다.

스냅사진, 여기서 찍으세요

고분과 고분 사이를 겹쳐 사진을 찍으면 대부분의 사진이 잘 나온다. 대릉원 정문에서 오른쪽 소나무 숲으로 난 길을 따라가면 사진과 같은 포토존이 있다.

인기스팟이라 줄을 서서 찍는다. 빨리 찍어야 하는 탓에 아이에게 재촉하게 되는데, 그럴 땐 땅에 아이가 좋아하는 걸 그려주고 그 사이에 찍자.

첨성대

7세기 신라의 선덕여왕이 만든 우리나라에서 가장 오래된 천문대로 경주를 대표하는 상징물임에 이견이 없다. 첨성대를 처음 보는 사람은 작은 키에 당황하곤 한다. 하늘을 관찰하기엔 너무 땅에 가까운 것 아닌가 해서 말이다. <삼국유사>에 따르면 천문 현상을 관찰하고 국가의 길흉을 점쳤기에 점성대(占星臺)라고도 한다. 점괘에 따라 제사를 지내거나 기원 행사를 했을 가능성도 있다.

난이도 ★
주소 인왕동 839-1
여닫는 시간 24시간
요금 무료(비단벌레차 어른 4,000원, 청소년 3,000원, 어린이 2,000원)
여행 팁 첨성대 주변으로 봄에는 유채꽃과 매화, 벚꽃이 피어나고 여름에는 접시꽃과 배롱나무 꽃, 백일홍, 가을에는 핑크뮬리로 뒤덮여 장관을 이룬다.

아빠 엄마도 궁금해!

다빈치 코드? 아니 선덕 코드

9.5m의 돌탑에는 수학과 천문학의 메시지가 가득 담겨 있다. 몸체의 유일한 문은 남쪽을 가리키고 상단의 정(井)자석은 동서남북을 가리킨다. 362개의 화강암 벽돌, 28개의 석축은 음력 1년과 28수의 별자리를 나타낸다. 춘분과 추분에는 햇빛이 바닥까지 비추고 하지와 동지에는 아예 비추지 않아 계절을 알았다. 첨성대는 돌을 접착제 없이 쌓아 올렸는데 견고함이 이루 말할 수 없다. 1,500여 년의 시간 동안 북쪽으로 20cm 정도 기울었는데, 안타깝게도 2016년 규모 5.8의 강진으로 2cm 더 기울어졌다.

아이가 즐길 수 있는 여행법

첨성대에서 출발해 계림, 향교, 반월성 등 주변을 둘러보는 비단벌레차가 있다. 신라 고분에서 발견돼 공예 장식물에서 볼 수 있는 비단벌레다. 아이에겐 흥미로운 외형에 전기차인 데다 매연이 없어 쾌적하다. 오전 9시부터 오후 6시 30분까지 운영하며 30분마다 출발하는데, 대기가 있을 수 있어 비단벌레차를 타고 둘러본 뒤 주변을 둘러보는 것이 좋겠다.

03 동궁과 월지

해가 지면 저녁 식사를 하고 아이를 재워야 하기 때문에 아이와 야경을 보는 일은 흔치 않다. 그래도 경주여행에서 동궁과 월지 야경은 놓치지 말자. 문무왕이 신라를 통일하고 위세를 알리기 위해 어깨에 힘 딱 주고 만든 정원으로 연회나 회의, 귀빈을 대접해 은근슬쩍 자랑하기를 즐겼다. 월지에 비친 동궁은 왕위 계승자인 왕자가 머무는 곳으로 해가 뜨는 동쪽에 두어 나라를 다스릴 태자임을 의미한다. 태자는 동궁 내 용왕전에서 제사를 지냈는데 용이 된 문무왕에게 이 왕자가 다음 후계자임을 알려 잘 보살펴달라는 의미다. 월지를 중심으로 가장자리를 걷는 산책로가 조성되어 있다. 아이와 걷기 수월하지만 유모차가 다니기엔 불편한 구간도 있다.

난이도 ★ 주소 원화로 102 여닫는 시간 09:00~22:00
요금 어른 3,000원, 청소년 2,000원, 어린이 1,000원
여행 팁 대형 주차장을 보유하고 있지만 정체가 심하고 체계적이지 않아 불편하다. 날씨에 따라 해지기 전에 가서 기다리는 것이 좋다.

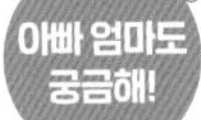

신라의 복불복 주사위, 주령구

참나무로 만든 14면체 구 형태의 주사위로, 14면에는 지시문을 새겨 술자리에서 벌칙을 행할 때 사용했다. 술 3잔을 연달아 마시거나 무반주 댄스, 간지럼 참기 등 요즘과도 비슷한 벌칙들이다. 인공 연못의 진흙에서 발견된 주령구는 공기와 접촉하지 않아 1,300여 년의 시간 동안 보존될 수 있었다. 그러나 건조과정에서 보존 처리 미숙으로 유일한 주령구를 태워 현재는 모조품만 있다.

Episode

내 노래가 그렇게 좋은가

고려와 조선을 거치며 폐허가 된 연못을 본 시인과 묵객들이 기러기와 오리만 날아든다고 했다. 기러기 안雁자와 오리 압鴨자를 써서 안압지라고 부르기도 했으니 말이다. 겨울에 만난 월지에는 오리들이 많이 날아들었다. 아이가 오리를 보고 말했다.
"오리들이 왜 가만히 있지? 내가 신나는 노래를 불러줘야겠어."
신나게 노래를 부르던 아이는 때마침 날아가는 새들을 보며 말했다.
"엄마, 내가 노래 불러주니까 힘이 나서 집까지 날아갈 수 있나 봐."
그러게 너 아니면 오리가 집도 못 가고 어쩔 뻔 했을까. 근데 아들, 여기는 오리의 집이 아니었을까?

월정교

신라 왕궁인 반월성 뒤에 세운 왕실 다리로 화강암 석재를 이용해 교대를 축조하고 강바닥에 4개의 교각을 같은 간격으로 배치했다. 세찬 물길을 거스르지 않기 위해 교각과 기둥이 마름모꼴이다. 약 60m의 다리를 걷는 동안 신라의 화려하고 뛰어난 교량 건축기술을 엿볼 수 있다. 남북의 입구 현판을 눈여겨보자. 당시 신라에서 글씨로는 제일로 꼽힌 김생(남쪽 편 문루)과 최치원의 글씨(북쪽 편 문루)다. 최치원의 글씨는 추사 김정희도 탁본해 중국에 전달할 정도라 했다. 아쉽게도 직접 쓰진 않고 문헌이나 비석에 있는 월, 정, 교 글씨를 가져와 크기를 맞춰 새겼다.

난이도 ★ 주소 교동 274 여닫는 시간 24시간 요금 무료
여행 팁 월정교 앞 공영주차장(교동 153-5)에 주차 가능하다.

아이는 심심해!

아이가 즐길 수 있는 여행법

월정교 지척에 아이들이 좋아하는 징검다리가 있어 오가는 것만으로 놀이가 된다. 단, 월정교를 정면에서 볼 수 있어 사진을 찍거나 관람을 위해 이용하는 사람들도 있으니 주의하자. 몇 가지 룰만 정하고 알려준 뒤 시작하자. 징검다리 돌은 2명이 설 정도의 길이다.

첫째, 앞서가는 사람이 멈추면 잠시 기다리기.
둘째, 건너가다 힘들어서 쉴 때는 뒷사람에게 양보하기.
셋째, 장난치지 않기.

스냅사진, 여기서 찍으세요

징검다리 위에서 월정교를 뒤로 두고 찍어도 되지만 사람은 크게 나오고 월정교는 멀어 측면으로 찍는 것이 좋다.

월정교 내부에서 소실점이 보이도록 기둥 사이에서 찍는 것도 추천한다.

교촌마을

경주 하면 신라를 떠올리지만 그 안에 조선의 문화를 즐길 수 있는 곳이 있으니, 바로 교촌마을이다. 향교를 중심으로 양반의 문화를 즐기는가 하면 떡을 메치는 만들기 체험이나 경주토종견인 '동경이'를 만나는 체험관도 있다. 한복을 대여해 한옥 사잇길을 걸으면 주변에 현대적인 건물이 없어 그야말로 시간여행을 떠난 듯하다. 토기나 음식만들기 등 다양한 체험도 할 수 있다.

난이도 ★
주소 교촌길 39-2
여닫는 시간 24시간
요금 무료
웹 www.gyochon.or.kr

교촌마을, 알고 보니 교촌치킨의 그 교촌

향교가 있는 마을을 교촌이라 한다. 교촌치킨의 창업주는 선조들이 향교에서 배움의 즐거움을 탐구했던 것처럼 맛의 즐거움을 탐미하고 싶다는 의미로 이름 지었다. 경주 교촌마을도 향교가 있어 붙여진 이름이다. 교리 또는 교동이라고도 불리는데 김밥으로 유명한 교리김밥과 최부자집 전통주인 교동법주가 다 같은 동네 이름임을 뜻한다. 신라 신문왕 때 최초의 국립대학인 국학이 세워졌고 고려에는 향학, 조선에는 향교로 이어졌다. 교육명문인 셈이다.

어떤 연인의 비밀 결혼식장, 경주향교

1997년 12월 28일 경주향교에서 전통혼례가 열렸다. 족두리를 쓴 신부의 얼굴, 그녀는 1987년 KAL기 폭파범 김현희였다. 신랑은 안기부 경호 책임자로 결혼 후 사업가로 변신했다. 신랑의 본가가 있는 경주에서 올린 결혼식에는 가까운 친척과 자신을 밀착 경호한 여성만이 참석했다. 결혼 전까지 마음이 무거웠던 김현희는 책 <이제는 여자가 되고 싶어요.>를 출간하며 평생 유족에게 사죄하는 마음으로 살겠다고 전했다.

내 땅을 밟지 않으면 경주를 지날 수 없네~

최부자집의 최부자는 얼마나 부자였을까? 우스갯소리로 경주 감포 해변에 갔더니 미역을 캐는 바위도 최부자 소유라는 말이 있다. 헌데 지금은 영남대학교 소유인 집에서 세 들어 산다니 무슨 일일까? 최부자집은 임진왜란부터 병자호란까지 겪으신 최진립 장군 가문이다. 그의 후손이자 마지막 최부자로 알려진 최준은 일제강점기 독립운동에 전 재산을 사용했다. 집은 일본식산은행에 담보로 잡았는데 해방 후 일본인이 도망가자 그대로 남아서 다시 최부자의 소유가 되었다. 그는 지식으로 사람들을 일깨워야 한다는 생각에 대구대학교의 전신인 영남대학교를 세워 전 재산을 쏟았다. 그러나 운영이 어려워 평소 알고 지낸 삼성의 이병철에게 양도했고 이후 박정희 전 대통령의 영남재단 소유가 되었다. 의병이 독립투사가 되는 것처럼 최부자 집의 최부자는 오늘도 나라를 생각하며 활동하고 있다.

국립경주박물관

1913년 조선인 경주 유지와 경주에 살던 일본인이 만든 경주고적보존회로부터 시작된다. 수집품을 모아 시민들에게 개방하고 성덕대왕신종과 신라 금관과 같은 유적 발굴에도 힘썼다. 금관에 반한 일본인들이 가져가려 하자 조선인의 박물관, 금관고를 만들어 보관했고, 1926년 서울총독박물관의 경주분관이 되면서 국립박물관으로 불렸다. 신라 유물을 전시한 신라역사관과 신라의 예술이 담긴 신라미술관, 동궁과 월지에서 발견된 유물을 볼 수 있는 월지관, 특별전시관, 어린이박물관이 있다. 야외에도 성덕대왕신종이나 불상, 석탑 등 볼거리가 많으며 그윽한 정취의 수묵당과 고청지는 쉬어가기 좋다.

난이도 ★
주소 일정로 186
여닫는 시간
10:00~18:00(일요일 및 공휴일 1시간 연장 운영)
쉬는 날 매년 1월 1일, 설날 및 추석 당일
요금 무료(일부 유료 특별전시 제외)
웹 gyeongju.museum.go.kr

아이는 심심해!

아이가 즐길 수 있는 여행법

어린이박물관은 발랄한 색감과 다양한 전시 기법을 사용해 만들어졌다. 경주를 주제로 한 콘텐츠로 경주 여행의 시작 또는 끝에 가는 것을 추천한다. 공간의 중심에 동궁과 월지 블럭이 배와 동궁, 오리와 같은 조형물을 이용해 자신만의 동궁과 월지를 만들 수 있다. '화랑을 만나다'는 화랑이 지켜야 할 다섯 가지 교훈을 뽑기로 뽑아 행동하는 체험이다. 안내데스크에서 일반 동전이 아닌 동전을 주는데 박물관 내 스탬프를 모두 찍으면 받을 수 있다. 왕의 장신구를 그리는 '왕을 만나다', 경주 불교 유적 블록을 찾아주는 '부처님의 나라를 꿈꾸다' 등이 있다. 가장 인기 있는 전시는 '신라에 꽃핀 예술과 과학'이다. 어두운 첨성대 내부로 들어가 자외선 손전등으로 벽을 비추면 그림과 이야기가 있다. 글을 읽지 못하는 아이는 아빠 엄마가 이야기를 들려주자.

머리에 쓰지 않는 금관, 그럼 어디에 쓰는 물건인고?

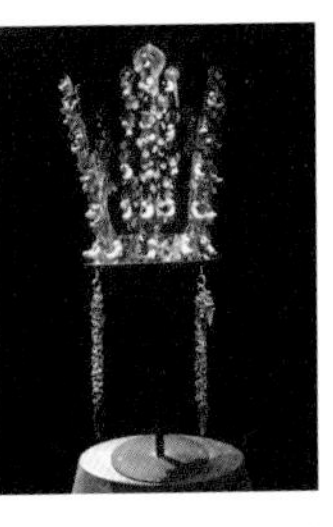

금관은 약하고 장식이 많아 드라마에서처럼 머리에 쓰고 일상생활을 할 수 없었다. 신라 왕은 금장식을 단 비단 모자를 착용했고 제를 올릴 때에 금동관을 썼다고 한다. 출토 당시 금관은 왕이나 왕족의 얼굴 전체를 덮어 부장품으로 사용되었다. 가장 아름다운 금관은 황남대총에서 발견되었는데, 사슴 뿔을 형상화한 장식으로 하늘로 인도하는 정령이라 믿었다.

신라의 미소는 왜 하나뿐인가?

수막새는 지붕 추녀나 기왓골을 마무리하는 둥근 기와다. 그중 박물관에 전시된 수막새는 살짝 미소 지은 얼굴 때문에 신라의 미소라 불린다. 일제강점기에 한 농부가 발견하고 고물상에 팔러 갔는데 지나가던 일본인 의사가 이 모습을 보고 쌀 10가마니에 기와를 샀고 이야기가 경주고적보존회의 잡지에 소개되면서 알려졌다. 이후 경주박물관 관장이 일본 출장 중 기증 받아 우리 품으로 돌아왔다.

진짜 빨래판인지, 문화재인지 잘 확인해보세요!

반이 쪼개져 하부만 남은 상태에서 또 반이 쪼개진 문무왕비 패. 하나는 밭에서 찾았으나 나머지는 오리무중이었다. 그러던 중 수도 검침원으로부터 제보가 왔다. 수도 계량 검침을 하러 갔는데 집주인이 글자가 적힌 돌을 빨래판으로 사용하고 있다는 내용이었다. 표면은 훼손 상태가 심하지만 글자는 명확해 내용 판독을 하는 데 지장이 없었고 남은 반쪽을 되찾을 수 있었다. 이제 남은 상부가 어디서 무엇으로 사용되고 있을지 궁금하다.

고대사 최대의 미스터리이자 가장 아름다운 보검

1973년에 계림로 배수로 공사 중에 황금보검이 발견되자 사학계가 들썩였다. 전형적인 신라의 무덤에서 전혀 신라의 것이라 볼 수 없는 유물이 나온 것이다. 6세기 유럽의 정밀 세공기법인 보검은 어떻게 신라까지 온 것일까? 인물의 궁금증을 풀지 못하고 인근의 고분을 조사하던 중 외국인 무덤을 발견했다. 이에 사학자들은 신라에 무역을 하러 온 외국인이거나 3세기 민족 대이동 때 북방에 있던 무덤 주인이 보검을 가져온 것으로 추측했다.

에밀레~ 에밀레~

우리나라에서 가장 규모가 큰 종으로 표면의 부조는 비천상과 성덕왕의 공덕이 쓰여 있다. 종을 울릴 때마다 왕의 공덕을 알리고 강복하는 의미다. 그러나 그 울음소리가 아이의 울음소리 같다고 해 '에밀레종'이라 부르기도 했다. 정각, 20분, 40분에 녹음해둔 종소리를 들을 수 있으니 확인해보자.

뽀로로 아쿠아빌리지

눈과 얼음으로 덮인 뽀로로 마을에 초대받는 아이라면 어떨까. 그 마을이 워터파크라면 금상첨화다. 뽀로로 아쿠아빌리지는 아이들에게 친근한 캐릭터 뽀로로와 친구들이 사는 마을을 옮겨 두고 캐릭터 모형도 곳곳에 배치했다. 물을 무서워하거나 좋아하지 않는 아이도 친숙한 분위기에 몸을 담그기 쉽다. 실내와 실외를 잇는 유수풀을 비롯해 수심이 깊은 곳은 없고, 가장 깊은 정도가 어른 가슴선 정도다. 실내는 대부분 미취학 아동을 위한 풀장으로 물 온도도 배앓이를 하지 않을 정도다. 오랫동안 물놀이를 했다면 온천수로 된 테마풀에서 몸을 녹이면 된다. 워터파크에서 사용되는 물은 지하 750m에서 끌어올린 천연수다. 물놀이를 마친 뒤 대중탕이 있어 목욕까지 마치고 나올 수 있으며 탈수기도 있다. 아이를 위한 워터파크다 보니 워터슬라이드가 많이 없다. 하나밖에 없는 식당은 노후된 편이라 먹거리가 부실한 편이다.

난이도 ★★
주소 보문로 182-27
여닫는 시간 일~금요일 10:00~18:00, 토요일 10:00~19:00
요금 종일권 어른 42,000원, 종일권 어린이 37,000원, 오후권 어른 37,000원, 오후권 어린이 32,000원
웹 www.hanwharesort.co.kr/irsweb/resort3/tpark/tp_intro.do?tp_cd=0300

동궁원(버드랜드)

<삼국사기>에 따르면 문무왕 14년에 '궁성 안에 못을 파고 산을 만들어 진귀한 새와 기이한 동물을 길렀다'는 이야기가 나온다. 바로 우리나라 최초의 동식물원인 동궁과 월지로, 이를 현대적으로 재해석한 공간이 동궁원이다. 신라시대 한옥의 외관을 한 대형 온실은 식물의 집에 초대받은 특별한 사람처럼 느껴지게 한다. 본관에는 바오밥나무를 중심으로 야자원과 관엽원, 수생원, 열대과수원 등 400여 종, 약 5,500본의 식물이 자란다. 2관은 형형색색으로 피어난 100여 종의 꽃이 반겨준다. 동궁원의 하이라이트는 버드파크로 새 둥지 형태의 온실 안에 250종의 새가 살고 있다. 커다란 새장 속으로 들어가 먹이를 줄 수 있는데, 새들이 스트레스를 덜 받도록 안전요원이 곳곳에 배치되어 있다. 입장할 때 기념품숍에서 '버드파크 탐험대' 체험북을 구입하길 추천한다. 버드랜드 동식물에 관한 설명이 스탬프 책자에 적혀 있으며 약간의 새 모이가 포함되어 있다. 1층에 새장과 수족관, 매점 등이 있으며 2층엔 부화실이 있다. 닭이 낳은 유정란을 잘 보살펴 갓 태어난 병아리를 볼 수 있다.

난이도 ★
주소 보문로 74-14
여닫는 시간
09:30~19:00(버드파크 10:00~19:00)
요금 동궁원 본관 + 2관 어른 5,000원, 청소년 4,000원, 어린이 3,000원
버드랜드 어른 17,000원, 청소년 15,000원, 어린이 12,000원
통합권 어른 18,000원, 청소년 16,000원, 어린이 13,000원
웹 gyeongjuepg.kr

불국사

경덕왕 10년 당시 재상(지금의 총리)이었던 김대성은 경주는 '부처님의 나라'라고 생각했다. 그가 만든 불국사는 불교 교리인 '부처님의 나라로 가는 길'을 형상화한 독특한 건축물이다. 수행을 뜻하는 청운교와 백운교를 지나 깨달음을 뜻하는 자하문을 열고 부처의 세계인 대웅전에 들어간다. 석가탑은 석가모니 부처님이 설법을 하고 있는 모습, 다보탑은 부처님의 말씀을 듣고 진실임을 인정하는 다보여래를 상징한다. 서방 극락정토인 극락전은 연화교와 칠보교를 통해 만날 수 있다. 봄이면 천상세계는 사찰 밖에서 이루어진다. 부처가 분홍빛 구름을 몰고 온 듯 겹벚꽃 군락지가 만개해서다. 피크닉 매트와 주전부리를 챙겨 한갓진 시간을 보내도 좋겠다.

난이도 ★★
주소 불국로 385
여닫는 시간 2월~10월 평일 09:00~17:00, 주말 08:00~17:30
11~1월 평일 09:30~17:00, 주말 09:00~17:00
요금 어른 6,000원, 청소년 4,000원, 어린이 3,000원
웹 www.bulguksa.or.kr

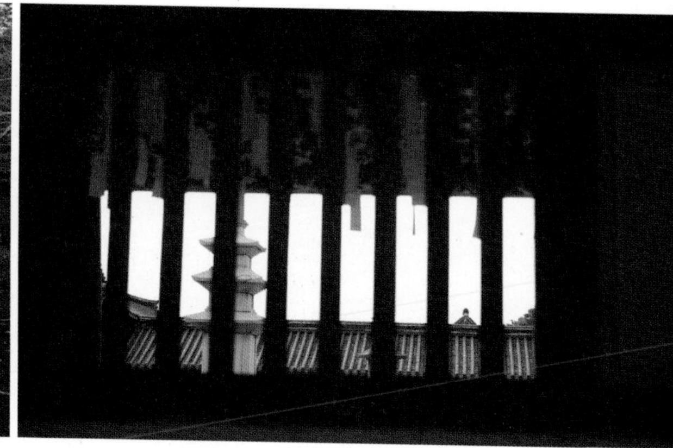

아빠 엄마도 궁금해!

소원 빌고 가세요. 극락전 복돼지

청운교와 백운교보다 작은 크기의 연화교와 칠보교는 서방 극락세계인 극락전으로 오르는 길이다. 극락정토의 주불인 아미타불은 중생의 고난과 고통을 살피고 제물과 의식의 풍족을 상징한다. 때문에 극락전 복돼지를 만지면 소원이 이루어진다는데 진짜 복돼지는 현판 뒤에 숨어 있다. 만지기 어려워 극락전 앞에 복돼지를 만들어 두었는데 손해 볼 건 없으니 소원 하나 간절히 빌고 가자.

석가탑, 고난의 길

석가탑은 통일신라 석탑의 완성형이라 불린다. 미인박명이 탑에도 적용되는 것일까. 고려시대에 지진으로 2번이나 무너져 중수하고 1966년 도굴꾼에 의해 석탑 일부가 부서지고 기울어졌고, 결국 석가탑을 해체해 복원하기로 한다. 2층 탑신 사리함을 열자 사리를 보관한 금동함과 세계에서 가장 오래된 목판인쇄물인 무구정광대다라니경이 발견되었다. 너비 8cm, 총 길이 6m나 되는 경전은 공기와 쉽게 반응하지 않는 닥종이에 새겨져 있었다. 그때 해체에 사용되던 목재 전봇대가 썩어 우지끈 부러지면서 2층 옥개석이 땅에 있던 3층 옥개석 위로 꼬꾸라졌고 현장은 충격에 휩싸였다. 그것도 모자라 사리를 안전하게 모시려 이동하던 주지스님이 진신사리가 담긴 유리병을 떨어뜨렸다. 파편보다 작은 사리가 모래바닥 위에 떨어졌고 모두 망연자실했다. 현재 석가탑은 2016년 복원된 것이다.

다보탑의 비밀

우리나라에 유일무이한 형식의 탑으로, 경쾌하고 아름답다. 다보탑도 석가탑처럼 우여곡절이 많았는데, 일제강점기 일본인에 의해 탑이 해체되었으나 기록이 남아 있지 않다. 돌계단에는 탑 내부를 지키는 사자상 4마리가 있었는데, 3마리가 사라졌다. 1마리는 사자 입이 부서져서 다보탑 중앙에 뒀는데 사리함조차 없다. 현재 국립중앙박물관 야외 전시장에는 4마리의 사자상이 탑 모서리를 지키고 있는데 4면의 중앙에 있을 거라는 설도 있다. 일본에 뺏기지 않았더라면 명확해질 비밀인데 아쉬운 마음이 크다.

스냅사진, 여기서 찍으세요

봄이면 겹벚꽃 군락지에서, 가을이면 반야연지에서 사진을 남겨보자. 계절보다 더 아름다운 배경은 없으니 말이다. 나한전 옆 비탈길의 돌탑지에서 소원을 비는 모습을 담아도 좋겠다.

단풍이 들면 사찰의 모든 문은 프레임이 된다.

독락당

어떤 공간이기에 꽁꽁 숨겨두고 홀로 즐겼을까 궁금하지 않을 수 없다. 문을 열고 들어서면 어디로 발을 옮겨야 할지 갈팡질팡한다. 길게 선 행랑채에 안채로 향한 문 외에 쪽문이 더 있는데, 들어가면 향나무가 지키고 선 샛길과 솟을대문을 만난다. 돌고 돌아 어렵게 만나는 독락당은 이 집의 사랑채로 이황, 조광조와 어깨를 나란히 하던 회재 이언적이 지었다. 솟을대문으로 드러서자 그가 숨겨두고 즐긴 건 계정(溪亭)이었던 듯하다. 자계천에 난간을 내밀어 계곡 물소리를 듣고 있자면 누구든 음유 시인의 역할을 해낼 듯하다. 아쉽게도 계정은 숙박객이나 귀한 손님에게만 기회가 주어진다고 하나 낙심하지말자. 갈림길에서 토담을 따라가면 자계천으로 내려갈 수 있다. 물길은 낮고 길게 늘어지는데, 유속이 빠르지 않아 아이가 발을 담가도 위험하지 않다. 작은 물고기나 가재를 잡거나 너럭바위에 걸터앉아 탁족을 즐기기도 한다.

난이도 ★
주소 옥산서원길 300-3
여닫는 시간 일출~일몰
요금 무료
여행 팁 고택에서 숙박도 가능하다.

아빠 엄마도 궁금해!

자연에서 놀자!

아이의 체력을 발산해줘야 한다는 생각에 키즈카페나 실내놀이터에서 오랫동안 노는 날도 있었다. 아이가 일찍 잠든다면 오늘 정말 재미있게 놀았나 하고 생각하기도 했다. 어느 날 대안교육으로 유명한 발도르프 육아서를 보고 적잖이 놀랐다. 일찍 잠든다고 다 그런 건 아니겠지만 아이가 오랜 자극에 지쳐서라고 한다. 원색 위주의 놀이시설과 조명, 실내의 탁한 공기까지 영향을 준다고 한다. 그즈음부터 자연에서 놀 수 있는 여행지와 놀이를 찾아다녔다. 오감으로 새로운 자연물을 탐색하는 시간을 가져 상상을 도울 수 있도록 했다. 조약돌로 잎을 빻고 모래를 계곡물에 던져 퍼지는 물방울을 지켜본다. 단순하지만 적당한 자극과 정형되지 않은 생각의 자유를 느낄 수 있을 것이다. 늘 그럴 필요는 없지만 여가시간의 우선순위가 자연으로 바뀐 건 잘 한 일이다.

포항

SPOTS TO GO

호미곶

난이도 ★
주소 해맞이길 150번길
여닫는 시간 24시간
요금 무료
여행 팁 새해에는 광장에 있는 가마솥에 불을 때 2만 명이 먹을 수 있는 떡국을 끓여 나눠 먹는다.

한반도 지형상 호랑이 꼬리에 해당하는 곳이다. 사냥을 좌우하는 중요한 꼬리여서인지 풍수지리 학자인 격암 남사고는 '천하제일의 명당'이라 했다. <대동여지도>를 만든 김정호는 이곳에 일곱 번이나 들러 영일만 동쪽 끝임을 확인했다. 명당에서 해를 보는 기운이라니 장대하기 그지없다. 황금빛 물결이 수평선에서부터 움직이면 호미곶은 서서히 본모습을 드러내고, 밀려드는 파도를 기암괴석이 막아선다. 불쑥 튀어나온 조형작품 '상생의 손'도 있다. 2000년 밀레니엄을 기념해 오른손은 해가 뜨는 바다에, 왼손은 해가 지는 육지에 세웠다. '상생의 손'의 왼손 앞에는 꺼지지 않는 '영원의 불'이 타오르고 있다. 1999년 12월 31일 변산반도에서 지는 천년의 마지막 햇빛과 날짜 변경선인 피지섬의 햇빛, 2000년 1월 1일 독도와 호미곶에서 떠오른 새 천년의 햇빛을 체화해 합친 불꽃이다. 매년 새해에 햇빛체화기를 통해 불을 붙여 성화대에 올린다.

아이는 심심해!

아이가 즐길 수 있는 여행법

국내 유일의 등대박물관에서 모스부호를 만들거나 배를 타고 등대를 체험할 수 있다. 해맞이광장은 넓고 정돈이 잘되어 있어 킥보드를 타거나 연을 날리기 좋다. '상생의 손' 아래 해안은 암초로 자연어장을 만들어 물고기가 떼를 지어 다니는데, 이 구경만 해도 오래 걸린다. 아이가 가장 좋아했던 놀이는 거인 손 이야기다. 아이가 평소에 좋아하던 캐릭터나 애니메이션이 있다면 엮어서 들려주자. 한창 애니메이션 <헬로 카봇>을 좋아하던 아이라 아빠, 엄마, 아이 모두 로봇 역할을 정하고 이야기를 시작한다.

"얘들아, 저기 봐. 엄청 큰 손이 있어."
"누구 손이야?"
"바닷속에 있는 무시무시한 거인 손인가 봐."
"으악. 도망가자. 앗. 큰일이야. 반대쪽에도 있어. 우린 갇혔어."
"그렇다면 물리쳐야지. 코플레이저~."

영일대해변

2013년 해변으로부터 100m 정도 떨어진 바다 한가운데에 영일대가 세워졌다. 국내 최초의 해상 누각으로 2층이지만 기둥 하나가 사람 키를 훌쩍 넘기는 규모라 위용스럽다. 여름이면 요트가 아기오리처럼 줄줄이 떠다닌다. 맞은편에는 소규모 장미정원이 있는데, 꽃이 피지 않는 겨울에는 LED 장미 3,000송이가 대신한다. 한시적으로 문을 여는 포라카이도 방문해보자. 포항과 휴양지로 유명한 필리핀 보라카이의 합성어로, 생선을 포장하던 나무 상자를 울타리로 해먹과 야자수 파라솔을 설치해 이국적인 분위기를 재현했다. 입장료를 지불하면 맥주를 포함한 음료 한 잔이 제공되며 어린이는 물놀이장을 무료로 이용할 수 있다. 해변의 정수는 해가 지고 난 후부터 시작된다. 영일대로 이어진 다리에 설치한 일루미네이션이 반짝이고, 까맣게 물든 바다에 데칼코마니처럼 불빛이 일렁인다. 영일대에 오르면 섬처럼 빛나는 포항제철소 야경까지 만날 수 있다. 경관조명으로 설치한 소통보드에 사연을 보내 10분 동안 메시지를 표현할 수도 있다. 신청자의 성명, 연락처, 메시지 내용(32자 내외, 사진 1장)과 함께 희망 시간과 장소(송도)를 메일(sotong@posco.com)로 보내면 된다.

난이도 ★
주소 두호동 685-1
여닫는 시간 24시간(포라카이 13:00~23:00)
요금 무료(포라카이 5,000원)
여행 팁 매년 포항스틸아트페스티벌이 열린다. 영일대 근처의 포항 시립미술관과 환호공원도 함께 둘러보자.

Episode

너 어디서 왔니?

아이가 호텔 엘리베이터에서 모르는 아저씨를 만났다. 아저씨는 아이가 귀여워서 어디서 왔냐고 물었고 아들이 말했다.
"그건 비~밀."(헬로카봇 차탄 명대사)

03 포항운하

형산강과 동해 바다 사이에 흐르는 샛강이 포항운하다. 물길을 따라 조성된 산책로는 철의 도시답게 스틸아트로 경쾌함이 가미되었다. 포항제철소의 순도 높은 쇳물처럼 잔잔한 물길 위로 크루즈가 미끄러지듯 지나가는데, 포항운하관을 출발해 1.3km의 운하를 지나 동해 바람을 맞고 형산강으로 돌아오는 원점 회귀 코스다. 크루즈를 탄 사람들은 3번 환호성을 지른다. 좁은 물길을 지나 샛강 하구에 들어서면 줄지어 선 어선들이 장관을 이루는 이곳은 포항항, 내륙에 위치해 동빈내항이다. 영일만을 지나면 검푸른 동해가 시원스레 다가온다. 하이라이트는 형산강을 들어서면서다. 포항제철소의 육중한 용광로가 덮칠 듯이 다가오는데, 푸푸 연기를 내며 움직이는 모습이 공상과학영화 <모털 엔진>의 한 장면 같다.

포항운하 크루즈 코스 소개 : A코스 - 포항운하~동빈내항~송도해수욕장~선착장 B코스 - 포항운하~포항여객터미널~선착장(기상 악화 시)

난이도 ★★ 주소 희망대로 1040 여닫는 시간 11:00~17:00(40분 소요) 한밤의 크루즈 매주 토요일 18:40(상황에 따라 상이, 전화 확인 요망)
요금 어른 12,000원(야간 18,000원), 어린이 10,000원(야간 15,000원), 유아(24개월 이하) 무료(야간탑승 불가) 웹 innerharbor.pohang.go.kr
여행 팁 때에 따라 제철소 주변으로 철강 냄새가 나기도 한다. 아이에겐 마스크를 씌워주는 것이 좋겠다.

아빠 엄마도 궁금해!

막힌 물길 다시 뚫어드립니다.

포항의 관문인 포항항은 일제강점기를 거치며 일본식 명칭인 동빈내항으로 바뀐다. 내륙으로 이어지는 샛강에 위치하니 궂은 날씨를 피할 천혜의 항구지만 포항제철소가 새로운 항구를 만들면서 항구의 역할을 잃고 매립되었다. 도시가 사업화되면서 부족한 주거시설을 해결하기 위해서다. 물길이 막히니 악취와 오물로 곪아갔는데, 답은 하나! 갇혀 있던 물길을 다시 열어주는 것. 480동의 건물이 철거되고 827세대의 주민이 삶의 터전을 떠나야 했다. 2014년 준공된 포항운하는 형산강 물길이 영일만에 닿아 동해의 품에 안긴다.

함께 둘러보면 좋은 여행지, 캐릭터해상공원 언택트

로봇이나 애니메이션 <헬로 카봇>, <터닝메카드>를 좋아하는 아이라면 포항운하 가는 길에 잠깐 들러 보자. 아이 키의 4배는 훌쩍 넘는 로봇의 등장에 애니메이션 주인공이 된 기분을 느낄 수 있다. 해상공원은 노후화되고 전동카트 같은 소형 놀이기구가 있지만 놀거리가 딱히 없어 큰 기대는 하지 말자.

난이도 ★ 주소 운하로 160 맞은편
여닫는 시간 3~10월 09:00~22:00, 11~2월 10:00~21:00
요금 무료

용계정

언택트

덕동마을에 도착하면 용계정 상량문에 적힌 '하늘이 아끼고 땅이 감추어둔' 그대로의 풍경을 한눈에 담을 수 있다. 덕이 있는 사람들이 사는 마을이라 이름 지어서 그런지 푸른 솔내음이 폴폴 풍기는 덕동숲과 아껴두고 싶은 덕연계곡, 이 모든 즐거움을 누릴 수 있는 정자 용계정이 함께 있다. 정자 입구에는 키가 큰 배롱나무가 담을 따라 가지를 뻗었고, 여름에 붉은 꽃망울을 터트리면 기와는 고운 치맛자락을 두른 듯하다. 정면 5칸, 측면 2칸의 목조 건물은 양쪽에 방 2칸과 계곡으로 난간을 두고 있다. 계곡을 사이에 두고 마주한 기암은 연어대(鳶漁臺)로 정자에 앉아 바라보니 기암 위로 소나무숲이 화첩처럼 펼쳐진다. 동네 사랑방이라 어르신들의 호탕한 웃음소리도 정겹다. 후문에는 약 400년 된 은행나무와 향나무가 정자를 호위하듯 서있다. 후문과 이어진 작은 연못, 호산지당은 배롱나무와 연꽃이 피어나는 여름에 여행객을 무장해제시킨다. 수심이 얕아 어린아이들이 놀기 좋다.

난이도 ★
주소 덕동문화길 26
여닫는 시간 24시간(마을관리 상황에 따라 변경)
요금 무료
여행 팁 숲이 우거지고 연못도 있어 모기가 많다. 미리 모기 퇴치제 등을 챙겨 가자.

경주

PLACE TO EAT

01 고두반

전통 방식으로 만든 지역 향토음식을 내는 식당으로 건강하고 정갈한 밥상을 맛볼 수 있다. 이름처럼 콩으로 만든 두부요리가 주 메뉴로 가마솥에서 2시간 동안 만든 손두부는 말린 다시마 가루를 넣어 감칠맛이 좋다. 비지부터 콩물과 콩전, 콩잎 김치 등 반찬도 콩 요리다. 구운 소금과 그로 담근 장류. 사과부터 뽕잎까지 담근 효소로 양념했다. 텃밭에서 기른 제철 채소를 사용해 만든 샐러드도 싱그럽다. 기본 반찬과 감자 옹심이 된장이 나오는 랑산밥상, 한우두부전골이 대신 나오는 고두반밥상이 있다. 고두반의 음식이 유난히 먹음직스러운 건 담음새 덕분이기도 하다. 도예가 남편이 전통 가마에 도자기를 만드는 랑산 도요도 함께 운영한다. 어릴 때부터 조미료가 들어간 바깥 음식을 먹으면 탈이 나는 딸을 위해 만든 요리라니 마음 푹 놓고 내 아이에게 먹일 수 있겠다.

주소 대기실3길 11 여닫는 시간 12:00~20:00
쉬는 날 월요일 가격 랑산밥상 10,000원, 고두반밥상 14,000원

02 별채반 교동쌈밥

첨성대와 대릉원 인근에 위치해 있어 쉽게 찾아갈 수 있다. 여행객이 많이 찾는 곳으로 깔끔하고 체계적인 식당이다. 한우불고기와 돼지불고기, 오리불고기를 각각 메인으로 한 쌈밥과 곤달비비빔밥 등을 선보인다. 곤달비비빔밥은 경주 산내면에서 재배한 곤달비와 각종 산채를 넣은 비빔밥이다. 곤달비는 곰취와 비슷하나 쓴맛이 없고 부드러워 아이 입맛에도 괜찮다. 고추장 대신 된장을 사용해 맵지 않다. 맵긴 하나 육부촌육개장도 유명하다. 서라벌의 육부촌 식재료가 들어간 궁중육개장이다.

주소 첨성로 77 여닫는 시간 10:00~21:00
가격 곤달비비빔밥 11,000원, 한우불고기쌈밥 19,000원

03 부성식당

식당의 메뉴는 보리밥비빔밥 한가지로 단출하지만, 테이블에 음식이 차려지면 절대 단출하지 않다. 10가지 비빔밥 나물에 강된장과 시래기 된장찌개, 생선구이와 돼지불고기가 더해진 시골밥상이 나온다. 깔끔한 반찬과 부추와 양배추를 넣은 한국식 샐러드, 쌈까지 종류가 다양하다. 구수한 숭늉도 맛이 좋다. 비빔밥 나물에서 매운 양념을 한 무채를 빼고 불고기를 잘게 썰어서 비비면 아이가 먹기 좋은 한 그릇 음식이 된다. 해물파전과 도토리묵은 따로 주문 가능하다.

주소 포석정길 3 여닫는 시간 11:00~20:00 쉬는 날 첫째·셋째 화요일
가격 토속보리밥정식 11,000원(2인 이상 주문), 해물파전 10,000원

04 | 교리김밥

전국 김밥 중 손가락에 들 만큼 맛으로 유명한 김밥이다. 이미 레시피도 다 공유되었는데 이곳에서 파는 김밥을 잊지 못하고 경주여행 때 꼭 찾는 사람들이 많다. 어쩌면 추억의 맛인지도 모르겠다. 교리김밥의 특징은 한 주먹 웅큼 쥐어 들어가는 계란지단이다. 반 이상 들어간 계란지단 덕분에 일반 김밥보다 부드럽다. 잔치국수도 함께 판매하는데 내부가 협소하다 보니 포장을 추천한다. 본점은 1인 2줄로 한정해 판매한다. 교촌마을에 위치한 본점에서 대기시간이 길어진다면 분점에서 구입할 수 있다.

주소 탑리3길 2(보문점 424-11, 황성직영점 황성로 31)
여닫는 시간 평일 08:30~17:30, 주말 08:30~18:30(보문점 08:30~19:00, 황성직영점 월·화·금요일 11:00~30:00, 수·토·일요일 09:00~20:00)
쉬는 날 수요일(보문점 화요일, 황성직영점 목요일)
가격 김밥 2줄 도시락 8,000원, 잔치국수 6,000원

05 | 함양집

1924년 울산에서 시작한 함양집은 4대에 걸쳐 이어져 내려오고 있다. 가장 오래된 비빔밥집이어서인지 고집스러운 맛을 낸다. 유기그릇에 내는 전통 비빔밥은 경주 양동마을 근처인 안강읍에서 거둔 쌀을 쓰는데 윤기가 돌고 맛이 좋다. 각종 나물과 암소 육회를 올리고 계란지단을 더한다. 고추장은 간이 세지 않고 자극적이지 않다. 한우물회는 회 대신 육회를 올린 물회로 배와 오이, 무를 넣고 소면이 따로 나온다. 아이가 먹기엔 두 가지 메뉴 모두 매콤하니 곰탕이나 치즈불고기 같은 메뉴를 따로 주문해야 한다. 이유식을 먹는 유아를 위해 전자레인지를 구비한 배려가 돋보인다. 모두 좌식 테이블이다.

주소 북군1길 10-1(2호점 보불로 287)
여닫는 시간 10:00~15:00, 17:00~21:00 쉬는 날 수·목요일
가격 한우물회 13,000, 곰탕 9,000원
이용 팁 대기 등록을 하면 카카오톡으로 알려주는 테이블링 서비스를 이용할 수 있어 오픈 시간 전에 미리 대기 등록을 하고 오는 것이 좋다.

06 | 토함

보문단지 근처에 위치한 토함은 경주 향토음식을 맛볼 수 있는 식당이다. 산 능선이 보이는 전망과 토속적인 인테리어에 마음이 편안해진다. 온돌로 된 황토방은 소음이 차단되는 건 아니지만 독립 형태로 되어 있다. 대표 메뉴는 칼칼하고 매운 갈치조림과 고등어조림. 반찬은 매운 양념을 사용하거나 간이 센 편이라 아이를 위한 돈가스 메뉴를 주문하는 것이 좋다. 수육이나 생선구이, 녹두전 등 별도로 주문 가능한 메뉴도 있다.

주소 숲머리길 159 여닫는 시간 10:00~22:00 가격 갈치조림정식 13,000원, 고등어조림정식 11,000원, 모듬생선구이 25,000원

07 퇴근길숯불갈비

오랜만에 내려온 외갓집에 외할머니가 준비한 소고기를 먹는 기분이 든다. 오래된 기와집을 편의에 맞게 고치고 툇마루엔 유리문을 달았다. 유리에는 담백하게 쓴 상호와 메뉴가 적혀 있다. 반갑게 맞아주는 주인의 안내로 방에 들어가면 좌식 테이블이 마련돼 있다. 테이블마다 달궈진 숯불 위에 석쇠를 올리고 얇게 썬 고기를 구워먹는데, 이 집의 인기 메뉴는 갈비다. 갈비뼈에 바로 붙은 살이라 양이 많지 않아 늦게 가면 소진될 수 있다. 갈비뼈 근처에 있는 갈빗살은 소금구이로 나온다. 불고기는 양념을 미리 재워 두지 않고 소금구이에 양념을 뿌리듯 올려준다.

주소 금성로 190 여닫는 시간 12:00~20:30
쉬는 날 첫째·셋째 화요일
가격 갈비(100g) 15,000원, 소금구이(100g) 13,000원, 불고기(100g) 13,000원

08 황남맷돌순두부

경주는 예부터 콩을 많이 재배하던 곳이라 두부요리가 유명하다. 이곳은 콩을 직접 갈아 만든 손두부를 사용하는데, 대표 메뉴는 능이버섯이나 송이버섯을 넣어 끓이는 두부전골이다. 매운 양념이 들어가고 두 가지 재료 모두 향이 강해 아이가 거부감을 보일 확률이 크다. 아이가 먹기에는 순하고 고소한 들깨순두부나 순두부찌개가 나오는 두부보쌈정식을 추천한다. 함께 나오는 순두부찌개는 고추기름이 들어 있어 아이가 먹기엔 어렵다. 가게 사정에 따라 다르겠지만 잡채나 메추리알조림과 같은 아이가 먹을 수 있는 반찬이 나온다.

주소 놋전2길 3
여닫는 시간 09:00~20:30
가격 능이버섯 두부전골 15,000원, 들깨순두부 9,000원

09 암뽕수육 본가점

수육은 알겠는데 암뽕은 뭘까? 귀처럼 생긴 암컷의 자궁, 새끼보로 젓가락으로 집으면 튕겨나갈 만큼 탱글탱글한 탄력이 있는 부위다. 경주는 도축장이 있는 봉계와 가까워 신선하고 저렴하게 소고기를 먹을 수 있는데, 특수 부위가 발달한 것도 그 덕분이다. 향이 강한 부추와 함께 삶아 나오는데 여기에 미니리무침을 싸 먹으면 맛이 좋다. 식당은 암뽕수육과 목살수육만 판매한다. 암뽕수육을 주문하면 목살이 함께 나와 두 가지 모두 맛볼 수 있다. 아이가 먹기엔 암뽕은 질긴 편이다. 된장찌개와 공깃밥은 주문하면 다른 식당에서 배달해 준다.

주소 불국장터길 8
여닫는 시간 10:30~재료 소진 시(대략 14:00 전후)
가격 암뽕수육(소) 40,000원

포항

PLACE TO EAT

01 동원해물촌

통유리창으로 영일대 해변을 바라보며 먹을 수 있는 깔끔한 식당이다. 지금의 모던한 인테리어를 보면 생긴 지 얼마되지 않은 곳이라 생각되겠지만, 1984년부터 시작해 벌써 3대째 내려온 공력 있는 식당이다. 시작할 때부터 유명했던 메뉴는 단연 물회로 육수없이 비벼먹는 전통 물회 방식이다. 싱싱한 횟감이 탱탱하고 청량하다. 밥을 말아 먹고 싶을 때에는 생수를 약간 부어주면 된다. 구성을 맞춘 한 상 메뉴에는 매운탕이 함께 나온다. 아이가 먹기엔 전복죽 한 상이 좋은데, 내장까지 넣어 연둣빛을 띠는 죽 위에 전복 한 마리가 통째로 올라간다. 깔끔한 미역국도 함께다. 반찬도 김치를 제외하면 매운 찬이 없어 좋다.

주소 해안로 57-4 여닫는 시간 11:00~22:00
쉬는 날 월요일
가격 포항물회 한 상 15,000원, 전복죽 한 상 15,000원

02 담박집

흰 담벼락과 붉은 벽돌이 잘 어우러진 담박집은 일본 가정식을 전문으로 한다. 점심과 저녁 메뉴가 다른데 점심식사로는 대창덮밥과 삼겹덮밥이 인기다. 대창덮밥은 달달한 양념 대창이 잘 구워져 노릇노릇하고 윤기가 흐른다. 그렇다고 곱이 빠지거나 흐트러지지 않고 그득 찼다. 아이가 먹기엔 기름기 많은 대창덮밥보다 삼겹덮밥을 추천한다. 찬으로 홍합탕과 과일샐러드, 김치, 염교와 생강절임, 작은 가쓰산도(돈가스를 넣은 샌드위치)가 함께 나온다. 저녁식사 때는 여유롭게 모둠소곱창구이를 즐길 수 있다. 늘 먹을 수 있는 메뉴는 담박곱창전골과 모쓰나베(일본식 곱창전골)가 있다. 주말에는 대기가 길어 기다려야 할 수도 있다. 가게 규모가 작은 데다 테이블 사이가 좁아 답답한 느낌이 든다.

주소 효자동길10번길 33
여닫는 시간 11:30~15:30, 17:30~21:30
가격 대창덮밥 한상 11,000원, 삼겹덮밥 한상 10,000원

03 | 시민제과

1949년에 문을 연 시민제과는 포항에서 처음 생긴 빵집으로 13년의 공백은 있었으나 벌써 3대째 이어져 온 전통이 있다. 오랜 세월 사랑받았던 런치사라다빵과 앙금빵 등 추억을 되살릴 빵도 있지만 프랑스 전통 베이커리도 쉽게 볼 수 있다. 3대 대표가 미식으로 유명한 르꼬르동블루 서울 분교에서 제빵과정을 거치고 프랑스 파리에 있는 '에콜 페랑리ecole ferrandi'에서 제과과정을 마쳤다. 날씨가 좋다면 2층에 자리를 잡고 팥빙수를 먹어보자. 국내산 팥으로 만든 앙금과 수제 찹쌀떡을 올려 만들었다. 빵과 잘 어울리는 밀크셰이크도 놓치지 말 것.

주소 불종로 48
여닫는 시간 09:00~22:00
가격 1949단팥빵 1,500원, 1949찹쌀떡 1,500원, 연유바게트 4,000원, 밀크셰이크 4,000원

04 | 포인트

삼정항에서 멀지 않은 외딴 섬에 카페 포인트가 있다. 육지와 연결된 시멘트 다리를 건너면 만날 수 있는데, 카페로 가는 유일한 다리가 익숙하다 했더니 드라마 <동백꽃 필 무렵> 촬영지다. 다리 아래 바다는 수심이 깊지 않아 여름에 탁족을 즐기기에도 좋다. 카페 외관은 짙푸른 바다 위에 순풍을 탄 돛처럼 하얗다. 원래 횟집으로 운영되던 곳을 새롭게 꾸몄다. 음료를 주문하는 본관 외에도 별관이 있다. 직사각형의 창문이 액자처럼 보여 바다와 함께 사진을 남길 수 있는 포토존이다. 단층의 별관 옥상은 루프탑으로 바다를 가장 가까이에서 즐길 수 있는 장소라 인기가 많다. 약간의 베이커리도 함께 판매한다.

주소 일출로90번길 36-10
여닫는 시간 10:00~22:00
가격 아메리카노 5,500원
이용 팁 2020년 11월 기준, 태풍으로 수해복구 중이다.

경주

PLACE TO STAY

01 산죽 한옥마을

불국사역과 불국사 사이에 위치하고 있는 총 10개의 객실을 둔 한옥마을로 전통 기와집과 초가집, 너와집으로 다양하게 구성되어 있다. 주변에 큰 건물이 없고 논밭만 있어 독립적이다. 연못이나 작은 숲, 낮은 돌담으로 만든 골목까지 야외 조경에도 힘을 써 우리만의 경주한옥마을 속에 들어온 듯하다. 숙소는 독채이며 건물마다 거리가 있어 소음으로부터 자유롭다. 내부는 현대적 시설을 갖춰 투숙객의 편의를 고려했다. 좌식을 고려한 가구는 모나지 않아 아이가 부딪힐 걱정이 덜하다. 침대는 아니지만 두툼한 요를 깔아 불편함을 줄였다. 조리를 할 수 있는 주방은 물론 마을 내에 한정식 레스토랑과 카페가 있어 먹거리 걱정은 하지 않아도 된다.

주소 불국로 156 여닫는 시간 체크인 15:00, 체크아웃 11:00
웹 www.sanj.co.k

02 한화리조트 경주

리조트는 28평형 애톤과 31평형 담톤 건물로 나뉘는데, 모두 2개의 방과 거실, 화장실과 욕실로 구성되어 있다. 취사가 가능한 객실이 180실, 호텔형 객실이 21실이다. 노후한 담톤보다 깔끔하게 리모델링된 애톤을 추천한다. 워터파크인 <뽀로로 아쿠아빌리지>를 볼 수 있는 애톤 객실은 건물 내에서 이동할 수 있어 편리하며, 담톤에는 뽀로로 캐릭터룸이 있다. 객실 1층이라 층간 소음도 걱정 없다. 쿠션 블록으로 놀이터를 만들 수 있는 메이킹룸과 스토리빔이 나오는 리딩룸, 소형 놀이터 같은 피카부룸으로 나뉜다. 리조트 내에 레스토랑과 편의점, 치킨과 피자집이 있어 편리하다. 수건은 인원수에 맞춰 제공되며 더 필요할 시 추가 요금이 발생한다.

주소 보문로 182-27 여닫는 시간 체크인 15:00, 체크아웃 11:00
웹 www.hanwharesort.co.kr/irsweb/resort3/resort/rs_room.do?bp_cd=1001

03 | 더케이호텔

보문단지 내에 위치한 더케이호텔은 재현한 황룡사지 8층 목탑을 볼 수 있는 전망으로 유명하다. 온돌 객실의 경우 낮은 층에 있어 아이 취향이 괜찮다면 침대 객실을 추천한다. 디럭스 트윈룸은 아이 한 명과 함께 묵을 수 있을 만큼 침대 넓이가 적당하다. 보문단지의 대부분 숙소처럼 오래된 건물이지만 새 단장해 깔끔하다. 객실 컨디션에 비해 저렴한 가격으로 부담도 덜었다. 호텔 내 온천사우나와 노천탕, 실내외 수영장이 있어 피로를 풀기에, 물놀이를 하기에도 좋다. 온천수는 경주에 있는 온천 중에 가장 물이 좋기로 유명해 숙박객이 아니더라도 찾는 사람이 많다.

주소 엑스포로 45 여닫는 시간 체크인 15:00, 체크아웃 11:00
웹 www.thek-hotel.co.kr/gyeongju

포항 PLACE TO STAY

라한호텔

한국관광공사에서 인증한 3성급 호텔로 영일대해변에 위치해 있으며 최대 장점은 전 객실이 바다를 바라보고 있다는 것이다. 포스코 단지의 야경과 영일대 뒤로 떠오르는 일출을 객실 창을 통해 볼 수 있다. 가장 인기 있는 객실은 디럭스 더블룸이지만 보통 스위트가 차지하는 최상층에도 디럭스 더블룸이 있어 전망이 좋다. 편의를 중심으로 한 모던하고 깔끔한 인테리어는 군더더기가 없다. 아이 한 명과 머물기에 적당하며 만 12세 이하의 어린이 1명은 추가 금액이 없다. 자동차를 좋아하는 아이라면 자동차 침대 브랜드 '띠띠'에서 꾸민 띠띠카베드 스위트룸을 이용하는 것도 색다른 경험이다.

주소 삼호로 265번길 1 여닫는 시간 체크인 15:00, 체크아웃 11:00
웹 www.lahanhotels.com/pohang

미용실 역할 놀이

아이마다 다르겠지만 '무엇이든 자르기'에 빠지는 시기가 있는데, 우리 아이는 가위를 따로 챙겨 다닐 정도였다. 경주여행 중 국립경주박물관 내 어린이박물관(p.484)에서 놀다가 엄마가 좋아하는 박물관도 함께 둘러보기로 했다. 전시를 관람하던 아이가 한동안 멈춘 곳은 금동심지가위. 이렇게 가위를 좋아하는 아이를 위해 미용실 역할 놀이를 하기로 했다.

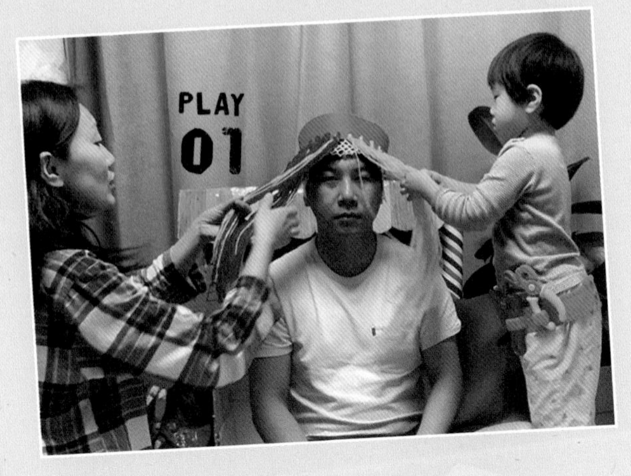

준비물 색지 또는 스케치북, 털실, 펀칭기, 스테이플러, 가위

만들고 놀기 손님 역할을 맡은 사람의 머리 크기에 맞춰 색지로 띠를 만들어 두르고 스테이플러로 고정한다. 색지 띠 아래 라인을 따라 펀칭기로 구멍을 뚫는다. 길이를 대략 맞춘 털실을 여러 겹으로 접어 구멍에 넣고 묶는다. 아이와 같이 미용사와 손님을 정하고 머리를 묶거나 커트, 드라이하며 역할 놀이를 한다. 가위를 잡는 힘이 약한 유아는 종이로 머리카락을 만드는 편이 낫다. 가위 다루는 것이 서투른 아이라 손님 얼굴 가까이 가위가 가지 않도록 털 길이를 길게 하는 것이 좋다.

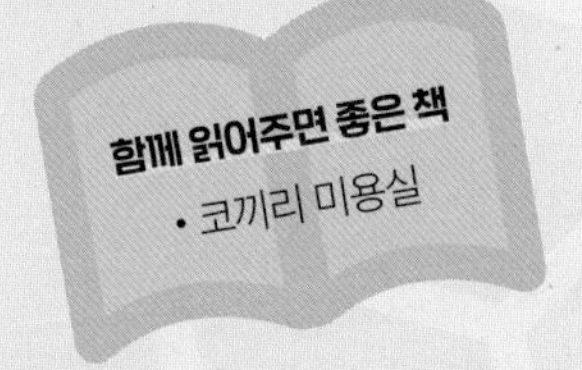

연기 뿜는 용과 화산

더운 여름, 아이스크림 케이크를 사고 받은 드라이아이스로 놀이를 하기로 했다. 용이 뿜어주는 시원한 바람과 맞서다가 금방이라도 터질 듯 연기를 뿜는 화산도 만났다.

준비물 컵, 드라이아이스, 스케치북, 색연필, 색지 종이컵, 풍선, 고무줄

만들고 놀기 스케치북에 눈과 코를 그려 종이컵에 붙이는데, 폼폼이나 인형 눈이 있으면 더 생동감 있게 꾸밀 수 있다. 종이컵 막힌 부분에 날카로운 이빨이 드러난 용의 입을 뚫어준다. 드라이아이스를 종이컵에 넣고 큰 입구에 찢은 풍선을 고무줄로 고정시킨다. 종이컵을 가로로 들고 풍선을 당겼다 놓으면 연기가 밖으로 나온다. 스케치북에 화산을 그리고 뒤에 컵을 붙인다. 드라이아이스를 넣고 아이가 물을 부으면 연기가 올라온다. 공기보다 무거워 아래로 가라앉으니 화산을 낮게 그리는 것이 좋다. 세제를 컵에 넣으면 보글보글 방울이 생기고 빨간 물감을 추가하면 더 용암 같다. 방울을 터트리며 연기가 터지는 모습도 관찰하자.

앵무새 만들기

경주 동궁원(p.487)에선 큰 규모의 새장에 들어가 앵무새에게 먹이를 줄 수 있다. 자신의 손 위에서 먹이를 먹는 앵무새를 따라 하던 아이를 위해 하나밖에 없는 앵무새 친구를 만들어주기로 했다.

준비물 휴지심, 색지, 펀칭기, 끈, 풀, 가위

만들고 놀기 휴지심 둘레에 색지를 두르고 얼굴 둘레와 배 모양의 색지도 그 위에 풀로 붙여준다. 눈은 그려서 붙이고 날개와 머리 깃털은 계단 접기를 한 색지를 붙이고, 꼬리는 여러 색지를 깃털처럼 오려 붙인다. 휴지심 하단에 펀칭기로 구멍을 뚫고 끈을 넣어 아이 손목에 묶어준다. 아이는 손목을 위아래로 움직여 날개를 움직여 보기도 하고 함께 뛰어다니며 나는 흉내를 내기도 했다. 앵무새에게 마코라는 이름도 지어주고 함께 밥도 먹는 친구가 됐다.

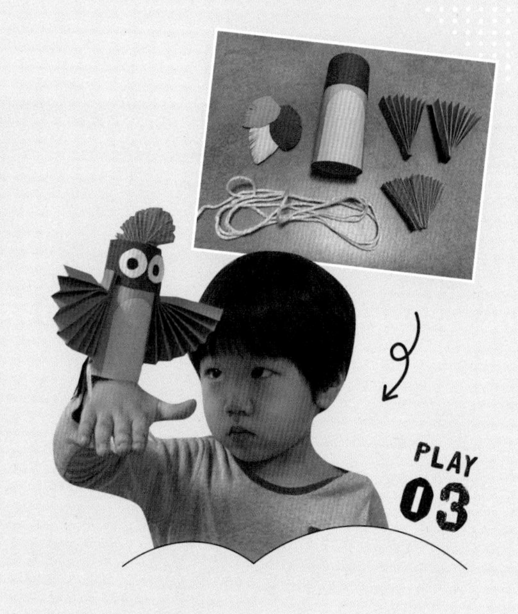

과자 먹기 레이스

맛있는 과자 쟁탈전이 벌어졌다. 좋아하지 않는 과자는 양보를 쉽게 하는 반면 좋아하는 과자는 '내 거야'라고 소리 지르며 사수한다. 그렇다면 승부의 세계를 알려주지. 레이스에서 이긴 자만 과자를 먹을 수 있다.

준비물 과자, 실, 테이프

만들고 놀기 실로 과자를 묶어 반대쪽을 천장에 테이프로 고정한다. 주변 물건이나 상황에 따라 장애물을 만든다. 손으로 잡고 먹으면 다시 출발선으로 돌아갔다가 와서 먹어야 한다. 장애물로 만들었던 긴 풍선은 망치로 때려 떨어지게 만드는 놀이로 연계됐다.

수박부채 만들기

더운 여름에 깍둑썰기로 담은 수박만 먹여주다 책 <수박 수영장>을 보고 반만 똑 잘라서 숟가락으로 먹였다. 책 연계 놀이로 수박부채를 만들기로 했다.

준비물 색지, 가위, 풀, 아이스크림 막대, 검은색 펜, 테이프

만들고 놀기 빨간 색지를 아이스크림 막대의 약 1.5배 정도(15cm 정사각형)로 오린다. 초록 색지와 흰 색지를 빨간 색지 1/10 정도로 띠를 만들고 빨간 색지 양 옆에 붙인다. 검은색 펜으로 씨를 그리고 계단 접기를 한다. 같은 과정으로 하나 더 만들어 같은 방향으로 붙인다. 반으로 접은 부분을 얇게 자른 테이프로 고정하고 떨어지지 않게 풀로 붙인다. 가장자리 면에 아이스크림 막대를 붙이면 접었다 펼 수 있는 수박부채가 된다.

함께 읽어주면 좋은 책
- 수박 수영장

WHERE TO GO
03
거제+통영

거제 + 통영

BEST COURSE

1박 2일 코스

01 아이와 여유롭게 보낼 수 있는 힐링 코스

1일 외도 보타니아 ▶ 점심 선착장 인근 식당 ▶ 바람의 언덕 ▶ 학동 몽돌해변 ▶ 매미성 ▶ 저녁 양지바위횟집

2일 동피랑 ▶ 점심 만성복집 ▶ 통영케이블카 ▶ 저녁 전통통영비빔밥

02 아이와의 다양한 활동을 중시하는 체험 코스

1일 외도 보타니아 ▶ 점심 선착장 인근 식당 ▶ 바람의 언덕 ▶ 학동 몽돌해변 ▶ 거제식물원 정글돔 ▶ 저녁 산골애

2일 동피랑 벽화마을 ▶ 해저터널 ▶ 점심 밥상식당 ▶ 통영케이블카 ▶ 저녁 전통통영비빔밥

2박 3일 코스

01 아이와 여유롭게 보낼 수 있는 힐링 코스

1일 외도 보타니아 ▶ 점심 선착장 인근 식당 ▶ 바람의 언덕 ▶ 학동 몽돌해변 ▶ 매미성 ▶ 저녁 양지바위횟집

2일 동피랑 벽화마을 ▶ 점심 멍게가 ▶ 통영케이블카 ▶ 저녁 전통통영비빔밥

3일 고성 당항포관광지

02 아이와의 다양한 활동을 중시하는 체험 코스

1일 외도 보타니아 ▶ 점심 선착장 인근 식당 ▶ 바람의 언덕 ▶ 학동 몽돌해변 ▶ 거제식물원 정글돔 ▶ 저녁 산골애

2일 동피랑 벽화마을 ▶ 해저터널 ▶ 점심 통영 밥상식당 ▶ 통영케이블카 ▶ 저녁 전통통영비빔밥

3일 고성 공룡박물관과 상족암 ▶ 점심 고성 일미가든 ▶ 고성 당항포관광지

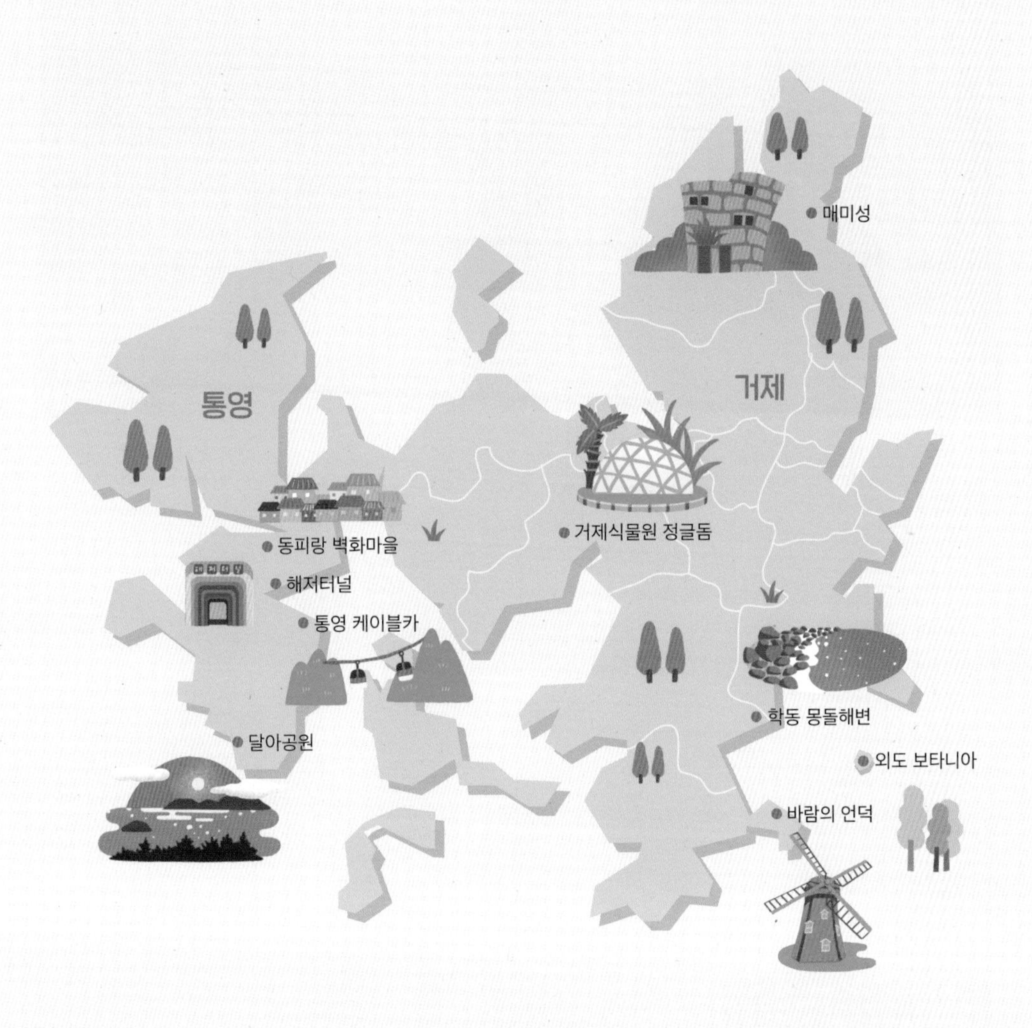

매미성
통영
거제
거제식물원 정글돔
동피랑 벽화마을
해저터널
통영 케이블카
학동 몽돌해변
달아공원
외도 보타니아
바람의 언덕

거제

SPOTS TO GO

01 외도 보타니아

꽃이 그리운 건 지속 한계성 때문일까. 외도에선 1년 내내 절정의 순간으로 만날 수 있다. '식물의 낙원'이라는 뜻의 보타니아는 보타닉Botanic과 유토피아Utopia의 합성어다. 15만 5,300㎡(4만 7,000평) 규모의 섬 곳곳에서 3,000여 종이 넘는 국내외 식물들이 자란다. 섬 관람은 정문에서 소망의 등대까지 섬 한 바퀴를 둘러보는 원점 회귀 코스다. 야자수가 반기는 시작점은 이국적인 정취를 예고한다. 오르막길 끝에 있는 선인장가든에는 똠방한 선인장이 도토리 키 재듯 늘어섰다. 가장 넓은 평지인 비너스가든은 지중해 외딴 섬에 있는 그녀의 신전처럼 신비로운 풍경이다. 이어 삼미신이 반기는 벤베누토 정원에 들어서면 꽃멀미가 난다. 봄에는 튤립과 양귀비, 여름에는 수국과 천사의 나팔, 가을에는 란타나와 부시세이지, 겨울에는 동백과 피라칸타가 피어난다. 가장 높은 곳에 위치한 사랑의 언덕 아래로 천국의 계단이 펼쳐진다. 아왜나무의 안내를 받으며 선착장으로 내려오면 타일 공예가 멋스러운 소망의 등대를 만날 수 있다.

난이도 ★★
주소 외도길 17
여닫는 시간 08:00~19:00
요금 어른 11,000원, 청소년 8,000원, 어린이 5,000원 + 각 선착장 배(선착장에서 외도입장료를 함께 지불한다.)
웹 www.oedobotania.com
여행 팁 외도로 가는 유람선은 장승포와 지세포, 와현, 구조라, 도장포, 해금강, 다대 선착장에 있다. 도장포 선착장은 배 운항 시간이 가장 짧아 아이에게 부담이 덜하다.

아이는 심심해!

아이가 즐길 수 있는 여행법

유람선에서는 갈매기밥인 '새우깡'을 판매하고 있다. 배가 선착장을 출발하면 갈매기도 따라 날개를 펼친다. 선장님의 허락이 떨어지면 배 위로 올라가 갈매기밥을 주자. 먼 바다로 나가면 배가 속력을 올리므로 갈매기가 따라오지 않는다.

아빠 엄마도 궁금해!

바다 위의 금강산, 해금강

외도로 가는 유람선을 타면 해금강을 볼 수 있다. 태초에 가까운 물빛과 아슬아슬하게 서 있는 기암절벽, 십자동굴을 아우른다. 좁은 해식동굴 안으로 배가 진입하면 명확한 십자형 하늘이 보인다. 수심을 알 수 없는 바다색이 일순간 긴장감을 조성한다. 일렁이는 파도에도 완벽하게 후진해 동굴을 빠져나오면 선장님에게 박수 세례가 이어진다. 바람이 조각칼을 들어 만든 사자바위와 소원을 들어준다는 촛대바위 이야기도 재미있다.

스냅사진, 여기서 찍으세요

외도 보타니아는 일부러 스냅사진을 찍으러 올 만큼 촬영지가 많다 정해진 시간 안에 둘러보아야 하니 포인트를 정하고 가는 것이 좋다.

소망의 등대 앞 타일 공예 스팟은 화사한 색감과 외도 바다를 함께 담을 수 있다.

바람의 언덕

도장포마을이 훤히 내려다보이는 언덕 위에 올라서면 그 이름이 이해가 된다. 제멋대로 흩날리는 머리카락을 단속하기 어려울 만큼 바람이 거세다. 아이는 이겨보겠다는 심산인지 바람을 거스르며 달린다. 득이 없는 승부욕에 웃음이 나다가도 아이 등을 밀며 힘을 보탠다. 해풍은 폐부 깊숙이 파고들어 속이 후련해진다. 언덕 위 네덜란드식 풍차만이 바람을 이겨내는 듯하다. 윗마을과 이어진 계단은 동백나무 군락지를 가로지르는데, 이른 봄이면 정도 없이 툭툭 떨어진 동백꽃으로 붉은 언덕을 이룬다. 반대로 도장포로 내려가는 계단은 기암을 따라 바다를 조망할 수 있다. 도장포마을을 오고가는 도장포3길에 바람의 핫도그 매장이 있는데, 바람의 언덕에서 팔기 시작해 유명해졌다. 거제 특산품인 고구마와 유자를 이용한 몽돌빵도 판매하고 있다. 유별난 맛은 아니지만 아이 간식으로 먹이기 좋다.

난이도 ★★
주소 갈곶리 산 14-47
여닫는 시간 24시간
요금 무료

함께 둘러보면 좋은 여행지, 신선대

언택트

바람의 언덕 맞은편 해안은 신선이 놀던 바위, 신선대가 있다. 잠수함이 해수면을 뚫고 올라온 듯 하늘로 향하는 기세가 대단하다. 퇴적암 지대라 층층이 쌓은 기암 무늬가 상상력을 더한다. 신선대 옆 함목해변은 몽돌로 이루어져 있어 언덕 위로 올라가기 전 숨고르기 좋다. 봄이면 일대에 샛노란 유채꽃이 피어나 장관이다.

난이도 ★★ 주소 갈곶리 산 21-23 여닫는 시간 24시간 요금 무료

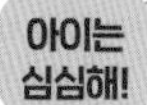

아이는 심심해!

아이가 즐길 수 있는 여행법

바람의 언덕에는 수크령이 자란다. 칼처럼 길게 뽑아 서로에게 간지럼 공격을 시작하자. 털처럼 난 꽃 부분을 뒤집어서 쥐고 꼬물꼬물 대면 쓰윽 올라와 마술처럼 보인다.

학동 몽돌해변

언택트

섬에서 떨어진 돌 껍질은 가늠할 수 없는 시간을 파도에 실려 오가다 둥근 자갈이 된다. 학동해변은 그렇게 모인 몽돌로 이루어졌는데, 검게 윤이 나는 돌이 많아 '흑진주'라 불린다. 해변을 가장 잘 즐기는 방법은 몽돌의 노래에 귀를 기울이는 일이다. 크기와 얽긴 형태에 따라 자글대기도 짜르륵대기도 한다. 악보 없이 연주되는 오묘한 소리는 '한국의 아름다운 소리 100선'에 선정되기도 했다. 아이와 맨발로 걸으며 지압을 하거나 레이스를 해도 좋다. 여름에 해수욕장을 개장하지만 수심이 깊어 해안 가장자리에서만 노는 것이 좋겠다.

난이도 ★
주소 학동6길 18-1
여닫는 시간 24시간
요금 무료
여행 팁 줄어드는 몽돌을 보존하기 위해 반출이 금지되어 있다.

매미성

거제의 작은 마을에 돌로 만든 고성이 나타났다. 성주는 마을 주민인 백순삼 씨로 2003년 태풍 매미가 거제 앞바다를 휩쓸고 지나가 애지중지 가꾸던 밭을 망쳤는데, 농지를 지키겠다는 집념으로 쌓기 시작한 담이 지금은 중세 유럽풍의 성이 되었다. 절벽 위라 장비도 들어올 수 없어 홀로 돌을 옮겼다. 건축에 대한 지식 없이 시작했으나 돌의 무게와 각도를 고려해 터널과 전망대도 만들었다. 화강암 2만여 장이 들어간 높이 9m의 성은 아직도 짓는 중이다.

난이도 ★★
주소 복항길 19 지나 끝지점
여닫는 시간 24시간
요금 무료
여행 팁 소담한 어촌인 복항마을에 봄이 오면 마을 입구의 동백나무 군락도 함께 둘러보자.

스냅사진, 여기서 찍으세요

상단 전망대에선 거제와 부산을 이어주는 거가대교를 볼 수 있다.

짧은 동굴 너머 한적한 어촌 풍경이 보여 프레임으로 삼기 좋다.

05 거제식물원 정글돔

도심에 사는 아이일수록 식물의 발자취를 찾기 힘들다. 숲과 멀어진 아이에게 모험심을 자극할 정글을 선물해주자. 국내 최대 온실인 정글돔은 300여 종의 열대 식물이 울창하게 자란다. 무성하게 자라면 가지를 정리하는 수목원과 달리 생태 그대로를 보여준다. 사람의 손을 최대한 배제해 온전한 자연환경을 경험하고자 하는 취지가 돋보이는 부분이다. 돔 천장의 유리는 내부 온도에 따라 자동으로 개폐된다. 덩굴을 타고 타잔이 나타날 것 같은 밀림만 볼 수 있는 건 아니다. 10m 높이의 절벽을 타고 거대 폭포가 흐르고 협곡에는 뿌연 수증기로 앞이 흐려져 아이의 호기심을 채워준다. 정글돔에서 가장 높은 곳인 전망대에선 열대우림을 한눈에 볼 수 있다.

난이도 ★
주소 거제남서로 3595
여닫는 시간 3~10월 09:30~18:00, 11~2월 09:30~17:00
쉬는 날 월요일, 1월 1일, 설날·추석 당일
요금 어른 5,000원, 청소년 4,000원, 어린이 3,000원
웹 www.geoje.go.kr/gbg/index.geoje

스냅사진, 여기서 찍으세요

정글돔 입구에 웰컴 사인과 프레임이 있어 포토스팟으로 제격이다.

새둥지 안에 들어가 정글돔 전체를 배경으로 찍을 수 있는 포토존이다.

전망대에서 온실 전체모습을 배경으로 찍어보자. 모서리 부분에 서서 인물은 중앙 또는 1/3지점에 위치하는 것이 좋다.

통영

SPOTS TO GO

01 동피랑 벽화마을

조선시대 삼도수군통제사영 건물인 세병관을 사이에 두고 양쪽에 언덕이 있다. 동쪽은 동피랑, 서쪽은 서피랑으로 가파른 벼랑이 있어 지어진 이름이다. 가풀막 땅이지만 언덕을 에둘러 가는 길마다 다닥다닥 집이 늘어섰다. 벼랑 꼭대기에 다다르자 이순신 장군이 세운 동포루가 묵묵히 강구안을 내려다본다. 한때 동포루공원 조성을 위해 철거 바람이 불었는데, 삶의 터전을 부여잡고 실랑이를 벌이던 2007년, 시민단체 '푸른통영21'이 나서 벽에 알록달록 채색을 시작했다. 전국에 퍼진 벽화마을의 불씨였다. 개성 있는 그림과 익살스러운 조형물로 채워져 사진을 찍으려는 사람들이 모여든다. 풍부하고 선명한 색채가 가득한 길거리 미술관은 아이의 흥미를 유발하기 좋다.

난이도 ★★
주소 동피랑1길 6-18
여닫는 시간 24시간
요금 무료
여행 팁 아이와 함께 동포루까지 20~30분 오르막길을 오른다. 골목에 카페나 쉬어갈 만한 곳이 있으니 쉬엄쉬엄 오르자.

아빠 엄마도 궁금해!

강구안

통영 바다가 내륙으로 깊숙이 파고 들어와 소박한 항구를 만든다. 강처럼 잔잔하기도 하고 강이 남해 바다와 만나는 입구여서 강구안이라 부른다. 고깃배와 어깨를 나란히 한 거북선은 내부를 체험할 수 있다. 배가 접안한 노변에서 통영 명물인 꿀빵과 충무김밥을 맛볼 수 있다.

통영케이블카

해발 461m의 미륵산에 오르면 이순신 장군이 한산대첩을 이끌던 한려수도가 한눈에 들어온다. 아이와 오르기엔 먼 길 같지만 한려수도 케이블카를 이용하면 미륵산 8부 능선까지 15분 만에 도착한다. 2008년에 개통된 우리나라 케이블카계의 선두주자다. 길이 1,975m로 우리나라 관광케이블카 중 가장 길다. 케이블카 설치 시 나무를 대량 잘라내 환경을 훼손하는 경우와 달리 친환경 설계를 통해 중간지주 1개만 설치했다. 국내 유일 자동 순환방식의 케이블카라 대기가 많아도 금세 탑승할 수 있다. 미륵산 정상까지 데크가 놓여 있어 아이와 함께 오르기에 어렵지 않다. 미륵산 비탈을 이용한 루지도 함께 즐겨보자. 1.5km의 트랙을 무동력 카트를 타고 내려온다. 세계에서 유일하게 360도 회전 코스가 있어 흥미진진하다.

통영 케이블카

주소 발개로 205
여닫는 시간 10~3월 09:30~16:00, 4·9월 09:30~17:00, 5~8월 09:30~18:00(날씨나 기간에 따라 변경되므로 홈페이지를 확인하자)
요금 어른 왕복 14,000원, 편도 10,500원, 어린이 왕복 10,000원, 편도 8,000원

스카이라인 루지

주소 발개로 178
여닫는 시간 월~목요일 10:00~19:00, 금요일 10:00~20:00, 토~일요일 09:00~20:00(날씨나 기간에 따라 변경되므로 홈페이지를 확인하자)
요금 1회 12,000원, 3회 20,000원, 5회 28,000원(다양한 가족통합권이 있으니 홈페이지를 참조하자)
웹 www.skylineluge.com

해저터널

통영 시내 앞바다에 뜬 미륵도는 썰물 때 도보로 오갈 수 있는 섬이었는데, 인구가 점점 늘게 되자 돌다리를 세웠고 일제강점기에는 일본인 유입으로 해저터널을 만들었다. 동양 최초의 해저 구조물로 사람과 자전거, 우마차와 자동차가 교차하던 터널은 1967년 충무교가 생기면서 차량 통행은 금지되었다. 바닷속을 걸어 갈 수 있다고는 하지만 바닷속을 볼 순 없다. 483m를 걷는 동안 콘크리트 벽만 있을 뿐이다. 최저점인 해저 13m 표지판이 유일하게 바닷속임을 알려준다. 그럼에도 해저터널은 걸어볼 만하다. 겨울에는 따뜻하고 여름에는 시원하게, 소음이나 어떤 방해 없이 아이와 호젓하게 걸을 수 있다.

난이도 ★
주소 도천길 1
여닫는 시간 24시간
요금 없음

달아공원

언택트

통영 미륵도 남단은 22km의 산양일주도로가 이어진다. 쉼없이 이어진 절경에 시속 1km로 달리고 싶은 마음이 굴뚝같다. 해가 지기 시작하면 일주도로 중심에 있는 달아공원으로 가자. 황금빛 바다 위에 송도와 저도, 멀리 연대도와 민지도 등 크고 작은 섬들의 변주가 이어진다. 통영의 밥상을 푸지게 만드는 어장도 풍경에 한몫 한다. 해가 수평선으로 바짝 다가갈수록 카메라 셔터 소리는 더 커진다. 아이는 내일 다시 놀러오라며 해를 배웅한다. 공원으로 가는 도로는 호쾌한 전망이 이어진다. 달아공원에 도착하지 못했더라도 인근 어촌이나 갓길에서 아름다운 일몰을 감상할 수 있으니 마음을 바삐 앞세우지 않아도 된다.

난이도 ★ 주소 산양일주로 1115
여닫는 시간 24시간 요금 무료

연계 여행지

고성 당항포관광지(공룡엑스포)

충무공 이순신 장군이 당항포 해전으로 왜선을 전멸시킨 전승지로 이를 기념해 만든 관광지지만 아이들에게 공룡엑스포로 더 유명하다. 아이가 4세쯤이 되면 압도적인 크기와 강한 힘에 매료되어 공룡에 빠져들기 시작한다. 이 세상에 존재하지 않는 공룡을 보여주려면 공룡엑스포에 가면 된다. 2006년 공룡세계엑스포를 개최하면서 4D로 공룡 생태를 구현한 공룡엑스포 주제관과 5D 360도 원형 입체 영상을 선보인 한반도 공룡 발자국 화석관, 공룡나라 식물원 등이 생겼다. 브라키오사우르스 배 속으로 들어가는 공룡 캐릭터관은 귀여운 미니어처로 공룡시대 생활상을 재현했다. 아이가 실제 공룡의 생김새를 무서워한다면 이곳에서 시작해보는 것도 좋겠다. 야외에도 흥미진진한 공룡 모형과 놀이터가 있어 하루를 보내는 스케줄을 추천한다.

여름에는 물놀이 시설을 운영하며 숙박이 가능한 펜션과 오토캠핑장도 있다. 간단한 주전부리만 파는 매점만 있어 도시락과 피크닉 매트를 미리 준비하는 것이 좋다. 카스텔라에 슈크림을 넣어 만든 공룡빵은 아이들 간식으로 인기 만점이다. 공룡세계엑스포만 본다면 공룡의 문 입구에 주차하는 편이 좋다. 이순신 기념관이 있는 바다의 문에서 공룡의 문까지는 걸어갈 수도 있지만 거리가 멀어 트램을 이용해야 한다.

난이도 ★
주소 고성군 회화면 당항만로 1116
여닫는 시간 3~10월 09:00~18:00, 11~2월 09:00~17:00
쉬는 날 월요일
요금 어른 7,000원, 청소년 5,000원, 어린이 4,000원, 주차료 3,000원, 트램 1회 1,000원, 자유이용권 3,000원
웹 dhp.goseong.go.kr

스냅사진, 여기서 찍으세요

공룡 광장에 있는 브라키오사우르스 조형물 옆 나무 위에 올라 공룡 얼굴과 함께 사진을 찍을 수 있다.

만질 수 있는 공룡이 많아 자연스러운 포즈의 사진을 찍을 수 있다.

연계 여행지

고성 공룡박물관과 상족암

공룡시대를 직접 눈으로 보고 체험할 수 있다면 어떨까. 상족암에선 해안 바위를 걸어 다닌 공룡의 실제 발자국을 만날 수 있다. 한국 최초로 공룡 발자국이 발견된 후 고성군 내에 5,000여 점의 화석이 확인되었는데, 크기가 10~70cm로 다양해 명실상부한 공룡 서식지라 할 수 있다. 상족암 언덕 위에는 국내 최초의 공룡박물관이 있다. 고성에서 발견된 발자국 화석과 알 화석 6점을 비롯해 관련 유물을 전시하고 있다. 중앙 홀의 뼈 화석은 클라멜리사우루스와 모놀로포사우르스다. 쥐라기시대 공룡이라 낯설고 흥미롭다. 우리가 흔히 아는 백악기 공룡은 제3전시실에 있다. 미디어에서 흔히 볼 수 있는 공룡이라 아이는 이름을 외치며 아는 체하기도 한다. 실물 크기의 공룡 골격 화석을 볼 수 있는 제1전시실을 중심으로 둘러보자. 오비랍토르와 프로토케라톱스는 진품 화석이다. 생생한 공룡 모형이 있는 실외 전시는 의외로 실감나는 사냥 장면에 아빠 엄마도 놀란다. 반대로 캐릭터로 구현한 귀여운 공룡도 있다. 상족암으로 내려가는 산책로에는 공룡 모형을 이용한 놀이터와 전망대가 있다.

난이도 ★★
주소 고성군 하이면 자란만로 618
여닫는 시간 09:00~18:00
쉬는 날 월요일
요금 어른 3,000원, 청소년 2,000원, 어린이 1,000원
웹 museum.goseong.go.kr
여행 팁 공룡박물관과 상족암을 관람하고 다시 오르막길을 올라가야 한다. 운전자만 이동해 '경상남도 청소년 수련원 주차장'으로 데리러 오자. 아이와 남은 일행은 상족암 데크길을 이용해 쉽게 도착할 수 있다.

스냅사진, 여기서 찍으세요

상족암은 켜켜이 쌓인 퇴적층의 빈틈, 동굴에서 찍는 사진이 유명하다. 밀물에는 동굴까지 물이 차 들어갈 수 없으니 미리 썰물 때를 확인하고 가자.

거제

PLACE TO EAT

01 양지바위 횟집

식당이 있는 외포항은 대구의 주산지로 이는 진해만에 실시하는 대구 치어 방류사업 덕분이다. 대구는 12월부터 1월이 제철로 이 시기 전후로 식당에 가면 속이 후련한 대구탕을 먹을 수 있다. 곰국처럼 우려낸 생선 국물이 진하고 개운하다. 살코기는 물러지지 않게 뒤에 넣는다. 대구탕의 진수인 이리는 대구 수놈에게 있는 정소는 푸아그라처럼 뭉개지는 맛이 부드럽고 고소하다. 봄에는 도다리쑥국과 멸치회, 멸치쌈밥을 내고 여름에는 삼치와 장어, 가을에는 전어요리를 맛볼 수 있다. 활어회는 사계절 모두 먹을 수 있다. 산지에서 제철에 맞는 재료로 정성껏 만든 요리를 먹을 수 있는 것 또한 여행의 참 묘미임을 깨닫게 하는 식당이다.

주소 외포5길 28 여닫는 시간 10:00~20:30
가격 대구탕 20,000원(가격 변동), 아귀탕 13,000원, 회덮밥 15,000원

02 만선칼국수

칼국수라고 읽고 조개탕이라 부른다. 테이블 위 불판에 가리비와 바지락, 홍합을 듬뿍 넣고 끓이다 조개 입이 벌어지면 바로 먹으면 된다. 가리비나 전복, 산낙지를 추가할 수도 있고, 반 정도 먹은 후에 칼국수를 넣어 끓여 먹는다. 면은 자가제면으로 탱글하고 쫀득한 식감이 좋은데, 제면실이 있어 기다리는 동안 아이와 직접 만드는 모습을 볼 수 있다. 아이가 어리다면 조갯살을 잘게 자르고 국물을 넣어 밥을 비벼줘도 좋다. 거제의 조선소 사람들이 많이 들르는 식당이다. 저녁식사 시간에는 미리 예약을 하는 것이 좋다.

주소 소오비길 43 여닫는 시간 11:00~21:00
가격 만선칼국수 12,000원(2인 이상 주문), 해물파전 12,000원

03 | 산골애

24시간 동안 10여 가지 한약재로 우려낸 육수에 1등급 오리를 삶아 내는 오리백숙이 대표 메뉴다. 한약재 냄새나 오리 특유의 잡냄새 없이 구수한 향을 낸다. 국내산 찹쌀과 녹두로 만든 수제 누룽지죽이 함께 나오는데, 아이에게 누룽지죽에 오리 순살을 잘게 잘라 섞어주면 한 그릇 식사로 좋다. 계란부침을 따로 조리할 수 있는데 아이 반찬을 하기에 좋다. 후식으로 나오는 아이스 홍시도 아이들이 좋아한다. 손바닥만 한 닭이 통째로 튀겨 나오는 옛날 통닭이 찬으로 나온다. 정글돔 인근 거제 시내에 위치하고 있어 예약을 추천한다.

주소 중곡1로 82
여닫는 시간 평일 11:30~15:00, 17:00~22:00, 주말 11:30~16:00, 17:00~22:00
가격 수제 누룽지 오리백숙(한마리) 59,000원

04 | 온더선셋

거제 바다를 향하고 있는 대형 카페로 서쪽에 위치하고 있어 일몰 명소로 유명하다. 카페 앞 선셋브리지에서 바라보는 백색의 건물은 일몰의 색을 입어 따뜻하게 달궈진다. 선셋브리지는 거제시에서 설치한 700여m의 해상 데크와도 연결되어 바다 위를 걷는 듯한 재미를 더한다. 내부는 층고가 높고 통유리창으로 되어 있어 시원한 전망과 채광을 선사한다. 4층으로 되어 있으나 상층의 야외 테라스나 루프탑은 아이와 함께 입장을 할 수 없어 불편하다. 대신 1층의 야외 테라스는 이용 가능하다. 아이가 먹을 만한 음료와 베이커리도 함께 판매한다.

주소 성포로 65
여닫는 시간 10:00~22:00
가격 아메리카노 5,500원, 선셋에이드 8,500원

통영

PLACE TO EAT

01 멍게가

통영은 우리나라에서 멍게가 가장 많이 난다. 여름 능소화처럼 바다에 피는 멍게에 관한 요리를 선보이는 곳이다. 특유의 향과 맛이 강해 호불호가 갈리지만 좋아한다면 꼭 들러야 하는 식당이다. 직접 연구해 만든 멍게요리 세트는 멍게비빔밥과 멍게된장찌개, 멍게회, 멍게전, 회무침, 충무김밥 반찬이 나온다. 손질한 멍게회는 짭조름하고 알싸한 맛에 은은한 단맛까지 더한다. 입에 착 감기는 식감도 재미있다. 멍게전을 제외하곤 맵거나 조리되지 않은 음식이라 아이가 먹기엔 어렵다. 해초비빔밥이나 홍합엑기스로 만든 합자국비빔밥을 추천한다.

주소 동충4길 25 여닫는 시간 11:00~15:00, 16:30~20:00
가격 멍게비빔밥 10,000원, 합자국비빔밥 10,000원

02 만성복집

통영의 서호시장에 가면 복국으로 유명한 집이 여럿 있다. 대부분 졸복을 이용하는데 대표적인 식당이 이곳이다. '졸병'처럼 복어 종류 중에 가장 작아서 졸복이라 불리는데, 몸집은 작아도 깊고 개운한 국물맛은 일품이라 무시할 수 없다. 손가락만 한 길이로 손질하기가 여간 어려운 일이 아니지만, 음식점 사장님의 수고로움 덕분에 한 그릇에서 놀고 있는 통통하고 쫄깃쫄깃한 졸복을 몇 마리씩 먹을 수 있다. 껍질까지 같이 먹다 보니 식감도 쫄깃하다. 뱃사람들과 어시장 사람들이 주로 방문하기에 일찍 문을 열고 닫는다. 아침식사나 점심식사로 들르기 좋다.

주소 새터길 12-13
여닫는 시간 05:30~17:00
가격 졸복국 맑은탕 12,000원, 졸복국 매운탕 14,000원

03 훈이시락국

통영의 주방이라 할 수 있는 서호시장 뒷골목 한 자리를 차지한 이곳은 새벽부터 문을 열어 상인들의 배를 뜨듯하게 데운다. 시락국은 맑게 끓여낸 시래기된장국의 경상도 방언으로 장어뼈를 푹 우려 만든 육수를 사용한다. 밥과 따로 주는 '따로국밥'과 국에 밥을 넣어주는 '말아국밥'이 있다. 일식 어묵바처럼 테이블이 놓이고 반은 반찬통이 채우는데 셀프로 반찬을 떠서 시락국과 먹는다. 계란말이, 김, 나물 등 아이가 먹을 만한 반찬도 여럿이다. 시락국에 올린 양념 부추는 빼달라고 하거나 따로 살짝 걷으면 된다. 거한 한 끼에 비해 저렴한 가격이라 가성비가 좋다. 아이가 찾기에 편한 식당은 아니지만 맛과 정이 가득해 추천한다.

주소 새터길 42-7 여닫는 시간 07:00~18:00
가격 따로국밥 5,000원, 말이국밥 4,500원

04 전통통영비빔밥

통영에서 유명한 비빔밥 외에도 다양한 가정식 메뉴를 선보이는 곳이다. 통영비빔밥은 일반 나물에 해초류가 더해진다. 조개로 끓인 육수에 두부를 넣은 국을 함께 주는데 이 두부를 넣고 비벼 촉촉하게 먹을 수 있다. 고추장은 따로 주기 때문에 아이가 먹으려면 간장 양념을 넣어 비벼 먹어도 좋다. 모든 재료가 익혀 나오는 돌솥비빔밥도 괜찮다. 유곽비빔밥은 손이 많이 가는 통영 전통 음식으로 개조개 살을 발라 다지고 양념을 더해 고명으로 낸다. 고추장 없이 유곽 양념만으로 비벼 맵지 않고 감칠맛이 좋다. 찬으로 생선조림이 나오며 아이가 먹을 만한 반찬도 여럿이다.

주소 발개로 142-4
여닫는 시간 10:30~19:30
쉬는 날 둘째주·넷째주 월요일
가격 통영비빔밥 9,000원, 돌솥비빔밥 9,000원, 멍게비빔밥 10,000원, 유곽비빔밥 10,000원

05 할매 우짜

우짜는 우동과 짜장면을 섞어 만든 음식으로 국물과 비빔면 요리가 합쳐지니 언뜻 상상이 안 간다. 1960년대 포장마차에서 개발된 메뉴로 우동과 짜장면을 고민하는 손님에게 섞어서 준 것이 시작이라고 한다. 밴댕이로 우려낸 자박한 우동국물 위로 짜장소스를 얹고 잘게 썬 단무지와 어묵, 김을 올려 낸다. 고춧가루는 따로 달라고 이야기하자. 빼떼기죽도 빼놓을 수 없다. 생고구마를 볕에 말려 꾸둑꾸둑해진 것을 빼떼기라고 하는데, 먹을 것이 부족한 겨울에 통영사람들은 빼떼기와 강낭콩, 팥, 기장 등을 넣고 끓여 먹은 죽이다. 달달한 맛에 아이도 좋아한다.

주소 새터길 42-7 여닫는 시간 08:00~18:00 쉬는 날 화요일
가격 우짜 4,500, 빼떼기죽 5,000원

06 통영 밥상식당

푸짐하게 나오는 해물뚝배기로 유명하다. 굴부터 꼬막, 소라, 홍합 등 조개류부터 꽃게, 낙지까지 통영 앞바다의 해산물들이 뚝배기를 튀어나올 듯 쌓여 나온다. 아쉽게도 고춧가루를 듬뿍 푼 양념이라 아이가 먹기엔 어려움이 있다. 이럴 때는 해물뚝배기 작은 사이즈와 생선구이가 함께 나오는 세트메뉴를 주문하자. 인원이 많다면 바지락무침과 멸치회무침이 함께 나오는 세트메뉴도 추천한다. 남은 무침은 밥을 넣어 회 비빔밥으로 만들어준다. 통영운하 바로 옆에 있어 식사시간을 고려해 관람 일정을 잡아도 좋겠다.

주소 운하2길 23
여닫는 시간 09:00~20:00
가격 해물뚝배기(소) 25,000원, 아침시락국 7,000원, 바지락비빔밥 12,000원, 세트메뉴 B 40,000원

07 | 포지티브즈 통영

동피랑 오르는 길에 위치한 카페로 통영의 구옥을 새로 고쳐 만들어 친근하고 아늑하다. 길게 뻗은 마당은 곧장 카페로 이어진다. 은은한 조명으로 연출한 따뜻한 분위기의 실내는 우드 테이블과 빈티지한 소품으로 꾸며진 감성적인 공간이다. 다양한 커피는 물론 계절이 바뀌면 제철 과일을 이용한 음료를 선보이며, 대표가 직접 만드는 디저트도 맛이 괜찮다. '엄마, 커피'를 외치는 아이도 따뜻하게 데운 우유 거품 위에 초코파우더를 올린 베이비치노 한 잔을 함께 마실 수 있다. 카페 뒤로 난 계단은 동피랑과 동선이 연결된다.

주소 중앙시장4길 6-33
여닫는 시간 11:00~19:00
가격 베이비치노 4,000원, 감고커피 6,500원

08 | 고성 일미가든

여행지와는 살짝 떨어져 있지만 통영과 고성을 오가는 길 근처라 식사시간에 동선을 맞춰도 좋겠다. 고성 사람들 중 알만 한 사람은 다 안다는 현지인 맛집. 두툼하게 썬 돼지갈비는 칼집을 촘촘히 넣어 힘줄을 제거해 질기지 않고 양념도 잘 배어 있는데, 양념은 과하지 않고 돼지의 육향이 그대로 살아 있다. 국물이 시원한 냉면은 돼지갈비가 남았을 때 주문해 함께 먹자. 날씨가 좋을 때에는 야외에서 먹는 것도 추천한다. 나오는 길에 직접 기른 농산물을 저렴하게 판매하기도 한다. 매년 10월에서 3월까지는 휴업이니 참고하자.

주소 고성군 거류면 감서1길 61
여닫는 시간 10:30~21:00
가격 돼지갈비 10,000원, 냉면 9,000원

거제

PLACE TO STAY

01 토모노야 호텔&료칸

배려와 친절은 일본의 호텔을 갔을 때 가장 좋았던 점이다. 거제여행에서 이 두 가지를 갖춘 일본식 료칸을 만날 수 있다. 이곳은 독립적인 스테이와 이국의 문화를 경험할 수 있는 곳으로 호텔 로비에 따로 프런트 데스크가 없다. 투숙객이 오면 스태프가 체크인과 안내를 맡는다. 덕분에 불필요한 마주침을 줄여 마음 편하게 오갈 수 있다. 객실 안내를 받기 전 일본 전통 의상인 유카타를 대여할 수 있는데, 아이를 포함해 가족 전체 대여 가능하다. 미닫이문을 열고 들어선 거실은 다다미가 깔려 있다. 일본 전통 인테리어 방식으로 골풀 돗자리로 만든 바닥재가 자잘한 소음을 흡수해주니 아이와 놀기에도 마음이 편하다. 전 객실에는 히노키탕이 있어 료칸의 분위기를 제대로 낸다. 욕실 벽면도 편백나무로 처리해 방까지 향이 난다. 규모가 커 아이와 물놀이를 해도 좋고, 히말라야 핑크솔트 입욕제도 있어 여독을 풀어내기에도 좋다. 모든 투숙객에게는 조식과 석식이 제공되어 아이와 여유롭게 머무를 수 있다.

주소 거제중앙로 42
여닫는 시간 체크인 15:00, 체크아웃 11:00
웹 tomonoyaryokan.com

02 지평집

지평집에 머물며 감히 '좋은 건축가'가 지은 집이라 소개하고 싶다. 숙소는 도로를 달리다 그냥 지나쳤을지 모를 언덕에 자리하는데 발아래에 있으니 그럴 만도 하다. 누군가는 땅 속에 파묻혔다고 하지만 '땅의 흐름'대로 지어 건물을 감싸 안고 있다. 그렇게 땅이 가진 서사를 이해한 건축가 조병수의 손을 타고 지어졌다. 아이와 머물 수 있는 객실은 ㅅ과 ㅇ이다. 내부는 실용적으로 꾸며져 있다. 편백나무 욕조와 함께 있는 침대방은 통유리창으로 바다를 조망할 수 있어 파도의 음률을 따라 시간이 천천히 머물다 간다. 대표가 아이에게 필요하다고 여긴 공간은 아지트로 미닫이문이 달린 방은 닫으면 벽처럼 보여 아이가 숨어들기 좋아한다. 뛰어놀기 좋은 마당은 일몰을 감상하기 적당하다. 남해의 들녘을 고스란히 가져온 듯 무심한 조경이 주변 경관을 해치지 않는다. 지평집에선 스테이 그 이상의 가치를 경험할 수 있다. 어릴 때 자연에서 놀던 기억이 영감으로 연결된다는 건축가의 말처럼 아이에게 정서적 경험을 선물하는 기회처럼 여겨진다.

주소 가조로 917 여닫는 시간 체크인 15:00, 체크아웃 11:00
웹 www.jipyungzip.com

통영 PLACE TO STAY

01 한산 마리나호텔&리조트

낮은 산과 바다에 자리한 자연친화적인 리조트는 제주의 토속적인 전통 가옥인 이엉 지붕을 얹은 외관과 어우러져 이색적인 풍경을 만든다. 내부는 현대식 구조와 클래식한 인테리어로 꾸몄으나 대들보와 서까래, 돌담을 이용해 한국적인 정서를 잘 살리고 있다. 리조트를 길게 가로지르는 야외 풀장은 여름에만 개장하며 호텔 상황에 따라 온수를 이용해 운영할 때도 있다. 때문에 오션뷰 객실도 있지만 아이와 물놀이가 가능한 야외 수영장에 테라스로 이어진 가든 디럭스 객실을 추천한다. 조식은 따로 제공되지 않으며, 호텔 내 식당에서 굴국밥 등을 판매한다. 숙소와 이어진 자전거길은 복바위로 연결되어 있어 산책을 다녀오기에도 좋다.

주소 삼칭이해안길 820
여닫는 시간 체크인 15:00, 체크아웃 11:00
웹 www.hansanmarina.co.kr

02 고성 한산마리나 호텔&리조트

아이여행지로 좋은 당항포관광지 바로 옆에 위치하고 있어 동선에 유리하다. 유럽식 별장을 연상케 하는 유려한 곡선의 건물은 우아하고 고급스럽다. 2인 객실부터 독채 풀빌라, 2개의 침실과 온돌방에 최대 8인이 머물 수 있는 객실까지 다양하다.
별관은 옛 별장을 새로 고쳤다. 왠지 공화국 시절 고위 공직자의 집 같은 분위기로 구조도 독특하다. 건물 입구부터 신발을 벗고 들어가 층마다 2개의 객실이 있다. 외관과 달리 내부 인테리어는 간결하고 클래식하다. 벽의 대부분을 차지한 창은 시간마다 나른한 풍경이 재생돼 머무는 것만으로 평안한 숙소다. 단, 별장은 엘리베이터가 없어 최고층인 3층의 경우 짐 이동이 어렵고 침대가 높아 아이가 떨어지지 않도록 주의해야 한다. 풀빌라 동은 바다를 바로 면해 있다. 세련되고 깔끔한 인테리어가 돋보이는 이곳의 가장 큰 매력은 개인풀이다. 숙박객이 물 온도와 양을 조절할 수 있으며 추가비용이 없다. 늘 온수가 나와 날씨에 상관

없이 물놀이를 즐길 수 있다. 클럽하우스를 제외한 모든 객실에 주방이 있어 이유식이나 간단한 음식을 조리할 수 있다. 조식은 제공되나 단출하다. 여름 시즌에만 운영하는 본관의 인피니티 풀은 투숙객 모두 이용 가능하다. 넓은 정원이 있어 자연놀이를 하기 좋고 리조트 내에 카페도 있다.
이 곳의 최대 서비스는 고급 해양레포츠로 분류되어 쉽게 접하기 어려운 요트체험이다. 오전 11시와 오후 4시, 하루 2번 무료로 제공한다. 요트 체험코스인 당항포는 연안 파도가 잔잔하고 바람도 좋아 1년에 출항하는 빈도도 높다. 때문에 1시간 정도 운행해도 뱃멀미를 하는 사람은 많지 않다. 요트를 탈 때에는 신발을 벗고 실내화를 이용하며 어린 아이는 날씨가 춥지 않으면 맨발로 탑승 가능하다. 실내에는 침실과 화장실이 있으며 조종실에는 테이블과 의자가 있어 쉴 수도 있다. 약간의 주전부리와 음료도 준비돼 있다.

주소 고성군 회화면 회진로 517
여닫는 시간 체크인 15:00, 체크아웃 11:00
웹 hansanmarina2.co.kr

여행지에서 즐기는 엄마표 놀이

몽돌로 만들기

학동 몽돌해변(p.511)에서 자갈을 바다로 던지며 노는 아이를 보다가 문뜩 다른 놀이를 알려줘야겠다는 생각이 들었다. 몽돌로 탑을 여러 개 쌓다가 모양 만들기를 하기로 했다.

준비물 스케치북, 펜, 몽돌

만들고 놀기 학동 몽돌해변의 몽돌은 해변 밖으로 반출이 금지되어 있어 차에서 스케치북을 가져왔다. 흰 종이 위에 만들면 모양이 훨씬 잘 보인다. 아이와 함께 다양한 크기의 몽돌을 줍는다. 아빠, 엄마, 아이부터 동물 등 자갈로 모양을 만든다. 몽돌에 맞게 그림을 그려줘도 좋다. 영화 <업>에 빠져 있는 아이를 위해 풍선이 달린 집을 만들었다.

+ 집에 배지가 있다면 주인공 러셀이 단 배지 띠를 만들어줘도 좋다.

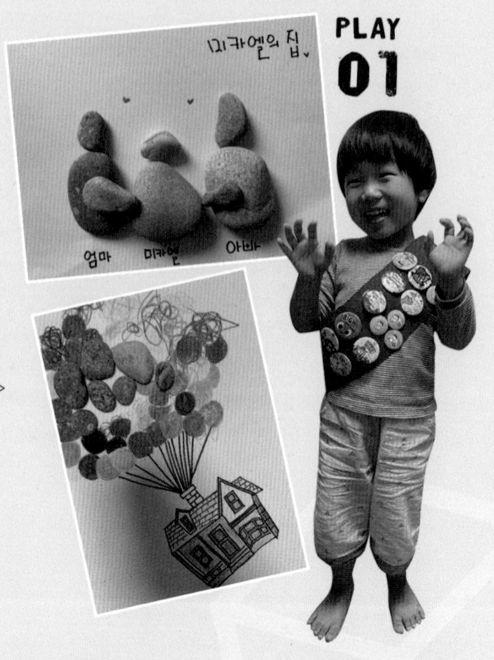

바다 친구들

외도 보타니아(p.508)로 가는 유람선이 해금강 십자동굴로 들어갈 때 아이는 수면 가까이에 올라온 물고기를 보고 호들갑을 떨었다. 바닷속에 사는 동물들이 궁금해진 아이를 위해 바다 친구들을 불러들였다.

준비물 OHP필름, 색네임펜

만들고 놀기 OHP필름에 네임펜으로 바다 생물을 그려 색칠한다. 투명필름이어서 책에 있는 그림 위에 올려 그대로 그려도 된다. 완성된 그림은 오려서 욕조에 풀어주자. 숟가락이나 모래놀이 장난감으로 물고기 잡기를 해도 좋다. 물을 틀면 물살이 생겨 난이도가 높아진다. 욕조가 없는 숙소라면 지퍼백에 바다 친구들을 넣고 찾아보기를 해도 재미있다. 놀고 난 바다 생물 OHP필름은 구멍을 뚫어 선캐처 만들기로 연계 놀이를 해도 좋다.

함께 읽어주면 좋은 책

- 바다 100층짜리 집

공룡 알 부화시키기

고성 공룡박물관(p.519)에 전시된 공룡 알 화석을 본 아이가 공룡이 언제 나오는지 물어봤다. 공룡도시 고성에 오면서 챙겨온 공룡들을 알에 넣고 부화시키기로 했다.

준비물 공룡 모형, 풍선, 뜨거운 물.

만들고 놀기 공룡을 풍선 안에 넣고 물을 채워 냉동고에 얼린다. 어는 시간이 필요하니 숙소 도착 후 바로 하는 것이 좋다. 다음 날 아침 풍선은 제거해주고 알만 그릇에 담는다. 포트에 뜨거운 물을 끓여 알에 부어 부화시켜준다. 포트가 뜨거우니 아빠 엄마가 도와주거나 목이 깊은 그릇에 조금씩 운반하는 과정을 넣어도 좋다. 냉동고가 없는 숙소라면 풍선에 넣은 채 손으로 뜯거나 구할 수 있는 각종 도구로 구출하기를 해보자.

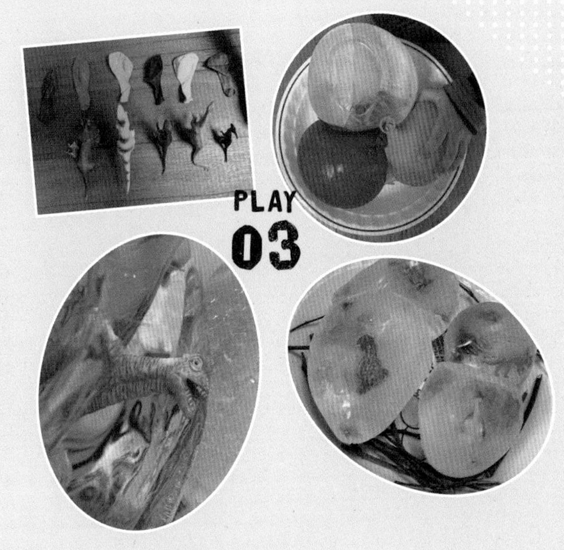

공룡 그림자 그리기

공룡을 좋아하는 아이는 늘 아빠에게 공룡을 그려 달라고 한다. 아이에게 직접 그리라고 하면 어려서 못한다고 내빼기 일쑤. 할 수 있다는 자신감을 불어넣기 위해 공룡 그림자 그리기를 했다.

준비물 공룡 모형, 스케치북, 펜

만들고 놀기 햇살이 좋은 창가에 앉아 스케치북을 펴고 위에 공룡 모형을 올린다. 마음에 드는 공룡 그림자 방향을 정하고 그림자를 따라 펜으로 따라 그리면 된다. 색칠과 그림자 놀이로 연계가 가능하다.

배 만들기

고성 한산마리나호텔&리조트(p.527)에서 요트 체험을 하고 온 아이는 여운이 가시지 않은 모양이었다. 스케치북에 배를 그리고 돛을 달았다. 호텔에 물어 박스를 챙기고 방으로 들어와 배를 만들기 시작했다.

준비물 박스, 크레파스, 가위, 테이프

만들고 놀기 박스를 펴서 배 선창 전체 모형을 만든다. 파도를 만들어주면 더욱 실감난다. 삼각형 두 개는 돛으로 만들고 크레파스로 모양을 낸다. 아이의 손과 발을 따서 그려도 좋다. 배 선창은 테이블이나 의자에 붙이고 돛은 벽이나 침대에 세우거나 붙인다. 사각형 박스를 교차해 붙여 노를 만들어줘도 좋다. 보물섬부터 바다 괴물과의 사투까지 모험심 가득한 연극이 펼쳐진다.

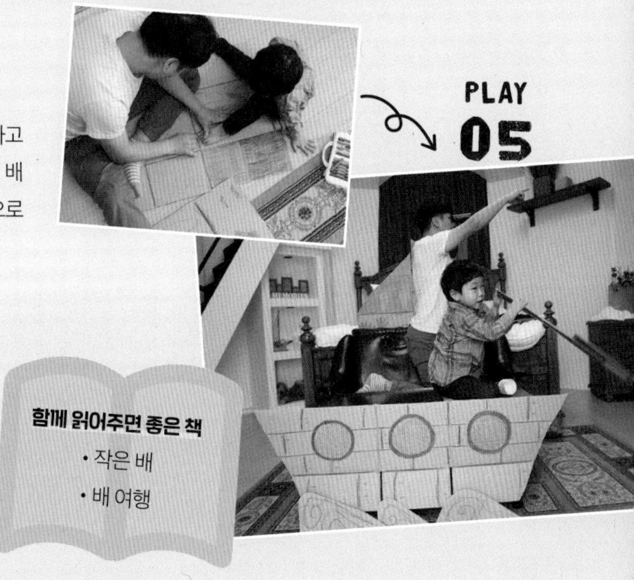

함께 읽어주면 좋은 책

- 작은 배
- 배 여행

WHERE TO GO
04
남해

남해

BEST COURSE

1박 2일 코스

01 아이와 여유롭게 보낼 수 있는 힐링 코스

1일 원예예술촌 → 점심 완벽한 인생 → 독일마을 → 저녁 우리식당

2일 섬이정원 → 점심 주란식당 → 상상양떼목장

02 아이와의 다양한 활동을 중시하는 체험 코스

1일 상상양떼목장 → 점심 주란식당 → 가천 다랭이마을 → 저녁 시골할매 막걸리

2일 앵강다숲마을 → 점심 금산산장 → 금산 보리암

2박 3일 코스

01 아이와 여유롭게 보낼 수 있는 힐링 코스

1일 원예예술촌 → 점심 완벽한 인생 → 독일마을 → 저녁 우리식당

2일 상주은모래비치 → 점심 이태리회관 → 금산 보리암 → 저녁 인근 식당

3일 앵강다숲마을 → 점심 시골할매 막걸리 → 가천 다랭이마을

02 아이와의 다양한 활동을 중시하는 체험 코스

1일 상상양떼목장 → 점심 주란식당 → 가천 다랭이마을 → 저녁 시골할매 막걸리

2일 앵강다숲마을 → 점심 금산산장 → 금산 보리암

3일 상주은모래비치 → 점심 독일마을 → 원예예술촌 → 독일마을 → 저녁 우리식당

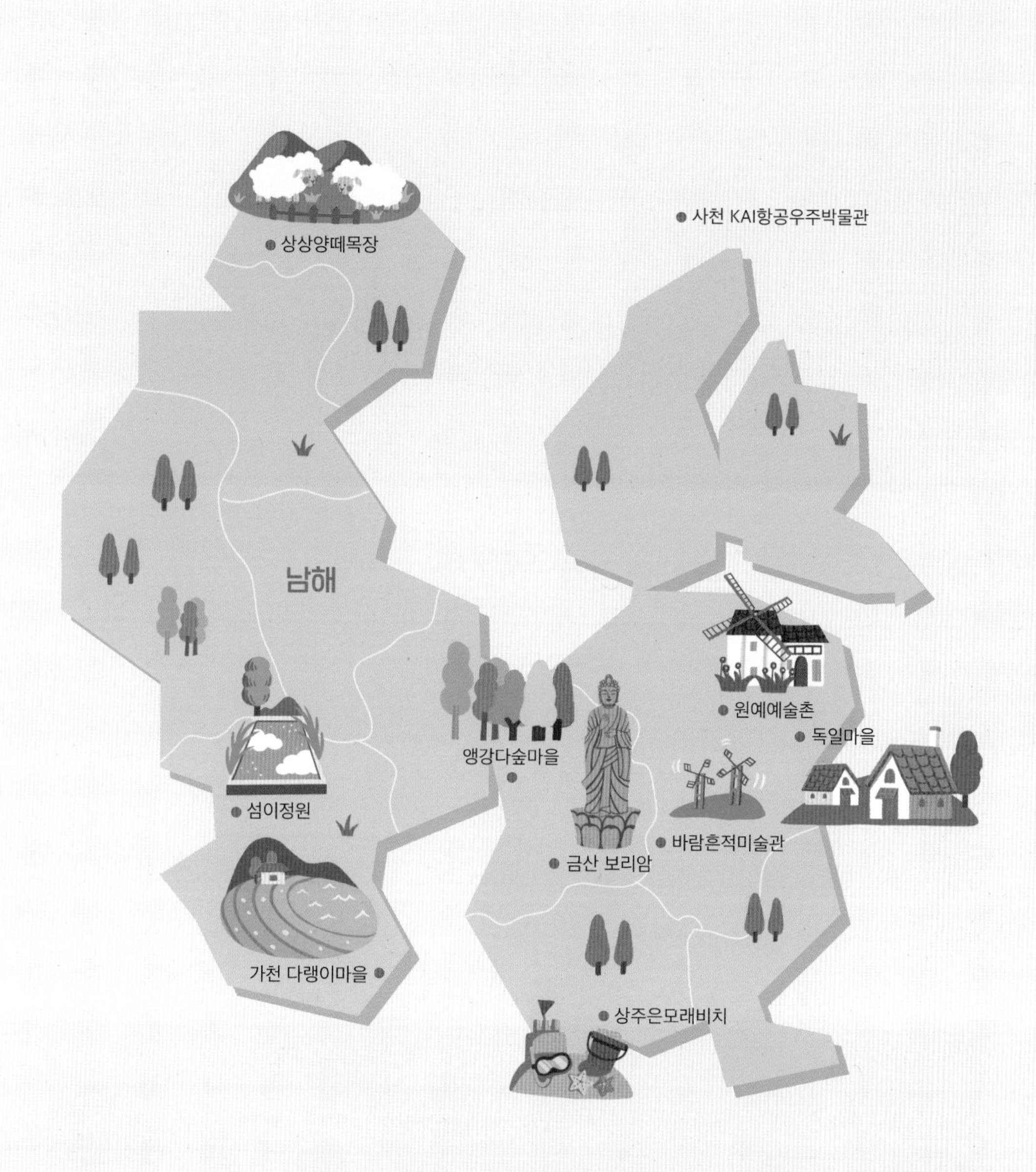
상상양떼목장
사천 KAI항공우주박물관
남해
원예예술촌
독일마을
앵강다숲마을
섬이정원
바람흔적미술관
금산 보리암
가천 다랭이마을
상주은모래비치

남해

SPOTS TO GO

01 금산 보리암

남해여행에 보리암을 빼놓을 수 없다. 남해 최고의 절경을 볼 수 있는 전망 포인트이자 우리나라 3대 기도 도량이다. 해발 704m 정상부에 지은 보리암은 신라시대 원효대사가 짓고 보광사(普光寺)라 불렀다. 지금이야 주차장에서 20여 분 걸으면 도착하는 절이지만 당시 천길 벼랑 끝에 만들었을 생각을 하니 아찔하다. 고려 후기에 이성계가 이곳을 찾아 조선 왕조를 위한 100일 기도를 드렸고, 개국 후 영험에 보답하는 뜻으로 비단 금錦자를 써서 금산이라 부른다. 설화가 바탕이 되었는지 소위 기도발이 좋다고 소문난 전국적인 기도처가 되었다. '태조의 개국을 도우셨으니 소소한 소원쯤 여럿 들어주시겠지'라는 가뿐한 마음으로 그동안 숨겨둔 소원까지 몽땅 빌게 된다. 엄마가 되기 전에는 건강한 아이가 오기만 기다렸는데, 아

난이도 ★★
주소 보리암로 665
여닫는 시간 24시간
요금 어른 1,000원
웹 www.boriam.or.kr
여행 팁 보리암에 가까운 2주차장이 만차일 때 1주차장에서 내려 2주차장까지 버스를 타고 올라야 한다. 주말에는 방문객이 많아 1주차장도 대기해야 하는 경우가 많다.

이가 크면서 바라는 소원이 차고 넘친다. 부모로 사는 마음이 같아서인지 관음보살 앞은 문전성시다. 바다를 바라보고 선 관음보살이 있어 해수관음성지라 한다. 금산은 한려해상국립공원 내에 유일한 산악공원으로 보리암 바로 뒤 대장봉과 허리 굽혀 절하는 형리암, 원효가 화엄경을 읽었다는 화엄봉과 향로봉까지 기암괴석들의 존재감이 강렬하다. 돌계단으로 되어 있어 길이 험하지만 아이의 체력에 따라 화엄봉까지 올라도 좋겠다. 금산산장(p.548) 가는 길로 10여 분 정도 소요된다.

스냅사진, 여기서 찍으세요

극락전 모퉁이에 서면 앵강만과 다랑논의 비경이 한눈에 들어온다. 해질녘에는 보리암에 그늘이 져 일찍 서두르는 것이 좋겠다.

아이의 등반을 사진으로 기록해 칭찬해주자. 해냈다는 성취감과 다음 등반에 동기부여가 된다.

가천 다랭이마을

마을 양옆으로 냇물이 흐른다고 해서 가천이라 불린다. 좁고 가파른 논인 다랑이, 경상도 방언으로 다랭이가 쪽빛 바다를 향해 계단식으로 놓여 있다. 경사면이 가파른 땅에 최대한 많은 농경지를 얻기 위해 45도의 산비탈을 다듬고 석축을 쌓았다. 제대로 된 장비도 없던 시절이라 괭이와 호미로 캐고 흙으로 다지며 만들었다. 논이라 하기에도 민망할 정도로 작은 삼각형의 땅은 삿갓배미라 한다. 옛날 한 농부가 집으로 가기 전에 논의 숫자를 세어보니 한 배미가 모자랐고, 아무리 찾아도 없어 그냥 집에 가려고 벗어둔 삿갓을 들어보니 거기 있었다고 한다. 자투리땅에도 벼를 심고 밭을 일궈야 했던 마을 사람들의 고달팠던 삶을 단편적으로 보여주는 이야기다. 누군가는 관광지로 변했다고 하지만 독특한 마을 풍경은 여전히 고단한 노동의 결과물이다. 벼농사 수익이 변변치 않아 마늘이나 파, 시금치를 기르거나 유채를 심어 경관을 조성하기도 한다. 계절마다 새롭게 채색되어 볼거리를 더한다.

난이도 ★★
주소 남면로 679번길 21
여닫는 시간 24시간
요금 무료
여행 팁 마을을 오르고 내리기 지쳤을 때, 시골할매 막걸리 집의 해물파전에 유자막걸리를 추천한다. 해물파전에 매운 고추가 들어 있어 아이가 먹기엔 어렵다. 식사도 가능하다. 안쪽으로 들어가면 다랭이길을 따라 조망 또한 멋있다.

아이는 심심해!

분꽃 귀걸이 만들기

마을 곳곳에 아이와 놀 수 있는 자연물이 지천이다. 6월에서 10월 사이에 피는 분꽃은 아이에게 좋은 놀잇감이 된다. 꽃과 꽃받침을 잡고 살살 당기면 암술대가 길게 빠진다. 떨어지지 않을 만큼 뺀 뒤 귓불 안쪽에 살짝 올리면 분꽃 귀걸이가 된다. 꽃을 위로 던져 낙하산처럼 떨어뜨리자. 먼저 떨어지는 사람이 술래다.

아빠 엄마도 궁금해!

다랭이마을 둘러보는 방법

한 평의 땅도 아껴 만든 마을이니만큼 주차장도 협소하다. 마을 위 해안도로를 따라 2곳이 있다. 관광안내소가 있는 1주차장은 가천 암수바위를 지나 바닷가 출렁다리까지 직선으로 이어진다. 비교적 길이가 짧고 덜 가파른 길이다. 마을에선 숫미륵과 암미륵으로 부르는 암수바위는 다산과 풍요를 상징한다. 아래로 내려가면 다랑논 석축 위에 좁은 길이 이어지는데, 사람 한 명 다닐 정도의 좁은 길에 곡식이나 땔감을 지게에 지고 다녔다고 해서 '다랭이 지게길'이라고 한다. 길 끝의 정자는 다랑논을 측면에서 볼 수 있는 전망대다. 2주차장은 다랑논 중심으로 걸어 들어가는데 봄에 유채가 피어날 때 샛노랗게 물든 논과 짙푸른 바다를 함께 볼 수 있다. 암수바위로 이어진 길은 마을을 지나친다. 돌을 쌓아 만든 밥무덤은 음력 10월 15일에 쌀밥을 올려 마을 제사를 드리는 곳으로 한 해 농사를 기원하는 간절함이 밴 흔적이다. 부족한 양식은 바다에서 얻었다. 다랭이논 비탈에 있는 망수 조형물은 어군탐지기 대신 고기 떼를 알려주는 사람이다. 바다에 떠있는 배 두 척이 망수의 신호에 따라 이동해 그물로 물고기를 잡았다.

독일마을

바닷가 언덕에 40여 채의 독일 건축물을 재현한 주택들이 들어서서 우리나라에서 이국적인 마을로 손꼽힌다. 1960년대 우리나라 경제 부흥에 기여한 파독 광부와 간호사들이 2007년 한국으로 돌아와 삶의 터전을 마련한 곳이다. 우리나라보다 독일에서 산 세월이 더 길어서인지 그들은 한국에 돌아와서도 이방인이었지만, 그들이 잘 적응할 수 있도록 조성된 마을 덕분에 뿌리를 내렸다. 주거환경뿐 아니라 음식과 문화도 독일식이 많은데, 크리스마스에 먹는 슈톨렌이나 대표 요리 학센, 수제 소시지, 맥주까지 쉽게 만날 수 있다. 마을 한쪽에 마련된 파독전시관은 파독 광부와 간호사가 직접 만든 전시관으로 파독부터 현대까지 역사의 진짜 이야기를 들려준다.

난이도 ★
주소 독일로 92
여닫는 시간 24시간
요금 무료
웹 남해독일마을.com
여행 팁 무대광장과 가까운 원예예술촌 주차장을 이용하자.

아빠 엄마도 궁금해!

파독 광부와 파독 간호사

영화 <국제시장>에서 주인공은 묻는다.
"이만하면 잘 살아왔지요?"

1963년, 한국전쟁이 끝나고 4·19와 5·16으로 혼란스럽던 대한민국은 전체 인구 10분의 1이 실업자였다. 그때 희망의 메시지가 왔다. '해외 산업 연수생 모집 계약기간 3년'. 우리나라 젊은 청춘들은 독일의 광산과 병원으로 달려갔다. 한국 광부 7,936명, 한국 간호사 1만 723명. 꿈을 좇아갔으나 그들의 눈에는 힘들고 위험한 일을 대신할 외국인 노동자였다. 자고 일어나면 함께 온 사람이 다치거나 사망하기도 했다. 부당하고 억울한 일이 있어도 묵묵히 일하며 간신히 버틴 3년. 그러나 그들은 곧장 고향으로 돌아오지 않고 독일에 남았다. 1973년 석유 파동으로 독일도 불황이 이어지자 한국 간호사 17명을 강제로 해고했다. 1만여 명의 독일 시민 연대가 서명해줬고 결국 무기한 노동 체류를 허가하는 특별법을 제정했다. 1963년 당시 1인당 국민총생산이 87달러였으나 독일 광부의 월급은 162달러였다. 15년 동안 이들이 보내온 돈이 1억 153만 달러로 당시 수출액의 2%였다. 조국의 경제에 청춘을 고스란히 바친 영웅들은 2007년 고향으로 돌아왔다.

독일마을 옥토버페스트

10월이면 독일 뮌헨에서 열리는 지상 최대의 맥주축제, 옥토버페스트가 이곳에도 열린다. 축제기간에는 마을 무대광장에 '빅텐트'가 세워진다. 길게 이어붙인 테이블과 의자가 채워지면 무대에선 요들송으로 흥취를 돋운다. '맥주 빨리 마시기', '맥주 많이 마시기', '맥주잔 들고 달리기' 등 행사가 시작되면 방문객이 야단스럽게 모인다. 독일 대표 맥주 파울라너(Paulaner)와 아잉거(Ayinger), 메르첸(Marzen) 등을 생맥주로 먹을 수 있음은 물론 지역에서 만든 수제 맥주도 광장으로 모인다. 축제에 즐겁게 참여할 수 있도록 아이 음료는 따로 준비하는 것이 좋다. 축제 첫날 저녁에는 환영 퍼레이드가 열리니 참고하자.

원예예술촌

언택트

마을은 집집마다 식물을 길러 활기와 생명력이 넘친다. 20명의 원예사가 집과 정원을 나라별로 디자인해 조성했다. 골목을 누비고 다니는 것만으로 20개국을 여행하는 기분이다. 풍차가 돌아가는 집은 네덜란드에서 돌아온 부부가 만들었고, 이탈리아 북부를 여행하다 본 정원을 그대로 옮겨놓은 집도 있다. 프랑스의 베르사유 정원을 16.5㎡(5평) 남짓 조각 떠서 붙인 마당은 감탄사가 절로 나온다. 실제 머물며 가꾸는 정원사의 재능과 정성이 대단하다. 여신 조각상으로 꾸민 레이디스가든과 남해 바다가 훤히 보이는 러브송가든, 온실인 글라스가든 등 공동 정원도 있다. 언덕을 따라 마을이 조성되어 있으나 전망대를 오르는 길 외에 힘든 코스는 없다. 입구에서 아랫마을을 지나 전망대에 오른 뒤 윗마을을 둘러보고 나오는 코스를 추천한다. 꼭대기에 위치한 전망대는 세계 각국의 전통 의상을 대여해 사진 찍기에 좋지만 유아 사이즈가 없어 아쉽다.

난이도 ★★
주소 예술길 39
여닫는 시간 9~6월 09:00~19:00, 8월 09:00~18:00
쉬는 날 월요일
요금 어른 5,000원, 청소년 3,000원, 어린이 2,000원
웹 housengarden.net
여행 팁 언덕이라 힘들지만 유모차로 이동이 가능하다.

바람흔적미술관

언택트

손으로 잡았다 펴면 흩날리는 바람, 마당에 놓인 22개의 대형 바람개비가 없었다면 바람의 흔적은 찾기 어려웠을지 모른다. 야트막한 내산이 품은 저수지에 자리한 미술관의 주인이자 관장은 설치미술가 최영호 씨다. 자신을 '바람의 흔적'이라 한 것처럼 미술관에선 그를 찾기 힘들며 무인으로 운영되는 방식도 특별하다. 누구든 무료로 전시할 수 있고 누구나 공짜로 관람이 가능하다. 예술은 대중과 함께 해야 하고 공적 유익은 많을수록 좋아서다. 문턱이 낮으니 닳도록 사람들이 드나든다. 소소한 체험도 가능한데 아이가 어리다면 마당에서 뛰어노는 것만으로도 충분하다. 미리 공이나 비눗방울 놀이를 준비하자. 미술관 내에 위치한 카페에서 홉슈크림과 아이스크림, 음료를 판매해 아이 간식으로 먹이기에 좋다.

난이도 ★
주소 금암로 519-4
여닫는 시간 3~10월 10:00~18:00, 11~2월 10:00~17:00
쉬는 날 화요일
요금 무료

앵강다숲마을

언택트

앵강만은 남해가 가둔 2개의 바다 중 남쪽으로 움푹 들어간 부분으로 9개의 마을이 두르고 있다. 발음도 귀여운 앵강은 누운 항아리를 닮아 그리 부르기도 하고 '꾀꼬리 앵(鶯)', '강 강(江)'을 써서 강처럼 잔잔한 바다에 이는 파도소리가 꾀꼬리 울음을 닮아 부르기도 한다. 마을은 바래길 2코스에 속하는데, 남해 어머니들이 썰물 때 갯벌에 나가 바다가 뿌려놓은 해산물을 가지러가는 길이다. 남해 바래길 탐방안내센터가 있는 신전마을은 청정 갯벌로 유명하다. 금평천과 이어진 앞바다에는 개불과 바지락, 고둥 등을 수확할 수 있는데, 미리 예약하면 갯벌체험이 가능하다. 돌을 둥글게 쌓아 물고기를 잡는 돌발(석방렴石防簾)도 있다. 바다와 마주한 방조림은 앵강다숲으로 참나무와 소나무, 느티나무와 소사나무 등 18종의 나무가 해풍을 막는다. 한적한 오솔길은 야생화로 인해 화사하다. 인공연못을 조성해 수생식물원도 갖췄다. 작은 놀이터도 있어 남해여행의 속도를 잠시 줄여보는 시간을 가져도 좋겠다.

난이도 ★
주소 성남로 105
여닫는 시간 24시간
요금 무료
웹 www.agds.co.kr
여행 팁 숲이 깊으니 해충 퇴치스프레이를 챙겨 자주 뿌리는 것이 좋다. 한여름에는 유료 야외수영장도 운영한다.

섬이정원

도로를 벗어나 임도로 들어서자 길이 맞나 싶어 걱정이 앞선다. 산허리를 돌아 입구가 나오자 금세 마음이 놓인다. 밖에서는 안 보이게 꽁꽁 숨겨둔 비밀의 정원으로, 고동산을 앞세우고 장등산을 뒤에 뒀다. 그 골짜기를 타고 다랑논이 있던 자리를 보고 한눈에 반한 차명호 대표가 식물의 시간에 맞춰 천천히 정원을 꾸몄다. 섬이, 정원이라는 대표의 생각을 담아 이름 지은 이곳은 섬으로 끝나는 아들과 딸의 이름을 딴 개인적인 사연도 담았다. 작지만 알차게 꾸며진 정원은 다랑논의 석축을 그대로 두고 가꿔 아치형의 호를 그린다. 입구에서 아랫길을 따라 걷다 반환점에서 윗길로 나온다. 작은 연못을 이어 만든 계류정원을 시작으로 선큰가든과 덤벙정원을 지나 물고기정원에 도착한다. 연못도 없는 정원을 물고기라 부르는 이유는 홍가시나무를 비늘처럼 식재해서다. 윗길인 숨박꼭질정원에서 그 모습을 제대로 볼 수 있다. 이에 펼쳐지는 연못정원은 빛의 화가 모네의 대표작인 <수련>을 모티브로 만들었다. 그리스를 연상케 하는 돌담정원과 봄정원, 하늘연못정원까지 두루 걸으면 10개의 정원을 모두 볼 수 있다.

난이도 ★
주소 남면로 1534-110
여닫는 시간 08:00~18:00
요금 어른 5,000원, 청소년 3,000원, 어린이 2,000원
웹 www.seomigarden.com

스냅사진, 여기서 찍으세요

소셜미디어에 자주 올라오는 사진은 직사각형 연못이 있는 '하늘연못정원'이다. 연못 가장자리를 채운 식물과 반영이 조화롭게 연출된다.

아기자기한 소품으로 꾸며진 쉼터는 스냅사진 찍기에 완벽한 조건이다.

상주은모래비치

언택트

해풍을 맞고 자란 소나무 숲을 지나자 고운 모래가 유선형 물고기의 은빛 비늘처럼 빛난다. 백사장 길이만 2km에 달하는데, 비단결 같은 모래는 맨발로 걸을 때 그 진가를 확인할 수 있다. 발가락 사이로 스르르 흘러 간지럼을 탄다. 모래성이 지어질까 의문스러운 마음도 잠시, 바닷물을 퍼 나르는 아이들을 보고 덩달아 공사를 시작한다. 연평균 수온이 18℃라 겨울이 아니라면 발을 담그기에 괜찮다. 서해처럼 잔잔한 파도는 발목을 휘감았다 돌아간다. 여름에는 완만하고 수심이 얕아 가족 물놀이로 그만이다. 해변 중간의 돌무지는 작은 바다 생물들의 놀이터로 아이는 달뜬 표정으로 작은 게와 고둥을 잡는다. 더러워진 발은 솔숲화장실 옆 수돗가에서 씻을 수 있다. 소나무숲에선 취사나 텐트 설치가 금지되어 있지만 뒤로 야영장이 있다. 텐트와 오토캠핑카, 카라반 모두 이용 가능하며 샤워실과 화장실, 전기사용도 가능하다.

난이도 ★
주소 상주로 10-3
여닫는 시간 24시간
요금 무료
여행 팁 상주리 산 126-16에 위치한 쉼터에선 유선형 은모래비치를 조망할 수 있다.

상상양떼목장

남해가 자랑하는 한려수도를 배경으로 목장이 펼쳐진다. 양들은 겨울에도 해가 뜨면 초지로 나갔다가 돌아오는데, 기후가 따뜻한 남해라 가능하다. 상상양떼목장은 아이들이 양과 함께 초지를 뛰어다니며 놀고 먹이도 줄 수 있어 유대감을 만들기에도 좋다. 매주 한 번 이상 양을 목욕시켜 아이들이 쓰다듬어도 걱정이 덜하다. 양인 체 무리와 함께 돌아다니는 알파카의 너스레가 웃음을 자아낸다. 봄에는 목장 내에 있는 한 그루의 벚꽃이 풍성하게 피어나 자못 아름답다. 오솔길을 따라 늘어선 편백나무숲과 새장으로 들어가 만날 수 있는 앵무새 체험관도 함께 둘러보자.

난이도 ★
주소 설천로775번길 364
여닫는 시간 3~11월 09:00~18:00, 12~2월 09:00~17:00
요금 어른 9,000원, 어린이 6,000원
웹 yangttefarm.com
여행 팁 양모리 학교 위에 있는 목장이라 잘 구분해야 한다.

연계 여행지

사천 KAI항공우주박물관

언택트

사천이 우주항공도시로 도약한 계기는 1953년 개발된 국산 항공기 '부활호' 덕분이다. 지금은 박물관 야외 전시장에 자리하고 있는데, 활주로처럼 뻗은 길 양옆으로 KAI 생산 항공기 6대와 실제 한국전쟁 참전 항공기 10대, 참전 전차 3대와 화포, 야포 3대가 전시되어 있다. 대통령 전용기 C-54와 미군 수송을 담당한 C-124C는 직접 탑승도 가능하다. 내부는 항공 역사와 항공기 모형 등을 전시하나, 체험형 전시가 많이 없어 아쉽다. 대신 매년 가을 공군과 함께하는 에어쇼가 열리니 시기를 맞춰 여행하는 것이 좋겠다. 축하 비행은 물론, 체험, 캠프 등 다양한 행사가 열린다.

난이도 ★
주소 사천시 사남면 공단1로 78
여닫는 시간 3~11월 09:00~18:00 ,12~2월 09:00~17:00
쉬는 날 설날·추석 연휴
요금 어른 3,000원, 청소년·어린이 2,000원
웹 kaimuseum.co.kr

남해 PLACE TO EAT

01 씨이너볼 Sea in a bowl

남해로 내려온 부부가 운영하는 소규모 레스토랑이다. '바다를 담은 그릇'이라는 이름처럼 바로 뒤 지족시장에서 마을 사람들이 잡은 지역 해산물을 이용한다. 채소는 직접 밭에서 길러 사용하는 '팜온더테이블(Farm on the table)' 식당이다. 봉골레와 통삼치파스타, 라자냐는 단번에 마음이 뺏긴다. 디저트도 다양한데 티라미수가 나오는 경우가 많지만 때에 따라 남해 유자로 만든 푸딩, 딸기 콩포트를 곁들인 판나코타도 나온다. 재료가 소진되면 일찍 문을 닫거나 열지 않을 때도 있어 인스타그램 페이지(@sea.in.a.bowl)에 운영 여부를 확인하는 것이 좋다. 아이 테이블과 식기가 귀엽고 예쁘다.

주소 동부대로1876번길 34-1
여닫는 시간 월·화·금 11:00~16:00, 토~일요일 11:00~16:00, 17:00~20:00 쉬는 날 수~목요일
가격 씨이너볼 파스타 13,000원, 라자냐 17,000원

02 우리식당

식당은 지족해협을 곁에 두고 있다. V자로 세운 죽방렴에 멸치가 밀물에 들어와 썰물에 빠져나가지 못하는데, 덕분에 상처도 덜 나고 신선도도 높다. 이곳에서 잡은 멸치를 통째로 넣고 고구마줄기와 함께 칼칼하게 조려 내는데, 해풍 맞은 쌈과 함께 먹는 한 끼가 입안에서 축제를 연다. 1인분 주문이 가능하니 아이를 위한 멸치구이나 갈치구이, 갈치 맑은탕을 함께 주문하자. 갈치젓갈과 묵은지, 부추무침까지 모두 맛있는데 아이가 먹을 만한 찬이 많이 없다. 김이나 간단한 찬을 준비하는 것도 좋겠다.

주소 동부대로1876번길 7 여닫는 시간 08:00~20:00
가격 멸치쌈밥 10,000원, 갈치구이·멸치구이 각 20,000원

03 완벽한 인생

독일마을 내에 있는 펍레스토랑으로 독일 돈가스로 불리는 슈니첼과 돼지 앞다리 부위를 겉은 바삭하고 속은 촉촉하게 요리한 슈바인스학세, 독일식 소시지 등 독일 전통 음식을 기본으로 한다. 독일 북부식 요리인 아인스바인은 추천하지 않는다. 파견 독일 광부의 이야기를 담아낸 석탄치킨은 오징어먹물로 까맣게 색을 냈는데, 순살이라 아이도 잘 먹는다. 요리와 잘 어울리는 맥주는 브루어리에서 직접 만든다. 처음 만든 맥주는 달로망, 쌉싸래한 홉향이 특징이다. 남해산 백년초 열매를 이용한 에일도 있다. 묵직한 풍미와 크리미한 흑맥주, 광부의 노래 스타우트는 유통판매하지 않아 이곳에서만 먹을 수 있다.

주소 독일로 30 여닫는 시간 월~목요일 11:00~22:00, 금요일 11:00~23:00, 토요일 10:00~23:00, 일요일 10:00~22:00
가격 수제 맥주 5,800원~, 슈바인스학세 플래터 41,000원

04 금산산장

남해 비경을 내려다보며 먹는 컵라면 맛은 어떨까. 금산 보리암 뒤 등산로를 따라 10분 정도 오르다 화엄봉을 넘어가면 금산산장이 나온다. 예전에는 백반에 막걸리를 먹을 수 있었으나 자연공원법 개정으로 주류를 판매하지 않는다. 먹거리도 컵라면으로 간소화되었는데, 여기에 뜨듯하게 지져 내는 해물파전을 함께 곁들이면 좋다. 모든 재료는 지게를 지고 올라온다. 수고로움에 비하면 그리 비싼 금액은 아니다. 찾는 사람이 줄어들면 주인 할머니는 밖으로 나와 볕을 쬐신다. 높은 곳까지 오른 아이에게 전하는 응원의 한마디에 마음이 훈훈해진다.

주소 보리암로 691 여닫는 시간 07:00~18:00
가격 컵라면 3,000원, 해물파전 10,000원

05 이태리회관

이탈리안 셰프가 만드는 따뜻한 가정식 한 상으로 단품 메뉴는 없이 두 가지 코스 요리만 판매한다. A정식은 식전 빵과 수프로 시작해 애피타이저로 튀긴 가지와 함께 치즈를 듬뿍 뿌린 샐러드가 나온다. 본식은 남해에서 잡은 딱새우로 비스큐 오일파스타를 내고, 수제 티라미수와 함께 커피나 차로 마무리한다. B정식은 여기에 밀라노식 소고기커틀릿이 추가된다. 빠른 시간에 조리해 질기지 않아 아이가 먹기에도 좋다. 토마토라구소스로 만든 어린이 파스타를 추가할 수도 있다. 임시 휴무하는 경우도 있어 인스타그램 페이지(@SALONEITALIA)에 운영 여부를 확인하는 것이 좋다.

주소 남해대로697번길 42
여닫는 시간 평일 11:30~17:00, 토요일 11:30~19:00, 일요일 11:30~18:00
가격 A정식 18,000원, B정식 25,000원

06 앵강마켓

남해에서 나고 자란 특산품을 판매하는 편집숍. 질 좋은 상품을 고르고 골라 정성껏 포장해 기념품이나 선물하기에 좋다. 내부 인테리어는 정갈하고 따뜻하며 감각적이다. 카페도 함께 운영하는데 커피는 팔지 않고, 아이도 먹을 수 있는 루이보스 차와 제주도 무농약 청귤을 이용한 홈메이드 청귤티, 여름 시즌에 시원하게 만든 청귤 레몬소다를 판매한다. 보성 유기농 홍차와 이를 크리미하게 불린 우유와 함께 넣어 라테를 내기도 한다. 출출한 간식 시간이라면 3가지 맛의 양갱과 주먹밥을 곁들여도 좋다.

주소 남서대로 772
여닫는 시간 12:00~17:00
쉬는 날 화~수요일
가격 청귤티 6,000원, 양갱 2,500원, 주먹밥 3,000원

07 주란식당

다른 메뉴 없이 딱 집밥 먹고 싶다고 할 때 들르면 좋은 식당이다. 집에서 먹는 밑반찬을 포함해 12가지 반찬으로 차려진 경상도식 백반정식으로 생선구이와 찌개는 꼭 나오는 찬이다. 장아찌와 김치는 있겠지만 기본 찬은 때때로 바뀌기도 한다. 남해에서 걷어 올린 파래로 새콤하게 간한 무침은 입맛을 살린다. 모두 간이 잘 밴 집반찬이다. 꽃그림이 화려한 원형 양은쟁반에 나오는 음식이라 더 정감이 간다. 무심한 듯 정 많은 주인을 닮아 그럴지도 모른다. 딱 점심시간만 운영해서 식당에서 밥 먹기는 쉽지 않다. 오후 2시면 문을 닫지만 때에 따라 조금 더 늦어질 수도 있다.

주소 남서대로 770 여닫는 시간 11:30~14:00 쉬는 날 화요일
가격 정식 8,000원

08 남해 돌창고프로젝트(시문돌창고)

1960년대 남해에는 공용 돌창고를 지어 곡물이나 비료를 저장했다. 지금은 사용량이 줄어 버려진 돌창고가 늘어나고 있는데 이곳을 재생해 젊은 창작자들의 작품 활동 공간으로 만들었다. 남해에 흔하던 청돌로 지은 벽채가 고유한 지역 색채를 드러낸다. 프로젝트란 이름은 시골에서 살아가고자 하는 젊은이가 열악한 경제활동 영역을 넓혀갈 수 있는지 실험을 겸하고 있어서다. 문화 인프라의 일환이자 경제적 지원을 위해 돌창고 옆 카페를 운영한다. 시골 풍경을 전망으로 한 창문이 인스타그램 유명사진이 되면서 인기를 얻었다. 하동 악양 평사리 들판에서 거둔 곡물로 만든 미숫가루와 플랫화이트, 유자를 넣어 만든 가래떡구이를 맛볼 수 있다.

주소 봉화로 538-1 여닫는 시간 평일 09:30~17:00, 주말 09:30~17:30
가격 미숫가루 5,000원, 가래떡구이 3,000원 웹 dolchanggo.com

09 헐스밴드

주인장이 남해를 여행하다 마음을 빼겨 모든 걸 정리하고 내려와 차린 카페다. 1년 동안 남해를 둘러보다 마음에 쏙 든 서면에 자리 잡았다. 직접 로스팅해 내린 커피와 지역 특산물을 활용한 스페셜 음료를 판매하고 있다. 화덕에 구워낸 피자도 함께 판매해 식사를 해도 좋다. 음식이 나올 동안 카페 앞바다에서, 방조림에서 놀기에도 좋다. 햇빛이 해면에 비친 윤슬도 아름답고, 치자꽃처럼 따뜻한 색으로 물들다 열매처럼 붉어지는 일몰도 장관이다.

주소 남서대로1517번길 44 여닫는 시간 11:00~18:00
쉬는 날 수요일 가격 남해 유자차 5,000원, 피자 16,000원~

10 | 이터널저니

늘 새로운 여행 숙박문화를 추구하는 아난티 그룹이 남해 리조트에 낸 책방이다. 소규모 책방의 경우 아이에게 소음이나 파손에 대한 주의를 당부하기 바쁜데 이곳은 다르다. 아이를 위한 공간을 따로 만들었는데, 지극히 아날로그적인 책방은 디지털 미디어에 노출되어 있는 아이에게 신선한 자극이 된다. 팝업북이나 흥미로운 책 위주의 큐레이션이 놀랍다. 숙소에 키즈룸 대신 넓은 정원과 푸른 숲을 만드는 아난티의 철학과도 연관되어 있다. 1층은 레스토랑과 식료품관, 카페가 있어 오랜 시간 머물러도 좋다. 2층은 서점과 라이프스타일 편집숍이 있다. 아빠 엄마의 취향으로 고른 소규모 출판물과 예술 서적도 흥미롭다.

주소 남서대로1179번길 40-109
여닫는 시간 10:00~22:00
가격 아메리카노 6,500원, 카푸치노 7,000원

11 | 사천 카페 정미소

1953년 지어진 남양 정미소가 2016년에 문을 닫고 새롭게 단장해 카페 공간으로 만들어졌다. 정미소에서 쓰던 폐기계에 예술을 더해 영감을 주기도 한다. 넓은 마당에는 아이가 탈 수 있는 기구와 장난감이 있다. 쌀창고로 이용하던 공간은 작은 도서관으로 변신했다. 내부에 동화책과 원목 장난감, 블록 등이 있어 음료를 마실 동안 아이가 지루하지 않게 놀 수 있다.

주소 사천시 진삼로 150
여닫는 시간 11:00~22:30
가격 돌체 아인슈페너 5,500원, 아메리카노 4,500원

12 | 사천 씨맨스

바다 위에 세운 선상 카페로 이곳에서 보는 일몰이 멋지다. 해가 질쯤부터 켜지는 조명 덕분에 낭만적인 분위기를 선사하는데, 카페 내부에서 보는 풍경도 이채롭다. 내부가 협소해 만석이면 다리 입구에서 기다려야 하는 불편이 있다. 썰물에는 주변이 갯벌로 바뀌어 아이와 놀기에도 좋다.

주소 사천시 해안관광로 375
여닫는 시간 평일 11:00~21:00, 주말 11:00~22:00
쉬는 날 태풍이나 파도 심한 날
가격 아메리카노 6,000원, 와플 6,000원

남해

PLACE TO STAY

01 적정온도

예계 방파제를 바라보고 선 적정온도는 남해의 다랑논을 닮았다. 자연에 순응하며 만든 건축물이다. 봄이면 해안에 줄 선 벚꽃과 유채가 숙명처럼 피어난다. 현대식으로 재해석한 대청에 앉아 보지 않는다면 직무유기에 가깝다. 실내 인테리어는 안락하다. 실외 풀장에서 석양을 바라볼 때는 흰 담벼락 사이로 온기가 미어 터지고, 빛이 그린 그림은 시시각각 변해 지루하지 않다. 사계절 이용 가능한 노천탕도 있는데, 온도 유지 시스템을 설치해 한겨울에도 느긋하게 입욕을 즐길 수 있다. 아기 침대와 젖병소독기, 아기 욕조를 구비해 남해여행이 좀 더 가벼울 수 있는 것도 장점이다. 아침을 든든하게 채워줄 조식은 쌈을 올린 밥과 그릴 채소, 샐러드로 차려진다.

주소 남서대로 1803-18
여닫는 시간 체크인 15:00, 체크아웃 11:00
웹 www.bestondo.com

02 보통의 집

독일마을 지척에 있으나 아랫동네에 위치해 한적하다. 마을과 이질감 없는 풍경이 이름대로 보통의 집처럼 보인다. 고즈넉한 돌담길도, 푸릇한 감나무도 정감어린 어촌 풍경이다. 집주인이 사는 본채에는 트램폴린이 있어 한참을 놀 수 있다. 4개의 방 중 아이와 함께 이용할 수 있는 방은 첫 번째 방이 유일한데, 침대 없이 온돌 마루로 된 바닥에 천연 목화솜으로 만든 요를 깔고 거위털 이불을 덮고 잔다. 몸부림이 심한 아이가 걱정 없이 넉넉하게 돌아다닐 수 있는 공간이다. 간단한 조리가 가능한 주방과 전자레인지가 있어 아이에게 필요한 요리를 할 수 있다. 야외 해먹에서 한갓지게 노는 것도 좋다.

주소 동부대로1122번길 13
여닫는 시간 체크인 16:00, 체크아웃 11:00 웹 normal-house.com

03 남해 편백자연휴양림

울창한 숲을 이룬 편백나무로 삼림욕을 할 수 있어 국립 자연휴양림 중 손에 꼽힐 정도로 인기 있는 숙소다. 독채로 운영하는 숲속의 집이 많은 것도 장점이다. 물놀이장과 야외 놀이터가 있으며 실내 놀이나 목공예 체험이 가능한 산림복합체험센터가 있다. 휴양림과 연결된 등산로는 남해 바다를 볼 수 있는 전망대로 이어지는데, 1시간 이상 걸리는 거리라 등산로 입구에 있는 계곡에서 노는 정도가 좋겠다. 편백 열매를 주워 공기놀이나 공놀이를 하는 것도 재미있다. 바람흔적미술관과 나비생태공원이 지천에 있어 머무는 동안 나들이 다녀와도 좋다.

주소 금암로 658 여닫는 시간 체크인 15:00, 체크아웃 12:00
쉬는 날 화요일 웹 www.foresttrip.go.kr

04 SEA1528

3개의 객실을 가진 펜션으로 주방과 거실, 침실이 구분되어 있어 아이가 잠을 잘 때 따로 활동하기 좋다. 펜션 곳곳에 마련한 포토스팟은 직접 만들었다고 하기 무색할 만큼 분위기 있다. 무엇보다 물놀이 종합선물세트로 숙소 앞마당에 마련된 수영장은 물론 숙소 옆으로 실개천이 흘러 마음껏 물놀이를 할 수 있다. 앞에는 모래와 자갈로 된 천하몽돌해변이 펼쳐진다. 작은 게나 고둥을 잡을 수 있고 바닷물이 깨끗해 스노클링도 가능하다. 여행 전부터 호스트가 알짜배기 여행 팁과 코스를 알려줘 든든한 현지인 지원군이 되어준다.

주소 남해대로397번길 56-10 여닫는 시간 체크인 15:00, 체크아웃 11:00 웹 booking.naver.com/booking/3/bizes/89262

종이컵 전화기

상주은모래비치(p.544)에서 캠핑하는 아이가 텐트 안에서 종이컵 전화기를 들고 밖에 있는 엄마에게 먹을 걸 부탁했다. 그 옆을 지나가던 아이는 부러운 듯 바라봤고 질 수 없는 엄마는 얼른 만들어줬다. 종이컵은 이미 들고 다니고 있었다.

준비물 종이컵, 송곳, 실, 테이프
만들고 놀기 종이컵 2개의 밑바닥에 구멍을 뚫고 실을 넣은 다음 안에서 테이프를 고정하고 아빠와 아이가 떨어져 종이컵에 대고 소곤소곤 말해보자. 정해진 단어를 쓰고 맞혀보면 더 재미있다.

거미줄 통과하기

섬이정원(p.543)에서 만난 메뚜기가 우리를 피하려다 거미줄에 걸렸다. 괜히 미안한 마음이 들었던 아이는 '그러게 잘 피했어야지~'라며 메뚜기를 타박했다. 너는 얼마나 잘 피하는지 한번 해볼까?

준비물 테이프
만들고 놀기 벽이나 책상, 의자처럼 테이프를 고정할 수 있는 곳에서 가능하다. 테이프를 지그재그, 위 아래 구분 없이 어렵게 설치하자. 영화 <미션임파서블> OST를 틀어놓고 피하면 긴장감이 고조된다.

꽃 핀 나뭇가지 만들기

남해 곳곳을 여행하는 동안 많은 꽃들을 만났다. 아이가 본 색색의 꽃들을 합친 '나만의 꽃나무'를 만드는 건 어떨까.

준비물 스티로폼(고정 가능한 물체로 대체 가능), 나뭇가지, 빨대, 클레이, 가위

만들고 놀기 빨대가 들어갈 크기의 나뭇가지를 줍는다. 스티로폼에 나뭇가지를 고정하고 빨대는 적당한 크기로 자른다. 여러 가지 색이면 더 좋다. 나뭇가지에 빨대를 끼우면서 소근육이 발달된다. 클레이를 적당한 크기로 잘라 꽃을 만들어준다. 넓게 펴서 돌돌 말아 만들기도 하고 접어 만들기도 해보자. 나뭇가지에 클레이를 끼우거나 돌려 고정시키면 완성.

함께 읽어주면 좋은 책
- 나, 꽃으로 태어났어
- 꽃이 핀다
- 작은 꽃

고무줄 로켓 발사

아이는 사천 KAI항공우주박물관(p.546)에서 하늘 위로 솟아오르는 로켓을 처음 봤다. 선 자리에서 다리 아픈 줄 모르고 영상을 여러 차례 보는 아이를 위해 종이컵 로켓을 만들었다.

준비물 종이컵, 송곳, 크레파스, 색지, 테이프, 고무줄

만들고 놀기 종이컵 1개는 발사대가 되고 나머지 1개는 로켓이 된다. 로켓 종이컵을 꾸미고 색지로 고깔을 만들어 상단에 붙인다. 로켓 종이컵 하단에 고무줄을 넣을 수 있는 구멍을 4방위로 뚫는다. 고무줄을 일자로 끼우고 테이프로 고정시킨다. 사선이 되도록 나머지 고무줄도 끼우고 테이프로 고정한다. 발사대에 로켓을 올려 아래로 내려줬다가 손을 놓으면 슝~하고 날아간다.

함께 읽어주면 좋은 책
- 자전거 타고 로켓 타고
- 우주 로켓을 타고 떠난 최고의 생일 파티 모험

WHERE TO GO

05
문경+안동

문경+안동

BEST COURSE

1박 2일 코스

01 아이와 여유롭게 보낼 수 있는 힐링 코스

1일 문경새재 → 점심 소문난 식당 → 문경새재 미로공원 → 저녁 초곡관

2일 하회마을 → 점심 마을 내 식당 → 병산서원 → 저녁 뉴서울갈비

02 아이와의 다양한 활동을 중시하는 체험 코스

1일 에코랄라 → 점심 가은시장 내 식당 → 문경 레일바이크

2일 하회마을 → 점심 마을 내 식당 → 병산서원 → 체화정 → 저녁 현대찜닭 → 월영교

2박 3일 코스

01 아이와 여유롭게 보낼 수 있는 힐링 코스

1일 문경새재 → 점심 소문난 식당 → 고모산성 → 저녁 초곡관

2일 에코랄라 → 점심 도시락 → 저녁 초곡관

3일 하회마을 → 점심 마을 내 식당 → 병산서원 → 저녁 양반밥상 안동간고등어

02 아이와의 다양한 활동을 중시하는 체험 코스

1일 에코랄라 → 점심 가은시장 내 식당 → 문경 레일바이크

2일 문경새재 → 점심 소문난 식당 → 문경새재 미로공원 → 단산 모노레일 → 저녁 초곡관

3일 하회마을 → 점심 마을 내 식당 → 병산서원 → 체화정 → 저녁 현대찜닭 → 월영교

문경새재
문경생태 미로공원
단산 모노레일
문경
봉암사
에코랄라
고모산성
문경 레일바이크
예천 용궁역
체화정
하회마을
병산서원
월영교
안동

문경

SPOTS TO GO

01 문경새재

조선시대에는 3개의 큰길, 6개의 주요 간선이 있었다. 가장 큰길인 영남대로는 부산 동래에서 한양 도성까지 360km로 문경을 지나간다. 길은 산세가 험준하기로 유명한 소백산맥을 거쳐야 했는데 죽령, 추풍령, 조령 중 하나를 거쳐야 했다. 문경새재가 놓인 조령은 새도 날아서 넘기 힘들다는 고개다. 다른 고개보다 반이나 짧게 걸리니 조선의 실크로드이자 선비들의 과거길로 사용되었다. 멀리 호남의 선비들까지 일부러 조령을 넘었는데 문경의 옛 지명인 문희가 '기쁜 소식을 듣는다'는 뜻이라고. 죽령은 죽죽 떨어질 것 같고 추풍령은 추풍낙엽처럼 떨어질 것 같아서 얼씬도 하지 않았다. 북적이던 길은 일제강점기에 신작로를 개통하면서 인적이 끊기게 된다. 현재는 복원된 옛 새재 모습과 함께 문경새재 오픈세트장이 자

난이도 ★
주소 새재로 932
여닫는 시간 24시간,
오픈세트장·옛길박물관
09:00~18:00
요금 무료
오픈세트장 입장료 어른
2,000원, 청소년 1,000원,
어린이 500원,
옛길박물관 입장료 어른 1,000원,
청소년·어린이 700원

리하고 있다. 최근에 넷플릭스 <킹덤>이 촬영되어 절찬리에 스트리밍 되었는데 이곳은 주위에 현대적인 건물이나 흔적이 없어 인기 촬영지라고 한다. 2관문 조곡관과 3관문 조령관은 거리가 멀고 오르막길이라 1관문 주흘관과 촬영지까지 관람하기를 추천한다. 평지로 이뤄져 있어 아이가 정말 마음껏 뛰어놀 수 있다.

여행 팁 ① 문경안동을 여행할 때 지정된 여행지 할인을 받을 수 있는 <선비이야기 투어카드>를 구매해 사용하면 오픈세트장과 옛길박물관 입장료를 50% 할인 받을 수 있다.
② 길이 평탄해 유모차를 타고 이동 가능하다.
③ 옛길 박물관 맞은편에 물품보관함이 있어 짐보관이 가능하다.
④ 옛길박물관에서 오픈세트장까지 1km 거리를 전동차로 이동할 수 있다(약 5분 소요, 1,000원).

아빠 엄마도 궁금해!

조선의 가장 빠른 연락책, 파발

영남대로를 따라 걸으면 동래에서 한양까지 죽령은 15일, 추풍령은 16일, 문경새재는 14일 걸린다. 조선은 파발꾼과 파발마가 있는 역원체제가 발달했는데 부산에서 왜군이 침입한 소식을 한양까지 5일 만에 전했다. 역원마다 있는 파발꾼에게 릴레이 형식으로 전해 가능한 일이었다. 파발에는 보발과 기발이 있다. 북쪽으로는 길이 넓어 말을 타는 기발이, 남쪽은 산이 많아 사람이 뛰어가는 보발을 이용했다. 이후 조선의 상권을 쥐고 있던 전국의 보부상들이 역참을 본떠 사발통문을 만들고 릴레이식으로 전달한다. 문경새재 2관문 조곡관 근처에 유일하게 남은 조령원 터가 있다.

일본에 길을 내준 신립 장군

파발을 보내고 도착할 때쯤 왜군은 문경새재까지 올라왔다. 왜군이 봐도 문경새재는 난공불락으로 보여 지원군을 기다리고 있었다. 척후병을 여러 차례 보냈으나 조선 병사는 없다는 답변뿐이었다. 당시 이곳을 지켜야 했던 신립은 충주 넓은 벌판에 있었다. 그는 기마전에 뛰어난 사람으로 산골짜기에서의 전투는 전혀 몰랐기 때문이다. 결국 지원군까지 도착한 왜군에게 패하고 왜군은 한양까지 쉽게 입성하게 된다.

문경생태 미로공원

언택트

'길의 메카'인 문경새재에서 길을 잃어도 좋다 했더니 그 마음이 나 뿐만은 아닐 것이다. 새재길 안에 미로공원이 있는데, 도자기, 연인, 돌, 생태를 주제로 한 미로다. 매표소와 이어진 도자기 미로는 가장 멀고 복잡한데, 폭이 좁은 길을 걸어도 푸릇푸릇 생기를 뿜는 측백나무가 울타리라 갑갑하진 않다. 다만 나무가 점점 더 무성해져 미로가 탄탄해지면 더 어려워질 듯하다. 첫 번째 골인 지점을 지나면 나오는 유아체험숲은 나무를 가공해 만든 자연친화적인 놀이터다. 이어 만나는 생태연못이 자못 눈에 머금는다. 초록실로 꿰어놓은 듯 또릿한 문경의 산 아래 신을 모시는 마을처럼 평온한 정원이다. 공작이나 원앙을 볼 수 있는 조류방사장이 인위적이지만 동선이 크게 방해되지 않는다. 남은 3곳의 미로는 첫번째 미로에 비해 쉽게 끝이 난다. 미로를 헤매며 발견한 우연과 길이 아니라고 크게 알리는 아이의 호의, 길에서 익히는 모든 것들이 기억에 남는 곳이다.

난이도 ★
주소 새재로 932
여닫는 시간 3~10월 09:00~18:00, 11~2월 09:00~17:00
요금 어른 2,000원, 청소년·어린이 1,500원
여행 팁 ① <선비이야기 투어카드>를 제시하면 어른 1,500원, 청소년·어린이 1,000원에 입장할 수 있다.
② 유모차를 타고 이동 가능하다.

아이는 심심해!

아이가 즐길 수 있는 여행법

아이에게 지도를 맡기고 찾아보자. 대장놀이를 해도 좋다. 아이가 찾아나가기에 짧은 길은 아니지만 드문드문 포토스폿이나 쉼터가 있어 지루하지 않다. 일행 중 한 명이 동선을 파악해 미리 만들어간 지도 힌트 또는 단서를 놓고 발견해도 재미있다. 미로찾기에 성공하면 맛있는 간식을 선물하는 것도 방법인데, 간식은 문경지역특산물판매장에서 구입하면 된다. 너무 오래 길을 못 찾으면 아이가 불안해하거나 자칫 흥미를 잃을 수 있다. 측백나무 사이로 다음 길을 살짝 엿보고 눈치껏 힌트를 줄 것.

03

에코랄라

2018년 석탄박물관과 함께 환경과 에너지를 결합한 전시형 체험 공간 에코전시관이 개관했다. 에코서클은 4계절을 담은 서클 주변으로 백두대간의 생태와 문화, 미래를 전시하고 있다. 전시판을 뽑거나 돌리고 미디어를 이용한 다양한 접근방식이 흥미롭다. 에코스튜디오는 6가지의 특수효과를 활용해 나만의 영상을 제작할 수 있다. 2층 에코팜은 친환경 첨단 농법으로 기르는 식물을 관람할 수 있다. 외부의 자이언트 포레스트는 증강현실을 통한 색다른 경험할 수 있는 야외 놀이체험 공간으로 문이와 경이가 숲·마을 동물 친구들과 함께 거인의 숲에서 모험하는 이야기를 만날 수 있다. 굳이 증강현실이 아니더라도 대규모 놀이터에 여름이면 물놀이장도 개장해 아이가 즐겁게 놀 수 있다. 모노레일을 타고 올라가는 가은오픈세트장은 조망이나 모노레일을 타고 싶은 것이 아니라면 추천하지 않는다.

난이도 ★
주소 왕능길 112
여닫는 시간 09:00~18:00
요금 어른 16,000원, 청소년 14,000원, 어린이 12,000원
웹 ecorala.com
여행 팁 문경·안동을 여행할 때 지정된 여행지 할인을 받을 수 있는 <선비이야기 투어카드>를 구매해 사용하면 50% 할인 받을 수 있다.

아빠 엄마도 궁금해!

염천 지하 막장 전사 광부의 이야기, 석탄박물관

1994년 문경의 대표 탄광인 은성광업소가 폐광된 후 탄광의 흔적과 각종 자료를 바탕으로 석탄박물관을 지었다. 갱도 천장을 하늘로 두고 사는 광부와 가족들, 우리 삶에 미치는 석탄 이야기를 전시하고 있다. 하이라이트는 갱도열차를 개조한 거미열차를 타고 석탄의 탄생과 캐는 과정을 볼 수 있는 갱도 여행 체험이다. 옛 은성광업소와 수직 갱을 직접 볼 수 있으며 탄광 사택촌의 모습을 재현해 놓은 세트장도 있다. 문경 사람들이 직접 녹음한 상황극에 웃음이 터진다. 탄광 사고를 막고자 믿었던 미신에 관한 이야기와 목욕탕, 목에 낀 먼지를 씻어 내리기 위해 찾던 주포와 식육점 등을 재미있게 풀었다.

문경 레일바이크

언택트

2005년 우리나라 최초의 레일바이크가 철로를 달린다. 30년 전 은성광업소를 비롯한 문경의 탄광에서 석탄을 나르던 철로다. 운행구간은 진남역~구랑리역 방면(왕복 7.4km), 구랑리역~가은역 방면(왕복 6.6km), 가은역~먹뱅이 방면(왕복 6.4km)으로 각 반환점에서 다시 돌아오는 원점 회귀 코스다. 모든 코스가 50분에서 1시간 정도 소요되며 주말에 이용 인원이 많으면 그보다 더 소요된다. 진남역 구간은 경북 제1경인 진남교반과 함께 해 달리는 내내 풍광이 아름답다. 가은역 구간은 석탄박물관과 버스터미널이 가까워 이동하기 편리하고 가은폐역이 분위기 좋은 카페로 변신해 쉬어 가기 좋다. 구량리역은 터널과 다리, 풍경 코스가 다채롭다. 타기 전, 물과 주전부리를 미리 챙겨 가도록 하자. 기차와 관련된 노래나 아이가 좋아하는 음악을 준비해 가는 것도 좋다.

난이도 ★
주소 대야로 2445
여닫는 시간 09:00~17:00(여름 시즌에는 21:00까지 야간 개장)
쉬는 날 1월 1일, 설, 추석
요금 25,000원(1대/4인)
여행 팁 <선비이야기 투어카드>를 제시하면 20% 할인 받을 수 있다.

고모산성

언택트

오미자 테마터널 위로 이어진 진남문에 서면 익성이 날개를 펼친 듯 뻗어 있다. 신라가 고구려와 백제를 견제하고 방어한 산성이다. 총 길이 1,646m, 가장 높은 곳은 10m 크기로 신라 이전에는 지은 적 없는 견고한 요새다. 조선시대 임진왜란 때는 나라를 지켜내지 못한 비운의 성으로 서애 류성룡이 <징비록>에 왜군이 노래를 부르며 지나갔다고 쓰니 원통한 마음이 고스란히 전해진다. 1896년, 의병전쟁에는 이강년의 부대와 일본군의 격전지였고 한국전쟁에선 중요한 방어 거점이 되었다. 빈번한 전투로 흥망의 역사를 아로새긴 고모산성은 이제 평화로운 진남교반을 내려다보며 여행객을 맞이하고 있다. 진남문에서 산성 꼭대기까지 가려면 10분 넘게 돌계단을 올라야 한다. 아이 컨디션에 따라 진남문 앞 들판에서 놀아도 좋다. 겨울이 아니라면 갖가지 들꽃을 만날 수 있다. 고모산성 지척에 있는 테마터널은 걸어서 지날 수 있고 빛과 벽화로 꾸며져 있어 아이에겐 흥미로울 수 있다.

난이도 ★★
주소 문경대로 1356
여닫는 시간 24시간
요금 무료

아빠 엄마도 궁금해!

한국의 차마고도, 토끼비리

토끼비리의 비리는 벼루의 사투리로 낭떠러지를 말한다. 927년 왕건이 남쪽으로 진군할 때 이 근방에서 길을 잃었는데 토끼가 벼랑으로 달아나는 것을 보고 길을 찾았다 해서 붙여진 이름이다. 수직 70도나 되는 경사에 1m도 안 되는 폭으로 선비, 보부상, 관찰사, 조선통신사 모두 겁을 내며 걸었던 길이다. 옛날 길에는 안전과 편의를 위해 5리 또는 10리마다 장승이나 돌무더기, 성황당 등으로 표시를 했는데, 토끼비리에는 숨이 꼴딱 넘어가는 고개 바로 앞에 꿀떡을 파는 돌고래주막이 있다. 과거를 보는 유생들은 여기서 꿀떡을 먹으면 급제한다는 소문이 있어 꼭 먹었는데 이후 꿀떡고개라 불린다.

단산 모노레일

고갯길이 유명한 문경이지만 아이와 함께 험한 산을 오른다는 건 여간 어려운 일이다. 다행히 해발 866m 단산 정상 부근까지 운행하는 모노레일이 생겨 품을 덜 들이고 올라갈 수 있게 됐다. 왕복 3.6km의 길을 35분 동안 오르고 25분 동안 내려오는데, 최고 경사가 42도로 올라갈 때는 편안하나, 내려올 때는 몸이 아래로 치우쳐 크게 와 닿는다. 안전벨트를 하고 있지만 아이는 발이 닿지 않아 그대로 기울어진다. 구간이 길지 않아 크게 문제는 없지만 겉옷이나 담요로 벨트 부분을 덧대주고 옆에서 팔로 지지해 줄 것.

정상에 도착하면 월악산, 속리산, 주흘산 등 명산으로 이어지는 소백산맥의 산세를 긴 호흡으로 바라볼 수 있다. 산자락 사이사이에 마을과 논밭이 끼어들면서 자연의 콜라주가 경이롭고, 풍경 틈새로 패러글라이더가 비집고 파고든다. 정상 부근에는 나무 한 그루가 없어 활공장으로 활용되고 있다. 6세부터 가능한 패러글라이딩이 어렵다면 하늘을 나는 듯 높이 오르는 대형그네에 도전해 보자. 하늘 쉼터는 원통형 구조의 전망대로 음료 자판기와 쉬어갈 수 있는 테이블, 의자가 있다. 층마다 테라스가 있어 날씨에 따라 즐기기에 좋다. 레일 썰매장이 있으나 만 5세 이상 탈 수 있고 주말만 문을 연다.

난이도 ★
주소 활공장길 585
여닫는 시간 4~10월 09:00~18:00, 11~3월 09:30~17:00
요금 왕복 어른 12,000원, 청소년 10,000원, 어린이 8,000원
여행 팁 3세 미만의 영유아나 임산부의 탑승을 금지한다.

봉암사

우리나라에서 유일하게 1년에 단 하루, 석가탄신일에만 산문을 여는 절이다. 천주교의 봉쇄 수도원처럼 스님들의 수행공간으로 달마대사의 명상수행을 잇는 최초의 구산선문이자 맥을 그대로 이어온 사찰이니 이해가 된다. 수도승처럼 수수하고 차분하던 경내에서 낭랑한 자비소리를 기대하긴 어렵지만 베일에 싸여있던 수도원의 모습을 보러 전국 각지에서 모여든다. 단 하루의 잔칫날답게 들뜬 얼굴의 방문객들을 볼 수 있는데, 경내에 국보 1점과 보물 6점이 있어 발걸음이 바쁘다. 국보 315호로 지정된 '지증대사 적조탑비'는 신라의 대학자 고운 최치원이 왕명을 받아 지은 것으로 신라의 인물과 영토 등에 대해 기술하는데 신라를 통일했다는 내용이 들어있다. 비받침대와 머릿돌의 화려함이 적조탑 못지 않고, 기단은 물론 가릉빈가와 같이 상상 속 인물들의 역동적인 모습이 인상적이다. 그 외에도 봉암사 삼층석탑, 목조아미타여래좌상, 정진대사 원오탑비가 보물로 지정돼 있다. 마지막 보물, <극락전>은 신라 경순왕이 피난 때 머물던 곳으로 중층으로 된 외관이 독특하다. 낡았으나 호화로운 내부도 찬찬히 살펴보길 추천한다.

사찰의 중심인 대웅전에는 정작 보물이 없는데, 뒤로 우뚝선 웅장한 산세의 희양산이 보물 역할을 톡톡히 한다. 앞마당에는 종이에 순 풀을 발라 희고 고운 연등이 빽빽하다. 석등 이전의 형식인 노주석도 보물 못지 않다.

난이도 ★★
주소 원북길 313
여닫는 시간 석가탄신일 일출~일몰
요금 무료
여행 팁 차로 갈 수 없고 사찰 초입에서 셔틀버스를 타고 이동해야 한다.
웹 www.bongamsa.or.kr

아이는 심심해!

아이가 즐길 수 있는 여행법

사찰 뒤 오솔길을 걸어가면 백운대가 나온다. 4m 남짓 바위 위에 새겨진 마애여래좌상 앞에 계곡이 흐른다. 마애불 바로 앞 암반에 돌을 두드리면 목탁소리가 나는 곳이 있는데 아이와 함께 두드리며 찾아보자.

연계 여행지

예천 회룡포

언택트

태백산에서 시작된 낙동강의 지류 내성천이 휘돌아나간다는 물돌이동 마을이다. 언뜻 보면 섬처럼 보이지만 육지 끝을 간신히 잡고 있다. 용이 비상할 때 한 바퀴 돌아가는 모습을 닮아 회룡포라 부른다. 마을에서 할 수 있는 가장 유쾌한 일은 뿅뿅다리를 건너는 것이다. 나무다리가 있던 자리에 공사용 철판을 붙여 만든 다리로 구멍이 뿅뿅 뚫렸다고 해서 '뿅뿅다리'라 하기도 하고, 강물이 불어나면 구멍 사이로 물이 퐁퐁 솟는다 해서 '퐁퐁다리'라 부르기도 했다. 살짝 휘었다 튀는 반동이 재미있는지 아이도 조심조심 걷다 돌아오기를 반복한다. 걷다 보니 이만한 힐링 포인트가 없다. 조심해서 걷게 되니 느리게 걷게 되고, 길지 않은 시간이지만 상념을 잊고 집중할 수 있으며 여유까지 찾을 수 있다. 자갈 하나 찾기 힘든 모래사장에서 비교적 큰 돌을 찾아 뿅뿅다리 위에서 던지는 아이를 보니 언제 물수제비를 뜰까 싶다. 인적이 드물어질 때를 골라 다리 위에 앉아 물살을 느껴도 좋겠다. 강변의 정취는 평화롭다고 느끼면 그걸로 됐다. 회룡포마을의 물돌이를 보고 싶다면 장안사 주차장에서 400m 정도 오르면 보이는 회룡대로 가보자. 마을 넘어 하트 모양의 산을 찾는 재미도 있다.

난이도 ★
주소 예천군 용궁면 회룡길 92-16
여닫는 시간 24시간
요금 무료

연계 여행지

예천 용궁역

언택트

"토끼 간을 찾으러 가자."

전래동화 <별주부전>에서 토끼의 꾀에 넘어간 거북이가 되어 토끼 간을 찾으러 갈 수 있는 곳이 생겼다. 예천 용궁면에 있는 간이역, 용궁역이다. 조선시대에 예천에 용이 사는 연못이 있으니 이곳에 용궁을 한번 만들어보자는 취지에서 지은 지명이다. 이곳에 가면 몽돌처럼 동글한 토끼 간 빵을 파는데, 기차역 담벼락에 그려진 이야기를 읽어주고 빵을 먹어보자. 어쩌면 용왕님처럼 건강해질지도 모른다. 기차역은 1928년부터 운영되었지만 현재 하루에 다섯 번 이상 오간다. 철도법에 위반되니 철길에 들어갈 순 없다. 대신 역사 주변에 그네와 링 던지기 같은 놀이를 만들어 잠시 쉬어 가기 좋다.

난이도 ★
주소 예천군 용궁면 예천로 80
여닫는 시간 06:00~24:00
요금 무료

안동

SPOTS TO GO

하회마을

2010년 마을 전체가 유네스코 세계문화유산으로 지정되어 우리나라는 물론 전 세계 여행자들이 찾는 안동의 대표 여행지다. 낙동강이 마을을 감싸고도는 물돌이 마을이라는 뜻으로 하회라 지었다. 600여 년간 이어진 풍산 류씨 집성촌이었던 마을은 서애 류성룡 선생과 경암 류운룡 선생의 출신지다. 영국의 앨리자베스 여왕이 방문했을 때 안내한 배우 류시원과 비운의 천재, 유재하가 이곳에서 태어났으며 전 보건부 장관이자 베스트셀러 작가인 유시민의 큰집이 이곳 하회마을에 있다. 배산임수의 명당이라 할 만하다. 하회마을 강 건너 절벽은 부용대다. 예전에는 뱃사공이 배를 몰아 강을 건너 주었는데 지금은 다리가 놓여 쉽게 갈 수

난이도 ★★
주소 전서로 186
여닫는 시간 4~9월 09:00~18:00, 10~3월 09:00~17:00
요금 어른 5,000원, 청소년 2,500원, 어린이 1,500원
웹 www.hahoe.or.kr
여행 팁 <선비이야기 투어카드>를 제시하면 20% 할인 받을 수 있다.

있다. 부용대 정상에 오르면 하회마을 전체가 눈에 들어온다.. 64m 높이의 절벽 위에서 보는 하회마을은 마치 연꽃을 닮았다 해서 부용이라 부른다. 해마다 음력 7월 16일이면 마을 선비들이 부용대 정상과 하회마을 백사장 사이에 줄을 걸고 숯가루 봉지를 달아 불놀이를 즐겼는데 이를 선유줄불놀이라 한다. 강 위에 비 오듯 떨어지는 불똥들을 보며 시를 짓는 풍습으로 절벽에서 불타는 소나무 줄기 더미를 떨어뜨리는 낙화의식도 있다. 일제강점기에 중단되었다가 매년 여름 안동국제탈춤페스티벌과 함께 재현된다. 고려 때부터 쓰고 놀던 하회 별신굿 탈놀이는 3~12월엔 매주 수·금~일요일 오후 2시에, 1~2월엔 토~일요일 오후 2시에 1시간씩 무료로 열린다. 아이에게 간단하게 설명하면서 보면 더욱 몰입해서 보게 된다.

아이는 심심해!

아이가 즐길 수 있는 여행법

하회마을은 자연물이 많아 엄마표 놀이를 하기에도 좋다. 나뭇잎 배를 만들어 강변에 띄우거나 모래사장에 물길을 만들어 배를 띄워 레이스를 해도 된다. 모아둔 볏짚으로 미용실 놀이를 해도 되고 색깔별로 자연물을 모아 만다라를 만들거나 동물, 곤충을 만들어도 된다.

아빠는 성황당 앞 복채함에 손을 넣었다가 영화 <로마의 휴일>처럼 손 잘린 연기를 해 폭소를 자아내기도 했다. 하회마을 입구에 있는 탈박물관에 가면 탈 꾸미기나 에코백 꾸미기 등 공예체험도 가능하다.

아빠 엄마도 궁금해!

안동을 대표하는 하회탈

안동 하회마을은 국내 탈 중 유일하게 국보(121호)로 지정된 하회탈 생산지다. 사실적인 조형미와 기능적인 면에서 인정받고 있다. 양반, 선비, 중, 백정의 탈은 턱을 분리시켜 고개를 뒤로 젖히고 웃으면 입이 크게 벌어지고 고개를 숙이면 입을 꾹 다물어 화난 표정이 돼 실감이 난다. 하회탈은 주지탈 2개, 각시, 양반, 선비, 중, 백정, 초랭이, 할미, 이매, 부네, 총각, 별채, 떡다리로 모두 14개다. 그러나 별채, 총각, 떡다리탈이 분실되었다. 별채탈은 세금을 걷는 악한 관리의 탈로 임진왜란 때 왜군의 장수인 고니시 유키나가가 전리품으로 가져가 2007년 일본 규슈의 히치다이 시립박물관에서 발견되었다. 인물의 표정과 옻칠 흔적이 하회탈의 것과 동일했다. 반면 총각탈은 경남 양산의 한 스님이 가진 사진만 남았고 떡다리탈은 아직 흔적조차 찾을 수 없다.

현재 국보 하회탈은 11개가 남았고 국립중앙박물관에서 2017년 안동으로 귀환했다. 하회마을 입구에 위치한 하회 세계탈박물관은 우리나라뿐 아니라 세계 곳곳에서 가져온 2,000여 점의 탈을 소장하고 있어 세계 탈문화를 잘 보여주고 있다.

병산서원

안동을 대표하는 풍산 류씨 집안의 류성룡과 그의 셋째 아들 류진을 기리는 서원이다. 대원군 때 서원 철폐령을 내렸으나 실학의 대가이자 하늘이 내린 재상이라는 류성룡을 모셔 손대지 못하고 보존되었다. 한국 서원 건축의 백미로 우리나라에서 가장 아름답다 손꼽히는 곳으로 자연과의 조화를 중시한 건축은 병풍처럼 두른 병산을 차경한 만대루가 대표적이다. 굽은 나무 기둥은 자연을 거스르지 않고 사용한 모습이 인상적이다. 만대루와 복례문 사이에 물길을 끌어들여 만든 '천원지방(天圓地方)' 형태의 연못이 조성되어 있다. 땅을 의미하는 네모진 연못 가운데에 하늘을 상징하는 둥근 섬을 두었다. 병산서원은 배롱나무의 붉은 꽃이 서원 곳곳에서 흐드러지게 피어나는 여름에 가장 아름답다. 더운 날씨를 피해 오전 일찍 또는 오후 늦게 다녀오자.

난이도 ★
주소 병산길 386
여닫는 시간 4~9월 09:00~18:00, 10~3월 09:00~17:00
요금 무료
웹 www.byeongsan.net

스냅사진, 여기서 찍으세요

만대루에 앉아 사진을 찍는 사람이 많아 제대로 찍기 어렵다. 이럴 땐 만대루 앞 석축에 앉아 대각선으로 찍자. 사람도 별로 없고 여름이면 무궁화와 배롱나무꽃이 피어 화사하다.

아이의 몸이 작아 큰 건물과 찍으면 비율이 맞지 않는다. 병산서원 구석구석에 있는 작은 문을 활용해보자.

체화정

정자 치곤 풍치 좋은 산속이 아니라 큰길가에 지어졌다. 사람이 왕래하기 좋은 곳에 지어져 길손들이 쉽게 찾는다. 이곳의 주인은 진사까지 오른 조선 선비 만포 이민적과 맏형 옥봉 이민정으로 우애가 둘도 없이 돈독했는데, 당대 선비들의 마음도 홀릴 정도였다. 조선 천재화가 단원 김홍도도 그중 하나로 도화선으로 복귀를 준비하며 들른 이곳에 담락재라는 현판 글씨를 썼다. 정자에는 두 그루의 배롱나무가 있어 여름이면 햇빛보다 붉게 피어난다. 연못에 담긴 여름 풍경은 형제가 지은 시만큼 은유적이다. 네모난 섬 안에 조선 선계 판타지인 섬 3개, 삼신산이 있다. 물잠자리와 소금쟁이, 연꽃과 마름, 개구리밥 등 연못을 놀이터 삼아 노는 다양한 생물을 구경하는 재미도 있다.

난이도 ★
주소 풍산태사로 1123-10
여닫는 시간 24시간
요금 무료

월영교

언택트

옛것이 더 많은 안동은 밤이 되면 할 일이 마땅치 않다. 몇 해 전부터 불을 밝히기 시작한 월영교가 유일하지 싶다. 우리나라에서 가장 긴 목조 다리로 해가 지면 조명이 켜지는데, 겨울을 제외한 주말이면 하루 3번(12:30, 18:30, 20:30) 다리에서 분수가 피어오른다. 버스킹까지 더해져 분위기는 더욱 무르익고, 여름에는 다리 난간에 전통 등간을 달아 몽환적인 분위기를 자아내는 '월영야행'이 열린다. 다리 건너에는 원이 엄마의 사연을 담은 길과 석빙고가 있다. 안동 특산물인 은어를 국왕에게 진상하기 위해 축조했는데 도산면 동부리 산기슭에 있던 것을 안동댐 건설을 피해 옮겼다. 소규모로 조성된 안동민속촌도 연결되어 있다. 상부에 있는 전통 리조트 구름에와 구름에온오프(p.579)는 차로 이동해야 한다.

난이도 ★
주소 상아동 569
여닫는 시간 24시간
요금 무료

Episode

내 말도 좀 들어줘 VS 내 눈물을 닦아줘

어느 날 아빠가 말했다.

"내 말도 좀 들어줘."

아이 말에 귀를 기울여야 한다는 육아서대로 하다 보니 아빠의 말은 무시되거나 미뤄지기 일쑤였다. 서운함이 곪다가 터진 모양이다. 처음 들었을 땐 '아빠가 왜 이 정도도 못 참지'라고 서운했다. 월영교 옆 원이 엄마 길에 들어서서 김광석이 부른 <이느 60대 노부부 이야기>를 듣다 보니 생각났다. 아빠이기 전에 연인이었고 반려자다. 아빠를 한 번 챙겼더니 이번엔 아이 울음이 터졌다. '엄마, 내 눈물을 닦아줘.' 얼굴을 잡고 놔주질 않았다. 제발 자기 말 좀 들어 달라는 아이에게 다시 관심을 돌린다. 어떻게 해야 할까? 혹 엄마를 뺏겼다고 생각하는가 싶어 아빠랑 얘기를 할 때 물어봤다.

'아빠랑 할 얘기가 있는데 잠시만 시간을 줄래?'

아이는 흔쾌히 허락(?)해줬고 손에 장난감이 있으면 오래 기다릴 줄도 알았다. 아빠든 아이든 배려가 필요했다.

아빠 엄마도 궁금해!

조선시대 어느 부부 이야기

1998년 4월 안동에서 고성 이씨 이용태(1556~1586)의 무덤이 발견되었다. 무덤 속에는 미라와 함께 남편을 그리워하는 부인의 연서, 자신의 머리카락과 삼을 엮어 만든 한 켤레의 미투리가 있었다. 1586년 쓴 편지에는 서로 사랑했던 마음을 솔직하게 적어두었다.

'자내 샹해 날드려 닐오되 둘히 머리 셰도록 사다가 함께 죽자 하시더니(당신 언제나 나에게 말하기를 둘이 머리 희어지도록 살다가 함께 죽자고 하셨지요)'

'남도 우리같이 서로 어엿비 녀겨 사랑호리(다른 사람들도 우리처럼 서로 어여삐 여기고 사랑할까요)'

'자내 향해 마음을 차승(此乘)니 찾즐리 업스니 아마래 션운 뜻이 가이 업스니(당시 향한 마음을 이승에서 잊을 수가 없고 서러운 뜻 한이 없습니다)'

월영교는 이런 부부의 사랑을 기리기 위해 미투리 모양으로 설계했다.

독립운동의 성지, 임청각

월영교 인근에 상해 임시정부 초대 국무령을 지낸 이상룡 선생의 집이 있다. 임청각에서만 9명의 독립운동가, 아내와 며느리까지 더하면 12명의 독립운동가를 배출했는데 일제는 이를 못마땅하게 여겼다. 중앙선 부설을 핑계로 행랑채와 부속 건물 등이 상당수 철거되고 마당 한가운데에 철길이 지나게 만들었다. 바로 드라마 <미스터 션샤인>에서 차용된 이야기다. 현재 철로를 이동시키고 복원시킨다고 하는데 이대로 두어 독립정신을 계승하는 것도 의미가 있어 보인다. 우측에는 고성 이씨 탑동 종택과 국보 16호 법흥사지 칠층 전탑이 서 있다. 전탑은 벽돌로 쌓은 탑으로 안동지역에만 집중적으로 분포하는 우리나라에서는 매우 희귀한 탑이다.

문경

PLACE TO EAT

01 | 소문난 식당

문경새재 길목에 자리한 식당으로 도토리와 청포로 만든 새재묵조밥을 맛볼 수 있다. 예부터 나라에 기근이 들면 도토리로 연명했는데 문경새재는 다른 지역보다 도토리가 많아 묵을 자주 쑤어 먹었다고 전해진다. 산비탈에 밭을 갈아 벼보다 밭작물인 조를 재배해 묵과 산나물을 넣어 비벼 먹었다고. 김치가 들어가는 도토리묵조밥에 비해 청포묵이 아이가 먹기엔 더 좋다. 따로 양념간장이 나오는데 고춧가루가 들어 있어 따로 약간의 간장을 부탁해 먹을 수 있다. 정식은 국내산 녹두를 사용해 만든 녹두전과 더덕구이, 된장찌개와 찬이 늘어난다. 부추에 전분을 묻혀 찐 나물부터 가죽나물, 고사리, 가지나물 등 아이가 먹을 수 있는 나물도 여럿이다. 조미료 없이 조리해 뒷맛이 깔끔하다.

주소 새재로 876 여닫는 시간 08:00~19:00
가격 새재묵조밥 6,000원, 묵조밥정식 8,000원

02 | 초곡관

문경의 대표 고기 브랜드인 약돌돼지고기를 취급한다. 거정석으로 불리는 문경약돌을 갈아 돼지 사료에 넣어 먹이는데 고기의 육질은 높이고 돼지 특유의 잡냄새는 줄인다고 한다. 파절임과 쌈, 반찬이 함께 나오는데 쌈 종류가 다양하다. 식당 주인이 직접 산에 올라 채취를 하는데 오가피 순과 같은 약초도 함께 상에 낸다. 나물도 모두 직접 구해 만든다. 진남교반 바로 앞에 있어 식당에서 보는 풍경도 좋다. 밥을 먹고 난 뒤 다리 밑 강변에서 잠시 놀아도 좋겠다. 강가까지 자갈이 놓여 있어 가까이 갈 수 있으나 수심이 깊어 물놀이는 어렵다.

주소 진남1길 179 여닫는 시간 10:00~21:00
가격 생삼겹살 150g 12,000원, 고등어구이정식 11,000원

03 | 가나다라 브루어리

왕을 상징하는 '일월오봉도'를 모던하게 해석해 만든 엠블럼이 눈에 띈다. 한옥으로 지은 부루어리는 문경의 농산물을 활용한 과실주와 수제 맥주를 선보인다. 사과로 만든 애플 시드르, 사과 한잔과 단맛, 매운맛, 신맛, 쓴맛, 짠맛 다섯 가지 맛이 난다는 오미자를 활용한 에일이 인기다. 달달하고 홉 향이 덜해 목넘김이 쉬운 일명 '앉은뱅이 술'이다. 두 종류뿐 아니라 대부분 가벼운 맛이라 편하게 먹기 좋다. 한글을 처음 배우는 사람처럼 친근하게 다가가려는 의도가 분명히 드러난다. 문경 곳곳에서 구매할 수 있지만 브루어리에선 탭에서 바로 나오는 싱싱한 맥주를 마실 수 있다. 샘플러를 이용하면 더욱 좋다. 아이가 할 수 있는 놀이나 먹거리가 없어 아쉽다. 탭룸에서 브루어리 공장을 조망할 수 있다.

주소 문경대로 625-1 여닫는 시간 11:00~19:-00
가격 샘플러 4종 7,000원

04 | 카페 가은역

문경 대표 탄광인 은성탄광에서 캔 석탄을 실어 나르던 역이다. 1950년대에 세워져 반짝 북적이다 탄광 쇠망과 함께 역사 속으로 사라졌다. 근대문화유산으로 남아 있던 폐역을 2017년 최소한으로 매만져 카페로 문을 열었다. 역 안으로 들어서면 역장의 옷부터 매표소까지 옛 모습이 물씬 풍긴다. 카페는 따뜻한 소품으로 꾸며졌다. 문경 사과로 만든 밀크티와 문경 사과에이드가 맛이 좋다. 날씨가 좋으면 역 앞 승강장에 있는 벤치를 이용하는 것이 좋다. 가은 레일바이크 바로 앞에 있어 쉬어 가기에도 안성맞춤이다.

주소 대야로 2441
여닫는 시간 평일·토요일 11:00~18:00, 일요일 13:00~18:00
쉬는 날 월요일
가격 사과밀크티 5,000원(가격 변동)

안동

PLACE TO EAT

01 뉴서울갈비

안동역 건너편에는 갈비골목이 있다. 춥거나 비 오는 날이면 영화 촬영장처럼 갈비를 굽는 희뿌연 연기로 가득 찬다. 홀린 듯 들어서면 15곳 정도의 노포가 있는데, 뉴서울갈비도 그중 하나다. 안동한우 상태가 좋으니 생고기로 시작해 양념갈비를 먹어보자. 조선간장에 마늘과 생강, 과일을 갈아 넣은 양념이다. 양념에 푹 절인다기보다 생고기에 살짝 바르듯이 해 구워 먹는다. 고기에 밴 양념이 간이 딱 되었다. 적당히 달콤하고 적당히 짭짤하다. 마늘소스를 바른 갈비도 있다. 갈빗대는 따로 모아 갈비찜을 조리해준다. 우거지 된장찌개도 함께 나온다.

주소 음식의길 10 여닫는 시간 11:30~22:00
가격 한우 생갈비 25,000원

02 양반밥상 안동간고등어

간고등어 앞에 안동이 고유명사처럼 붙은 지도 오래다. 내륙 안동은 성격 급한 고등어가 잡히자마자 죽어 생물은 기대도 할 수 없다. 보부상들은 중간지점인 임동장터에 하루 머물며 내장을 빼내고 소금에 재운다. 발효된 고등어는 적당히 수분이 빠지고 소금 간이 배어 다음날 안동장에 가면 맛이 좋아지는 것이다. 특히 날이 선선할 때 맛이 잘 든다. 이 고등어를 아궁이 잔불에 노릇노릇 구워 먹으면 껍질이 고소하고 속은 육즙 가득한 간고등어를 먹을 수 있다. 소금은 '얼간잽이'가 친다. 얼간은 짜지 않게 간을 하는 것을 말한다. 잡으면 간을 딱 맞추는 전설의 간잽이 이동삼 명인이 내는 간고등어를 사용한다.

주소 안기천로 18 여닫는 시간 09:00~21:00
가격 안동간고등어구이 9,000원, 안동간고등어조림 10,000원

03 현대찜닭

안동 구시장은 원래 통닭을 튀기던 골목이었다. 1980년대 배불리 먹기 위해 닭에 감자, 당근, 당면 등을 넣고 간장 양념해 불려 먹은 데서 시작했다. 시장 안은 통닭골목과 더불어 찜닭골목이 되었다. 센 불에 빨리 볶아내 오목한 접시 한 가득 찜닭이 담겨 나온다. 채소를 큼직하게 썰어넣어 국물이 탁하지 않다. 칼칼한 맛이라 포장해서 숙소에 가져가 먹는 것이 좋겠다.

주소 번영1길 47
여닫는 시간 10:00~21:00
가격 안동찜닭 한마리 28,000원

04 구름에 온오프

구름에 리조트 내에 위치한 복합문화공간으로 그림책 공간인 구름에 온(On)과 북 카페인 구름에 오프(Off)로 구성되어 있다. 한옥이지만 3단계 반 층을 나눠 공간을 구분했는데, 입구 1층에는 그림책 관련 기획전시 공간을 두고 반 층 올린 서브 공간은 이탈리아 그림책 출판사 코라이니(Corraini)의 책을 볼 수 있다. 바로 아래 지하는 그림책 공간이다. 아이뿐 아니라 엄마아빠도 즐길 수 있는 그림책과 권정생 작가를 비롯한 국내외 유명 작가들의 그림책을 엄선해 1,200권 이상을 만날 수 있다. 블록놀이와 아지트는 아이의 호기심을 깨우기 충분하다. 북 카페 구름에 오프에서 음료와 간단한 이탈리안 음식을 판매하니 출출할 때 찾아도 좋다.

주소 민속촌길 190
여닫는 시간 구름에 온 월~금요일 12:00~18:00, 토요일 12:00~21:00, 일요일 10:00~18:00 | 구름에 오프 08:00~21:00
가격 구름에 온 그림책 공간 이용료 1시간 3,000원(어른 1명 포함), 구름에 오프 파스타 15,000원

05 맘모스제과

1974년에 문을 연 제과점으로 전국 유명 빵집으로 손에 꼽힌다. 가장 유명한 빵은 크림치즈빵으로 하루에 5,000개 이상 팔린다. 부드러우면서 쫄깃한 식감의 빵 안에 크림치즈를 가득 넣었는데, 맛으로 미슐랭가이드에 오르기도 했다. 서두르지 않으면 품절될지도 몰라 입구부터 두리번거리게 된다. 국내산 유자를 넣어 만든 파운드 케이크는 현지인이 자주 찾는 메뉴다. 질 좋은 우유를 쓴 밀크셰이크도 맛이 좋다. 안동 문화의 거리 내에 있어 근처 공영 주차장에 주차 후 걸어가야 한다.

주소 문화광장길 34 여닫는 시간 08:30~22:00
가격 크림치즈빵 2,300원, 유자파운드 13,000원

06 예천 박달식당

예천 용궁면에선 막창에 선지와 찹쌀, 당면, 채소 등을 버무린 소를 다져 넣어 쪄내는 막창순대가 유명하다. 막창은 손질하기 어려운 부위인데 냄새를 잘 잡았다. 두툼한 막창을 그대로 살려 먹는 순대마다 식감이 살짝 다르다. 내장을 좋아하지 않는다면 순대국밥을 먹어보자. 뼈와 살코기로 끓인 고기국물에 부산물과 순대를 넣어 아이들도 쉽게 먹을 수 있다. 느끼하다면 칼칼하게 매운 오징어연탄구이를 함께 먹어보자. 바로 앞 용궁역이 있어 함께 관람하기 좋다.

주소 예천군 용궁면 용궁로 77 여닫는 시간 10:00~20:30
쉬는 날 월요일 가격 막창순대 10,000원, 박달순대국밥 7,000원

문경

PLACE TO STAY

01 힐링휴양촌

문경새재 인근에 위치한 복합휴양시설로, 산골짜기를 따라 건물이 일렬로 늘어선 숙소는 독채 또는 4개의 객실로 이루어져 있다. 모두 개별 테라스가 있어 방 바로 앞에서 삼림욕이 가능하다. 개별 바비큐가 가능하며 테이블과 의자도 마련돼 있다. 독채로 된 A, B, C동은 온천수가 나오는 스파 시설이 있어 아이들 물놀이도 가능하다. 우리나라에서 두 번째로 사제 서품을 받은 최양업 신부의 선종지인 진안성지도 함께 둘러보자.

주소 새재로 600 여닫는 시간 체크인 15:00, 체크아웃 11:00
웹 mghealing.co.kr

02 대야산 자연휴양림

서두르지 않으면 사계절 내내 객실을 구하기 어려울 정도로 인기가 많다. 자연휴양림에서 3분 정도 걸어 도착하는 용추계곡 때문인데, 너럭바위 위로 계곡물이 흘러 수심이 낮은 곳이 많아 아이들이 물놀이 하기에 좋다. 산책로를 따라 10여 분 올라가면 하트 모양의 신기한 생김새가 매력적인 용추폭포도 있다. 독채로 운영되는 숲속의 집이 있는데 이곳은 좀 더 특별하다. 한국목조건축협회에서 지정하는 품질 인증을 받았다. 높은 천장으로 시원한 공간감은 물론 계곡을 바라보고 있는 위치도 선택에 크게 작용한다.

주소 용추길 31-35
여닫는 시간 체크인 15:00, 체크아웃 12:00
웹 www.foresttrip.go.kr/indvz/main.do?hmpgId=024

03 예천 더비경

산비탈을 이용해 건물마다 다른 높이가 시원한 조망을 선물한다. 마을을 크게 휘돌아 가는 낙동강의 비경을 볼 수 있다. 객실마다 방향을 바꿔 테라스와 야외 스파가 있는데, 프라이버시를 유지할 수 있도록 했다. 객실은 전용 수영장과 스파 시설이 있는 풀빌라와 스파 시설이 있는 스파 빌라, 전망에 주력한 프라이빗 빌라 3가지로 구분된다. 개별 수영장이 없더라도 걱정 없다. 투숙객 모두 사용 가능한 야외 수영장이 있다. 돔형 천장은 날이 좋으면 오픈되어 낙동강 위에서 수영하는 듯하다. 증기로 즐기는 핀란드 사우나도 있다. 유리 돔으로 된 라운지 엘은 빈백에 몸을 맡긴 채 별을 구경하기 좋다.

주소 예천군 용궁면 덕암로 1123-55
여닫는 시간 체크인 16:00, 체크아웃 12:00
웹 www.thebgyeong.com

안동

PLACE TO STAY

01 | 수애당

안동을 여행하면서 고택 체험은 빼놓을 수 없는 즐거움이다. 수애당은 1939년 독립운동가 수애 류진걸 선생이 지은 전통 한옥으로 그의 손자 부부가 숙소로 운영하고 있다. 담이 여러 겹이나 낮게 둘러져 있어 답답하지 않고, 자연 재료를 쓴 그대로를 유지해 방 안 향도 좋다. 화장실과 세면장이 외부에 있어 불편하지만 진짜 한옥을 경험할 수 있는 기회다. 뒷마당의 장독대가 아침식사에 기대감을 고조시킨다. 대청마루에 앉아 상에 올라온 음식을 보니 색과 맛이 모두 조화롭다. 미리 예약하면 해물파전에 안동소주를 맛볼 수 있다. 전통놀이를 할 수 있는 마당에서 보는 임하댐 풍경이 즐겁다. 수애당 앞에 정자가 있어 좀 더 가까이 즐길 수도 있다.

주소 수곡용계로 1714-11 여닫는 시간 체크인 14:00, 체크아웃 11:00
웹 www.suaedang.co.kr

02 | 풍송재

한옥이 가진 불편을 개선한 현대 한옥으로 욕실을 포함한 화장실이 함께 있어 아이와 여행하기엔 편하다. 2인실 송실과 3인실 사랑방이 있고, 4인실 별채인 풍실은 간단한 조리가 가능한 주방도 있다. 아직 개선 중인 한옥마을에 위치하고 있지만 다른 건물이 들어서도 조망을 해치지 않는 위치다. 마당에 뛰어노는 백구 솔이와 강아지들은 얌전해 아이와도 잘 놀아준다. 인근에 있는 경상북도청에 편의점이나 음식점이 많아 편리하다. 무엇보다 게스트를 반갑게 맞아주고 챙겨주는 호스트의 친절이 인상적이다.

주소 한옥마을1길 53-4
여닫는 시간 체크인 16:00, 체크아웃 10:00
웹 naver.me/GOOoF2Hs

정글숲을 지나서 가자

에코랄라(p.563)에서 거미열차를 타고 갱도 여행을 떠나던 중이었다. 화석에 대해 설명하기 위해 공룡들이 나타났는데 아이가 악어라며 반가워했다. 그동안 공룡놀이는 많이 했던 터라 제대로 악어를 만들어보기로 했다.

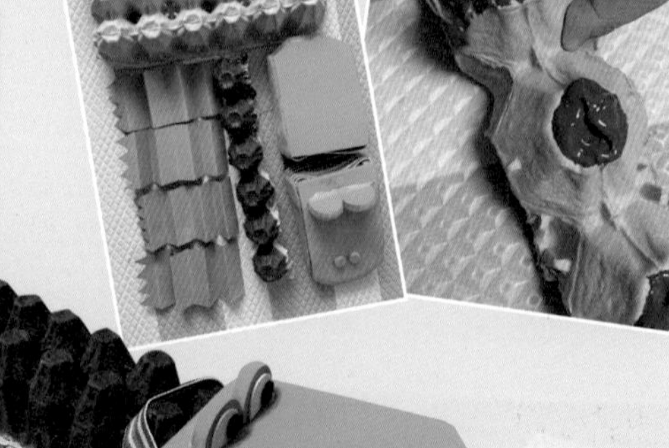

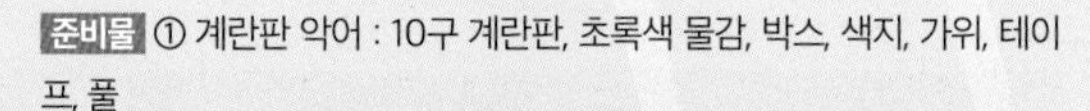

준비물 ① 계란판 악어 : 10구 계란판, 초록색 물감, 박스, 색지, 가위, 테이프, 풀
② 악어 가면 : 색지, 가위, 풀, 네임펜
③ 휴지심 악어 : 휴지심 4개, 색지, 흰색 폼폼이, 인형 눈, 풀, 가위

만들고 놀기 1 계란판을 초록색으로 칠하고 박스로 악어머리를 만든다. 입체형으로 만들어주면 좋지만 휴지심 악어처럼 삼각형 두 개로 만들어도 좋다. 사진은 어린이집에서 만든 악어 머리를 응용했다. 계단접기로 다리를 만들고 붙이면 된다.

2 머리둘레로 띠를 만들고 고정시키기 위해 세로띠도 만들어 붙인다. 악어 얼굴을 그려 오린 뒤 색지로 만든 이빨과 눈을 붙이고, 악어 등은 뾰족한 느낌을 주기 위해 삼각형으로 잘라 길게 붙인다. 눈꺼풀과 코는 네임으로 그리자.

3 휴지심에 초록색 색지를 붙이고 풀로 고정한다. 삼각형으로 꼬리를 만들고 가운데 1/3만 잘라 꼬리의 뾰족한 돌기를 꽂아 테이프로 고정한다. 머리는 2개의 삼각형을 자른 색지를 머리 쪽 휴지심 위아래로 붙인다. 흰색 폼폼이로 이빨을 만들고 인형 눈알을 붙이고, 다리는 색지를 오려 붙인다.

지난 저녁에 야광봉 놀이를 하고 남은 재료로 원을 만들어 징검다리를 만들었는데, 정글숲을 나갈 수 있는 유일한 방법이다. 곳곳에 악어들이 있어 조심조심 걸어야 한다. 악어를 피해 정글숲을 빠져나가자.

PLAY 01

세균 성벽

자연놀이를 할 때 위험하지 않으면 모래 놀이를 막지 않는다. 그러다 보니 이곳저곳 손을 대는 경우가 많은데 세균에 노출되는 횟수가 많으니 걱정이 됐다. 고모산성(p.565) 앞마당에서도 많이 놀았는데 이 모습을 보며 세균을 몰아내는 놀이를 했다.

함께 읽어주면 좋은 책
- 와글와글 세균들의 여름 여행
- 왜 손을 씻을까요?
- 으악, 세균이다!

준비물 아이스박스 뚜껑, 네임펜, 물풍선, 이쑤시개

만들고 놀기 여름에 아이와 여행할 때는 아이스박스가 필수다. 택배로 온 아이스박스를 여행할 때 요긴하게 사용한다. 뚜껑에 성벽과 세균을 그리고 그 위에 이쑤시개를 꽂는다. 욕실 벽면에 붙인 뒤 물을 채운 물풍선을 던져 맞히는 것이 포인트. 아이는 이쑤시개가 너덜너덜해질 때까지 욕실에서 나오지 않았다.

강아지 먹이주기

병산서원(p.572) 입구에 커다란 개가 울고 있었다. 아이는 야윈 몸의 개를 보더니 배가 고픈 것 같다며 맛있는 걸 주고 싶다고 했다. 가지고 있는 음식이 없기도 했고 혹시 배탈이 날 수도 있으니 그냥 왔는데 아이는 못내 아쉬워했다.

준비물 박스, 가위, 칼, 소주 종이컵, 구슬, 풀

만들고 놀기 박스 1개는 원형에서 앞부분 2/4를 뚫는다. 박스 1장은 강아지를 그리고 입 부분을 소주 종이컵 크기보다 조금 크게 칼로 오린다. 소주 종이컵을 붙인 박스면은 가장자리를 따라 살짝 더 잘라주면 먹이를 줄 때 더 잘 닫힌다. 사진과 같이 소주 종이컵을 붙이고 처음 만들었던 박스에 그대로 붙인다. 멀리서 아이가 구슬을 세게 굴려 소주 종이컵에 골인하면 반동으로 입이 닫힌다.

하회탈 만들기

하회마을(p.570)에 가기 전에 우리나라 고유의 탈을 보고 무서워할까 싶기도 하고 호기심을 가졌으면 하기도 해서 미리 책을 읽어주고 탈을 만들어줬다.

준비물 마분지, 크레파스 또는 색연필, 플레이콘, 스테이플러

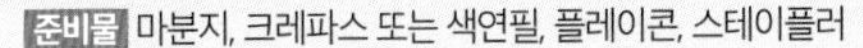

만들고 놀기 마분지에 하회탈 모양으로 그림을 그린 뒤 색칠한다. 이마와 볼, 턱, 코 등 얼굴선을 제외하고 플레이콘을 붙인다. 눈은 뚫어줬는데 입을 뚫지 않아 답답해하기에 나중에 입도 뚫어줬다. 얼굴 형태로 오린 뒤 다른 마분지를 머리 크기만큼 띠로 잘라 탈에 스테이플러로 고정한다. 아이는 하회마을을 탈을 쓰고 둘러보기도 하고 머리에 이기도 했다. 지나가는 사람들에게 웃음을 주니 흐뭇해하는 모습도 보였다. 탈박물관에 가서도 쉽게 접할 수 있었다. 여행을 다녀온 뒤 아이에게 탈은 무서울 때 쓰면 용감하게 해준다고 했더니 곤충을 만질 때나 어두운 곳을 갈 때 탈을 달라고 할 때가 생겨 늘 들고 다닌다.

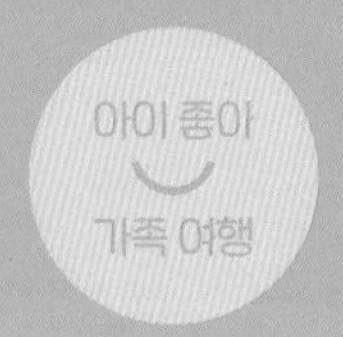

제주

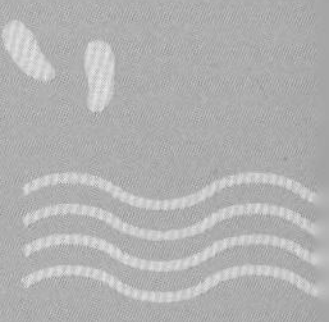

WHERE TO GO
★
제주

제주

BEST COURSE

2박 3일 코스

01 제주 동쪽 지역을 한 바퀴 돌아보는 코스

- 1일 김녕성세기해변(청굴물) → 점심 곰막 → 광치기해변 → 저녁 어멍이해녀
- 2일 비자림 → 점심 안다미로 → 안돌오름 → 저녁 나목도식당
- 3일 서귀다원 → 이승이오름 → 점심 관음사 내 사찰음식점 → 관음사

02 제주 서쪽 지역을 한 바퀴 돌아보는 코스

- 1일 알작지 → 점심 신의 한모 → 금오름 → 성이시돌목장 → 저녁 칠돈가
- 2일 오설록 티뮤지엄 → 점심 오설록 티뮤지엄 → 용머리해안 → 사계해변 → 저녁 덕승식당
- 3일 점심 데미안 → 금능해변 → 도두봉

03 아이와의 다양한 활동을 중시하는 체험코스

- 1일 함덕해변 → 점심 상춘재 → 보롬왓 → 저녁 안다미로
- 2일 제주항공우주박물관 → 오설록 티뮤지엄 → 점심 맛있는 폴부엌 → 성이시돌목장 → 금오름 → 저녁 주변 식당
- 3일 금능해변 → 점심 신의 한모 → 도두봉

3박 4일 코스

01 아이와 여유롭게 보낼 수 있는 힐링코스

- 1일 김녕성세기해변(청굴물) → 점심 곰막 → 광치기해변 → 저녁 어멍이해녀
- 2일 비자림 → 점심 놀놀 → 안돌오름 → 저녁 나목도식당
- 3일 서귀다원 → 이승이오름 → 점심 도시락 → 카멜리아힐 → 오설록 티뮤지엄 → 저녁 칠돈가
- 4일 금능해변 → 점심 주변 식당 → 중엄리새물 → 도두봉

02 아이와의 다양한 활동을 중시하는 체험코스

- 1일 도두봉 → 점심 신의 한모 → 성이시돌목장 → 바램목장&카페 → 저녁 칠돈가
- 2일 제주항공우주박물관 → 점심 오설록 티뮤지엄 → 오설록 티뮤지엄 → 용머리해안 → 저녁 산계원
- 3일 빛의 벙커 → 점심 섭지해녀의 집 → 보롬왓 → 산굼부리 → 저녁 안다미로
- 4일 교래자연휴양림 곶자왈 → 점심 관음사 내 사찰음식점 → 관음사

월정리해변
김녕성세기해변
함덕해변
해녀박물관
별방진
도두봉
알작지해변
비자림
중엄리 새물
더럭초등학교
(더럭분교)
안돌오름
광치기해변
관음사
산굼부리
용눈이오름
아부오름
빛의 벙커
금능해변
교래자연휴양림
곶자왈
혼인지
제주도
백약이오름
보롬왓
금오름
붉은오름
자연휴양림
이승이(이승악)오름
서귀다원
오설록 티뮤지엄
성이시돌목장
카멜리아힐
돈내코 원앙폭포
제주항공우주박물관
사계해변
용머리해안

SPOTS TO GO

01 함덕해변

함덕해변은 제주 바다의 절정이다. 농도를 달리하는 청록빛 바다색이 그러하고, 햇빛을 갈아놓은 듯 반짝이는 모래사장이 그러하다. 왼쪽으로 제주 화산의 뼈대와 같은 현무암 갯바위가 있고, 오른쪽으로 서우봉이 있다. 멀리 나가도 어른 허리까지 오는 수심인 데다 해안이 쑥 들어간 만처럼 생겨 파도가 잔잔하다. 곳곳에 모래언덕까지 있어 아이와 함께 해수욕을 즐기기에 좋다. 여름이면 밤 9시까지 해수욕장을 개장한다. 주변에 식당과 카페 같은 위락 시설이 모여 있어 편리하다. 다행히 백사장이 넓어 풍경을 해치지는 않는다.

해변 옆 서우봉은 높이 106m의 기생화산이다. 정상까진 힘들더라도 도보 20~30분 거리의 낙조전망대에 올라 동해의 일몰은 꼭 감상해보자. 봄에는 유채꽃, 여름에는 해바라기, 가을에는 코스모스로 물드는 길도 장관이다. 난분분한 꽃들과 까만 현무암, 청록 바다의 조화를 보고 있노라면 이 풍경을 화폭에 담을 수 있는 화가의 재능이 부러워진다.

난이도 ★
(서우봉 낙조전망대 ★★)
주소 조함해안로 525
여닫는 시간 24시간
요금 무료
여행 팁 함덕해수욕장 종합관리센터에 샤워탈의실이 있으나 냉수만 나와 아이가 씻기 어려울 수 있다. 2L 페트병에 물을 담아 아이가 물놀이를 하는 동안 모래에 꽂아 데웠다가 몸을 헹구고 숙소에서 씻기는 것을 추천한다.

아빠 엄마의 생각

나중에 기억하지도 못 할 텐데

어릴 때 떠난 여행은 아이가 커서 기억하지도 못 할 텐데 뭐 하러 그리 떠나냐는 말을 종종 듣는다. 글쎄, 아이는 정말 기억을 못하는 걸까? 아이는 아이의 방식대로 기억한다. 여행을 통해 좋았던 것, 재미있었던 것이 무엇인지 알았고 또 다른 세계를 경험했다. 보통 아빠 엄마는 이렇게 물어본다.
"윤우야, 너 아빠 엄마랑 여기 가서 바다 본 것 기억나?"
아직 아이는 세상을 단어로 다 형용할 수가 없다. 모르는 사물이나 풍경에 대해 구체적으로 기억하기 어렵다는 것이다. 성인이 지식이 전혀 없는 이국의 유물을 자세하게 묘사하기 어려운 것과 같다. 하지만 그것에 대한 기억과 경험이 남고, 생각과 지식이 쌓인다. 또한 이 경험은 다음 여행에 도움을 준다. 여행이 쌓일수록 취향은 다양해진다. 그러니 질문의 방식을 조금만 달리 해보자.
"지난번에 윤우가 조개를 주웠던 강릉 바다에서는 파도가 이따만 했는데 여기는 바다가 살금살금 기어오는 것 같아."
하나 더, 아이가 더 오래 그곳을 기억하길 원한다면 놀이와 미술을 더해 도움을 주자. 몸으로 외운 향은 단 1초 만에 그때의 상황을 기억하게 만든다고 한다. 어느 날 아이가 낯선 바다에서 왠지 행복한 기분을 느낀다면 엄마로서 좋은 경험을 만들어준 것에 만족할 것 같다. 처음 하는 일은 대체로 즐겁다는 것을 알고 낯선 걸음을 두려워하지 않는다면 더 고맙고!

함께 둘러보면 좋은 여행지

언택트

닭머르

닭머르는 기암괴석으로 이루어진 해안에 자리하는데, 그 옛날 용암이 바다와 만나 파도의 춤을 그대로 굳혀놓은 듯하다. 그중 유난한 바위인 닭머르는 닭이 흙을 파헤치고 그 위에 앉은 형태라 하여 이름 붙여졌다. 나무 데크를 따라 걸으면 팔각정이 풍경의 비호를 받으며 서 있다. 바람이 콧속까지 들이치니 아이의 겉옷을 챙겨가는 것이 좋다. 10월이면 은빛 억새가 서정적인 풍경을 자아낸다. 작은 용암지대도 놓치지 말아야 할 포인트인데, 호연한 배포로 넘어온 파도가 암반 위에서 갈 곳을 잃고 소금이 된 돌염전을 볼 수 있다. 여름이라면 어리연꽃과 수련 등 수생식물들을 만날 수 있는 습지생태관찰원 '남생이 못'을 추천한다.

난이도 ★ 주소 조천읍 신촌리 3403 여닫는 시간 24시간 요금 무료

스냅사진, 여기서 찍으세요

아이가 처음 본 제주바다였다. 아빠, 엄마에게도 제주의 바다는 이국적인데 집 밖의 모든 것이 낯선 아이에겐 얼마나 신기할까! 처음엔 머뭇대더니 다 젖은 기저귀가 불편하지도 않은지 해변에 파고들어서 모래놀이에 집중했다.

아이가 바다와 친숙해지는 과정을 시간별로 촬영해 여러 장의 스토리로 만들면 그날의 추억을 생생히 기억할 수 있는 스냅사진이 된다.

02 김녕성세기해변

김녕으로 가는 길은 마치 영화의 예고편을 보는 듯하다. 굴곡진 해안이 쪽빛 바다를 숨겼다가 드러내기를 반복하는데, 시각적 자극이 쉴 틈 없이 쏟아져 아이와 드라이브를 즐기기에도 적당하다. 웅웅대는 풍력발전기 날개 소리가 점점 커지면 김녕성세기해변에 도착한다. 명실공히 최고의 제주 바다답게 이국의 바다를 닮은 물빛에 탄성이 절로 나온다. 김녕항을 출발한 요트가 미끄러지듯 지나가며 한껏 정취를 더한다. 순백에 가까운 모래는 조개껍데기가 부서지고 쌓여 만들어진 것이다. 부드럽고 잘 뭉쳐져 아이가 모래놀이를 하기에 최적이다.

난이도 ★ 주소 해맞이해안로 9 여닫는 시간 24시간 요금 무료

함께 둘러보면 좋은 여행지

청굴물

언택트

국내 유일의 금속공예 벽화가 김녕 1길에서 21길까지 돌담을 따라 펼쳐진다. 이곳에는 해녀부터 앞바다에 나타난 남방큰돌고래의 기록 등 마을의 이야기를 담고 있다. 이중 이정근 작가의 작품 <청굴물 글라(가자)>는 마을 사람들이 여름철에 병을 치료하기 위해 모여들던 청굴물 이야기를 담고 있다. 현무암 틈 사이로 빗물이 스며들어 지하수로 흐르다 해안선 부근에서 솟아오르는데 이를 용천수라고 한다. 이 '용천수'가 오염되지 않도록 주변에 담을 쌓은 것이 청굴물로, 두 개의 반원은 남녀 탕을 각각 구분한 것이다. 담이 낮아 밀물에는 바닷물이 넘나들기도 하니 썰물이 시작될 무렵에 가는 것이 좋다. 이끼가 많아 미끄러우니 조심히 걸을 것.

난이도 ★ 주소 김녕로1길 75-1 여닫는 시간 24시간 요금 무료
여행 팁 도보 2분 거리에 넓은 공터가 있어 주차할 수 있다.

03 월정리해변

'달이 머문다'는 뜻의 월정리는 달빛만큼 신비로운 무드를 자아내는 곳이다. 김녕부터 시작된 거대한 빌레(너럭바위) 위에 만들어진 해안사구로 제주에서도 흔치 않은 지질 형태다. 유리알처럼 투명한 바다는 파도가 잔잔해 서핑이나 스노클링 명소로 이름나 있다. 수심도 낮아 아이와 함께 해수욕을 즐기기에도 괜찮다. 해변도로에는 월정리를 '핫플레이스'로 만든 개성 있는 카페가 많은데, 모두 오션뷰라 있는 대로 늑장을 부려가며 쉬어가도 좋다. 해변 경계에 있는 알록달록한 의자 위에서 인증샷 찍는 것도 놓치지 말자.

난이도 ★ 주소 월정리 33-3 여닫는 시간 24시간 요금 무료

함께 둘러보면 좋은 여행지

행원지구 해안경관

언택트

행원육상양식단지 입구에 위치한 공원으로 양식장에서 배출한 폐수를 정화하기 위해 침전조를 만들고 산책로와 정자 등을 설치했다. 바다와 연결된 침전조는 단차를 이용한 폭포라 시원한 물소리를 들을 수 있다. 인근에 풍력단지도 있어 이색적인 풍경을 자아낸다. 양식장에서 흘러나온 광어는 물론, 물고기도 많아 아이와 구경하기 좋고 천적인 갈매기도 찾아드니 먹이사슬에 대해 이야기를 나눠도 좋겠다.

난이도 ★ 주소 해맞이해안로 680-13
여닫는 시간 24시간 요금 무료
여행 팁 침전조 내에는 병든 광어나 죽은 광어가 있어 절대 낚시나 섭취를 해선 안 된다.

해녀박물관

수면 위로 해녀의 숨비소리가 울려 퍼진다. 맨몸의 해녀는 바다 위를 부유하던 태왁에 잠시 몸을 기대었다가 다시 바다의 품으로 돌아간다. 해녀들 속담에 '저승에서 벌어 이승에서 쓴다' 했던가. 바닷속 용왕님을 뵙고 오는 길에는 수시로 해신당을 찾고 영등신에게 풍요를 기원한다. 셀 수 없이 많은 물질은 강인한 해녀의 역사를 만들었다.

해녀박물관은 유네스코 인류무형유산으로 등재된 제주 해녀의 이야기를 담담하게 풀어내고 있는 곳이다. 1층 제1전시실에선 제주 해녀들의 집과 세간, 음식과 생활 모습을 살펴볼 수 있다. 2층 제2전시실은 불턱에서 쉬는 해녀들을 디오라마로 재현하는 등 바다와 해녀의 유대 관계를 설명하고 있다. 또한 제주 해녀가 사용한 실제 도구들도 전시하고 있다. 3층은 해녀들의 생애를 다큐멘터리 형식으로 담아내고 있다. 어린이해녀관은 해녀 생활을 조금이라도 이해할 수 있도록 만든 놀이터다. 물 위로 점프하듯 힘차게 트램펄린을 뛰고 미끄럼틀을 타고 볼풀 바다에 빠진다. 고망낚시도 하고 물허벅을 등에 져볼 수도 있다.

난이도 ★
주소 해녀박물관길 26
여닫는 시간 09:00~17:00
(어린이해녀관 09:00~17:00)
쉬는 날 월요일, 신정, 설날, 추석
요금 어른 1,100원, 청소년 500원
웹 www.jeju.go.kr/haenyeo
(홈페이지 사전예약)
여행 팁 궂은 날씨에도 방문할 수 있는 실내여행지다.

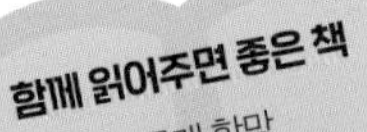

함께 읽어주면 좋은 책
- 물개 할망
- 엄마는 해녀입니다

함께 둘러보면 좋은 여행지

세화해변

제주 동부 해변 중 하나인 세화해변은 바위가 많은 편이나 수심이 얕아 아이가 놀기에도 좋다. 용천수 둘레에 네모난 담을 쌓은 '도구리통'이 있어 해수욕을 한 뒤 씻거나 아예 물놀이를 더 할 수도 있다. 물때가 맞으면 물질을 나온 해녀의 숨비소리를 들을 수 있다. 날짜 끝자리 '0'과 '5'가 붙은 날이라면 세화오일장에 가자. 주린 배를 채울 수 있을 뿐 아니라 제주 사람들의 삶과 일상을 엿볼 수 있다. 매주 토요일에는 주민과 여행자가 함께 만드는 장터 벨롱장이 열리는데, '멀리서 불빛이 번쩍이는 모양'이란 벨롱의 뜻처럼 오전 11시부터 오후 1시까지만 잠깐 열리는 플리마켓이다. 장터가 어디 물건만 팔던가. 음악을 하는 사람은 바닥에 털썩 앉아 공연을 하고, 그림 그리는 사람은 선 자리에서 작품을 만들어내는 등 이채로운 볼거리가 넘쳐난다.

난이도 ★ 주소 해맞이해안로 1453 여닫는 시간 24시간 요금 무료
여행 팁 벨롱장은 날씨나 오일장 등의 영향을 받을 때에는 장이 서지 않으니 인스타그램(@bellongjang)을 확인하는 것이 좋다.

별방진

언택트

별방진은 조선시대에 왜군의 전진을 막기 위해 쌓은 성이다. 왜군이 중국으로 가는 길목에 제주도가 위치한 데다가 동쪽 해안 중 수심이 깊은 편이라 왜선이 정박할 수 있는 곳이 이곳이었기 때문이다. 2m 높이의 돌담은 북쪽에서 시작해 남쪽으로 가면서 3.5m에 달하는데, 마을은 그 안에 폭삭 안겨 있다. 시원한 바다 풍경을 보지 못할 거란 생각은 성 위에 서면 말끔히 사라진다. 동쪽으로 하도포구, 서쪽으로 한라산이 한눈에 들어온다. 마을 안 골목과 밭담을 거닐면 부러 만든 사색공간처럼 아도록하다(아늑하다의 제주말).

난이도 ★
주소 하도리 3354
여닫는 시간 24시간
요금 무료
여행 팁 성벽 폭이 넓은 편이라 아이도 쉽게 걸을 수 있지만 길이 울퉁불퉁하고 난간이 없어 주의해야 한다.

함께 둘러보면 좋은 여행지

종달리 수국길

6월이면 제주는 수국으로 물든다. 종달리 수국길은 종달리 전망대와 하도해변을 잇는 해안도로에 위치하는데, 고아한 색감의 수국이 청연한 바다와 어우러진 덕에 수국 필수코스로 자리 잡았다. 가장 인기 있는 장소는 언덕 위에 있는 종달고망난돌쉼터로, 해녀가 바다에서 나와 처음으로 몸을 녹이는 불턱이 있어 이름 붙여졌다. 해안도로를 따라 산책로를 걷다 보면 독특한 풍경의 하도해변을 마주할 수 있다. 이곳은 용천수와 해수가 만난 습지로 다양한 먹이가 있어 철새의 쉼터가 되었다. 갈대가 피는 가을과 철새가 찾는 겨울에도 볼거리가 이어진다.

난이도 ★ 주소 해맞이해안로 2196 여닫는 시간 24시간 요금 무료
여행 팁 주차는 수국길의 협소한 공터 3곳과 종달리 전망대 근처에 큰 공터 1곳에 한다.

광치기해변

왕관 모양의 성산일출봉은 바다에서 화산이 분출해 생긴 제주 유일의 기생화산이다. 장구한 시간에 걸쳐 검은 자갈과 모래가 쌓이면서 '터진목'이라 부르는 긴 사구가 생겼다. 용암류가 흘러든 해변은 조수간만을 화석으로 새긴 듯 독특한 형태로 자리한다. 밀물 때 잠기고 썰물 때 광활한 평야처럼 펼쳐지는데 '넓은 반석'이라는 의미의 제주 방언 광치기라 이름 붙었다. 태고의 신비를 간직한 해변은 이끼로 덮여 얼핏 초록 잔디밭처럼 보이는데 봄이면 노란 유채꽃까지 만발해 색감 대비를 이룬다. 기온이 오르면 썰물 때 보말(바다고둥)을 캐거나 바다 참게를 잡으며 놀 수 있다. 물에 들어갈 수 있도록 미리 신발과 여벌 옷, 채집 도구를 준비하는 것이 좋다. 단, 이끼로 인해 바닥이 미끄러우니 주의하도록 하자.

난이도 ★
주소 고성리 224-33
여닫는 시간 24시간
요금 무료
여행 팁 광치기해변 맞은편(고성리 272) 해변은 바지락 체험하기 좋다.

아빠 엄마도 궁금해!

광치기, 알고 보니 다크투어리즘?!

제주 동쪽 땅은 암반지대인 빌레가 많아 논밭을 일구기 어려웠다. 넉넉한 인심은 바다가 부린 터라 아낙은 물질을, 서방은 어선을 타고 바다로 나갔다. 풍력발전기가 세워질 만큼 바람이 많은 바다라 어부들이 조난을 당하기도 했다. 그러면 아낙들은 동동거리며 발을 이곳으로 왔다. 어부들의 시신이 이곳까지 떠내려와 마을 사람들이 관을 짜 시신을 수습했다고 해서 관치기라 불렀다는 얘기도 있다. 이것이 구전으로 이어져오다 광치기로 발음이 변했다는 후문이다.

어두운 역사로 제주 4·3 사건을 빼놓을 수 없다. 사건이 있기 훨씬 전부터 터진목은 만조 때 사라지고 간조에 나타나는 길이었다. 때문인지 성산 일대 주민 460여 명은 서북청년단에 의해 이곳에서 무참히 학살당했다. 오랫동안 희생자를 기리는 위령비만 있다가 2012년 유가족들이 4·3의 뼈아픈 역사를 새긴 표석을 만들어 세웠다.

빛의 벙커

보기만 하는 전시가 지루하다면 그림 속으로 걸어 들어가는 건 어떨까. 가로 100m, 세로 50m, 높이 5.5m의 단층 건물이 온통 그림이 된다. 이곳은 1980년대만 해도 국가 기간통신망 운용시설로 사용하던 비밀 벙커 공간이다. 오름 안에 약 2,975㎡(900평)의 콘크리트 건물을 설치하고 흙과 나무로 위장해두어 마치 동굴 속으로 들어가는 듯하다. 내부는 빛과 소음으로부터 완전히 독립된 형태로, 입장할 때 소등되어 잠시나마 완벽한 어둠을 경험할 수 있다.

입장을 마치면 빛의 향연이 시작된다. 암울한 분위기의 벙커는 90대의 프로젝터와 69대의 스피커를 통한 영상과 음악이 융합된 미디어아트 전시장으로 재탄생한다. 27개의 두꺼운 기둥이 나란히 있어 공간의 깊이를 더하고 있다. 구스타프 클림트와 프리덴슈라이히 훈데르트바서를 시작으로 빈센트 반 고흐와 폴 고갱 작품까지 전시했다. 풍부한 색채감과 강렬한 붓터치가 생생하게 표현되고 웅장한 음악까지 더해져 한 편의 영화를 보는 듯하다.

난이도 ★
주소 서성일로 1168번길 89-17
여닫는 시간 10~3월 10:00~18:00, 4~9월 10:00~19:00 (입장 마감 1시간 전)
요금 어른 15,000원, 청소년 11,000원, 어린이 9,000원
웹 www.bunkerdelumieres.com
여행 팁 입구와 출구가 달라 비가 올 때에는 출입구 물품보관함에 우산을 보관하는 것보다 잘 싸서 가방에 넣고 입장하는 것이 좋다.

아빠 엄마도 궁금해!

전시를 관람하기 전 알아두면 좋은 팁

① 입장 시 암전이 되면 아이가 불안해할 수 있으므로 전시장에 가기 전에 충분히 설명해줘야 한다. 아이와 함께 눈을 감고 입장까지 얼마나 걸리는지 숫자를 세어보는 등의 놀이로 주의를 분산시켜주는 것이 좋다.

② 압도적인 스케일의 시각적 효과와 매우 큰 음악소리로 아이들이 놀랄 수 있으니 전시장에 가기 전 미리 관련 영상을 보여주거나 작가의 작품에 대한 이야기를 나누고 간 뒤에 입장하는 것이 좋다.

③ 전시 특성상 움직이면서 보거나 앉아서 혹은 누워서도 볼 수 있다. 아이의 자유로운 관람 태도를 지지하면서 아빠 엄마도 따라 한다면 전시에 더욱 관심을 가질 수 있다. 단, 다른 관람자들에게 방해가 될 수 있으니 뛰는 것은 주의하자.

④ 벙커 내부는 자연 공기순환 방식으로 연중 16℃를 유지한다. 여름에는 꼭 겉옷을 준비하자.

혼인지

제주 땅의 신성한 기운을 받고 태어났다는 삼신인 신화를 바탕으로 조성되었다. 제주의 대표적인 성(姓)을 가진 고을나, 양을나, 부을나가 주인공이다. 이들 삼신인이 동쪽 바닷가를 걷다가 목함을 발견했는데 그 안에 송아지, 망아지, 오곡과 함께 벽랑국 삼공주가 있었다. 삼신인이 삼공주와 혼례를 올린 연못이 바로 이곳, 혼인지다. 연못 주변으로 나무 데크가 놓인 둘레길이 있는데, 길 끝에는 이들이 첫날밤을 보낸 신방굴도 있다. 여름이면 연못에 수련이 피고 땅에서는 수국이 만개하는데, 제주 전통 돌담을 따라 오종종하게 피어 있는 근사한 수국 덕에 수국 명소로 이름이 났다. 가장 인기 있는 장소는 혼인지 끝에 있는 삼공주 추원사다. 삼공주의 위패가 보관되어 있는 한옥과 현무암 담장, 수국이 한데 어우러진다. 담장 위에 아이를 앉혀 스냅사진을 찍어보는 것도 추천!

난이도 ★ 주소 혼인지로 39-22 여닫는 시간 08:00~17:00 요금 무료
여행 팁 ① 넓은 잔디밭에서 뛰어놀 수 있어 공이나 비눗방울, 놀이도구를 가져가는 것도 좋다.
② 혼인지 내 매점이 없으므로 음료와 주전부리를 미리 챙기는 것이 좋다. 피크닉을 준비해가도 좋다.

관음사

난이도 ★
주소 산록북로 660
여닫는 시간 24시간, 아미헌
사찰음식체험 11:00~15:00, 카페
10:00~16:00
요금 무료

해발 650m, 한라산 중산간에 위치했지만 산록도로를 타고 차로 쉽게 갈 수 있다. 주차장 바로 앞 일주문에는 현무암으로 만든 108불이 천왕문까지 도열하고 있다. 하나같이 입가에 자애로운 미소를 머금고 각자의 수인으로 부처의 길을 알리는 모습이다. 누군가의 염원을 담은 동전과 염주가 가르침에 응답하듯 올려져 있고, 뒤로는 삼나무가 병풍처럼 밀밀히 서 있다. 이어 1908년 절을 창건한 안봉려관 스님의 수행처, 작은 석굴이 비켜서 있다. 해남 대흥사의 말사인 관음사는 목조관음보살좌상을 옮겨와 대웅전에 모셨다. 그보다 소원성취의 부처인 미륵대불이 방문자의 발길을 사로잡는다. 만 가지 얼굴을 지녔다는 만불상의 호위가 곡진하다.

사찰을 나서기 전, 사찰음식체험관인 '아미헌'에서의 점심식사를 추천한다. 제철재료를 사용한 5~6가지 반찬과 돌솥밥, 국을 제공한다. 오신채(불교에서 금하는 5가지 향신료)가 들어있지 않고 맛이 순해 아이가 먹기에 좋다. 음식도 맛깔나 편식하는 아이도 잘 먹는 편이다.

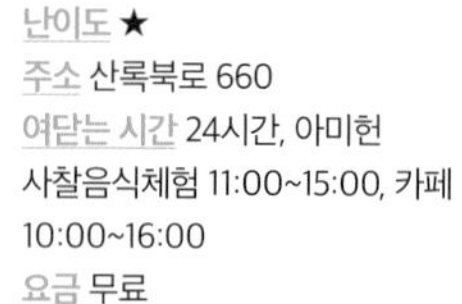

아이는 심심해!

아이가 즐길 수 있는 여행법

사찰만큼 아이가 심심한 곳도 없다. 무서운 얼굴은 한 사천왕에 비슷한 전각, 놀거리가 많은 것도 아니니 이해가 된다. 방문하기 전 경내에 심어진 식재의 이름과 모양을 알아가 비교해 보거나 볼 수 있을 만한 곤충이나 동물, 새의 울음소리를 알아가도 좋다. 나뭇가지와 잎으로 배를 만들어 대불 뒤 연못에 띄워도 좋다.

아빠 엄마도 궁금해!

그악한 역사의 현장, 관음사

중생의 고통을 다 껴안으려 한 건지 관음사는 불교 역사의 굵직한 사건들에 휘말렸다. 구전에 따르면 고려시대에 창건되었으나 조선 숙종 때 억불정책으로 폐사되었다. 그 후 200여 년간 제주에 절이 하나도 없다가 1908년 안봉려관 스님에 의해 다시 문을 열었다. 하지만 오래지 않아 항일운동의 저항지로 이용되었고, 이어 제주 4·3사건 당시 무장대 도당 사령부의 거점으로 활용되었다. 전략적 요충지인 관음사 일대는 무장대와 토벌대의 격전지가 되었다. 1949년 1월 4일 한라산 공습 후 같은 해 2월 12일 토벌대는 전각 대부분에 불을 질렀는데, 경내를 걷다 보면 당시 만들어진 돌무더기 참호를 볼 수 있다.

스냅사진, 여기서 찍으세요

만불상의 곡선을 살려
아이 사진을 찍는 것도 추천!

일주문과 천왕문 사이에 있는 108불의 길은
원근감을 강조해 스냅사진을 찍을 수 있다.

왼쪽 사진과 달리 인물이 소실점을 가려
깊이감이 덜하다.

비자림

압도적인 풍경의 숲이다. 녹음은 눈을 편안케 하고, 나무가 뿜어내는 피톤치드는 몸을 정화해준다. 일상을 살다 보면 확실한 안정감이 필요할 때가 있는데, 어쩌면 이때쯤 우리는 숲을 찾는지도 모른다. 비자림을 찾을 때이기도 하다.
상록수처럼 일관되게 맞아주는 생명체는 없지만 늘 푸른 나무는 더없이 매력적이다. 비자림은 그야말로 숲을 찾는 이유의 대부분을 충족시킨다. 천연기념물이나 '아름다운 숲 선정' 등의 타이틀을 내세우지 않아도 길에 들어선 순간, '천년의 숲' 내공을 느낄 수 있다.
2,800여 그루의 비자나무는 이름표를 달아 관리된다. 잎사귀가 한자 아닐 비(非)를 닮은 비자나무는 한국과 일본에서만 볼 수 있다. 가을에 여무는 타원형의 열매는 도토리를 닮았다. <동의보감>에서 구충제로 처방했다고 알려져 있어 기특한 마음에 숲속 동물들에게 양보한다.

난이도 ★
주소 비자숲길 55
여닫는 시간 09:00~18:00(1시간 전 입장 마감)
요금 어른 3,000원, 어린이 1,500원
여행 팁 코스 내 음수대가 있지만 미리 음료와 주전부리를 챙기는 것이 좋다.

비자림 둘러보기
화산송이가 깔린 8자형 산책길은 짧은 코스(40분)와 긴 코스(80분)가 있다. 벼락 맞은 비자나무에서 시작되는 짧은 코스(송이길)는 유모차나 휠체어도 통행 가능한 무장애 코스다. 오래전 형성된 숲인 만큼 유난히 울창하고 품이 깊은 곳이다. 휘청대는 길을 따라 걷다 보면 햇빛을 향한 나무의 뒤틀림이 애처롭다. 송이길은 연리목으로 이어진다. 두 나무가 가까이 자라다가 몸이 굵어지면서 맞닿아 하나가 되었다. 이어 볼 수 있는 새천년 나무는 높이 14m, 둘레 6m의 비자림에서 가장 오래된 비자나무로 평균수령이라는 500~800년을 훌쩍 넘겼다. 2000년도에 천 년을 살았으면 하는 마음으로 붙여진 이름이다. 이곳을 기점으로 컨디션에 따라 원점으로 회귀하거나 오솔길로 이어진 긴 코스를 둘러보아도 좋다.

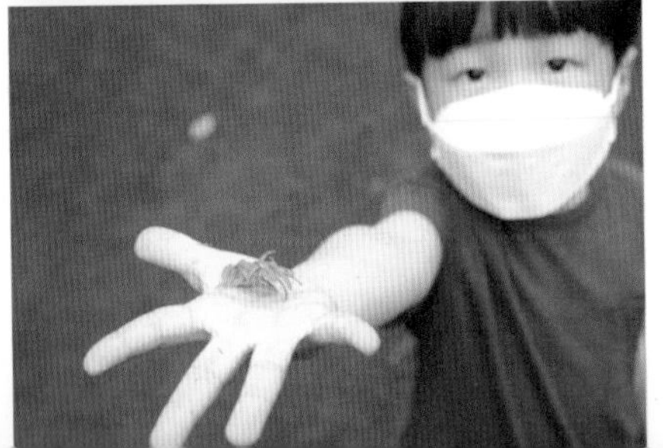

용눈이오름

생의 마지막까지 제주를 담은 사진작가 김영갑이 편애한 오름이다. 그는 날씨에 상관없이 늘 이곳으로 향했는데 '20년 동안 찍고 또 찍었으나 다 찍지 못했다'고 말했다. 언저리에 앉아 오전에서 오후로 넘어가는 능선을 지켜보다 보면 그 말을 이해할 듯도 하다. 부드럽고 완만한 능선은 용이 누웠다 몸을 뒤척이듯 모습을 달리했다. 오름 중 유일하게 3개의 분화구가 어울렁더울렁 자리한다. 해발 247.8m로 아이와 놀멍쉬멍 걸어가면 1시간 남짓 걸리는 길이다. 코코넛 섬유질로 만든 오름 매트가 있어 걷기 편하다. 바람이 강하게 부는 날도 있으니 여분의 옷을 들고 가는 것이 좋다.

난이도 ★★
주소 종달리 산28
여닫는 시간 24시간
요금 무료
여행 팁 잘 알려진 오름으로 주차장과 화장실이 있으며 간단한 지역 먹거리도 있다.

아빠 엄마도 궁금해!

아이와 오르기 쉬운 화산, 오름

'키가 무척 큰 거인 설문대할망은 치마에 흙을 담아 바다 한가운데 쌓고 제주를 만들었다. 오던 길에 흘린 흙 부스러기는 오름이 되었다.'

제주를 창조한 여신인 설문대할망 설화에 나오는 내용이다. 사실 오름은 한라산이 폭발하면서 땅속에 있던 용암이 군데군데서 터져나오면서 생긴 기생화산이다. 봉우리 자리엔 화산 폭발로 움푹 파인 웅덩이가 있다. 땅의 기운을 오롯이 누릴 수 있는 제주만의 독특한 지형이다. 그렇게 만들어진 오름이 360여 곳이라 하는데 오르는 맛만 알면 사실 숫자는 상관없다. 산책하듯 가볍게 오를 수 있는 곳이 많아 아이와 함께 하기에도 좋다.

오름을 오를 때 주의사항

① 알려지지 않은 오름은 표지판이 없거나 입구를 찾기 어려울 수 있다. 미리 입구 위치를 정확히 확인한 후 출발하자.
② 입구에 철조망이 둘러 있으면 사유지인 경우가 많다. 안내문을 자세히 살펴본 뒤 출입을 결정하자.
③ 가축을 방목하는 경우가 많다. 말이나 소를 괴롭히면 난폭해질 수 있으니 조심하자.
④ 피크닉 매트를 깔 때는 가축의 배설물이 없는지 꼭 확인하자.
⑤ 아이가 뛰다 넘어질 때 불운할 경우 가축의 배설물이 묻을 수 있으니 물티슈와 여분의 옷을 챙기는 것이 좋다.
⑥ 작은 오름이라도 아이와 함께 걷는 시간이 꽤 걸리므로 물과 주전부리를 준비하자.
⑦ 햇빛을 막을 만한 그늘이 없다. 여름에는 차양 가능한 모자나 양산을 가져가자.
⑧ 화장실이 없는 오름이 많다. 오름으로 출발하기 전 화장실에 들렀다가 가는 것이 좋다.
⑨ 벌레나 진드기의 접근을 막아주는 벌레퇴치제는 꼭 뿌리도록 하자. 벌레 물린 데 바르는 약도 챙겨가면 도움이 된다.

12 안돌오름

안돌오름은 주로 두 곳을 찾게 되는데, 안돌오름과 체오름 사이에 있는 '오름 입구'와 안돌오름과 새미오름 사이에 있는 '비밀의 숲'이 그곳이다.
오름 입구는 방문객이 많지 않아 고즈넉한 풍경을 즐길 수 있다. 이곳에서 안쪽에 들어앉은 안돌오름과 바깥쪽으로 나앉은 밧돌오름이 이어진다. 안돌오름의 경우 높이 368m로 오름 중에 높은 편인 데다 정상까지 흙길이라 미끄러지지 않도록 주의해야 한다. 어른이 오르기엔 가파르지 않으나 아이와 함께 오르기엔 숨이 찬다. 그럼에도 이곳을 오르는 이유는 정상을 향할수록 오름의 속살을 제대로 느낄 수 있어서다. 거칠게 자란 풀꽃이 허리춤까지 무성하게 오른 곳도, 소떼에게 내어준 자리도 많다. 그곳에 앉아 송당리오름을 바라보면 일상의 상념일랑 바람에 쉬이 날려 보낼 수 있다.
비밀의 숲은 '인스타그래머블'한 장소로 유명하다. 이곳의 상징인 민트색 트레일러에서 입장료를 내고 들어서면 기이하게 뻗어 있는 삼나무 길을 만나게 된다. 계절따라 달라지는 꽃밭, 숨바꼭질하듯 나타나는 너른 들판, 제주 돌집 쉼터 등이 모두 포토존이다. 절벽처럼 아찔하게 뻗어 있는 편백나무숲도 만날 수 있다. 이곳으로 입장해 역순으로 나올 수도 있다.

난이도 ★★★ (비밀의 숲 ★)
주소 송당리 산66-1(오름 입구), 송당리 2173(비밀의 숲)
여닫는 시간 24시간
요금 무료(비밀의 숲 2,000원 현금 결제)
여행 팁 비포장도로여서 주의해야 한다. 주차장이 따로 없으며 오름 입구는 근처 공터에, 비밀의 숲은 길가에 주차한다.

아부오름

마을의 앞에 있다 해서 앞오름 또는 아오름이라고 한다. 옹알이를 닮은 이름 때문인가, 완만하고 부드러운 오름 곡선 덕분인가. 아부오름은 우리에게 묘한 안도감을 준다. 해발 300m로, 주차장에서 정상까지 다녀오는데 30분, 굼부리(분화구) 둘레를 걸으면 1시간 정도 소요된다. 오르막길이 가파르지만 짧고, 둘레길은 완만해 아이와 함께 가기에 무리가 없다.
정상에 오르면 송당리의 밀도 높은 오름들이 파도처럼 밀려온다. 옴폭한 굼부리 안에는 삼나무숲이 동그랗게 띠를 이룬다. 1999년에 개봉한 영화 <이재수의 난>을 촬영하기 위해 조성된 숲이라고. 정상에 도착한 뒤 왼쪽으로 5분만 가면, 잘 정돈된 침엽수림 덕에 원형의 삼나무숲을 제대로 볼 수 있다. 때에 따라 방목한 소를 만날 수 있는데, 음력 7월이면 목동들이 목축신에게 소를 잘 부탁한다고 비는 제사, 백중제를 지내는 오름이기도 하다.

난이도 ★★
주소 송당리 산164-1
여닫는 시간 24시간
요금 무료
여행 팁 주차장에 음료와 토스트를 먹을 수 있는 푸드트럭이 있다.

14 백약이오름

예부터 백 가지 약초가 자라난다고 해서 붙여진 이름이다. 병풀, 피막이풀 등 이름도 낯선 들풀과 함께 야생화도 피어나 오름을 단장한다. 모두 약이 되는 풀이라 방목한 소도 많다. 다른 오름과 달리 억새보다 수크령이 많은데, 혈액순환에 좋은 약풀로 알려져 있으며 가축 먹이로도 인기다. 이른 가을이면 부숭하게 달린 꽃이삭이 진풍경을 이룬다. 부지런 떨어 아침부터 오르면 성산일출봉 뒤로 떠오르는 해와 금백조로 사이로 피어나는 안개를 볼 수 있다.
오름 상반부로 이어진 나무 데크는 마치 하늘로 향하는 길 같아 '천국의 계단'이라 불린다. 정상까지 1시간, 산정을 둘러보면 배로 걸린다. 정상 둘레길을 걸으면 민오름과 아부오름 등 주변 오름이 보인다. 최근 급증한 관광객으로 인해 오름 정상부의 훼손이 심각해져 2022년 상반기까지 자연휴식년에 들어간다. 계단까진 오를 수 있다.

난이도 ★★
주소 성읍리 산1
여닫는 시간 24시간
요금 무료
여행 팁 주차장이 있으나 협소하다. 주차장 인근에 있는 진입로에 나무들이 있어 입구를 찾기가 어렵다.

15 보롬왓

제주 방언으로 보롬은 바람, 왓은 밭을 말한다. 제주 무와 당근과 같은 작물을 기르고 메밀을 심고 수확하는 밭이었다. 찾는 발길이 늘어나자 경관농업을 시작했다. 봄에는 튤립과 유채꽃, 특히 4월 말이면 아스라한 분위기의 보라 유채꽃이 피어난다. 바통은 메밀꽃과 보리, 라벤더가 이어받는다. 여름에는 따로 조성된 수국길을 열어둔다. 수국과 산수국 꽃봉오리가 움을 틔워 소복소복 터널을 이룬다. 꽃말이 '변덕'이라 그런지 푸르던 꽃잎이 자줏빛으로 변해가는 과정이 재미있다. 가을에는 단풍만큼 깊이 물든 맨드라미와 노란 국화가 반긴다. 잠시 휴장하는 겨울을 제외하곤 늘 화사한 밭이다. 보롬왓카페 앞은 빈백으로 채운 휴식공간과 트랙터가 끄는 깡통열차가 있다. 연이나 달풍선 날리기, 행잉플랜트 만들기 등 시기적절한 행사를 진행하니 보롬왓 인스타그램 페이지를 확인하자.

난이도 ★
주소 번영로 2350-104
여닫는 시간 08:30~18:00
요금 어른·청소년 4,000원, 어린이 2,000원
웹 www.instagram.com/boromwat_

16 산굼부리

산굼부리는 산에 생긴 구멍이라는 뜻으로, 화산체 분화구를 말한다. 입구부터 분화구 전망대까지 오르는 높이는 28m이나 이곳에서 분화구 바닥까지는 132m다. 지면보다 100m 이상 푹 꺼져 있는 독특한 형태의 분화구다. 오르는 수고에 비해 장쾌한 풍경을 선사해 가성비가 좋다고 느껴진다.
가을이면 분화구보다 오름 언덕을 뒤덮은 억새에 눈길이 간다. 꽃망울을 틔워 금빛 머리를 하고 바람에 몸을 뉘었다가 일어선다. 춤을 추는 억새를 따라 보는 이들의 마음도 넘실댄다. 산굼부리는 보편적인 오름이다. 사유지로 화산석과 폐타이어로 길을 다지고 편의시설을 두었다. 덕분에 유모차로도 쉽게 오름을 즐길 수 있다. 분화구 전망대까지 20분 남짓 걸린다.

난이도 ★
주소 교래리 산38
여닫는 시간 3~10월 09:00~18:40, 11~2월 09:00~17:40
요금 어른 6,000원, 청소년 4,000원, 어린이 3,000원
여행 팁 온라인 예매 시 저렴하게 입장권을 구입할 수 있다.

붉은오름 자연휴양림

언택트

붉은오름 동쪽 기슭에 자리한 이 휴양림은 5개의 숲길이 나있다. 붉은오름을 등반하는 건강오름길(편도 1.7km)과 말찻오름을 오르는 해맞이숲길(편도 6.7km), 제주 역사를 탐방할 수 있는 상잣성숲길(편도 3.2km), 생태탐사가 가능한 어우렁더우렁길(편도 0.3km), 나무 데크를 설치해 유모차도 갈 수 있는 무장애 생태숲길(약 1km 원점 회귀 코스)이 그것이다.
특히 무장애 생태숲길은 데크를 제외하곤 원시림 모습이 그대로 살아 있어 삼림욕을 즐기기에 좋다. 참나무 천연림이 있어 아이들이 좋아하는 장수풍뎅이나 사슴벌레 등을 관찰하며 살아 있는 생태교육을 할 수 있다. 한라산 중산간에 위치해 삼나무와 해송 등 다양한 수종도 분포되어 있다. 자연휴양림에서는 이곳의 목재를 효율적으로 활용하자는 취지에서 목재문화체험관을 운영 중이다. 유아를 위한 원목 놀이방과 목공체험 프로그램(6세 이상) 등이 있다. 로프와 나무로 된 자연놀이터와 생태 연못, 어드벤처 시설과 일반 놀이터까지 지루할 틈이 없다. 자연휴양림은 지붕에 이엉을 이은 제주 전통가옥을 재해석해 만들었다. 머물고 싶다면 서귀포시 산림휴양관리소 홈페이지(healing.seogwipo.go.kr)에서 예약이 가능하다.

난이도 ★
주소 남조로 1487-73
여닫는 시간 09:00~18:00
요금 어른 1,000원, 청소년 600원

18 교래자연휴양림 곶자왈

언택트

원래 쉬던 숨인데도 곶자왈에 가면 대지가 나의 호흡을 돕는 기분이 든다. 교래리는 생수로 유명한 삼다수가 나는 청정지역이다. 곶은 숲, 자왈은 나무, 돌, 풀이 뒤섞인 덤불을 뜻한다. 화산지형이 만든 독특한 환경으로 열대 북방한계 식물과 남방한계 식물이 함께 자란다.
교래곶자왈은 '제주의 허파'라는 별칭이 알려주듯 생태를 본래 그대로 유지하고 있다. 이동로가 아니라면 쓰러진 나무도 그대로 둔다. 언뜻 보면 평온해보이지만 실상 이 숲은 전쟁터다. 점성이 높은 화산 용암이 지나간 자리라 암석이 많고, 그 틈에 나무는 힘겹게 뿌리를 내리고 엉기며 위로 자란다. 광합성을 위해 더 높이 오르려 애쓰고 이를 밟고 넝쿨이 생을 이어간다. 이끼와 고사리는 진즉 햇빛을 포기하고 땅에 붙어 자란다.
생태관찰로는 도보로 1시간 정도 소요되며 아이의 체력에 따라 되돌아와도 된다. 푹신한 흙길이지만 불규칙한 함몰과 돌출이 있으나 혹시 모를 상처에 대비해 긴바지를 입도록 하자.

난이도 ★
주소 남조로 2023
여닫는 시간 하절기 07:00~16:00, 동절기 07:00~15:00
요금 어른 1,000원, 청소년 600원
여행 팁 국립자연휴양림이 있어 하루 묵어가도 좋다.

아빠 엄마도 궁금해!

조심! 독이 있는 천남성

제주의 곶자왈을 걷다 보면 모든 식물이 득이 되지는 않는다. 특히 흔히 볼 수 있는 천남성은 뿌리부터 열매까지 독을 가지고 있으며 열매는 사약에 쓰이기도 했다. 곤봉처럼 생긴 꽃대 위에 옥수수처럼 달린 것이 열매다. 초록색에서 익으면 윤이 나는 붉은색으로 변한다. 뿌리는 손질방법에 따라 약재로 사용되기는 하나 독이 있는 것은 마찬가지니 손대지 않도록 하자.

함께 둘러보면 좋은 여행지

샤이니숲길

언택트

약 50m로 제주에서 가장 짧은 숲길로 통한다. 바닥엔 화산송이, 가장자리엔 편백나무가 일렬로 늘어섰다. 시간에 따라 달리 움직이는 나무 그림자 뒤로 햇볕이 별똥별처럼 땅에 박힌다. 현무암으로 쌓은 돌담도 제주만의 분위기를 고취시킨다. 마치 영화 세트장

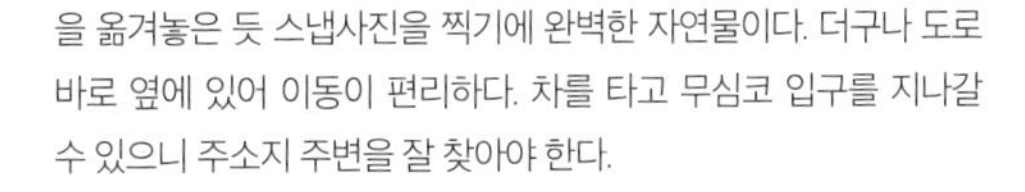

을 옮겨놓은 듯 스냅사진을 찍기에 완벽한 자연물이다. 더구나 도로 바로 옆에 있어 이동이 편리하다. 차를 타고 무심코 입구를 지나갈 수 있으니 주소지 주변을 잘 찾아야 한다.

난이도 ★ 주소 교래리 719-10 여닫는 시간 24시간 요금 무료
여행 팁 주차장이 따로 없고 갓길에 차를 세워야 한다. 안전사고에 유의할 것.

19 이승이(이승악)오름

언택트

유순하고 친근한 여느 오름과는 달리 이승이오름은 한라산 중산간에 위치하며, 원시 자연의 숨결을 뿜어낸다. 오름의 이름도 삵(살쾡이)이 살았다고 해서 혹은 산 모양이 삵처럼 생겼다고 해서 붙여졌다. 살고 있는 흔적도 없고 숲이 울창해 산 모양을 가늠하기도 힘들지만 중요치 않다. 한라산 날것 그대로를 그것도 아이와 함께 오를 수 있는 난이도라는 점에서 가 볼 만한 가치가 있다. 걷다 보면 신례마을 공동목장을 지난다. 방목한 소들이 한가로이 풀을 뜯고 있는 목가적 풍경에 절로 안온해진다. 울타리는 있지만 가끔 임도로 나온 송아지들이 손님을 맞이해 불현듯 찾아온 여유를 즐겨야 할 때도 있다. 주위를 한 바퀴 둘러보면 아래로 서귀포 바다가 일렁이고 위로 한라산이 우뚝 섰다. 해질녘에는 산그리메가 한라산의 숲을 따라 바다로 길게 눕는다. 봄에는 임도를 따라 벚꽃이 피어 더욱 화사하다.

난이도 ★★★ (삼나무숲 왕복 ★)
주소 신례리 산2-4
여닫는 시간 24시간
요금 무료
여행 팁 이승이오름 앞 안내판에 주차장이 있으나 협소한 편이다.

오름 둘러보기

코스 **표고재배장-삼나무숲-화산탄-일본군 갱도진지-해그문이소-출발점(2.5km, 90분 소요)**

탐방로 안내판부터 시작되는 길은 원점 회귀 코스라 추천하지 않는다. 순환코스는 입구 오른쪽 길부터 시작하자. 잘 정비된 오르막길과 능선을 걷다 비포장 숲길로 내려오는 코스다. 가는 내내 한라산 둘레길, 생태로 2코스와 겹쳐 있어 이정표를 잘 확인해야 한다.

삼나무숲은 표고재배장을 지나 작은 개울을 건너 한라산 둘레길 갈림길에서 오른쪽 길로 빠지면 나온다. 편도 10분 정도다. 다시 되돌아와 순환코스를 걸으면 산간지역 오름의 특징이 도드라진다. 화산 폭발 당시 무거워서 멀리 가지 못한 화산탄과 이를 안고 자란 나무뿌리가 가늠할 수 없는 시간을 보여준다. 해그문이소(해그므니소)도 생태로 2코스 갈림길 전에 오른쪽 샛길로 빠지는데, 바위에 이끼가 많이 끼어 있으니 이동에 주의하자. 숲이 깊어 해를 가린다는 뜻의 해그므니소는 20m가 넘는 폭포와 3~5m 깊이의 소를 이루고 있다. 짙은 물빛이 햇빛을 받으면 갓 구워낸 도자기처럼 반짝인다.

서귀다원

제주의 중산간은 농경지로 적합하지 않은 토질을 지니고 있어, 이곳 사람들은 1980년대부터 차밭을 일구기 시작했다. 점차 차 재배에 성공하면서 오설록과 같은 큰 재배단지도 생겨났고, 개인이 운영하는 소규모 다원도 왕왕 생기고 있다.

해발 250m에 위치한 서귀다원은 어느 노부부의 힘으로 일궈졌다. 30년 넘게 귤농사를 짓다 2005년 차밭으로 다시 시작했다. 돌담을 쌓고 차나무를 심는 작업은 고단했겠지만 그 결실에 선 청춘의 냄새가 나는 듯했다. 동백나무가 다원의 중심을 잡고 밭이 그 둘레를 채운다. 한라산이 물리적 거리마저 무시한 채 차밭에 앉아 있어 홀리고 마는 풍경이다. 중간쯤 보이는 붉은 지붕의 건물에서 녹차를 시음할 수 있는데, 녹차와 황차, 감귤정과 세트가 나온다.

난이도 ★
주소 서귀포시 516로 717
여닫는 시간 09:00~17:00
요금 무료(시음 5,000원)
여행 팁 녹차의 카페인은 수용성이지만 아이에겐 발효된 황차를 먹이는 것이 좋다. 이뇨작용이 활발하니 출발 전 화장실을 가도록 하자.

스냅사진, 여기서 찍으세요

서귀다원 입구의 주차장에서 보는 차밭은 맑은 날 한라산과 함께 담아내기 좋다.

차밭 사이로 난 소로 입구에 아이를 두고 대각선으로 찍으면 차나무가 다치지 않는 선에서 사진을 찍을 수 있다.

카페까지 이어진 삼나무길도 괜찮다.

돈내코 원앙폭포

돈내코가 위치한 상효동은 겨울에도 기후가 온화해 난대 상록수림을 이룬다. 먹을 것이 풍부해 옛날에는 야생 멧돼지가 자주 출몰했는데 이들이 물을 마시던 하천의 입구라는 뜻으로 돈내코라 불렀다. 제주는 빗물이 화산암 지하로 흘러들어 해안에서 분출하기 때문에 중산간에서 계곡을 보기가 좀처럼 쉽지 않다. 돈내코는 암반층이 약한 상류층을 뚫고 솟아난 계곡으로, 보기 드문 풍경을 자아낸다.
입구에서 1.5km를 들어가면 원앙폭포가 나온다. 울창한 숲이 나무 그늘을 만들고 묵직한 바위 사이로 에메랄드빛 소를 만들었다. 금실이 좋은 원앙 한 쌍이 살았다는 구설처럼 5m 높이 절벽에서 폭포수 두 줄기가 사이좋게 떨어진다. 음력 7월 15일, 백중날에 폭포수를 맞으면 신경통이 사라진다고 믿어 많은 이들이 물놀이를 하던 곳이다. 원앙폭포는 아이들이 물놀이를 하기에는 이동이 어려운 편이고, 비 온 뒤에는 수심이 깊어지니 더욱 주의해야 한다. 입구에서 왼쪽 계곡 방향으로 내려가면 좀 더 안전하게 물놀이가 가능하다.

난이도 ★★
주소 돈내코로 137
여닫는 시간 24시간
요금 무료
여행 팁 ① 돈내코 주차장은 10대 정도 가능하며 매점이 있어 주전부리를 구입할 수 있다.
② 도로 건너 돈내코 야영장은 아이들이 뛰어놀기 좋은 놀이터가 있어 함께 둘러보아도 좋다.

카멜리아힐

자칫 무채색처럼 보일 수 있는 겨울을 밝히는 건 화르르 피어난 동백꽃이다. 추운 겨울에 피는 꽃이라는 이름처럼 폭발적인 생명력이 느껴지는 듯하다. 동백 여행지로 유명한 카멜리아힐에선 6만여 평의 부지에 6,000여 그루의 동백나무가 자란다. 선혈처럼 붉은 토종 동백 외에도 80개국의 동백나무 500여 품종을 식재해 종에 따라 피고 지기를 반복한다. 덕분에 가을부터 시작된 동백꽃 나들이는 이듬해 봄까지 이어진다. 동백꽃이 피지 않는 여름에는 수국이 대신 관심을 받는다. 제주 자생식물인 250여 종의 꽃들도 이를 뒤따른다. 21개의 테마로 꾸며진 정원은 고운 꽃길에 마음을 끄는 글귀와 가랜드 장식이 더해져 정원 전체가 포토존을 이룬다. 규모가 크다 보니 유리온실처럼 꾸며진 카페에서 잠시 쉬어가도 좋겠다.

난이도 ★
주소 병악로 166
여닫는 시간 6~8월 08:30~19:00, 12~2월 08:30~17:00
요금 어른 8,000원, 청소년 6,000원, 어린이 5,000원
웹 www.camelliahill.co.kr

23 오설록 티뮤지엄

'명선(茗禪, 차를 마시며, 선정에 든다)'
추사 김정희가 초의선사에게 보낸 글로, 추사가 제주에 유배를 와 있는 동안 해남에 사는 벗은 때마다 직접 만든 차를 보내왔다. 이에 그치지 않고 초의선사는 제주를 찾아가 차나무를 심고 소담한 다원을 만들었는데, 그로부터 130여 년이 흐른 후 오설록이 차에 대한 애정을 이어가고 있다. 아모레퍼시픽 창업자 고(故) 서성환 회장은 우리나라의 차 문화가 사라져가는 것을 아쉬워하며 제주의 황무지 땅을 차밭으로 일궈냈다.
오설록은 산방산 근처에 자리한 서광다원에 있다. 선조들의 차 문화와 역사, 세계의 찻잔 등을 보여주는 박물관임과 동시에 식음료를 체험할 수 있는 복합문화공간이다. 즉석에서 덖어내 향이 생생한 덖음차는 이곳에서만 즐길 수 있는데, 맑은 색, 풍부한 향, 조화로운 감칠맛이 입안에 싱그럽게 남는다. 녹차를 베이스로 한 식음료는 물론 제주특산물을 활용한 메뉴도 있다. 뒤로 난 오솔길 끝에 코스메틱 브랜드 이니스프리의 체험관이 나온다. 상품 구매도 가능하거니와 친환경 재료를 활용해 수제비누를 만들 수 있다. 통유리를 통해 차밭이 한눈에 보이는 그린카페는 브런치 메뉴가 특히 유명하다. 차롱(대나무로 만든 바구니 그릇)에 담은 해녀 바구니도시락을 사서 매트를 무료로 대여해 소풍을 즐겨보자. 한라산이나 흑임자 칠성돌처럼 제주의 상징물을 본떠 만든 케이크도 인기다.

난이도 ★
주소 신화역사로 15
여닫는 시간 오설록 09:00~16:00, 이니스프리 제주하우스 09:00~18:00(브런치는 10:00부터)
요금 무료

금오름

서쪽 중산간 오름 중 하나로, 신(神)을 상징하는 제주말, '금'을 써서 신성시하던 오름이다. 마을 사람들은 금악오름 또는 유난히 검은 흙을 보고 검은오름이라 불렀다. 초입의 삼나무숲부터 2개의 탐방로로 나뉘는데, '희망의 숲길'은 걷기 좋은 흙길이지만 좁고 가파른 편이라 아이와 가기 어렵다. 반면 포장도로는 20분 정도 오름의 가장자리를 오르는 길이다.
깊이 52m의 분화구는 '작은 백록담'이란 별명처럼 화구호가 있는데, 물이 잘 마르는 탓에 비가 온 뒤에나 제대로 볼 수 있다. 대신 가을이면 억새가 금빛머리를 찰랑이는 풍경이 장관이다. 분화구 둘레는 총 1.2km이나, 아이 컨디션을 고려해 정상 오른쪽의 기지국까지만 걸어도 좋다. 오른 높이에 비해 해발고도(428m)가 2배 이상 높아 시원한 풍치를 만끽할 수 있다. 다문다문 모인 오름 군락을 헤치고 모슬포 앞 바다까지 시야에 거침이 없다. 활공하는 패러글라이더를 보는 건 덤이다. 해질 무렵이라면 정상 왼쪽으로 올라 제주 서부를 물들이는 노을을 감상하자.

난이도 ★★
주소 금악리 산1-1
여닫는 시간 24시간
요금 무료
여행 팁 ① 오름 정상은 허가받은 차량만 오를 수 있어 주차장에서부터 걸어가야 한다. 주차장이 협소한 편은 아니지만 찾는 이가 많아 복잡하다. 출구와 가까운 쪽에 주차하는 것이 좋다. ② 화구호로 내려간다면 땅이 젖어 있을 수 있으므로 물이 새지 않는 운동화나 장화를 신는 것이 좋다.

25 성이시돌목장

완만한 언덕에 길들이지 않은 소와 말이 뛰놀고 있는 성이시돌목장. 푸른 목초지 위에 놓인 이국적인 집 한 채, 테시폰(Cteshphon)은 목장을 더욱 특별하게 만든다. 테시폰은 약 2,000년 전 이라크 바그다드에서 시작된 건축양식을 바탕으로 아일랜드에서 흔히 사용된 건축방식으로 지은 것이다. 이 목장을 연 맥글린치 신부가 고향인 아일랜드에서 건축기술을 배워와 농장 내 숙소나 돈사로 사용했다. 제주 곳곳에 200여 개의 건물이 있었으나 남은 10여 동 중 가장 보존이 잘 된 것이 바로 이곳의 테시폰이다.

2016년, 목장의 인기를 한 몸에 받던 테시폰의 경쟁 상대, 카페 우유부단이 나타났다. 성이시돌목장의 유기농 우유를 이용한 식음료를 판매하며, 아이들이 좋아하는 아이스크림과 밀크티, 밀크잼이 특히 인기다.

난이도 ★
주소 산록남로 53
여닫는 시간 24시간, 카페 우유부단 4~10월 09:30~17:30, 11~3월 10:00~17:00
요금 무료

아빠 엄마도 궁금해!

목장을 일군 돼지 신부

한국 이름은 임피제, 아일랜드에서 온 패트릭 J. 맥글린치 신부는 25세의 나이로 가난한 땅 제주에 도착했다. 당시 4·3사건과 한국전쟁으로 인한 처참한 생활사에 선교보다 도민의 자립을 우선으로 삼았다. "가난을 벗어나지 않으면 하느님께 다가설 수 없다." 부정적인 선입견을 가진 기성세대는 그의 신념을 지지하지 못했고, 신부는 아이들과 함께 돼지 사육을 시작한다. 눈여겨봐둔 정물오름 인근을 목초지로 개간하고 새끼를 밴 요크셔 돼지 한 마리를 데려와 공부하며 길렀다. 결국 1980년대 1만 3,000여 마리를 양산하는 국내 최대의 양돈 목장으로 성장했다. 이후 소와 말을 키우고 사회복지시설을 설립해 운영했다. 교구 은퇴 후에도 호스피스 사업을 열어 2018년 생의 끝까지 제주민을 위해 살다 영면했다.

스냅사진, 여기서 찍으세요

우유갑 형태의 의자도 놓치지 말자.

타국의 분위기를 연출하는 테시폰에서 촬영해보자.
액자처럼 난 창문에 앉아서 찍어도 보고 건물 바로 옆 나무까지 크게 찍어도 좋다. 두 개의 문 앞에서 각자 포즈를 취해 찍는 것도 재미있다.

의자에 앉아 아이스크림이나
밀크티를 먹으면서 자연스러운 장면을 찍을 수 있다.

26 제주항공우주박물관

항공기부터 우주선까지 '나는 것'을 총망라한 전시로 관람보다 체험이 중심인 에듀테인먼트 박물관이다.

1층에 들어서면 항공역사관 에어홀이 우리를 반갑게 맞이한다. 1903년 라이트 형제가 만든 비행기 플라이어 모형부터 최근까지 우리 하늘을 지켰던 F-4D 팬텀 전투기까지 전시장과 공중 곳곳에 전시되어 있다. 20여 대의 실제 항공기 중에는 국민의 성금을 모아 구입한 우리나라 최초의 항공기 'AT-6 건국호'도 있다. 제2차 세계대전을 누비던 'F-51D 무스탕', 한국 전쟁에서 활약한 'F-86F 세이버' 등 비행기가 들려주는 이야기도 한번 들어보자.

비행기를 직접 조종해볼 수 있는 항공 시뮬레이터는 실제 조종석에 앉은 듯 실감난다. 난이도가 낮은 드론 게임을 하거나 공군 유니폼을 입고 군용기에 앉아볼 수도 있다. 비행기에 대한 관심이 점점 자란다면 하우 씽즈 플라이(How Things Fly) 존으로 가자. 세계 최대 항공박물관인 미국 스미소니언의 전시 프로그램을 도입해 만들었다. 비행기를 직접 조종하며 비행 원리와 기능을 이해할 수 있어 쉽고 재미있다.

천체관이 있는 2층 천문우주관은 우주쇼가 펼쳐진다. 복층으로 구성된 스페이스워크를 따라가면 독일의 V-2, 미국의 새턴 V로켓 모형, 2013년 발사에 성공한 우리나라 최초의 우주 발사체 나로호까지 만날 수 있다. 태양계에 속한 8개 행성을 입체적으로 볼 수 있는 5D관과 아바타를 만들어 미래 행성여행을 하는 스크린관도 흥미롭다. 영유아는 안전한 체험교육과 놀이를 합쳐놓은 아이잼스페이스에서 놀자.

난이도 ★
주소 녹차분재로 218
여닫는 시간 09:00~18:00(1시간 전 입장 마감)
쉬는 날 매월 셋째 월요일(공휴일인 경우 다음날)
요금 어른 10,000원, 청소년 9,000원, 어린이 8,000원
웹 www.jdc-jam.com

용머리해안

바다로 튀어나온 해안지층이 '용머리가 바다로 들어가는 모습'을 닮아 있어 그리 부른다. 상상의 동물인 용만큼 태고의 신비를 지니고 있어 제주 지질자원의 보고(寶庫)라 불린다.
한라산도 태어나지 않은 80만 년 전, 바다속에서 화산 폭발이 일어났다. 솟구친 마그마는 차가운 물과 만나 급격히 식었고, 수증기를 타고 날아간 화산재와 분출물도 켜켜이 쌓였다. 높이 20여 m의 응회암층은 가로로 층층이 포개진 평행층리와 냉각되면서 수직으로 쪼개진 수직절리단애, 바람과 파도에 의해 움푹 파인 풍화혈과 돌개구멍까지 독특한 지질구조를 갖고 있다. 촟농처럼 녹다만 암석층을 보자니 자연의 산고를 지켜보는 듯하다.
해안탐방로는 1653년 표착한 헨드릭 하멜의 선박 스펠웰 호부터 시작된다. 화산지형은 물론, 거북손과 따개비 같은 바다생물을 관찰하며 걷다 보면 1시간이 훌쩍 지나간다. 아이와 함께 둘러볼 때는 너울성 파도로 옷이 젖거나 바다에 빠질 수 있으니 바다와 맞닿은 가장자리로는 걷지 않도록 하자. 인증사진 명소인 돌개구멍을 지나면 출구와 연결된다.

난이도 ★★
주소 사계리 112-3
여닫는 시간 09:00~17:00
요금 어른 2,000원, 청소년·어린이 1,000원
여행 팁 ① 밀물과 썰물에 따라 문을 열지 않으니 물때를 꼭 확인해야 한다. 비나 강한 바람이 불 때도 문을 닫는 경우가 있으니 탐방안내소(064-760-6321)에서 확인하는 것이 좋다.
② 불규칙한 바위 형태로 넘어지기 쉬우니 아이의 손을 잡아주고 운동화와 같은 편한 신발을 신도록 하자.

사계해변

언택트

제주 남부 두 개의 신성한 산인 산방산과 송악산은 형제해안도로로 이어진다. 의좋은 형제섬이 보이는 도로는 제주 최고의 드라이브 코스이긴 하나 차로 그냥 스쳐가기엔 아쉽다. 도로와 함께 내달리는 사계해안은 지질활동의 순례코스라 할 수 있다. 언뜻 보기에도 현무암과 퇴적암, 고운 모래의 백사장이 번갈아 나타난다. 약 3,000~4,000년 전 해안 사구에 생긴 하모리층은 인근의 화산 분출로 생긴 현무암이 이곳에 와 쌓이고 송악산이 분출하면서 응회암으로 덮였다. 해안에서 보는 단면이 마치 컵케이크처럼 독특한 모습이다. 암석 곳곳에 파도로 인한 구멍 마린포트홀(Marine Pothole)이 있는데, 마치 간이욕조처럼 생겨 영유아가 안전하게 해수욕을 즐길 수 있다. 해안 일부에 형성된 모래언덕은 암석이 일종의 틀을 만들어 파도가 없고 물이 잔잔해 아이가 물놀이와 모래놀이를 즐기기에 좋다. 썰물 때에는 현무암반이 노출되어 돌 틈에서 바릇잡이까지 할 수 있다.

난이도 ★
주소 형제해안로
여닫는 시간 24시간
요금 무료
여행 팁 화순해양경비안전센터 사계출장소 버스정류장 옆에 주차장이 있으나 협소하다. 방문객이 붐비지 않는 경우 산계원 식당이나 카페 헤이브라더를 이용하고 주차 양해를 구하는 것도 방법이다.

Episode

물고기의 입맛

사계해안에서 바릇잡이를 하던 중이었다. 독특한 해안지형에 밀물 때 들어왔다가 썰물 때 나가지 못한 물고기가 가득했다. 엄마는 견물생심(見物生心)에 고개 한 번 들지 않고 바구니를 채우는데 아이가 말했다.

"물고기가 나를 잡아먹으면 어떡하지?"

연이어 근심어린 표정의 아이는 말했다.

"내가 맛없어서 물고기가 뱉으면 어떡하지?"

먹히는 게 문제인 거야? 맛없을까 고민인 거야? 귀여운 아이의 고민에 바지가 젖는 줄 모르고 풀썩 앉아 웃었다.

금능해변

아이와 해수욕을 즐기기 좋은 해변으로 금능을 꼽는다. 바로 옆 화려하고 활기찬 협재해수욕장과 달리 소담하고 안온하다. 맑은 물빛은 바다 가운데 봉긋 솟아 있는 비양도까지 이어진다. 한참을 보고 있자면 걸리버가 소인국을 바라보는 듯한 기분이 든다.

간조에는 성큼성큼 걸어갈 수 있을 만큼 속을 드러내는데, 수심이 얕고 경사가 완만하며 모래언덕도 많다. 조개껍질이 부서져 만들어진 석회질 모래라 입자가 곱고 뽀얗다. 놀 수 있는 면적이 넓어지다 보니 해수욕객이 여기저기 흩어져 여유롭게 즐길 수 있다. 현무암 대지에는 소라게 무리가 많아 생기 가득하다.

해변에 대규모 원담이 자리하는데, 이는 조수간만의 차를 이용해 물고기를 잡는 전통돌담이다. 원담 중앙에 있는 하르방은 원담을 보존하는 이방익 할아버지다. 이곳에서 멜(멸치)을 잡아 자식 농사를 거뜬히 지으셨다. 8월에는 맨손으로 물고기를 잡는 원담축제가 열린다.

난이도 ★
주소 금능길 119
여닫는 시간 24시간
요금 무료
여행 팁 금능해변의 일몰도 좋지만 차로 10분 거리에 위치한 한수리 솟대마을을 추천한다. 한림해안로 229 방파제 길을 따라 걸으며 현무암 위 솟대 무리로 넘어가는 일몰을 즐길 수 있다. 일몰이 썰물 시기라면 비추다(언택트).

30 알작지해변

이름도 예쁜 알작지는 '알처럼 생긴 작은 돌멩이'를 뜻하는 제주 방언이다. 한라산부터 무수천과 월대천에 이르는 물길을 따라 이곳에 도착할 수 있다. 제주에선 흔치 않은 몽돌해변이지만 돌멩이가 생각보다 크고 울퉁불퉁한 데다 수심도 깊어 해수욕을 하기엔 어렵다. 알작지를 제대로 즐길 수 있는 방법은 해가 질 무렵. 명암이 선명해진 알작지에 돌멩이를 고르고 누워보자. 바람에 밀려온 파도가 몽돌을 만나 나지막이 불러주는 자장가가 듣기 좋다.

난이도 ★
주소 테우해안로 60
여닫는 시간 24시간
요금 무료

31 중엄리새물

육지에서 피서지로 바다와 계곡을 든다면 제주에는 하나 더 있다. 용천수가 솟아나는 새물이다. 중엄리 새물은 예부터 마을 식수터로 사용했다. 암반 지하수로 흐르던 물이 해변 가까이에서 솟아 올랐으니 깨끗하기야 의심할 여지가 없다. 겨울에 되면 새물에 들이치는 파도 속에서 물을 길러 와야 했는데 해수와 섞이니 영 불편한 일이었다. 1930년에 촌장은 새물의 중간에 있던 암석을 발파해 공간을 만들고 방파제를 쌓았다. 식수로 이용하기엔 어렵지만 지금도 빨래를 하고 생활용수로 쓴다. 한여름에는 아이들의 물놀이터가 되는데 용천수 수온은 15℃ 정도로 시원하다. 햇빛을 가릴 곳이 거의 없어 차양 모자를 써야 하지만 아이가 놀다가 일광욕으로 체도를 높이기에도 좋다. 거기다 공용주차장, 화장실, 편의점 등 편의시설도 잘 구비되어 있다.

난이도 ★ 주소 애월읍 신엄리 961 여닫는 시간 24시간 요금 무료

더럭초등학교(더럭분교)

아이들의 꿈처럼 알록달록한 색이 더해진 학교다. 1946년 세워졌으나 2009년 전교생이 17명이라 폐교를 논의하기에 이르렀다. 그러던 중 2012년 삼성전자에서 'HD 슈퍼 아몰레드 컬러 프로젝트' 광고 촬영을 하면서 지금의 모습으로 바뀌었다. 넓은 잔디운동장에 무지개가 뜬 듯한 모습이다. 세계적인 컬러리스트이자 디자이너인 '장 필립 랑클로(Jean Philippe Lenclos)'가 디자인을 맡았다. 이 프로젝트 이후 제주시와 마을에서 이주를 돕는 사업을 시작했고 학생수가 100여 명으로 늘어 분교에서 초등학교로 승급되었다. 기억해 둘 것은 동네 아이들이 학교의 주인이라는 점. 내 아이와 함께 노는 모습을 촬영할 때에도 다른 아이들이 최대한 나오지 않게 하고 피치 못해 같이 찍게 되면 촬영 가능 여부를 물어보도록 하자. 학교 인근에 연화지가 있어 여름이면 함께 관람해도 좋겠다.

난이도 ★
주소 하가로 195
여닫는 시간 24시간(수업시간 제외)
요금 무료

아빠 엄마도 궁금해!

애월은 왜 살기 좋은 동네가 되었나?

무너져가는 시골 인구를 늘리기 위해 마을 사람들은 무엇부터 시작했을까? '아이가 머물 수 있는 마을을 만들자'였다. 제주시와 애월 지역 주민은 농어촌 소규모 학교 육성 지원사업의 일환으로 이주민의 보금자리를 마련하기로 했다. 공동주택 20가구가 살 수 있는 연화주택이 세워지고 학교에서 다양한 문화교육도 열었다. 이로 인해 제주로 이주하고 싶은 사람들의 니즈와 맞물려 폭발적인 인기를 누리게 되었다.

스냅사진, 여기서 찍으세요

각기 다른 색으로 칠해진 벽 앞에서 다양한 표정으로 사진을 찍어보자. 이를 한데 모으면 개성 있는 스냅사진이 완성된다.

도두봉

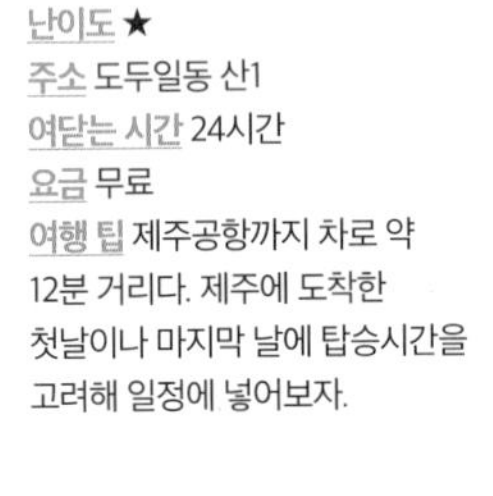

난이도 ★
주소 도두일동 산1
여닫는 시간 24시간
요금 무료
여행 팁 제주공항까지 차로 약 12분 거리다. 제주에 도착한 첫날이나 마지막 날에 탑승시간을 고려해 일정에 넣어보자.

높이 67m의 작은 오름임에도 제주 북쪽에 툭 튀어나와 있어 전망이 좋다. 섬 머리라는 뜻의 이름도 같은 이유다. 정상에 서면 사방을 다 둘러볼 수 있는데, 동쪽으론 한라산이 오롯이 서 있다. 제주를 만들었다는 설문대할망이 수도승처럼 앉아 두 팔로 감싸 안은 듯 포근하다. 비행기가 서쪽 해안에서 공항으로 들어오고 산중턱을 가르며 날아간다. 아이와 오가는 비행기를 맞이하고 배웅하며 놀이를 해도 좋다. 해질녘이라면 서쪽 바다를 붉게 물들이는 노을을 볼 수 있다. 여름밤에는 등을 밝힌 고깃배들이 빛의 바다로 만든다.

도두봉을 오르는 방법은 두 가지다. 도두항에서 오르거나 용담 서해안로로 갈 수 있는데, 두 곳 모두 둘레길이 있어 쉽게 오를 수 있다. 용담에도 직선 계단 코스와 둘레길이 있는데, 짧지만 가파른 계단보다 이호태우 해변과 말 모양 등대를 보며 에둘러 가는 둘레길을 추천한다. 완만한 경사로 아이와 15~20분이면 오를 수 있다. 용담 해안도로에 있는 무지개도로에서 사진을 찍어도 좋다. 무지개색으로 칠한 방호벽에서 제주 바다와 하늘을 함께 담을 수 있다.

PLACE TO EAT

01 섭지해녀의 집

제주에는 해녀들이 직접 공동운영하는 식당이 여럿 있다. 이곳은 섭지코지 바로 앞에 위한 섭지해녀의 집이다. 해녀가 직접 잡은 전복과 해산물을 회로 즐길 수 있다. 그날의 수확에 따라 자리돔회나 돌문어를 맛볼 수 있다. 식사는 전복죽보다 겡이죽을 추천한다. 겡이는 작은 게를 뜻하는 제주 방언으로 통째로 곱게 갈아 건더기를 걸러내고 만든 죽이다. 이곳의 참매력은 전망에 있다. 바로 앞에 성산일출봉이 있어 보는 맛을 더한다.

주소 섭지코지로 95 여닫는 시간 07:00~20:00
가격 전복죽 11,000원, 겡이죽 10,000원, 해삼 30,000원

02 곰막식당

동복리의 옛 이름으로 동쪽에 복이 있는 마을이란 뜻이다. 해안도로 바로 옆에 위치하고 있어 식당에서 보는 풍경도 한몫한다. 한치나 고등어 등 생선회와 해산물을 맛볼 수 있다. 회로는 고등어회, 식사류는 성게국수와 회국수가 단연 인기다. 신선한 성게를 사용해 비린내와 쓴맛이 전혀 없고 깊고 구수한 국물맛이 매력적이다. 회국수는 양념맛이라 했던가. 초고추장이 맛을 내고 쫄깃쫄깃한 회가 식감을 더해 금실 좋은 부창부수와 같다. 내부도 크고 주차장도 넓어 식사시간에 가도 대기가 길지 않다.

주소 구좌해안로 64
여닫는 시간 09:00~19:30 쉬는 날 첫째주 화요일
가격 성게국수 12,000원, 회국수 11,000원

03 명진전복

제주에서 아이에게 먹이기 가장 좋은 음식으로 전복죽을 빼놓을 수 없다. 따뜻하고 부드러우며 건강에 더없이 좋다. 전복을 특히 좋아하는 아이라면 이곳으로 향하자. 전복요리의 대부분을 맛볼 수 있다. 무난한 전복죽도 좋지만 전복 내장을 그대로 넣어 지은 전복뚝배기는 노란빛의 먹음직스러운 윤기가 돈다. 버터를 바른 전복구이와 전복회도 있다. 밑반찬으로 고등어구이가 나오며 추가 주문도 가능하다. 원래 유명한 데다 방송 <수요미식회>에 죽기 전에 꼭 가야 할 음식점으로 선정되어 인기가 엄청나다. 식사시간보다 일찍 도착해 대기시간 동안 바로 앞 갯바위에서 아이와 노는 것이 좋겠다.

주소 해맞이해안로 1282 여닫는 시간 09:30~21:30 쉬는 날 화요일
가격 전복죽 12,000원, 전복돌솥밥 15,000원

04 상춘재

'늘 봄이 머무르는 집'이라는 상춘재는 따뜻하고 소박한 음식을 내어주는 곳이다. 청와대 요리사 출신인 셰프가 만든 비빔밥이 주 메뉴다. 제주에서 난 재료를 고명으로 쓰는데 돌문어비빔밥을 추천한다. 돌문어는 익혀서 나오고 맵지 않아 아이가 먹기에도 좋다. 향을 신경 쓰지 않는다면 부추비빔밥도 괜찮다. 간이 세지 않은 반찬도 정성껏 만든 티가 난다. 당근과 양파로 만든 드레싱을 얹은 샐러드는 레시피를 배워오고 싶을 정도로 맛이 좋다.

주소 선진길 26 여닫는 시간 10:00~16:00 쉬는 날 월요일
가격 돌문어비빔밥 14,000원, 부추비빔밥 10,000원

05 용왕난드르향토음식

용왕난드르는 '용왕이 나온 들판'이라는 뜻으로 마을 이름을 그대로 붙인 향토음식점이다. 마을회관에 자리한 식당은 대평리 부녀회 아주머니들이 직접 운영한다. 고등어정식이나 강된장비빔밥, 돌솥밥을 추천하며, 보말 음식을 먹어보는 것도 좋다. 보말은 고둥의 제주 방언이다. 옛날 제주 사람들에게 고기로 섭취할 수 없는 단백질을 보충해준 고마운 재료다. 특히 미역과 보말을 잔뜩 넣고 끓인 보말수제비 맛이 뛰어나다.

주소 대평감산로8 여닫는 시간 08:30~16;00
가격 보말죽 12,000원, 보말수제비 9,000원

06 나목도식당

표선 가시리는 예부터 말을 기르는 공동목장과 돼지를 사육하는 축사가 있던 마을이다. 자연스레 고기를 다루는 일에 익숙했고 맛있게 먹는 건 숙명이었다. 이 식당에서는 돼지의 반을 갈라 그대로 가져와 따로 정형한다. 공기와 잡균이 덜 들어가 숙성이 잘 된다는 이유에서다. 어쩐지 고기 색부터 압도적이다. 일찍 찾아왔다면 돼지두루치기를 주문하자. 찾는 사람이 많아 금세 동이 난다. 매운 양념이 밴 돼지고기에 콩나물과 파무침을 올려 볶아 먹는다. 생고기와 삼겹살 순으로 많이 먹는다. 식사류로 순대백반과 순대국수가 있는데 돼지고기 특유의 누린내에 거부감이 없다면 추천한다. 아주 진한 국물맛을 느낄 수 있다. 멸치국수도 있다.

주소 가시로613번길 60
여닫는 시간 09:00~20:00
가격 두루치기(양념구이) 6,000원, 생고기 8,000원, 삼겹살 12,000원
이용 팁 가게 사정에 따라 휴무가 정해지므로 미리 전화해보고 방문하는 것이 좋다.

07 덕승식당

모슬포항에 위치한 이 식당은 출출한 배를 부여잡은 이들로 늘 번잡스럽다. 그도 그럴 것이 당일 앞바다에서 건져 올린 생선들이 항구에 도착하자마자 바로 도마 위로 올라가는 곳이기 때문이다. 이곳의 대표 메뉴는 갈치조림으로 두툼한 몸통도 유명하지만, 생갈치로 요리해 젓가락으로 살짝만 떠도 살과 뼈가 분리된다. 달짝지근한 무도 식감이 좋다. 여름에는 제주식으로 나오는 한치물회나 자리물회도 괜찮은데, 뼈째 썰어 먹는 자리돔은 기름기가 적어 담백하다. 제주는 고추 재배가 어려워 된장에 식초를 풀어 물회 육수로 사용했다는 점도 알아두자. 아이가 먹을 만한 밑반찬이 많지는 않아 생선구이나 성게미역국을 따로 시키는 것이 좋다. 갈칫국이나 지리(맑은 탕)는 청양고추를 빼달라고 미리 말해야 한다. 식당의 로컬 분위기를 느끼고 싶다면 1호점, 깔끔한 인테리어를 원한다면 2호점으로 가자.

주소 하모항구로 66(1호점), 최남단해안로30번길 4(2호점)
여닫는 시간 08:30~15:30, 17:00~21:00
쉬는 날 첫째·셋째주 화요일
가격 갈치조림 15,000원, 갈치구이 30,000원, 성게미역국 10,000원, 자리물회 12,000원
이용 팁 해질 무렵이라면 식사 전후에 운진항에 들러 일몰을 보는 것도 좋다.

08 맛있는 폴부엌

호주 르 코르동 블뢰 출신인 송충현(폴 Paul) 셰프가 제주의 재료를 가지고 이탈리안 요리를 선보인다. 뿔소라나 고사리, 달래 등 계절성을 둔 음식도 있는데, 딱새우 취나물 크림스파게티는 크림에 적절히 밴 새우 향과 부드러운 식감이 좋아 아이들도 잘 먹는다. 고기를 좋아한다면 12시간 동안 저온 조리한 제주산 돼지고기에 구운 채소를 곁들인 돼지고기스테이크를 주문하자. 메뉴판에 매콤한 요리는 따로 표시해 두어 아이 메뉴를 고를 때 도움이 된다. 싱그러운 초록빛 인테리어와 정감 가는 소품으로 편안한 분위기를 자아낸다. 로컬 느낌이 물씬 나는 핸드메이드 제품과 때때로 신선한 과일과 채소도 판매한다.

주소 저지리 2969-18
여닫는 시간 평일 11:00~16:00, 저녁시간은 예약만 가능
쉬는 날 토~일요일(인스타그램에서 비정기적 휴무 공지)
가격 딱새우 취나물크림스파게티 18,000원, 돼지고기스테이크 26,000원
웹 www.instagram.com/paulkitchenjeju

09 산계원

제주도민이 추천하는 오리고기집으로 오가피와 키토산을 먹여 직접 기른 오리만 사용한다. 오가피도 직접 재배해 오가피를 우려낸 물이 따로 나오며 오가피 구입도 가능하다. 대표 메뉴는 오리불고기와 오리백숙이다. 오리불고기는 양념도 간간하고 고춧가루가 들어간다. 아이가 먹을 수 있도록 생오리불고기와 반반 해서 주문할 수 있다. 신선한 재료 덕분에 양념이 없어도 특유의 누린내가 없다. 이어 나오는 오리탕은 뭉근하게 끓여 부드러운데 제법 매워 아이가 먹기는 어렵다. 한 시간 전에 예약해야 맛볼 수 있는 오리백숙은 오래 끓여 국물이 진하고 구수하다. 백숙을 주문하면 녹두죽이 함께 나온다. 밥도둑인 통멜젓이나 자리젓(계절 메뉴)처럼 맛깔난 밑반찬이 마련되지만 이 또한 아이에게는 적당하지 않아 미리 편의점에서 김과 메추리알을 구비해 가는 것이 좋겠다.

주소 형제해안로 80
여닫는 시간 11:00~22:00
가격 오리불고기(3~4인용) 45,000원, 오리백숙(3~4인용) 50,000원

10 신의 한모

서쪽 해안에 자리해 식당에서 일몰을 관람할 수 있어 저녁 식사 장소로 추천한다. 해가 정면에 있어 눈이 부실 때는 블라인드를 내리니 적당한 자리를 선택해 뷰를 즐겨보자. 채식 메뉴와 더불어 아이가 먹을 수 있는 저자극 요리가 많아 선택권이 다양하고 먹고 난 뒤에도 속이 편안하다. 세트 메뉴보다 먹고 싶은 단품을 고르는 것이 좋다. 두부를 튀긴 아게다시도후와 두부함박스테이크가 무난하며 나가사키 두부탕보다 두부소고기나베가 낫다. 대기가 많은 편이나 식당 옆에 두유다방 소이가 있어 편하게 기다릴 수 있다. 식당처럼 카페도 전망이 좋고 두유음료나 두부 도넛 등도 아이가 먹기 좋다.

주소 하귀14길 11-1
여닫는 시간 11:30~15:00, 17:30~22:00
쉬는 날 월요일
가격 아게다시도후 12,000원,
두부함박스테이크 15,000원, 두부 소고기나베 18,000원

11 안다미로

토종닭을 직접 기르고 요리할 수 있는 유통 특구마을인 교래리에 위치한 식당이다. 안다미로는 매일 아침 잡은 토종닭으로 요리를 선보인다. 대표 메뉴는 토종닭코스 요리로 퍽퍽한 가슴살과 모래집을 얇게 저며 육수에 익혀 먹는 샤부샤부로 시작한다. 닭발과 인삼, 무, 대파, 양파를 넣어 6시간 푹 우린 육수에 채소를 듬뿍 넣고 끓여내 깔끔하고 담백하다. 익은 고기는 유자청을 넣은 상큼한 소스에 찍어 먹거나 매콤한 채소무침과 함께 먹는다. 이어 나머지 부위를 압력밥솥에 넣고 푹 끓여낸 백숙이 나온다. 마당에서 키우는 닭이 낳은 초란(처음 낳은 알)을 함께 넣어 닭 한 마리를 온전히 다 먹는 기분이다. 고소한 녹두죽을 먹을 만큼의 위 공간은 남겨두자. 음식이 나올 때까지 마당에서 토종닭을 직접 볼 수 있어 좋다.

주소 비자림로 648 여닫는 시간 10:00~21:00
쉬는 날 둘째·넷째주 월요일 가격 토종 닭코스요리 65,000원

13 데미안

관광지 하나 없는 마을 골목에 차가 줄을 서 있는데, 제주산 돼지고기를 이용해 만든 데미안 돈가스를 맛보러 온 손님들이다. 방문객이 많은 편이지만 아이들이 놀 수 있는 모래놀이터가 있어 대기가 수월하다. 메뉴는 전복죽과 돈가스, 후식이 나오는 돈가스 정식 하나다. 전복죽은 큰 알갱이 없이 갈려져 부드러운 수프에 가깝다. 두툼한 두께의 돈가스만 아니라면 추억의 경양식 구성과 비슷한데, 밥과 감자튀김, 양배추샐러드와 옥수수 등이 한 접시에 함께 올라온다. 무한 리필이 되기 때문에 돈가스의 소박한 크기에 실망하지 말자. 돌아가는 손님의 손에 디저트 음료 하나씩 쥐여주는 점도 고맙다.

주소 홍수암로 560 여닫는 시간 11:00~16:00
쉬는 날 토요일(인스타그램에서 비정기적 휴무 공지)
가격 돈가스 정식 12,000원
웹 www.instagram.com/jejudemian

12 어멍이해녀

제주 구좌읍 동쪽 해안에 위치한 식당은 테라스 자리에 앉아 바다 풍경을 보기 좋다. 엄마가 해녀라는 이름처럼 직접 잡은 해산물을 이용해 제주 토속 음식을 만들어 낸다. 식당 뒤편에 수조를 두어 주문과 동시에 해산물을 꺼내와 싱싱하다. 소라나 전복, 멍게 등 해산물을 바로 썰어 내는 한 접시 메뉴부터 자극적이지 않고 수더분한 맛의 물회도 괜찮다. 아이가 먹기엔 성게미역국이나 전복성게칼국수가 좋다. 아이가 먹을 수 있는 밑반찬이 별로 없어 따로 구입해 가거나 포장해 숙소에서 먹는 것도 좋다. 오전 일찍 문을 열어 조식을 먹을 수 있다.

주소 해맞이해안로 2244
여닫는 시간 09:00~20:30
가격 한치물회 13,000원, 섞어물회 17,000원, 성게미역국 10,000원

14 칠돈가

제주를 대표하는 식재료로 흑돼지를 빼놓을 수 없다. 칠돈가는 제주에서 가장 유명한 흑돼지구이 체인점이다. 제주에만 6곳의 지점이 있어 신선한 흑돼지고기를 맛보기 위한 접근성이 높아졌다. 메뉴는 흑돼지구이와 김치찌개 두 가지만 선보인다. 고기 잘 굽는 사람만이 집게를 차지할 수 있다 했던가. 덩어리째 자른 두툼한 고기를 불판에 올린 뒤 종업원이 직접 구워주기 때문에 손님은 그저 숯불에 끓인 멜젓(멸치젓)에 찍어 먹기만 하면 된다. 멜젓을 숯불에 계속 두면 짠맛이 강해지니 더 달라고 하거나 테이블로 살짝 빼놓자. 김치찌개는 선택이다.

주소 서천길 1(제주 본점), 표선당포로 13-1(표선 직영점)
여닫는 시간 13:30~22:00
가격 흑도야지근고기 600g 54,000원

15 놀놀

숲놀이터는 가고 싶은데 이동이 걱정이라면 자연친화적인 야외 카페 놀놀플레이그라운드에 가보자. 비자림 근처 한갓진 마을에 자리한 이 카페는 도로 바로 옆에 있어 쉽게 만날 수 있다. 입구 역할을 하는 두 개의 건물은 각각 카페와 식당이고, 사이에 차양 천막을 설치한 모래놀이터가 있다. 포클레인과 덤프트럭, 모래놀이 장난감이 있어 따로 준비해가지 않아도 되며 적당한 높이의 클라이밍과 그네도 있다. 목재로 만든 미로와 통나무의 형태를 그대로 살린 놀이터는 자연과 어울리며 교감할 기회를 준다. 카페 안마당에선 하늘에 홀로 앉은 돗오름을 보며 망중한을 즐길 수 있다. 여름이면 약간의 추가 비용으로 수영장을 이용할 수 있고 날씨가 쌀쌀해지면 모닥불을 피워 마시멜로나 고구마를 굽는 체험도 할 수 있다.

주소 비자림로 2228 여닫는 시간 10:00~19:00 쉬는 날 설 연휴
가격 돈가스 10,000원, 오므라이스 10,000원

16 베케

사진 찍기 좋은 배경이 있어 인스타그래머블한 카페로 유명하다. 이곳은 제주 1호 생태조경사 김봉찬 씨가 만든 정원 카페로 일원적으로 보고 가기엔 아쉬운 곳이다. 인근 귤밭에 있던 베케(돌무더기)를 활용해 제주스러움을 더했다. 다양한 토양 재질과 식생으로 제주의 생태를 압축해서 빚어 놓은 듯하다. 단층으로 보이는 실내는 땅과 마주하는 높이에서 반지하 형태로 한 층을 더 만들었는데, 유리창 밖으로 비가 내리면 자연스레 물웅덩이가 만들어지고 워낙 이끼 낀 바위와 습지 식물들이 자라고 있어 중산간의 골짜기를 옮겨 놓은 듯하다. 그늘에 만든 고사리 정원과 평지에 심은 오름 식물들까지 한 번에 둘러볼 수 있다. 정원 곳곳에 벤치를 두어 곤충과 동물, 자연과 사람 간의 유기적인 관계까지 고려했다.

주소 효돈로 54 여닫는 시간 11:00~18:00 쉬는 날 화요일
가격 차콩크림라테 7,500원

17 미쁜제과

미쁜은 '믿을 만하다'는 뜻의 우리말로 이름부터 이런 자신감을 내비치는 이유가 있다. 프랑스 유기농 밀가루를 반죽해 자연 숙성한 천연 발효종으로 빵을 만들어서다. 반죽할 때도 제주산 우유와 버터만을 사용한다. 30여 가지의 베이커리 종류를 선보여 골라 먹는 재미가 있지만, 뭘 먹어야 할지 모르겠다면 직원 찬스를 쓰도록 하자.

베이커리 카페는 150평 부지에 한옥을 짓고 2,000평 규모의 정원을 만들어 아이들이 뛰어놀 수 있도록 했다. 전통 그네와 널뛰기도 있어 시간을 보내기에 좋다. 정원 안 정자는 대정 앞바다를 조망하기에 알맞다. 방문객이 많아 고민이라면 포장을 해 와 신창 해안도로를 드라이브해도 좋다.

주소 도원남로 16 여닫는 시간 09:30~20:00
가격 소금빵 3,000원, 카망베르 바질빵 4,500원, 오리지널 밀크티 7,500원
이용 팁 전용 주차장이 협소한 편이다.

18 낭커피

돈내코나 이승악오름 등 중산간 명소로 가는 길에 있어 쉬어 가기 좋다. 갤러리를 연상시키는 그림과, 편의성과 디자인이 두루 뛰어난 소파, 고급스러운 테이블 등 인테리어가 인상적이며 공간에 여유가 많아 한적한 분위기다. 특히 3면에 창을 내어 제주의 숲을 빌려 걸어 두니 진정한 차경이다. 외부에는 인공폭포와 귀여운 돌하르방, 현무암 정원이 있어 아이가 뛰어놀 수 있다. 커피 향과 맛이 깊어 원두를 베이스로 한 음료를 추천한다. 직접 굽는 베이커리의 맛도 좋은데, 오후 6시 이후에는 베이커리를 30% 할인한다.

주소 하례돈야로 4 여닫는 시간 10:00~21:00
가격 아메리카노 4,500원, 카페라테 5,000원

19 친봉산장

제주 송당마을은 하늘을 찾아다녀야 할 만큼 나무가 울창한 숲이다. 이곳에 산장이 있다는 건 소목장이 홈을 파고 끼워 맞춘 듯 완벽한데, 50년간 마굿간으로 사용하던 건물을 손수 고치고 매만져 지금의 모습을 갖췄다. 불나방처럼 춤추는 벽난로와 산장지기가 직접 타고 다니는 와일드한 바이크, 하나하나 직접 모은 빈티지한 소품들이 모여 산장의 주체성을 설명하고 있다. 미국 서부 지역의 무드를 옮겨 놓은 듯한 산장의 대표 메뉴는 아이리시커피로 따뜻한 크림 커피에 위스키를 조금 더했다. 산장지기가 미국 샌프란시스코에서 배운 손맛을 그대로 보여준다. 아이를 위해선 구운 우유와 구운 초코우유, 블루베리라테 등이 있다. 유일한 음식인 가가멜 스튜는 일찍 동이 날 정도다.

주소 중산간동로 2281-3 여닫는 시간 11:00~21:30
가격 아이리시커피 10,000원, 가가멜스튜 18,000원
이용 팁 ① 송당마을 주차장을 이용해야 한다.
② 실내는 찔리고, 뜨겁고, 아이가 걸려 넘어질 수 있는 물건이 많아 방치하는 엄마와 아이는 지양한다.

20 바램목장&카페

말과 소를 원없이 봤다면 이번엔 양이다. 안덕면 오름 사잇길에 3,000여 평의 목장이 조성되어 있는데, 양이 우는 소리 바(baa)에 새끼 양 램(lamb)을 더해 이름 붙였다. 초지 위에 양을 방목하고 있어 한참을 만나러 가야 할 것 같지만 먹이통을 들고 있으면 '피리 부는 사나이'처럼 따라온다. 목장 내에서는 서로의 안전을 위해 지켜야 할 몇 가지 주의사항이 있다. 양과 눈높이에 있는 아이에게 먹이통을 맡기지 않고, 양이 놀라지 않도록 소리를 지르거나 뛰어서도, 올라타거나 괴롭혀서도 안 된다. 양 외에도 염소나 토끼가 있으니 먹이를 조금 남기도록 하자.

주소 신화역사로 611
여닫는 시간 10:00~18:00
쉬는 날 12~4월 월요일, 우천 시(인스타그램에서 비정기적 휴무 공지)
가격 아메리카노 6,000원, 4~5세 입장료 3,000원, 먹이 한 통 2,000원(6세 이상 1인 1메뉴)
웹 www.instagram.com/baalamb_jeju

PLACE TO STAY

01 빌림

아이와 여행할 땐 독채를 선호하게 된다. 집이 아닌 낯선 환경 탓에 또는 뜻하지 않은 자극에 자다가 울음을 터트릴 수 있어서다. 조리가 가능한 주방도 잘 갖춰졌다. 아이 체력 때문에 외식하기 어려울 때 아이가 먹을 만한 음식을 만들 수 있다. 작더라도 정원이 있어 개미가 먹이를 찾아가고, 아침 이슬이 맺힌 거미줄도 볼 수 있다. 집 앞 용천수인 오래물 목욕탕을 모티브로 만든 욕실은 레트로 느낌이 물씬 난다. 욕조도 커서 아이가 놀기에 좋다. 아이 슬리퍼와 목욕 장난감까지 준비한 배려가 고맙다. 빌림의 모든 공간이 아이여행에 적절하다. 공항 근처에 있어 비행기 이착륙 소리가 들리는데 집 안에선 그리 크지 않다. 늦은 저녁에는 오가는 비행기가 없다. 아이가 비행기를 좋아하면 오히려 플러스 요소다.

주소 오래물길 23 여닫는 시간 체크인 15:00, 체크아웃 11:00
웹 blog.naver.com/villlim 이용 팁 1가족(3인) 추천

02 소목식탁

동부 해안 종달리 시골에 위치하고 있다. 예전 주택 창고를 깔끔하게 고친 독채 건물이다. 소목식탁 안으로 들어서면 가장 먼저 정다운 손편지가 눈에 띈다. 고운 말이 나열되어 있어 좋은 기분으로 다시 읊는다. 7평 정도 되는 원룸으로 조리 공간은 없지만 주인의 마음씨처럼 따뜻한 아침 식사가 제공된다. 조용하고 소박한 동네 분위기를 닮은 간결한 인테리어도 눈에 띈다. 침대 사이즈가 커서 아이와도 넓게 사용할 수 있다. 프레임이 없어 떨어질까 걱정하지 않아도 된다. 동네 책방인 소심한 책방과 북카페 종달리 746, 분위기 있는 레스토랑까지 주변에 있으며 동네 산책을 하기에도 아늑하니 좋다.

주소 종달동길 29-23
여닫는 시간 체크인 15:00, 체크아웃 11:00
웹 somoktable.modoo.at
이용 팁 1가족(3~4인) 추천

03 토끼굴

왜 이름이 토끼굴일까. 흰 토끼를 따라 토끼굴로 들어간 앨리스가 이상한 나라로 가는 것처럼 구불구불한 마을 돌담을 지나 숙소를 마주하게 된다. 편의에 맞게 고친 제주 전통 돌집이라 마을과의 이질감이 전혀 없다. 진짜 제주에 머무는 느낌이다. 토끼굴은 안채와 별채로 나뉜다. 아이와 머물기엔 안채가 좋다. 아지트 같은 숙소는 내부가 더 아늑하다. 두 개의 방에 각각 프레임이 없는 더블침대가 있다. 거실에는 난방기기가 달린 테이블, 코타츠가 있어 따스한 공간이 연출된다. 조리는 할 수 없으나 전자레인지나 식기류가 구비되어 있어 포장음식을 편하게 먹을 수 있으며, 주변에 맛집과 편의점도 있어 먹는 건 그리 문제 없다.

주소 한동북1길 9-14 B동 여닫는 시간 체크인 15:00, 체크아웃 11:00
웹 rabbitholejeju.co.kr
이용 팁 별채는 1가족(3인), 안채는 1가족(4인)~2가족 추천

04 해녀와 초가집

진짜 해녀가 운영하는 가성비 최고의 민박이다. 새마을 사업 때 지붕을 개량하지 않아 제주 전통 초가지붕이 그대로 남아 있다. 매년 억새를 꼬아 이를 수리하니 마치 새것 같다. 내부는 편백나무로 꾸몄다. 찾는 이가 많아 방을 늘리다 보니 전통 가옥 객실인 초가집과 본채의 호수방, 소라방까지 생겼다. 모두 원룸 형태의 객실로 주방과 욕실이 딸린 화장실이 개별로 있어 독립적이다. 미리 조식을 주문하면 해녀인 여사장님이 직접 잡아온 해산물로 소라죽과 보말죽을 끓여준다. 어느 식당 못지않게 맛이 좋다. 숙소는 지면보다 높이 올라와 주위 시야가 시원하다. 넓은 앞마당에는 잔디가 펼쳐지고 아이가 마음껏 뛰어 놀 수 있다.

주소 하도13길 65
여닫는 시간 체크인 15:00, 체크아웃 10:00
웹 hadori.modoo.at
이용 팁 1가족(3~4인)

05 두모공

밥을 짓는 것 또는 옷을 짓는 것처럼 집도 짓는다는 표현을 하는 것은 우리 삶에 가장 중요한 부분인 의식주여서다. 도시의 열망과 달리 무심한 듯 흘러가는 제주에서 공백의 시간을 보내기 위해 건축가는 이 집을 지었다. 두모공에 빌 공(空)을 쓴 이유로 제주 건축문화대상을 받았다. 두모리에 얻은 삼각형 자투리땅에 3층 독채 건물을 지어 제주를 담았는데, 1층은 현무암으로 바닥과 돌담을 쌓고 노출 콘크리트와 붉은 벽돌로 변주를 주었다. 도로면을 제외한 2면에 창호문이 있어 개방감이 느껴진다. 1층과 이어진 야외에선 해먹을 타거나 캠핑의자에 앉아 한라산에서 시작한 샛바람을 맞는다. 높은 층고 사이에 둔 다락은 아이에게도 재미있는 공간이다. 2층에선 3면에 창을 두고 한라산을 조망할 수 있다. 소파를 침대로 바꾸면 한 가족이 더 사용할 수 있다. 3층에선 신창해안도로의 일부인 두모포구가 보인다. 휭휭 돌아가는 풍력발전기도, 해넘이도 황홀한 풍경이다. 스킵플로어 구조로 반 층을 올려 침실을 두고 박공지붕으로 동화 같은 따뜻함을 유지한다. 건축가의 가족들이 세컨드 하우스로 활용하기도 해서 반짇고리와 같은 생필품부터 세탁기와 조리기구, 종류별 라면까지 필요한 거의 모든 것이 갖춰져 있다.

주소 두모11길 49 여닫는 시간 체크인 16:00, 체크아웃 11:00
웹 www.dumogong.com 이용 팁 1~2가족 추천

06 하다인제주

'하다'는 '무엇을 하다'라고 할 때 쓰는 어떤 행동이나 작용을 말한다. 머무는 동안 하다인에서 준비한 책을 읽고 동기부여가 되어 무언가를 행동하게 되길 바라는 마음을 담았다. 육아를 하다 보면 책 한 장 넘기기가 쉽지 않은데, 그런 것에 연연하진 말자. 한 권의 책을 읽어도 좋겠지만 아이와 보낸 매일이 글이 된다면 이곳에서 머무는 하루는 행복한 수식어로 장식될 테니 말이다.
하다인은 40평의 2층 독채 건물로 1층엔 초록빛 타일의 주방과 다이닝룸이 있다. 정성스레 우린 둥글레차와 드립백 커피가 마련되어 있다. 세탁실에는 아이 옷을 위한 중성세제가 있으며 사다리가 달린 복층 구조물은 아이여행자를 위한 세심한 고민이 엿보인다. 2층으로 향하는 계단을 오르내리며 아이들은 지루할 틈이 없다. 1층에 커다란 과녁을 만들고 풍선을 떨어뜨리면 즐거운 놀이가 된다. 2층 복도는 긴 창을 두어 돌담과 귤밭을 조망할 수 있고, 침대가 있는 2개의 방과 1개의 욕실이 있다. 1층의 방은 별도의 비용으로 침구를 추가해 이용할 수도 있다. 바로 옆 셰어하우스 하다책숙소의 공용공간에서 책을 빌려볼 수 있으며 간결하고 맛깔스러운 조식은 따로 신청 가능하다.

주소 서광사수동로20번길 14
여닫는 시간 체크인 16:00, 체크아웃 11:00
웹 hadainjeju.modoo.at 이용 팁 2가족 추천

07 화우재

날마다 새롭고 경이로운 제주의 자연에서 살아가겠다고 마음 먹고 지은 집이다. 건축주는 이곳에서 일상을 보내고 누군가에게도 선물하고 싶은 일상이었기에 공유하게 되었다. 2층은 'season_1', 1층은 'season_2'로 아이여행에 머물기 좋다. 화우재를 풀어쓰면 '사이좋음이 넉넉한 곳'이란 뜻이다.

다이닝 룸은 가장 많은 시간을 보내는 공간으로 10인 테이블을 두어 식사를 하는 건 물론, 언저리를 계속 머물게 하는 요소로 이어져 있다. 폴딩 도어로 연결된 야외 데크는 돌담 넘어 싱그러운 귤밭과 맞닿아 있다. 이곳에서 달이 뜨고 해가 지는 모습을 볼 수 있다. 텃밭을 구경하고 뛰어노는 아이들을 보며 사색의 시간을 가질 수도 있다. 서쪽 벽에는 윈도시트를 두어 일몰을 감상할 수 있다.

천장과 연결된 목봉의 목적이 궁금하다면 키즈룸으로 가자. 영유아를 위한 볼풀장과 원목 장난감, 어린이를 위한 동화책과 보드게임이 있어 아이들은 한 번 방에 들어가면 나올 생각을 않는다. 사다리를 오르면 비밀의 공간을 통해 소방대원처럼 목봉을 타고 출동할 수 있다. 키즈룸은 미닫이문이 있어 두 개의 방으로도 사용할 수 있다. 침실은 킹사이즈 침대와 TV만 있어 군더더기가 없다. 대신 드레스룸과 욕실이 이어져 있다. 복도 욕실은 세면대가 낮아 아이가 사용하기에 불편함이 없다.

주소 주가흘길 32-1 여닫는 시간 체크인 16:00, 체크아웃 10:00
웹 blog.naver.com/ehwyuri 이용 팁 2가족 추천

08 하도어라운드

하도리 세화해변 인근에 있지만 바다는 보이지 않는다. 대신 밭담에 둘러싸여 더없이 포근하다 바닷바람을 막아줄 야트막한 동산에선 새가 지저귄다. 도시에서 들어본 적 없는 새소리에 깨어 아침 마당을 둘러보면 나팔꽃이 피어 있고 거미줄엔 구슬이 걸려 있다. 나지막하게 군집을 이루고 있는 마을은 적당히 거리를 두고 있어 독립적인 시공간을 제공한다. 300평 초지마당에서 미니축구를 즐기고 소리 지르며 술래잡기를 해도 된다는 뜻. 테라스 옆 자쿠지는 멀리 나가지 않아도, 날씨가 궂어도 아이들이 물놀이를 할 수 있다.

내부는 주방과 거실, 침대방과 온돌방으로 나뉘어 있고, 거실에 샤워가 가능한 욕실과 방에 욕조가 있는 욕실이 있다. 아기 의자와 흔들의자를 넣어두는 자그마한 비밀의 방은 아이들이 소꿉놀이를 하기 위해 복닥복닥 모이기도 한다. 놀이가 지루하다면 제주에 사는 꼬마작가 전이수의 동화책도 볼 수 있다. 정수기와 토스터기, 무선청소기, 세탁기, 커피머신 등 편의가전도 잘 갖춰져 있다.

주소 면수2길 47 여닫는 시간 체크인 16:00, 체크아웃 11:00
웹 m.blog.naver.com/kse7908 이용 팁 2~3가족 추천

09 새왓댁Stay

겨울에도 따뜻하기로 손꼽히는 제주 중산간 남원읍에 자리한 곳이다. 마을 사람들의 90%가 귤 농사를 짓는 만큼 새왓댁 주변으로도 귤나무가 무성하게 자라는데, 부지런히 살을 찌우는 청귤을 보는 것도, 흰 눈 위에 붉게 익어가는 귤을 보는 것도 창밖 풍경을 살피는 묘미다. 제주에서 나고 자란 집주인이 살던 농가를 개조한 곳으로, 그 덕에 푸근한 외갓집 풍경을 갖췄다. 마을을 가로지르는 신례천을 건너 집 앞 올레길에 들어서면 도로록 열리는 미닫이문으로 외할머니가 손뼉을 치며 나올 듯한 '진짜 제주집'이다. 한라산 품에 폭 안긴 산속 외딴집처럼 보이지만 큰 도로가 바로 옆인 데다 서귀포 시내와 여행지가 멀지 않아 아이들의 컨디션에 맞게 놀멍쉬멍 지낼 수 있다.

단층의 독채 건물에는 퀸 사이즈 침대가 놓인 방이 3개, 추가로 사용할 수 있는 온돌방이 1개 있다. 모든 방과 연결된 거실은 가족들이 복닥복닥 모여 앉아 식사를 하기에 좋다. 우리만의 앞마당에서 바비큐를 즐길 수도 있다. 부엌에서 창문을 열고 음식들을 옮길 수 있어 편리하기까지 하다. 화장실이 2개라 많은 인원도 문제 없다. 건조 기능이 있는 세탁기와 제습기 같은 편의가전과 아이들이 읽을 동화책, 유아용 의자도 구비되어 있다. 새왓댁에서 운영하는 '서귀로운날들'에서 브런치 이벤트를 하는 기간이 있으니 참고하자.

주소 신례로379번길 31-8 여닫는 시간 체크인 16:00, 체크아웃 11:00
웹 sewat.kr 이용 팁 3가족 추천

얼굴에 스티커 붙이기

카멜리아힐(p.617)에서 떨어진 꽃과 나뭇잎으로 얼굴 만들기를 했더니 눈, 코, 입에 관심이 많아졌다. 엄마한테 매달려 귀를 만져보기도 하고 눈을 찌르기(?)도 한다. 좀 더 안전한 방법으로 스티커를 얼굴에 붙여보는 놀이를 해보기로 했다.

준비물 얼굴 스티커

만들고 놀기 '코코코코' 놀이를 이용해 눈, 코, 입, 귀 등 해당하는 기관에 스티커를 붙이면 되는 간단한 놀이다. 어릴 때부터 자주 했던 놀이라 아이는 신체 명칭을 빨리 알게 되었는데 덕분에 자신의 신체에 대해 관심도 높아지고 아픈 곳이 있으면 빨리 설명해주는 편이다. 좀 더 자란 뒤에는 '코코코코' 놀이와 술래잡기를 병행한다. 예를 들어 '눈' 하면 들고 있는 눈 스티커를 상대방에게 먼저 붙인 사람이 이긴다.

함께 읽어주면 좋은 책
- 고마워, 나의 몸!

뿔소라 꾸미기

해녀와 초가집(p.640)에 머물면서 마당의 뿔소라 껍질을 유심히 보다 요즘 읽어준 책 <할머니의 여름휴가>가 생각났다. 뿔소라를 귀에 대고 파도 소리를 듣던 할머니처럼 해보기도 했다. "할머니한테 예쁜 뿔소라를 선물해 볼까?" 장식 스티커로 뿔소라 꾸미기를 하기로 했다.

준비물 뿔소라, 장식 스티커나 폼폼이, 조개껍질 등 장식할 수 있는 모든 것, 목공풀

만들고 놀기 뿔소라를 삶다 보니 소라게가 나왔다. 크기가 다른 뿔소라를 두고 소라게의 몸에 맞는 뿔소라 찾아주기 놀이를 했다. 남은 뿔소라는 깨끗하게 씻어 말린다. 약통에 넣은 물감을 뿌려줬는데 일반 물감보다 아크릴 물감을 사용하면 색이 선명하다. 뿔소라에 있는 회오리무늬를 따라 장식물로 꾸며보자.

함께 읽어주면 좋은 책
- 할머니의 여름휴가

수국도로 만들기

수국이 팡팡 터진 종달리 도로를 달리다 갓길에 차를 세워야 했다. 달리는 동안 눈을 떼지 못하던 아이에게 좀 더 가까이 보여주고 싶었다. 기억이 좀 더 오래갔으면 하는 마음에 수국도로를 만들기로 했다.

준비물 스케치북, 박스, 펀칭기, 색지, 물감, 물풀, 펜, 가위, 스펀지, 장난감 자동차

만들고 놀기 펀칭기로 뚫은 색지를 모아둔다. 구멍이 난 색지는 스케치북에 살짝 붙인다. 물감을 묻힌 스펀지를 그 위에 톡톡 두드린다. 수국색의 물감을 여러 가지 짜서 서로 섞어주는 재미도 있다. 색지를 떼고 잘 말린 뒤 물풀을 동그랗게 바르고 펀칭기로 뚫은 색지를 뿌린다. 가운데는 박스로 도로를 만들고 자동차 놀이를 한다. 여행지에서는 에어캡에 물감을 묻혀 찍기 놀이로 간단하게 할 수 있다.

문어 만들기

제주도에 사는 외삼촌이 해녀에게 문어를 사왔다. 빨간 고무대야에서 꿈틀대는 문어가 재미있는지 한참을 보던 아이는 숙소 근처에 있는 풀을 뜯어서 먹이로 주기로 했다. '아, 더 늦으면 문어가 죽을지도 모르는데.' 얼른 아이를 낮잠 재우고 문어를 삶았다. 아이는 깨어나 문어를 찾으며 울었고 달래는 데 무척 애를 먹었다.

준비물 종이소주잔, 스테이플러, 색지, 가위

만들고 놀기 종이소주잔 25개를 원형이 되도록 스테이플러로 고정한다. 그 위로 반구가 되도록 종이소주잔을 쌓아 고정한다. 반구를 하나 더 만들 때 머리가 들어갈 만한 구멍을 남겨두고 쌓는다. 두 개의 반구를 합쳐 문어 머리를 만든다. 색지는 적당한 크기로 잘라 고리를 연결해 문어 다리 8개를 만든다. 문어 머리에 고정한다. 문어 탈을 쓰고 아이와 역할극을 한다. 함께 읽어주면 좋은 책의 내용을 바탕으로 놀이를 해도 좋다.

함께 읽어주면 좋은 책

- 문어 목욕탕
- 하양이는 바닷속이 궁금해요

돌하르방 스노우볼

아부오름(p.605) 아래 푸드트럭에서 하르방 모양의 음료수를 샀다. 제주 곳곳에 하르방 음료수를 판매하고 있다. 한라봉 음료를 먹은 뒤 병을 깨끗이 씻어 바닷가에서 주운 조개를 넣고 스노우볼을 만들었다.

준비물 하르방 음료수 병, 물풀, 물, 반짝이 가루, 조개
만들고 놀기 깨끗이 씻은 하르방 음료수 병에 물풀과 물을 7:3으로 넣고 잘 섞는다. 물풀이 더 많이 들어갈수록 밀도가 높아 내용물이 천천히 움직인다. 조개와 장식물, 반짝이 가루를 넣고 흔들어주면 빛나는 스노우볼 완성. 햇빛에 비춰주면 더욱 예쁘다.

낚시 놀이

제주에 사는 외삼촌과 방파제 낚시를 다녀온 이후 낚시타령이 이어졌다. 에헤라디여. 그래 만들어보자. 장난감 물고기가 모자라 급히 그림을 그려 바다에 풀어주었다.

준비물 스케치북, 색연필, 더블클립, 막대, 끈, 차량용 휴대폰 거치대, 파란색과 하늘색 부직포, 테이프, 가위
만들고 놀기 파란색과 하늘색 부직포는 길게 잘라 물결 모양으로 바닥에 테이프로 고정한다. 스케치북에 바다 생물을 그리고 색칠한 뒤 오린다. 낚시 자석에 잘 붙을 수 있도록 더블클립을 꽂는다. 막대에 실로 고정하고 자석 또는 차량용 휴대폰 거치대를 묶어준다. 이제 낚시 시작! 오늘 저녁엔 네가 잡은 물고기로 회도 뜨고 매운탕도 끓여보자.

스타킹 공으로 종이컵 무너뜨리기

다소 정적인 여행지를 둘러본 아이는 아직 체력이 많이 남아 있었다. 신체 놀이로 뭐가 좋을까 고민하다 캐치볼할 때 쓰던 테니스공과 엄마가 신을 스타킹을 꺼냈다.

PLAY 07

준비물 종이컵, 스타킹, 테니스공

만들고 놀기 스타킹에 테니스공을 넣고 머리에 쓴다. 얼굴 전체를 가려 술래잡기를 하다가 본격적인 놀이에 들어갔다. 손을 이용하지 않고 머리를 움직여 반동을 줘서 종이컵을 무너뜨리는 게임이다. 종이컵 3개 이상 위로 쌓아두는 것이 더 재미있었다.

그러다 아이가 나무를 쓰러뜨리는 포클레인 같다고 했다. 비자림로 확장 공사하는 모습을 떠올린 듯했다. 왜 나무를 부수는 건지, 동물들은 어디서 사냐는 등의 질문이다. 얼른 초록색 종이컵을 꺼내 빨간색 종이컵 탑 사이에 쌓았다. 초록색은 쓰러뜨리면 안 되는 나무로 룰을 하나 추가했다.

PLAY 08

조개껍데기로 클레이 놀이

두모공(p.641) 앞바다에 산책 나갔다가 주운 조개껍데기를 가져와 소라게를 만들기로 했다. 조개를 이용해 만들 수 있는 바다 생물은 또 뭐가 있을까.

준비물 클레이, 조개껍데기, 눈 모형

만들고 놀기 클레이로 뭐든 만들 수 있어 상상력이 더욱 커진다. 뾰족 솟은 조개는 거북이 등껍질로, 고둥은 집이 작아진 소라게를 위해, 딱딱한 껍질의 꽃게도 빼놓을 수 없다. 간단하게 준비해서 오래 놀 수 있는 놀이다.

살색은 다 달라요

우리 아이는 아직 해외를 나간 적이 없고 외국인을 볼 기회도 없었다. 제주를 여행하다 살색이 다른 외국인을 보고, "엄마, 저 사람은 왜 까매요? 안 씻어서 그런가 봐"라고 해서 급히 민망해 한 적이 있다. 이제 좀 컸으니까 우리 살색에 대해 알아볼까.

준비물 스케치북, 살색이 다른 아이 사진 프린트물, 색연필

만들고 놀기 살색이 다른 아이 사진을 프린트해 스케치북 상단에 붙여준다. 바로 아래 책 <살색은 다 달라요>의 주인공들을 그려준다. 아이에게 사진과 같은 살색을 골라 색칠하게 한다. 지도를 보여주며 주로 거주하는 지역이나 나라를 언급해도 좋지만 마지막은 누구든 어디서건 살 수 있다는 메시지로 마무리하면 좋다.

PLAY 09

함께 읽어주면 좋은 책
- 살색은 다 달라요

INDEX

※ 가나다순 정렬

카테고리별

여행지

음식점

숙소

계절별 여행지

봄

여름

가을

겨울

아이 좋아 가족 여행

발행일 | 초판 1쇄 2020년 11월 5일

지은이 | 송윤경

발행인 | 이상언
제작총괄 | 이정아
편집장 | 손혜린

기획 | 강은주
진행 | 한혜선
디자인 | ALL designgroup
일러스트 | 정성

발행처 | 중앙일보플러스(주)
주소 | (04513) 서울시 중구 서소문로 100(서소문동)
등록 | 2008년 1월 25일 제2014-000178호
판매 | 1588-0950
제작 | (02)6416-3934
홈페이지 | jbooks.joins.com
네이버 포스트 | post.naver.com/joongangbooks

ISBN 978-89-278-1174-9 13980

중앙북스는 중앙일보플러스(주)의 단행본 출판 브랜드입니다.